산업안전 합격플래너

KB197746

단기완성 1회독 합격 플랜

		28일 꼼꼼코스	13일 집중코스	1주 속성코스
PART 1. **핵심이론**	제1과목. 산업재해 예방 및 안전보건교육	DAY 1		
	제2과목. 인간공학 및 위험성 평가·관리	DAY 2	DAY 1	DAY 1
	제3과목. 기계·기구 및 설비 안전관리	DAY 3		
	제4과목. 전기설비 안전관리	DAY 4	DAY 2	
	제5과목. 화학설비 안전관리	DAY 5		DAY 2
	제6과목. 건설공사 안전관리	DAY 6	DAY 3	
PART 2. **과년도 출제문제**	**2020년** 제1·2회 통합 기출문제	DAY 7		
	2020년 제3회 기출문제	DAY 8	DAY 4	DAY 3
	2020년 제4회 기출문제	DAY 9		
	2021년 제1회 기출문제	DAY 10		
	2021년 제2회 기출문제	DAY 11	DAY 5	
	2021년 제3회 기출문제	DAY 12		
	2022년 제1회 기출문제	DAY 13		DAY 4
	2022년 제2회 기출문제	DAY 14	DAY 6	
	2022년 제3회 CBT 복원문제	DAY 15		
	2023년 제1회 CBT 복원문제	DAY 16		
	2023년 제2회 CBT 복원문제	DAY 17	DAY 7	
	2023년 제3회 CBT 복원문제	DAY 18		
	2024년 제1회 CBT 복원문제	DAY 19		DAY 5
	2024년 제2회 CBT 복원문제	DAY 20	DAY 8	
	2024년 제3회 CBT 복원문제	DAY 21		
복습	PART 1. 핵심이론	DAY 22	DAY 9	DAY 6
	PART 2. 과년도 출제문제	DAY 23	DAY 10	DAY 7
고득점 Plus학습 (홈페이지에 탑재된 기출)	**2015년** 제1/2/3회 기출문제	DAY 24	DAY 11	
	2016년 제1/2/3회 기출문제	DAY 25		
	2017년 제1/2/3회 기출문제	DAY 26		–
	2018년 제1/2/3회 기출문제	DAY 27	DAY 12	
	2019년 제1/2/3회 기출문제	DAY 28	DAY 13	

더 쉽게 더 빠르게 합격 플러스

유일무이 나만의 합격 플랜

나만의 합격코스

구분	항목	날짜	1회독	2회독	3회독	MEMO
PART 1. 핵심이론	제1과목. 산업재해 예방 및 안전보건교육	월 일	☐	☐	☐	
	제2과목. 인간공학 및 위험성 평가·관리	월 일	☐	☐	☐	
	제3과목. 기계·기구 및 설비 안전관리	월 일	☐	☐	☐	
	제4과목. 전기설비 안전관리	월 일	☐	☐	☐	
	제5과목. 화학설비 안전관리	월 일	☐	☐	☐	
	제6과목. 건설공사 안전관리	월 일	☐	☐	☐	
PART 2. 과년도 출제문제	2020년 제1·2회 통합 기출문제	월 일	☐	☐	☐	
	2020년 제3회 기출문제	월 일	☐	☐	☐	
	2020년 제4회 기출문제	월 일	☐	☐	☐	
	2021년 제1회 기출문제	월 일	☐	☐	☐	
	2021년 제2회 기출문제	월 일	☐	☐	☐	
	2021년 제3회 기출문제	월 일	☐	☐	☐	
	2022년 제1회 기출문제	월 일	☐	☐	☐	
	2022년 제2회 기출문제	월 일	☐	☐	☐	
	2022년 제3회 CBT 복원문제	월 일	☐	☐	☐	
	2023년 제1회 CBT 복원문제	월 일	☐	☐	☐	
	2023년 제2회 CBT 복원문제	월 일	☐	☐	☐	
	2023년 제3회 CBT 복원문제	월 일	☐	☐	☐	
	2024년 제1회 CBT 복원문제	월 일	☐	☐	☐	
	2024년 제2회 CBT 복원문제	월 일	☐	☐	☐	
	2024년 제3회 CBT 복원문제	월 일	☐	☐	☐	
복습	PART 1. 핵심이론	월 일	☐	☐	☐	
	PART 2. 과년도 출제문제	월 일	☐	☐	☐	
고득점 Plus학습 (홈페이지에 탑재된 기출)	2015년 제1/2/3회 기출문제	월 일	☐	☐	☐	
	2016년 제1/2/3회 기출문제	월 일	☐	☐	☐	
	2017년 제1/2/3회 기출문제	월 일	☐	☐	☐	
	2018년 제1/2/3회 기출문제	월 일	☐	☐	☐	
	2019년 제1/2/3회 기출문제	월 일	☐	☐	☐	

안전보건표지의 종류와 형태

1 금지 표지 (8종)

출입금지	보행금지	차량통행금지	사용금지
탑승금지	금연	화기금지	물체이동금지

2 경고 표지 (15종)

인화성물질 경고	산화성물질 경고	폭발성물질 경고	급성독성물질 경고	부식성물질 경고
방사성물질 경고	고압전기 경고	매달린 물체 경고	낙하물 경고	고온 경고
저온 경고	몸균형상실 경고	레이저광선 경고	발암성 · 변이원성 생식독성 · 전신독성 호흡기과민성 물질 경고	위험장소 경고

3 지시 표지 (9종)

보안경 착용	방독마스크 착용	방진마스크 착용	보안면 착용	안전모 착용
귀마개 착용	안전화 착용	안전장갑 착용	안전복 착용	

4 안내 표지 (8종)

녹십자표지	응급구호표지	들것	세안장치
비상용기구	비상구	좌측 비상구	우측 비상구
비상용 기구			

※ 안전보건표지에 관한 문제는 다양한 형태로 종종 출제되고 있습니다. 단순해 보이지만, 눈여겨 봐두지 않으면 헷갈릴 수 있습니다. 절취선을 따라 잘라 활용하면서 안전보건표지의 종류와 형태를 익혀 두세요!!

PLUS+

더

플

러

스

더 쉽게 더 빠르게 합격 플러스

산업안전기사 필기

기출문제집 [핵심이론 + 10개년 기출] 김재호 지음

BM (주)도서출판 성안당

📢 독자 여러분께 알려드립니다!

산업안전보건법이 자주 개정되어 본 도서에 미처 반영하지 못한 부분이 있을 수 있습니다. 책 발행 이후의 개정된 법규 내용 및 이로 인한 변경 및 오류사항은 **성안당 홈페이지(www.cyber.co.kr)의 [자료실]-[정오표]에** 게시하오니 확인 후 학습하시기 바랍니다.

수험생 여러분이 믿고 공부할 수 있도록 항상 최선을 다하겠습니다.

■ 도서 A/S 안내

성안당에서 발행하는 모든 도서는 저자와 출판사, 그리고 독자가 함께 만들어 나갑니다.

좋은 책을 펴내기 위해 많은 노력을 기울이고 있습니다. 혹시라도 내용상의 오류나 오탈자 등이 발견되면 **"좋은 책은 나라의 보배"**로서 우리 모두가 함께 만들어 간다는 마음으로 연락 주시기 바랍니다. 수정 보완하여 더 나은 책이 되도록 최선을 다하겠습니다.

성안당은 늘 독자 여러분들의 소중한 의견을 기다리고 있습니다. 좋은 의견을 보내주시는 분께는 성안당 쇼핑몰의 포인트(3,000포인트)를 적립해 드립니다.

잘못 만들어진 책이나 부록 등이 파손된 경우에는 교환해 드립니다.

본서 기획자 e-mail : coh@cyber.co.kr(최옥현)
홈페이지 : http://www.cyber.co.kr
전화 : 031) 950-6300

우리 나라의 산업화의 진전으로 선진국의 문턱에서 주춤거리고 있는 오늘날 산업 안전은 우리의 현 상황에서 그 한계를 뛰어 넘도록 할 수 있는 기본적인 전제로서의 의의가 크다고 하겠다. 그러나 현장에서는 산업재해로 인한 재산 손실이 점점 증가하고 있는데 산업재해 중 단순한 안전사고 못지 않게 심각한 것이 최근 들어 다양해진 직업병이라고 할 수 있다. 직업병을 포함한 산업재해의 이 같은 심각성은 산업화의 진전에 따라 어느 정도는 불가피한 것이지만 우리 나라의 경우 60년대 이후에 경제 성장의 그늘 아래에서 근로자의 작업환경이나 건강 등 산업안전문제가 사업주의 무성의와 정부의 무관심으로 그동안 방치되었기 때문이다. 그러므로 사업주들이 심각한 지경에 이른 산업안전문제를 노사간의 차원으로 신중하게 인식을 해야 한다.

이 책은 그동안 강단에서의 오랜 강의 경험을 토대로 틈틈이 준비하였던 자료를 바탕으로 새로운 출제기준에 맞춰 집필한 저자의 「산업안전기사 필기」 도서의 내용 중 시험에 자주 출제되는 중요이론만을 선별해 간략히 정리하였고 최근 기출문제를 정확하고 자세한 해설과 함께 수록하여 짧은 기간에 시험대비를 할 수 있도록 구성하였다. 아무쪼록 이 책이 산업안전기사 필기 시험을 앞둔 수험생과 산업현장에서 실무에 종사하는 산업역군들에게 조그마한 도움이 되었으면 하는 바람이다.

끝으로 이 책의 출간을 위해 온갖 정성을 기울여 주신 도서출판 성안당 임직원 여러분들께 감사의 뜻을 전한다.

저자 김재호

자격정보

- 자격명 : 산업안전기사(Engineer Industrial Safety)
- 관련부서 : 고용노동부 / 시행기관 : 한국산업인력공단(www.q-net.or.kr)

---

01 기본 정보

(1) 자격 개요

생산관리에서 안전을 제외하고는 생산성 향상이 불가능하다는 인식 속에서 산업현장의 근로자를 보호하고 근로자들이 안심하고 생산성 향상에 주력할 수 있는 작업환경을 만들기 위하여 전문적인 지식을 가진 기술인력을 양성하고자 자격제도를 제정하였다.

(2) 수행직무

제조 및 서비스업 등 각 산업현장에 배속되어 산업재해 예방계획의 수립에 관한 사항을 수행하며, 작업환경의 점검 및 개선에 관한 사항, 유해 및 위험 방지에 관한 사항, 사고사례 분석 및 개선에 관한 사항, 근로자의 안전 교육 및 훈련에 관한 업무를 수행한다.

(3) 산업안전기사 연도별 검정현황 및 합격률

연 도	필 기			실 기		
	응 시	합 격	합격률	응 시	합 격	합격률
2023년	80,253명	41,014명	51.4%	52,776명	28,636명	54.26%
2022년	54,500명	26,032명	47.8%	32,473명	15,681명	48.3%
2021년	41,704명	20,205명	48.5%	29,571명	15,310명	51.8%
2020년	33,732명	19,655명	58.3%	26,012명	14,824명	57%
2019년	33,287명	15,076명	45.3%	20,704명	9,765명	47.2%
2018년	27,018명	11,641명	43.1%	15,755명	7,600명	48.2%
2017년	25,088명	11,138명	44.4%	16,019명	7,886명	49.2%
2016년	23,322명	9,780명	41.9%	12,135명	6,882명	56.7%
2015년	20,981명	7,508명	35.8%	9,692명	5,377명	55.5%
2014년	15,885명	5,502명	34.6%	7,793명	3,993명	51.2%

▲ 위의 표에서 알 수 있듯이 산업안전기사 시험 응시생은 매년 증가하고 있다.
그 이유는 사회적으로 안전사고가 끊임없이 발생하면서 이 문제가 사회적 이슈로 자주 등장하며 전 국민이 안전에 대한 중요성을 느끼고 관심이 높아졌으며, 법적으로도 각 사업장에 안전관리자를 선임하도록 되어 있기 때문이다.
(법적 근거 "산업안전보건법 시행령/ 제16조 「안전관리자 선임 등」"참고)

(4) 진로 및 전망

① 기계, 금속, 전기, 화학, 목재 등 모든 제조업체, 안전관리 대행업체, 산업안전관리 정부기관, 한국산업안전공단 등에 진출할 수 있다.

② 선진국의 척도는 안전수준으로 우리나라의 경우 재해율이 아직 후진국 수준에 머물러 있어 이에 대한 계속적 투자의 사회적 인식이 높아가고, 안전인증 대상을 확대하여 프레스, 용접기 등 기계·기구에서 이러한 기계·기구의 각종 방호장치까지 안전인증을 취득하도록 산업안 전보건법 시행규칙의 개정에 따른 고용창출 효과가 기대되고 있다. 또한 경제회복국면과 안전보건조직 축소가 맞물림에 따라 산업재해의 증가가 우려되고 있으며 특히 제조업의 경우 재해율이 늘어나고 있어 정부의 적극적인 재해 예방정책 등으로 이 자격증 취득자에 대한 인력수요는 증가할 것이다.

02 시험 정보

(1) 시험수수료

• 필기 : 19,400원 / 실기 : 34,600원

(2) 출제경향

• 필기 : 출제기준 참고
• 실기 : 실기시험은 복합형(필답형+작업형)으로 시행되며, 출제기준 참고
    (영상자료를 이용하여 시행되며, 제조(기계, 전기, 화공, 건설 등) 및 서비스 등 각 사업현장에서의 안전관리에 관한 이론과 관련 법령을 바탕으로 일반지식, 전문지식과 응용 및 실무 능력을 평가)

(3) 취득방법

① 시행처 : 한국산업인력공단
② 관련학과 : 대학 및 전문대학의 안전공학, 산업안전공학, 보건안전학 관련학과
③ 시험과목
  • 필기 : 1. 산업재해 예방 및 안전보건교육   2. 인간공학 및 위험성 평가·관리
          3. 기계·기구 및 설비 안전관리   4. 전기설비 안전관리
          5. 화학설비 안전관리   6. 건설공사 안전관리
  • 실기 : 산업안전관리 실무
④ 검정방법
  • 필기 : 객관식 4지 택일형 과목당 20문항(과목당 30분)
  • 실기 : 복합형[필답형(1시간 30분, 55점) + 작업형(1시간 정도, 45점)] 총 2시간 30분 정도

⑤ 합격기준
  • 필기 : 100점을 만점으로 하여 과목당 40점 이상, 전 과목 평균 60점 이상
  • 실기 : 100점을 만점으로 하여 60점 이상

(4) 시험일정

회 별	필기원서접수 (인터넷)	필기 시험	필기합격 (예정자)발표	실기 원서접수	실기(면접) 시험	최종합격자 발표일
제1회	1.13(월) ~ 1.16(목)	2.7(금) ~ 3.4(화)	3.12(수)	3.24(월) ~ 3.27(목)	4.19(토) ~ 5.9(금)	1차 : 6.5(목) 2차 : 6.13(금)
제2회	4.14(월) ~ 4.17(목)	5.10(토) ~ 5.30(금)	6.11(수)	6.23(월) ~ 6.26(목)	7.19(토) ~ 8.6(수)	1차 : 9.5(금) 2차 : 9.12(금)
제3회	7.21(월) ~ 7.24(목)	8.9(토) ~ 9.1(월)	9.10(수)	9.22(월) ~ 9.25(목)	11.1(토) ~ 11.21(금)	1차 : 12.5(금) 2차 : 12.24(수)

[비고] 1. 원서접수 시간은 원서접수 첫날 10시~마지막날 18시까지입니다.
       (가끔 마지막 날 밤 12:00까지로 알고 접수를 놓치는 경우도 있으니 주의하기 바람!)
   2. 필기시험 합격예정자 및 최종합격자 발표시간은 해당 발표일 9시입니다.
   3. 주말 및 공휴일, 공단창립일(3.18)에는 실기시험 원서접수 불가합니다.
   4. 자세한 시험일정은 Q-net 홈페이지(www.q-net.or.kr)에서 확인바랍니다.

03 산업안전 기사 · 산업기사 · 기술사 응시자격

자격명	응시자격
산업안전 기사	다음 중 어느 하나에 해당하는 사람은 기사 시험에 응시할 수 있다. ① 산업기사 등급 이상의 자격을 취득한 후 응시하려는 종목이 속하는 동일 및 유사 직무분야에서 1년 이상 실무에 종사한 사람 ② 기능사 자격을 취득한 후 응시하려는 종목이 속하는 동일 및 유사 직무분야에서 3년 이상 실무에 종사한 사람 ③ 응시하려는 종목이 속하는 동일 및 유사 직무분야의 다른 종목 기사 등급 이상의 자격을 취득한 사람 ④ 관련학과의 대학 졸업자 등 또는 그 졸업예정자 ⑤ 3년제 전문대학 관련학과 졸업자 등으로서 졸업 후 응시하려는 종목이 속하는 동일 및 유사 직무분야에서 1년 이상 실무에 종사한 사람 ⑥ 2년제 전문대학 관련학과 졸업자 등으로서 졸업 후 응시하려는 종목이 속하는 동일 및 유사 직무분야에서 2년 이상 실무에 종사한 사람 ⑦ 동일 및 유사 직무분야의 기사 수준 기술훈련과정 이수자 또는 그 이수예정자 ⑧ 동일 및 유사 직무분야의 산업기사 수준 기술훈련과정 이수자로서 이수 후 응시하려는 종목이 속하는 동일 및 유사 직무분야에서 2년 이상 실무에 종사한 사람 ⑨ 응시하려는 종목이 속하는 동일 및 유사 직무분야에서 4년 이상 실무에 종사한 사람 ⑩ 외국에서 동일한 종목에 해당하는 자격을 취득한 사람

자격명	응시자격
산업안전 산업기사	다음 중 어느 하나에 해당하는 사람은 산업기사 시험에 응시할 수 있다. ① 기능사 등급 이상의 자격을 취득한 후 1년 이상 실무 종사 ② 응시하려는 종목이 속하는 동일 및 유사 직무분야의 다른 종목의 산업기사 등급 이상의 자격을 취득한 사람 ③ 관련 학과의 2년제 또는 3년제 전문대학 졸업자 등 또는 그 졸업 예정자 ④ 관련 학과의 대학 졸업자 등 또는 그 졸업 예정자 ⑤ 동일 및 유사 직무분야의 산업기사 수준 기술훈련과정 이수자 또는 그 이수 예정자 ⑥ 2년 이상 실무 종사 ⑦ 고용노동부령으로 정하는 기능경기대회 입상자 ⑧ 외국에서 동일한 종목에 해당하는 자격을 취득한 사람
산업안전 기술사	다음 중 어느 하나에 해당하는 사람은 기술사 시험에 응시할 수 있다. ① 기사 자격 취득 후 4년 이상 실무에 종사 ② 산업기사 자격 취득 후 5년 이상 실무 종사 ③ 기능사 자격 취득 후 7년 이상 실무에 종사 ④ 관련 학과의 졸업자 등으로서 졸업 후 6년 이상 실무 종사 ⑤ 동일 및 유사 직무분야의 다른 종목의 기술사 등급의 자격 취득 ⑥ 3년제 전문대학 관련 학과 졸업자 등으로서 졸업 후 7년 이상 실무 종사 ⑦ 2년제 전문대학 관련 학과 졸업자 등으로서 졸업 후 8년 이상 실무 종사 ⑧ 기사의 수준에 해당하는 교육훈련을 실시하는 기관 중 고용노동부령으로 정하는 교육훈련기관의 기술훈련과정 이수자로서 이수 후 6년 이상 실무 종사 ⑨ 산업기사의 수준에 해당하는 교육훈련을 실시하는 기관 중 고용노동부령으로 정하는 교육훈련기관의 기술훈련과정 이수자로서 이수 후 8년 이상 실무 종사 ⑩ 9년 이상 실무 종사 ⑪ 외국에서 동일한 종목에 해당하는 자격을 취득한 사람

※ 알아두기
- 졸업자 등 : 학교를 졸업한 사람 및 이와 같은 수준 이상의 학력이 있다고 인정되는 사람. 다만, 대학 및 대학원을 "수료"한 사람으로서 관련 학위를 취득하지 못한 사람은 "대학 졸업자 등"으로 보고, 대학 등의 전 과정의 1/2 이상을 마친 사람은 "2년제 전문대학 졸업자 등"으로 본다.
- 졸업 예정자 : 필기시험일 현재 학년 중 최종 학년에 재학 중인 사람. 다만, 평생교육시설, 직업교육훈련기관 및 군(軍)의 교육 · 훈련 시설, 외국이나 군사분계선 이북 지역에서 대학교육에 상응하는 교육과정 등을 마쳐 교육부 장관으로부터 학점을 인정받은 사람으로서, 106학점 이상을 인정받은 사람(대학, 산업대학, 교육대학, 전문대학, 방송대학 · 통신대학 · 방송통신대학 및 사이버대학, 기술대학 재학 중 취득한 학점을 전환하여 인정받은 학점 외의 학점이 18학점 이상 포함되어야 한다)은 대학 졸업 예정자로 보고, 81학점 이상을 인정받은 사람은 3년제 대학 졸업 예정자로 보며, 41학점 이상을 인정받은 사람은 2년제 대학 졸업 예정자로 본다.
- 전공심화과정의 학사학위를 취득한 사람은 대학 졸업자로 보고, 그 졸업예정자는 대학 졸업 예정자로 본다.
- 이수자 : "기사"수준 기술훈련과정 또는 "산업기사"수준 기술훈련과정을 마친 사람
- 이수 예정자 : 필기시험일 또는 최초 시험일 현재 "기사"수준 기술훈련과정 또는 "산업기사"수준 기술훈련과정에서 각 과정의 2분의 1을 초과하여 교육훈련을 받고 있는 사람

자격정보

04 자격증 취득과정

(1) 원서 접수 유의사항

- 원서 접수는 온라인(인터넷, 모바일앱)에서만 가능하다.
  스마트폰, 태블릿 PC 사용자는 모바일앱 프로그램을 설치한 후 접수 및 취소/환불 서비스를 이용할 수 있다.
- 원서 접수 확인 및 수험표 출력기간은 접수 당일부터 시험 시행일까지이다.
  이외 기간에는 조회가 불가하며, 출력장애 등을 대비하여 사전에 출력하여 보관하여야 한다.
- 원서 접수 시 반명함 사진 등록이 필요하다.
  사진은 6개월 이내 촬영한 3.5cm×4.5cm 컬러사진으로, 상반신 정면, 탈모, 무 배경을 원칙으로 한다.
  ※ 접수 불가능 사진 : 스냅사진, 스티커사진, 측면사진, 모자 및 선글라스 착용 사진, 혼란한 배경사진, 기타 신분확인이 불가한 사진

STEP 01	STEP 02	STEP 03	STEP 04
필기시험 원서 접수	필기시험 응시	필기시험 합격자 확인	실기시험 원서 접수
• 필기시험은 온라인 접수만 가능 • Q-net(q-net.or.kr) 사이트 회원가입 및 응시자격 자가진단 확인 후 접수 진행	• 입실시간 미준수 시 시험 응시 불가 (시험 시작 20분 전까지 입실) • 수험표, 신분증, 계산기 지참 (공학용 계산기 지참 시 반드시 포맷)	• 문자메시지, SNS 메신저를 통해 합격 통보 (합격자만 통보) • Q-net 사이트 또는 ARS(1666-0100)를 통해서 확인 가능 • CBT 형식으로 시행되므로 시험 완료 즉시 합격여부 확인 가능	• Q-net 사이트에서 원서 접수 • 응시자격서류 제출 후 심사에 합격 처리된 사람에 한하여 원서 접수 가능 (응시자격서류 미제출 시 필기시험 합격예정 무효)

(2) 시험문제와 가답안 공개

2022년 마지막 시험부터 기사 필기는 CBT(Computer Based Test)로 시행되고 있으므로 시험문제와 가답안은 공개되지 않습니다.

★ 필기/실기 시험 시 허용되는 공학용 계산기 기종
1. 카시오(CASIO) FX-901~999
2. 카시오(CASIO) FX-501~599
3. 카시오(CASIO) FX-301~399
4. 카시오(CASIO) FX-80~120
5. 샤프(SHARP) EL-501~599
6. 샤프(SHARP) EL-5100, EL-5230, EL-5250, EL-5500
7. 캐논(CANON) F-715SG, F-788SG, F-792SGA
8. 유니원(UNIONE) UC-400M, UC-600E, UC-800X
9. 모닝글로리(MORNING GLORY) ECS-101

※ 1. 직접 초기화가 불가능한 계산기는 사용 불가
2. 사칙연산만 가능한 일반 계산기는 기종 상관없이 사용 가능
3. 허용군 내 기종 번호 말미의 영어 표기(ES, MS, EX 등)는 무관

STEP 05	STEP 06	STEP 07	STEP 08
실기시험 응시	실기시험 합격자 확인	자격증 교부 신청	자격증 수령

- 수험표, 신분증, 필기구, 공학용 계산기, 종목별 수험자 준비물 지참 (공학용 계산기는 허용된 종류에 한하여 사용 가능하며, 지참 시 반드시 포맷)

- 문자메시지, SNS 메신저를 통해 합격 통보 (합격자만 통보)
- Q-net 사이트 또는 ARS(1666-0100)를 통해서 확인 가능

- Q-net 사이트에서 신청 가능
- 상장형 자격증, 수첩형 자격증 형식 신청 가능

- 상장형 자격증은 합격자 발표 당일부터 인터넷으로 발급 가능 (직접 출력하여 사용)
- 수첩형 자격증은 인터넷 신청 후 우편 수령만 가능 (수수료 : 3,100원 / 배송비 : 3,010원)

★ 자세한 사항은 홈페이지(q-net.or.kr)를 참고하시기 바랍니다. ★

NCS 안내

01 국가직무능력표준이란?

국가직무능력표준(NCS, National Competency Standards)은 산업현장에서 직무를 행하기 위해 요구되는 지식 · 기술 · 태도 등의 내용을 국가가 체계화한 것이다.

(1) 국가직무능력표준(NCS) 개념도

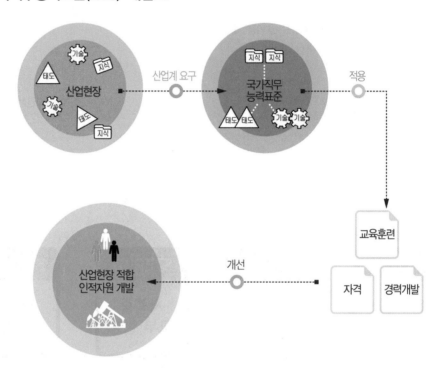

〈직무능력〉

능력=직업기초능력+직무수행능력

① **직업기초능력** : 직업인으로서 기본적으로 갖추어야 할 공통능력

② **직무수행능력** : 해당 직무를 수행하는 데 필요한 역량(지식, 기술, 태도)

〈보다 효율적이고 현실적인 대안 마련〉

① 실무 중심의 교육 · 훈련 과정 개편

② 국가자격의 종목 신설 및 재설계

③ 산업현장 직무에 맞게 자격시험 전면 개편

④ NCS 채용을 통한 기업의 능력중심 인사관리 및 근로자의 평생경력 개발 · 관리 · 지원

(2) 학습모듈의 개념

국가직무능력표준(NCS)이 현장의 '직무 요구서'라고 한다면, NCS 학습모듈은 NCS 능력단위를 교육훈련에서 학습할 수 있도록 구성한 '교수 · 학습 자료'이다.

NCS 학습모듈은 구체적 직무를 학습할 수 있도록 이론 및 실습과 관련된 내용을 상세하게 제시하고 있다.

02 국가직무능력표준이 왜 필요한가?

능력 있는 인재를 개발해 핵심 인프라를 구축하고, 나아가 국가경쟁력을 향상시키기 위해 국가직무
능력표준이 필요하다.

(1) 국가직무능력표준(NCS) 적용 전/후

⊖ 지금은,
- 직업 교육 · 훈련 및 자격제도가
  산업현장과 불일치
- 인적자원의 비효율적 관리 운용

국가직무능력표준

⊕ 바뀝니다.
- 각각 따로 운영되었던 교육 · 훈련,
  국가직무능력표준 중심 시스템으로
  전환(일−교육 · 훈련−자격 연계)
- 산업현장 직무 중심의 인적자원 개발
- 능력중심사회 구현을 위한 핵심 인
  프라 구축
- 고용과 평생 직업능력개발 연계를
  통한 국가경쟁력 향상

(2) 국가직무능력표준(NCS) 활용범위

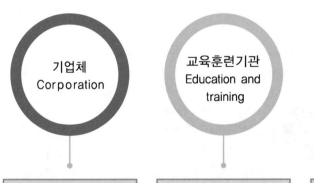

기업체
Corporation

교육훈련기관
Education and
training

자격시험기관
Qualification

- 현장 수요 기반의 인력
  채용 및 인사관리 기준
- 근로자 경력개발
- 직무기술서

- 직업교육 훈련과정 개발
- 교수계획 및 매체, 교재
  개발
- 훈련기준 개발

- 자격종목의 신설 · 통합
  · 폐지
- 출제기준 개발 및 개정
- 시험문항 및 평가방법

★ 좀더 자세한 내용에 대해서는 **Q-Net** 홈페이지(www.q-net.or.kr) 및

NCS 국가직무능력표준 National Competency Standards 홈페이지(www.ncs.go.kr)를 참고해 주시기 바랍니다. ★

CBT 안내

01 CBT란

Computer Based Test의 약자로, 컴퓨터 기반 시험을 의미한다.

정보기기운용기능사, 정보처리기능사, 굴삭기운전기능사, 지게차운전기능사, 제과기능사, 제빵기능사, 한식조리기능사, 양식조리기능사, 일식조리기능사, 중식조리기능사, 미용사(일반), 미용사(피부) 등 12종목은 이미 오래 전부터 CBT 시험을 시행하고 있으며, 이외의 기능사는 2016년 5회부터, 산업기사는 2020년 마지막(3회 또는 4회)부터, **산업안전기사 포함 모든 기사는 2022년 마지막(3회 또는 4회)부터 CBT 시험이 시행**되었다.

02 CBT 시험 과정

한국산업인력공단에서 운영하는 홈페이지 **큐넷(Q-net)**에서는 누구나 쉽게 **CBT 시험**을 볼 수 있도록 실제 자격시험 환경과 동일하게 구성한 **가상 웹 체험 서비스를 제공**하고 있으며, 그 과정을 요약한 내용은 아래와 같다.

(1) 시험시작 전 신분 확인절차

수험자가 자신에게 배정된 좌석에 앉아 있으면 신분 확인절차가 진행된다.

이것은 시험장 감독위원이 컴퓨터에 나온 수험자 정보와 신분증이 일치하는지를 확인하는 단계이다.

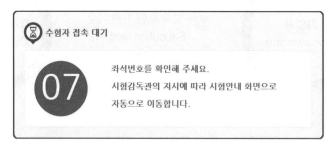

(2) CBT 시험안내 진행

신분 확인이 끝난 후 시험시작 전 CBT 시험안내가 진행된다.

> 안내사항 > 유의사항 > 메뉴 설명 > 문제풀이 연습 > 시험준비 완료

① **시험 [안내사항]을 확인한다.**
- 시험은 총 5문제로 구성되어 있으며, 5분간 진행된다.
- ※ 자격종목별로 시험문제 수와 시험시간은 다를 수 있다.
   (산업안전기사 필기 – 120문제/3시간)
- 시험도중 수험자 PC 장애 발생 시 손을 들어 시험감독관에게 알리면 긴급장애조치 또는 자리이동을 할 수 있다.
- 시험이 끝나면 합격여부를 바로 확인할 수 있다.

② **시험 [유의사항]을 확인한다.**
시험 중 금지되는 행위 및 저작권 보호에 관한 유의사항이 제시된다.

③ **문제풀이 [메뉴 설명]을 확인한다.**
문제풀이 기능 설명을 유의해서 읽고 기능을 숙지해야 한다.

④ **자격검정 CBT [문제풀이 연습]을 진행한다.**
실제 시험과 동일한 방식의 문제풀이 연습을 통해 CBT 시험을 준비한다.
- CBT 시험 문제화면의 기본 글자크기는 150%이다. 글자가 크거나 작을 경우 크기를 변경할 수 있다.
- 화면배치는 1단 배치가 기본 설정이다. 더 많은 문제를 볼 수 있는 2단 배치와 한 문제씩 보기 설정이 가능하다.

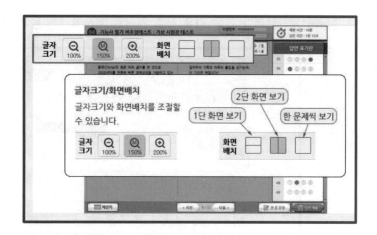

CBT 안내

- 답안은 문제의 보기번호를 클릭하거나 답안표기 칸의 번호를 클릭하여 입력할 수 있다.
- 입력된 답안은 문제화면 또는 답안표기 칸의 보기번호를 클릭하여 변경할 수 있다.

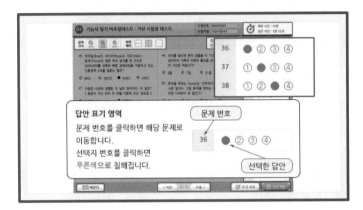

- 페이지 이동은 아래의 페이지 이동 버튼 또는 답안표기 칸의 문제번호를 클릭하여 이동할 수 있다.

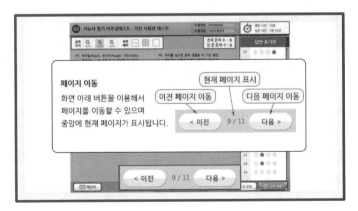

- 응시종목에 계산문제가 있을 경우 좌측 하단의 계산기 기능을 이용할 수 있다.

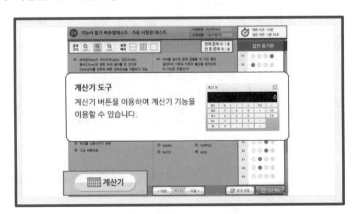

- 안 푼 문제 확인은 답안 표기란 좌측에 안 푼 문제 수를 확인하거나 답안 표기란 하단 [안 푼 문제] 버튼을 클릭하여 확인할 수 있다. 안 푼 문제번호 보기 팝업창에 안 푼 문제 번호가 표시된다. 번호를 클릭하면 해당 문제로 이동한다.

- 시험문제를 다 푼 후 답안 제출을 하거나 시험시간이 모두 경과되었을 경우 시험이 종료 되며 시험결과를 바로 확인할 수 있다.
- [답안 제출] 버튼을 클릭하면 답안 제출 승인 알림창이 나온다. 시험을 마치려면 [예] 버튼을 클릭하고 시험을 계속 진행하려면 [아니오] 버튼을 클릭하면 된다. 답안 제출은 실수 방지를 위해 두 번의 확인 과정을 거친다. 이상이 없으면 [예] 버튼을 한 번 더 클릭하면 된다.

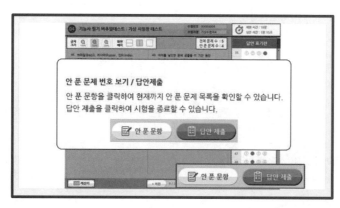

⑤ [시험준비 완료]를 한다.
　시험 안내사항 및 문제풀이 연습까지 모두 마친 수험자는 [시험준비 완료] 버튼을 클릭한 후 잠시 대기한다.

(3) CBT 시험 시행

(4) 답안 제출 및 합격 여부 확인

출제기준

• **직무분야** : 안전관리 / **자격종목** : 산업안전기사
• **적용기간** : 2024.1.1.~2026.12.31.

 필 기

• **직무내용**
제조 및 서비스업 등 각 산업현장에 소속되어 산업재해 예방계획의 수립에 관한 사항을 수행하며, 작업환경의 점검 및 개선에 관한 사항, 사고 사례 분석 및 개선에 관한 사항, 근로자의 안전 교육 및 훈련 등을 수행하는 직무이다.

〈제1과목. 산업재해 예방 및 안전보건교육〉

주요 항목	세부 항목	세세 항목	
1. 산업재해 예방 계획 수립	(1) 안전관리	① 안전과 위험의 개념 ③ 생산성과 경제적 안전도 ⑤ KOSHA GUIDE	② 안전보건관리 제이론 ④ 재해예방활동 기법 ⑥ 안전보건 예산 편성 및 계상
	(2) 안전보건관리 체제 및 운용	① 안전보건관리조직 구성 ③ 안전보건경영 시스템	② 산업안전보건위원회 운영 ④ 안전보건관리 규정
2. 안전보호구 관리	(1) 보호구 및 안전장구 관리	① 보호구의 개요 ② 보호구의 종류별 특성 ③ 보호구의 성능기준 및 시험방법 ④ 안전보건표지의 종류·용도 및 적용 ⑤ 안전보건표지의 색채 및 색도 기준	
3. 산업안전심리	(1) 산업심리와 심리검사	① 심리검사의 종류 ③ 지각과 정서 ⑤ 불안과 스트레스	② 심리학적 요인 ④ 동기·좌절·갈등
	(2) 직업적성과 배치	① 직업적성의 분류 ③ 직무분석 및 직무평가 ⑤ 인사관리의 기초	② 적성검사의 종류 ④ 선발 및 배치
	(3) 인간의 특성과 안전과의 관계	① 안전사고 요인 ③ 착상심리 ⑤ 착시	② 산업안전심리의 요소 ④ 착오 ⑥ 착각현상
4. 인간의 행동과학	(1) 조직과 인간행동	① 인간관계 ③ 인간관계 메커니즘 ⑤ 인간의 일반적인 행동특성	② 사회행동의 기초 ④ 집단행동
	(2) 재해 빈발성 및 행동과학	① 사고경향 ③ 재해 빈발성 ⑤ 주의와 부주의	② 성격의 유형 ④ 동기부여
	(3) 집단관리와 리더십	① 리더십의 유형 ② 리더십과 헤드십 ③ 사기와 집단역학	
	(4) 생체리듬과 피로	① 피로의 증상 및 대책 ③ 작업강도와 피로 ⑤ 위험일	② 피로의 측정법 ④ 생체리듬

주요 항목	세부 항목	세세 항목
5. 안전보건교육의 내용 및 방법	(1) 교육의 필요성과 목적	① 교육목적 ② 교육의 개념 ③ 학습지도 이론 ④ 교육심리학의 이해
	(2) 교육방법	① 교육훈련기법 ② 안전보건교육방법(TWI, O.J.T, OFF.J.T 등) ③ 학습목적의 3요소 ④ 교육법의 4단계 ⑤ 교육훈련의 평가방법
	(3) 교육실시 방법	① 강의법　　　　② 토의법 ③ 실연법　　　　④ 프로그램학습법 ⑤ 모의법　　　　⑥ 시청각교육법 등
	(4) 안전보건교육계획 수립 및 실시	① 안전보건교육의 기본방향 ② 안전보건교육의 단계별 교육과정 ③ 안전보건교육 계획
	(5) 교육내용	① 근로자 정기안전보건 교육내용 ② 관리감독자 정기안전보건 교육내용 ③ 신규채용 시와 작업내용변경 시 안전보건 교육내용 ④ 특별교육대상 작업별 교육내용
6. 산업안전 관계법규	(1) 산업안전보건법령	① 산업안전보건법 ② 산업안전보건법 시행령 ③ 산업안전보건법 시행규칙 ④ 산업안전보건기준에 관한 규칙 ⑤ 관련 고시 및 지침에 관한 사항

〈제2과목. 인간공학 및 위험성 평가 · 관리〉

주요 항목	세부 항목	세세 항목
1. 안전과 인간공학	(1) 인간공학의 정의	① 정의 및 목적 ② 배경 및 필요성 ③ 작업관리와 인간공학 ④ 사업장에서의 인간공학 적용분야
	(2) 인간-기계체계	① 인간-기계 시스템의 정의 및 유형 ② 시스템의 특성
	(3) 체계 설계와 인간요소	① 목표 및 성능명세의 결정 ② 기본 설계 ③ 계면 설계 ④ 촉진물 설계 ⑤ 시험 및 평가 ⑥ 감성공학
	(4) 인간요소와 휴먼에러	① 인간실수의 분류 ② 형태적 특성 ③ 인간실수 확률에 대한 추정기법 ④ 인간실수 예방기법

출제기준

주요 항목	세부 항목	세세 항목
2. 위험성 파악 · 결정	(1) 위험성 평가	① 위험성 평가의 정의 및 개요 ② 평가대상 선정 ③ 평가항목 ④ 관련법에 관한 사항
	(2) 시스템 위험성 추정 및 결정	① 시스템 위험성 분석 및 관리 ② 위험분석 기법 ③ 결함수 분석 ④ 정성적, 정량적 분석 ⑤ 신뢰도 계산
3. 위험성 감소대책 수립 · 실행	(1) 위험성 감소대책 수립 및 실행	① 위험성 개선대책(공학적 · 관리적)의 종류 ② 허용가능한 위험수준 분석 ③ 감소대책에 따른 효과 분석능력
4. 근골격계 질환 예방 관리	(1) 근골격계 유해요인	① 근골격계 질환의 정의 및 유형 ② 근골격계 부담작업의 범위
	(2) 인간공학적 유해요인 평가	① OWAS ② RULA ③ REBA 등
	(3) 근골격계 유해요인 관리	① 작업관리의 목적 ② 방법 연구 및 작업 측정 ③ 문제해결 절차 ④ 작업 개선안의 원리 및 도출방법
5. 유해요인 관리	(1) 물리적 유해요인 관리	① 물리적 유해요인 파악 ② 물리적 유해요인 노출기준 ③ 물리적 유해요인 관리대책 수립
	(2) 화학적 유해요인 관리	① 화학적 유해요인 파악 ② 화학적 유해요인 노출기준 ③ 화학적 유해요인 관리대책 수립
	(3) 생물학적 유해요인 관리	① 생물학적 유해요인 파악 ② 생물학적 유해요인 노출기준 ③ 생물학적 유해요인 관리대책 수립
6. 작업환경 관리	(1) 인체 계측 및 체계 제어	① 인체 계측 및 응용 원칙 ② 신체반응의 측정 ③ 표시장치 및 제어장치 ④ 통제표시비 ⑤ 양립성 ⑥ 수공구
	(2) 신체활동의 생리학적 측정법	① 신체반응의 측정 ② 신체역학 ③ 신체활동의 에너지 소비 ④ 동작의 속도와 정확성
	(3) 작업공간 및 작업자세	① 부품배치의 원칙 ② 활동분석 ③ 개별 작업공간 설계지침
	(4) 작업 측정	① 표준시간 및 연구 ② Work sampling의 원리 및 절차 ③ 표준자료(MTM, Work factor 등)
	(5) 작업환경과 인간공학	① 빛과 소음의 특성 ② 열교환과정과 열압박 ③ 진동과 가속도 ④ 실효온도와 Oxford 지수 ⑤ 이상환경 I(고열, 한랭, 기압, 고도 등) 및 노출에 따른 사 고와 부상 ⑥ 사무/VDT 작업 설계 및 관리
	(6) 중량물 취급 작업	① 중량물 취급방법 ② NIOSH Lifting Equation

〈제3과목. 기계 · 기구 및 설비 안전관리〉

주요 항목	세부 항목	세세 항목
1. 기계 공정의 안전	(1) 기계 공정의 특수성 분석	① 설계도(설비 도면, 장비 사양서 등) 검토 ② 파레토도, 특성요인도, 클로즈 분석, 관리도 ③ 공정의 특수성에 따른 위험요인 ④ 설계도에 따른 안전지침 ⑤ 특수작업의 조건 ⑥ 표준안전작업절차서 ⑦ 공정도를 활용한 공정 분석 기술
	(2) 기계의 위험 안전조건 분석	① 기계의 위험요인 ② 본질적 안전 ③ 기계의 일반적인 안전사항과 안전조건 ④ 유해위험기계 · 기구의 종류, 기능과 작동원리 ⑤ 기계 위험성 ⑥ 기계 방호장치 ⑦ 유해위험기계 · 기구의 종류와 기능 ⑧ 설비보전의 개념 ⑨ 기계의 위험점 조사능력 ⑩ 기계 작동원리 분석기술
2. 기계분야 산업재해 조사 및 관리	(1) 재해조사	① 재해조사의 목적 ② 재해조사 시 유의사항 ③ 재해발생 시 조치사항 ④ 재해의 원인 분석 및 조사기법
	(2) 산재 분류 및 통계 분석	① 산재 분류의 이해 ② 재해관련 통계의 정의 ③ 재해관련 통계의 종류 및 계산 ④ 재해손실비의 종류 및 계산
	(3) 안전점검 · 검사 · 인증 및 진단	① 안전점검의 정의 및 목적 ② 안전점검의 종류 ③ 안전점검표의 작성 ④ 안전검사 및 안전인증 ⑤ 안전진단
3. 기계설비 위험요인 분석	(1) 공작기계의 안전	① 절삭가공기계의 종류 및 방호장치 ② 소성가공 및 방호장치
	(2) 프레스 및 전단기의 안전	① 프레스 재해방지의 근본적인 대책 ② 금형의 안전화
	(3) 기타 산업용 기계 · 기구	① 롤러기 ② 원심기 ③ 아세틸렌 용접장치 및 가스집합 용접장치 ④ 보일러 및 압력용기 ⑤ 산업용 로봇 ⑥ 목재 가공용 기계 ⑦ 고속회전체 ⑧ 사출성형기
	(4) 운반기계 및 양중기	① 지게차 ② 컨베이어 ③ 양중기(건설용은 제외) ④ 운반기계

출제기준

주요 항목	세부 항목	세세 항목
4. 기계 안전시설 관리	(1) 안전시설 관리 계획하기	① 기계 방호장치 ② 안전작업 절차 ③ 공정도를 활용한 공정 분석 ④ Fool Proof ⑤ Fail Safe
	(2) 안전시설 설치하기	① 안전시설물 설치기준 ② 안전보건표지 설치기준 ③ 기계 종류별[지게차, 컨베이어, 양중기(건설용은 제외), 운반기계] 안전장치 설치기준 ④ 기계의 위험점 분석
	(3) 안전시설 유지·관리하기	① KS B 규격과 ISO 규격 통칙에 대한 지식 ② 유해위험기계·기구의 종류 및 특성
5. 설비 진단 및 검사	(1) 비파괴검사의 종류 및 특징	① 육안검사 ② 누설검사 ③ 침투검사 ④ 초음파검사 ⑤ 자기탐상검사 ⑥ 음향검사 ⑦ 방사선투과검사
	(2) 소음·진동 방지 기술	① 소음 방지 방법 ② 진동 방지 방법

〈제4과목. 전기설비 안전관리〉

주요 항목	세부 항목	세세 항목
1. 전기 안전관리 업무 수행	(1) 전기 안전관리	① 배(분)전반 ② 개폐기 ③ 보호계전기 ④ 과전류 및 누전 차단기 ⑤ 정격차단용량(kA) ⑥ 전기 안전관련 법령
2. 감전재해 및 방지 대책	(1) 감전재해 예방 및 조치	① 안전전압 ② 허용접촉 및 보폭 전압 ③ 인체의 저항
	(2) 감전재해의 요인	① 감전요소 ② 감전사고의 형태 ③ 전압의 구분 ④ 통전전류의 세기 및 그에 따른 영향
	(3) 절연용 안전장구	① 절연용 안전보호구 ② 절연용 안전방호구
3. 정전기 장·재해 관리	(1) 정전기 위험요소 파악	① 정전기 발생원리 ② 정전기의 발생현상 ③ 방전의 형태 및 영향 ④ 정전기의 장해
	(2) 정전기 위험요소 제거	① 접지 ② 유속의 제한 ③ 보호구의 착용 ④ 대전방지제 ⑤ 가습 ⑥ 제전기 ⑦ 본딩
4. 전기방폭 관리	(1) 전기방폭 설비	① 방폭 구조의 종류 및 특징 ② 방폭 구조 선정 및 유의사항 ③ 방폭형 전기기기
	(2) 전기방폭 사고예방 및 대응	① 전기 폭발등급 ② 위험장소 선정 ③ 정전기 방지대책 ④ 절연저항, 접지저항, 정전용량 측정

주요 항목	세부 항목	세세 항목
5. 전기설비 위험요인 관리	(1) 전기설비 위험요인 파악	① 단락 ② 누전 ③ 과전류 ④ 스파크 ⑤ 접촉부 과열 ⑥ 절연열화에 의한 발열 ⑦ 지락 ⑧ 낙뢰 ⑨ 정전기
	(2) 전기설비 위험요인 점검 및 개선	① 유해위험기계·기구의 종류 및 특성 ② 안전보건표지 설치기준 ③ 접지 및 피뢰 설비 점검

〈제5과목. 화학설비 안전관리〉

주요 항목	세부 항목	세세 항목
1. 화재·폭발 검토	(1) 화재·폭발 이론 및 발생 이해	① 연소의 정의 및 요소 ② 인화점 및 발화점 ③ 연소·폭발의 형태 및 종류 ④ 연소(폭발) 범위 및 위험도 ⑤ 완전연소 조성 농도 ⑥ 화재의 종류 및 예방대책 ⑦ 연소파와 폭굉파 ⑧ 폭발의 원리
	(2) 소화원리 이해	① 소화의 정의 ② 소화의 종류 ③ 소화기의 종류
	(3) 폭발방지대책 수립	① 폭발방지대책 ② 폭발하한계 및 폭발상한계의 계산
2. 화학물질 안전관리 실행	(1) 화학물질(위험물, 유해화학물질) 확인	① 위험물의 기초화학 ② 위험물의 정의 ③ 위험물의 종류 ④ 노출기준 ⑤ 유해화학물질의 유해요인
	(2) 화학물질(위험물, 유해화학물질) 유해 위험성 확인	① 위험물의 성질 및 위험성 ② 위험물의 저장 및 취급 방법 ③ 인화성 가스 취급 시 주의사항 ④ 유해화학물질 취급 시 주의사항 ⑤ 물질안전보건자료(MSDS)
	(3) 화학물질 취급설비 개념 확인	① 각종 장치(고정, 회전 및 안전장치 등) 종류 ② 화학장치(반응기, 정류탑, 열교환기 등) 특성 ③ 화학설비(건조설비 등)의 취급 시 주의사항 ④ 전기설비(계측설비 포함)
3. 화공안전 비상조치 계획·대응	(1) 비상조치 계획 및 평가	① 비상조치 계획 ② 비상대응 교육훈련 ③ 자체매뉴얼 개발

출제기준

주요 항목	세부 항목	세세 항목
4. 화공안전 운전 · 점검	(1) 공정안전 기술	① 공정안전의 개요 ② 각종 장치(제어장치, 송풍기, 압축기, 배관 및 피팅류) ③ 안전장치의 종류
	(2) 안전점검 계획 수립	① 안전운전 계획
	(3) 공정안전보고서 작성 심사 · 확인	① 공정안전 자료 ② 위험성 평가

〈제6과목. 건설공사 안전관리〉

주요 항목	세부 항목	세세 항목
1. 건설공사 특성 분석	(1) 건설공사 특수성 분석	① 안전관리 계획 수립 ② 공사장 작업환경 특수성 ③ 계약조건의 특수성
	(2) 안전관리 고려사항 확인	① 설계도서 검토 ② 안전관리 조직 ③ 시공 및 재해사례 검토
2. 건설공사 위험성	(1) 건설공사 유해 · 위험 요인 파악	① 유해 · 위험 요인 선정 ② 안전보건 자료 ③ 유해 · 위험방지계획서
	(2) 건설공사 위험성 추정 · 결정	① 위험성 추정 및 평가방법 ② 위험성 결정관련 지침 활용
3. 건설업 산업안전 보건관리비 관리	(1) 건설업 산업안전보건 관리비 규정	① 건설업 산업안전보건관리비의 계상 및 사용기준 ② 건설업 산업안전보건관리비 대상액 작성요령 ③ 건설업 산업안전보건관리비의 항목별 사용내역
4. 건설현장 안전시설 관리	(1) 안전시설 설치 및 관리	① 추락 방지용 안전시설 ② 붕괴 방지용 안전시설 ③ 낙하, 비래 방지용 안전시설 ④ 개인보호구
	(2) 건설 공구 및 장비 안전수칙	① 건설공구의 종류 및 안전수칙 ② 건설장비의 종류 및 안전수칙
5. 비계 · 거푸집 가시설 위험방지	(1) 건설 가시설물 설치 및 관리	① 비계 ② 작업통로 및 발판 ③ 거푸집 및 동바리 ④ 흙막이
6. 공사 및 작업 종류별 안전	(1) 양중 및 해체 공사	① 양중공사 시 안전수칙 ② 해체공사 시 안전수칙
	(2) 콘크리트 및 PC 공사	① 콘크리트공사 시 안전수칙 ② PC공사 시 안전수칙
	(3) 운반 및 하역 작업	① 운반작업 시 안전수칙 ② 하역작업 시 안전수칙

실 기

• **직무내용**

제조 및 서비스업 등 각 산업현장에 소속되어 산업재해 예방 계획의 수립에 관한 사항을 수행하며, 작업환경의 점검 및 개선에 관한 사항, 유해 및 위험방지에 관한 사항, 사고 사례 분석 및 개선에 관한 사항, 근로자의 안전 교육 및 훈련 등을 수행하는 직무이다.

• **수행준거**

1. 사업장의 안전한 작업환경을 구성하기 위해 산업안전 계획과 재해예방 계획, 안전보건 관리 규정을 수행할 수 있는 산업안전관리 매뉴얼을 개발할 수 있다.

2. 관련 공정의 특수성을 분석하여 안전관리상 고려사항을 조사하고, 관련 자료 및 기계위험에 대한 안전조건 분석 등을 수행할 수 있다.

3. 사업장 내 발생한 사고에 대한 신속한 조치를 통하여 추가 피해를 방지하고, 사고 원인에 대한 분석을 실시하여 향후 발생할 수 있는 산업재해를 예방할 수 있다.

4. 사업장 안전점검이란 안전점검 계획 수립과 점검표 작성을 통해 안전점검을 실행하고 이를 평가하는 능력이다.

5. 근로자 안전과 관련한 안전시설을 관련 법령과 기준, 지침에 따라 관리할 수 있다.

6. 근로자 안전과 관련한 보호구와 안전장구를 관련 법령, 기준, 지침에 따라 관리할 수 있다.

7. 정전기로 인해 발생할 수 있는 전기안전사고를 예방하기 위하여 정전기 위험요소를 파악하고 제거할 수 있다.

8. 전기로 인해 발생할 수 있는 폭발사고를 방지하기 위해 사고위험요소를 파악하고 대응할 수 있다.

9. 작업 중 발생할 수 있는 전기사고로부터 근로자를 보호하기 위해 안전하게 전기작업을 수행하도록 지원하고 예방할 수 있다.

10. 작업장에서 발생할 수 있는 관련 사고를 예방하기 위해 관련 요소를 파악하고 계획을 수립할 수 있다.

11. 화학물질에 대한 유해 · 위험성을 파악하고, MSDS를 활용하여 제반 안전활동을 수행할 수 있다.

12. 화학공정 시설에서 발생할 수 있는 안전사고를 방지하기 위해 안전점검 계획을 수립하고 안전점검표에 따라 안전점검을 실행하며 안전점검 결과를 평가할 수 있다.

13. 건설공사와 관련된 특수성을 분석하고 공사와 연관된 안전관리의 고려사항과 기존의 관련 공사 자료를 활용하여 안전관리 업무에 적용할 수 있다.

14. 근로자 안전과 관련한 건설현장 안전시설을 관련 법령과 기준, 지침에 따라 관리할 수 있다.

15. 건설작업 중 발생할 수 있는 유해 · 위험 요인을 파악하여 감소대책을 수립하고, 평가보고서 작성 후 평가 결과를 환류하여 건설현장 내 유해 · 위험 요인을 관리할 수 있다.

출제기준

〈실기 과목명 : 산업안전관리 실무〉

주요 항목	세부 항목	세세 항목
1. 산업안전관리 계획 수립	(1) 산업안전 계획 수립하기	① 사업장의 안전보건 경영방침에 따라 안전관리 목표를 설정할 수 있다. ② 설정된 안전관리 목표를 기준으로 안전관리를 위한 대상을 설정할 수 있다. ③ 설정된 안전관리 대상별 인력, 예산, 시설 등의 사항을 계획할 수 있다. ④ 안전관리 대상별 안전점검 및 유지보수에 관한 사항을 계획할 수 있다. ⑤ 계획된 내용을 보고서로 작성하여 산업안전보건위원회에 심의를 받을 수 있다. ⑥ 산업안전보건위원회에서 심의된 안전보건 계획을 이사회 승인 후 안전관리 업무에 적용할 수 있다.
	(2) 산업재해 예방계획 수립하기	① 사업장에서 발생 가능한 유해·위험 요소를 선정할 수 있다. ② 유해·위험 요소별 재해 원인과 사례를 통해 재해 예방을 위한 방법을 결정할 수 있다. ③ 결정된 방법에 따라 세부적인 예방활동을 도출할 수 있다. ④ 산업재해 예방을 위한 소요예산을 계상할 수 있다. ⑤ 산업재해 예방을 위한 활동, 인력, 점검, 훈련 등이 포함된 계획서를 작성할 수 있다.
	(3) 안전보건 관리규정 작성하기	① 산업안전관리를 위한 사업장의 특성을 파악할 수 있다. ② 안전보건 관리규정 작성에 필요한 기초자료를 파악할 수 있다. ③ 안전보건 경영방침에 따라 안전보건 관리규정을 작성할 수 있다. ④ 산업안전보건 관련 법령에 따라 안전보건 관리규정을 관리할 수 있다.
	(4) 산업안전관리 매뉴얼 개발하기	① 사업장 내 설비와 유해·위험 요인을 파악할 수 있다. ② 안전보건 관리규정에 따라 산업안전관리에 필요 절차를 파악할 수 있다. ③ 사업장 내 안전관리를 위한 분야별 매뉴얼을 개발할 수 있다.
2. 기계 작업공정 특성 분석	(1) 안전관리상 고려사항 결정하기	① 기계 작업공정과 관련된 설계도를 검토하여 안전관리 운영 항목을 도출할 수 있다. ② 기계 작업공정에서 도출된 안전관리 요소를 검토하여 안전관리 업무의 핵심내용을 도출할 수 있다. ③ 유관 부서와 협의하고 협조 운영될 수 있는 방안을 검토할 수 있다. ④ 사전예방활동 또는 작업성과의 향상에 기여할 수 있도록 위험을 최소화할 수 있는 안전관리 방안을 결정할 수 있다.
	(2) 관련 공정 특성 분석하기	① 기계 작업공정 안전관리 요소를 도출하기 위하여 기계 작업공정의 설계도에 따라 세부적인 안전지침을 검토할 수 있다. ② 작업환경에 따라 안전관리에 적용해야 하는 위험요인을 도출할 수 있다. ③ 특수작업의 작업조건에 따라 안전관리에 적용해야 하는 위험요인을 도출할 수 있다. ④ 기계 작업공정별 특수성에 따라 위험요인을 도출하여 안전관리 방안을 도출할 수 있다.
	(3) 유사공정 안전관리 사례 분석하기	① 안전관리상 고려사항을 도출하기 위하여 유사공정 분석에 필요한 정보를 수집할 수 있다. ② 외부전문가가 필요한 경우 안전관리 분야 전문가를 위촉하여 활용할 수 있다. ③ 외부전문가를 활용한 기계작업 안전관리 사례 분석 결과에서 안전관리 요소를 도출할 수 있다.
	(4) 기계 위험 안전조건 분석하기	① 현장에서 사용되는 기계별 위험요인과 기계설비의 안전요소를 도출할 수 있다. ② 기계의 안전장치의 설치 등 기계의 방호장치에 대한 특성을 분석하고 활용할 수 있다. ③ 기계설비의 결함을 조사하여 구조적, 기능적 안전에 대응할 수 있다. ④ 유해위험기계·기구의 종류, 기능과 작동원리를 활용하여 안전조건을 검토할 수 있다.

주요 항목	세부 항목	세세 항목
3. 산업재해 대응	(1) 산업재해 처리절차 수립하기	① 비상조치 계획에 의거하여 사고 등 비상상황에 대비한 처리절차를 수립할 수 있다. ② 비상대응 매뉴얼에 따라 비상상황 전달 및 비상조직의 운영으로 피해를 최소화할 수 있다. ③ 비상사태 발생 시 신속한 대응을 위해 비상훈련 계획을 수립할 수 있다.
	(2) 산업재해자 응급 조치하기	① 응급처치기술을 활용하여 재해자를 안정시키고 인근 병원으로 즉시 이송할 수 있다. ② 병력과 치료 현황이 포함된 재해자 건강검진 자료를 확인하여 사고 대응에 활용할 수 있다. ③ 재해조사 조치요령에 근거하여 재해현장을 보존하여 증거자료를 확보할 수 있다.
	(3) 산업재해 원인 분석하기	① 작업 공정, 절차, 안전기준 및 시설 유지보수 등을 통하여 재해 원인을 분석할 수 있다. ② 사고 장소와 시설의 증거물, 관련자와의 면담 등을 통하여 사고와 관련된 기인물과 가해물을 규명할 수 있다. ③ 재해요인을 정량화하여 수치로 표시할 수 있다. ④ 재발 발생 가능성과 예상 피해를 감소시키기 위해 필요한 사항을 추가 조사할 수 있다. ⑤ 동일유형의 사고 재발을 방지하기 위해 사고조사보고서를 작성할 수 있다.
	(4) 산업재해 대책 수립하기	① 사고조사를 통해 근본적인 사고 원인을 규명하여 개선대책을 제시할 수 있다. ② 개선조치 사항을 사고 발생 설비와 유사 공정·작업에 반영할 수 있다. ③ 사고보고서에 따라 대책을 수립하고 평가하여 교육훈련 계획을 수립할 수 있다. ④ 사업장 내 근로자를 대상으로 비상대응 교육훈련을 실시할 수 있다.
4. 사업장 안전점검	(1) 산업안전 점검계획 수립하기	① 작업 공정에 맞는 점검방법을 선정할 수 있다. ② 안전점검 대상 기계·기구를 파악할 수 있다. ③ 위험에 따른 안전관리 중요도에 대한 우선순위를 결정할 수 있다. ④ 적용하는 기계·기구에 따라 안전장치와 관련된 지식을 활용하여 안전점검 계획을 수립할 수 있다.
	(2) 산업안전 점검표 작성하기	① 작업 공정이나 기계·기구에 따라 발생할 수 있는 위험요소를 포함한 점검항목을 도출할 수 있다. ② 안전점검 방법과 평가기준을 도출할 수 있다. ③ 안전점검 계획을 고려하여 안전점검표를 작성할 수 있다.
	(3) 산업안전 점검 실행하기	① 안전점검표의 점검항목을 파악할 수 있다. ② 해당 점검대상 기계·기구의 점검주기를 판단할 수 있다. ③ 안전점검표의 항목에 따라 위험요인을 점검할 수 있다. ④ 안전점검 결과를 분석하여 안전점검결과보고서를 작성할 수 있다.
	(4) 산업안전 점검 평가하기	① 안전기준에 따라 점검내용을 평가하여 위험요인을 도출할 수 있다. ② 안전점검 결과 발생한 위험요소를 감소하기 위한 개선방안을 도출할 수 있다. ③ 안전점검 결과를 바탕으로 사업장 내 안전관리 시스템을 개선할 수 있다.
5. 기계 안전시설 관리	(1) 안전시설 관리 계획하기	① 작업공정도와 작업표준서를 검토하여 작업장의 위험성에 따른 안전시설 설치계획을 작성할 수 있다. ② 기설치된 안전시설에 대해 측정장비를 이용하여 정기적인 안전점검을 실시할 수 있도록 관리 계획을 수립할 수 있다. ③ 공정진행에 의한 안전시설의 변경, 해체 계획을 작성할 수 있다.

주요 항목	세부 항목	세세 항목
	(2) 안전시설 설치하기	① 관련 법령, 기준, 지침에 따라 성능검정에 합격한 제품을 확인할 수 있다. ② 관련 법령, 기준, 지침에 따라 안전시설물 설치기준을 준수하여 설치할 수 있다. ③ 관련 법령, 기준, 지침에 따라 안전보건표지를 설치할 수 있다. ④ 안전시설을 모니터링하여 개선 또는 보수 여부를 판단하여 대응할 수 있다.
	(3) 안전시설 관리하기	① 안전시설을 모니터링하여 필요한 경우 교체 등 조치할 수 있다. ② 공정 변경 시 발생할 수 있는 위험을 사전에 분석하여 안전시설을 변경·설치할 수 있다. ③ 작업자가 시설에 위험요소를 발견하여 신고 시 즉각 대응할 수 있다. ④ 현장에 설치된 안전시설보다 우수하거나 선진기법 등이 개발되었을 경우 현장에 적용할 수 있다.
6. 산업안전 보호장비 관리	(1) 보호구 관리하기	① 산업안전보건법령에 기준한 보호구를 선정할 수 있다. ② 작업상황에 맞는 검정대상 보호구를 선정하고 착용상태를 확인할 수 있다. ③ 사용설명서에 따른 올바른 착용법을 확인하고, 작업자에게 착용 지도할 수 있다. ④ 보호구의 특성에 따라 적절하게 관리하도록 지도할 수 있다.
	(2) 안전장구 관리하기	① 산업안전보건법령에 기준한 안전장구를 선정할 수 있다. ② 작업상황에 맞는 검정대상 안전장구를 선정하고 착용상태를 확인할 수 있다. ③ 사용설명서에 따른 올바른 착용법을 확인하고, 작업자에게 착용 지도할 수 있다. ④ 안전장구의 특성에 따라 적절하게 관리하도록 지도할 수 있다.
7. 정전기 위험 관리	(1) 정전기 발생 방지 계획수립하기	① 정전기 발생 원인과 정전기 방전을 파악하여 정전기 위험장소 점검계획을 수립할 수 있다. ② 정전기 방지를 위한 접지시설과 등전위본딩, 도전성 향상 계획을 수립할 수 있다. ③ 인화성 화학물질 취급 장치·시설과 취급 장소에서 발생할 수 있는 정전기 방지 대책을 수립할 수 있다. ④ 정전기 계측설비 운용 계획을 수립할 수 있다.
	(2) 정전기 위험요소 파악하기	① 정전기 발생이 전격, 화재, 폭발 등으로 이어질 수 있는 위험요소를 파악할 수 있다. ② 정전기가 발생될 수 있는 장치·시설에 절연저항, 표면저항, 접지저항, 대전전압, 정전용량 등을 측정하여 정전기의 위험성을 판단할 수 있다. ③ 정전기로 인한 재해를 예방하기 위하여 정전기가 발생되는 원인을 파악할 수 있다.
	(3) 정전기 위험요소 제거하기	① 정전기가 발생될 수 있는 장치·시설과 취급 장소에서 접지시설, 본딩시설을 구축하여 정전기 발생 원인을 제거할 수 있다. ② 정전기가 발생될 수 있는 장치·시설과 취급 장소에 도전성 향상과 제전기를 설치하여 정전기 위험요소를 제거할 수 있다. ③ 정전기가 발생될 수 있는 장치·시설의 취급 시 정전기 완화 환경을 구축할 수 있다. ④ 정전기가 발생할 수 있는 작업환경을 개선하여 정전기를 제거할 수 있다.

주요 항목	세부 항목	세세 항목
8. 전기방폭 관리	(1) 사고 예방 계획 수립하기	① 전기방폭에 영향을 미칠 수 있는 위험요소를 확인하고 점검 계획을 수립할 수 있다. ② 전기로 인해 발생할 수 있는 폭발사고의 사고 원인을 구분하여 전기방폭 방지 계획을 수립할 수 있다. ③ 사고 원인에 의해 폭발사고가 발생하는 위험물질의 관리방안을 수립할 수 있다. ④ 전기로 인해 발생할 수 있는 폭발사고를 예방하기 위해 계측설비 운용에 관한 계획을 수립할 수 있다. ⑤ 전기로 인해 발생할 수 있는 폭발사고 사례를 통한 사고 원인을 분석하고 전기설비 유지관리를 위한 체크리스트를 작성하여 전기방폭 관리계획을 수립할 수 있다.
	(2) 전기방폭 결함요소 파악하기	① 전기로 인해 발생할 수 있는 폭발사고 발생 메커니즘을 적용하여 관련사고의 위험성을 파악할 수 있다. ② 전기로 인해 발생할 수 있는 폭발사고가 발생할 수 있는 작업조건, 작업장소, 사용물질을 파악할 수 있다. ③ 전기적 과전류, 단락, 누전, 정전기 등 사고 원인을 점검, 파악할 수 있다. ④ 전기로 인해 발생할 수 있는 폭발사고가 발생할 수 있는 위험물질의 관리대상을 파악할 수 있다.
	(3) 전기방폭 결함요소 제거하기	① 전기로 인해 발생할 수 있는 폭발사고 형태별 원인을 분석하여 사고를 예방할 수 있다. ② 전기로 인해 발생할 수 있는 폭발사고의 사고 원인을 파악하여 사고를 예방할 수 있다. ③ 전기로 인해 발생할 수 있는 폭발사고를 방지하기 위하여 방폭형 전기설비를 도입하여 사고를 예방할 수 있다.
9. 전기작업 안전관리	(1) 전기작업 위험성 파악하기	① 전기 안전사고 발생 형태를 파악할 수 있다. ② 전기 안전사고 주요 발생장소를 파악할 수 있다. ③ 전기 안전사고 발생 시 피해 정도를 예측할 수 있다. ④ 전기 안전관련 법령에 따라 전기 안전사고를 예방할 목적으로 설치된 안전보호장치의 사용 여부를 확인할 수 있다. ⑤ 전기 안전사고 예방을 위한 안전조치 및 개인보호장구의 적합 여부를 확인할 수 있다.
	(2) 정전작업 지원하기	① 안전한 정전작업 수행을 위한 안전작업계획서를 수립할 수 있다. ② 정전작업 중 안전사고 우려 시 작업중지를 결정할 수 있다. ③ 정전작업 수행 시 필요한 보호구와 방호구, 작업용 기구와 장치, 표지를 선정하고 사용할 수 있다.
	(3) 활선작업 지원하기	① 안전한 활선작업 수행을 위한 안전작업계획서를 수립할 수 있다. ② 활선작업 중 안전사고 우려 시 작업중지를 결정할 수 있다. ③ 활선작업 수행 시 필요한 보호구와 방호구, 작업용 기구와 장치, 표지를 선정하고 사용할 수 있다.
	(4) 충전전로 근접작업 안전 지원하기	① 가공 송전선로에서 전압별로 발생하는 정전·전자유도 현상을 이해하고 안전대책을 제공할 수 있다. ② 가공 배전선로에서 필요한 작업 전 준비사항 및 작업 시 안전대책, 작업 후 안전점검 사항을 작성할 수 있다. ③ 전기설비의 작업 시 수행하는 고소작업 등에 의한 위험요인을 적용한 사고 예방대책을 제공할 수 있다. ④ 특고압 송전선 부근에서 작업 시 필요한 이격거리 및 접근한계거리, 정전유도 현상을 숙지하고 안전대책을 제공할 수 있다. ⑤ 크레인 등의 중기작업을 수행할 때 필요한 보호구, 안전장구, 각종 중장비 사용 시 주의사항을 파악할 수 있다.

주요 항목	세부 항목	세세 항목
10. 화재 · 폭발 · 누출사고 예방	(1) 화재 · 폭발 · 누출 요소 파악하기	① 화학공장 등에서 위험물질로 인한 화재 · 폭발 · 누출로 인한 사고를 예방하기 위하여 현장에서 취급 및 저장하고 있는 유해 · 위험물의 종류와 수량을 파악할 수 있다. ② 화학공장 등에서 위험물질로 인한 화재 · 폭발 · 누출로 인한 사고를 예방하기 위하여 현장에 설치된 유해 · 위험 설비를 파악할 수 있다. ③ 유해 · 위험 설비의 공정도면을 확인하여 유해 · 위험 설비의 운전방법에 의한 위험요인을 파악할 수 있다. ④ 유해 · 위험 설비, 폭발 위험이 있는 장소를 사전에 파악하여 사고 예방활동용의 필요점을 파악할 수 있다.
	(2) 화재 · 폭발 · 누출 예방계획 수립하기	① 화학공장 내 잠재한 사고위험 요인을 발굴하여 위험등급을 결정할 수 있다. ② 유해 · 위험 설비의 운전을 위한 안전운전지침서를 개발할 수 있다. ③ 화재 · 폭발 · 누출 사고를 예방하기 위하여 설비에 관한 보수 및 유지 계획을 수립할 수 있다. ④ 유해 · 위험 설비의 도급 시 안전업무 수행실적 및 실행결과를 평가하기 위하여 도급업체 안전관리계획을 수립할 수 있다. ⑤ 유해 · 위험 설비에 대한 변경 시 변경요소 관리계획을 수립할 수 있다. ⑥ 산업사고 발생 시 공정 사고조사를 위하여 조사팀 및 방법 등이 포함된 공정 사고조사계획을 수립할 수 있다. ⑦ 비상상황 발생 시 대응할 수 있도록 장비, 인력, 비상연락망 및 수행내용을 포함한 비상조치계획을 수립할 수 있다.
	(3) 화재 · 폭발 · 누출 사고 예방활동하기	① 유해 · 위험 설비 및 유해 · 위험 물질의 취급 시 개발된 안전지침 및 계획에 따라 작업이 이루어지는지 모니터링할 수 있다. ② 작업허가가 필요한 작업에 대하여 안적작업허가기준에 부합된 절차에 따라 작업허가를 할 수 있다. ③ 화재 · 폭발 · 누출 사고 예방을 위한 제조공정, 안전운전지침 및 절차 등을 근로자에게 교육을 할 수 있다. ④ 안전사고 예방활동에 대하여 자체감사를 실시하여 사고예방활동을 개선할 수 있다.
11. 화학물질 안전관리 실행	(1) 유해 · 위험성 확인하기	① 화학물질 및 독성가스 관련 정보와 법규를 확인할 수 있다. ② 화학공장에서 취급하거나 생산되는 화학물질에 대한 물질안전보건자료(MSDS : Material Safety Data Sheet)를 확인할 수 있다. ③ MSDS의 유해 · 위험성에 따라 적합한 보호구 착용을 교육할 수 있다. ④ 화학물질의 안전관리를 위하여 안전보건자료(MSDS : Material Safety Data Sheet)에 제공되는 유해 · 위험 요소 등을 파악할 수 있다.
	(2) MSDS 활용하기	① 화학공장에서 취합하는 화학물질에 대한 MSDS를 작업현장에 부착할 수 있다. ② MSDS 제도를 기준으로 취급하거나 생산한 화학물질의 MSDS의 내용을 교육을 실시할 수 있다. ③ MSDS의 정보를 표지판으로 제작 및 부착하여 근로자에게 화학물질의 유해성과 위험성 정보를 제공할 수 있다. ④ MSDS 내에 있는 정보를 활용하여 경고표지를 작성하여 작업현장에 부착할 수 있다.
12. 화공 안전점검	(1) 안전점검계획 수립하기	① 공정운전에 맞는 점검 주기와 방법을 파악할 수 있다. ② 산업안전보건법령에서 정하는 안전검사 기계 · 기구를 구분하여 안전점검계획에 적용할 수 있다. ③ 사용하는 안전장치와 관련된 지식을 활용하여 안전점검계획을 수립할 수 있다.

주요 항목	세부 항목	세세 항목
	(2) 안전점검표 작성하기	① 공정운전이나 기계 · 기구에 따라 발생할 수 있는 위험요소를 포함하도록 점검항목을 작성할 수 있다. ② 공정운전이나 기계 · 기구에 따라 발생할 수 있는 위험요소를 포함하도록 점검항목을 작성할 수 있다. ③ 위험에 따른 안전관리 중요도 우선순위를 결정할 수 있다. ④ 객관적인 안전점검 실시를 위해서 안전점검 방법이나 평가기준을 작성할 수 있다. ⑤ 안전점검계획에 따라 공정별 안전점검표를 작성할 수 있다.
	(3) 안전점검 실행하기	① 공정순서에 따라 작성된 화학공정별 작업절차에 의해 운전할 수 있다. ② 측정장비를 사용하여 위험요인을 점검할 수 있다. ③ 점검주기와 강도를 고려하여 점검을 실시할 수 있다. ④ 안전점검표에 의하여 위험요인에 대한 구체적인 점검을 수행할 수 있다.
	(4) 안전점검 평가하기	① 안전기준에 따라 점검내용을 평가하고, 위험요인을 산출할 수 있다. ② 점검결과 지적사항을 즉시 조치가 필요 시 반영 조치하여 공사를 진행할 수 있다. ③ 점검결과에 의한 위험성을 기준으로 공정의 가동 중지, 설비의 사용 금지 등 위험요소에 대한 조치를 취할 수 있다. ④ 점검결과에 의한 지적사항이 반복되지 않도록 해당 시스템을 개선할 수 있다.
13. 건설공사 특성 분석	(1) 건설공사 특수성 분석하기	① 설계도서에서 요구하는 특수성을 확인하여 안전관리 계획 시 반영할 수 있다. ② 공정관리 계획 수립 시 해당 공사의 특수성에 따라 세부적인 안전지침을 검토할 수 있다. ③ 공사장 주변 작업환경이나 공법에 따라 안전관리에 적용해야 하는 특수성을 도출할 수 있다. ④ 공사의 계약 조건, 발주처 요청 등에 따라 안전관리상의 특수성을 도출할 수 있다.
	(2) 안전관리 고려사항 확인하기	① 설계도서 검토 후 안전관리를 위한 중요항목을 도출할 수 있다. ② 전체적인 공사현황을 검토하여 안전관리 업무의 주요항목을 도출할 수 있다. ③ 안전관리를 위한 조직을 효율적으로 운영할 수 있는 방안을 도출할 수 있다. ④ 외부전문가 인력풀을 활용하여 안전관리 사항을 검토할 수 있다. ⑤ 안전관리를 위한 구성원별 역할을 부여하고 활용할 수 있다.
	(3) 관련 공사자료 활용하기	① 시스템 운영에 필요한 정보를 수집하고 정리하여 문서화할 수 있다. ② 안전관리의 충분한 지식 확보를 위하여 안전관리에 관련한 자료를 수집하고 활용할 수 있다. ③ 기존의 시공사례나 재해사례 등을 활용하여 해당 현장에 맞는 안전자료를 작성할 수 있다. ④ 관련 공사자료를 확보하기 위하여 외부전문가 인력풀을 활용할 수 있다.
14. 건설현장 안전시설 관리	(1) 안전시설 관리 계획하기	① 공정관리계획서와 건설공사 표준안전지침을 검토하여 작업장의 위험성에 따른 안전시설 설치 계획을 작성할 수 있다. ② 현장점검 시 발견된 위험성을 바탕으로 안전시설을 관리할 수 있다. ③ 기설치된 안전시설에 대해 측정 장비를 이용하여 정기적인 안전점검을 실시할 수 있도록 관리계획을 수립할 수 있다. ④ 안전시설 설치방법과 종류의 장 · 단점을 분석할 수 있다. ⑤ 공정 진행에 따라 안전시설의 설치, 해체, 변경 계획을 작성할 수 있다.

출제기준

주요 항목	세부 항목	세세 항목
	(2) 안전시설 설치하기	① 관련 법령, 기준, 지침에 따라 안전인증에 합격한 제품을 확인할 수 있다. ② 관련 법령, 기준, 지침에 따라 안전시설물 설치기준을 준수하여 설치할 수 있다. ③ 관련 법령, 기준, 지침에 따라 안전보건표지를 설치기준을 준수하여 설치할 수 있다. ④ 설치계획에 따른 건설현장의 배치계획을 재검토하고, 개선사항을 도출하여 기록할 수 있다. ⑤ 안전보호구를 유용하게 사용할 수 있는 필요 장치를 설치할 수 있다.
	(3) 안전시설 관리하기	① 기설치된 안전시설에 대해 관련 법령, 기준, 지침에 따라 확인하고, 수시로 개선할 수 있다. ② 측정장비를 이용하여 안전시설이 제대로 유지되고 있는지 확인하고, 필요한 경우 교체할 수 있다. ③ 공정의 변경 시 발생할 수 있는 위험을 사전에 분석하고, 안전시설을 변경 · 설치할 수 있다. ④ 설치계획에 의거하여 안전시설을 설치하고, 불안전 상태가 발생되는 경우 즉시 조치할 수 있다.
	(4) 안전시설 적용하기	① 선진기법이나 우수사례를 고려하여 안전시설을 건설현장에 맞게 도입할 수 있다. ② 근로자의 제안제도 등을 활용하여 안전시설을 건설현장에 적합하도록 자체개발 또는 적용할 수 있다. ③ 자체 개발된 안전시설이 관련 법령에 적합한지 판단할 수 있다. ④ 개발된 안전시설을 안전관계자 또는 외부전문가의 검증을 거쳐 건설현장에 사용할 수 있다.
15. 건설공사 위험성 평가	(1) 건설공사 위험성 평가 사전준비하기	① 관련 법령, 기준, 지침에 따라 위험성 평가를 효과적으로 실시하기 위하여 최초, 정기 또는 수시 위험성 평가 실시규정을 작성할 수 있다. ② 건설공사 작업과 관련하여 부상 또는 질병의 발생이 합리적으로 예견 가능한 유해 · 위험 요인을 위험성 평가 대상으로 선정할 수 있다. ③ 건설공사 위험성 평가와 관련하여 이의신청, 청렴의무를 파악할 수 있다. ④ 건설공사 위험성 평가와 관련하여 위험성 평가 인정기준 등 관련 지침을 파악할 수 있다. ⑤ 건설현장 안전보건 정보를 사전에 조사하여 위험성 평가에 활용할 수 있다.
	(2) 건설공사 유해 · 위험요인 파악하기	① 건설현장 순회점검 방법에 의한 유해 · 위험 요인 선정을 위험성 평가에 활용할 수 있다. ② 청취조사 방법에 의한 유해 · 위험 요인 선정을 위험성 평가에 활용할 수 있다. ③ 자료 방법에 의한 유해 · 위험 요인 선정을 위험성 평가에 활용할 수 있다. ④ 체크리스트 방법에 의한 유해 · 위험 요인 선정을 위험성 평가에 활용할 수 있다. ⑤ 건설현장의 특성에 적합한 방법으로 유해 · 위험 요인을 선정할 수 있다.
	(3) 건설공사 위험성 결정하기	① 건설현장 특성에 따라 부상 또는 질병으로 이어질 수 있는 가능성 및 중대성의 크기를 추정할 수 있다. ② 곱셈에 의한 방법으로 추정할 수 있다. ③ 조합(Matrix)에 의한 방법으로 추정할 수 있다. ④ 덧셈식에 의한 방법으로 추정할 수 있다. ⑤ 건설공사 위험성 추정 시 관련 지침에 따른 주의사항을 적용할 수 있다. ⑥ 건설공사 위험성 추정결과와 사업장 설정 허용 가능 위험성 기준을 비교하여 위험요인별 허용 여부를 판단할 수 있다. ⑦ 건설현장 특성에 위험성 판단 기준을 달리 결정할 수 있다.

주요 항목	세부 항목	세세 항목
	(4) 건설공사 위험성 평가 보고서 작성하기	① 관련 법령, 기준, 지침에 따라 위험성 평가를 실시한 내용과 결과를 기록할 수 있다. ② 위험성 평가와 관련한 위험성 평가 기록물을 관련 법령, 기준, 지침에서 정한 기간 동안 보존할 수 있다. ③ 유해·위험 요인을 목록화할 수 있다. ④ 위험성 평가와 관련해서 위험성 평가 인정 신청, 심사, 사후관리 등 필요한 위험성 평가 인정제도에 참여할 수 있다.
	(5) 건설공사 위험성 감소대책 수립하기	① 관련 법령, 기준, 지침에 따라 위험수준과 근로자수를 감안하여 감소대책을 수립할 수 있다. ② 건설공사 위험성 감소대책에 필요한 본질적 안전확보대책을 수립할 수 있다. ③ 건설공사 위험성 감소대책에 필요한 공학적 대책을 수립할 수 있다. ④ 건설공사 위험성 감소대책에 필요한 관리적 대책을 수립할 수 있다. ⑤ 건설공사 위험성 감소대책과 관련하여 최종적으로 작업에 적합한 개인보호구를 제시할 수 있다.
	(6) 건설공사 위험성 감소대책 타당성 검토하기	① 건설공사 위험성의 크기가 허용 가능한 위험성의 범위인지 확인할 수 있다. ② 허용 가능한 위험성 수준으로 지속적으로 감소시키는 대책을 수립할 수 있다. ③ 위험성 감소대책 실행에 장시간이 필요한 경우 등 건설현장 실정에 맞게 잠정적인 조치를 취하게 할 수 있다. ④ 근로자에게 위험성 평가 결과 남아 있는 유해·위험 정보의 게시, 주지 등 적절하게 정보를 제공할 수 있다.

차 례

PART 1 핵심이론

PART 1. **핵심이론** 편에서는 다년간의 기출문제를 철저히 분석하여 **시험에 자주 나오는 중요이론만을 선별, 간략하게 정리하여 수록**하였습니다.
이론 학습 시에는 공부하기 쉽고 필기시험에서 상대적으로 높은 점수 획득이 가능하며 실기시험에서 출제비중이 높은 제1과목 산업재해 예방 및 안전보건교육과 제3과목 기계 · 기구 및 설비 안전관리 및 제6과목 건설공사 안전관리를 중점적으로 학습하시고, 제2과목 인간공학 및 위험성 평가 · 관리와 제4과목 전기설비 안전관리 및 제5과목 화학설비 안전관리는 과락을 면할 수 있을 정도로 학습하시는 것이 중요합니다.

제1과목 산업재해 예방 및 안전보건교육

제2과목 인간공학 및 위험성 평가 · 관리

Contents

제3과목 기계 · 기구 및 설비 안전관리

제4과목 전기설비 안전관리

PART 2 과년도 출제문제

PART 2. **과년도 출제문제** 편에서는 최신출제경향을 파악할 수 있도록 **최근 5년간의 기출문제에 정확하고 자세한 해설을 덧붙여 수록**하였습니다.

필기시험은 대부분의 문제가 과년도 출제문제에서 나옵니다. 기출문제를 풀다 보면 반복적으로 출제되는 문제들이 있는데 그런 빈출문제들은 또 출제될 확률이 높은 중요문제이므로 유사문제와 더불어 관련 이론을 철저히 학습해야 하며, 나머지 기출문제들도 관련 개념을 함께 학습하여 변형문제가 나와도 정답을 찾을 수 있도록 학습하시길 바랍니다.

* 2015~2019년까지의 기출문제는 성안당(www.cyber.co.kr) 홈페이지에서
화면 중앙의 "쿠폰등록"을 클릭하여 다운로드 할 수 있습니다.
(자세한 이용방법은 표지 안쪽에 수록되어 있는 '기출문제 다운로드 쿠폰'을 참고하시기 바랍니다.)

현실이라는 땅에 두 발을 딛고
이상인 하늘의 별을 향해 두 손을 뻗어
착실히 올라가야 한다.

- 반기문 -

꿈꾸는 사람은 행복합니다.
그러나 꿈만 좇다 보면 자칫 불행해집니다. 가시밭에 넘어지고 웅덩이에 빠져
허우적거릴 뿐, 꿈을 현실화할 수 없기 때문이죠.
꿈을 이루기 위해서는, 냉엄한 현실을 바탕으로 한 치밀한 전략, 그리고 뜨거운
열정이라는 두 발이 필요합니다. 그러지 못하면 넘어지기 십상이지요.
우선 그 두 발로 현실을 딛고, 하늘의 별을 따기 위해 한 계단 한 계단 올라가
보십시오. 그러면 어느 순간 여러분도 모르게 하늘의 별이 여러분의 손에 쥐어
져 있을 것입니다.

핵심이론

산업안전기사

PART 1. 산업안전기사 필기 핵심이론

핵심이론 1 | 기인물과 가해물

(1) 기인물

재해의 근원이 되는 기계장치나 기타의 물(物) 또는 환경

(2) 가해물

직접 사람에게 접촉되어 피해를 가한 물체

예제 1 근로자가 작업대 위에서 전기공사 작업 중 감전에 의하여 지면으로 떨어져 다리에 골절상해를 입은 경우의 기인물과 가해물은?

풀이 기인물 : 전기, 가해물 : 지면

핵심이론 2 | 산업재해의 원인

(1) 직접 원인

① 불안전한 행동(인적 원인)

- ㉮ 위험장소 접근
- ㉯ 안전장치의 기능 제거
- ㉰ 복장, 보호구의 잘못 사용
- ㉱ 기계·기구 잘못 사용
- ㉲ 운전 중인 기계장치의 손질
- ㉳ 불안전한 속도 조작
- ㉴ 위험물 취급 부주의
- ㉵ 불안전한 상태 방치
- ㉶ 불안전한 자세·동작
- ㉷ 감독 및 연락 불충분

② 불안전한 상태(물적 원인)

- ㉮ 기계 자체의 결함
- ㉯ 안전방호장치의 결함
- ㉰ 복장, 보호구의 결함
- ㉱ 기계 배치 및 작업장소의 결함
- ㉲ 작업환경의 결함
- ㉳ 생산공정의 결함
- ㉴ 경계표시 및 설비의 결함

(2) 간접(관리적) 원인

① 기술적 원인

- ㉮ 건물·기계장치의 설계 불량
- ㉯ 구조·재료의 부적합
- ㉰ 생산공정의 부적당
- ㉱ 점검 및 보존 불량

② 교육적 원인
　　㉮ 안전지식의 부족
　　㉯ 안전수칙의 오해
　　㉰ 경험훈련의 미숙
　　㉱ 작업방법의 교육 불충분
　　㉲ 유해위험작업의 교육 불충분
③ 관리적 원인
　　㉮ 안전관리조직 결함
　　㉯ 안전수칙 미제정
　　㉰ 작업준비 불충분
　　㉱ 인원배치 부적당
　　㉲ 작업지시 부적당

참고

- 제조물 책임 : 제조업자는 제조물의 결함으로 인하여 생명·신체 또는 재산에 손해를 입은 자에게 그 손해를 배상하여야 한다. (단, 당해 제조물에 대해서만 발생한 손해는 제외한다.)

핵심이론 3 ｜ 안전조직의 3가지 유형

(1) Line식(직계식) 조직(100명 이하의 소규모 사업장)

안전에 관한 명령, 지시 및 조치가 각 부문의 직계를 통하여 생산업무와 함께 시행되므로, 경영자의 지휘와 명령이 위에서 아래로 하나의 계통이 되어 신속히 전달된다.

① 장점
　　㉮ 안전에 관한 명령과 지시는 생산라인을 통해 신속·정확히 전달 실시된다.
　　㉯ 명령과 보고가 상하관계뿐이므로 간단 명료하다.
② 단점
　　㉮ 안전지식이나 기술이 결여된다.
　　㉯ 안전 전문 입안이 되어 있지 않아 내용이 빈약하다.

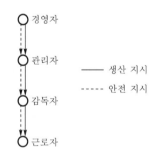

┃라인형┃

(2) Staff식(참모식) 조직(100~1,000명 정도의 중규모 사업장)

기업체의 경영주가 안전활동을 전담하는 부서를 둠으로써 안전에 관한 계획, 조사, 검토, 독려, 보고 등의 업무를 관장하는 안전관리조직이다.

① 장점

㉮ 안전전문가가 안전계획을 세워 문제해결방안
을 모색하고 조치한다.

㉯ 경영자에게 조언과 자문 역할을 한다.

㉰ 안전정보 수집이 용이하고 빠르다.

㉱ 중규모 사업장에 적합하다.

② 단점

㉮ 생산부분에 협력하여 안전명령을 전달 실시하
므로 안전과 생산을 별개로 취급하기 쉽다.

㉯ 생산부분은 안전에 대한 책임과 권한이 없다.

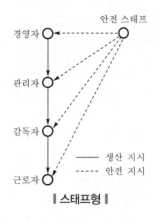

▮ 스태프형 ▮

(3) Line-Staff 혼형(직계-참모식) 조직(1,000명 이상의 대규모 사업장)

라인형과 스태프형을 병용한 방식으로 라인형과 스태프형의 장점만을 골라서 만든 조직이며,
안전조직을 구성할 때 조직을 구성하는 관리자의 권한과
책임을 명확히 하는 것이 가장 중점적으로 고려해
야 할 사항이다.

① 장점

㉮ 안전전문가에 의해 입안된 것을 경영자의 지
침으로 명령을 실시하므로 신속·정확히 이루
어진다.

㉯ 안전 입안·계획·평가·조사는 스태프에서,
생산기술·안전대책은 라인에서 실시한다.

② 단점 : 명령계통과 조언 권고적 참여가 혼동되기
쉽다.

▮ 라인-스태프형 ▮

▪▪ 핵심이론 4 ▮ 안전관계자의 업무

(1) 안전보건총괄책임자

① 산업재해가 발생할 급박한 위험이 있을 때 및 중대재해가 발생하였을 때의 작업의 중지

② 도급 시 산업재해 예방 조치

③ 산업안전보건관리비의 관계수급인 간의 사용에 관한 협의·조정 및 그 집행의 감독

④ 안전인증 대상 기계 등과 자율안전확인 대상 기계 등의 사용여부 확인

⑤ 위험성 평가의 실시에 관한 사항

(2) 안전보건관리책임자

① 산업재해 예방계획의 수립에 관한 사항

② 안전보건관리규정의 작성 및 변경에 관한 사항

③ 근로자의 안전·보건교육에 관한 사항

④ 작업환경 측정 등 작업환경의 점검 및 개선에 관한 사항

⑤ 근로자의 건강진단 등 건강관리에 관한 사항

⑥ 산업재해의 원인 조사 및 재발방지대책 수립에 관한 사항

⑦ 산업재해에 관한 통계의 기록 및 유지에 관한 사항

⑧ 안전장치 및 보호구 구입 시 적격품 여부 확인에 관한 사항

⑨ 위험성평가의 실시에 관한 사항

⑩ 근로자의 위험 또는 건강장해의 방지에 관한 사항

(3) 관리감독자

① 기계·기구 또는 설비의 안전·보건 점검 및 이상유무의 확인

② 근로자의 작업복·보호구 및 방호장치의 점검과 그 착용·사용에 관한 교육 지도

③ 산업재해에 관한 보고 및 이에 대한 응급조치

④ 작업장 정리·정돈 및 통로 확보에 대한 확인·감독

⑤ 산업보건의, 안전관리자(안전관리 전문기관의 해당 사업장 담당자) 및 보건관리자(보건관리 전문기관의 해당 사업장 담당자), 안전보건관리 담당자(안전관리 전문기관 또는 보건관리 전문기관의 해당 사업장 담당자)의 지도·조언에 대한 협조

⑥ 위험성평가를 위한 유해·위험요인의 파악 및 개선조치의 시행에 대한 참여

⑦ 그 밖에 해당 작업의 안전·보건에 관한 사항으로서 고용노동부령으로 정하는 사항

(4) 안전관리자

① 사업장 안전교육계획의 수립 및 안전교육 실시에 관한 보좌 및 조언·지도

② 안전인증 대상 기계·기구 등과 자율안전확인 대상 기계·기구 등 구입 시 적격품의 선정에 관한 보좌 및 조언·지도

③ 위험성평가에 관한 보좌 및 조언·지도

④ 산업안전보건위원회 또는 노사협의체, 안전보건 관리규정 및 취업규칙에서 정한 직무

⑤ 사업장 순회점검·지도 및 조치의 건의

⑥ 산업재해 발생의 원인 조사·분석 및 재발 방지를 위한 기술적 보좌 및 조언·지도

⑦ 산업재해에 관한 통계의 유지·관리 분석을 위한 보좌 및 조언·지도

⑧ 안전에 관한 사항의 이행에 관한 보좌 및 조언·지도

⑨ 업무수행 내용의 기록·유지

⑩ 그 밖에 안전에 관한 사항으로서 노동부 장관이 정하는 사항

(5) 안전보건관리담당자 직무

① 안전 · 보건교육 실시에 관한 보좌 및 조언 · 지도
② 위험성평가에 관한 보좌 및 조언 · 지도
③ 작업환경 측정 및 개선에 관한 보좌 및 조언 · 지도
④ 건강진단에 관한 보좌 및 조언 · 지도
⑤ 산업재해 발생의 원인 조사, 산업재해 통계의 기록 및 유지를 위한 보좌 및 조언 · 지도
⑥ 산업안전 · 보건과 관련된 안전장치 및 보호구 구입 시 적격품 선정에 관한 보좌 및 조언 · 지도

(6) 안전보건조정자의 업무

① 같은 장소에서 행하여지는 각각의 공사 간에 혼재된 작업의 파악
② 혼재된 작업으로 인한 산업재해 발생의 위험성 파악
③ 혼재된 작업으로 인한 산업재해를 예방하기 위한 작업의 시기 · 내용 및 안전보건조치 등의 조정
④ 각각의 공사 도급인의 안전보건관리책임자 간 작업내용에 관한 정보공유 여부의 확인

핵심이론 5 | 안전보건개선계획

(1) 안전보건개선계획 작성 대상 사업장

① 산업재해율이 같은 업종의 규모별 평균 산업재해율보다 높은 사업장
② 사업주가 안전보건 조치 의무를 이행하지 아니하여 중대재해가 발생한 사업장
③ 직업성 질병자가 연간 2명 이상 발생한 사업장
④ 유해인자의 노출기준을 초과한 사업장

(2) 안전 · 보건진단을 받아 안전보건개선계획을 수립 · 제출하도록 명할 수 있는 사업장

① 산업재해율이 같은 업종 평균 산업재해율의 2배 이상인 사업장
② 사업주가 필요한 안전조치 또는 보건조치를 이행하지 아니하여 중대재해가 발생한 사업장
③ 직업성 질병자가 연간 2명 이상(상시 근로자 1천명 이상 사업장의 경우 3명 이상) 발생한 사업장
④ 그 밖에 작업환경 불량, 화재 · 폭발 또는 누출사고 등으로 사업장 주변까지 피해가 확산된 사업장으로서 고용노동부령으로 정하는 사업장

(3) 안전진단 대상 사업장

① 중대재해 발생 사업장
② 안전보건개선계획 수립 · 시행 명령을 받은 사업장
③ 추락 · 폭발 · 붕괴 등 재해발생 위험이 현저히 높은 사업장으로서 지방노동관서의 장이 안전 · 보건진단이 필요하다고 인정하는 사업장

▪▪ 핵심이론 6 ┃ 사고예방대책 기본원리 5단계(하인리히)

제1단계	제2단계	제3단계	제4단계	제5단계
안전 조직	사실 발견	평가 분석	시정방법 선정	시정책 적용
① 경영자의 안전 목표 설정 ② 안전관리자 선임 ③ 안전 라인 및 참모 조직 ④ 안전활동 방침 및 계획 수립 ⑤ 조직을 통한 안전 활동 전개	① 사고 및 활동 기록 검토 ② 작업 분석 ③ 점검 및 검사 ④ 사고 조사 ⑤ 각종 안전회의 및 토의회 ⑥ 근로자의 제안 및 여론조사 ⑦ 자료 수집 ⑧ 위험 확인	① 사고 원인 및 경향성 분석 ② 사고 기록 및 관계 자료 분석 ③ 인적·물적 환경 조건 분석 ④ 작업공정 분석 ⑤ 교육훈련 및 적정 배치 분석 ⑥ 안전수칙 및 보호 장비의 적부	① 기술적 개선 ② 배치 조정 ③ 교육훈련 개선 ④ 안전행정 개선 ⑤ 규칙 및 수칙 등 제도 개선 ⑥ 안전운동 전개 ⑦ 안전관리규정 제정	① 교육적 대책 ② 기술적 대책 ③ 단속 대책

▪▪ 핵심이론 7 ┃ 재해예방의 4원칙

(1) 예방가능의 원칙

재해는 원칙적으로 원인만 제거되면 예방이 가능하다.

(2) 손실우연의 원칙

재해손실은 사고가 발생할 때 사고대상의 조건에 따라 달라진다.

(3) 원인연계(계기)의 원칙

재해의 발생은 반드시 원인이 존재한다.

(4) 대책선정의 원칙

재해를 예방할 수 있는 안전대책은 반드시 존재한다.

① **기술적 대책** : 안전 설계, 작업행정 개선, 안전기준 설정, 환경설비 개선, 점검보존 확립 등

② **교육적 대책** : 안전 교육 및 훈련

③ **관리적 대책** : 적합한 기준 설정, 전 종업원의 기준 이해, 동기부여와 사기 향상, 각종 규정 및 수칙 준수, 경영자 및 관리자의 솔선수범

▪▪ 핵심이론 8 ┃ 재해율 계산과 안전성적 평가

(1) 연천인율

① 재직근로자 1,000명당 1년간 발생하는 재해자수를 나타낸 것이다.

② 연천인율 $= \dfrac{\text{연간 재해자수}}{\text{연평균 근로자수}} \times 1{,}000$

③ 연천인율이 7이란 뜻은 그 작업장에서 연간 1,000명이 작업할 때 7건의 재해가 발생한다는 것이다.

예제 2 어느 공장의 연평균 근로자가 180명이고, 1년간 발생한 사상자수가 6명이었다면 연천인율은 약 얼마인가? (단, 근로자는 하루 8시간씩 연간 300일을 근무한다.)

풀이 연천인율 $= \dfrac{\text{사상자수}}{\text{연평균 근로자수}} \times 1{,}000 = \dfrac{6}{180} \times 1{,}000 = 33.33$

---

(2) 도수율(Frequency Rate of Injury ; FR)

① 1,000,000인시(man-hour)를 기준으로 한 재해발생건수의 비율로 빈도율이라고도 한다.

② 도수율(빈도율) $= \dfrac{\text{재해발생 건수}}{\text{근로 총 시간수}} \times 1{,}000{,}000$

③ 사업장의 종업원 1인당 연간노동시간은 1일=8시간, 1개월=25일, 1년=300일, 즉 8시간×25일×12월=2,400시간 이다.

④ 빈도율이 10이란 뜻은 1,000,000인시당 10건의 재해가 발생했다는 것이다.

⑤ 연천인율과 도수율은 계산의 기초가 각각 다르므로 이를 정확하게 환산하기는 어려우나 대략적으로 다음 관계식을 사용한다.

$$\text{연천인율} = \text{도수율} \times 2.4 \quad \text{또는} \quad \text{도수율} = \dfrac{\text{연천인율}}{2.4}$$

예제 3 어떤 사업장에서 510명의 근로자가 1주일에 40시간, 연간 50주를 작업하는 중에 21건의 재해가 발생하였다. 이 근로기간 중에 근로자의 4%가 결근하였다면 도수율은 약 얼마인가?

풀이 도수율 $= \dfrac{\text{재해발생건수}}{\text{연 근로시간수}} \times 10^6 = \dfrac{21}{0.96 \times (510 \times 40 \times 50)} \times 10^6 = 21.45$

예제 4 1일 8시간씩 연간 300일을 근무하는 사업장의 연천인율이 7이었다면 도수율은 약 얼마인가?

풀이 재해빈도를 연천인율로 표시했을 때 이것을 도수율로 간단히 환산하면

$$\text{도수율} = \dfrac{\text{연천인율}}{2.4} = \dfrac{7}{2.4} = 2.92$$

---

(3) 강도율(Severity Rate of Injury ; SR)

① 산재로 인한 근로손실의 정도를 나타내는 통계로서 1,000인시당 근로손실일수를 나타낸다.

② 강도율 $= \dfrac{\text{근로손실일수}}{\text{근로 총 시간수}} \times 1{,}000$

③ 강도율이 2.0이란 뜻은 근로시간 1,000시간당 2.0일의 근로손실일수가 발생했다는 것이다.

④ 근로손실일수는 근로기준법에 의한 법정 근로손실일수에 비장해등급 손실일수를 연 300일 기준으로 환산하여 가산한 일수로 한다. 즉, 장해등급별 근로손실일수 + 비장해등급 손실일수 × 300/365으로 계산한다.

▌장해등급별 근로손실일수 ▌

신체장해등급	1~3급	4	5	6	7	8	9	10	11	12	13	14	비고
근로손실일수	7,500	5,500	4,000	3,000	2,200	1,500	1,000	600	400	200	100	50	사망 7,500일

⑤ 사망에 의한 손실일수 7,500일 산출 근거

㉮ 사망자의 평균연령 : 30세 기준

㉯ 근로 가능 연령 : 55세 기준

㉰ 근로손실년수 : 55 - 30 = 25년 기준

㉱ 연간 근로일수 : 300일 기준

㉲ 사망으로 인한 근로손실일수 : 300 × 25 = 7,500일 발생

예제 5 상시 근로자를 400명 채용하고 있는 사업장에서 주당 40시간씩 1년간 50주를 작업하는 동안 재해가 180건 발생하였고, 이에 따른 근로손실일수가 780일이었다. 이 사업장의 강도율은 약 얼마인가?

풀이 $\text{강도율} = \dfrac{\text{근로손실일수}}{\text{연 근로 총 시간수}} \times 10^3 = \dfrac{780}{400 \times 40 \times 50} \times 10^3 = 0.98$

예제 6 도수율이 12.57, 강도율이 17.45인 사업장에서 한 근로자가 평생 근무한다면 며칠의 근로손실이 발생하겠는가? (단, 1인 근로자의 평생근로시간은 10^5시간이다.)

풀이 $\text{강도율} = \dfrac{\text{근로손실일수}}{\text{연 근로시간수}} \times 1,000$

$\text{근로손실일수} = \dfrac{\text{강도율} \times \text{연 근로시간수}}{1,000} = \dfrac{17.45 \times 10^5}{1,000} = 1,745$일

---

(4) 안전성적 평가(안전활동률)

안전관리활동의 결과를 정량적으로 판단하는 기준으로 종래에는 안전활동상황을 일반적으로 안전데이터로부터 간접적으로 판단해 오던 것을 미국 노동기준국의 블레이크(R.P. Blake)가 제안한 것이며, 다음 식으로 구한다.

① $\text{안전활동률} = \dfrac{\text{안전활동 건수}}{\text{근로시간수} \times \text{평균 근로자수}} \times 10^6$

② 안전활동 건수에 포함되는 항목

㉮ 실시한 안전개선 권고수 　　㉯ 안전조치할 불안전 작업수

㉰ 불안전 행동 적발수 　　㉱ 불안전한 물리적 지적 건수

㉲ 안전회의 건수 　　㉳ 안전홍보(PR) 건수

| 예제 7 | 1,000명이 있는 사업장에 6개월간 안전부서에서 불안전 작업수 10건, 안전 개선 권고수 30건, 불안전 행동 적발수 5건, 불안전 상태 지적수 25건, 안전회의 20건, 안전홍보(PR)가 10건 있었을 경우에 안전활동률은 얼마인가? (단, 1일 8시간, 월 25일 근무하였다.) |

풀이 안전활동 건수＝10+30+5+25+20+10＝100건

$$안전활동률＝\frac{안전활동건수}{근로시간수 \times 평균 근로자수} \times 10^6 ＝ \frac{100}{1,000 \times 8 \times 25 \times 6} \times 10^6 ＝ 83.33$$

| 예제 8 | 다음 [표]는 A작업장을 하루 10회 순회하면서 적발된 불안전한 행동 건수이다. A작업장의 1일 불안전한 행동률은 약 얼마인가? |

순회 횟수	근로자수	불안전한 행동 적발 건수	순회 횟수	근로자수	불안전한 행동 적발 건수
1회	100	0	6회	100	1
2회	100	1	7회	100	2
3회	100	2	8회	100	0
4회	100	0	9회	100	0
5회	100	0	10회	100	1

풀이 $불안전한행동률 ＝ \dfrac{7}{100 \times 10} \times 100 ＝ 0.7\%$

핵심이론 9 ┃ 사고의 원인 분석방법

(1) 개별적 원인 분석

재해 건수가 비교적 적은 사업장의 적용에 적합하고 특수재해나 중대재해의 분석에 사용하는 분석

(2) 통계적 원인 분석

① 파레토도(pareto diagram) : 사고의 유형, 기인물 등 분류 항목을 큰 순서대로 도표화하여 문제나 목표의 이해가 편리하도록 한 것이다.

② 특성 요인도 : 재해의 원인과 결과를 연계하여 상호관계를 파악하기 위해 도표화하는 분석 방법이다.

③ 크로스(cross) 분석 : 2개 이상의 문제관계를 분석하는 데 사용하는 것으로, 데이터를 집계하고 표로 표시하여 요인별 결과내역을 교차한 크로스 그림을 작성하여 분석한다.

④ 관리도(control chart) : 산업재해의 분석 및 평가를 위하여 재해발생 건수 등의 추이에 대해 한계선을 설정하여 목표관리를 수행하는 재해통계 분석기법으로 필요한 월별 재해발생 건수를 그래프화하여 관리선을 설정관리하는 방법이다. 관리선은 상방관리한계(UCL ; Upper Control Limit), 중심선(Pn), 하방관리한계(LCL ; Low Control Limit)로 표시한다.

핵심이론 10 ┃ 사고와 재해의 발생원리

(1) 하인리히의 재해발생 5단계

① 제1단계 : 사회적 환경과 유전적 요소
② 제2단계 : 개인적 결함
③ 제3단계 : 불안전한 행동과 불안전한 상태
④ 제4단계 : 사고
⑤ 제5단계 : 상해

여기서 첫 번째인 사회적인 환경과 유전적인 요소와 두 번째인 개인적인 결함이 발생하더라도 세 번째인 불안전한 행동 및 불안전한 상태만 제거하면 사고는 발생하지 않는다.

 참고

■ 재해의 발생 = 물적 불안정 상태 + 인적 불안전 행위 + α = 설비적 결함 + 관리적 결함 + α
여기서, α : 잠재된 위험의 상태

(2) 버드(Frank Bird)의 사고연쇄성 5단계

① 제1단계 : 통제의 부족(관리)
② 제2단계 : 기본 원인(기원)
③ 제3단계 : 직접 원인(징후)
④ 제4단계 : 사고(접촉)
⑤ 제5단계 : 상해, 손해(손실)

핵심이론 11 ┃ 재해발생 비율에 관한 이론

(1) 하인리히의 재해구성 비율(1 : 29 : 300의 법칙)

하인리히는 사고의 결과로서 야기되는 상해를 중상 : 경상 : 무상해 사고의 비율이 1 : 29 : 300이 된다고 하였다. 이 비율은 50,000여 건의 사고를 분석한 결과 얻은 통계이다.

사고 분석
┌ 중상(휴업 8일 이상~사망) : 0.3% → 1
├ 경상(휴업 1일 이상~휴업 7일 미만) : 8.8% → 29
└ 무상해 사고 및 아차 사고(휴업 1일 미만) : 90.9% → 300

즉, 1 : 29 : 300의 법칙의 의미 속에는 만약 사고가 330번 발생된다면 그 중에 중상이 1건, 경상이 29건, 무상해 사고가 300건 포함될 것이라는 뜻이 내포되어 있다.

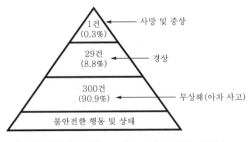

┃ 하인리히의 재해 1 : 29 : 300 구성 비율 ┃

예제 9 A 사업장에서 사망이 2건 발생하였다면 이 사업장에서 경상재해는 몇 건이 발생하겠는가? (단, 하인리히의 재해구성 비율을 따른다.)

> **풀이** 하인리히의 재해발생 비율－1 : 29 : 300의 법칙
> ① 1건 : 사망 또는 중상 ② 29건 : 경상해 ③ 300건 : 무상해
> 즉 경상해(29건)×2＝58건

(2) 버드(F.E. Bird's Jr)의 재해구성 비율(1 : 10 : 30 : 600의 법칙)

버드는 1,753,498건의 사고를 분석하여 중상 또는 폐질 1, 경상(물적 또는 인적 상해) 10, 무상해 사고(물적 손실) 30, 무상해 · 무사고 고장(위험 순간) 600의 비율로 사고가 발생한다고 하였다.

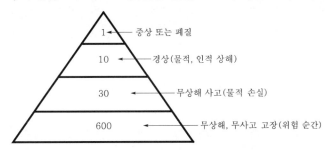

| 1 ← 중상 또는 폐질 |
| 10 ← 경상(물적, 인적 상해) |
| 30 ← 무상해 사고(물적 손실) |
| 600 ← 무상해, 무사고 고장(위험 순간) |

| 버드의 재해 1 : 10 : 30 : 600 구성 비율 |

예제 10 버드(Bird)의 재해발생 비율에서 물적 손해 만의 사고가 120건 발생하면 상해도, 손해도 없는 사고는 몇 건 정도 발생하겠는가?

> **풀이**
>
> | 중상 또는 폐질 | 1 | | 1×4＝4 |
> |---|---|---|---|
> | 경상 | 10 | | 10×4＝40 |
> | 무상해 사고 | 30 | $\dfrac{120}{30}=4$ | 30×4＝120 |
> | 무상해 · 무사고 고장 | 600 | | 600×4＝2,400 |

핵심이론 12 | 재해코스트 이론

(1) 하인리히의 1 : 4의 원칙

① 직접비 : 재해로 인해 받게 되는 산재보상금

㉮ 휴업 보상비 : 평균 임금의 100분의 70 ㉯ 장해 급여 : 1~14급(산재 장해등급)

㉰ 요양 급여 : 병원에 지급(요양비 전액) ㉱ 유족 급여 : 평균 임금의 1,300일분

㉲ 장의비 : 평균 임금의 120일분 ㉳ 유족 특별 급여

㉴ 장해 특별 보상비 ㉵ 직업 재활 급여

㉶ 상병 보상 연금

② 간접비 : 직접비를 제외한 모든 비용

㉮ 인적 손실 ㉯ 물적 손실 ㉰ 생산 손실 ㉱ 특수 손실

㉲ 그 밖의 손실(병상 위문금)

예제 11 재해로 인한 직접 비용으로 8,000만원이 산재보상비로 지급되었다면 하인리히 방식에 따를 때 총 손실비용은 얼마인가?

풀이 하인리히 방식

총 손실비용＝직접비(1)＋간접비(4)＝8,000만원＋8,000만원×4＝40,000만원

---

(2) 시몬즈(R.H. Simonds) 방식

① 보험코스트

㉮ 보험금 총액

㉯ 보험회사의 보험에 관련된 제경비와 이익금

② 비보험코스트＝(A×휴업상해 건수)＋(B×통원상해 건수)＋(C×응급처치 건수)

＋(D×무상해 사고 건수)

여기서, A, B, C, D : 상수(각 재해에 대한 평균 비보험비용)

③ 재해, 사고 분류

㉮ 휴업 상해 : 영구부분노동불능 상해, 일시전노동불능 상해

㉯ 통원 상해 : 일시부분노동불능 상해

㉰ 응급처치 : 8시간 미만의 휴업

㉱ 무상해 사고 : 의료조치를 필요로 하지 않는 정도의 극미한 상해 사고나 무상해 사고, 20$ 이상의 재산손실이나 8시간 이상의 시간손실을 가져온 사고. 단, 사망 및 영구불능 상해는 재해 범주에서 제외, 자주 발생하는 것이 아니기 때문에 때에 따라 계산을 산정한다.

▪▪ 핵심이론 13 ┃ 안전인증

(1) 안전인증 심사의 종류

① 예비심사

② 서면심사

③ 기술능력 및 생산체계 심사

④ 제품심사

(2) 안전인증의 취소, 6개월 이내의 기간을 정하여 안전인증 표시의 사용금지, 시정을 명할 수 있는 경우

① 거짓이나 그 밖의 부정한 방법으로 안전인증을 받은 경우(안전인증 취소만 해당됨)

② 안전인증을 받은 유해·위험 기계 등의 안전에 관한 성능 등이 안전인증기준에 맞지 아니하게 된 경우

③ 정당한 사유없이 안전인증 확인을 거부, 방해 또는 기피한 경우

 핵심이론 14 ┃ 무재해 운동

(1) 무재해 운동 추진의 3기둥(요소)

① **최고경영자의 경영자세** : 안전보건은 최고경영자의 무재해 및 무질병에 대한 확고한 경영자세로 시작된다.

② **라인관리자에 의한 안전보건의 추진** : 안전보건을 추진하는 데에는 관리감독자들의 생산활동 속에 안전보건을 실천하는 것이 중요하다.

③ **직장(소집단) 자주활동의 활성화** : 안전보건은 각자 자신의 문제이며 동시에 동료의 문제로서 직장의 팀 멤버와 협동하고 노력하여 자주적으로 추진하는 것이 필요하다.

 참고

■ 무재해 운동의 3요소
  1. 이념   2. 기법   3. 실천

(2) 무재해 운동 기본 이념의 3원칙

① **무(zero)의 원칙** : 직장 내의 모든 잠재 위험요인을 적극적으로 사전에 발견, 파악, 해결함으로써 뿌리에서부터 산업재해를 제거하는 것

② **선취의 원칙** : 위험요소를 사전에 발견, 파악하여 재해를 예방 또는 방지하는 것

③ **참가의 원칙** : 위험을 발견, 제거하기 위하여 전원이 참가, 협력하여 각자의 위치에서 의욕적으로 문제해결을 실천하는 것

 핵심이론 15 ┃ 안전활동기법

(1) 위험예지훈련(danger predication training)

① 위험예지훈련의 4Round

㉮ 제1라운드(현상 파악) : 어떤 위험이 잠재해 있는지 잠재 위험요인을 발견한다.

㉯ 제2라운드(본질 추구) : 발견한 위험요인 중 중요하다고 생각되는 위험의 포인트를 파악한다.

㉰ 제3라운드(대책 수립) : 중요 위험을 예방하기 위하여 구체적인 대책을 세운다.

㉱ 제4라운드(목표 설정) : 수립된 대책 중 중점 실시항목을 위한 팀 행동목표를 설정한다.

② 위험예지훈련의 3종류

㉮ 감수성 훈련   ㉯ 문제해결 훈련   ㉰ 단시간미팅 훈련

 참고

■ **1인 위험예지훈련** : 각자가 위험에 대한 감수성 향상을 도모하기 위하여 삼각 및 원포인트 위험예지훈련을 실시하는 것

(2) 위험예지훈련에서 활용하는 주요기법 – 브레인 스토밍(Brain Storming ; BS)(4원칙)

6~12명의 구성원으로 타인의 비판 없이 자유로운 토론을 통하여 다량의 독창적인 아이디어를 이끌어내고, 대안적 해결안을 찾기 위한 집단적 사고기법

① 비판금지(criticism is ruled out) : 타인의 의견에 대하여 비판, 비평하지 않는다.

② 자유분방(free wheeling) : 지정된 표현방식을 벗어나 자유롭게 의견을 제시한다.

③ 대량발언(quantity is wanted) : 한 사람이 많은 의견을 제시할 수 있다.

④ 수정발언(combination and improvement are sought) : 타인의 의견을 수정하여 발언할 수 있다.

핵심이론 16 ┃ 보호구의 종류

(1) 의무안전인증대상 보호구

① 추락 및 감전위험방지용 안전모　　② 안전화

③ 안전장갑　　　　　　　　　　　　④ 방진마스크

⑤ 방독마스크　　　　　　　　　　　⑥ 송기마스크

⑦ 전동식 호흡보호구　　　　　　　　⑧ 보호복

⑨ 안전대　　　　　　　　　　　　　⑩ 차광 및 비산물위험방지용 보안경

⑪ 용접용 보안면　　　　　　　　　　⑫ 방음용 귀마개 또는 귀덮개

(2) 안전인증 제품표시의 붙임

안전인증제품에는 안전인증 표시 외에 다음 각 목의 사항을 표시한다.

① 형식 또는 모델명　② 규격 또는 등급 등　③ 제조자명　④ 제조번호 및 제조연월　⑤ 안전인증 번호

(3) 자율안전 확인 대상 보호구의 종류

① 안전모(안전인증 대상 제외)　② 보안경(안전인증 대상 제외)　③ 보안면(안전인증 대상 제외)

참고

■ 방독마스크 사용이 가능한 공기 중 최소 산소농도 기준 : 18% 이상

핵심이론 17 ┃ 안전모

(1) 안전모의 종류

안전모의 사용 구분, 모체의 재질 및 내전압성에 의하여 다음과 같이 분류하고 있다.

종류 기호	사용 구분	내전압성
AB	물체의 낙하, 비래, 추락에 의한 위험을 방지, 경감시키기 위한 것	–
AE	물체의 낙하, 비래에 의한 위험을 방지 또는 경감하고, 머리부위 감전에 의한 위험을 방지하기 위한 것	내전압성
ABE	물체의 낙하, 비래, 추락에 의한 위험을 방지 또는 경감하고, 머리부위 감전에 의한 위험을 방지하기 위한 것	내전압성

(2) 안전모의 성능 기준

안전모의 시험성능 기준은 다음과 같다.

항 목	성능 기준
내관통성	AE종, ABE종 안전모는 관통거리가 9.5mm 이하이11.1mm 이하이어야 한다(자율안전확인에서는 관통거리가 11.1mm 이하).
충격흡수성	최고 전달충격력이 4,450N을 초과해서는 안 되며, 모체와 착장체의 기능이 상실되지 않아야 한다.
내전압성	AE종, ABE종 안전모는 교류 20kW에서 1분간 절연파괴 없이 견뎌야 하고, 이때 누설되는 충전전류는 10mA 이하이어야 한다(자율안전확인에서는 제외).
턱끈풀림	150N 이상 250N 이하에서 턱끈이 풀려야 한다.
내수성	AE종, ABE종 안전모는 질량 증가율이 1% 미만이어야 한다(자율안전확인에서는 제외).
난연성	모체가 불꽃을 내며 5초 이상 연소되지 않아야 한다.

핵심이론 18 | 방진·방독 마스크와 안전대

(1) 방진마스크(dust mask)

① 방진마스크의 종류
   ⑦ 분리식 : 직결식(전면형, 반면형), 격리식(전면형, 반면형)
   ⑭ 안면부 여과식 : 반면형

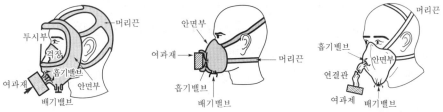

| 직결식 전면형 방진마스크 | | 직결식 반면형 방진마스크 | | 격리식 반면형 진마스크 |

② 방진마스크 선택 시 주의사항
   ⑦ 포집률(여과효율)이 좋아야 한다.   ⑭ 흡기·배기 저항이 낮아야 한다.
   ⑭ 시야가 넓을수록 좋다.   ⑭ 안면부에 밀착성이 좋아야 한다.
   ⑩ 사용면적이 적어야 한다.   ⑭ 중량이 가벼워야 한다.
   ⑭ 피부 접촉부위의 고무질이 좋아야 한다.

(2) 방독마스크(gas mask)

방독마스크 흡수관(정화통)의 종류는 다음과 같다.

종 류	시험 가스	정화통 외부 측면 표시색
유기화합물용	시클로헥산(C_6H_{12}), 디메틸에테르, 이소부탄	갈색
할로겐용	염소(Cl_2)가스 또는 증기	회색
황화수소용	황화수소(H_2S)가스	회색
시안화수소용	시안화수소(HCN)가스	회색
아황산용	아황산(SO_2)가스	노란색
암모니아용	암모니아(NH_3)가스	녹색

(3) 안전대

안전대의 종류는 다음과 같다.

종 류	사용 구분	종 류	사용 구분
벨트식	1개걸이용	안전그네식	추락방지대
	U자걸이용		안전블록

 참고

■ **안전그네와 U자걸이, 1개걸이**

1. **안전그네** : 신체 지지의 목적으로 전신에 착용하는 띠 모양의 것으로 상체 등 신체 일부분만 지지하는 것을 제외한다.
2. **U자걸이** : 안전대의 죔줄을 구조물 등에 U자 모양으로 돌린 뒤 훅 또는 카라비너를 D링에, 신축조절기를 각링 등에 연결하는 걸이 방법
3. **1개걸이** : 죔줄의 한쪽 끝을 D링에 고정시키고, 훅 또는 카라비너를 구조물 또는 구명줄에 고정시키는 걸이 방법

핵심이론 19 | 안전보건표지

(1) 산업안전보건표지의 종류

① **금지표지** : 바탕은 흰색, 기본모형은 빨강, 관련 부호 및 그림은 검은색
② **경고표지** : 바탕은 노란색, 기본모형과 관련 부호 및 그림은 검은색
③ **지시표지** : 바탕은 파란색, 관련 그림은 흰색
④ **안내표지** : 바탕은 흰색, 기본모형 및 관련 부호는 녹색, 바탕은 녹색, 관련 부호 및 그림은 흰색

 참고

■ **임의적 부호** : 안전·보건표지에서 경고표지는 삼각형, 안내표지는 사각형, 지시표지는 원형 등으로 부호가 고안되어 있는데 이처럼 부호가 이미 고안되어 이를 사용자가 배워야 하는 부호를 말한다.

(2) 안전보건표지의 색채·색도 기준 및 용도

색 채	색도 기준	용 도	사용 예
빨간색	7.5R 4/14	금지	정지신호, 소화설비 및 그 장소, 유해행위의 금지
		경고	화학물질 취급장소에서의 유해·위험 경고
노란색	5Y 8.5/12	경고	화학물질 취급장소에서의 유해·위험 경고, 이 외의 위험 경고, 주의표지 또는 기계방호물
파란색	2.5PB 4/10	지시	특정 행위의 지시 및 사실의 고지
녹색	2.5G 4/10	안내	비상구 및 피난소, 사람 또는 차량의 통행표지
흰색	N 9.5	–	파란색 또는 녹색에 대한 보조색
검은색	N 0.5	–	문자 및 빨간색 또는 노란색에 대한 보조색

(3) 안전보건표지의 종류와 형태

1 금지 표지	101 출입금지	102 보행금지	103 차량통행금지	104 사용금지	105 탑승금지	106 금연
107 화기금지	108 물체이동금지	**2** 경고 표지	201 인화성 물질 경고	202 산화성 물질 경고	203 폭발성 물질 경고	204 급성 독성 물질 경고
205 부식성 물질 경고	206 방사성 물질 경고	207 고압전기 경고	208 매달린 물체 경고	209 낙하물 경고	210 고온 경고	211 저온 경고
212 몸균형상실 경고	213 레이저광선 경고	214 발암성·변이원성· 생식독성·전신독성· 호흡기 과민성 물질 경고	215 위험장소 경고	**3** 지시 표지	301 보안경 착용	302 방독마스크 착용
303 방진마스크 착용	304 보안면 착용	305 안전모 착용	306 귀마개 착용	307 안전화 착용	308 안전장갑 착용	309 안전복 착용
4 안내 표지	401 녹십자 표시	402 응급구호 표시	403 들것	404 세안장치	405 비상용 기구	406 비상구

407 좌측 비상구	408 우측 비상구	**5** 관계자외 출입금지	501 허가대상물질 작업장 **관계자외 출입금지** (허가물질 명칭) 제조/사용/보관 중 **보호구/보호복 착용** **흡연 및 음식물 섭취 금지**	502 석면 취급/해체 작업장 **관계자외 출입금지** 석면 취급/해체 중 **보호구/보호복 착용** **흡연 및 음식물 섭취 금지**	503 금지대상물질의 취급 실험실 등 **관계자외 출입금지** 발암물질 취급 중 **보호구/보호복 착용** **흡연 및 음식물 섭취 금지**

| 6
문자
추가 시
범례 | | • 내 자신의 건강과 복지를 위하여 안전을 늘 생각한다.
• 내가정의 행복과 화목을 위하여 안전을 늘 생각한다.
• 내 자신의 실수로 동료를 해치지 않도록 하기 위하여 안전을 늘 생각한다.
• 내 자신이 일으킨 사고로 인한 회사의 재산과 손실을 방지하기 위하여 안전을 늘 생각한다.
• 내 자신의 방심과 불안전한 행동이 조국의 번영에 장애가 되지 않도록 하기 위하여 안전을 늘 생각한다. |

 참고

■ 안전·보건표지의 제작에 있어 안전·보건표지 속의 그림 또는 부호의 크기는 안전·보건표지의 크기와 비례하여야 하며, 안전·보건표지 전체 규격의 30% 이상이 되어야 한다.

핵심이론 20 | 방어기제

(1) 적응기제의 기본유형

① 공격적 기제(행동)

   ㉮ 치환(displacement)

   ㉯ 책임전가(scapegoating)

   ㉰ 자살(suicide)

② 도피적 기제(행동)

   ㉮ 환상(fantasy or daydream)

   ㉯ 동일화(identification)

   ㉰ 유랑(nomadism)

   ㉱ 퇴행(regression)

   ㉲ 억압(repression)

   ㉳ 반동형성(reaction formation)

   ㉴ 고립(isolaton)

③ 절충적 기제(행동)

   ㉮ 승화(sublimation)

   ㉯ 대상(substitution)

   ㉰ 보상(compensation)

   ㉱ 합리화(rationalization)

   ㉲ 투사(projection)

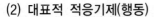

(2) 대표적 적응기제(행동)

① 억압(repression)

② 반동형성(reaction formation)

③ 공격(aggression)

④ 고립(isolation) : 현실도피 행위로서 자기의 실패를 자기의 내부로 돌리는 유형

   예 키가 작은 사람이 키 큰 친구들과 같이 사진을 찍으려 하지 않는다.

⑤ 도피(withdrawal)

⑥ 퇴행(regression) : 현실을 극복하지 못했을 때 과거로 돌아가는 현상

   예 여동생이나 남동생을 얻게 되면서 손가락을 빠는 것과 같이 어린시절의 버릇을 나타낸다.

⑦ 합리화(rationalization) : 인간이 자기의 실패나 약점을 그럴듯한 이유를 들어 남의 비난을 받지 않도록 하며 또한 자위하는 방어기제

   ㉮ 신포도형   ㉯ 달콤한 레몬형   ㉰ 투사형   ㉱ 망상형

⑧ 투사(투출 ; projection) : 자기 속의 억압된 것을 다른 사람의 것으로 생각하는 것

⑨ 동일화(identification) : 인간관계의 메커니즘 중 다른 사람의 행동양식이나 태도를 투입시키거나 다른 사람 중에서 자기와 비슷한 것을 발견하는 것

   예 아버지의 성공을 자신의 성공인 것처럼 자랑하며 거만한 태도를 보인다.

⑩ 백일몽(day-dreaming)

⑪ 보상(compensation) : 자신의 약점이나 무능력, 열등감을 위장하여 유리하게 보호함으로서 안정감을 찾으려는 방어적 적응기제

⑫ 승화(sublimation) : 억압당한 욕구가 사회적 · 문화적으로 가치 있는 목적으로 향하여 노력함으로 욕구를 충족하는 적응기제

(3) 집단행동에서의 방어기제(행동)(인간관계의 메커니즘)

① 동일화(identification)

② 투사(projection)

③ 커뮤니케이션(communication)

④ 모방(imitation) : 남의 행동이나 판단을 표본으로 삼아 그와 비슷하거나 같게 판단을 취하려는 현상

⑤ 암시(suggestion) : 다른 사람으로부터의 판단이나 행동을 무비판적으로 논리적, 사실적 근거없이 받아들이는 것

> **참고**
>
> ■ **사회행동의 기본형태**
>   1. 협력(cooperation) : 조력, 분업
>   2. 대립(opposition) : 공격, 경쟁
>   3. 도피(escape) : 고립, 정신병, 자살
>   4. 융합(accomodation) : 강제, 타협, 통합

▪▪ 핵심이론 21 | 호손 실험과 조하리의 창

(1) 호손(Hawthorne) 실험

인간관계의 실증적인 기초를 마련한 동시에 인간관계의 발전과 산업계에 공헌한 실험은, 호손 공장에서 종사한 3만명을 대상으로 레슬리스버거(F.J. Roethlisberger)에 의해 4차에 걸쳐 시행되었다.

① 생산성은 인적 요인에 의해 좌우됨
② 인간은 인간적 환경 발견의 욕구를 가짐
③ 인적 환경 요인의 개선
④ 물적, 비인간적 요인의 합리화 및 과학화의 제고

(2) 조하리의 창(Joharis window)

① 열린 창(open area) : 나도 알고 너도 아는 창
② 숨겨진 창(hidden area) : 나는 알고 너는 모르는 창
③ 보이지 않는 창(blind area) : 나는 모르고 너는 아는 창
④ 미지의 창(unknown area) : 나도 모르고 너도 모르는 창

▪▪ 핵심이론 22 | 리더십

(1) 리더십의 정의

$$L = f(l \cdot f \cdot s)$$

여기서, L : 리더십, l : 리더(leader), f : 추종자(follower), s : 상황(situation)

(2) 리더십의 이론

① 특성 이론 : 성공적인 리더는 어떤 특성을 가지고 있는가를 연구하는 이론
② 행동 이론 : 특성이론의 한계를 극복하고자 리더의 효율적 행동유형을 규명하는 이론
③ 상황 이론 : 특성이론과 행동이론의 한계로, 상황적인 요소에 대한 연구의 필요성으로 대두된 이론

 참고

- **설득** : 부하의 행동에 영향을 주는 리더십 중 조언, 설명, 보상조건 등의 제시를 통한 적극적인 방법

(3) 리더십의 유형(업무 추진방식에 따른 분류)

① 민주형 : 집단의 토론, 회의 등에 의해서 정책을 결정하는 유형
② 자유방임형 : 지도자가 집단 구성원에게 완전히 자유를 주며, 집단에 대하여 전혀 리더십을 발휘하지 않고 명목상의 리더 자리만을 지키는 유형
③ 권위형 : 지도자가 집단의 모든 권한 행사를 단독적으로 처리하는 유형

(4) 리더십(leadership)과 헤드십(headship)의 비교

개인과 상황변수	리더십	헤드십
권한 행사	선출된 리더	임명된 헤드
권한 부여	밑으로부터 동의	위에서 위임
권한 근거	개인능력	법적 또는 공식적
권한 귀속	집단목표에 기여한 공로 인정	공식화된 규정에 의함
구성원과의 관계	개인적인 영향	지배적
책임 귀속	상사와 부하	상사
구성원과의 사회적 간격	좁음	넓음
지휘 형태	민주주의적	권위주의적

(5) 관리 그리드(managerial grid) 이론

① (1.1) : 무관심형(impoverished) – 생산과 인간에 대한 관심이 모두 낮은 무관심 스타일로서, 리더 자신의 직분을 유지하는 데에 최소한의 노력만을 투입하는 리더의 유형

② (1.9) : 인기형(county club) – 인간에 대한 관심은 매우 높고 생산에 대한 관심은 매우 낮기 때문에 구성원의 만족 관계와 친밀한 분위기를 조성하는 데에 역점을 기울이는 리더의 유형

③ (9.1) : 과업형(authority) – 인간관계 유지에는 낮은 관심을 보이지만 과업에 대해서는 높은 관심을 가지는 리더의 유형

④ (5.5) : 타협형(middle of the road) – 과업의 능률과 인간요소를 절충하며 적당한 수준의 성과를 지향하는 리더의 유형

⑤ (9.9) : 이상형(team) – 구성원들과 조직체의 공동목표와 상호의존 관계를 강조하고 상호신뢰적이고 상호존경적인 관계에서 구성원들의 합의를 통하여 과업을 달성하는 리더의 유형

■■ 핵심이론 23 | 레빈(Kurt Lewin)의 법칙

인간의 행동은 그 사람이 가진 자질, 즉 개체와 심리학적 환경과의 상호 함수관계에 있다. 어떤 순간에 있어서 행동, 어떤 심리학적 장(field)을 일으키느냐 일으키지 않느냐는 심리학적 생활공간의 구조에 따라 결정된다.

$$B = f(P \cdot E), \quad B = f(L \cdot s \cdot P), \quad L = f(m \cdot s \cdot l)$$

여기서, B : Behavior(행동)

P : Person(소질)–연령, 경험, 심신상태, 성격, 지능 등에 의하여 결정

E : Environment(환경)–심리적 영향을 미치는 인간관계, 작업환경, 작업조건, 설비적 결함, 감독, 직무의 안정

f : function(함수)–적성, 기타 PE에 영향을 주는 조건

L : 생활공간, m : members, s : situation, l : leader

핵심이론 24 | 동기부여 이론과 동기유발 방법

(1) 매슬로우(A.H. Maslow)의 욕구 5단계 이론

① 제1단계 : 생리적 욕구(생명유지의 기본적 욕구 : 기아, 갈증, 호흡, 배설, 성욕 등)

 참고

■ 의식적 통제가 힘든 순서
1. 호흡욕구   2. 안전욕구   3. 해갈욕구   4. 배설욕구   5. 수면욕구   6. 식욕

② 제2단계 : 안전의 욕구(인간에게 영향을 줄 수 있는 불안, 공포, 재해 등 각종 위험으로부터 해방되고자 하는 욕구)

③ 제3단계 : 사회적 욕구(소속감과 애정욕구 : 친화)

④ 제4단계 : 존경의 욕구(인정받으려는 욕구 : 자존심, 명예, 성취, 지위 등)

⑤ 제5단계 : 자아실현의 욕구(자기의 잠재력을 최대한 살리고 자기가 하고 싶었던 일을 실현하려는 욕구)

∥ 매슬로우의 이론과 알더퍼 이론의 관계 ∥

이론 ＼ 욕구	저차원적 욕구 ◀━━━━━━━━▶ 고차원적 욕구		
매슬로우	생리적 욕구, 물리적 측면의 안전욕구	대인관계 측면의 안전욕구, 존경욕구	자아실현의 욕구
알더퍼(ERG 이론)	존재욕구(E)	관계욕구(R)	성장욕구(G)
X 이론 및 Y 이론 (McGregor)	X 이론	Y 이론	

(2) 데이비스(K. Davis)의 동기부여 이론 등식

① 인간의 성과×물질의 성과＝경영의 성과

② 지식(knowledge)×기능(skill)＝능력(ability)

③ 상황(situation)×태도(attitude)＝동기유발(motivation)

④ 능력×동기유발＝인간의 성과(human performance)

(3) 맥그리거(McGregor)의 X이론과 Y이론 비교

X이론	Y이론
인간 불신감(성악설)	상호 신뢰감(성선설)
저차(물질적)의 욕구	고차(정신적)의 욕구 만족에 의한 동기부여
명령통제에 의한 관리(규제관리)	목표통합과 자기통제에 의한 관리
저개발국형	선진국형

(4) 허즈버그(Frederick Herzberg)의 2요인 이론

위생요인(직무환경)	동기요인(직무내용)
정책 및 관리, 대인관계 관리, 감독, 임금, 보수, 작업조건, 지위, 안전	성취감, 책임감, 인정, 성장과 발전, 도전, 일 그 자체

핵심이론 25 | 재해 누발자 유형

(1) 미숙성 누발자

① 기능 미숙

② 환경에 익숙하지 못하기 때문

(2) 상황성 누발자

① 작업의 난이성

② 기계 설비의 결함

③ 환경상 주의력의 집중이 혼란되기 때문

④ 심신의 근심

(3) 습관성 누발자

① 재해의 경험에 의해 겁쟁이가 되거나 신경과민이 되기 때문

② 슬럼프(slump) 상태에 빠져있기 때문

(4) 소질성 누발자

① 개인적 소질 가운데 재해원인 요소를 가지고 있는 자

② 개인의 특수성격 소유자로서, 그가 가지고 있는 재해의 소질성 때문에 재해를 누발하는 자

핵심이론 26 | 성격검사

(1) Y - G(Yutaka - Guilford) 성격검사

① A형(평균형) : 조화적, 적응적

② B형(우편형) : 정서 불안정, 활동적, 외향(불안전, 부적응, 적극적)

③ C형(좌편형) : 안전 소극적(온순, 소극적, 안정, 비활동, 내향적)

④ D형(우하형) : 안전, 적응, 적극적(정서 안정, 사회 적응, 활동적, 대인관계 양호)

⑤ E형(좌하형) : 불안정, 부적응, 수동적(D형과 반대)

(2) Y-K(Yutaka-Kohata) 성격검사

작업성격 유형	작업성격 인자	적성 직종의 일반적 경향
CC′형 : 담즙질 (진공성형)	① 운동, 결단, 기민이 빠르다. ② 적응이 빠르다. ③ 세심하지 않다. ④ 내구, 집념이 부족하다. ⑤ 자신감이 강하다.	① 대인적 직업 ② 창조적, 관리자적 직업 ③ 변화있는 기술적, 가공 작업 ④ 변화있는 물품을 대상으로 하는 불연속 작업
MM′형 : 흑담즙질 (신경질형)	① 운동성이 느리고, 지속성이 풍부하다. ② 적응이 느리다. ③ 세심, 억제, 정확하다. ④ 내구성, 집념, 지속성이 있다. ⑤ 담력, 자신감이 강하다.	① 연속적, 신중적, 인내적 작업 ② 연구개발적, 과학적 작업 ③ 정밀, 복잡한 작업
SS′형 : 다혈질 (운동성형)	①, ②, ③, ④ : CC′형과 동일 ⑤ 담력, 자신감이 약하다.	① 변화하는 불연속적 작업 ② 사람 상대 상업적 작업 ③ 기민한 동작을 요하는 작업
PP′형 : 점액질 (평범수동성형)	①, ②, ③, ④ : MM′형과 동일 ⑤ 약하다.	① 경리사무, 흐름작업 ② 계기관리, 연속작업 ③ 지속적 단순작업
Am형 : 이상질	① 극도로 나쁘다. ② 극도로 느리다. ③ 극도로 결핍되었다. ④ 극도로 강하거나 약하다.	① 위험을 수반하지 않는 단순한 기술적 작업 ② 직업상 부적응적 성격자는 정신위생적 치료 요함

핵심이론 27 | 억측판단과 착시현상 및 주의

(1) 억측판단

① 자기 멋대로 주관적인 판단이나 희망적인 관찰에 근거를 두고 다분히 이렇게 해도 될 것이라는 것을 확인하지 않고 행동으로 옮기는 판단이다.

예 경보기가 울려도 기차가 오기까지 아직 시간이 있다고 판단하여 건널목을 건너다가 사고를 당했다.

② 억측판단 배경

㉮ 초조한 심정 ㉯ 희망적 관측 ㉰ 과거의 성공한 경험

(2) 착시현상(시각의 착각현상)

① Müller-Lyer의 착시

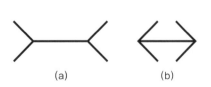

(a)   (b)

(a)가 (b)보다 길어 보인다.
(실제(a)=(b))

② Helmholtz의 착시

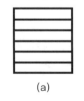

(a)   (b)

(a)는 가로로 길어 보이고, (b)는 세로로 길어 보인다.
(실제(a)=(b))

③ Hering의 착시

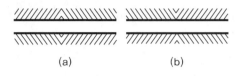

(a)   (b)

두 개의 평행선이 (a)는 양단이 벌어져 보이고,
(b)는 중앙이 벌어져 보인다.

④ Köhler의 착시

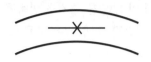

우선 평행의 호(弧)를 보고 이어 직선을 본 경우에는
직선은 호와의 반대방향에 보인다.

⑤ Poggendorf의 착시

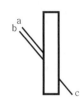

a와 c가 일직선으로 보인다.

⑥ Zöller의 착시

세로의 선이 굽어보인다.

(3) 주의(attention)

주의의 종류는 다음과 같다.

① **선택성** : 여러 종류의 자극을 자각할 때 소수의 특정한 것에 한하여 주의가 집중되는 것
② **방향성** : 주시점(시선이 가는 쪽)만 인지하는 기능
③ **변동성** : 주의집중 시 주기적으로 부주의의 리듬이 존재

참고

- **주의와 리스크 테이킹**
  1. **주의(attention)의 일정집중현상**
     ① 정의 : 인간이 갑자기 사고 또는 재난을 당하면 주의력이 한 곳에 몰리게 되어 판단력이 상실되며 멍청해지는
     현상
     ② 대책 : 위험예지훈련
  2. **리스크 테이킹(risk taking)** : 객관적인 위험을 자기 나름대로 판정해서 의지결정을 하고 행동에 옮기는 것

■■ 핵심이론 28 | 생체리듬

(1) 생체리듬(Bio Rhythm)의 종류 및 특징

① **육체적 리듬(Physical cycle)** : 육체적으로 건전한 활동기(11.5일)와 그렇지 못한 휴식기(11.5일)
가 23일을 주기로 하여 반복된다. 육체적 리듬(P)은 신체적 컨디션의 율동적인 발현, 즉 식
욕, 소화력, 활동력, 스태미너 및 지구력과 밀접한 관계를 갖는다.

② **지성적 리듬**(Intellectual cycle) : 지성적 사고능력이 재빨리 발휘된 날(16.5일)과 그렇지 못한 날(16.5일)이 33일을 주기로 반복된다. 지성적 리듬(I)은 상상력, 사고력, 기억력 또는 의지, 판단 및 비판력 등과 깊은 관련성을 갖는다.

③ **감성적 리듬**(Sensitivity cycle) : 감성적으로 예민한 기간(14일)과 그렇지 못한 둔한 기간(14일)이 28일을 주기로 반복한다. 감성적 리듬(S)은 신경조직의 모든 기능을 통하여 발현되는 감정, 즉 정서적 희로애락, 주의력, 창조력, 예감 및 통찰력 등을 좌우한다.

(2) 생체리듬의 변화

① 혈액의 수분, 염분량 : 주간 감소, 야간 상승

② 체온, 혈압, 맥박수 : 주간 상승, 야간 감소

③ 야간 체중 감소, 소화분비액 불량

④ 야간 말초운동 기능 저하, 피로의 자각증상 증대

▪▪ 핵심이론 29 | 교육의 기초와 안전교육

(1) 교육의 3요소

① 주체 : 강사

② 객체 : 수강자

③ 매개체 : 교재

(2) 교육 지도의 원칙

교육 지도의 여러 가지 원칙 중 오감을 통한 기능적인 이해를 돕도록 하는 것에 대한 설명은 다음과 같다.

① 5관의 교육훈련 효과

㉮ 시각 : 60%　㉯ 청각 : 20%　㉰ 촉각 : 15%　㉱ 미각 : 3%　㉲ 후각 : 2%

② 교육의 이해도(교육 효과)

㉮ 눈 : 40%　㉯ 입 : 80%　㉰ 귀 : 20%　㉱ 머리+손+발 : 90%　㉲ 귀+눈 : 80%

③ 감각 기능별 반응시간

㉮ 시각 : 0.20초　㉯ 청각 : 0.17초　㉰ 촉각 : 0.18초　㉱ 미각 : 0.29초　㉲ 통각 : 0.7초

(3) 안전교육(태도교육의 기본과정)

① 제1단계 : 청취한다.

② 제2단계 : 이해하고 납득시킨다.

③ 제3단계 : 항상 모범을 보여준다.

④ 제4단계 : 권장(평가)한다.

⑤ 제5단계 : 장려한다.

⑥ 제6단계 : 처벌한다.

핵심이론 30 | 파블로프(Pavlov)의 조건반사(반응)설(S-R 이론)

(1) 시간의 원리(the time principle)

조건화시키려는 자극은 무조건 자극보다는 시간적으로 동시 또는 조금 앞서야만 조건화, 즉 강화가 잘 된다.

(2) 강도의 원리(the intensity principle)

자극이 강할수록 학습이 보다 더 잘 된다.

(3) 일관성의 원리(the consistency principle)

무조건 자극은 조건화가 성립될 때까지 일관하여 조건 자극에 결부시켜야 한다.

(4) 계속성의 원리(the continuity principle)

시행착오설에서 연습의 법칙, 빈도의 법칙과 같은 것으로서 자극과 반응과의 관계를 반복하여 횟수를 더할수록 조건화, 즉 강화가 잘 된다.

핵심이론 31 | 교육훈련의 형태

(1) 현장교육 OJT(On the Job Training)

관리감독자 등 직속상사가 부하직원에 대해서 일상업무를 통하여 지식, 기능, 문제해결 능력 및 태도 등을 교육훈련하는 방법이며, 개별교육 및 추가지도에 적합하다.

① 장점

㉮ 직장의 실정에 맞는 구체적이고 실제적인 지도교육이 가능하다.

㉯ 실시가 Off JT보다 용이하다.

㉰ 훈련에 의해서 진보의 정도를 알 수 있고, 종업원에게 동기부여가 된다.

㉱ 상호신뢰 및 이해도가 높아진다.

㉲ 비용이 적게 든다.

㉳ 훈련을 하면서 일을 할 수 있다.

㉴ 개개인의 적절한 지도훈련이 가능하다.

㉵ 교육효과가 업무에 신속히 반영된다.

② 단점

㉮ 훌륭한 상사가 꼭 훌륭한 교사는 아니다.

㉯ 일과 훈련의 양쪽이 반반이 될 가능성이 있다.

㉰ 다수의 종업원이 한 번에 훈련할 수 없다.

㉱ 통일된 내용과 동일 수준의 훈련이 될 수 없다.

㉲ 전문적인 고도의 지식 기능을 가르칠 수 없다.

(2) 집체교육 Off JT(Off the Job Training)

공통된 교육목적을 가진 근로자를 일정한 장소에 집합시켜 외부 강사를 초청하여 실시하는 방법으로 집합교육에 적합하다.

① 장점

㉮ 동시에 다수의 근로자에게 조직적 훈련이 가능하다.

㉯ 훈련에만 전념하게 된다.

㉰ 관련 분야의 외부 전문가를 강사로 초빙하는 것이 가능하다.

㉱ 특별 설비기구를 이용하는 것이 가능하다.

㉲ 각 직장의 근로자가 많은 지식이나 경험을 교류할 수 있다.

② 단점 : 교육훈련 목표에 대하여 집단적 노력이 흐트러질 수도 있다.

▪▪ 핵심이론 32 ┃ 교육훈련방법

(1) 하버드(Harvard) 학파의 교수법

① 제1단계 : 준비시킨다.

② 제2단계 : 교시(presentation)한다.

③ 제3단계 : 연합(association)시킨다.

④ 제4단계 : 총괄(generalization)시킨다.

⑤ 제5단계 : 응용시킨다.

(2) 회의(토의) 방식(group discussion method)

① **포럼(forum)** : 새로운 자료나 교재를 제시하고 문제점을 피교육자로 하여금 제기하도록 하거나 의견을 여러 가지 방법으로 발표하게 하여 청중과 토론자 간 활발한 의견 개진과정을 통하여 합의를 도출해내는 방법

② **심포지엄(symposium)** : 몇 사람의 전문가에 의해 과제에 관한 견해를 발표하고 참가자로 하여금 의견이나 질문을 하게 하는 토의 방식

③ **패널 디스커션(panel discussion)** : 교육과제에 정통한 전문가 4~5명이 피교육자 앞에서 자유로이 토의를 실시한 다음에 피교육자 전원이 참가하여 사회자의 진행에 따라 토의하는 방법

④ **버즈 세션(buzz session)** : 6.6회의라고도 하며, 참가자가 다수인 경우에 전원을 토의에 참가시키기 위하여 6명씩 소집단으로 구분하고, 집단별로 각각의 사회자를 선발하여 6분간씩 자유토의를 행하여 의견을 종합하는 방법, 즉 참가자가 다수인 경우에 전원을 토의에 참가시키기 위하여 소집단으로 구분하고 각각 자유토의를 행하여 의견을 종합하는 방식

⑤ **자유토의법(free discussion method)** : 참가자 각자가 가지고 있는 지식, 의견, 경험 등을 교환하여 상호이해를 높임과 동시에 체험이나 배경 등의 차이에 의한 사물의 견해, 사고방식의 차이를 학습하여 이해하는 것

핵심이론 33 | 사업주가 근로자에게 실시해야 하는 안전보건교육의 교육시간

(1) 근로자 안전보건교육

교육과정	교육대상		교육시간
정기교육	사무직 종사 근로자		매 반기 6시간 이상
	그 밖의 근로자	판매업무에 직접 종사하는 근로자	매 반기 6시간 이상
		판매업무에 직접 종사하는 근로자 외의 근로자	매 반기 12시간 이상
채용 시 교육	일용근로자 및 근로계약기간이 1주일 이하인 기간제 근로자		1시간 이상
	근로계약기간이 1주일 초과 1개월 이하인 기간제 근로자		4시간 이상
	그 밖의 근로자		8시간 이상
작업내용 변경 시 교육	일용근로자 및 근로계약기간이 1주일 이하인 기간제 근로자		1시간 이상
	그 밖의 근로자		2시간 이상
특별교육	일용근로자 및 근로계약기간이 1주일 이하인 기간제 근로자 (타워크레인 신호작업에 종사하는 근로자 제외)		2시간 이상
	일용근로자 및 근로계약기간이 1주일 이하인 기간제 근로자 중 타워크레인 신호작업에 종사하는 근로자		8시간 이상
	일용근로자 및 근로계약기간이 1주일 이하인 기간제 근로자를 제외한 근로자		㉠ 16시간 이상 (최초 작업에 종사하기 전 4시간 이상 실시하고, 12시간은 3개월 이내에서 분할하여 실시 가능) ㉡ 단기간 작업 또는 간헐적 작업인 경우에는 2시간 이상
건설업 기초 안전 · 보건 교육	건설 일용근로자		4시간 이상

(2) 관리감독자 안전보건교육

교육과정	교육시간
정기교육	연간 16시간 이상
채용 시 교육	8시간 이상
작업내용 변경 시 교육	2시간 이상
특별교육	16시간 이상 (최초 작업에 종사하기 전 4시간 이상 실시하고, 12시간은 3개월 이내에서 분할하여 실시 가능)
	단기간 작업 또는 간헐적 작업인 경우에는 2시간 이상

핵심이론 34 | 특수형태 근로종사자에 대한 안전보건교육

교육과정	교육시간
최초 노무 제공 시 교육	2시간 이상 (단기간 작업 또는 간헐적 작업에 노무를 제공하는 경우에는 1시간 이상 실시하고, 특별교육을 실시한 경우는 면제)
특별교육	16시간 이상 (최초 작업에 종사하기 전 4시간 이상 실시하고, 12시간은 3개월 이내에서 분할하여 실시 가능)
	단기간 작업 또는 간헐적 작업인 경우에는 2시간 이상

핵심이론 35 | 안전보건관리책임자 등에 대한 교육(직무교육)

교육대상	교육시간	
	신규교육	보수교육
• 안전보건관리책임자	6시간 이상	6시간 이상
• 안전관리자, 안전관리 전문기관의 종사자	34시간 이상	24시간 이상
• 보건관리자, 보건관리 전문기관의 종사자	34시간 이상	24시간 이상
• 건설재해예방 전문지도기관의 종사자	34시간 이상	24시간 이상
• 석면 조사기관의 종사자	34시간 이상	24시간 이상
• 안전보건관리담당자	–	8시간 이상
• 안전검사기관, 자율안전검사기관의 종사자	34시간 이상	24시간 이상

핵심이론 36 | 검사원 성능검사교육

교육과정	교육대상	교육시간
성능검사교육	–	28시간 이상

:: 핵심이론 1 | 정보의 측정단위

bit란 실현 가능성이 같은 2개의 대안 중 하나가 명시되었을 때 얻을 수 있는 정보량이다.

(1) 실현 가능성이 같은 대안이 있을 때의 총 정보량(H)

$$H = \log_2 N$$

여기서, N : 대안의 수

> **예제 1** 4지선다형 문제의 정보량은 얼마인가?
>
> **풀이** 4가지 중 한 개를 선택할 확률
>
> A 확률 $= \dfrac{1}{4} = 0.25$ B 확률 $= \dfrac{1}{4} = 0.25$ C 확률 $= \dfrac{1}{4} = 0.25$ D 확률 $= \dfrac{1}{4} = 0.25$
>
> $A = \dfrac{\log\left(\dfrac{1}{0.25}\right)}{\log 2} = 2$ $B = \dfrac{\log\left(\dfrac{1}{0.25}\right)}{\log 2} = 2$ $C = \dfrac{\log\left(\dfrac{1}{0.25}\right)}{\log 2} = 2$ $D = \dfrac{\log\left(\dfrac{1}{0.25}\right)}{\log 2} = 2$
>
> $\therefore$ 정보량 $= (0.25 \times A) + (0.25 \times B) + (0.25 \times C) + (0.25 \times D)$
> $= (0.25 \times 2) + (0.25 \times 2) + (0.25 \times 2) + (0.25 \times 2)$
> $= 2 \, \text{bit}$

(2) 실현 가능성이 같지 않은 대안이 있을 때의 총 정보량(H)

$$H = \Sigma H_i P_i, \quad H_i = \log_2\left(\dfrac{1}{P_i}\right)$$

여기서, H_i : 대안 i와 연관된 정보량, P_i : 대안 i가 일어날 확률

> **예제 2** 빨강, 노랑, 파랑의 3가지 색으로 구성된 교통신호등이 있다. 신호등은 항상 3가지 색 중 하나가 켜지도록 되어 있다. 1시간 동안 조사한 결과 파란등은 총 30분 동안, 빨간등과 노란등은 각각 총 15분 동안 켜진 것으로 나타났다. 이 신호등의 총 정보량은 몇 bit인가?
>
> **풀이** P_1(파란등일 확률) $= \dfrac{30분}{60분} = 0.5$
>
> P_2(빨간등일 확률) $= \dfrac{15분}{60분} = 0.25$
>
> P_3(노란등일 확률) $= \dfrac{15분}{60분} = 0.25$
>
> $\therefore$ 총 정보량(H) $= \Sigma H_i P_i = \left(\log_2 \dfrac{1}{0.5}\right) \times 0.5 + \left(\log_2 \dfrac{1}{0.25}\right) \times 0.25 + \left(\log_2 \dfrac{1}{0.25}\right) \times 0.25 = 1.5$

핵심이론 2 | 인간과 기계의 기능 비교

인간이 기계보다 우수한 기능	기계가 인간보다 우수한 기능
① 저에너지의 자극을 감지	① 인간의 정상적인 감지범위 밖에 있는 자극을 감지
② 복잡 다양한 자극의 형태를 식별	② 인간 및 기계에 대한 모니터 기능
③ 예기치 못한 사건들을 감지	③ 사전에 명시된 사상, 특히 드물게 발생하는 사상을 감지
④ 다량의 정보를 장시간 기억하고 필요시 내용을 회상	④ 암호화된 정보를 신속하게 대량보관
⑤ 관찰을 통해서 일반화하여 귀납적으로 추리	⑤ 연역적으로 추정하는 기능
⑥ 원칙을 적용하여 다양한 문제를 해결	⑥ 명시된 프로그램에 따라 정량적인 정보처리
⑦ 어떤 운용방법이 실패할 경우 다른 방법을 선택(융통성)	⑦ 과부하 시에도 효율적으로 작동하는 기능
⑧ 다양한 경험을 토대로 의사결정, 상황적인 요구에 따라 적응적인 결정, 비상사태 시 임기응변	⑧ 장기간 중량작업을 할 수 있는 기능
⑨ 주관적으로 추산하고 평가	⑨ 반복작업 및 동시에 여러 가지 작업을 수행할 수 있는 기능
⑩ 문제해결에 있어서 독창력을 발휘	⑩ 주위가 소란하여도 효율적으로 작동하는 기능
⑪ 과부하 상태 에너지는 중요한 일에만 전념	

참고

- 인간-기계 시스템에 대한 평가에서 평가척도나 기준으로서 관심의 대상이 되는 변수 : 종속변수

핵심이론 3 | 인간-기계 시스템에서 시스템의 설계

(1) 제1단계 : 시스템의 목표와 성능명세 결정

(2) 제2단계 : 시스템의 정의

(3) 제3단계 : 기본설계(기능의 할당, 인간 성능조건, 직무분석, 작업설계)

(4) 제4단계 : 인터페이스 설계

(5) 제5단계 : 보조물 설계

(6) 제6단계 : 시험 및 평가

핵심이론 4 | 통제표시비와 자동제어

(1) 통제표시비(control display ratio)

① 통제표시비(통제비) : C/D비라고도 하며, 통제기기와 시각표시의 관계를 나타내는 비율로서 통제기기의 이동거리 X를 표시판의 지침이 움직인 거리 Y로 나눈 값을 말한다.

$$\frac{C}{D}비 = \frac{X}{Y}$$

여기서, X : 통제기기의 이동거리(cm)

Y : 표시판의 지침이 움직인 거리(cm)

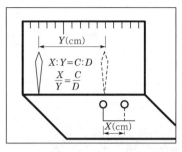

┃ **통제표시비의 예시** ┃

예제 3 제어장치에서 조종장치의 위치를 1cm 움직였을 때 표시장치의 지침이 4cm 움직였다면 이 기기의 C/D비는 약 얼마인가?

풀이 통제비(통제표시비)

$$\frac{C}{D}비 = \frac{통제기기의\ 변위량}{표시계기\ 지침의\ 변위량} = \frac{1\text{cm}}{4\text{cm}} = 0.25$$

---

② **통제표시비와 조작시간의 관계** : 젠킨슨(W.L. Jenkins)의 실험치로서 시각의 감지시간, 통제기기의 주행시간, 그리고 조정시간의 3요소가 조작시간에 포함되는 시간으로, 최적 통제비는 1.18~2.42가 효과적이라는 실험결과를 나타내고 있다.

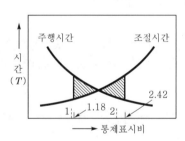

┃ **통제표시비와 조작시간** ┃

③ **조종구(ball control)에서의 C/D비**

$$\frac{C}{D}비 = \frac{\dfrac{a}{360} \times 2\pi L}{표시계기의\ 이동거리}$$

여기서, a : 조종장치가 움직인 각도

L : 반지름(지레의 길이)

예제 4 반경 7cm의 조종구를 30° 움직일 때 계기판의 표시가 3cm 이동하였다면 이 조종장치의 C/D비는 약 얼마인가?

풀이 C/D비 $= \dfrac{\dfrac{a}{360} \times 2\pi L}{\text{표시계기의 이동거리}} = \dfrac{\dfrac{30}{360} \times 2\pi \times 7\text{cm}}{3\text{cm}} = 1.22$

여기서, a : 조종구가 움직인 각도, L : 반경

참고

■ **힉-하이만(Hick-Hyman) 법칙** : 자동생산 시스템에서 3가지 고장 유형에 따라 각기 다른 색의 신호등에 불이 들어오고 운전원은 색에 따라 다른 조정장치를 조작하려고 한다. 이때 운전원이 신호를 보고 어떤 장치를 조작해야 할지를 결정하기까지 걸리는 시간을 예측하기 위해서 사용할 수 있는 이론

(2) 자동제어

① 시퀀스 제어(sequential control) : 순차제어라고도 하며, 미리 정해진 순서에 따라 제어의 각 단계를 차례로 진행시키는 제어를 말한다.

② 서보 기구(servo mechanism) : 물체의 위치, 방향, 힘, 속도 등의 역학적인 물리량을 제어하는 기구이다.

  예 레이더의 방향제어, 선박, 항공기 등의 속도조절기구, 공작기계의 제어 등

③ 공정 제어(process control) : 온도, 압력, 유량 등을 제어한다.

④ 되먹임 제어(feedback control) : 제어 결과를 측정하여 목표로 하는 동작이나 상태와 비교하여 잘못된 점을 수정해 가는 제어이다.

핵심이론 5 | 양립성의 종류

(1) 공간적 양립성

다수의 표시장치(디스플레이)를 수평으로 배열할 경우 해당 제어장치를 각각의 표시장치 아래에 배치하면 좋아지는 양립성

  예 스위치

(2) 운동 양립성

표시 및 조종 장치, 체계반응에 대한 운동방향의 양립성

  예 레버, 우측으로 핸들을 돌린다.

(3) 개념적 양립성

사람들이 가지고 있는 개념적 연상의 양립성

  예 위험신호는 빨간색, 주의신호는 노란색, 안전신호는 파란색

(4) 양식 양립성

직무에 대하여 청각적 제시에 대한 음성응답을 하도록 할 때 가장 관련 있는 양립성

참고

■ **양립성과 암호**
　1. **양립성**
　　① 자극－반응 조합의 관계에서 인간의 기대와 모순되지 않은 성질
　　② 양립적 이동 : 항공기의 경우 일반적으로 이동부분의 영상은 고정된 눈금이나 좌표계에 나타내는 것이 바람직하다.
　2. **암호**
　　① 암호로서 성능이 좋은 순서 : 숫자암호－영문자암호－구성암호
　　② 암호체계 사용상의 일반적인 지침
　　　㉠ 암호의 검출성　　㉡ 부호의 양립성　　㉢ 암호의 표준화

핵심이론 6 ▮ 시각적 표시장치

(1) 정량적 표시장치

온도나 속도 같은 동적으로 변하는 변수나, 자로 재는 길이 같은 정적변수의 계량값에 관한 정보를 제공하는 데 사용된다.

① **동침형(moving pointer)** : 눈금이 고정되어 있고 지침이 움직이는 형으로 표시값의 변화방향이나 변화속도를 나타내어 전반적인 추이의 변화를 관측할 필요가 있는 경우에 가장 적합하다.
　예 자동차 속도계, 압력계 등

② **동목형(moving scale)** : 지침이 고정되어 있고 눈금이 움직이는 형으로 눈금과 손잡이가 같은 방향으로 회전되도록 설계한다.
　예 체중계 등

 참고

■ 아날로그 표시장치는 표시장치의 면적을 최소화할 수 있는 장점이 있다.

③ **계수형(digital)** : 관측하고자 하는 측정값을 가장 정확하게 읽을 수 있는 표시장치
　예 전력계, 택시요금미터, 가스계량기 등

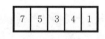

(a) 동침형　　　　　(b) 동목형　　　　　(c) 계수형

▮ **정량적 표시장치** ▮

(2) 신호 및 경보등

점멸등이나 상점등을 이용하며, 빛의 검출성에 따라 신호, 경보효과가 달라진다.

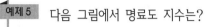

핵심이론 7 ┃ 청각적 표시장치

통화 이해도를 추정하는 근거로 사용하며 각 옥타브대의 음성과 잡음을 데시벨치에 가중치를 곱하여 합계를 구한 값을 명료도 지수라고 한다.

예제 5 다음 그림에서 명료도 지수는?

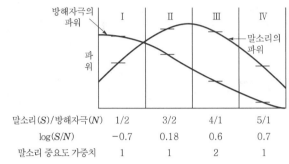

말소리(S)/방해자극(N)	1/2	3/2	4/1	5/1
log(S/N)	−0.7	0.18	0.6	0.7
말소리 중요도 가중치	1	1	2	1

풀이 명료도 지수 $= (-0.7 \times 1) + (0.18 \times 1) + (0.6 \times 2) + (0.7 \times 1) = 1.38$

핵심이론 8 ┃ 청각장치와 시각장치

청각장치	시각장치
① 전언이 간단하고 짧다.	① 전언이 복잡하고 길다.
② 전언이 후에 재참조되지 않는다.	② 전언이 후에 재참조된다.
③ 전언이 즉각적인 사상(event)을 이룬다.	③ 전언이 공간적인 사건을 다룬다.
④ 전언이 즉각적인 행동을 요구한다.	④ 전언이 즉각적인 행동을 요구하지 않는다.
⑤ 수신자의 시각 계통이 과부하 상태일 때 사용한다.	⑤ 수신자의 청각 계통이 과부하 상태일 때 사용한다.
⑥ 수신장소가 너무 밝거나 암조응 유지가 필요할 때 사용한다.	⑥ 수신장소가 너무 시끄러울 때 사용한다.
⑦ 직무상 수신자가 자주 움직이는 경우 사용한다.	⑦ 직무상 수신자가 한 곳에 머무르는 경우 사용한다.

핵심이론 9 ┃ 인간 오류의 본질

(1) 인간 에러의 배후요인 4M

① Man ② Machine ③ Media ④ Management

(2) 인간 실수의 분류

① 심리적 분류(Swain)

㉮ 생략적 과오(omission error) : 필요한 작업 또는 절차를 수행하지 않는 데 기인한 과오

　예 가스밸브를 잠그는 것을 잊어 사고가 발생하였다.

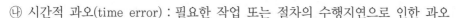

④ 시간적 과오(time error) : 필요한 작업 또는 절차의 수행지연으로 인한 과오

⑤ 수행적 과오(commission error) : 필요한 작업 또는 절차의 잘못된 수행으로 발생하는 과오

> **예** 작업 중 전극을 반대로 끼우려고 시도했으나, 플러그의 모양이 반대로는 끼울 수 없도록 설계되어 있어서 사고를 예방할 수 있었다.(fool proof 설계원칙)

④ 순서적 과오(sequential error) : 필요한 작업 또는 절차의 순서 착오로 인한 과오

⑤ 과잉적 과오(extraneous error) : 불필요한 작업 또는 절차를 수행함으로써 발생한 과오

> **예** 자동차 운전 중 습관적으로 손을 창문 밖으로 내어 놓았다가 다쳤다.

■ **불안전한 행동을 유발하는 요인 중 인간의 생리적 요인**
  1. 근력 2. 반응시간 3. 감지능력

② 원인에 의한 분류

㉮ Primary error : 작업자 자신으로부터 발생하는 과오

㉯ Secondary error : 작업의 조건이나 작업의 형태 중에서 다른 문제가 생겨 그 때문에 필요한 사항을 실행할 수 없는 오류

㉰ Command error : 필요한 물건, 정보, 에너지 등의 공급이 없어 작업자가 움직이려 해도(기능을 작동시키려 해도) 그렇게 할 수 없어서 발생하는 오류

> **예** 안전교육을 받지 못한 신입직원이 작업 중 전극을 반대로 끼우려고 시도했으나 플러그의 모양이 반대로는 끼울 수 없도록 설계되어 있어서 사고를 예방할 수 있었다.

■ Slip : 의도는 올바른 것이지만 행동이 의도한 것과는 다르게 나타나는 오류

(3) 인간의 행동수준(레빈의 행동 법칙)

레빈(Kurt Lewin)은 인간의 행동은 개인의 자질과 심리학적 환경과의 상호 함수관계에 있다고 하였다.

$$B = f(P \cdot E)$$

여기서, B(Behavior) : 행동, P(Person) : 개성, 기질, 연령, 경험, 심신상태, 지능
E(Environment) : 환경조건(인간관계), f(Function) : 함수

핵심이론 10 | 설비의 신뢰성

(1) 맨 · 머신 시스템의 신뢰성

신뢰성 R_S는 인간의 신뢰성 R_H와 기계의 신뢰성 R_E의 상승적 $R_S = R_H \cdot R_E$로 나타낸다.

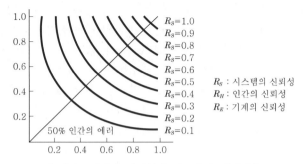

┃ 인간-기계의 신뢰성과 시스템의 신뢰성 ┃

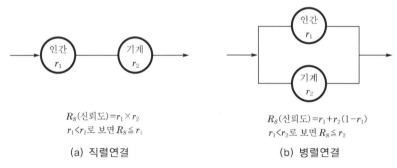

┃ 인간-기계의 시스템에서의 신뢰도 ┃

(2) 설비의 신뢰도(reliability)

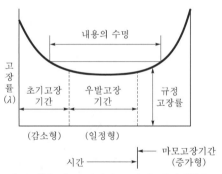

┃ 수명(욕조) 곡선에서 고장의 발생상황 ┃

① 고장 구분

㉮ 초기고장 : 점검작업, 시운전 등에 의해 사전에 방지할 수 있는 고장

　㉠ 디버깅(debugging) 기간 : 기계의 초기결함을 찾아내 고장률을 안정시키는 기간

　㉡ 번인(burn in) 기간 : 실제로 장시간 움직여 보고서 그동안 고장난 것을 제거하는 공정 기간

㉯ 우발고장 : 예측할 수 없을 때 생기는 고장으로 시운전이나 점검작업으로는 방지할 수 없는 고장(시스템의 수명곡선에서 고장의 발생형태가 일정하게 나타나는 기간)

㉰ 마모고장 : 수명이 다해 생기는 고장으로서, 안전진단 및 적당한 보수에 의해서 방지할 수 있는 고장

② 고장

㉮ 고장률$(\lambda) = \dfrac{\text{고장 건수}(R)}{\text{총 가동시간}(t)}$

㉯ $MTBF$(Mean Time Between Failures) : 평균무고장시간. 수리가 가능한 시스템의 평균수명 설비의 보전과 가동에 있어 시스템의 고장과 고장 사이의 시간 간격

$$\dfrac{1}{\lambda(\text{평균고장률})}\left(\dfrac{t}{R}\right)$$

예제 6 한 대의 기계를 120시간 동안 연속 사용한 경우 9회의 고장이 발생하였고, 이때의 총 고장수리시간이 18시간이었다. 이 기계의 $MTBF$는 약 몇 시간인가?

풀이 고장률$(\lambda) = \dfrac{\text{고장 건수}(R)}{\text{총 가동시간}(t)}$

$MTBF = \dfrac{1}{\lambda} = \dfrac{\text{총 가동시간}(t)}{\text{고장 건수}(R)} = \dfrac{120 - 18}{9} = 11.33$시간

참고

■ $MTBF$ **분석표**
 1. 신뢰성과 보전성 개선을 목적으로 한 효과적인 보전기록자료
 2. 보전기록 관리 : 설비보전 관리에서 설비이력카드, $MTBF$ 분석표, 고장원인대책표와 관련이 깊은 관리
■ $MTBP$(**Mean Time Between Preventive maintenance**) : 예방보전시간

㉰ $MTTR$(Mean Time To Repair) : 평균수리시간

$MTTR$(평균수리시간)$= \dfrac{\text{수리시간 합계}}{\text{수리횟수}}$

예제 7 한 대의 기계를 10시간 가동하는 동안 4회의 고장이 발생하였고, 이때의 고장수리시간이 다음 표와 같을 때 $MTTR$은 얼마인가?

가동시간(hour)	수리시간(hour)
$T_1 = 2.7$	$T_a = 0.1$
$T_2 = 1.8$	$T_b = 0.2$
$T_3 = 1.5$	$T_c = 0.3$
$T_4 = 2.3$	$T_d = 0.3$

풀이 $MTTR = \dfrac{\text{고장수리시간(hr)}}{\text{고장횟수}} = \dfrac{T_a + T_b + T_c + T_d}{4\text{회}} = \dfrac{0.1 + 0.2 + 0.3 + 0.3}{4}$
$= 0.225$시간/회

㉱ $MTBR$(Mean Time Between Repair) : 작동에러 평균시간. 장비가동 시 총 실작업시간 내에서 작업자가 해결하기 어려운 작동에러가 발생하는데 걸리는 평균시간

㉯ $MTTF$(Mean Time To Failure) : 평균수명 또는 고장발생까지의 평균동작시간이라고도 하며, 하나의 고장에서부터 다음 고장까지의 평균고장시간

$$MTTF = \frac{총\ 가동시간}{고장\ 건수}, \quad MTTF = \frac{1}{\lambda(고장률)}$$

㉠ 직렬계 수명 : $\dfrac{MTTF}{n}$ ㉡ 병렬계 수명 : $MTTF\left(1 + \dfrac{1}{2} + \dfrac{1}{3} + \cdots + \dfrac{1}{n}\right)$

예제 8 한 화학공장에는 24개의 공정제어회로가 있으며, 4,000시간의 공정 가동 중 이 회로에는 14번의 고장이 발생하였고 고장이 발생하였을 때마다 회로는 즉시 교체되었다. 이 회로의 평균고장시간($MTTF$)은 약 얼마인가?

풀이 $MTTF = \dfrac{총\ 가동시간}{고장\ 건수} = \dfrac{24 \times 4,000}{14} = 6857.142 = 6,857$시간

참고

■ **푸아송 분포(Poisson distribution)** : 설비의 고장과 같이 특정 시간 또는 구간에 어떤 사건의 발생확률이 적은 경우 그 사건의 발생횟수를 측정하는 데 가장 적합한 확률분포

(3) 신뢰도 연결

① **직렬(series system)** : 제어계가 R개의 요소로 만들어져 있고 각 요소의 고장이 독립적으로 발생한 것이라면 어떤 요소의 고장도 제어계의 기능을 잃은 상태로 있다.

$$R_s = R_1 \cdot R_2 \cdot R_3 \cdot \cdots \cdot R_n = \prod_{i=1}^{n} R_i$$

예제 9 자동차는 타이어가 4개인 하나의 시스템으로 볼 수 있다. 타이어 1개가 파열될 확률이 0.01이라면, 이 자동차의 신뢰도는 약 얼마인가?

풀이 $R_s = (1 - 0.01)^4 = 0.9605 = 0.96$

② **병렬(parallel system, failsafety)** : 항공기나 열차의 제어장치처럼 한 부분의 결함이 중대한 사고를 일으킬 우려가 있을 경우에는 페일세이프 시스템을 사용한다. 결함이 생긴 부품의 기능을 대체시킬 수 있는 장치를 중복 부착시켜 두는 시스템이다.

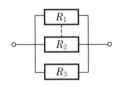

$$R_p = 1 - (1-R_1)(1-R_2)(1-R_3) \cdot \cdots \cdot (1-R_n) = 1 - \prod_{i=1}^{n}(1-R_i)$$

예제 10 인간–기계 시스템에서 인간과 기계가 병렬로 연결된 작업의 신뢰도는? (단, 인간은 0.8, 기계는 0.98의 신뢰도를 갖고 있다.)

 풀이 $R_p = 1 - (1-0.8)(1-0.98) = 0.996$

핵심이론 11 | 휴식시간

(1) 작업에 대한 평균 에너지 cost의 상환을 4kcal/분으로 잡을 때 어떤 활동이 이 한계를 넘으려면 휴식시간(Rest Time)을 삽입하여 초과분을 보상해 주어야 한다.

(2) 작업의 평균 에너지 cost가 E (kcal/분)이라 하면 60분간의 총 작업시간 내에 포함되어야 하는 휴식시간 R (분)$= E ×$(노동시간)$+1.5 ×$(휴식시간)$= 4 ×$(총 작업시간)이다.

즉 $E(60 - R + 1.5 × R) = 40 × 60$이어야 하므로 R (분)$= \dfrac{60(E-4)}{E-1.5}$ 이상이 되어야 한다(Murrell 방법으로 명명).

여기서 1.5는 휴식시간 중의 에너지 소비량의 추산치이다. 그러나 개인의 건강상태에 따라서 많은 차이가 있다. 또한 $E = 4$kcal/분일 때에는 $R = 0$이지만, 이 공식은 단지 작업의 생리적인 부담만을 다루고 있는 것이므로 정신적인 권태감 등을 피하기 위하여는 어떤 종류의 작업에도 어느 정도의 휴식시간이 필요하다.

> **참고**
>
> ■ 에너지 대사율(RMR)과 작업강도
>
> | RMR | 작업강도 | RMR | 작업강도 |
> |---|---|---|---|
> | 0 ~ 2 | 가벼운 작업 | 4 ~ 7 | 중작업 |
> | 2 ~ 4 | 보통작업 | 7 이상 | 초중작업 |

예제 11 어떤 작업의 평균 에너지 소비량이 5kcal/min일 때 1시간 작업 시 휴식시간은 약 몇 분이 필요한가? (단, 기초대사를 포함한 작업에 대한 평균 에너지 소비량 상한은 4kcal/min, 휴식시간에 대한 평균 에너지 소비량은 1.5kcal/min이다.)

 풀이 휴식시간$= \dfrac{60(E-4)}{E-1.5} = \dfrac{60(5-4)}{5-1.5} = 17.14$분

> **참고**
>
> ■ 뼈의 주요기능
> 1. 신체(인체) 지지   2. 조혈작용(골수의 조혈)   3. 장기 보호

▪▪ 핵심이론 12 | 생리학적 측정법(주요 측정방법)

(1) 호흡

① 호흡이란 폐 세포를 통해서 혈액 중에 산소를 공급하고 혈액 중에 축적된 탄산가스를 배출하는 작용이며, 작업수행 시의 산소소비량을 알아내는 것에 의해서 생체로 소비된 에너지를 간접적으로 알 수 있게 된다.

② 1회의 호흡으로 폐를 통과하는 공기는 건강한 성인인 경우 $300\sim1,500cm^3$ 평균 $500cm^3$ 이고, 호흡수는 매분 $4\sim24$회 평균 16회이며, 1분간의 호흡량을 분시용량이라고 한다.

예제 12 중량물 들기작업을 수행하는데 5분 간의 산소소비량을 측정한 결과 90L의 배기량 중에 산소가 16%, 이산화탄소가 4%로 분석되었다. 해당 작업에 대한 분당 산소소비량(L/min)은 얼마인가? (단, 공기 중 질소는 79vol%, 산소는 21vol%이다.)

풀이 분당 배기량 : $V_2 = \dfrac{\text{총 배기량}}{\text{시간}} = \dfrac{90}{5} = 18\text{L/min}$

분당 흡기량 : $V_1 = \dfrac{100 - O_2 - CO_2}{79} \times V_2 = \dfrac{100 - 16 - 4}{79} \times 18 = 18.227 = 18.23\text{L/min}$

∴ 분당 산소소비량 $= (V_1 \times 21\%) - (V_2 \times 16\%)$
$= (18.23 \times 0.21) - (18 \times 0.16)$
$= 0.948\text{L/min}$

---

(2) 에너지 소모량의 산출

$$\text{RMR} = \frac{\text{작업대사량}}{\text{기초대사량}} = \frac{\text{작업 시 소비 energy} - \text{안정 시 소비 energy}}{\text{기초대사량}}$$

참고

■ **기초대사량** : 생명 유지에 필요한 단위시간당 에너지량

① **작업 시의 소비에너지** : 작업 중에 소비한 산소의 소모량으로 측정한다.

② **안정 시의 소비에너지** : 의자에 앉아서 호흡하는 동안에 소비한 산소의 소모량으로 측정한다.

③ **기초대사율 BMR(Basal Metabolic Rate)** : 생명을 유지하기 위한 최소한의 대사량

㉮ 성인의 경우 보통 $1,500\sim1,800$kcal/일

㉯ 기초대사와 여가에 필요한 대사량 약 $2,300$kcal/일

㉰ $A = H^{0.725} \times W^{0.425} \times 72.46$

여기서, A : 몸의 표면적(cm²), H : 신장(cm), W : 체중(kg)

■ **산소 소비량 측정과 산소 빚**

1. **산소 소비량 측정** : 신체활동의 생리학적 측정법 중 전신의 육체적인 활동을 측정하는 데 가장 적합한 방법
2. **산소 빚** : 작업종료 후에도 체내에 쌓인 젖산을 제거하기 위하여 추가로 요구되는 산소량
3. **에너지 대사** : 체내에서 유기물을 합성하거나 분해하는 데는 반드시 에너지의 전환이 뒤따른다.

■ **불안전한 행동을 유발하는 요인 중 인간의 생리적 요인**

1. 근력   2. 반응시간   3. 감지능력

■: 핵심이론 13 | 동작경제 원칙

(1) 신체 사용에 관한 원칙

① 두 팔의 동작을 동시에 서로 반대방향으로 대칭적으로 움직이도록 한다.
② 가능하면 쉽고도 자연스러운 리듬이 작업동작에 생기도록 작업을 배치한다.

(2) 작업장 배치에 관한 원칙

공구나 재료는 작업동작이 원활하게 수행되도록 그 위치를 정해준다.

(3) 공구 및 설비 디자인에 관한 원칙

공구의 기능을 통합하여 사용하도록 한다.

■: 핵심이론 14 | 의자 설계의 일반 원칙

샌더스(Sanders)와 맥코믹(McCormick)의 의자 설계의 일반적인 원칙은 다음과 같다.

(1) 디스크가 받는 압력을 줄인다.

(2) 등근육의 정적부하를 줄인다.

(3) 자세 고정을 줄인다.

(4) 요부 전만을 유지한다.

(5) 조정이 용이해야 한다.

■ **Types 근섬유** : 근섬유의 직경이 작아서 큰 힘을 발휘하지 못하지만 장시간 지속시키고 피로가 쉽게 발생하지 않는 골격근의 근섬유

■ **의자의 좌판 높이 설계** : 5% 오금높이

▪▪ 핵심이론 15 ┃ 조 명

(1) 조도의 역자승의 법칙

거리가 증가할 때에 조도는 다음과 같은
역자승의 법칙에 따라 감소한다.

$$조도 = \frac{광도}{(거리)^2}$$

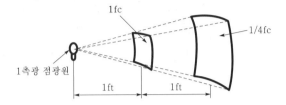

예제 13 반사형 없이 모든 방향으로 빛을 발하는 점광원에서 2m 떨어진 곳의 조도가 150lux라면 3m 떨어진 곳의 조도는 약 얼마인가?

> **풀이** $조도 = \dfrac{광도}{(거리)^2}$
>
> 2m 떨어진 지점의 광도를 구하면 $150 = \dfrac{x}{(2)^2} = \dfrac{x}{4}$이므로 $x = 150 \times 4 = 600$이다.
>
> 다시 3m 떨어진 지점의 조도(lux)를 구하면 $x = \dfrac{600}{(3)^2}$ ∴ $x = 66.67 \text{lux}$

(2) 대비(luminance contrast)

보통 표적의 광속발산도(L_t)와 배경의 광속발산도(L_b)의 차를 나타내는 척도이며, 다음 공식에
의해 계산된다.

$$대비 = \frac{L_b - L_t}{L_b} \times 100$$

예제 14 조도가 400럭스인 위치에 놓인 흰색 종이 위에 짙은 회색의 글자가 쓰여 있다. 종이의 반사율은 80%이고, 글자의 반사율은 40%라고 할 때 종이와 글자의 대비는 얼마인가?

> **풀이** $대비 = \dfrac{L_b - L_t}{L_b} \times 100 = \dfrac{배경의\ 반사율(\%) - 표적의\ 반사율(\%)}{배경의\ 반사율(\%)} \times 100$
>
> $= \dfrac{80 - 40}{80} \times 100 = 50\%$

▪▪ 핵심이론 16 ┃ 빛의 배분(빛의 이용률)

(1) 반사율(reflectance)

표면에 도달하는 조명과 광속발산속도의 관계를 말한다. 빛을 흡수하지 못하고 완전히 발산 또
는 반사시키는 표면의 반사율을 100%라 하고 만약 1fc로 조명한다면 어떤 각도에서 봐도 표면
은 1fL의 광속발산도를 가질 것이다.

실제로 완전히 발산하는 표면에서 얻을 수 있는 최대반사율은 약 95% 정도이며 다음과 같은 공식을 적용한다.

$$반사율(\%) = \frac{광속발산도(f_L)}{조명(f_c)} \times 100$$

예제 15 | 휘도(luminance)가 10cd/m²이고, 조도(illuminance)가 100lux일 때 반사율(reflectance)은 몇 %인가?

풀이 $반사율(\%) = \frac{광속발산도(f_L)}{조도(f_c)} \times 10^2 = \frac{cd/m^2 \times \pi}{lux} = \frac{10 \times \pi}{100} = 0.1\pi$

(2) 추천조명 수준의 설정

① 시작업에서는 어떤 물건이나 시계에 나타나는 물체의 특정한 세부 모양을 발견해야 하는 경우가 많다. 주어진 작업에 대한 소요조명을 결정하기 위하여 우선(VL8가 나타내는) 표준작업으로 환산한 등가대비를 구하여 소요 광속발산도의 f_L값을 구하고, 소요조명의 f_c값은 다음 식에서 구한다.

$$소요조명(f_c) = \frac{소요\ 광속발산도(f_L)}{반사율(\%)}$$

② 반사율은 소요조명에 직접적인 영향을 끼친다. 이런 절차가 여러 종류의 작업환경에 적용되어 추천조명 수준이 유도된다.

예제 16 | 반사율이 60%인 작업 대상물에 대하여 근로자가 검사 작업을 수행할 때 휘도(luminance)가 90fL 이라면 이 작업에서의 소요조명(f_c)은 얼마인가?

풀이 $소요조명(f_c) = \frac{광속발산도(f_L)}{반사율(\%)} \times 10^2 = \frac{90fL}{60\%} \times 10^2 = 150$

▪▪ 핵심이론 17 ▮ 눈과 시각

(1) 눈의 사물 인식과정

빛 → 각막 → 동공 → 수정체 → 유리체 → 망막(시세포) → 시신경 → 대뇌

(2) 시각의 개요

① 정상적인 인간의 시계 범위는 200°이다.
② 색채를 식별할 수 있는 시계 범위는 70°이다.
③ 노화에 따라 제일 먼저 기능이 저하되는 감각기관은 시각이다.

④ 시각 $= \dfrac{57.3 \times 60 \times H}{D}$ (분)

여기서, H : 물체의 크기(cm), D : 물체의 거리(cm)

예제 17 눈과 물체의 거리가 23cm, 시선과 직각으로 측정한 물체의 크기가 0.03cm일 때 시각(분)은 얼마인가? (단, 시각은 600 이하이며, radian 단위를 분으로 환산하기 위한 상수값은 57.3과 60을 모두 적용하여 계산한다.)

풀이 시각 $= \dfrac{57.3 \times 60 \times 0.03}{23} = 4.48$분

핵심이론 18 | 소 음

(1) 음의 측정단위(dB수준과 음압과의 관계식)

음의 강도는 음압의 제곱에 비례하므로 dB수준은 다음과 같다.

$$dB수준 = 20\log\left(\dfrac{P_1}{P_0}\right)$$

여기서, P_1 : 측정하려는 음압, P_0 : 기준음의 음압($2 \times 10^5 \text{N/m}^2$: 1,000Hz에서의 최소 가청치)

예제 18 경보 사이렌으로부터 10m 떨어진 곳에서 음압수준이 140dB이면 100m 떨어진 곳에서 음의 강도는 얼마인가?

풀이 $SPL(\text{dB}) = 20\log\dfrac{P}{P_o} = 20\log\dfrac{100}{10} = 20$

음의 강도 $=$ 음압수준 $- SPL = 140 - 20 = 120\,\text{dB}$

---

(2) 음의 크기의 수준

① phon : 1,000Hz 순음의 음압수준(dB)을 나타낸다.
② sone : 1,000Hz, 40dB의 음압수준을 가진 순음의 크기(40phon)
③ sone와 phon의 관계식

$$sone치 = 2^{\frac{phon-40}{10}}$$

④ dB

예제 19 40phon이 1sone일 때 60phon은 몇 sone인가?

풀이 $phon = 2^{\frac{phon-40}{10}} = 2^{\frac{60-40}{10}} = 2^2 = 4\,sone$

(3) 전체 소음

$$전체\ 소음 = 10\log\left(10^{\frac{dB_1}{10}} + 10^{\frac{dB_2}{10}} + 10^{\frac{dB_3}{10}}\right)$$

예제 20 작업장의 설비 3대에서 각각 80dB, 86dB, 78dB의 소음이 발생되고 있을 때 작업장의 음압수준은?

> **풀이** 전체 소음 $= 10\log\left(10^{\frac{dB_1}{10}} + 10^{\frac{dB_2}{10}} + 10^{\frac{dB_3}{10}}\right) = 10\log(10^8 + 10^{8.6} + 10^{7.8}) = 87.49 = 87.5\text{dB}$

▪▪ 핵심이론 19 ┃ 열교환

(1) 신체의 열교환 과정

① 열교환 방법 : 인간과 주위와의 열교환 과정은 다음과 같이 열균형 방정식으로 나타낼 수 있다.

$$S(열축적) = M(대사열) - W(한\ 일) - E(증발열) \pm R(복사열) \pm C(대류열)$$

여기서, S : 열이득 및 열손실량이며, 열평형 상태에서는 0

예제 21 A 작업장에서 1시간 동안 480Btu의 일을 하는 근로자의 대사량은 900Btu이고, 증발열 손실이 2,250Btu, 복사 및 대류로부터 열이득이 각각 1,900Btu 및 80Btu라 할 때 열축적은 얼마인가?

> **풀이** $S(열축적) = M(대사열) - W(한\ 일) - E(증발열) \pm R(복사열) \pm C(대류열)$
> $= 900 - 480 - 2,250 + 1,900 + 80 = 150$

② 열교환 과정 공식

$$\Delta S = (M - W) \pm R \pm C - E$$

여기서, ΔS : 신체열 함량 변화(+), M : 대사열 발생량, W : 수행한 일
$\quad\quad\quad R$: 복사열 교환량, C : 대류열 교환량, E : 증발열 발산량

㉮ 전도 : 충돌이나 접촉에 의해서 열이 전달되는 것
㉯ 대류 : 물질이 이동함으로써 열이 전달되는 현상
㉰ 복사 : 한겨울에 햇볕을 쬐면 기온은 차지만 따스함을 느끼는 것
㉱ 증발 : 37℃의 물 1g을 증발시키는 데 필요한 증발열(에너지)은 2,410J/g (575.7cal/g)이며, 매 g의 물이 증발할 때마다 이만한 에너지가 제거된다.

$$열손실(R) = \frac{증발에너지(Q)}{증발시간(t)}$$

③ 보온율(clo)$=\dfrac{0.18℃}{kcal/m^2 \cdot hr}=\dfrac{℉}{Btu/ft^2/hr}$

예제 22 남성 작업자가 티셔츠(0.09clo), 속옷(0.05clo), 가벼운 바지(0.26clo), 양말(0.04clo), 신발 (0.04clo)을 착용하고 있을 때 총 보온율(clo)은 얼마인가?

풀이 총 보온율(clo)$=0.09+0.05+0.26+0.04+0.04=0.48$clo

---

(2) 환경요소 복합지수

환경요소의 조합에 의해서 부과되는 스트레스나 노출로 인해서 개인에게서 유발되는 긴장 (strain)을 나타내는 것

① Oxford 지수(Wet-Dry index) : 건습(WD)지수로서 습구온도와 건구온도의 가중평균치로서 다음과 같이 나타낸다.

$$WD = 0.85\,WB + 0.15\,DB$$

여기서, WB : 습구온도, DB : 건구온도

예제 23 건습구온도에서 건구온도가 24℃이고, 습구온도가 20℃일 때 Oxford 지수는 얼마인가?

풀이 Oxford 지수(WD)$=0.85\,WB$(습구온도)$+0.15\,DB$(건구온도)$=0.85\times20+0.15\times24=20.6$℃

---

② **열압박지수**(HSI ; Heat Stress Index) : 열평형을 유지하기 위해서 증발해야 하는 발한량으로 열부하를 나타내는 지수로서 다음과 같이 나타낸다.

$$HSI = \dfrac{E_{req}}{E_{max}}$$

여기서, E_{req} : 열평형을 유지하기 위해 필요한 증발량(Btu/h)=M(대사)+R(복사)+C(대류)

E_{max} : 특정한 환경조건의 조합하에서 증발에 의해서 잃을 수 있는 열량(Btu/h)

> **참고**
>
> ■ **열압박지수에서 고려하는 항목**
>   1. 공기속도 2. 습도 3. 온도

예제 24 주물공장 A작업자의 작업지속시간과 휴식시간을 열압박지수(HSI)를 활용하여 계산하니 각각 45분, 15분이었다. A작업자의 1일 작업량은 얼마인가? (단, 휴식시간은 포함하지 않는다.)

풀이 하루 8시간 작업하므로 1시간 작업 시 45분 작업수행한 값에 8시간을 곱한다.
∴ 45분×8시간=360분=6시간

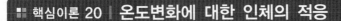

핵심이론 20 | 온도변화에 대한 인체의 적응

(1) 적정온도에서 추운 환경으로 바뀔 때

① 피부온도가 내려간다.

② 혈액은 피부를 경유하는 순환량이 감소하고 많은 양이 몸의 중심부를 순환한다.

③ 직장온도가 약간 올라간다.

④ 몸이 떨리고 소름이 돋는다.

(2) 적정온도에서 더운 환경으로 바뀔 때

① 피부온도가 올라간다.

② 많은 혈액의 양이 피부를 경유한다.

③ 직장온도가 내려간다.

④ 발한이 시작된다.

(3) 열중독증(heat illness)의 강도

열사병(heat stroke) > 열소모(heat exhaustion) > 열경련(heat cramp) > 열발진(heat rash)

 참고

■ **열경련과 레이노병**

1. **열경련(heat cramp)** : 고열작업환경에서 심한 근육작업 후 근육의 수축이 격렬하게 일어나며 탈수와 체내 염분 농도 부족에 의해 야기되는 장해

2. **레이노병(Raynaud's phenomenon)** : 국소진동에 지속적으로 노출된 근로자에게 발생할 수 있으며, 말초혈관 장해로 손가락이 창백해지고 동통을 느끼는 질환

핵심이론 21 | 시스템 위험분석 기법

(1) 예비위험분석(PHA ; Preliminary Hazards Analysis)

초기(구상)단계에서 시스템 내의 위험요소가 어떠한 위험상태에 있는가를 정성적으로 평가하는 것이다.

(2) 시스템 안전성 위험분석(SSHA ; System Safety Hazard Analysis)

SSHA는 PHA를 계속하고 발전시킨 것이다. 시스템 또는 요소가 보다 한정적인 것이 팀에 따라서 안전성 분석도 또한 보다 한정적인 것이 된다.

(3) 결함위험분석(FHA ; Fault Hazards Analysis)

복잡한 시스템에서는 한 계약자만으로 모든 시스템의 설계를 담당하지 않고 몇 개의 공동계약자가 각각의 서브시스템을 분담하고 통합계약업자가 그것을 통합하는데 이런 경우의 서브시스템 해석 등에 사용한다.

참고

■ **시스템 수명주기 단계와 운전 단계**
1. **시스템 수명주기 단계** : 구상단계 – 개발단계 – 생산단계 – 운전단계
2. **운전 단계** : 시스템 수명주기 단계 중 이전 단계들에서 발생되었던 사고 또는 사건으로부터 축적된 자료에 대해 실증을 통해 문제를 규명하고 이를 최소화하기 위한 조치를 마련하는 단계

(4) 고장형태 및 영향분석(FMEA ; Failure Mode and Effect Analysis)

서브시스템, 구성요소, 기능 등의 잠재적 고장 형태에 따른 시스템의 위험을 파악하는 위험분석 기법이다.

(5) 고장형태의 영향 및 위험도분석(FMECA ; Failure Mode Effect and Criticality Analysis)

부분의 고장형태에서 시작하여 이것이 전체 시스템 또는 장치에 어떻게 영향을 미치나 정량적으로 평가하는 분석방법이다. 즉 부분에서 전체를 평가하여 설계상의 문제점을 찾아내어 대책을 강구할 수 있다. 즉 치명도 해석을 포함시킨 분석방법이다.

(6) 위험도분석(CA ; Criticality Analysis)

고장이 시스템의 손실과 인명의 사상에 연결되는 높은 위험도를 가진 요소나 고장의 형태에 따른 분석법이다.

(7) 디시전 트리(Decision Tree)

요소의 신뢰도를 이용하여 시스템의 신뢰도를 나타내는 시스템 모델의 하나로 귀납적이고 정량적인 분석방법이다. 디시전 트리가 재해사고의 분석에 이용될 때에는 이벤트 트리(Event Tree)라고 하며, 이 경우 트리는 재해사고의 발단이 된 요인에서 출발하여 2차적 원인과 안전수단의 성부 등에 의해 분기되고 최후에 재해사상에 도달한다.

(8) ETA(Event Tree Analysis)

디시전 트리(Decision Tree)를 재해사고 분석에 이용한 경우의 분석법이며, 사고 시나리오에서 연속된 사건들의 발생경로를 파악하고 평가하기 위한 귀납적이고 정량적 분석방법인 시스템 안전 프로그램이다.

> **예** '화재발생'이라는 시작(초기)사상에 대하여 화재감지기, 화재경보, 스프링클러 등의 성공 또는 실패 작동여부와 그 확률에 따른 피해 결과를 분석하는 데 가장 적합한 위험분석 기법

(9) MORT(Management Oversight and Risk Tree)

원자력 산업과 같이 상당한 안전이 확보되어 있는 장소에서 추가적인 고도의 안전달성을 목적으로 하고 있으며, 관리, 설계, 생산, 보전 등 광범위한 안전을 도모하기 위하여 개발된 분석기법이다.

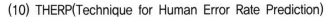
(10) THERP(Technique for Human Error Rate Prediction)

인간-기계계(system)에서 여러 가지의 인간의 에러와 이에 의해 발생할 수 있는 위험성의 예측과 개선을 위한 평가기법으로, 가지처럼 갈라지는 형태의 논리구조와 나무형태의 그래프를 이용한다.

 참고

■ **인간실수확률에 대한 추정기법**

1. CIT(Critical Incident Technique) : 위급사건 기법
2. TCRAM(Task Criticality Rating Analysis Method) : 직무 위급도 분석법
3. THERP(Technique for Human Error Rate Prediction) : 인간 실수율 예측 기법

(11) 위험과 운전성 연구(HAZOP)

화학공장(석유화학사업장 등)에서 가동문제를 파악하는 데 널리 사용되며, 위험요소를 예측하고 새로운 공정에 대한 가동문제를 예측하는 데 사용되는 위험성 평가방법이다.

① 작업표 양식

가이드 단어	편차	가능한 원인	결과	요구되는 조치	흐름도에서 추가시험과 변경

② 가이드 워드(guide words)

㉮ MORE / LESS : 정량적인 증가 또는 감소
㉯ OTHER THAN : 완전한 대체
㉰ AS WELL AS : 성질상의 증가
㉱ PART OF : 성질상의 감소
㉲ NO / NOT : 디자인 의도의 완전한 부정
㉳ REVERSE : 디자인 의도의 논리적 반대

(12) 운영 및 지원 위험분석(O & SHA, Operation and Support⟨O&S⟩ Hazard Analysis)

생산, 보전, 시험, 운반, 저장, 비상탈출 등에 사용되는 인원, 설비에 관하여 위험을 동정하고 제어하며 그들의 안전요건을 결정하기 위하여 실시하는 분석 기법이다.

(13) 운용위험분석(OHA ; Operating Hazard Analysis)

시스템이 저장되어 이동되고 실행됨에 따라 발생하는 작동 시스템의 기능이나 과업, 활동으로부터 발생되는 위험에 초점을 맞춘 위험분석차트다.

핵심이론 22 | 결함수 분석법

(1) FTA(Fault Tree Analysis)(D. R. Cherition의 FTA에 의한 재해사례 연구 순서)

톱다운(top-down) 접근방법으로 일반적 원리로부터 논리절차를 밟아서 각각의 사실이나 명제를 이끌어내는 연역적 평가기법, 즉 "그것이 발생하기 위해서는 무엇이 필요한가?"라는 것은 연역적이다.

① 제1단계 : 톱(top) 사상의 선정   ② 제2단계 : 사상마다 재해 원인 및 요인 규명
③ 제3단계 : FT도 작성   ④ 제4단계 : 개선계획 작성
⑤ 제5단계 : 개선안 실시계획

(2) 결함수의 기호

① 게이트 기호

번 호	기 호	명 칭	설 명
1	B_1 B_2 B_3 B_4	AND 게이트	입력사상 중 동시에 발생하게 되면 출력사상이 발생하는 것
2	B_1 B_2 B_3 B_4	OR 게이트	입력사상이 어느 하나라도 발생할 경우 출력사상이 발생하는 것
3	Output F — P Input	억제 게이트	조건부 사건이 일어나는 상황 하에서 입력이 발생할 때 출력이 발생한다. 만약 조건이 만족되지 않으면 출력이 생길 수 없다. 이때 조건은 수정 기호 내에 쓴다.
4		부정 게이트	입력과 반대되는 현상으로 출력되는 것

② 수정 게이트

번 호	기 호	명 칭	설 명
1		수정 기호	–
2		우선적 AND 게이트	여러 개의 입력사상이 정해진 순서에 따라 순차적으로 발생해야만 결과가 출력되는 것
3	언젠가 2개	조합 AND 게이트	3개의 입력현상 중 2개가 발생한 경우에 출력이 생기는 것

번 호	기 호	명 칭	설 명
4	위험지속 시간	위험지속 기호	입력 신호가 생긴 후 일정 시간이 지속된 후에 출력이 생기는 것
5	동시발생이 없음	배타적 OR 게이트	OR 게이트지만 2개 또는 그 이상의 입력이 동시에 존재하는 경우에는 출력이 생기지 않는다.

③ 컷(cut)과 패스(path)

⑦ 컷 : 그 속에 포함되어 있는 모든 기본사상(여기서는 통상사상, 생략 결함사상 등을 포함한 기본사상)이 일어났을 때 정상사상을 일으키는 기본사상의 집합

④ 패스 : 그 속에 포함되는 기본사상이 일어나지 않을 때 처음으로 정상사상이 일어나지 않는 기본사상의 집합

④ 컷셋(cut set)과 패스셋(path set)

⑦ 컷셋 : 그 속에 포함되어 있는 모든 기본사상이 일어났을 때 정상(top) 사상을 일으키는 기본사상의 집합

④ 패스셋 : 시스템이 고장나지 않도록 하는 사상의 조합, 즉 결함수분석법에서 일정조합 안에 포함되어 있는 기본사상들이 모두 발생하지 않으면 틀림없이 정상사상(top event)이 발생되지 않는 조합

⑤ 미니멀 컷셋(minimal cut sets)과 미니멀(최소) 패스셋(minimal path sets)

⑦ 미니멀 컷셋 : 컷 중 그 부분집합만으로는 정상사상을 일으키는 일이 없는 것, 즉 정상사상을 일으키기 위해 필요한 최소한의 컷셋. 그러므로 컷셋 중에 타 컷셋을 포함하고 있는 것을 배제하고 남은 컷셋들을 의미한다. 중복되는 사상의 컷셋 중 다른 컷셋에 포함되는 셋을 제거한 컷셋과 중복되지 않는 사상의 컷셋을 합한 것이 최소 컷셋이다.

  ㉠ 사고에 대한 시스템의 약점을 표현한다.

  ㉡ 정상사상(top event)을 일으키는 최소한의 집합이다.

  ㉢ 일반적으로 Fussell Algorithm을 이용한다.

  ㉣ 반복되는 사건이 많은 경우 Limnios와 Ziani Algorithm을 이용하는 것이 유리하다.

④ 미니멀(최소) 패스셋 : 어떤 결함수의 쌍대 결함수를 구하고, 컷셋을 찾아내어 결함(사고)을 예방할 수 있는 최소의 조합이며 시스템의 신뢰성을 표시한다.

▪▪ 핵심이론 23 ┃ 불 대수(G. Boole)의 기본 공식

(1) 전체 및 공집합

$A \cdot 1 = A$ $\qquad\qquad A \cdot 0 = 0$

$A + 0 = A$ $\qquad\qquad A + 1 = 1$

(2) 희귀 법칙

$\overline{\overline{A}} = A$

(3) 상호 법칙

$$A \cdot \overline{A} = 0 \qquad\qquad A + \overline{A} = 1$$

(4) 동정 법칙

$$A \cdot A = A \qquad\qquad A + A = A$$

(5) 교환 법칙

$$A \cdot B = B \cdot A \qquad\qquad A + B = B + A$$

(6) 결합 법칙

$$A(B \cdot C) = (A \cdot B)C \qquad\qquad A + (B + C) = (A + B) + C$$

(7) 분배 법칙

$$A(B + C) = (A \cdot B) + (A \cdot C) \qquad\qquad A + (B \cdot C) = (A + B) \cdot (A + C)$$

(8) 흡수 법칙

$$A(A + B) = A \qquad\qquad A + (A \cdot B) = A$$

(9) 드 모르간 법칙

$$\overline{A \cdot B} = \overline{A} + B \qquad\qquad \overline{A + B} = \overline{A} \cdot B$$

(10) 기타

$$A + A \cdot B = A + B$$

$$A \cdot (\overline{A} + B) = A + B$$

$$(A + B) \cdot (\overline{A} + C) \cdot (A + C) = A \cdot C + B \cdot C$$

$$A \cdot B + \overline{A} \cdot C + B \cdot C = A \cdot B + \overline{A} \cdot C$$

예제 25 다음은 불(Bool) 대수의 관계식이다. 예로 설명하시오.

> [보기] ① $A + AB = A$ ② $A(A + B) = A$
> ③ $A + \overline{A}B = A + B$ ④ $A + \overline{A} = 1$

풀이 ① $A + AB = A$ ② $A(A + B) = A$

③ $A + \overline{A}B = A + B$ ④ $A + \overline{A} = 1$

핵심이론 24 | 확률사상의 적과 화(N개의 독립사상에 관해서)

(1) 논리적(곱)의 확률

$$q(A \cdot B \cdot C \cdot \cdots \cdot N) = q_A \cdot q_B \cdot q_C \cdot \cdots \cdot q_N$$

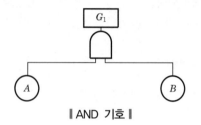

‖AND 기호‖

- A의 발생확률이 0.1, B의 발생확률이 0.2라고 하면 $G_1 = A \times B = 0.1 \times 0.2 = 0.02$이다.

예제 26 다음 [그림]과 같이 FT도에서 $F_1 = 0.015$, $F_2 = 0.02$, $F_3 = 0.05$라고 하면, 정상사상 T가 발생할 확률은 약 얼마인가?

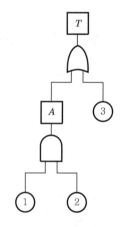

풀이 $T = 1 - (1 - 0.05) \times (1 - 0.015 \times 0.02) = 0.0503$

---

(2) 논리화(합)의 확률

$$q(A + B + C + \cdots + N) = 1 - (1 - q_A)(1 - q_B)(1 - q_C) \cdots (1 - q_N)$$

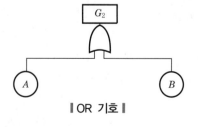

‖OR 기호‖

- A의 발생확률이 0.1, B의 발생확률이 0.2라고 하면 $G_2 = 1 - (1 - 0.1)(1 - 0.2) = 0.28$이다.

핵심이론 25 ┃ 최소 컷셋 및 최소 패스셋을 구하는 방법

(1) 최소 컷셋을 구하는 법

① 정상사상에서부터 순차적으로 상단의 사상을 하단의 사상으로 치환하면서 AND 게이트에서는 가로로 나열시키고 OR 게이트에서는 세로로 나열시켜 기록해 내려가 모든 기본사상에 도달하였을 때 그들 각 행의 미니멀 컷셋을 구한다.

② BICS Ⅱ라 하는 것으로서 참 미니멀 컷이라 할 수 없다. 참 미니멀 컷은 이들 컷 속에 중복된 사상이나 컷을 제거한다.

예제 27 다음 FT도에서 최소 컷셋(minimal cut set)으로만 올바르게 나열하시오.

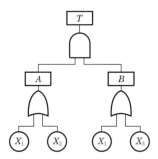

풀이 $A = X_1 + X_2$, $B = X_1 + X_3$

$T = A \cdot B = (X_1 + X_2) \cdot (X_1 + X_3) = X_1 X_1 + X_1 X_3 + X_1 X_2 + X_2 X_3$

$(X_1 X_1)$은 흡수 법칙에 의해 X_1이 된다.

$T = X_1 + X_1 X_3 + X_1 X_2 + X_2 X_3 = X_1(1 + X_3 + X_2) + X_2 X_3$

$(1 + X_3 + X_2)$은 불 대수에서 "$A + 1 = 1$"로 1이 된다.

$\therefore \ T = X_1 + X_2 X_3$

다음과 같이 컷셋을 나타낼 수 있다.

$$T = A \cdot B$$
$$= (X_1, X_2) \cdot (X_1, X_3) = \begin{array}{|l|} \hline \text{cut set} \\ \hline X_1 \\ X_2, \ X_3 \\ \hline \end{array}$$

---

(2) 최소 패스셋을 구하는 법

① 최소 패스셋을 구하는 데는 최소 컷셋과 최소 패스셋의 상대성을 이용하는 것이 좋다. 즉 대상으로 하는 함수와 상대의 함수(Dual Fault Tree)를 구한다.

② 상대함수는 원래 함수의 논리적인 논리화로, 논리화는 논리적으로 바꾸고 모든 현상을 그것들이 일어나지 않는 경우로 생각한 FT이다.

③ 이 상대 FT에서 최소 컷셋을 구하면 그것은 원래의 최소 패스셋으로 된다.

④ 결함수와 최소 패스셋을 구하기 위하여 상대인 결함수를 쓰면 다음과 같이 된다.

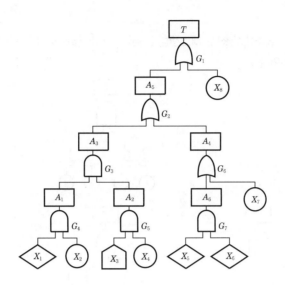

이 상대 결함수에서 최소 컷셋을 구하면

$$
\begin{array}{lll}
\left[\begin{array}{l} T \\ \downarrow \\ A_5 \\ X_8 \end{array}\right. &
\left[\begin{array}{l} \downarrow \\ A_1,\ A_2 \\ A_4 \\ X_8 \end{array}\right. &
\left[\begin{array}{l} \downarrow \\ X_1,\ X_2,\ X_3,\ X_4 \\ A_6 \\ X_7 \\ X_8 \end{array}\right. \\[2em]
\left[\begin{array}{l} \downarrow \\ A_3 \\ A_4 \\ X_8 \\ \downarrow \end{array}\right. &
\left[\begin{array}{l} X_1,\ X_2,\ X_3,\ X_4 \\ A_4 \\ X_8 \end{array}\right. &
\left[\begin{array}{l} \downarrow \\ X_1,\ X_2,\ X_3,\ X_4 \\ A_5,\ X_6 \\ X_7 \\ X_8 \end{array}\right.
\end{array}
$$

원래 결함수의 최소 패스셋으로 4조를 다음과 같이 얻을 수 있다.

$$
\left[\begin{array}{l}
X_1,\ X_2,\ X_3,\ X_4 \\
X_5,\ X_6 \\
X_7 \\
X_8
\end{array}\right.
$$

예제 28 다음 그림의 결함수에서 최소 패스셋(minimal path set)과 그 신뢰도 $R(t)$는? (단, 각각의 부품 신뢰도는 0.9이다.)

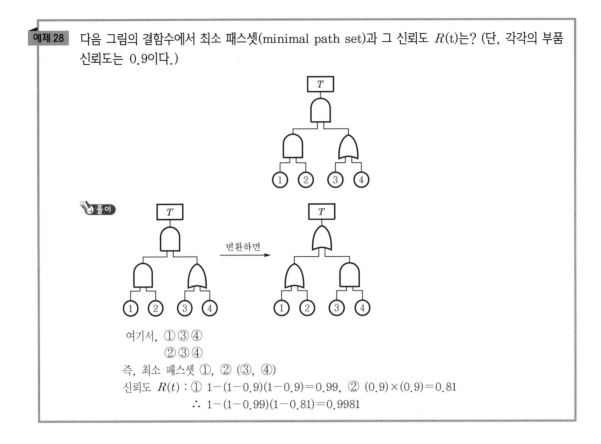

여기서, ①③④
②③④

즉, 최소 패스셋 ①, ② (③, ④)

신뢰도 $R(t)$: ① $1-(1-0.9)(1-0.9)=0.99$, ② $(0.9)\times(0.9)=0.81$

∴ $1-(1-0.99)(1-0.81)=0.9981$

▪▪ 핵심이론 26 | 안전성 평가

(1) 안전성 평가의 기본원칙

안전성 평가는 6단계에 의하여 실시되는데, 경우에 따라 5단계와 6단계는 동시에 이루어지기도 하며, 이때의 6단계는 종합적 평가에 대한 점검이 실시된다.

① 제1단계 : 관계자료의 작성 준비

② 제2단계 : 정성적 평가

③ 제3단계 : 정량적 평가

④ 제4단계 : 안전대책

⑤ 제5단계 : 재해정보에 의한 재평가

⑥ 제6단계 : FTA에 의한 재평가

(2) 화학 플랜트에 대한 안전성 평가

① 제1단계 : 관계자료의 작성 준비

㉮ 입지조건(지질도, 풍행도 등 입지에 관계있는 도표를 포함)

㉯ 화학설비 배치도

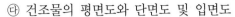

㉰ 건조물의 평면도와 단면도 및 입면도

㉱ 계기실 및 전기실의 평면도의 단면도 및 입면도

㉲ 원재료, 중간체, 제품 등의 물리적, 화학적 성질 및 인체에 미치는 영향

㉳ 제조공정상 일어나는 화학반응

㉴ 제조공정 개요

㉵ 공정계통도

㉶ 프로세스 기기 리스트

㉷ 배관·계장 계통도(P.I.D)

㉸ 안전설비의 종류와 설치장소

㉹ 운전요령

㉺ 요원배치 계획

㉻ 안전교육훈련 계획

㉑ 기타 관련자료

② 제2단계 : 정성적 평가

㉮ **설계 관계항목**

㉠ 입지조건

㉡ 공장 내 배치

㉢ 건조물

㉣ 소방설비

㉯ **운전 관계항목**

㉠ 원재료, 중간 제품

㉡ 공정

㉢ 수송, 저장 등

㉣ 공정기기

③ 제3단계 : 정량적 평가

㉮ 당해 화학설비의 취급물질, 화학설비용량, 온도, 압력 및 조작의 5항목에 대해 A, B, C 및 D급으로 분류하여 A급은 10점, B급은 5점, C급은 2점, D급은 0점으로 점수를 부여한 후 5항목에 관한 점수들의 합을 구한다.

㉯ 합산 결과에 의하여 위험등급을 나눈다.

위험등급	점 수	내 용
I	16점 이상	위험도가 높다.
II	11점 이상 15점 이하	주위상황, 다른 설비와 관련해서 평가
III	10점 이하	위험도가 낮다.

④ 제4단계 : 안전대책

㉮ 설비적 대책

㉯ 관리적 대책

㉠ 적정한 인원 배치

㉡ 교육훈련

㉢ 보전

⑤ 제5단계 : 재해정보로부터의 재평가

⑥ 제6단계 : FTA에 의한 재평가

■ **평점 척도법** : 활동의 내용마다 "우·양·가·불가"로 평가하고, 이 평가내용을 합하여 다시 종합적으로 정규화하여 평가하는 안전성 평가기법

핵심이론 27 | 보전성 공학

(1) 보전예방

설비보전 정보와 신기술을 기초로 신뢰성, 조작성, 보전성, 안전성, 경계성 등이 우수한 설비의 선정, 조달 또는 설계를 통하여 궁극적으로 설비의 설계, 제작 단계에서 보전활동이 불필요한 체제를 목표로 한 설비보전방법을 말한다.

(2) 신뢰성과 보전성을 효과적으로 개선하기 위해 작성하는 보전기록 자료

① MTBF 분석표

② 설비이력카드

③ 고장원인 대책표

:: 핵심이론 1 | 기계설비에 의해 형성되는 위험점

(1) 협착점(Squeeze Point)

기계의 왕복운동하는 부분과 고정 부분 사이에서 형성되는 위험점
① 전단기 누름판 및 칼날 부위
② 선반 및 평삭기 베드 끝 부위
③ 프레스 작업 시

(2) 끼임점(Shear Point)

고정 부분과 회전하는 동작 부분 사이에서 형성되는 위험점
① 반복 동작되는 링크기구　　　② 회전풀리와 베드 사이
③ 교반기의 교반날개와 몸체 사이　　④ 연삭숫돌과 작업받침대
⑤ 탈수기 회전체와 몸체 사이

(3) 물림점(Nip Point)

기계설비에서 반대로 회전하는 두 개의 회전체가 맞닿는 사이에 발생하는 위험점
① 기어 회전
② 롤러기의 롤러 사이에서 형성

(4) 접선물림점(Tangential Nip Point)

회전하는 부분이 접선방향으로 물려 들어갈 위험이 존재하는 점
① 체인과 스프로킷　　　　② 롤러와 평벨트
③ 벨트와 풀리　　　　　　④ 기어와 랙

(5) 회전말림점(Trapping Point)

회전축, 커플링 등 회전하는 물체에 작업복 등이 말려드는 위험을 초래하는 위험점
① 드릴 회전부
② 나사 회전부

(6) 절단점(Cutting Point)

운동하는 기계 자체와 회전하는 운동 부분 자체에 위험이 형성되는 위험점
① 밀링커터　　　　　　　② 둥근톱날
③ 회전대패날　　　　　　④ 컨베이어의 호퍼 부분
⑤ 평벨트레싱 이음 부분　　⑥ 목공용 띠톱 부분

핵심이론 2 | 기계의 일반적인 안전사항

(1) 기계설비의 안전조건
① 외형의 안전화
② 작업의 안전화
③ 작업점의 안전화
④ 기능의 안전화
⑤ 구조적 안전화
⑦ 설계상의 결함

$$\text{안전율(계수)} = \frac{\text{극한강도}}{\text{최대설계응력}} = \frac{\text{파단하중}}{\text{안전하중}} = \frac{\text{파괴하중}}{\text{최대사용하중}} = \frac{\text{인장강도}}{\text{허용응력}} = \frac{\text{파괴하중}}{\text{정격하중}}$$

④ 재료선택 시의 안전화
④ 가공 상의 안전화

(2) 공장설비의 배치계획에서 고려할 사항
① 작업의 흐름에 따라 기계 배치　② 기계설비의 주변공간 최대화
③ 공장 내 안전통로 설정　④ 기계설비의 보수 · 점검 용이성을 고려한 배치

(3) 페일 세이프
① 페일 세이프(fail safe)의 개념 : 기계 등에 고장이 발생했을 경우 그대로 사고나 재해로 연결되지 않고 안전을 확보하는 기능을 말한다. 즉, 인간이나 기계 등에 과오나 동작상의 실수가 있더라도 사고 · 재해를 발생시키지 않도록 철저하게 2중, 3중으로 통제를 가하는 것이다.
② 페일 세이프 구조의 기능면에서의 분류
⑦ Fail Passive : 일반적인 산업기계방식의 구조이며, 부품 고장 시 기계장치는 정지상태로 된다.
④ Fail Active : 부품 고장 시 기계는 경보를 하고 단시간에 역전이 된다.
⑤ Fail Operational : 설비 및 기계장치의 일부가 고장이 난 경우 기능의 저하를 가져오더라도 전체 기능은 정지하지 않고 다음 정기점검 시까지 운전이 가능한 방법이다.
예 부품에 고장이 있더라도 플레이너 공작기계를 가장 안전하게 운전할 수 있는 방법

예제 1 단면적이 1,800mm^{2}인 알루미늄 봉의 파괴강도는 70MPa이다. 안전율을 2.0으로 하였을 때 봉에 가해질 수 있는 최대하중은 얼마인가?

풀이 안전율 $= \dfrac{\text{파괴하중}}{\text{최대하중}}$

파괴하중＝파괴강도×단면적＝70×1,800＝126,000 N

$2 = \dfrac{126\text{kN}}{x}$　∴ $x = 63\text{kN}$

예제 2 연강의 인장강도가 420MPa이고, 허용응력이 140MPa이라면 안전율은?

 풀이   안전율$= \dfrac{\text{인장강도(MPa)}}{\text{허용응력(MPa)}} = \dfrac{420\text{MPa}}{140\text{MPa}} = 3$

예제 3 인장강도가 35kg/mm^2인 강판의 안전율이 4라면 허용응력은 몇 kg/mm^2인가?

 풀이   안전율$= \dfrac{\text{인장강도}}{\text{허용응력}}, \ \ 4 = \dfrac{35}{x} \quad \therefore \ x = \dfrac{35}{4} = 8.75\text{kg/mm}^2$

■■ 핵심이론 3 | 기계의 방호

(1) 기계설비에 있어서 방호의 기본원리

① 위험의 제거   ② 위험의 차단

③ 위험의 보강   ④ 덮어씌움

⑤ 위험에의 적응

(2) 기계설비의 방호

① 가드의 개구부 간격 : 가드를 설치할 때 개구부 간격을 구하는 식은 다음과 같다.(ILO 기준)

$$Y = 6 + 0.15X$$

여기서, Y : 가드 개구부 간격(안전간극)(mm), X : 가드와 위험점 간의 거리(안전거리)(mm)
이 산식은 롤러기의 맞물림점, 프레스 및 전단기의 작업점에 설치하는 가드 등에 주로 적용된다.

 참고
- **동력전도 부분에 일반 평행보호망을 설치할 때 개구부 간격을 구하는 식**
$$Y = 6 + 0.1X$$
여기서, Y : 보호망 최대 개구부 간격(mm), X : 보호망과 위험점 간의 거리(mm)

예제 4 동력전달부분의 전방 35cm 위치에 일반 평형보호망을 설치하고자 한다. 보호망의 최대 구멍의 크기는 몇 mm인가?

 풀이 $Y = 6 + 0.1X$
         여기서, Y : 보호망 최대 개구부 간격(mm), X : 보호망과 위험점 간의 거리(mm)
         $= 6 + 0.1 \times 350 = 41\text{mm}$

② 가드(guard)의 종류

㉮ 고정형   ㉯ 자동형   ㉰ 조절형

:: 핵심이론 4 | 선 반

(1) 선반의 방호장치

① 칩 브레이커(chip breaker) : 선반에서 절삭가공 시 발생하는 칩을 짧게 끊어지도록 공구에 설치되어 있는 칩 제거기구

    ㉮ 연삭형

    ㉯ 클램프형

    ㉰ 자동조정식

② 브레이크

③ 실드(shield) : 가공재료의 칩이나 절삭유 등이 비산되어 나오는 위험으로부터 보호하기 위한 것

④ 덮개 또는 울

⑤ 고정 브리지

⑥ 척 커버(척 가드, chuck guard)

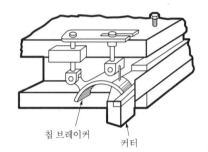

칩 브레이커　　커터

‖ 선반의 방호장치 ‖

(2) 선반작업에 대한 안전수칙

① 회전 중에 가공품을 직접 만지지 않을 것

② 칩(chip)이나 부스러기를 제거할 때는 반드시 브러시를 사용할 것

③ 베드 위에 공구를 올려놓지 말 것

④ 공작물의 측정은 기계를 정지시킨 후 실시할 것

⑤ 작업 시 공구는 항상 정리해 둘 것

⑥ 운전 중에 백 기어(back gear)를 사용하지 않을 것

⑦ 시동 전에 심압대가 잘 죄어져 있는가를 확인할 것

⑧ 보링작업이나 암나사를 깎을 때 구멍 안에 손가락을 넣어 소제하지 말 것

⑨ 양 센터 작업을 할 때는 심압센터에 자주 절삭유를 주어 열의 발생을 막을 것

⑩ 칩(chip)이 비산할 때는 보안경을 쓰고 방호판을 설치하여 사용할 것

⑪ 일감의 길이가 외경과 비교하여 매우 길 때는 방진구를 사용할 것

⑫ 바이트는 가급적 짧게 설치하여 진동이나 휨을 막으며 바이트를 교환할 때는 기계를 정지시키고 할 것

⑬ 일감의 센터구멍과 센터는 반드시 일치시킬 것

⑭ 가능한 한 절삭방향을 주축대 쪽으로 할 것

⑮ 작업 중 장갑을 착용하지 말 것

⑯ 공작물의 설치가 끝나면 척, 렌치류는 곧 떼어 놓을 것

⑰ 돌리개는 적정 크기의 것을 선택하고, 심압대 스핀들은 가능하면 짧게 나오도록 할 것

⑱ 보안경을 착용하고 작업할 것

⑲ 작업 중 일감의 치수 측정, 주유 및 청소를 할 때에는 반드시 기계를 정지시키고 할 것

> ■ **방진구** : 선반작업에서 가공물의 길이가 외경에 비하여 과도하게 길 때, 처짐 · 휨 절삭사항에 의한 떨림을 방지하기 위한 장치

(3) 기타 선반작업 시 중요한 사항

① 수직선반, 터릿선반 등으로부터 돌출 가공물에 설치할 방호장치 : 덮개 또는 울

② 선반의 절삭속도 구하는 식

$$V = \frac{\pi DN}{1,000}$$

여기서, V : 절삭속도(m/min), D : 직경(mm), N : 회전수(rpm)

예제 5 선반으로 작업을 하고자 지름 30mm의 일감을 고정하고, 500rpm으로 회전시켰을 때 일감 표면의 원주속도는 약 몇 m/s인가?

풀이 $V = \dfrac{\pi DN}{1,000} = \dfrac{3.14 \times 30 \times 500}{1,000} ≒ 47.12\mathrm{m/min}$

∴ $47.12 \div 60 = 0.785\mathrm{m/s}$

▪▪ 핵심이론 5 ┃ 밀링머신작업의 안전조치

(1) 테이블 위에 공구나 기타 물건 등을 올려 놓지 않는다.

(2) 가공 중에 손으로 가공면을 점검하지 않는다.

(3) 절삭 중 칩의 제거는 회전이 멈춘 후 반드시 브러시를 사용한다.

(4) 강력 절삭을 할 때는 일감을 바이스로부터 깊게 물린다.

(5) 주유 시 브러시를 이용할 때에는 밀링커터에 닿지 않도록 한다.

(6) 기계를 가동 중에 변속시키지 않는다.

(7) 사용 전에는 기계 · 기구를 점검하고 시운전 해본다.

(8) 일감과 공구는 테이블 또는 바이스에 안전하게 고정한다.

(9) 밀링작업에서 생기는 칩은 가늘고 길기 때문에 비산하여 부상을 입히기 쉬우므로 보안경을 착용하도록 한다.

(10) 면장갑을 사용하지 않는다.

(11) 밀링커터에 작업복의 소매나 기타 옷자락이 걸려 들어가지 않도록 한다.

(12) 상하 이송장치의 핸들을 사용 후 반드시 빼두어야 한다.

(13) 제품을 풀어낼 때나 일감을 측정할 때에는 반드시 정지시킨 다음에 한다.

(14) 밀링커터는 걸레 등으로 감싸 쥐고 다룬다.

 참고

- **밀링칩** : 기계절삭에 의하여 발생하는 칩이 가장 가늘고 예리하다.

핵심이론 6 | 플레이너와 셰이퍼

(1) 플레이너(planer)

① 공작물을 테이블에 설치하여 왕복시키고 바이트를 이송시켜 공작물의 수평면, 수직면, 경사면, 홈곡면 등을 절삭하는 공작기계로 셰이퍼에서는 가공할 수 없는 대형 공작물을 가공한다.

② 플레이너 작업 시의 안전대책

㉮ 반드시 스위치를 끄고 일감의 고정작업을 할 것

㉯ 프레임 내의 피트(pit)에는 뚜껑을 설치할 것

㉰ 압판이 수평이 되도록 고정시킬 것

㉱ 일감의 고정작업은 균일한 힘을 유지할 것

㉲ 바이트는 되도록 짧게 나오도록 설치할 것

㉳ 테이블 위에는 기계작동 중 절대로 올라가지 않을 것

㉴ 베드 위에 다른 물건을 올려 놓지 않을 것

㉵ 압판은 죄는 힘에 의해 휘어지지 않도록 충분히 두꺼운 것을 사용할 것

(2) 셰이퍼(shaper)

① 절삭할 때 바이트에 직선 왕복운동을 주고 테이블에 가로방향의 이송을 주어 일감을 깎아내는 가공기계이다.

② 셰이퍼 작업 시의 안전수칙

㉮ 보안경을 착용한다.

㉯ 가공품을 측정하거나 청소를 할 때는 기계를 정지한다.

㉰ 램은 필요 이상 긴 행정으로 하지 말고 일감에 알맞는 행정으로 조정한다.

㉱ 시동하기 전에 행정조정용 핸들을 빼 놓는다.

㉲ 운전 중에 급유를 하지 않는다.

㉳ 시동 전에 기계의 점검 및 주유를 한다.

㉴ 일감가공 중 바이트와 부딪쳐 떨어지는 경우가 있으므로 일감은 견고하게 물린다.

㉵ 바이트는 잘 갈아서 사용해야 하며 가급적 짧게 고정한다.

   ⓐ 반드시 재질에 따라 절삭속도를 정한다.

   ⓑ 칩이 튀어나오지 않도록 칩받이를 만들어 달거나 칸막이를 한다.

   ⓒ 운전자가 바이트의 측면방향에 선다.

   ⓓ 행정의 길이 및 공작물, 바이트의 재질에 따라 절삭속도를 정한다.

   ⓔ 가공면의 거칠기는 운전정지 상태에서 점검한다.

   ⓕ 측면을 절삭할 때는 수직으로 바이트를 고정한다.

   ⓖ 공작물을 견고하게 고정한다.

   ⓗ 가드, 방책, 칩받이 등을 설치한다.

핵심이론 7 | 드릴링 작업의 안전수칙

(1) 옷소매가 길거나 찢어진 옷은 입지 않는다.

(2) 일감은 견고하게 고정시켜야 하며 손으로 쥐고 구멍을 뚫지 말아야 한다.

(3) 장갑의 착용을 금한다.

(4) 회전하는 드릴에 걸레 등을 가까이 하지 않는다.

(5) 얇은 철판이나 동판에 구멍을 뚫을 때 흔들리기 쉬우므로 각목을 밑에 깔고 기구로 고정한다.

(6) 드릴로 구멍을 뚫을 때 끝까지 뚫린 것을 확인하기 위하여 손을 집어 넣지 말아야 한다.

(7) 스핀들에서 드릴을 뽑아낼 때에는 드릴 아래에 손을 내밀지 않는다.

(8) 칩은 와이어브러시로 제거한다.

(9) 가공 중에 구멍이 관통되면 기계를 멈추고 손으로 돌려서 드릴을 뺀다.

(10) 쇳가루가 날리기 쉬운 작업은 보안경을 착용한다.

(11) 작업시작 전 척 렌치(chuck wrench)를 반드시 뺀다.

(12) 자동이송작업 중 기계를 멈추지 말아야 한다.

(13) 구멍을 뚫을 때는 반드시 작은 구멍을 먼저 뚫은 뒤 큰 구멍을 뚫어야 한다.

(14) 고정구를 사용하여 작업 시 공작물의 유동을 방지해야 한다.

(15) 작고 길이가 긴 물건은 바이스로 고정하고 뚫는다.

(16) 재료의 회전정지 지그를 갖춘다.

(17) 스위치 등을 이용한 자동급유장치를 구성한다.

(18) 드릴은 사용 전에 검사한다.

(19) 작업자는 보안경을 착용한다.

(20) 구멍 끝 작업에서는 절삭압력을 주어서는 안 된다.

(21) 바이스 등을 사용하여 작업 중 공작물의 유도를 방지한다.

 참고

■ **드릴링 작업 시 위험한 시점**
1. 드릴로 구멍을 뚫는 작업 중 공작물이 드릴과 함께 회전할 우려가 가장 큰 경우 : 거의 구멍이 뚫렸을 때
2. 드릴링 머신에서 구멍을 뚫는 작업 시 가장 위험한 시점 : 드릴이 공작물을 관통하기 전

핵심이론 8 ┃ 연삭기

(1) 연삭기 숫돌의 파괴원인

① 숫돌의 회전속도가 규정속도를 초과할 때

$$V = \pi DN \,(\text{mm/min}) = \frac{\pi DN}{1,000} \,(\text{m/min})$$

여기서, V : 회전속도, D : 숫돌의 지름(mm), N : 회전수(rpm)

② 숫돌 자체에 균열이 있을 때

③ 외부의 충격을 받았을 때

④ 숫돌의 측면을 사용하여 작업할 때

⑤ 숫돌 반경방향의 온도변화가 심할 때

⑥ 작업에 부적당한 숫돌을 사용할 때

⑦ 숫돌의 치수가 부적당할 때

⑧ 플랜지가 현저히 작을 때

⑨ 숫돌의 불균형이나 베어링 마모에 의한 진동이 있을 때

⑩ 회전력이 결합력보다 클 때

예제 6 ┃ 연삭숫돌의 지름이 20cm이고, 원주속도가 250m/min일 때 연삭숫돌의 회전수는 약 얼마인가?

풀이 $V = \dfrac{\pi DN}{100}$

$\therefore N = \dfrac{100\,V}{\pi D} = \dfrac{100 \times 250}{3.14 \times 20} ≒ 398.08\,\text{rpm}$

- **연삭숫돌 구성의 3요소**
  1. 입자
  2. 기공
  3. 결합체

- **플랜지(flange)**
  1. 연삭숫돌은 보통 플랜지에 의해서 연삭기계에 고정되어지며, 숫돌축에 고정되는 측을 고정측 플랜지, 그 반대편을 이동측 플랜지라고 한다.
  2. 플랜지의 지름=숫돌 바깥지름×1/3 이상, 고정측과 이동측의 지름은 같아야 한다.

예제 7 연삭기에서 숫돌의 바깥지름이 180mm일 경우 평행플랜지의 지름은 약 몇 mm 이상이어야 하는가?

풀이 평행플랜지의 지름 $= 숫돌의\ 바깥지름 \times \dfrac{1}{3} = 180 \times \dfrac{1}{3} = 60\,mm$

- **연삭기 관련**
  1. 탁상용 연삭기에서 플랜지의 직경은 숫돌 직경의 $\dfrac{1}{3}$ 이상이 적정하다.
  2. 일반 연삭작업 등에 사용하는 것을 목적으로 하는 탁상용 연삭기 덮개의 노출각도는 125° 이내이어야 한다.
  3. 워크레스트는 탁상용 연삭기에 사용하는 것으로서 공작물을 연삭할 때 가공물 지지점이 되도록 받쳐주는 것이다.
  4. 탁상용 연삭기의 덮개에는 워크레스트 및 조정편을 구비하여야 하며, 워크레스트는 연삭숫돌과의 간격을 3mm 이하로 조절할 수 있는 구조이어야 한다.
  5. 탁상용 연삭기에서 연삭숫돌의 외주면과 가공물 받침대 사이의 거리는 2mm를 초과하지 않아야 한다.

(2) 연삭기 숫돌을 사용하는 작업의 안전수칙

① 연삭숫돌에 충격을 주지 않도록 한다.

② 연삭숫돌을 사용하는 경우 작업시작 전 1분 이상, 연삭숫돌을 교체한 후에는 3분 이상 시운전을 통해 이상 유무를 확인한다.

③ 연삭숫돌의 최고사용회전속도를 초과하여 사용하여서는 안 된다.

④ 측면을 사용하는 목적으로 하는 연삭숫돌 이외는 측면을 사용해서는 안 된다.

⑤ 회전 중인 연삭숫돌이 근로자에게 위험을 미칠 우려가 있는 경우에 그 부위에 덮개를 설치하여야 한다.

- **덮개** : 지름 5cm 이상을 갖는 회전 중인 연삭숫돌의 파괴에 대비하여 필요한 방호장치

핵심이론 9 ┃ 목재가공용 둥근톱기계(방호장치의 설치방법)

(1) 톱날접촉예방장치는 분할날에 대면하고 있는 부분과 가공재를 절단하는 부분 이외의 톱날은 전부 덮을 수 있는 구조이어야 한다.

(2) 반발예방장치는 목재 송급쪽에 설치하되 목재의 반발을 충분히 방지할 수 있도록 설치되어야 한다.

(3) 분할날은 톱날로부터 12mm 이상 떨어지지 않게 설치해야 하며, 그 두께는 톱날 두께의 1.1배 이상이고 톱날의 치진폭보다 작아야 한다.

예제 8 목재가공용 둥근톱의 두께가 3mm일 때 분할날의 두께는?

풀이 분할날의 두께는 둥근톱 두께의 1.1배 이상으로 하여야 한다.

∴ $3 \times 1.1 = 3.3$mm 이상

핵심이론 10 ┃ 프레스

(1) 프레스(press) 방호장치의 분류

구 분	방호장치
위치제한형 방호장치 (조작자의 신체부위가 위험한계 밖에 위치하도록 기계의 조작장치는 위험구역에서 일정거리 이상 떨어지게 하는 방호장치)	양수조작식, 게이트 가드식
접근거부형 방호장치	손쳐내기식, 수인식
접근반응형 방호장치	감응식(광전자식)

(2) 프레스 및 전단기 방호장치

① 양수조작식 방호장치 : 프레스기 작동 직후 손이 위험구역에 들어가지 못하도록 위험구역 (슬라이드 작동부)으로부터 다음에 정하는 거리(안전거리) 이상에 설치해야 한다.

㉮ 설치거리(cm)=160×프레스 작동 후 작업점까지의 도달시간(s)

㉯ $D = 1.6(T_l + T_s)$

여기서, D : 안전거리(mm)

T_l : 누름단추 등에서 손이 떨어지는 때부터 급정지기구가 작동을 개시할 때까지의 시간(ms)

T_s : 급정지기구가 작동을 개시한 때부터 슬라이드가 정지할 때까지의 시간(ms)

$(T_l + T_s)$: 최대정지시간

예제 9 완전회전식 클러치 기구가 있는 프레스의 양수기동식 방호장치에서 누름버튼을 누를 때부터 사용하는 프레스의 슬라이드가 하사점에 도달할 때까지의 소요 최대시간이 0.15초이면 안전거리는 몇 mm 이상이어야 하는가?

 풀이 안전거리(cm)=160×프레스기 작동 후 작업점(하사점)까지의 도달시간

∴ 160×0.15=24cm=240mm

예제 10 프레스 광전자식 방호장치의 광선에 신체의 일부가 감지된 후로부터 급정지기구 작동 시까지의 시간이 30ms이고, 급정지기구의 작동 직후로부터 프레스기가 정지될 때까지의 시간이 20ms라면 광축의 최소설치거리는?

 풀이 광축의 설치거리(mm)=$1.6(T_l + T_s)$

∴ $1.6(30+20)=80$mm

 참고

■ **양수기동식 방호장치**

1. 급정지기구가 부착되어 있지 않은 크랭크(확동식 클러치) 프레스기에 적합한 전자식 또는 스프링식 당김형 방호장치이다. 2개의 누름단추를 누르고 있으면 클러치가 작동하여 슬라이드가 하강하지만 레버와 복귀용 와이어로프의 작용에 의해 조작기구는 강제적으로 원래의 상태로 복귀된다.

2. **양수기동식의 안전거리**

$D_m = 1.6 T_m$

여기서, D_m : 안전거리(mm)

T_m : 양손으로 누름단추를 누르기 시작할 때부터 슬라이드가 하사점에 도달하기까지 소요시간(ms)

$$T_m = \left(\frac{1}{클러치\ 물림\ 개소수} + \frac{1}{2}\right) \times \frac{60,000}{매분\ 행정수}(ms)$$

예제 11 spm(stroke per minute)이 100인 프레스에서 클러치 맞물림 개소수가 4인 경우 양수조작식 방호장치의 설치거리는 얼마인가?

풀이 $D_m = 1.6 T_m = 1.6\left(\dfrac{1}{클러치\ 맞물림\ 개소수} + \dfrac{1}{2}\right) \times \dfrac{60,000}{spm} = 1.6 \times \left(\dfrac{1}{4} + \dfrac{1}{2}\right) \times \dfrac{60,000}{100} = 720$mm

② **게이트 가드식 방호장치** : 게이트 가드식 방호장치는 작동방식에 따라 하강식, 상승식, 수평식, 도립식, 횡슬라이드식 등으로 분류한다.

③ **수인식 방호장치** : 행정수 100spm 이하, 행정길이 50mm 이상으로 제한하고 있는데 이것은 손이 충격적으로 끌리는 것을 방지하기 위해서이다.

④ 손쳐내기식 방호장치 : 방호판의 폭은 금형 폭의 $\frac{1}{2}$ 이상으로 하며, 슬라이드 하행정거리의

$\frac{3}{4}$ 위치에서 손을 완전히 밀어내야 한다.

⑤ 광전자식(감응식) 방호장치

㉮ 투광기에서 발생시키는 빛 이외의 광선에 감응해서는 안 된다.

㉯ 광축의 설치거리는 위험부위부터 다음에 정하는 거리(안전거리) 이상에 설치해야 된다.

$$설치거리(mm) = 1.6(T_l + T_s)$$

여기서, T_l : 손이 광선을 차단한 직후부터 급정지기구가 작동을 개시하기까지의 시간(ms)

T_s : 급정지기구가 작동을 개시한 때부터 슬라이드가 정지할 때까지의 시간(ms)

$T_l + T_s$: 최대정지시간(급정지시간)

예제 12 광전자식 방호장치의 광선에 신체의 일부가 감지된 후부터 급정지기구가 작동개시하기까지의 시간이 40ms이고, 광축의 설치거리가 96mm일 때 급정지기구가 작동개시한 때부터 프레스기의 슬라이드가 정지될 때까지의 시간은?

풀이 광축의 설치거리 $= 1.6(T_l + T_s)$

여기서, T_l : 손이 광선을 차단한 직후부터 급정지기구가 작동을 개시하기까지의 시간(ms)

T_s : 급정지기구가 작동을 개시한 때부터 슬라이드가 정지할 때까지의 시간(ms)

$96 = 1.6(40 + T_s)$, $\frac{96}{1.6} = 40 + T_s$

$\therefore \ T_s = \frac{96}{1.6} - 40 = 20\,\text{ms}$

---

(3) 기타 프레스기와 관련된 중요한 사항

① 프레스기 페달에 U자형 커버를 씌우는 이유 : 프레스 작업 중 부주의로 프레스의 페달을 밟은 것에 대비하여 페달에 설치한다.

② 프레스 작업 시작 전 점검사항(전단기 포함)

㉮ 클러치 및 브레이크의 기능

㉯ 크랭크축 · 플라이휠 · 슬라이드 · 연결봉 및 연결나사의 풀림 여부

㉰ 1행정 1정지기구 · 급정지장치 및 비상정지장치의 기능

㉱ 슬라이드 또는 칼날에 의한 위험방지기구의 기능

㉲ 프레스의 금형 및 고정볼트 상태

㉳ 방호장치의 기능

㉴ 전단기의 칼날 및 테이블의 상태

핵심이론 11 ┃ 롤러기와 원심기

(1) 롤러기(roller)

① 롤러기의 급정지장치 종류

급정지장치 조작부의 종류	설치위치	비 고
손조작 로프식	밑면에서 1.8m 이내	설치위치는 급정지장치 조작부의 중심점을 기준으로 한다.
복부 조작식	밑면에서 0.8m 이상 1.1m 이내	
무릎 조작식	밑면에서 0.4m 이상 0.6m 이내	

- **급정지장치** : 위험기계의 구동에너지를 작업자가 차단할 수 있는 장치

② 방호장치의 성능(급정지장치의 성능) : 롤러를 무부하상태로 회전시켜 앞면 롤러의 표면속도에 따라 규정된 정지거리 내에 당해 롤러를 정지시킬 수 있는 성능을 보유한 급정지장치라야 한다.

앞면 롤러의 표면속도(m/min)	급정지거리
30 미만	앞면 롤러 원주의 1/3 이내
30 이상	앞면 롤러 원주의 1/2.5 이내

표면속도의 산출공식은 다음과 같다.

$$V = \frac{\pi DN}{1,000} \, (\text{m/min})$$

여기서, V : 표면속도(m/min), D : 롤러 원통 직경(mm), N : 회전수(rpm)

예제 13 롤러기의 앞면 롤의 지름이 300mm, 분당 회전수가 30회일 경우 허용되는 급정지장치의 급정지거리는 약 얼마인가?

풀이 $V = \dfrac{\pi DN}{1,000} = \dfrac{3.14 \times 300 \times 30}{1,000} = 28.26 \, \text{m/min}$

앞면 롤러의 표면속도가 30m/min 미만은 급정지거리가 앞면 롤러 원주의 $\dfrac{1}{3}$ 이다.

따라서 $l = \pi D \times \dfrac{1}{3} = 3.14 \times 300 \times \dfrac{1}{3} = 314 \, \text{mm}$

---

③ 급정지장치 조작부에 사용하는 로프

㉮ 손으로 조작하는 로프식

㉯ 복부 조작식

㉰ 무릎 조작식

(2) 원심기

① 원심기의 가동 또는 원료의 비산 등으로 근로자에게 위험을 미칠 우려가 있을 때 취해야 하는 조치 : 덮개 설치

② 회전시험을 할 때 비파괴검사를 미리 실시해야 하는 고속회전체 : 회전축의 중량이 1t을 초과하고 원주속도가 120m/s 이상인 것

핵심이론 12 | 아세틸렌 용접장치 및 가스집합 용접장치

(1) 아세틸렌 용접장치

① 15℃ 기압에서 아세틸렌이 용해되는 물질 : 아세톤(25배 아세틸렌 용해)

② 압력의 제한 : 아세틸렌 용접장치를 사용하여 금속의 용접, 용단 또는 가열 작업을 하는 경우 게이지압력 127kPa을 초과하는 아세틸렌을 발생시켜 사용해서는 안 된다.

> **참고**
>
> ■ **아세틸렌 용접장치에서 역화의 발생원인**
> 1. 압력조정기의 고장으로 작동이 불량할 때
> 2. 토치의 성능이 좋지 않을 때
> 3. 팁이 과열되었을 때
> 4. 산소공급이 과다할 때
> 5. 과열되었을 때

(2) 가스집합 용접장치

① 산소-아세틸렌 가스용접 시 역화의 원인

㉮ 토치의 과열   ㉯ 토치 팁의 이물질 부착

㉰ 산소공급의 과다   ㉱ 압력조정기의 고장

㉲ 토치의 성능 부족   ㉳ 취관이 작업 소재에 너무 가까이 있는 경우

② 산소-아세틸렌 용접작업 시 고무호스에 역화현상이 발생하였을 때 취해야 하는 조치사항 : 산소밸브를 먼저 잠그고, 아세틸렌밸브를 나중에 잠근다.

③ 구리의 사용제한 : 용해 아세틸렌의 가스집합 용접장치의 배관 및 그 부속기구는 구리나 구리 함유량이 70% 이상인 합금을 사용해서는 안 된다.

(3) 기타 용접작업과 관련된 중요한 사항

① 역화의 위험성이 가장 작은 아세틸렌 함유량 : 60%

② 언더컷 : 용접부 결함에서 전류가 과대하고 용접속도가 너무 빨라 용접부의 일부가 홈 또는 오목하게 생기는 결함

핵심이론 13 ┃ 보일러

(1) 보일러의 종류 및 형식

일반적인 보일러의 분류는 다음 표와 같다.

종 류		형 식
원통 보일러	입형 보일러	입횡관식 보일러, 입연관식 보일러, 횡수관식 보일러, 노튜브식 보일러, 코크란식 보일러
	노통 보일러	코르니시 보일러, 랭커셔 보일러
	연관 보일러	횡연관식 보일러, 기관차형 보일러, 로코모빌형 보일러
	노통연관 보일러	노통연관 보일러, 스코치 보일러, 하우덴존슨 보일러
수관 보일러	자연순환식 수관 보일러	직관식 보일러, 곡관식 보일러, 조합식 보일러
	강제순환식 수관 보일러	라몬트식 보일러, 벨록스식 보일러, 조정순환식 보일러
	관류 보일러	벤숀식 보일러, 슐저식 보일러, 소형 관류식 보일러
기타 보일러	난방용 보일러	주철제조합식 보일러, 수관식 보일러, 리보일러
	특수 보일러	폐열 보일러, 특수연료 보일러, 특수유체 보일러, 간접가열식 보일러

(2) 발생증기의 이상현상

① 프라이밍(priming, 비수공발) : 보일러 부하의 급변, 수위의 과상승 등에 의해 수분이 증기와 분리되지 않아 보일러 수면이 심하게 솟아올라 올바른 수위를 판단하지 못하는 현상

② 포밍(forming, 거품의 발생) : 보일러수 속이 유지류, 용해 고형물, 부유물 등의 농도가 높아지면 드럼 수면에 안정한 거품이 발생하고, 또한 거품이 증가하여 드럼의 기실 전체로 확대되는 현상

③ 워터해머(water hammer, 수격작용) : 보일러 배관 내의 액체속도가 급격히 변화하면 관 내의 액(응축수)에 심한 압력변화가 생겨 관벽을 치는 현상

> ■ **워터해머 발생원인** : 밸브의 급격한 개폐, 관 내의 심한 유동, 압력변화에 의한 압력파 발생

(3) 보일러의 부식 원인

① 급수처리를 하지 않은 물 사용
② 급수에 해로운 불순물 혼입
③ 불순물을 사용하여 수관 부식 시

핵심이론 14 ┃ 압력용기와 공기압축기

(1) 압력용기의 응력

① 원주방향 응력

$$\sigma_t = \frac{P}{A} = \frac{Pdl}{2tl} = \frac{Pd}{2t} \, (\text{kg/cm}^2)$$

② 축방향 응력

㉮ 세로방향 응력$(\sigma_Z) = \dfrac{\dfrac{\pi}{4}d^2 P}{\pi dt} = \dfrac{Pd}{4t}\,(\mathrm{kg/cm^2})$

㉯ 원주방향 응력은 방향 응력의 약 2배이다.

예제 14 다음과 같은 조건에서 원통용기를 제작했을 때 안전성(안전도)이 높은 것부터 순서대로 나열하면?

구 분	내 압	인장강도
①	50kgf/cm²	40kgf/cm²
②	60kgf/cm²	50kgf/cm²
③	70kgf/cm²	55kgf/cm²

 풀이

안전도 $= \dfrac{\text{인장강도}}{\text{내압}}$

① $\dfrac{40}{50} = 0.8$ ② $\dfrac{50}{60} = 0.83$ ③ $\dfrac{55}{70} = 0.79$

따라서 안전성(안전도)이 높은 순서는 ②－①－③이다.

---

(2) 공기압축기 작업 시작 전 점검사항

① 공기저장 압력용기의 외관상태
② 드레인밸브의 조작 및 배수
③ 압력방출장치의 기능
④ 언로드밸브의 기능
⑤ 윤활유의 상태
⑥ 회전부의 덮개 또는 울
⑦ 그 밖의 연결부위의 이상 유무

(3) 공기압축기의 작업안전수칙

① 공기압축기의 점검 및 청소는 반드시 전원을 차단한 후에 실시한다.
② 운전 중에 어떠한 부품도 건드려서는 안 된다.
③ 공기압축기 분해 시 내부의 압축공기를 제거한 후 실시한다.
④ 최대 공기압력을 초과한 공기압력으로는 절대로 운전하여서는 안 된다.

핵심이론 15 | 산업용 로봇의 안전관리

(1) 로봇의 작동범위 내에서 그 로봇에 관하여 교시 등의 작업을 하는 때 작업 시작 전 점검사항 (단, 로봇의 동력원을 차단하고 행하는 것은 제외)

① 외부 전선의 피복 또는 외장의 손상 유무
② 매니퓰레이터 작동의 이상 유무
③ 제동장치 및 비상정지장치의 기능

(2) 산업용 로봇작업을 수행할 때의 안전조치사항

① 자동운전 중에는 방전방책의 출입구에 안전플러그를 사용한 인터록이 작동하여야 한다.

② 액추에이터의 잔압 제거 시에는 사전에 안전블록 등으로 강하방지를 한 후 잔압을 제거한다.

③ 로봇이 교시작업을 수행할 때에는 작업지침에서 정한 매니퓰레이터의 속도를 따른다.

④ 작업개시 전에 외부 전선의 피복 손상 여부 및 비상정지장치를 반드시 검사한다.

■■ 핵심이론 16 | 지게차

(1) 지게차의 안전조건

① 지게차에 의한 재해를 살펴보면 일반적으로 지게차와의 접촉, 하물의 낙하, 지게차의 전도 전락, 추락, 기타 순으로 집계되고 있으며, 지게차의 안전성을 유지하기 위해서는 구조, 하물 및 운전조작에 대해 신중한 검토가 선행되어야 한다.

② 지게차가 안정하려면 다음과 같은 관계를 유지해야만 한다.

$$W \cdot a < G \cdot b$$

여기서, W : 하물의 중량(kg)

G : 차량의 중량(kg)

a : 앞바퀴에서 하물의 중심까지의 최단거리(m)

b : 앞바퀴에서 차량의 중심까지의 최단거리(m)

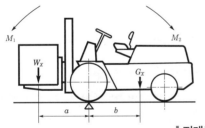

$M_1 : W \times a \cdots$ 하물의 모멘트

$M_2 : W \times b \cdots$ 차의 모멘트

∴ 지게차가 안정적으로 작업할 수 있는
상태의 조건 : $M_1 < M_2$

‖ 지게차의 안전 ‖

예제 15　지게차의 중량이 8kN, 하물 중량이 2kN, 앞바퀴에서 하물의 무게중심까지의 최단거리가 0.5m이면 지게차가 안정되기 위한 앞바퀴에서 지게차의 무게중심까지의 거리는 최소 몇 m 이상이어야 하는가?

🖐풀이　$W \cdot a < G \cdot b$, $2 \times 0.5 < 8 \times b$

$\dfrac{2 \times 0.5}{8} < b$이므로　∴ $b = 0.125$m 이상

---

(2) 지게차의 안정도

① 지게차의 전후 안정도를 유지하기 위해서는 과적을 삼가고 전후의 무게중심은 지게차의 앞바퀴 중심에 두는 것이 좋다.

② 지게차의 안정도는 다음과 같다.

㉮ 전후 안정도

㉠ 기준 부하상태로 한 후 리치를 최대로 신장시켜 포크를 최대로 올린 상태 : 4%(5톤 이하) 이내

㉡ 주행 시의 기준 부하상태 : 18% 이내

㉯ 좌우 안정도

㉠ 기준 부하상태로 한 후 포크를 최고로 들어올려 마스터 및 포크를 최대로 후방으로 기울인 상태 : 6% 이내

㉡ 주행 시의 기준 무부하상태 : $(15+1.1V)\%$ 이내 (여기서, V : 포크 리프트의 최고속도(km/h))

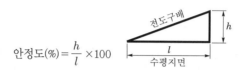

$$안정도(\%) = \frac{h}{l} \times 100$$

예제 16 무부하상태 기준으로 구내 최고속도가 20km/h인 지게차의 주행 시 좌우 안정도 기준은?

풀이 주행 시의 좌우 안정도$(\%) = 15 + 1.1V = 15 + 1.1 + 20 = 37\%$ 이내

예제 17 수평거리 20m, 높이 5m인 경우 지게차의 안정도는 얼마인가?

풀이 안정도$(\%) = \dfrac{h}{l} \times 100 = \dfrac{5}{20} \times 100 = 25\%$

예제 18 지게차의 높이가 6m이고, 안정도가 30%일 때 지게차의 수평거리는 얼마인가?

풀이 안정도$(\%) = \dfrac{h}{l} \times 100$, $30 = \dfrac{6 \times 100}{l}$, $30l = 600$ ∴ $l = 20\,\text{m}$

---

(3) 지게차 작업 시작 전 점검사항

① 제동장치 및 조종장치 기능의 이상 유무

② 하역장치 및 유압장치 기능의 이상 유무

③ 바퀴의 이상 유무

④ 전조등, 후미등, 방향지시기 및 경보장치 기능의 이상 유무

(4) 지게차의 안전장치

① 후사경

② 헤드가드

③ 백레스트 : 지게차의 포크에 적재된 하물이 마스트 후방으로 낙하함으로써 근로자에게 미치는 위험을 방지하기 위하여 설치하는 것

핵심이론 17 | 컨베이어

(1) 컨베이어(conveyer)의 방호장치

비상정지장치, 덮개 또는 울, 역주행방지장치, 건널다리

(2) 컨베이어 작업 시작 전 점검사항

① 원동기 및 풀리 기능의 이상 유무

② 이탈 등의 방지장치 기능의 이상 유무

③ 비상정지장치 기능의 이상 유무

④ 원동기, 회전축, 기어 및 풀리 등의 덮개 또는 울 등의 이상 유무

핵심이론 18 | 리프트

(1) 리프트(lift)의 종류

① 건설용 리프트 ② 산업용 리프트 ③ 자동차정비용 리프트 ④ 이삿짐운반용 리프트

(2) 간이 리프트의 안전대책

① **과부하 제한** : 간이 리프트에 그 적재하중을 초과하는 하중을 걸어서 사용하도록 하여서는 안 된다.

② **방호장치 조정** : 간이 리프트의 권과방지장치, 과부하방지장치(자동차정비용 리프트 제외), 그 밖의 방호장치가 유효하게 작동될 수 있도록 미리 조정해 두어야 한다.

③ **탑승 제한** : 간이 리프트의 운반구에 근로자를 탑승시켜서는 안 된다.

(3) 작업 시작 전 점검사항

① 방호장치 · 브레이크 및 클러치의 기능 ② 와이어로프가 통하고 있는 곳의 상태

핵심이론 19 | 크레인

(1) 크레인(crane)의 방호장치

크레인은 운전을 잘못하게 되면 많은 위험을 일으키므로 다음과 같은 방호장치를 부착시켜 재해를 방지해야 한다.

① **권과방지장치** : 과도하게 한계를 벗어나 계속적으로 감아올리는 일이 없도록 제한하는 장치

② **비상정지장치** : 돌발상황이 발생한 경우 안전을 유지하기 위하여 모든 전원을 차단하여 크레인을 급정지시키는 장치

③ **제동장치** : 운전속도를 조절하고 제어하기 위한 장치

④ **과부하방지장치** : 하중이 정격을 초과하였을 때 자동적으로 상승이 정지되는 장치

(2) 크레인의 안전대책

① **강풍 시 타워크레인의 작업 제한** : 순간 풍속이 10m/s를 초과하는 경우에는 타워크레인의 설치, 수리, 점검 또는 해체 작업을 중지하여야 하며, 순간 풍속이 15m/s를 초과하는 경우에는 타워크레인의 운전작업을 중지하여야 한다.

② 크레인의 작업 시작 전 점검사항

㉮ 권과방지장치, 브레이크, 클러치 및 운전장치의 기능

㉯ 주행로의 상측 및 트롤리가 횡행(橫行)하는 레일의 상태

㉰ 와이어로프가 통하고 있는 곳의 상태

③ 이동식 크레인의 작업 시작 전 점검사항

㉮ 권과방지장치, 그 밖의 경보장치의 기능

㉯ 브레이크, 클러치 및 조정장치의 기능

㉰ 와이어로프가 통하고 있는 곳 및 작업장소의 지반상태

▪▪ 핵심이론 20 ┃ 곤돌라 및 승강기

(1) 곤돌라 작업 시작 전 점검사항

① 방호장치, 브레이크의 기능

② 와이어로프, 슬링와이어 등의 상태

(2) 승강기의 종류

① 승객용 엘리베이터 ② 승객화물용 엘리베이터

③ 화물용 엘리베이터 ④ 소형화물용 엘리베이터

⑤ 에스컬레이터

▪▪ 핵심이론 21 ┃ 와이어로프

(1) 와이어로프(wire rope)에 걸리는 하중의 변화

하물을 달아올릴 때 로프에 걸리는 힘은 슬링와이어의 각도가 작을수록 작게 걸린다.

 참고

2줄의 와이어로프로 중량물을 달아올릴 때 로프에 힘이 가장 적게 걸리는 각도는 : 30°

(2) 와이어로프에 걸리는 하중을 구하는 식

$$W_1 = \frac{\dfrac{W}{2}}{\cos\dfrac{\theta}{2}}$$

여기서, W_1 : 로프에 걸리는 하중(kg)

W : 짐의 무게(kg)

θ : 로프의 각도

예제 19 천장 크레인에 중량 3kN의 화물을 2줄로 매달았을 때 매달기용 와이어(sling wire)에 걸리는 장력은 얼마인가? (단, 슬링와이어 2줄 사이의 각도는 55°이다.)

 풀이 $W_1 = \dfrac{\dfrac{W}{2}}{\dfrac{\cos\theta}{2}} = \dfrac{\dfrac{3}{2}}{\dfrac{\cos 55°}{2}} = 1.69 \fallingdotseq 1.7\,\text{kN}$

(3) 와이어로프에 걸리는 총 하중을 구하는 식

$$\text{총 하중}(W) = \text{정하중}(W_1) + \text{동하중}(W_2)$$

$$W_2 = \dfrac{W_1}{g} \cdot \alpha$$

여기서, g : 중력가속도(9.8m/s^2)
α : 가속도(m/s^2)

예제 20 크레인의 로프에 질량 2,000kg의 물건을 10m/s²의 가속도로 감아올릴 때, 로프에 걸리는 총 하중은 약 몇 kN인가?

풀이 $W = W_1 + W_2 = W_1 + \dfrac{W_1}{g} \times \alpha$, $2,000 + \dfrac{2,000}{9.8} \times 10 = 4040.81\,\text{kg}$

$1\text{kN} = 101.97\text{kg}$이므로 ∴ $\dfrac{4040.81}{101.97} = 39.6\,\text{kN}$

(4) 와이어로프 등의 안전계수

양중기의 달기와이어로프 또는 달기체인(고리걸이용 와이어로프 및 달기체인 포함)의 안전계수(달기구 절단하중의 값을 그 달기구에 걸리는 하중의 최대값으로 나눈 값)가 다음 기준에 적합하지 아니하는 경우 이를 사용하여서는 안 된다.

① 근로자가 탑승하는 운반구를 지지하는 경우 : 10 이상
② 화물의 하중을 직접 지지하는 경우 : 5 이상
③ 훅, 섀클, 클램프, 리프팅 빔의 경우 : 3 이상
④ 제1호 및 제2호 외의 경우 : 4 이상

예제 21 고리걸이용 와이어로프의 절단하중이 4ton일 때, 이 로프의 최대사용하중은 얼마인가? (단, 안전계수는 5이다.)

풀이 안전계수 $= \dfrac{\text{절단하중}}{\text{최대사용하중}}$

최대사용하중 $= \dfrac{\text{절단하중}}{\text{안전계수}}$

∴ $\dfrac{4,000}{5} = 800\,\text{kgf}$

(5) 와이어로프의 안전율을 구하는 식

$$S = \frac{NP}{Q}$$

여기서, S : 안전율, N : 로프 가닥수(개), P : 로프의 파단강도(kg), Q : 안전하중(kg)

예제 22 화물용 승강기를 설계하면서 와이어로프의 안전하중이 10ton이라면 로프의 가닥수를 얼마로 하여야 하는가? (단, 와이어로프 한 가닥의 파단강도는 4ton이며, 화물용 승강기 와이어로프의 안전율은 6으로 한다.)

풀이 와이어로프의 안전율
$$S = \frac{N \times P}{Q}, \quad N = \frac{S \times Q}{P}$$
여기서, S : 안전율, N : 로프의 가닥수, P : 로프의 파단강도(ton), Q : 권상하중(ton)
$$\therefore N = \frac{6 \times 10}{4} = 15$$

(6) 와이어로프의 사용금지 기준

항 목	사용금지 사항
소선 절단	와이어로프 한 꼬임(스트랜드)에서 끊어진 소선(필러선 제외)의 수가 10% 이상(비자전로프의 경우에는 끊어진 소선의 수가 와이어로프 호칭지름의 6배 길이 이내에서 4개 이상이거나 호칭지름 30배 길이 이내에서 8개 이상)인 것
지름 감소	지름의 감소가 공칭지름의 7%를 초과한 것
기 타	① 이음매가 있는 것 ② 꼬인 것 ③ 심하게 변형 또는 부식된 것 ④ 열과 전기충격에 의해 손상된 것

(7) 늘어난 달기체인의 사용금지 기준

① 달기체인의 길이의 증가가 그 달기체인이 제조된 때의 길이의 5%를 초과한 것
② 링의 단면지름이 달기체인이 제조된 때의 해당 링의 지름의 10%를 초과하여 감소한 것
③ 균열이 있거나 심하게 변형된 것

예제 23 원래 길이가 150mm인 슬링체인을 점검한 결과 길이에 변형이 발생하였다. 폐기대상에 해당되는 측정값(길이)은?

풀이 슬링체인(달기체인)의 길이가 슬링체인이 제조된 때 길이의 5%를 초과하는 것은 폐기대상이 된다. 따라서 $150 \times 1.05 = 157.5$mm이다.

(8) 섬유로프 또는 안전대의 섬유벨트의 사용금지 사항

① 꼬임이 끊어진 것
② 심하게 손상되거나 부식된 것
③ 2개 이상의 작업용 섬유로프 또는 섬유벨트를 연결한 것
④ 작업높이보다 길이가 짧은 것

과목 04 전기설비 안전관리

:: 핵심이론 1 │ 전격위험도

(1) 전격(electric shock)위험도 결정조건(1차적 감전위험 요소)

① 전류의 크기

$$통전전류 = \frac{출력측\ 무부하전압}{접촉저항 + 인체의\ 내부저항 + 발과\ 대지의\ 접촉저항}$$

② 전원의 종류(직류, 교류)
③ 통전경로(전류가 흐른 인체의 부위)
④ 통전시간(인체의 감전시간)

예제 1 대지에서 용접작업을 하고 있는 작업자가 용접봉에 접촉한 경우 통전전류는? (단, 용접기의 출력측 무부하전압 : 90V, 접촉저항(손, 용접봉 등 포함) : 10kΩ, 인체의 내부저항 : 1kΩ, 발과 대지의 접촉저항 : 20kΩ이다.)

풀이 $I = \dfrac{V}{R}$

$$통전전류 = \frac{출력측\ 무부하전압}{접촉저항 + 인체의\ 내부저항 + 발과\ 대지의\ 접촉저항}$$

$$= \frac{90V}{10,000\Omega + 1,000\Omega + 20,000\Omega}$$

$$= 0.0029A = 2.9mA$$

---

(2) 2차적 감전위험 요소

① 인체의 조건(저항)
② 전압(인체에 흐른 전압의 크기)
③ 주파수
④ 계절

(3) 감전의 영향

감전의 상태는 체질, 건강상태 등에 따라 다르나 인체 내에 흐르는 전류의 크기에 따른 감전의 영향은 다음과 같다.

① 1mA : 전기를 느낄 정도

② 5mA : 상당한 고통을 느낌

③ 10mA : 견디기 어려운 정도의 고통

④ 20mA : 근육의 수축이 심해 자신의 의사대로 행동 불능

⑤ 50mA : 상당히 위험한 상태

⑥ 100mA : 치명적인 결과 초래

참고

■ 가수전류(let-go current) : 충전부로부터 인체가 자력으로 이탈할 수 있는 전류

핵심이론 2 | 심실세동전류(치사적 전류)

(1) 인체에 흐르는 통전전류의 크기를 더욱 증가하게 되면 전류의 일부가 심장부분을 흐르게 되며, 심장은 정상적인 맥동을 하지 못하고 불규칙적인 세동(細動)을 일으키며 혈액의 순환이 곤란하게 되고 심장이 마비되는 현상을 초래하는 전류(50~100mA)이다.

(2) 이러한 경우를 심실세동이라고 하며, 통전전류를 차단해도 자연적으로 회복되지 못하고 그대로 방치하면 수분 이내에 사망하게 된다.

(3) 심실세동을 일으키는 전류값은 여러 종류의 동물을 실험하여 그 결과로부터 사람의 경우에 대한 전류치를 추정하고 있으며, 통전시간과 전류값의 관계식은 다음과 같다.

$$I = \frac{165 \sim 185}{\sqrt{T}} \left(\text{일반적인 관계식} : I = \frac{165}{\sqrt{T}} \right)$$

여기서, I : 심실세동전류(mA)

T : 통전시간(s)

전류 I 는 1,000명 중 5명 정도가 심실세동을 일으킬 수 있는 값을 말한다.

예제 2 일반적으로 인체에 1초 동안 전류가 흘렀을 때 정상적인 심장의 기능을 상실할 수 있는 전류의 크기는 어느 정도인가?

풀이 $I = \dfrac{165}{\sqrt{T}}$

$\therefore \dfrac{165}{\sqrt{1}} = 165 \text{mA} \,(\text{심실세동전류})$

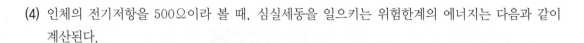

(4) 인체의 전기저항을 500Ω이라 볼 때, 심실세동을 일으키는 위험한계의 에너지는 다음과 같이 계산된다.

$$W = I^2 RT = \left(\frac{165}{\sqrt{T}} \times 10^{-3} \right)^2 \times 500 \times T = 13.5\,\text{Ws} = 13.61\text{J} = 13.5 \times 0.24 = 3.3\text{cal}$$

예제 3 인체가 전격을 받았을 때 가장 위험한 경우는 심실세동이 발생하는 경우이다. 정현파 교류에 있어 인체의 전기저항이 500Ω일 경우 심실세동을 일으키는 전기에너지를 구하면?

풀이 $W = I^2 RT = \left(\frac{165}{\sqrt{T}} \times 10^{-3} \right)^2 \times 500 \times T = 13.61\text{J} \fallingdotseq 13.6\text{J}$

ᗜ 핵심이론 3 ┃ 인체의 통전경로별 위험도

통전경로	위험도 (심장전류계수)	통전경로	위험도 (심장전류계수)
오른손 – 등	0.3	양손 – 양발	1.0
왼손 – 오른손	0.4	왼손 – 한발 또는 양발	1.0
왼손 – 등	0.7	오른손 – 가슴	1.3
한손 또는 양손 – 앉아 있는 자리	0.7	왼손 – 가슴	1.5
오른손 – 한발 또는 양발	0.8	–	–

■ '왼손 – 가슴(1.5)'인 경우, 전류가 심장을 통과하게 되므로 가장 위험도가 크다.

ᗜ 핵심이론 4 ┃ 인체의 저항

(1) 인체의 전기저항

개인차, 남녀별, 건강상태, 연령 등에 따라 크게 차이가 있으나 대략 다음과 같다.

① 피부의 전기저항 : 2,500Ω
② 피부에 땀이 나 있을 경우 : 1/12 정도로 감소
③ 피부가 물에 젖어 있을 경우 : 1/25 정도로 감소
④ 습기가 많은 경우 : 1/10 정도로 감소

(2) 인체 피부의 전기저항에 영향을 주는 주요 인자

① 인가전압의 크기   ② 전원의 종류
③ 인가시간(접촉시간)   ④ 접촉면적
⑤ 접촉부위   ⑥ 접촉부의 습기
⑦ 접촉압력   ⑧ 피부의 건습차

■ 인체의 저항과 감전
1. 감전 시 인체에 흐르는 전류는 인가전압에 비례하고 인체저항에 반비례한다.
2. 인체는 전류의 열작용, 즉 '전류의 세기×시간'이 어느 정도 이상 되면 감전을 느끼게 된다.

핵심이론 5 | 전기설비기술기준에서 전압의 구분

압력 분류	직류(DC)	교류(AC)
저압	1,500V 이하	1,000V 이하
고압	1,500V 초과 7,000V 이하	1,000V 초과 7,000V 이하
특고압	7,000V 초과	7,000V 초과

■ 심폐소생술
1. 심장마사지(심폐소생)는 인공호흡과 동시에 실시해야 된다.
2. 감전 재해가 발생하였을 때 실시해야 하는 최우선 조치는 심폐소생술이다.

핵심이론 6 | 전기 설비 및 기기

특별고압용 기구 및 전선을 붙이는 배전반의 안전조치 사항으로는 방호장치(시건장치) 및 안전통로를 설치해야 된다.

(1) 차단기(CB)

고장전류와 같은 대전류를 차단할 수 있는 것

① 공기 차단기(ABB)   ② 기중차단기(ACB)
③ 진공 차단기(VCB)   ④ 자기 차단기(MCB)
⑤ 유입 차단기(OCB, LOCB)   ⑥ 가스 차단기(GCB)

(2) 유입차단기(OCB)

① 유입차단기의 절연유 온도는 90℃ 이하로 한다.

② 보통형 유입차단기는 자연소호식이며 절연유 속에서 과전류를 차단한다.

③ 유입차단기의 작동 순서

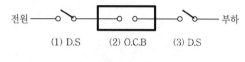

㉮ 투입 순서 : (3) − (1) − (2)

㉯ 차단 순서 : (2) − (3) − (1)

④ 바이패스회로 설치 시 유입차단기의 작동 순서

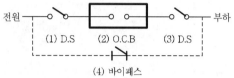

안전수칙 : (4) 투입, (2), (3), (1) 차단

(3) 변압기 : 중성점 접지 저항 값

① 일반적인 경우 : $\dfrac{150}{1선지락전류}\Omega$ 이하

② 변압기의 고압·특고압측 전로 또는 사용전압이 35kV 이하의 특고압전로가 저압측 전로와 혼촉하고 저압전로의 대지전압이 150V를 초과하는 경우

㉮ 1초 초과 2초 이내에 고압·특고압 전로를 자동으로 차단하는 장치를 설치할 때 : $\dfrac{300}{1선지락전류}\Omega$ 이하

㉯ 1초 이내에 고압·특고압 전로를 자동으로 차단하는 장치를 설치할 때 : $\dfrac{600}{1선지락전류}\Omega$ 이하

▪▪ 핵심이론 7 | 피뢰설비

(1) 피뢰기가 갖추어야 할 특성

① 반복동작이 가능할 것

② 구조가 견고하며, 특성이 변하지 않을 것

③ 점검, 보수가 간단할 것

④ 충격 방전개시전압과 제한전압이 낮을 것

⑤ 뇌전류 방전능력이 높고, 속류 차단을 확실하게 할 수 있을 것

■ **실효값** : 속류를 차단할 수 있는 최고 교류전압을 피뢰기의 정격전압이라고 하는데 이 값을 통상적으로 실효값으로 나타낸다.

(2) 피뢰기의 접지

① 접지도체에 피뢰시스템이 접속되는 경우, 접지도체의 단면적은 구리 16mm^2 또는 철 50mm^2 이상으로 하여야 한다.

② 고압 및 특고압의 전로에 시설하는 피뢰기 접지저항 값은 10Ω 이하로 하여야 한다.

(3) 피뢰침의 보호여유도

$$여유도(\%) = \frac{충격절연강도 - 제한전압}{제한전압} \times 100$$

예제 4 ┃ 피뢰침의 제한전압 800kV, 충격절연강도 1,260kV라 할 때 보호여유도는 몇 %인가?

> 📖 풀이
>
> $$보호여유도 = \frac{충격절연강도 - 제한전압}{제한전압} \times 100$$
> $$= \frac{1,260 - 800}{800} \times 100 = 57.5\%$$

---

(4) 피뢰침 시스템의 등급에 따른 회전구체의 반지름

수뢰기준		피뢰레벨(LPL)			
회전구체 반지름	기호	I	II	III	IV
	r	20	30	45	60

⠿ 핵심이론 8 ┃ 정전작업 시 조치

(1) 정전작업 전 조치 순서

① 전원 차단 ② 개폐기에 잠금장치 및 표지판 설치

③ 잔류전하 방전 ④ 충전여부 확인

⑤ 단락접지 실시 ⑥ 검전기에 의한 정전 확인

(2) 정전작업 종료 시 조치 순서

① 단락접지기구 철거

② 위험표지판 철거

③ 작업자에 대한 위험여부 확인(미리 통지)

④ 개폐기 투입

 참고

■ 검전기로 전로를 검전하던 중 네온램프에 불이 점등되는 이유 : 유도전압의 발생

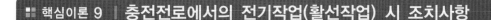

핵심이론 9 │ 충전전로에서의 전기작업(활선작업) 시 조치사항

유자격자가 충전전로 인근에서 작업하는 경우에는 노출 충전부에 다음 표에 제시된 접근한계거리 이내로 접근하거나 절연 손잡이가 없는 도전체에 접근할 수 없도록 해야 한다.(단, 근로자가 노출 충전부로부터 전열된 경우 또는 해당 전압에 적합한 절연장갑을 착용한 경우, 노출충전부가 다른 전위를 갖는 도전체 또는 근로자와 절연된 경우, 근로자가 다른 전위를 갖는 모든 도전체로부터 절연된 경우는 제외)

충전전로의 선간전압[kV]	충전전로에 대한 접근 한계거리[cm]	충전전로의 선간전압[kV]	충전전로에 대한 접근 한계거리[cm]
0.3 이하	접촉금지	121 초과 145 이하	150
0.3 초과 0.75 이하	30	145 초과 169 이하	170
0.75 초과 2 이하	45	169 초과 242 이하	230
2 초과 15 이하	60	242 초과 362 이하	380
15 초과 37 이하	90	362 초과 550 이하	550
37 초과 88 이하	110	550 초과 800 이하	790
88 초과 121 이하	130	—	—

핵심이론 10 │ 전기공사의 안전수칙

(1) 활선작업 시 장갑착용 요령 : 내부에 고무장갑, 외부에 가죽장갑을 끼고 작업을 한다.

(2) 활선공구인 핫 스틱을 사용하지 않고 고무보호장구만으로 활선작업을 할 수 있는 전압의 한계치 : 7,000V 미만

(3) 활선작업용구 : 핫 스틱, 안전모, 안전대, 고무장갑 등

(4) 활선작업 시 사용하는 안전장구 : 절연용 보호구, 절연용 방호구, 활선작업용 기구 등

(5) 활선시메라 : 활선작업을 시행할 때 감전의 위험을 방지하고 안전한 작업을 하기 위한 활선장구 중 충전 중인 전선의 변경작업이나 활선작업으로 애자 등을 교환할 때 사용하는 것

(6) 활선작업 수행 시 다른 공사와의 관계 : 동일 전주 혹은 인접주위에서의 다른 작업은 하지 못한다.

(7) 전기작업 시 전선 연결방법 : 부하측을 먼저 연결하고 전원측을 나중에 연결한다.

(8) 전기공사 시 사다리 위에서 작업할 때 : 승주기를 제거하여야 한다.

(9) 전동기 운전 시 개폐기 조작순서
① 메인 스위치
② 분전반 스위치
③ 전동기용 개폐기

▪▪ 핵심이론 11 ┃ 교류아크용접기

(1) 레이저광이 백내장 및 결막손상의 장애를 일으키는 파장범위 : 780~1,400nm 정도

(2) 교류아크용접기의 효율을 구하는 식

$$효율(\%) = \frac{출력(kW)}{입력(kW)} \times 100 = \frac{출력}{출력 + 내부손실} \times 100$$

여기서, 출력(kW)=아크전압(V)×아크전류(A)

예제 5 교류아크용접기의 사용에서 무부하전압 80V, 아크전압 25V, 아크전류 300A일 경우 효율 약 몇 %인가? (단, 내부손실은 4kW이다.)

🔧**풀이** 효율 $= \dfrac{출력}{입력} \times 100 = \dfrac{출력}{출력+내부손실} \times 100$

출력 = 아크전압×아크전류 $= 25 \times 300 = 7,500W \div 1,000 = 7.5kW$

∴ $\dfrac{7.5}{7.5+4} \times 100 = 65.21 \fallingdotseq 65kW$

---

(3) 교류아크용접기의 허용사용률을 구하는 식

$$허용사용률(\%) = \frac{(최대정격 \ 2차 \ 전류)^2}{(실제의 \ 용접 \ 전류)^2} \times 정격사용률$$

예제 6 정격사용률 30%, 정격 2차 전류 300A인 교류아크용접기를 200A로 사용하는 경우의 허용사용률은?

🔧**풀이** 허용사용률$(\%) = \left(\dfrac{정격 \ 2차 \ 전류}{실제 \ 용접 \ 전류} \right)^2 \times 정격사용률 = \left(\dfrac{300}{200} \right)^2 \times 30 = 67.5\%$

---

(4) 교류아크 용접기의 방호 장치 : 자동 전격 방지기

① 사업주는 아크용접 등(자동용접은 제외)의 작업에 사용하는 용접봉의 홀더에 대하여 산업표준화법에 따른 한국산업표준에 적합하거나 그 이상의 절연내력 및 내열성을 갖춘 것을 사용하여야 한다.

② 사업주는 다음 각 호의 어느 하나에 해당하는 장소에서 교류아크용접기(자동으로 작동되는 것은 제외)를 사용하는 경우에는 교류아크 용접기에 자동 전격 방지기를 설치하여야 한다.

(5) 교류아크 용접기에 자동 전격 방지기를 설치하여야 하는 장소

① 선박의 이중 선체 내부, 밸러스트 탱크, 보일러 내부 등 도전체에 둘러싸인 장소

② 추락할 위험이 있는 높이 2m 이상의 장소로 철골 등 도전성이 높은 물체에 근로자가 접촉할 우려가 있는 장소

핵심이론 12 ┃ 출화의 경과에 의한 전기화재

(1) 누전

전류가 통로 이외의 곳으로 흐르는 현상으로 전기설비기술기준령에서 저압전로의 경우 누전전류는 최대공급전류의 1/2,000을 넘지 않도록 유지해야 한다고 규정하고 있다.

예제 7 **200A의 전류가 흐르는 단상전로의 한 선에서 누전되는 최소 전류(mA)의 기준은?**

풀이 누전전류는 최대공급전류의 $\dfrac{1}{2,000}$ 을 넘지 않아야 하므로 $200\text{A} \times \dfrac{1}{2,000} = 0.1\text{A} = 100\,\text{mA}$

---

① 누전경보기의 수신기를 설치해야 하는 장소

㉮ 습도가 높은 장소

㉯ 가연성 증기, 가스, 먼지 등이나 부식성 증기, 가스 등이 다량으로 체류하는 장소

㉰ 화약류를 제조하거나 취급하는 장소

② 누전경보기의 수신기를 설치할 수 없는 장소

㉮ 가연성의 증기, 먼지 가스 등이나 부식성의 증기, 가스 등이 다량으로 체류하는 장소

㉯ 화약류를 제조하거나 저장 또는 취급하는 장소

㉰ 습도가 높은 장소

㉱ 온도의 변화가 급격한 장소

㉲ 대 전류 회로, 고주파 발생회로 등에 의한 영향을 받을 우려가 있는 장소

(2) 과전류

전선에 전류가 흐르면 줄(Joule) 법칙에 의하여 열이 발생하는데 이때 과부하가 걸리거나 전기회로 일부에 사고가 발생하여 회로가 비정상이 되면 과전류에 의해 발화된다.

 참고

■ **줄(Joule)의 법칙**

$Q = I^2 Rt$

여기서, Q : 전류 발생열(J), I : 전류(A), R : 전기저항(Ω), t : 통전시간(s)

예제 8 | 10Ω의 저항에 10A의 전류가 1분간 흘렀을 때의 발열량은 몇 cal인가?

> 풀이 $Q = 0.24I^2Rt$
>
> 여기서, I : 전류(A), R : 전기저항(Ω), t : 통전시간(s)
>
> $\therefore Q = 0.24 \times 10^2 \times 10 \times 60 = 14,400\text{cal}$

핵심이론 13 | 전로의 절연저항

전로의 사용전압(V)	DC 시험전압(V)	절연저항(MΩ)
SELV(비접지회로) 및 PELV(접지회로)	250	0.5
FELV(1차와 2차가 전기적으로 절연되지 않은 회로), 500(V) 이하	500	1.0
500(V) 초과	1,000	1.0

여기서 특별저압(extra low voltage : 2차 전압이 AC 50V, DC 120V 이하)으로 SELV(비접지회로 구성) 및 PELV(접지회로 구성)은 1차와 2차가 전기적으로 절연된 회로, FELV는 1차와 2차가 전기적으로 절연되지 않은 회로

핵심이론 14 | 정전기

(1) 정전기 발생에 영향을 주는 요인

① 물체의 표면상태   ② 물체의 특성

③ 물체의 분리력   ④ 박리속도

⑤ 접촉 면적 및 압력

(2) 정전기의 유도

하나의 대전체가 절연된 물체에 접근하면 정전기가 유도되는데, 대전체와 먼 곳에는 대전체와 동일 극성의 전하가 유도되고 가까운 곳에는 반대 극성의 전하가 유도된다.

예제 9 | 정전 유도를 받고 있고 접지되어 있지 않은 도전성 물체에 접속할 경우 전격을 당하게 되는데 이때 물체에 유도된 전압 V[V]를 구하는 식은?

> 풀이 $V = \dfrac{C_1}{C_1 + C_2} \cdot E$
>
> 여기서, V : 물체에 유도된 전압(V), C_1 : 송전선과 물체 사이의 정전용량
> C_2 : 물체와 대지 사이의 정전용량(단, 물체와 대지 사이의 저항은 무시한다.)
> E : 송전선의 대지전압

(3) 화재 및 폭발의 발생한계

정전기로 인한 방전에너지가 최소발화에너지보다 큰 경우에는 가연성 또는 폭발성 물질에 착화되어 화재 및 폭발사고가 발생할 수 있다.

① 대전물체가 도체인 경우 방전이 발생할 때는 거의 대부분의 전하가 방출된다.

② 다음 식에 의하여 이 에너지를 가지는 대전전위 또는 대전전하량을 구할 수 있다.

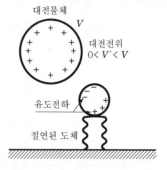

▮ 정전 유도 현상 ▮

$$E = \frac{1}{2}CV^2 = \frac{1}{2}QV = \frac{1}{2}\frac{Q^2}{C}$$

여기서, E : 정전기에너지(J)

　　　　C : 도체의 정전용량(F)

　　　　V : 대전전위(V)

　　　　Q : 대전전하량(C)

따라서 대전전하량과 대전전위는 다음과 같이 나타낼 수 있다.

$$Q = \sqrt{2CE}, \quad V = \sqrt{\frac{2E}{C}}$$

예제 10　인체의 표면적이 0.5m²이고, 정전용량은 0.02pF/cm²이다. 3,300V의 전압이 인가되어 있는 전선에 접근하여 작업을 할 때 인체에 축적되는 정전기에너지(J)는?

　풀이　$E = \dfrac{1}{2}CV^2 A$

　　　　여기서, E : 정전기에너지(J)

　　　　　　　　C : 도체의 정전용량(F)

　　　　　　　　V : 대전전위(V)

　　　　　　　　A : 표면적(cm²)

　　　　$\therefore \dfrac{1}{2} \times 0.02 \times 10^{-12} \times 3,300^2 \times 0.5 \times 100^2 = 5.445 \times 10^{-4} \text{J}$

예제 11　정전용량 10μF인 물체에 전압을 1,000V로 충전하였을 때 물체가 가지는 정전에너지는 몇 J인가?

　풀이　$E = \dfrac{1}{2}CV^2$

　　　　$\therefore \dfrac{1}{2} \times 10 \times 10^{-6} \times 1,000^2 = 5 \text{J}$

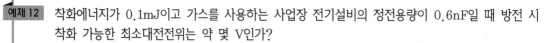

예제 12 착화에너지가 0.1mJ이고 가스를 사용하는 사업장 전기설비의 정전용량이 0.6nF일 때 방전 시 착화 가능한 최소대전전위는 약 몇 V인가?

풀이 $E = \dfrac{1}{2}CV^2$, $V^2 = \dfrac{2E}{C}$, $V = \sqrt{\dfrac{2E}{C}}$

$\therefore \dfrac{\sqrt{2 \times 0.1 \times 10^{-3}}}{0.6 \times 10^{-9}} \fallingdotseq 577V$

예제 13 지구를 고립된 지구도체라고 생각하고 1C의 전하가 대전되었다면 지구 표면의 전위는 대략 몇 V인가? (단, 지구의 반경은 6,367km이다.)

풀이 $Q = CV$, $V = \dfrac{Q}{C} = \dfrac{1}{4\pi\varepsilon_o} \times \dfrac{Q}{r}$

여기서, ε_o(유전율) : 8.855×10^{-12}, r : 지구 반경

$\therefore V = 9 \times 10^9 \times \dfrac{Q}{r} = 9 \times 10^9 \times \dfrac{1C}{6,367 \times 10^3 \text{m}} = 1,414V$

예제 14 폭발범위에 있는 가연성 가스 혼합물에 전압을 변화시키며 전기불꽃을 주었더니 1,000V가 되는 순간 폭발이 일어났다. 이때 사용한 전기불꽃의 콘덴서 용량은 0.1μF을 사용하였다면 이 가스에 대한 최소발화에너지는 몇 mJ인가?

풀이 $E = \dfrac{1}{2}CV^2 = \dfrac{1}{2} \times 0.1 \times 10^{-6} \times 1,000^2 = 50\text{mJ}$

참고

- **방전** : 전위차가 있는 2개의 대전체가 특정 거리에 접근하게 되면 등전위가 되기 위하여 전하가 절연공간을 깨고 순간적으로 빛과 열을 발생하며 이동하는 현상

  1. **방전에너지에 따른 인체반응**
     ① 1mJ : 감지
     ② 10mJ : 명백한 감지
     ③ 100mJ : 불쾌한 감지(전격)
     ④ 1,000mJ : 심한 전격
     ⑤ 10,000mJ : 치사적 전격

  2. **정전기 방전으로 인한 재해 발생조건**
     ① 방전하기에 충분한 전하가 축적되었을 때
     ② 정전기 방전에너지가 주변 가스의 최소착화에너지 이상일 때

  3. **정전기로 인한 화재, 폭발 발생조건**
     ① 방전하기 쉬운 전위차가 있을 때
     ② 가연성 가스가 폭발범위 내에 있을 때
     ③ 정전기 방전에너지가 가연성 물질의 최소착화에너지보다 클 때

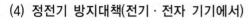

(4) 정전기 방지대책(전기 · 전자 기기에서)

① 등전위접지 : 의료용 전자기기에서 인체의 마이크로쇼크 방지를 목적으로 시설하는 접지

② 본딩 : 금속도체 상호간 혹은 대지에 대하여 전기적으로 절연되어 있는 2개 이상의 금속도체를 전기적으로 접속해 서로 같은 전위를 형성하여 정전기 사고를 예방하는 기법

③ 제전기 사용

　㉮ 제전기의 설치장소 : 정전기의 발생원으로부터 5~20cm 떨어진 장소

　㉯ 제전기의 제전효과에 영향을 미치는 요인

　　㉠ 제전기의 이온생성 능력

　　㉡ 제전기의 설치위치 및 설치각도, 설치거리

　　㉢ 대전물체의 대전전위 및 대전분포

핵심이론 15 ┃ 전기설비의 방폭

(1) 폭발의 기본조건

① 가연성 가스 또는 증기의 존재

② 최소착화에너지 이상의 점화원 존재

③ 폭발위험 분위기의 조성(가연성 물질 + 지연성 물질)

(2) 최소착화에너지에 영향을 주는 조건

① 전극의 형상　　　　　　　② 불꽃간격

③ 압력　　　　　　　　　　　④ 온도

(3) 점화원

전기불꽃, 단열압축, 고열물, 충격, 마찰, 정전기, 화학반응열, 자연발열 등

(4) 화염일주한계

폭발성 분위기에 있는 용기의 접합면 틈새를 통해 화염이 내부에서 외부로 전파되는 것을 저지할 수 있는 틈새의 최대간격

(5) 폭발성 가스의 분류

① 화염일주한계에 의한 분류

폭발성 가스의 분류	A	B	C
화염일주한계	0.9mm 이상	0.5mm 초과 0.9mm 미만	0.5mm 이하
내압방폭구조의 전기기기의 분류	ⅡA	ⅡB	ⅡC

② 최소점화전류비에 의한 분류

폭발성 가스의 분류	A	B	C
최소점화전류비	0.8 초과	0.45 이상 0.8 이하	0.45 미만
본질안전 방폭구조의 전기기기의 분류	ⅡA	ⅡB	ⅡC

:: 핵심이론 16 | 방폭구조의 종류와 기호

(6) 최고 표면 온도 등급 및 발화도 등급

최고 표면 온도 등급	전기기기의 최고 표면 온도(℃)	발화도 등급	증기 또는 가스의 발화도(℃)
T1	300 초과 450 이하	G1	450 초과
T2	200 초과 300 이하	G2	300 초과 450 이하
T3	135 초과 200 이하	G3	200 초과 300 이하
T4	100 초과 135 이하	G4	135 초과 200 이하
T5	85 초과 100 이하	G5	100 초과 135 이하
T6	85 이하	G6	85 초과 100 이하

(7) 방폭구조의 기호와 표시

표시항목	기 호	기호의 의미
방폭구조	Ex	방폭구조의 상징
방폭구조의 종류	d	내압방폭구조
	p	압력방폭구조
	e	안전증방폭구조
	ia, ib	본질안전방폭구조
	o	유입방폭구조
	s	특수방폭구조
	n	비점화방폭구조
	m	몰드방폭구조
	q	충전방폭구조
	SDP	특수방진방폭구조
	DP	보통방진방폭구조
	XDP	방진특수방폭구조

※ 표기(예 1) → IEC 기준
　내압방폭구조의 경우 : Ex d ⅡA T2
　여기서, d : 방폭구조의 기호(내압)
　　　　　 ⅡA : 폭발등급
　　　　　 T2 : 온도등급(발화도)

※ 표기(예 2) → KS C 기준
　내압방폭구조의 경우 : d1G2
　여기서, d : 방폭구조의 기호(내압)
　　　　　 1 : 폭발등급
　　　　　 G2 : 온도등급(발화도)

참고

- 방폭구조
1. n(비점화방폭구조) : 정상작동상태에서 폭발 가능성이 없으나, 이상상태에서 짧은 시간 동안 폭발성 가스 또는 증기가 존재하는 지역에 사용 가능한 방폭용기
2. 22종 장소의 경우에 가연성 분진의 전기저항이 1,000Ω·m 이하인 때에는 밀폐방진방폭구조에 한한다.
3. 폭발위험장소별 방폭구조는 산업표준화법에서 정하는 한국산업규격 또는 국제표준화기구(IEC)에 의한 국제규격을 말한다.

핵심이론 1 | 공정과 공정변수

(1) 공정(process)

한 물질 혹은 여러 물질의 혼합물에 물리적 또는 화학적 변화를 일어나게 하는 하나의 조작 (operation) 또는 일련의 조작을 말한다.

① 밀도(density) : 그 물질의 단위부피당 질량(kg/m^3, g/cm^3)으로 나타낸다.

② 유속(flow rate) : 연속식 공정(continuous process)에는 한 지점에서 다른 지점으로의 물질의 이동(공정단위 사이에서 또는 생산시설에서 수송장소로, 또는 이와 반대의 순서로)을 포함하고 있다. 이와 같이 공정도관을 통하여 수송되는 물질의 속도를 말한다.

③ 화합물의 조성

예제 1 대기압하 직경이 2m인 물탱크에 탱크 바닥에서부터 2m 높이까지 물이 들어 있으며, 이 탱크의 바닥에서 0.5m 위 지점에 직경이 1cm인 작은 구멍이 나서 물이 새어나오고 있다. 구멍의 위치까지 물이 새어나오는 데 필요한 시간은 약 얼마인가? (단, 탱크의 대기압은 0이며, 배출계수는 0.61로 한다.)

풀이

$$t = \frac{A_R}{C_d A_o \sqrt{2g}} \int_{y_1}^{y_2} y^{(-1/2)} d_y = \frac{2A_R}{C_d A_o \sqrt{2g}} (\sqrt{y_1} - \sqrt{y_2}) \, [\text{s}]$$

여기서, t : 배출시간(s)

A_R : 탱크의 수평단면적(m^2)

A_o : 오리피스의 단면적(m^2)

C_d : 배출계수, 송출계수, 탱크의 수면으로부터 오리피스까지 수직높이

y_1 : $t=0$일 때의 높이(m)($y = y_1$)

y_2 : $t=t$일 때의 높이(m)($y = y_2$)

g : 중력가속도($= 9.8 \, m/s^2$)

$$t = \frac{2A_R}{C_d A_o \sqrt{2g}} (\sqrt{y_1} - \sqrt{y_2})$$

$$= \frac{2 \times \frac{\pi \times (2)^2}{4}}{0.61 \times \frac{\pi \times (0.01)^2}{4} \times \sqrt{2 \times 9.8}} \times (\sqrt{2} - \sqrt{0.5})$$

$$= 20946.7726s \times \frac{1hr}{3,600s}$$

$$= 5.82hr$$

여기서 탱크의 대기압은 0기압이므로 배출시간은 2배로 증가한다.

∴ $5.82hr \times 2 = 11.6hr$

예제 2 비중이 1.5이고, 직경이 74μm인 분체가 종말속도 0.2m/s로 직경 6m의 사일로(silo)에서 질량유속 400kg/h로 흐를 때 평균 농도는 약 얼마인가?

풀이 평균농도$(mg/L) = \dfrac{질량유속(mg/s)}{사일로에 흐르는 유량(L/s)}$

$$= \dfrac{400kg/h \times \dfrac{1h}{3,600sec} \times \dfrac{10^6mg}{1kg}}{\dfrac{\pi}{4} \times (6m)^2 \times 0.2m/s \times \dfrac{1,000L}{1m^3}} = 19.8mg/L$$

(2) 기타 위험물에 관련되는 물성

① 라이덴프로스트점(Leidenfrost point) : 뜨거운 금속에 물이 닿으면 튀는 현상과 같이 핵비등상태에서 막비등으로 이행하는 온도

② 엔탈피 : 어떤 물체가 가지는 단위중량당 열에너지

:: 핵심이론 2 | 산업안전보건법상 위험물질의 종류

(1) 폭발성 물질 및 유기과산화물

① 질산에스테르류 : 니트로글리콜 · 니트로글리세린 · 니트로셀룰로오스 등

② 니트로화합물 : 가열 · 마찰 · 충격 또는 다른 화학물질과의 접촉 등으로 인하여 산소나 산화제의 공급이 없더라도 폭발 등 격렬한 반응을 일으킬 수 있는 물질

　　예 트리니트로벤젠 · 트리니트로톨루엔 · 피크린산 등

③ 니트로소화합물

④ 아조화합물

⑤ 디아조화합물

⑥ 하이드라진 유도체

⑦ 유기과산화물 : 과초산, 메틸에틸케톤 과산화물, 과산화벤조일 등

⑧ 그 밖에 ①부터 ⑦까지의 물질과 같은 정도의 폭발위험이 있는 물질

⑨ ①부터 ⑧까지의 물질을 함유한 물질

(2) 물반응성 물질 및 인화성 고체

① 리튬

② 칼륨 · 나트륨

③ 황

④ 황린

⑤ 황화인 · 적린

⑥ 셀룰로이드류

⑦ 알킬알루미늄·알킬리튬

⑧ 마그네슘 분말

⑨ 금속 분말(마그네슘 분말은 제외한다)

⑩ 알칼리금속(리튬·칼륨 및 나트륨은 제외한다)

⑪ 유기금속화합물(알킬알루미늄 및 알킬리튬은 제외한다)

⑫ 금속의 수소화물

⑬ 금속의 인화물

⑭ 칼슘탄화물, 알루미늄탄화물

⑮ 그 밖에 ①부터 ⑭까지의 물질과 같은 정도의 발화성 또는 인화성이 있는 물질

⑯ ①부터 ⑮까지의 물질을 함유한 물질

 참고

$2K + 2H_2O \rightarrow 2KOH + \underline{H_2}$, $NaH + H_2O \rightarrow NaOH + \underline{H_2}$

$CaC_2 + 2H_2O \rightarrow Ca(OH)_2 + \underline{C_2H_2}$, $(C_2H_5)_3Al + 3H_2O \rightarrow Al(OH)_3 + \underline{3C_2H_6}$

$\therefore$ 위험도 $H_2 : \dfrac{7.5-4}{4} = 17.75$, $C_2H_2 : \dfrac{81-2.5}{2.5} = 31.4$, $C_2H_6 : \dfrac{36-2.7}{2.7} = 12.33$

(3) 산화성 액체 및 산화성 고체

① 차아염소산 및 그 염류

㉮ 차아염소산

㉯ 차아염소산칼륨, 그 밖에 차아염소산염류

② 아염소산 및 그 염류

㉮ 아염소산

㉯ 아염소산칼륨, 그 밖에 아염소산염류

③ 염소산 및 그 염류

㉮ 염소산

㉯ 염소산칼륨, 염소산나트륨, 염소산암모늄, 그 밖에 염소산염류

④ 과염소산 및 그 염류

㉮ 과염소산

㉯ 과염소산칼륨, 과염소산나트륨, 과염소산암모늄, 그 밖에 과염소산염류

 참고

■ $KClO_4 \rightarrow KCl + 2O_2$

⑤ 브롬산 및 그 염류 : 브롬산염류

⑥ 요오드산 및 그 염류 : 요오드산염류

⑦ 과산화수소 및 무기과산화물

㉮ 과산화수소 ㉯ 과산화칼륨, 과산화나트륨, 과산화바륨, 그 밖의 무기과산화물

 참고

■ **과염소산과 과산화나트륨**
1. **과염소산** : 불연성이지만 다른 물질의 연소를 돕는 산화성 액체 물질이다.
2. **과산화나트륨** : 물과의 반응 또는 열에 의해 분해되어 산소를 발생한다.
    • $2Na_2O_2 + 2H_2O \rightarrow 4NaOH + O_2 \uparrow$ • $2Na_2O_2 \rightarrow 2Na_2O + O_2 \uparrow$

⑧ 질산 및 그 염류

㉮ 질산 ㉯ 질산칼륨, 질산나트륨, 질산암모늄, 그 밖에 질산염류

 참고

■ **질산암모늄(NH_4NO_3)** : 물에 잘 녹고 다량의 물을 흡수하여 흡열반응하므로 온도가 내려간다.

   • $2HNO_3 \rightarrow H_2O + \underset{\text{갈색증기}}{2NO_2} + \frac{1}{2}O_2$

⑨ 과망간산 및 그 염류
⑩ 중크롬산 및 그 염류
⑪ 그 밖에 ①부터 ⑩까지의 물질과 같은 정도의 산화성이 있는 물질
⑫ ①부터 ⑪까지의 물질을 함유한 물질

(4) 인화성 액체(표준압력 : 101.3kPa)

① 에틸에테르 · 가솔린 · 아세트알데히드 · 산화프로필렌, 그 밖에 인화점이 23℃ 미만이고 초기 끓는점이 35℃ 이하인 물질
② 노말헥산 · 아세톤 · 메틸에틸케톤 · 메틸알코올 · 에틸알코올 · 이황화탄소, 그 밖에 인화점이 23℃ 미만이고 초기 끓는점이 35℃를 초과하는 물질
③ 크실렌 · 아세트산아밀 · 등유 · 경유 · 테레빈유 · 이소아밀알코올 · 아세트산 · 하이드라진, 그 밖에 인화점이 23℃ 이상 60℃ 이하인 물질

 참고

■ **방유제** : 인화성 액체 위험물을 액체상태로 저장하는 저장탱크를 설치할 때 위험물질이 누출되어 확산되는 것을 방지하기 위하여 설치해야 하는 것

(5) 인화성 가스

① 수소 ② 아세틸렌 ③ 에틸렌 ④ 메탄 ⑤ 에탄 ⑥ 프로판 ⑦ 부탄
⑧ 인화한계 농도의 최저한도가 13% 이하 또는 최고한도와 최저한도의 차가 12% 이상인 것으로서 표준압력(101.3kPa)하의 20℃에서 가스 상태인 물질

■ 사업주는 인화성 액체 및 인화성 가스를 저장·취급하는 화학설비에서 증기나 가스를 대기로 방출하는 경우에는 외부로부터
의 화염을 방지하기 위하여 화염방지기를 그 설비 상단에 설치하여야 한다.

(6) 부식성 물질로서 다음의 어느 하나에 해당하는 물질

① 부식성 산류

㉮ 농도가 20퍼센트 이상인 염산·황산·질산, 그 밖에 이와 같은 정도 이상의 부식성을
가지는 물질

㉯ 농도가 60퍼센트 이상인 인산·아세트산·불산, 그 밖에 이와 같은 정도 이상의 부식성
을 가지는 물질

② 부식성 염기류 : 농도가 40퍼센트 이상인 수산화나트륨·수산화칼륨, 그 밖에 이와 같은 정
도 이상의 부식성을 가지는 염기류

(7) 급성 독성 물질

① 쥐에 대한 경구투입실험에 의하여 실험동물의 50%를 사망시킬 수 있는 물질의 양, 즉 LD_{50}(경
구, 쥐)이 킬로그램당 300mg-(체중) 이하인 화학물질

② 쥐 또는 토끼에 대한 경피흡수실험에 의하여 실험동물의 50%를 사망시킬 수 있는 물질의
양, 즉 LD_{50}(경피, 토끼 또는 쥐)이 킬로그램당 1,000mg-(체중) 이하인 화학물질

③ 쥐에 대한 4시간 동안의 흡입실험에 의하여 실험동물의 50%를 사망시킬 수 있는 물질의 농
도, 즉 가스 LC_{50}(쥐, 4시간 흡입)이 2,500ppm 이하인 화학물질, 증기 LC_{50}(쥐, 4시간 흡
입)이 10mg/L 이하인 화학물질, 분진 또는 미스트 1mg/L 이하인 화학물질

■ **위험물질의 기준량과 방유제**
1. **위험물질의 기준량** : 부탄(50m^3), 시안화수소(5kg)
2. **방유제** : 인화성 액체위험물을 액체상태로 저장하는 저장탱크를 설치하는 경우에는 위험물이 누출되어 확산되는
것을 방지하기 위한 것

∷ 핵심이론 3 ┃ 유해물과 허용농도

(1) 크롬(Cr)

3가와 6가의 화합물이 사용되고 있다.

(2) TLV(Threshold Limit Value)

허용농도이며 만성중독과 가장 관계가 깊은 유독성 지표로서, 유해물질을 함유하는 공기 중에서
작업자가 연일 그 공기에 폭로되어도 건강장해를 일으키지 않는 물질 농도

핵심이론 4 ┃ 물질안전보건자료(MSDS)

(1) 물질안전보건자료(MSDS) 작성 시 포함되어 있는 주요 작성항목

① 화학제품과 회사에 관한 정보
② 유해성, 위험성
③ 구성성분의 명칭 및 함유량
④ 응급조치 요령
⑤ 폭발·화재 시 대처방법
⑥ 누출사고 시 대처방법
⑦ 취급 및 저장 방법
⑧ 노출 방지 및 개인보호구
⑨ 물리·화학적 특성
⑩ 안정성 및 반응성
⑪ 독성에 관한 정보
⑫ 환경에 미치는 영향
⑬ 폐기 시 주의사항
⑭ 운송에 필요한 정보
⑮ 법적 규제현황
⑯ 그 밖의 참고사항

(2) 물질안전보건자료 작성제외 대상

① 「건강기능식품에 관한 법률」에 따른 건강기능식품
② 「농약관리법」에 따른 농약
③ 「마약류 관리에 관한 법률」에 따른 마약 및 향정신성 의약품
④ 「비료관리법」에 따른 비료
⑤ 「사료관리법」에 따른 사료
⑥ 「생활주변방사선안전관리법」에 따른 원료물질
⑦ 「생활화학제품 및 살생물제품의 안전관리에 관한 법률」에 따른 안전확인대상 생활화학제품 및 살생물제품 중 일반소비자의 생활용으로 제공되는 제품
⑧ 「식품위생법」에 따른 식품 및 식품첨가물
⑨ 「약사법」에 따른 의약품 및 의약외품
⑩ 「원자력안전법」에 따른 방사성 물질
⑪ 「위생용품관리법」에 따른 위생용품
⑫ 「의료기기법」에 따른 의료기기
⑫의 2 「첨단재생의료 및 첨단바이오의약품 안전 및 지원에 관한 법률」에 따른 첨단바이오의약품
⑬ 「총포·도검·화약류 등의 안전관리에 관한 법률」에 따른 화약류
⑭ 「폐기물관리법」에 따른 폐기물
⑮ 「화장품법」에 따른 화장품
⑯ ①부터 ⑮까지의 규정 외의 화학물질 또는 혼합물로서 일반소비자의 생활용으로 제공되는 것(일반소비자의 생활용으로 제공되는 화학물질 또는 혼합물이 사업장 내에서 취급되는 경우를 포함한다)

(3) 물질안전보건자료 대상물질의 작업공정별 관리요령에 포함사항

① 제품명
② 건강 및 환경에 대한 유해성, 물리적 위험성

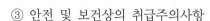

③ 안전 및 보건상의 취급주의사항

④ 적절한 보호구

⑤ 응급조치 요령 및 사고 시 대처방법

핵심이론 5 | 연소에 관한 물성

(1) 인화점(Flash Point)

액체의 표면에서 발생한 증기 농도가 공기 중에서 연소하한 농도가 될 수 있는 가장 낮은 액체 농도

(2) 발화점(발화온도, 착화점, 착화온도, Ignition Point)

물질을 공기 중에서 가열할 경우 화염이나 점화원이 없어도 자연발화 될 수 있는 최저온도

■ **착화열** : 연료를 최초의 온도로부터 착화온도까지 가열하는 데 드는 열량

(3) 연소범위(연소한계, 폭발범위, 폭발한계)

인화성 액체의 증기 또는 가연성 가스가 폭발을 일으킬 수 있는 산소와의 혼합비(용량%)이다. 보통 1atm의 상온에서 측정한 측정치로 최고농도를 상한(UEL), 최저농도를 하한(LEL)이라 하며, 온도, 압력, 농도, 불활성 가스 등에 의해 영향을 받는다.

Jones 식을 이용한 연소한계의 추정은 다음과 같다.

① 어떤 경우에는 실험 데이터가 없어서 연소한계를 추산해야 할 필요가 있다. 연소한계는 쉽게 측정되므로 가급적이면 실험에 의하여 결정할 것을 권장한다.

② Jones는 많은 탄화수소 증기의 LFL, UFL은 연료의 양론농도(C_{st})의 함수임을 발견하였다.

$$LFL = 0.55\,C_{st}, \ UFL = 3.50\,C_{st}$$

여기서 C_{st}는 연료와 공기로 된 완전연소가 일어날 수 있는 혼합기체에 대한 연료의 부피(%)이다.

대부분의 유기물에 대한 양론농도는 일반적인 연소반응을 이용하여 결정된다.

$$C_m H_x O_y + z O_z \ \rightarrow \ m CO_2 + x/2 \ H_2O$$

양론계수의 관계는 다음과 같다.

$$z = m + \frac{x}{4} - \frac{y}{2}$$

여기서 z는 (O_2 몰수/연료 몰수)의 단위를 가진다.

z의 함수로서 C_{st}를 정정하기 위해 부가적인 양론계수와의 단위변환이 요구된다.

$$C_{st} = \frac{\text{연료 Moles}}{\text{연료 Moles} + \text{공기 Moles}} \times 100 = \frac{100}{1 + \dfrac{\text{공기 moles}}{\text{연료 moles}}}$$

$$= \frac{100}{1 + \left(\dfrac{1}{0.21}\right)\left(\dfrac{\text{공기 moles}}{\text{연료 moles}}\right)}$$

$$= \frac{100}{1 + \left(\dfrac{z}{0.21}\right)}$$

z를 치환하고 식을 응용하면 다음과 같다.

$$\text{LFL} = \frac{0.55(100)}{4.76m + 1.19x - 2.38y + 1}, \quad \text{UFL} = \frac{3.50(100)}{4.76m + 1.19x - 2.38y + 1}$$

예제 3 에틸렌(C_2H_4)이 완전연소하는 경우 다음의 Jones 식을 이용하여 계산할 경우 연소하한계는 약 몇 vol%인가?

> Jones 식 : $\text{LFL} = 0.55 \times C_{st}$

풀이 $C_2H_4 + 3O_2 \rightarrow 2CO_2 + 2H_2O$

$C_{st} = \dfrac{100}{1 + \dfrac{z}{0.21}} = \dfrac{100}{1 + \dfrac{3}{0.21}} = 0.541$, Jones 식 LFL $= 0.55 \times 6.541 = 3.6\text{vol}\%$

---

(4) 위험도(H, Hazards)

가연성 혼합가스 연소범위의 제한치를 나타내는 것으로서 위험도가 클수록 위험하다.

$$H = \frac{U - L}{L}$$

여기서, H : 위험도

U : 연소범위의 상한치(UFL ; Upper Flammability Limit)

L : 연소범위의 하한치(LFL ; Lower Flammability Limit)

예제 4 공기 중에서 폭발범위가 12.5~74vol%인 일산화탄소의 위험도는 얼마인가?

풀이 $H = \dfrac{U - L}{L}$, $\dfrac{74 - 12.5}{12.5} = 4.92$

▪▪ 핵심이론 6 ┃ 화학양론농도와 최소산소농도

(1) 화학양론농도(C_{st})

가연성 물질 1몰이 완전연소할 수 있는 공기와의 혼합기체 중 가연성 물질의 부피(%)이다.

① 화학양론농도 구하는 식

$C_n H_m O_\lambda Cl_f$에서 다음 식으로 구한다.

$$C_{st} = \frac{100}{1 + 4.733\left(n + \dfrac{m - f - 2\lambda}{4}\right)}(\%)$$

여기서, n : 탄소

m : 수소

f : 할로겐원소

λ : 산소의 원자수

예제 5 아세틸렌(C_2H_2)의 공기 중 완전연소 조성농도(C_{st})는 약 얼마인가?

> **풀이** 완전연소 조성농도(C_{st}) $= \dfrac{100}{1 + 4.773\left(n + \dfrac{m - f - 2\lambda}{4}\right)}$ (vol%)
>
> $= \dfrac{100}{1 + 4.773\left(2 + \dfrac{2}{4}\right)}$
>
> $= 7.7\text{vol}\%$
>
> 여기서, n : 탄소, m : 수소, f : 할로겐원소, λ : 산소의 원자수

---

② 화학양론농도와 폭발한계의 관계

㉮ 유기화합물의 폭발하한값은 화학양론농도의 약 55%로 추정한다.

㉯ 폭발상한값은 화학양론농도의 약 3.5배 정도가 된다.

(2) 최소산소농도(MOC ; Minimum Oxygen Combustion)

① 연소하한값은 공기 중의 연료를 기준으로 한다. 그러나 연소에 있어서 산소도 핵심적인 요소이며, 화염을 전파하기 위해서는 최소한의 산소농도가 요구된다.

② 폭발 및 화재는 연료의 농도에 무관하게 산소의 농도를 감소시켜 방지할 수 있으므로 최소산소농도는 아주 유용한 결과가 된다. 이러한 개념은 퍼지작업이라 부르는 통상의 절차를 위한 기초이다.

░░ 핵심이론 7 ┃ 폭발 영향인자

폭발하는 데 영향을 주는 것에는 온도, 조성, 압력, 용기의 크기와 형태 등이 있다.

(1) 온도

(2) 조성(폭발범위)

르 샤틀리에(Le Chatelier)의 혼합가스 폭발범위를 구하는 식

$$\frac{100}{L} = \frac{V_1}{L_1} + \frac{V_2}{L_2} + \frac{V_3}{L_3} + \cdots$$

여기서, L : 혼합가스의 폭발한계치, L_1, L_2, L_3 : 각 성분의 단독 폭발한계치(vol%)

V_1, V_2, V_3 : 각 성분의 체적(vol%)

예제 6 8vol% 헥산, 3vol% 메탄, 1vol% 에틸렌으로 구성된 혼합가스의 연소하한값(LFL)은 약 몇 vol%인가? (단, 각 물질의 공기 중 연소하한값은 헥산은 1.1vol%, 메탄은 5.0vol%, 에틸렌은 2.7vol%이다.)

👆풀이 $\dfrac{8+3+1}{L} = \dfrac{8}{1.1} + \dfrac{3}{5.0} + \dfrac{1}{2.7}$ $\therefore\ L = 1.45\mathrm{vol\%}$

예제 7 공기 중에서 A가스의 폭발하한계는 2.2vol%이다. 이 폭발하한계 값을 기준으로 하여 표준상태에서 A가스와 공기의 혼합기체 $1\mathrm{m}^3$에 함유되어 있는 A가스의 질량을 구하면 약 몇 g인가? (단, A가스의 분자량은 26이다.)

👆풀이 혼합기체가 $1\mathrm{m}^3$(1,000L)이므로 $1{,}000 \times 0.022 = 22\mathrm{L}$

모든 기체는 1mol에는 22.4L이므로 $\dfrac{22}{22.4} \times 26 = 25.54\mathrm{g}$

---

(3) 압력

(4) 용기의 크기와 형태

온도, 조성, 압력 등의 조건이 갖추어져 있어도 용기가 작으면 발화하지 않거나 발화해도 화염이 전파되지 않고 도중에 꺼져버린다.

① 소염(quenching, 화염일주) 현상 : 발화된 화염이 전파되지 않고 도중에 꺼져버리는 현상
② 안전간격(MESG ; 최대안전틈새, 화염일주한계, 소염거리) : 화염이 전파되는 것을 저지할 수 있는 틈새의 최대간격치, 즉 가연성 가스 및 증기의 위험도에 따른 방폭전기기기의 분류로 폭발등급을 사용하는데 이러한 폭발등급을 결정하는 것

> 👷 **참고**
>
> ■ **폭굉(detonation)** : 어떤 물질 내에서 반응전파속도가 음속보다 빠르게 진행되며 이로 인해 발생된 충격파가 반응을 일으키고 유지하는 발열반응

핵심이론 8 ┃ 정전기 방지대책(화학설비에서)

(1) 상대습도를 70% 이상으로 높인다.

(2) 공기를 이온화한다.

(3) 접지를 실시한다.

(4) 도전성 재료를 사용한다.

(5) 대전방지제를 사용한다.

(6) 제전기를 사용한다.

(7) 보호구를 착용한다.

(8) 배관 내 액체의 유속을 제한한다.

핵심이론 9 ┃ 버제스-휠러 식과 폭굉유도거리

(1) 버제스-휠러(Burgess-Wheeler) 식

탄화수소화합물에 대한 폭발하한계(LEL)와 연소열의 관계를 나타낸 식이다. 즉 가연성 가스나 증기의 폭발범위가 온도의 영향에 따라 변화고 있다는 사실을 고찰하는 가장 기초적인 식이다.

> **예제 8** 포화탄화수소계 가스에서는 폭발하한계의 농도 X(vol%)와 그의 연소열(kcal/mol) Q의 곱은 일정하게 된다는 Burgess-Wheeler의 법칙이 있다. 연소열이 635.4kcal/mol인 포화탄화수소가스의 하한계는 약 얼마인가?
>
> 🎯 **풀이** ① Burgess-Wheeler의 법칙
> $$X(\text{vol\%}) \times Q(\text{kJ/mol}) = 4,600\,\text{vol\%} \cdot \text{kJ/mol}$$
> ② $X(\text{vol\%}) \times Q(\text{kcal/mol}) = 1,100\,\text{vol\%} \cdot \text{kcal/mol}$
> $$\therefore X = \frac{1,100}{Q} = \frac{1,100}{635.4} = 1.73\,\text{vol\%}$$

(2) 폭굉유도거리(DID ; Detonation Induction Distance)

일반적으로 폭굉유도거리가 짧아지는 경우는 다음과 같다.

① 정상연소속도가 큰 혼합가스일수록

② 관 속에 방해물이 있거나 관 지름이 가늘수록

③ 압력이 높을수록

④ 점화원의 에너지가 강할수록

핵심이론 10 ┃ 독성에 의한 가스 분류

(1) 독성 가스

포스겐($COCl_2$), 브롬화메탄(CH_3Br), HCN, H_2S, SO_2, Cl_2, NH_3, CO 등과 같이 인체에 악영향을 주는 가스를 말한다.

┃ 독성 가스의 허용노출기준(TWA) ┃

가스 명칭	허용농도(ppm)	가스 명칭	허용농도(ppm)
이산화탄소(CO_2)	5,000	니트로벤젠($C_6H_5NO_2$)	1
일산화탄소(CO)	50	포스겐($COCl_2$)	0.1
산화에틸렌(C_2H_4O)	50	브롬(Br_2)	0.1
암모니아(NH_3)	25	불소(F_2)	0.1
일산화질소(NO)	25	오존(O_3)	0.1
브롬메틸(CH_3Br)	20	인화수소(PH_3)	0.3
황화수소(H_2S)	10	아세트알데히드(CH_3CHO)	200
시안화수소(HCN)	10	포름알데히드(HCHO)	5
아황산가스(SO_2)	5	메탄올(CH_3OH)	200
염화수소(HCl)	5	에탄올(C_2H_5OH)	1,000
불화수소(HF)	3	톨루엔($C_6H_5CH_3$)	1,100
염소(Cl_2)	1	–	–

(2) 비독성 가스

H_2, O_2, N_2 등과 같이 독성이 없는 가스를 말한다.

(3) 가연성 독성 가스

브롬화메탄(CH_3Br), 산화에틸렌(C_2H_4O), 시안화수소(HCN), 일산화탄소(CO), 이황화탄소(CS_2), 암모니아(NH_3), 벤젠(C_6H_6), 트리메틸아민[$(CH_3)_3N$], 황화수소(H_2S), 염화메탄(CH_3Cl), 모노메틸아민(CH_3NH_2), 아크릴로니트릴($CH_2=CHCN$), 디메틸아민[$(CH_3)_2NH$], 아크릴알데히드($CH_2=CHCHO$)

핵심이론 11 ┃ 액화가스 용기 충전량과 가스 용기의 표시방법

(1) 액화가스 용기 충전량

$$G = \frac{V}{C}$$

여기서, G : 충전량

V : 내용적

C : 액화가스 충전상수(C_3H_8 : 2.35, C_4H_{10} : 2.05, NH_3 : 1.86)

예제 9   액화프로판 310kg을 내용적 50L 용기에 충전할 때 필요한 소요 용기의 수는 약 몇 개인가? (단, 액화프로판의 가스정수는 2.35이다.)

풀이 $G = \dfrac{V}{C}$ 에서 $\dfrac{50}{2.35} = 21.28L$ ∴ $310kg \div 21.28 = 15$개

(2) 가스 용기의 표시방법

가스 종류	몸체 도색		가스 종류	몸체 도색	
	공업용	의료용		공업용	의료용
산소	녹색	백색	질소	회색	흑색
수소	주황색	–	아산화질소	회색	청색
액화탄산가스	청색	회색	헬륨	회색	갈색
액화석유가스	회색	–	에틸렌	회색	자색
아세틸렌	황색	–	시클로로프로판	회색	주황색
암모니아	백색	–	기타의 가스	회색	–
액화염소	갈색	–	–	–	–

참고

■ 두 종류의 가스가 혼합될 때 폭발위험이 가장 높은 것
지연(조연)성 가스 + 가연성 가스 예 염소 + 아세틸렌

▓▓ 핵심이론 12 | 반응기

(1) 반응기 정의

반응기는 화학반응을 하는 기기이며, 물질, 농도, 온도, 압력, 시간, 촉매 등에 이용되는 기기로서 공업장치에 있어서 물질이동이나 열이동에도 영향을 끼치기 때문에 구조형식이나 조작할 수 있는 반응기를 선정하는 것이 중요하다.

예제 10   8% NaOH 수용액과 5% NaOH 수용액을 반응기에 혼합하여 6% 100kg의 NaOH 수용액을 만들려면 각각 몇 kg의 NaOH 수용액이 필요한가?

풀이   ① $0.08a + 0.05b = 0.06 \times 100$ ·················· ⓐ
     ② $a + b = 100 \rightarrow a = 100 - b$ ····················· ⓑ
     ③ ⓑ식을 ⓐ식에 대입
       ㉠ b값 : $0.08(100 - b) + 0.05b = 6$
               $8 - 0.08b + 0.05b = 6$
               $0.03b = 2$ ∴ $b = 66.7kg$
       ㉡ a값 : $a + b = 100$
              $a = 100 - b = 100 - 66.7 = 33.3kg$
     ∴ 5% NaOH 수용액 : 66.7kg, 8% NaOH 수용액 : 33.3kg

예제 11 단열반응기에서 100℉, 1atm의 수소가스를 압축하는 반응기를 설계할 때 안전하게 조업할 수 있는 최대압력은 약 몇 atm인가? (단, 수소의 자동발화온도는 1,075℉이고, 수소는 이상기체로 가정하고, 비열비(γ)는 1.4이다.)

풀이 가역 단열변화이므로

$$\frac{T_2}{T_1} = \left(\frac{P_2}{P_1}\right)^{\frac{\gamma-1}{\gamma}}$$

① $T_1 = t_C + 273 = 37.8 + 273 = 310.8\text{K}$

$t_C = \frac{5}{9}(t_F - 32) = \frac{5}{9}(100 - 32) = 37.8℃$

② $T_2 = t_C + 273 = 579 + 273 = 852\text{K}$

$t_C = \frac{5}{9}(t_F - 32) = \frac{5}{9}(1,075 - 32) = 579℃$

$\therefore P_2 = P_1\left(\frac{T_2}{T_1}\right)^{\frac{r}{r-1}} = 1\left(\frac{852}{310.8}\right)^{\frac{1.4}{1.4-1}} = 34.10\text{atm}$

예제 12 20℃, 1기압의 공기를 5기압으로 단열압축하면 공기의 온도는 약 몇 ℃가 되겠는가? (단, 공기의 비열비는 1.4이다.)

풀이 단열압축 시 공기의 온도(T_2)

$$T_1 \times \left(\frac{P_2}{P_1}\right)^{\frac{\gamma-1}{\gamma}} = 293 \times 5^{\frac{1.4-1}{1.4}} = 191℃$$

(2) 반응기 분류(조작방법에 의한 분류)

① 회분식 반응기 : 여러 액체와 가스를 가지고 진행시켜 가스를 만들고 이것을 회수하여 1회의 조작이 끝나는 경우에 사용되는 반응기이다.

② 반회분식 반응기 : 하나의 반응물질을 맨 처음에 집어넣고 반응이 진행됨에 따라 다른 물질을 첨가하는 조작, 또는 원료를 넣은 후 반응의 진행과 함께 반응 생성물을 연속적으로 배출하는 형식의 반응기이다.

③ 연속식 반응기 : 반응기의 한쪽에서는 원료를 계속적으로 유입하는 동시에 다른 쪽에서는 반응생성물질을 유출시키는 형식이다.

▪▪ 핵심이론 13 ┃ 증류탑의 일상 점검항목(운전 중에 점검)

(1) 보온재·보냉재의 파손 상황

(2) 도장의 열화상태

(3) 플랜지, 맨홀, 용접부 등에서의 누출 유무

(4) 볼트의 풀림 여부

(5) 증기배관의 열팽창에 의한 과도한 힘이 가해지지 않는지 여부

■ **증류**

증류는 물리적 공정이며, 다음과 같은 증류법이 있다.

1. 공비증류 : 공비혼합물 또는 끓는점이 비슷하여 분리하기 어려운 액체 혼합물의 성분을 완전히 분리시키기 위해 사용하는 방법

   예 수분을 함유하는 에탄올에서 순수한 에탄올을 얻기 위해 벤젠과 같은 물질을 첨가하여 수분을 제거하는 증류방법

2. 진공증류 : 낮은 압력에서 물질의 끓는점이 내려가는 현상을 이용하여 시행하는 분리법으로 온도를 높여서 가열할 경우 원료가 분해될 우려가 있는 물질을 증류할 때 사용하는 방법

핵심이론 14 | 열교환기

(1) 열교환기 점검항목

① 일상 점검항목

㉮ 보온재 및 보냉재의 상태

㉯ 도장의 열화상태

㉰ 용접부 등으로부터 누출 여부

㉱ 기초 볼트의 풀림상태

② 개방 점검항목

㉮ 부식 및 고분자 등 생성물의 상황 또는 부착물에 의한 오염상황

㉯ 부식의 형태, 정도, 범위

㉰ 누출의 원인이 되는 비율, 결점

㉱ 용접선의 상황

㉲ Lining 또는 코팅의 상태

(2) 열교환기의 열교환 능률을 향상시키기 위한 방법

① 유체의 유속을 적절하게 조절한다.

② 열교환하는 유체의 온도차를 크게 한다.

③ 열전도율이 높은 재료를 사용한다.

■ **열교환기의 가열열원** : 다우덤섬

▦ 핵심이론 15 ┃ 건조설비

(1) 건조설비의 종류

재료의 특성, 처리량, 건조의 목적 등의 조건에 맞는 최적의 것을 선정할 필요가 있다.

① 상자형 건조기(compartment dryer)

② 터널 건조기(tunnel dryer)

③ 회전 건조기(rotary dryer)

④ 밴드 건조기(band dryer)

⑤ 기류 건조기(pneumatic dryer)

⑥ 드럼 건조기(drum dryer)

⑦ 분무기 건조기(spray dryer)

⑧ 유동층 건조기(fluidized dryer)

⑨ 적외선 건조기

⑩ Sheet 건조기

건조설비의 가열방법으로 방사전열, 대전전열방식 등이 있고, 병류형, 직교류형 등의 강제 대류방식을 사용하는 것이 많으며, 직물, 종이 등의 건조물 건조에 주로 사용하는 건조기

(2) 건조설비 중 건조실을 독립된 단층건물로 하여야 하는 경우

① 위험물 또는 위험물이 발생하는 물질을 가열·건조하는 경우 내용적이 $1m^3$ 이상인 건조설비

② 위험물이 아닌 물질을 가열·건조하는 경우로서 다음 중 하나의 용량에 해당하는 건조설비

㉮ 고체 또는 액체 연료의 최대사용량이 10kg/h 이상

㉯ 기체연료의 최대사용량이 $1m^2/h$ 이상

㉰ 전기사용 정격용량이 10kW 이상

▦ 핵심이론 16 ┃ 송풍기와 압축기

(1) 구분

① 송풍기 : 압력상승이 $1kg/cm^2$ 미만

② 압축기 : 압력상승이 $1kg/cm^2$ 이상

예제 13 송풍기의 회전차 속도가 1,300rpm일 때 송풍량이 분당 $300m^3$였다. 송풍량을 분당 $400m^3$로 증가 시키려면 송풍기의 회전차 속도는 약 몇 rpm으로 하여야 하는가?

> 풀이 송풍기의 상사법칙
> 유량 : $Q \propto n$, 정압, 풍압 : $P_s \propto n^2$, 마력, 동력 : $P \propto n^3$이다.
> ∴ $300m^3 : 1,300rpm = 400m^3 : x(rpm)$
> $$x = \frac{1,300 \times 400}{300} = 1,733rpm$$

(2) 압축기의 기동과 운전

① 서징(surging)현상 : 압축기와 송풍의 관로에 심한 공기의 맥동과 진동을 발생하면서 불안전한 운전이 되는 것

② 서징현상 방지법

㉮ 풍량을 감소시킨다.

㉯ 배관의 경사를 완만하게 한다.

㉰ 교축밸브를 가계에 근접하여 설치한다.

㉱ 토출가스를 흡입측에 바이패스시키거나 방출밸브에 의해 대기로 방출시킨다.

▪▪ 핵심이론 17 | 관의 종류 및 부속품

(1) 동일 지름의 관(동경관)을 직선 결합한 경우 : 소켓(socket), 유니언(union) 등

(2) 엘보, 티와 같이 내경이 나사로 된 부품을 폐쇄할 필요가 있는 경우 : 플러그(plug)

(3) 관의 지름을 변경하고자 할 때 필요한 관 부속품 : 리듀서(reducer)

(4) 관로의 방향을 변경하는 데 가장 적합한 것 : 엘보(elbow)

■ **개스킷** : 물질의 누출방지용으로 접합면을 상호 밀착시키기 위하여 사용하는 것

▪▪ 핵심이론 18 | 펌 프

(1) 펌프(pump)의 종류

구 분	펌프의 종류
왕복형 펌프	피스톤 펌프, 플런저 펌프, 격막 펌프 등
회전형 펌프	원심 펌프, 회전 펌프, 터빈 펌프, 축류 펌프, 기어 펌프 등
특수 펌프	제트 펌프 등

(2) 펌프의 고장과 대책

① 공동현상(cavitation) : 물이 관 속을 흐를 때 유동하는 물속의 어느 부분의 정압이 그때의 물의 증기압보다 낮을 경우 물이 증발하여 부분적으로 증기가 발생되어 배관이 부식

② 공동현상의 발생방지법

㉮ 펌프의 회전수를 낮춘다.

㉯ 흡입비 속도를 작게 한다.

㉰ 펌프 흡입관의 두(head) 손실을 줄인다.

㉱ 펌프의 설치높이를 낮추어 흡입양정을 짧게 한다.

핵심이론 19 ┃ 안전장치

(1) 파열판(rupture disk)

반응폭주 등 급격한 압력상승의 우려가 있는 경우에 설치하여야 하는 것

① 압력 방출속도가 빠르다.

② 한번 파열되면 재사용할 수 없다.

③ 장기간 운전 시 파열 가능성이 있으므로 정기적인 교체가 필요하다.

④ 높은 점성의 슬러리나 부식성 유체에 적용할 수 있다.

(2) 증기트랩(steam trap)

증기배관 내에 생성된 증기의 누설을 막고 응축수를 자동적으로 배출하기 위한 안전장치

> **참고**
>
> ■ 과압에 따른 폭발을 방지하기 위하여 안전밸브 등을 설치하는 설비
>
> 1. 정변위 압축기
> 2. 정변위 펌프(토출측에 차단밸브가 설치된 것만 해당한다.)
> 3. 배관(2개 이상의 밸브에 의하여 차단되어 대기온도에서 액체의 열팽창에 의하여 파열될 우려가 있는 것으로 한정한다.)

핵심이론 20 ┃ 소화기의 성상

(1) 할로겐화물 소화기(증발성 액체 소화기) – 할론번호 순서

① 첫째 : 탄소(C) ② 둘째 : 불소(F) ③ 셋째 : 염소(Cl)

④ 넷째 : 취소(Br) ⑤ 다섯째 : 옥소(I)

(2) 강화액 소화기

물의 소화력을 높이기 위하여 물에 탄산칼륨(K_2CO_3)과 같은 염류를 첨가한 소화약제로 독성과 부식성이 없다.

핵심이론 21 ┃ 소화방법의 종류

(1) 제거소화

(2) 질식소화

산소를 공급하는 산소공급원을 연소계로부터 차단시켜 연소에 필요한 산소의 양을 16% 이하로 함으로써 연소의 진행을 억제시켜 소화하는 방법으로 산소 농도는 10~15% 이하이다.

예 연소하고 있는 가연물이 존재하는 장소를 기계적으로 폐쇄하여 공기의 공급을 차단한다.

(3) 냉각소화

(4) 희석소화법

(5) 부촉매소화(억제소화)

▪▪ 핵심이론 22 | 화학설비

(1) 분체 화학물질 분리장치
① 건조기
② 유동탑
④ 결정조

(2) 반응 폭주에 의한 위급상태의 발생을 방지하기 위한 특수반응설비에 설치하는 장치
① 원재료의 공급차단장치
② 보유 내용물의 방출금지
③ 반응 정지제 등의 공급장치

(3) 플레어스택(flare stack)
공정 중에서 발생하는 미연소가스를 연소하여 안전하게 밖으로 배출시키기 위하여 사용하는 설비

(4) 급성 독성물질이 지속적으로 외부에 유출될 수 있는 화학설비 및 그 부속설비에 파열판과 안전밸브를 직렬로 설치하고 그 사이에는 압력지시계 또는 자동경보장치를 설치하여야 한다.

(5) 화학설비 및 그 부속설비를 설치할 때 단위공정시설 및 설비로부터 다른 단위공정시설 및 설비 사이의 안전거리는 설비 바깥면으로부터 10m 이상 둔다.

> ▪ 사업주는 화학설비 또는 그 배관(화학설비 또는 그 배관의 밸브나 콕은 제외) 중 위험물 또는 인화점이 60℃ 이상인 물질이 접촉하는 부분에 대해서는 위험물질 등에 의하여 그 부분이 부식되어 폭발·화재 또는 누출되는 것을 방지하기 위하여 위험물질 등의 종류·온도·농도 등에 따라 부식이 잘 되지 않는 재료를 사용하거나 도장 등의 조치를 하여야 한다.

(6) 특수화학설비의 방호장치 종류
① 계측장치 : ㉮ 온도계 ㉯ 압력계 ㉰ 유량계
② 자동경보장치
③ 긴급차단장치
④ 예비동력원

핵심이론 23 ┃ 공정안전보고서

(1) 공정안전보고서 제출대상

① 원유정제 처리업

② 기타 석유정제물 재처리업

③ 석유화학계 기초화합물 제조업 또는 합성수지 및 기타 플라스틱물질 제조업

④ 질소화합물, 질소·인산 및 칼리질 화학비료 제조업 중 질소질 비료 제조

⑤ 복합비료 및 기타 화학비료 제조업 중 복합비료 제조(단순 혼합 또는 배합에 의한 경우는 제외한다.)

⑥ 화학살균·살충제 및 농업용 약제 제조업(농약 원제 제조만 해당한다.)

⑦ 화약 및 불꽃제품 제조업

(2) 공정안전보고서 제출 제외 대상 설비

① 원자력 설비

② 군사시설

③ 사업주가 해당 사업장 내에서 직접 사용하기 위한 난방용 연료의 저장 설비 및 사용 설비

④ 도매·소매시설

⑤ 차량 등의 운송설비

⑥ 「액화석유가스의 안전관리 및 사업법」에 따른 액화석유가스의 충전·저장시설

⑦ 「도시가스사업령」에 따른 가스공급시설

⑧ 그 밖에 고용노동부장관이 누출·화재·폭발 등으로 인한 피해의 정도가 크지 않다고 인정하여 고시하는 설비

(3) 공정안전보고서의 내용

① 공정안전자료

② 공정위험성 평가서

③ 안전운전계획

④ 비상조치계획

⑤ 그 밖에 공정상의 안전과 관련하여 노동부 장관이 필요하다고 인정하여 고시하는 사항

건설공사 안전관리

핵심이론 1 | 건설공사 재해분석

(1) 건설공사 시공단계에 있어서 안전관리의 문제점
발주자의 감독 소홀

(2) 정밀안전점검
정기안전점검 결과 건설공사의 물리적 · 기능적 결함 등이 발견되어 보수 · 보강 등의 조치를 하기 위하여 필요한 경우에 실시하는 것

핵심이론 2 | 지 반

(1) 지반의 안전성
① 개착식 터널공법 : 지표면에서 소정의 위치까지 파내려간 구조물을 축조하고 되메운 후 지표면을 원상태로 복구시키는 것

> **예제 1** 흙의 액성한계 $W_L = 48\%$, 소성한계 $W_P = 26\%$일 때 소성지수(I_P)는 얼마인가?
>
> **풀이** $I_P = W_C - W_P = 48 - 26 = 22\%$

② 아터버그 한계시험 : 액체상태의 흙이 건조되어 가면서 액성, 소성, 반고체, 고체 상태의 경계선과 관련된 시험의 명칭
③ 50/3의 표기 : 50은 타격횟수, 3은 굴진수치

참고

■ Piezometer : 지하수위 측정에 사용되는 계측기

(2) 지반의 이상현상 및 안전대책
① 보일링(boiling)현상 : 사질지반 굴착 시 굴착부와 지하수위차가 있을 때, 수두차(水頭差)에 의하여 삼투압이 생겨 흙막이 벽 근입 부분을 침식하는 동시에 모래가 액상화(液狀化)되어 솟아오르는 현상이 일어나 흙막이 벽의 근입부가 지지력을 상실하여 흙막이공의 붕괴를 초래하는 것

참고

■ Well point 공법과 보일링 파괴
1. Well point 공법 : 지하수위 상승으로 포함된 사질토 지반의 액상화 현상을 방지하기 위한 가장 직접적이고 효과적인 대책
2. 보일링 파괴 : 강변 옆에서 아파트 공사를 하기 위해 흙막이를 설치하고 지하공사 중에 바닥에서 물이 솟아오르면서 모래 등이 부풀어 올라 흙막이가 무너진 것을 말한다.

② 히빙(heaving)현상 : 연약지반을 굴착할 때 흙막이 벽 뒤쪽 흙의 중량이 바닥의 지지력보다 커지면 굴착저면에서 흙이 부풀어 오르는 현상
③ 동상(frost heave)현상 : 물이 결빙되는 위치로 지속적으로 유입되는 조건에서 온도가 하강함에 따라 토중수가 얼어 부피가 약 9% 정도 증대하게 됨으로써 지표면이 부풀어 오르는 현상

핵심이론 3 | 표준안전관리비

(1) 산업안전보건관리비의 계상

① 발주자의 재료비 포함 안전관리비
② 발주자의 재료비 제외한 안전관리비×1.2
①, ② 중 작은 값 이상으로 한다.

‖ 공사 종류 및 규모별 안전관리비 계상기준표 ‖

공사 종류 \ 대상액	대상액 5억원 미만인 경우 적용비율(%)	대상액 5억원 이상인 경우		대상액 50억원 이상인 경우 적용비율(%)	보건관리자 선임 대상 건설공사의 적용비율(%)
		적용비율(%)	기초액		
건축공사	2.93(%)	1.86(%)	5,349,000원	1.97(%)	2.15(%)
토목공사	3.09(%)	1.99(%)	5,499,000원	2.10(%)	2.29(%)
중건설공사	3.43(%)	2.35(%)	5,400,000원	2.44(%)	2.66(%)
특수건설공사	1.85(%)	1.20(%)	3,250,000원	1.27(%)	1.38(%)

예제 2 시급자재비 30억, 직접노무비 35억, 관급자재비 20억인 빌딩 신축공사를 할 경우 계상해야 할 산업안전보건관리비는 얼마인가? (단, 공사 종류는 건축공사임.)

풀이 $(30억+35억) \times \dfrac{1.97}{100} \times 1.2 = 153,660,000원$

(2) 산업안전보건관리비의 사용기준

‖ 공사진척에 따른 안전관리비의 사용기준 ‖

공정률	50% 이상 70% 미만	70% 이상 90% 미만	90% 이상
사용기준	50% 이상	70% 이상	90% 이상

░ 핵심이론 4 | 유해 · 위험방지계획서

(1) 유해 · 위험방지계획서 작성대상(건설공사)

① 지상높이 31m 이상인 건축물 또는 인공구조물, 연면적 30,000m² 이상인 건축물 또는 연면적 5,000m² 이상인 문화 및 집회 시설(전시장 및 동물원, 식물원은 제외한다), 판매시설, 운수시설(고속철도의 역사 및 집배송시설은 제외한다), 종교시설, 의료시설 중 종합병원, 숙박시설 중 관광숙박시설, 지하도상가 또는 냉동 · 냉장창고시설의 건설 · 개조 또는 해체

② 연면적 5,000m² 이상인 냉동 · 냉장창고시설의 설비공사 및 단열공사

③ 최대 지간길이(다리의 기둥과 기둥의 중심 사이의 거리)가 50m 이상인 교량건설 등 공사

④ 터널건설 등의 공사

⑤ 다목적 댐, 발전용 댐 및 저수용량 2,000만t 이상인 용수전용 댐, 지방상수도전용 댐 건설 등의 공사

⑥ 깊이 10m 이상인 굴착공사

(2) 유해 · 위험방지계획서 심사결과의 구분

① 적정   ② 조건부 적정   ③ 부적정

░ 핵심이론 5 | 건설 공구 및 장비

(1) 수공구

바이브로 해머(vibro hammer)는 말뚝박기 해머 중 연약지반에 적합하고 상대적으로 소음이 적다.

(2) 굴착기계(토공사용 건설장비 중 작업에 따른 분류)

① 파워셔블(power shovel) : 장비 자체보다 높은 장소의 땅을 굴착하는 데 적합하며, 산지에서의 토공사 및 암반으로부터의 점토질까지 굴착할 수 있다.

② 백호(back hoe) : 지면보다 낮은 땅을 파는 데 적합하고, 수중굴착도 가능하다.

③ 클램셸(clamshell) : 수중굴착 및 구조물의 기초바닥 등과 같은 협소하고 상당히 깊은 범위의 굴착과 호퍼작업에 가장 적당하다.

④ 트랙터셔블(tractor shovel) : 흙을 파서 적재하는 기계

 참고

- **굴착기계 중 주행기면보다 하방의 굴착에 적합한 것**
  1. 백호   2. 클램셸   3. 드래그라인

(3) 운반기계(지게차)

지게차 작업시작 전 점검사항은 다음과 같다.
① 제동장치 및 조종장치 기능의 이상 유무
② 하역장치 및 유압장치 기능의 이상 유무

③ 바퀴의 이상 유무
④ 전조등, 후미등, 방향지시기 및 경보장치 기능의 이상 유무

핵심이론 6 | 양중기

(1) 양중기의 종류
양중기에는 크레인(호이스트 포함), 이동식 크레인, 리프트(이삿짐 운반용 리프트는 적재하중이 0.1t 이상인 것), 곤돌라, 승강기(최대하중이 0.25t 이상인 것), 화물용 엘리베이터가 있다.

① 크레인 : 크레인의 작업시작 전 점검사항은 다음과 같다.
  ㉮ 권과방지장치, 브레이크, 클러치 및 운전장치의 기능
  ㉯ 주행로의 상측 및 트롤리가 횡행하는 레일의 상태
  ㉰ 와이어로프가 통하고 있는 곳의 상태

■ 건설작업용 타워크레인의 안전장치
  1. 권과방지장치   2. 과부하방지장치   3. 브레이크장치   4. 비상정지장치

② 이동식 크레인 : 이동식 크레인의 작업시작 전 점검사항은 다음과 같다.
  ㉮ 권과방지장치나 그 밖의 경보장치의 기능
  ㉯ 브레이크, 클러치 및 조정장치의 기능
  ㉰ 와이어로프가 통하고 있는 곳 및 작업장소의 지반상태

■ 권과방지장치 : 승강기 강선의 과다감기를 방지하는 장치

(2) 양중기의 와이어로프 및 달기구
① 와이어로프 및 달기체인의 안전계수
  ㉮ 양중기의 와이어로프 등 달기구의 안전계수(달기구 절단하중의 값을 그 달기구에 걸리는 하중의 최대값으로 나눈 값)가 다음의 기준에 맞지 아니한 경우에는 이를 사용하여서는 안 된다.
    ㉠ 근로자가 탑승하는 운반구를 지지하는 달기와이어로프 또는 달기체인 : 10 이상
    ㉡ 화물의 하중을 직접 지지하는 달기와이어로프 또는 달기체인 : 5 이상
    ㉢ 훅, 섀클, 클램프, 리프팅 빔 : 3 이상
    ㉣ 그 밖의 경우 : 4 이상
  ㉯ 달기구의 경우 최대허용하중 등의 표식이 견고하게 붙어 있는 것을 사용하여야 한다.
② 이음매가 있는 와이어로프의 사용금지
  ㉮ 와이어로프의 한 꼬임(스트랜드(strand))에서 끊어진 소선(필러(pillar)선 제외)의 수가 10% 이상인 것

㉯ 지름의 감소가 공칭지름의 7%를 초과하는 것

㉱ 이음매가 있는 것

㉲ 꼬인 것

㉳ 심하게 변형되거나 부식된 것

㉴ 열과 전기충격에 의해 손상된 것

- **해지장치** : 훅걸이용 와이어로프 등이 훅으로부터 벗겨지는 것을 방지하기 위한 장치

③ 늘어난 달기체인의 사용금지

㉮ 달기체인의 길이가 달기체인이 제조된 때의 길이의 5%를 초과한 것

㉯ 링의 단면지름이 달기체인이 제조된 때의 해당 링의 지름의 10%를 초과하여 감소한 것

㉰ 균열이 있거나 심하게 변형된 것

핵심이론 7 │ 해체용 기구와 항타기 및 항발기

(1) 해체용 기구

① 해체용 기구의 종류 : 압쇄기, 대형 브레이커, 철제해머, 화약류, 핸드브레이커, 팽창제, 절단톱, 잭(jack), 쐐기타입기, 화염방지기 등

② 압쇄기로 건물해체 시 순서 : 슬래브 → 보 → 벽체 → 기둥

(2) 항타기 및 항발기의 안전대책(조립 시 점검사항)

항타기 또는 항발기를 조립하는 경우 다음 사항에 대하여 점검하여야 한다.

① 본체 연결부의 풀림 또는 손상의 유무

② 권상용 와이어로프, 드럼 및 도르래의 부착상태의 이상 유무

③ 권상장치의 브레이크 및 쐐기장치 기능의 이상 유무

④ 권상기의 설치상태의 이상 유무

⑤ 버팀의 방법 및 고정상태의 이상 유무

핵심이론 8 │ 안전대

(1) 안전대의 종류에 따른 사용 구분

종 류	사용 구분
벨트식 안전그네식	1개걸이용
	U자걸이용
	추락방지대
	안전블록

[주] 추락방지대 및 안전블록은 안전그네식에만 적용한다.

(2) 안전대의 사용

① 1개걸이를 사용할 때는 다음 사항을 준수하여야 한다.

㉮ 로프 길이가 2.5m 이상인 안전대는 반드시 2.5m 이내의 범위에서 사용하도록 하여야 한다.

㉯ 추락 시에 로프를 지지한 위치에서 신체의 최하사점까지의 거리를 h라 할 때 구하는 식은 다음과 같다.

$$h = 로프의\ 길이 + 로프의\ 늘어난\ 길이 + \frac{신장}{2}$$

② U자걸이를 사용할 때 로프의 길이는 작업상 필요한 최소한의 길이로 하여야 한다.

예제 3 로프 길이 2m의 안전대를 착용한 근로자가 추락으로 인한 부상을 당하지 않기 위한 지면으로부터 안전대 고정점까지의 높이(H) 기준을 구하면? (단, 로프의 신율 30%, 근로자의 신장 180cm)

 풀이
$$H = 로프\ 길이 + 로프의\ 늘어난\ 길이 \times \frac{신장}{2}$$

$$H = 2m + 2m \times 0.3 + \frac{1.8m}{2} = 3.5m$$

$$\therefore\ H > 3.5m$$

참고

- **수직 구명줄** : 로프 또는 레일 등과 같은 유연하거나 단단한 고정줄로서, 추락 발생 시 추락을 저지시키는 추락방지대를 지탱해 주는 줄모양의 부품

핵심이론 9 | 토사붕괴와 토석붕괴

(1) 토사붕괴의 위험성

① **작업장소 등의 조사** : 지반 굴착작업을 하는 경우에 지반의 붕괴 등에 의하여 근로자에게 위험을 미칠 우려가 있을 때에는 미리 작업장소 및 그 주변의 지반에 대하여 보링 등 적절한 방법으로 다음 사항을 조사하여 굴착시기와 작업장소를 정하여야 한다.

㉮ 형상, 지질 및 지층의 상태

㉯ 균열, 함수, 용수 및 동결의 유무 또는 상태

㉰ 매설물 등의 유무 또는 상태

㉱ 지반의 지하수위 상태

② 지반 등의 굴착 시 위험방지 : 지반 등을 굴착하는 때에는 굴착면의 기울기를 다음 기준에 적합하도록 하여야 한다.

┃ 굴착면의 기울기 기준 ┃

지반의 종류	굴착면의 기울기	지반의 종류	굴착면의 기울기
모래	1 : 1.8	연암	1 : 1.0
그 밖의 흙	1 : 1.2	풍화암	1 : 1.0
–	–	경암	1 : 0.5

 참고

■ 1 : 0.5란 수직거리 1 : 수평거리 0.5의 경사를 말한다.

예제 4 보통 흙의 건지를 다음 그림과 같이 굴착하고자 한다. 굴착면의 기울기를 1 : 0.5로 하고자 할 경우 L의 길이를 구하면?

풀이 $1\text{m} : 0.5\text{m} = 5\text{m} : L(\text{m})$

$$L = \frac{0.5 \times 5}{1}$$

$$\therefore\ L = 2.5\text{m}$$

㉮ 사질지반(점토질을 포함하지 않은 것)의 굴착면의 기울기를 1 : 1.5 이상으로 하고 높이는 5m 미만으로 한다.

㉯ 발파 등에 의해서 붕괴하기 쉬운 상태의 지반 및 매립하거나 반출시켜야 하는 때의 굴착면 기울기는 1 : 1 이하로 하고 높이는 2m 미만으로 한다.

참고

■ **굴착면과 굴착작업**
1. 굴착면의 기울기를 각도로 환산하는 계산식

   $$y = \tan^{-1}\left(\frac{1}{x}\right)$$

   여기서, y : 기울기의 각도
   x : 기울기의 값

2. 지반의 굴착작업에 있어서 비가 올 경우를 대비한 직접적인 대책 : 측구 설치

(2) 토석붕괴의 원인

① 외적 요인

㉮ 사면, 법면의 경사 및 기울기의 증가

㉯ 절토 및 성토 높이의 증가

㉰ 지진 발생, 차량 또는 구조물의 중량

㉱ 지표수 및 지하수의 침투에 의한 토사중량의 증가

㉲ 토사 및 암석의 혼합층 두께

㉳ 공사에 의한 진동 및 반복하중의 증가

② 내적 요인

㉮ 절토사면의 토질, 암질

㉯ 성토사면의 토질 구성 및 분포

㉰ 토석의 강도 저하

핵심이론 10 | 사면보호공법과 흙막이공법

(1) 사면보호공법

① 떼붙임공법

㉮ 평떼공법 : 비탈면, 흙깎기

㉯ 줄떼공법 : 흙쌓기

② **식생공법** : 식물을 생육시켜 그 뿌리로 사면의 표층토를 고정하여 빗물에 의한 침식, 동상이완 등을 방지하고 녹화에 의한 경관 조성을 목적으로 시공하는 것

③ 비탈면 붕괴방지공법

㉮ 배토공법 : 땅밀림이 발생하는 비탈머리부위의 토괴를 제거하는 땅밀림 추력을 경감시키는 공법

㉯ 압성토공법 : 굴착공사에서 비탈면 또는 비탈면 하단을 성토하여 붕괴를 방지하는 공법

㉰ 공작물 설치

(2) 흙막이공법

흙의 간극비, 함수비, 포화도를 구하는 방법은 다음과 같다.

① 간극비 = $\dfrac{\text{공기} + \text{물의 체적}}{\text{흙의 체적}}$

② 함수비 = $\dfrac{\text{물의 중량}}{\text{토립자(흙입자)의 중량}}$

③ 포화도 = $\dfrac{\text{물의 용적}}{\text{토립자(흙입자)의 용적}} \times 100$

■ **소성한계** : 흙의 연경도에서 반고체상태와 소성상태의 한계

예제 5 흙의 함수비 측정시험을 하였다. 먼저 용기의 무게를 잰 결과 10g이었고, 시료를 용기에 넣은 후의 총 무게는 40g, 그대로 건조시킨 후의 무게는 30g이었다. 이 흙의 함수비는?

풀이 흙의 함수비$=\dfrac{물의\ 중량}{토립자(흙입자)의\ 중량}$, $\dfrac{10g}{20g}=0.5=50\%$

여기서, 초기 시료=30g(용기 무게 제외), 건조 시료=20g(용기 무게 제외)

물의 중량=10g

▦ 핵심이론 11 ▏ 붕괴재해 및 대책

(1) 터널지보공 설치 시 점검사항

① 부재의 손상, 변형, 부식, 변위, 탈락의 유무 및 상태

② 부재의 긴압정도

③ 부재의 접속부 및 교차부의 상태

④ 기둥침하의 유무 및 상태

■ **지형(지반) 조사 시 확인 사항**
  1. 시추(보링) 위치   2. 토층 분포상태   3. 투수계수   4. 지하수위   5. 지반의 지지력

■ **파일럿(pilot) 터널** : 본터널(main tunnel)을 시공하기 전에 터널에서 약간 떨어진 곳에 지질조사, 환기, 배수, 운반 등의 상태를 알아보기 위하여 설치하는 터널

(2) 잠함 등 내부에서 굴착작업 시 준수사항

① 잠함, 우물통, 수직갱, 그 밖에 이와 유사한 건설물 또는 설비의 내부에서 굴착작업을 하는 경우에 다음 사항을 준수해야 한다.

㉮ 산소결핍의 우려가 있는 경우에는 산소의 농도를 측정하는 자를 지명하여 측정하도록 할 것

㉯ 근로자가 안전하게 오르내리기 위한 설비를 설치할 것

㉰ 굴착깊이가 20m를 초과하는 경우에는 당해 작업장소와 외부와의 연락을 위한 통신설비 등을 설치할 것

② 산소결핍이 인정되거나 굴착깊이가 20m를 초과하는 경우에는 송기를 위한 설비를 설치하여 필요한 양의 공기를 공급하여야 한다.

■ **산소결핍** : 공기 중 산소농도가 18% 미만일 때

■■ 핵심이론 12 | 비계 설치기준

(1) 통나무 비계의 구조

① 비계기둥의 간격은 2.5m 이하, 지상으로부터 첫 번째 띠장은 8m 이하에 설치

② 미끄러지거나 침하하는 것을 방지하기 위하여 비계기둥의 하단부를 묻고, 밑둥잡이를 설치하거나 깔판을 사용하는 등의 조치를 할 것

③ 겹침 이음 : 이음부분에서 1m 이상을 서로 겹쳐서 2개소 이상을 묶고

　맞댄 이음 : 비계기둥을 쌍기둥틀로 하거나 1.8m 이상의 덧댐목을 사용하여 4개소 이상을 묶을 것

④ 비계기둥·띠장·장선 등의 접속부 및 교착부는 철선 기타의 튼튼한 재료로 견고하게 묶을 것

⑤ 교차가새로 보강할 것

⑥ 외줄비계·쌍줄비계 또는 돌출비계의 벽이음 및 버팀 설치

　㉮ 조립간격 : 수직방향에서 5.5m 이하, 수평방향에서는 7.5m 이하

　㉯ 강관·통나무 등의 재료를 사용하여 견고한 것으로 할 것

　㉰ 인장재와 압축재로 구성되어 있는 때에는 인장재와 압축재의 간격은 1m 이내로 할 것

⑦ 통나무비계는 지상높이 4층 이하 또는 12m 이하인 작업에서만 사용할 수 있다.

(2) 강관비계(강관을 이용한 단관비계)의 구조

① 비계기둥 간격 : 띠장방향에서는 1.85m 이하, 장선방향에서는 1.5m 이하로 할 것(다만, 선박 및 보트 건조작업의 경우 안전성에 대한 구조검토를 실시하고 조립도를 작성하면 띠장방향 및 장선방향으로 각각 2.7m 이하로 할 수 있다)

② 띠장간격 : 2m 이하로 할 것(다만, 작업의 성질상 이를 준수하기가 곤란하여 쌍기둥틀 등에 의하여 해당 부분을 보강한 경우에는 그러하지 아니하다)

③ 비계기둥의 제일 윗부분으로부터 31m 되는 지점 밑부분의 비계기둥은 2본의 강관으로 묶어 세울 것(다만, 브라켓(bracket, 까치발) 등으로 보강하여 2개의 강관으로 묶을 경우 이상의 강도가 유지되는 경우에는 그러하지 아니하다)

④ 비계기둥 간의 적재하중은 400kg을 초과하지 않도록 할 것

예제 6　52m 높이로 강관비계를 세우려면 지상에서 몇 미터까지 2개의 강관으로 묶어 세워야 하는가?

　풀이　52m−31m＝21m

예제 7　신축공사 현장에서 강관으로 외부비계를 설치할 때 비계기둥의 최고높이가 45m라면 관련 법령에 따라 비계기둥을 2개의 강관으로 보강하여야 하는 높이는 지상으로부터 얼마까지인가?

　풀이　45m−31m＝14m

(3) 비계 조립 간격(벽이음 간격)

비계의 종류		수직방향	수평방향
강관비계	단관비계	5m	5m
	틀비계(높이 5m 미만인 것 제외)	6m	8m
통나무비계		5.5m	7.5m

(4) 달비계의 안전계수

종류	안전계수
달기와이어로프 및 달기체인	10 이상
달기체인 및 달기훅	5 이상
달기강대와 달비계의 하부 및 상부 지점	강재 2.5 이상
	목재 5 이상

(5) 이동식 비계의 구조

① 바퀴에는 갑작스러운 이동 또는 전도를 방지하기 위하여 브레이크·쐐기 등으로 바퀴를 고정시킨 다음 비계의 일부를 견고한 시설물에 고정하거나 아웃트리거(outrigger, 전도방지용 지지대)를 설치하는 등 필요한 조치를 할 것

② 승강용사다리는 견고하게 설치할 것

③ 비계의 최상부에서 작업을 할 때에는 안전난간을 설치할 것

④ 작업발판은 항상 수평을 유지하고 작업발판 위에서 안전난간을 딛고 작업을 하거나 받침대 또는 사다리를 사용하여 작업하지 않도록 할 것

⑤ 작업발판의 최대 적재하중은 250kg을 초과하지 않도록 할 것

■ **이동식 비계의 안전조치사항**
비계의 최대높이는 밑변 최소폭의 4배 이하이어야 한다.

예제 8 이동식 비계를 조립하여 사용할 때 밑면 최소폭의 길이가 2m라면 이 비계의 사용가능한 최대높이는?

풀이 2×4=8m

:: 핵심이론 13 | 작업통로

(1) 가설통로의 구조

① 견고한 구조로 할 것
② 경사는 30° 이하로 할 것
　(다만, 계단을 설치하거나 높이 2m 미만의 가설통로로서 튼튼한 손잡이를 설치한 때에는
　그러하지 아니하다.)
③ 경사가 15°를 초과하는 경우에는 미끄러지지 아니하는 구조로 할 것
④ 추락할 위험이 있는 장소에는 안전난간을 설치할 것
　(다만, 작업상 부득이한 때에는 필요한 부분에 한하여 임시로 해체할 수 있다.)
⑤ 수직갱에 가설된 통로의 길이가 15m 이상인 때에는 10m 이내마다 계단참을 설치할 것
⑥ 건설공사에 사용하는 높이 8m 이상인 비계다리에는 7m 이내마다 계단참을 설치할 것

(2) 사다리식 통로 설치 시 준수사항

① 견고한 구조로 할 것
② 심한 손상, 부식 등이 없는 재료를 사용할 것
③ 발판의 간격은 일정하게 할 것
④ 발판과 벽과의 사이는 15cm 이상의 간격을 유지할 것
⑤ 폭은 30cm 이상으로 할 것
⑥ 사다리가 넘어지거나 미끄러지는 것을 방지하기 위한 조치를 할 것
⑦ 사다리의 상단은 걸쳐 놓은 지점으로부터 60cm 이상 올라가도록 할 것
⑧ 사다리식 통로의 길이가 10m 이상인 경우에는 5m 이내마다 계단참을 설치할 것
⑨ 사다리식 통로의 기울기는 75° 이하로 할 것
　(다만, 고정식 사다리식 통로의 기울기는 90° 이하로 하고 그 높이가 7m 이상인 경우에는
　바닥으로부터 높이가 2.5m되는 지점부터 등받이울을 설치할 것)
⑩ 접이식 사다리기둥은 사용 시 접혀지거나 펼쳐지지 않도록 철물 등을 사용하여 견고하게 조
　치할 것

:: 핵심이론 14 | 추락방지용 방망 설치기준

(1) 방망사의 신품에 대한 인장강도

그물코의 종류	인장강도(kgf)	
	매듭 없는 방망	매듭 방망
10cm 그물코	240	200
5cm 그물코	–	110

(2) 방망사의 폐기 시 인장강도

그물코의 종류	인장강도(kgf)	
	매듭 없는 방망	매듭 방망
10cm 그물코	150	135
5cm 그물코	−	60

(3) 방망의 허용낙하높이

조건 \ 종류	낙하높이(H_1)		방망과 바닥면 높이(H_2)	
	단일방망	복합방망	10cm 그물코	5cm 그물코
$L < A$	$\dfrac{1}{4}(L+2A)$	$\dfrac{1}{5}(L+2A)$	$\dfrac{0.85}{4}(L+3A)$	$\dfrac{0.95}{4}(L+3A)$
$L \geqq A$	$3/4L$	$3/5L$	$0.85L$	$0.95L$

예제 9 추락재해를 방지하기 위하여 10cm 그물코인 방망을 설치할 때 방망과 바닥면 사이의 최소높이를 구하면? (단, 설치된 방망의 단변방향 길이 $L=2$m, 장변방향 방망의 지지간격 $A=3$m이다.)

> 🐾풀이 방망과 바닥면과의 최소높이(H_2)
> (조건) 10cm 그물코의 경우, $L < A$일 때
>
> $$H_2 = \frac{0.85}{4}(L+3A)$$
>
> 여기서, H_2 : 최소높이(m), L : 망의 단면길이(m), A : 망의 지지간격(m)
>
> $$\therefore \frac{0.85}{4} \times (2+3 \times 3) = 2.3375 ≒ 2.4$$

---

(4) 방망 지지점의 강도

방망 지지점은 600kg의 외력에 견딜 수 있는 강도여야 한다.

$$F = 200B$$

여기서, F : 외력(kg), B : 지지점 간격(m)

예제 10 추락방지망의 달기로프를 지지점에 부착할 때 지지점의 간격이 1.5m인 경우 지지점의 강도는 최소 얼마 이상이어야 하는가? (단, 연속적인 구조물이 방망 지지점인 경우임.)

> 🐾풀이 방망의 지지점 강도(연속적인 구조물이 방망 지지점인 경우)
> $$F = 200B = 200 \times 1.5 = 300\text{kg}$$
> 여기서, F : 외력(kg), B : 지지점 간격(m)

핵심이론 15 | 거푸집

(1) 거푸집의 구비조건

① 거푸집은 조립·해체·운반이 용이할 것

② 최소한의 재료로 여러 번 사용할 수 있는 형상과 크기일 것

③ 수분이나 모르타르 등의 누출을 방지할 수 있는 수밀성이 있을 것

④ 시공 정확도에 알맞은 수평·수직·직각을 견지하고 변형이 생기지 않는 구조일 것

⑤ 콘크리트의 자중 및 부어넣기 할 때의 충격과 작업하중에 견디고, 변형을 일으키지 않을 강도를 가질 것

(2) 거푸집의 조립 및 해체 순서

① 조립순서 : 기둥 → 보받이 내력벽 → 큰 보 → 작은 보 → 바닥 → 내벽 → 외벽

② 해체순서 : 바닥 → 보 → 벽 → 기둥

(3) 동바리로 사용하는 파이프 서포트의 조립 시 준수사항

① 파이프 서포트를 3개 이상 이어서 사용하지 않도록 할 것

② 파이프 서포트를 이어서 사용하는 경우에는 4개 이상의 볼트 또는 전용철물을 사용하여 이을 것

③ 높이가 3.5m를 초과하는 경우에는 높이 2m 이내마다 수평연결재를 2개 방향으로 만들고 수평연결재의 변위를 방지할 것

예제 11 거푸집 동바리 구조에서 높이 $L=3.5$m인 파이프 서포트의 좌굴하중은? (단, 상부받이판과 하부받이판을 힌지로 가정하고, 단면 2차 모멘트 $I=8.31$cm^4, 탄성계수 $E=2.1\times10^5$MPa)

 풀이 $P_B = n\pi^2\dfrac{EI}{l^2} = 1\times\pi^2\times\dfrac{2.1\times10^{11}\times8.31\times10^{-8}}{3.5^2} = 14,060\,\text{N}$

---

(4) 작업발판 일체형 거푸집의 종류

① 갱폼(gang form)

② 슬립폼(slip form)

③ 클라이밍폼(climbing form)

④ 터널라이닝폼(tunnel lining form)

⑤ 그 밖에 거푸집과 작업발판이 일체로 제작된 거푸집

참고

■ **슬라이딩폼** : 콘드(rod)·유압잭(jack) 등을 이용하여 거푸집을 연속적으로 이동시키면서 콘크리트를 타설할 때 사용하는 것으로 Silo 공사 등에 적합한 거푸집

⊞ 핵심이론 16 | 콘크리트 작업

(1) 콘크리트 타설작업 시 준수사항

① 당일의 작업을 시작하기 전에 당해작업에 관한 거푸집동바리 등의 변형·변위 및 지반의 침하 유무 등을 점검하고 이상을 발견할 때에는 이를 보수할 것

② 작업 중에는 거푸집동바리 등의 변형·변위 및 침하유무 등을 감시할 수 있는 감시자를 배치하여 이상을 발견한 때에는 작업을 중지시키고 근로자를 대피시킬 것

③ 콘크리트의 타설작업 시 거푸집 붕괴의 위험이 발생할 우려가 있는 때에는 충분한 보강조치를 할 것

④ 설계도서상의 콘크리트 양생 기간을 준수하여 거푸집동바리 등을 해체할 것

⑤ 콘크리트를 타설하는 경우에는 편심이 발생하지 않도록 골고루 분산하여 타설할 것

 참고

1. **블리딩** : 콘크리트 타설 후 물이나 미세한 불순물이 분리 상승하여 콘크리트 표면에 떠오르는 현상
2. **레이턴스** : 콘크리트 타설 후 물이나 미세한 불순물이 표면에 발생하는 미세한 물질
3. **한중콘크리트** : 하루의 평균기온이 4℃ 이하로 될 것이 예상되는 기상조건에서 낮에도 콘크리트가 동결의 우려가 있는 경우에 사용되는 콘크리트

(2) 콘크리트 측압이 커지는 조건

① 콘크리트의 타설속도가 빠를수록

② 습도가 낮을수록

③ 콘크리트의 비중이 클수록

④ 콘크리트의 다지기가 강할수록

⑤ 거푸집의 강성이 클수록

⑥ 거푸집의 수밀성이 높을수록

⑦ 거푸집의 부재단면이 클수록

⑧ 거푸집의 표면이 평활할수록

⑨ 외기의 온도가 낮을수록

⑩ 응결시간이 느린 시멘트를 사용할수록

⑪ 굵은 콘크리트일수록

⑫ 배근된 철골 또는 철근량이 적을수록

⑬ 시공연도(슬럼프)가 좋을수록

 참고

■ **슬럼프값** : 시험통에 다져넣은 높이 30cm에서 시험통을 벗기고 콘크리트가 미끄러져 내린 높이까지의 거리를 cm로 표시한 것

핵심이론 17 ┃ 철근작업과 철골공사

(1) 철근운반(인력운반)

① 1인당 무게는 25kg 정도가 적절하며, 무리한 운반을 삼가야 한다.

② 2인 이상이 1조가 되어 어깨메기로 하여 운반하는 등 안전을 도모하여야 한다.

③ 긴 철근을 부득이 한 사람이 운반할 때에는 한쪽을 어깨에 메고 한쪽 끝을 끌면서 운반하여야 한다.

④ 운반할 때에는 양끝을 묶어 운반하여야 한다.

⑤ 내려놓을 때는 천천히 내려놓고 던지지 않아야 한다.

⑥ 공동작업을 할 때에는 신호에 따라 작업을 하여야 한다.

(2) 철골공사

① 콘크리트 옹벽(흙막이 지보공)의 안정성 검토사항

㉮ 전도에 대한 안정

㉯ 활동에 대한 안정

㉰ 침하에 대한 안정(지반 지지력에 대한 안정)

② 외압에 대한 내력이 설계에 고려되었는지 확인하여야 할 대상(자립도 검토대상)

㉮ 높이 20m 이상의 구조물

㉯ 구조물의 폭과 높이의 비가 1 : 4 이상인 구조물

㉰ 단면구조에 현저한 차이가 있는 구조물

㉱ 연면적당 철골량이 $50kg/m^2$ 이하인 구조물

㉲ 기둥이 타이플레이트(tie plate)형인 구조물

㉳ 이음부가 현장용접인 구조물

핵심이론 18 ┃ 운반작업과 하역작업

(1) 운반작업

① 인력운반하중 기준 : 보통 체중의 40% 정도의 운반물을 60~80m/min의 속도로 운반하는 것이 바람직하다.

② 안전하중 기준 : 일반적으로 성인남자의 경우 25kg 정도, 성인여자의 경우 15kg 정도가 무리하게 힘이 들지 않는 안전하중이다.

③ 인력운반작업 시 안전수칙

㉮ 물건을 들어올릴 때는 팔과 무릎을 사용하며 척추는 곧은 자세로 한다.

㉯ 운반대상물의 특성에 따라 필요한 보호구를 확인·착용한다.

㉰ 무거운 물건은 공동작업으로 하고 보조기구를 이용한다.

㉱ 길이가 긴 물건은 앞쪽을 높여 운반한다.

  ⑩ 하물에 가능한 한 접근하여 하물의 무게중심을 몸에 가까이 밀착시킨다.

  ⑭ 어깨보다 높이 들어올리지 않는다.

  ⑰ 무리한 자세를 장시간 지속하지 않는다.

(2) 하역작업

 ① 하역작업장의 조치기준

  ㉮ 작업장 및 통로의 위험한 부분에는 안전하게 작업할 수 있는 조명을 유지할 것

  ㉯ 부두 또는 안벽의 선을 따라 통로를 설치하는 경우에는 폭을 90cm 이상으로 할 것

  ㉰ 옥상에서의 통로 및 작업장소로서 다리 또는 선거 갑문을 넘는 보도 등의 위험한 부분에는 안전난간 또는 울타리 등을 설치할 것

 ② 화물의 적재 시의 준수사항

  ㉮ 침하 우려가 없는 튼튼한 기반 위에 적재할 것

  ㉯ 건물의 칸막이나 벽 등이 화물의 압력에 견딜 만큼의 강도를 지니지 아니한 경우에는 칸막이나 벽에 기대어 적재하지 않도록 할 것

  ㉰ 불안정할 정도로 높이 쌓아 올리지 말 것

  ㉱ 하중이 한쪽으로 치우치지 않도록 쌓을 것

인생에서 가장 멋진 일은
사람들이 당신이 해내지 못할 것이라 장담한 일을
해내는 것이다.

-월터 배젓(Walter Bagehot)-

☆

항상 긍정적인 생각으로 도전하고 노력한다면,
언젠가는 멋진 성공을 이끌어 낼 수 있다는 것을 잊지 마세요.^^

과년도 출제문제

산업안전기사 필기 최근 기출문제 수록

산업안전기사

PART 2. 산업안전기사 필기 과년도 출제문제

제1과목 　 안전관리론

01 산업안전보건법령상 안전보건표지의 종류 중 경고표지에 해당하지 않는 것은 어느 것인가?

① 레이저광선 경고
② 급성독성물질 경고
③ 매달린 물체 경고
④ 차량통행 경고

•해설 ④ 금지표지 : 차량통행 금지

02 몇 사람의 전문가에 의하여 과제에 관한 견해를 발표한 뒤에 참가자로 하여금 의견이나 질문을 하게 하여 토의하는 방법을 무엇이라 하는가?

① 심포지엄(symposium)
② 버즈세션(buzz session)
③ 케이스메소드(case method)
④ 패널디스커션(panel discussion)

•해설 심포지엄(symposium)의 설명이다.

03 작업을 하고 있을 때 긴급 이상상태 또는 돌발사태가 되면 순간적으로 긴장하게 되어 판단능력의 둔화 또는 정지 상태가 되는 것은 어느 것인가?

① 의식의 우회
② 의식의 과잉
③ 의식의 단절
④ 의식의 수준저하

•해설 의식의 과잉에 대한 설명이다.

04 A사업장의 2019년 도수율이 10이라 할 때, 연천인율은 얼마인가?

① 2.4
② 5
③ 12
④ 24

•해설 연천인율＝도수율×2.4
　　　　　＝10×2.4＝24

05 산업안전보건법령상 산업안전보건위원회의 사용자위원에 해당되지 않는 사람은? (단, 각 사업장은 해당하는 사람을 선임하여야 하는 대상 사업장으로 한다.)

① 안전관리자
② 산업보건의
③ 명예산업안전감독관
④ 해당 사업장 부서의 장

•해설 **산업안전보건위원회**
(1) 근로자 위원
　㉠ 근로자 대표
　㉡ 근로자 대표가 지명하는 1명 이상의 명예 감독관
　㉢ 근로자 대표가 지명하는 9명 이내의 해당 사업장의 근로자
(2) 사용자 위원
　㉠ 해당 사업의 대표자
　㉡ 안전관리자 1명
　㉢ 보건관리자 1명
　㉣ 산업보건의
　㉤ 해당 사업의 대표자가 지명하는 9명 이내의 해당 사업장 부서의 장

06 산업안전보건법상 안전관리자의 업무에 해당되지 않는 것은?

① 업무수행 내용의 기록·유지

② 산업재해에 관한 통계의 유지·관리·분석을 위한 보좌 및 조언·지도

③ 안전에 관한 사항의 이행에 관한 보좌 및 조언·지도

④ 작업장 내에서 사용되는 전체환기장치 및 국소배기장치 등에 관한 설비의 점검과 작업방법의 공학적 개선에 관한 보좌 및 조언·지도

해설 안전관리자의 업무

㉠ ①, ②, ③

㉡ 사업장 안전교육계획의 수립 및 안전교육 실시에 관한 보좌 및 조언·지도

㉢ 안전인증 대상 기계·기구 등과 자율안전확인 대상 기계·기구 등 구입 시 적격품의 선정에 관한 보좌 및 조언·지도

㉣ 위험성평가에 관한 보좌 및 조언·지도

㉤ 산업안전보건위원회 또는 노사협의체, 안전보건 관리규정 및 취업규칙에서 정한 직무

㉥ 사업장 순회점검·지도 및 조치의 건의

㉦ 산업재해 발생의 원인 조사·분석 및 재발 방지를 위한 기술적 보좌 및 조언·지도

㉧ 그 밖에 안전에 관한 사항으로서 노동부 장관이 정하는 사항

07 어느 사업장에서 물적 손실이 수반된 무상해사고가 180건 발생하였다면 중상은 몇 건이나 발생할 수 있는가? (단, 버드의 재해구성비율 법칙에 따른다.)

① 6건

② 18건

③ 20건

④ 29건

해설

중상 또는 폐질	1	$1 \times 6 = 6$
경상	10	$10 \times 6 = 60$
무상해사고	30	$\dfrac{180}{30} = 6$ $30 \times 6 = 180$
무상해 무사고 고장	600	$600 \times 6 = 3,600$

08 안전·보건교육계획에 포함해야 할 사항이 아닌 것은?

① 교육지도안

② 교육 장소 및 방법

③ 교육 종류 및 대상

④ 교육 과목 및 내용

해설 안전·보건교육계획에 포함하여야 할 사항

㉠ 교육 종류 및 대상

㉡ 교육 목표 및 목적

㉢ 교육 장소 및 방법

㉣ 교육 기간 및 시간

㉤ 교육 담당자 및 강사

㉥ 교육 과목 및 내용

09 Y·G 성격검사에서 "안전, 적응, 적극형"에 해당하는 형의 종류는?

① A형

② B형

③ C형

④ D형

해설 Y·G 성격검사

㉠ A형(평균형) : 조화적, 적응적

㉡ B형(우편형) : 정서 불안정, 활동적, 외향적 (불안전, 부적응, 적극형)

㉢ C형(좌편형) : 안전 소극형(온순, 소극적, 안정, 비활동, 내향적)

㉣ D형(우하형) : 안전, 적응, 적극형(정서 안정, 사회 적응, 활동적, 대인관계 양호)

㉤ E형(좌하형) : 불안정, 부적응, 수동형(D형과 반대)

10 안전교육에 대한 설명으로 옳은 것은?

① 사례중심과 실연을 통하여 기능적 이해를 돕는다.

② 사무직과 기능직은 그 업무가 판이하게 다르므로 분리하여 교육한다.

③ 현장 작업자는 이해력이 낮으므로 단순 반복 및 암기를 시킨다.

④ 안전교육에 건성으로 참여하는 것을 방지하기 위하여 인사고과에 필히 반영한다.

해설 안전교육 기본방향
- ㉠ 안전작업을 위한 교육
- ㉡ 사고사례중심의 안전교육
- ㉢ 안전의식 향상을 위한 교육

11 산업안전보건법령에 따라 환기가 극히 불량한 좁은 밀폐된 장소에서 용접작업을 하는 근로자를 대상으로 한 특별안전·보건교육 내용에 포함되지 않는 것은? (단, 일반적인 안전·보건에 필요한 사항은 제외한다.)

① 환기설비에 관한 사항
② 질식 시 응급조치에 관한 사항
③ 작업순서, 안전작업 방법 및 수칙에 관한 사항
④ 폭발 한계점, 발화점 및 인화점 등에 관한 사항

해설 밀폐된 장소(탱크 내 또는 환기가 극히 불량한 좁은 장소)에서 하는 용접작업 또는 습한 장소에서 하는 전기용접작업
- ㉠ ①, ②, ③
- ㉡ 전격방지 및 보호구 착용에 관한 사항
- ㉢ 작업환경 점검에 관한 사항

12 크레인, 리프트 및 곤돌라는 사업장에 설치가 끝난 날부터 몇 년 이내에 최초의 안전검사를 실시해야 하는가? (단, 이동식 크레인, 이삿짐운반용 리프트는 제외한다.)

① 1년　　　　② 2년
③ 3년　　　　④ 4년

해설 안전검사 주기
- ㉠ 크레인(이동식 크레인은 제외), 리프트(이삿짐운반용 리프트는 제외) 및 곤돌라 : 사업장에 설치가 끝난 날부터 3년 이내에 최초 안전검사를 실시하되, 그 이후부터 2년마다(건설현장에서 사용하는 것은 최초로 설치한 날부터 6개월마다) 실시
- ㉡ 이동식 크레인, 이삿짐운반용 리프트 및 고소작업대 : 자동차관리법 제3조에 따른 신규 등록 이후 3년 이내에 최초 안전검사를 실시하되, 그 이후부터 2년마다 실시

13 다음 중 재해 코스트 산정에 있어 시몬즈 (R.H. Simonds) 방식에 의한 재해 코스트 산정법으로 옳은 것은?

① 직접비+간접비
② 간접비+비보험 코스트
③ 보험 코스트+비보험 코스트
④ 보험 코스트+사업부 보상금 지급액

해설 시몬즈 재해 코스트=보험 코스트+비보험 코스트

14 다음 중 맥그리거(McGregor)의 Y이론과 가장 거리가 먼 것은?

① 성선설
② 상호신뢰
③ 선진국형
④ 권위주의적 리더십

해설 맥그리거의 X이론과 Y이론의 비교

X이론	Y이론
인간 불신감(성악설)	상호 신뢰감(성선설)
저차(물질적)의 욕구 (경제적 보상체제의 강화)	고차(정신적)의 욕구 (만족에 의한 동기부여)
명령통제에 의한 관리 (규제관리)	목표 통합과 자기통제에 의한 관리
저개발국형	선진국형

15 생체리듬(biorhythm) 중 일반적으로 28일을 주기로 반복되며, 주의력·창조력·예감 및 통찰력 등을 좌우하는 리듬은 다음 중 어느 것인가?

① 육체적 리듬
② 지성적 리듬
③ 감성적 리듬
④ 정신적 리듬

해설 생체리듬(biorhythm)의 종류
- ㉠ 육체적 리듬 : 23일 주기
- ㉡ 지성적 리듬 : 33일 주기
- ㉢ 감성적 리듬 : 28일 주기

16 재해예방의 4원칙에 해당하지 않는 것은?

① 예방가능의 원칙
② 손실가능의 원칙
③ 원인연계의 원칙
④ 대책선정의 원칙

●해설 **재해예방의 4원칙**
㉠ 예방가능의 원칙
㉡ 손실우연의 원칙
㉢ 원인연계의 원칙
㉣ 대책선정의 원칙

17 관리감독자를 대상으로 교육하는 TWI의 교육내용이 아닌 것은?

① 문제해결 훈련　② 작업지도 훈련
③ 인간관계 훈련　④ 작업방법 훈련

●해설 **관리감독자를 대상으로 교육하는 TWI의 교육내용**
㉠ 작업지도 훈련
㉡ 인간관계 훈련
㉢ 작업방법 훈련
㉣ 작업안전기법 훈련

18 위험예지훈련 4R(라운드) 기법의 진행방법에서 3R에 해당하는 것은?

① 목표설정　　　② 대책수립
③ 본질추구　　　④ 현상파악

●해설 **위험예지훈련 4R(라운드)의 진행방법**
㉠ 1R : 현상파악
㉡ 2R : 본질추구
㉢ 3R : 대책수립
㉣ 4R : 목표설정

19 무재해운동의 기본이념 3원칙 중 다음에서 설명하는 것은?

> 직장 내의 모든 잠재위험요인을 적극적으로 사전에 발견·파악·해결함으로서 뿌리에서부터 산업재해를 제거하는 것

① 무의 원칙　　② 선취의 원칙
③ 참가의 원칙　④ 확인의 원칙

●해설 무의 원칙에 대한 설명이다.

20 방진마스크의 사용조건 중 산소농도의 최소기준으로 옳은 것은?

① 16%　　　　② 18%
③ 21%　　　　④ 23.5%

●해설 방진마스크 산소농도 최소기준 : 18%

제2과목 ▷ **인간공학 및 시스템안전공학**

21 인체계측 자료의 응용원칙이 아닌 것은?

① 기존 동일 제품을 기준으로 한 설계
② 최대치수와 최소치수를 기준으로 한 설계
③ 조절범위를 기준으로 한 설계
④ 평균치를 기준으로 한 설계

●해설 **인체계측 자료의 응용원칙**
㉠ 최대치수와 최소치수를 기준으로 한 설계
㉡ 조절범위를 기준으로 한 설계
㉢ 평균치를 기준으로 한 설계

22 인체에서 뼈의 주요 기능이 아닌 것은?

① 인체의 지주　② 장기의 보호
③ 골수의 조혈　④ 근육의 대사

●해설 **뼈의 주요 기능**
㉠ ①, ②, ③
㉡ 신체활동 수행
㉢ 칼슘, 인 등 무기질 저장 및 공급기능

23 각 부품의 신뢰도가 다음과 같을 때 시스템의 전체 신뢰도는 약 얼마인가?

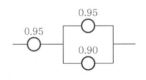

① 0.8123　　　② 0.9453
③ 0.9553　　　④ 0.9953

●해설 $R = 0.95 \times [1 - (1 - 0.95)(1 - 0.90)] = 0.9453$

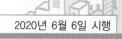

24 손이나 특정 신체부위에 발생하는 누적손 상장애(CTD)의 발생인자와 가장 거리가 먼 것은?

① 무리한 힘
② 다습한 환경
③ 장시간의 진동
④ 반복도가 높은 작업

• 해설 **누적손상장애(CTD)의 발생인자**
㉠ 무리한 힘
㉡ 장시간의 진동 및 온도
㉢ 반복도가 높은 작업
㉣ 부적절한 작업자세

25 인간공학 연구조사에 사용되는 기준의 구 비조건과 가장 거리가 먼 것은?

① 다양성
② 적절성
③ 무오염성
④ 기준척도의 신뢰성

• 해설 ① 민감도

26 의자 설계 시 고려해야 할 일반적인 원리 와 가장 거리가 먼 것은?

① 자세고정을 줄인다.
② 조정이 용이해야 한다.
③ 디스크가 받는 압력을 줄인다.
④ 요추 부위의 후만곡선을 유지한다.

• 해설 ④ 요추 부위의 전만곡선을 유지한다.

27 다음 FT도에서 시스템에 고장이 발생할 확률은 약 얼마인가? (단, X_1과 X_2의 발 생확률은 각각 0.05, 0.03이다.)

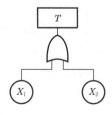

① 0.0015
② 0.0785
③ 0.9215
④ 0.9985

• 해설 $1 - (1 - 0.05)(1 - 0.03) = 0.0785$

28 반사율이 85%, 글자의 밝기가 400cd/m²인 VDT 화면에 350lux의 조명이 있다면 대비는 약 얼마인가?

① -6.0
② -0.5
③ -4.2
④ -2.8

• 해설
㉠ 휘도$(L_b) = \dfrac{\text{반사율} \times \text{조도}}{\pi} = \dfrac{0.85 \times 350}{\pi}$
$= 94.7 \, \text{cd/m}^2$

㉡ 전체 휘도$(L_t) = 400 + 94.7 = 494.7 \, \text{cd/m}^2$

㉢ 대비 $= \dfrac{L_b - L_t}{L_b} = \dfrac{94.7 - 494.7}{94.7} = -4.2$

29 화학설비에 대한 안전성 평가 중 정량적 평가항목에 해당되지 않는 것은?

① 공정
② 취급물질
③ 압력
④ 화학설비용량

• 해설 **화학설비의 안전성 평가 중 정량적 평가항목**
㉠ 취급물질
㉡ 설비용량
㉢ 온도
㉣ 압력
㉤ 조작

30 시각장치와 비교하여 청각장치 사용이 유 리한 경우는?

① 메시지가 길 때
② 메시지가 복잡할 때
③ 정보 전달장소가 너무 소란할 때
④ 메시지에 대한 즉각적인 반응이 필요 할 때

• 해설 청각적 표시장치보다 시각적 표시장치를 이용 하는 경우가 더 유리한 경우는 메시지가 즉각 적인 행동을 요구하지 않는 경우이다.

31 산업안전보건법령상 사업주가 유해·위험 방지계획서를 제출할 때에는 사업장별로 관련 서류를 첨부하여 해당 작업시작 며칠 전까지 해당 기관에 제출하여야 하는가?

① 7일   ② 15일
③ 30일   ④ 60일

•해설 유해위험방지계획서를 관련 서류를 첨부하여 해당 작업시작 15일 전까지 고용노동부 장관에게 제출한다.

32 인간－기계 시스템을 설계할 때에는 특정 기능을 기계에 할당하거나 인간에게 할당 하게 된다. 이러한 기능 할당과 관련된 사항으로 옳지 않은 것은? (단, 인공지능과 관련된 사항은 제외한다.)

① 인간은 원칙을 적용하여 다양한 문제 를 해결하는 능력이 기계에 비해 우월하다.
② 일반적으로 기계는 장시간 일관성이 있는 작업을 수행하는 능력이 인간에 비해 우월하다.
③ 인간은 소음, 이상온도 등의 환경에 서 작업을 수행하는 능력이 기계에 비해 우월하다.
④ 일반적으로 인간은 주위가 이상하거 나 예기치 못한 사건을 감지하여 대처 하는 능력이 기계에 비해 우월하다.

•해설 인간은 소음, 이상온도 등의 환경에서 작업을 수행하는 능력이 기계에 비해 부족하다.

33 모든 시스템 안전분석에서 제일 첫 번째 단계의 분석으로, 실행되고 있는 시스템을 포함한 모든 것의 상태를 인식하고 시스템 의 개발 단계에서 시스템 고유의 위험상태 를 식별하여 예상되고 있는 재해의 위험수 준을 결정하는 것을 목적으로 하는 위험분 석 기법은?

① 결함위험분석(FHA ; Fault Hazard Analysis)
② 시스템위험분석(SHA ; System Hazard Analysis)
③ 예비위험분석(PHA ; Preliminary Hazard Analysis)
④ 운용위험분석(OHA ; Operating Hazard Analysis)

•해설 예비위험분석의 설명이다.

34 컷셋(cut set)과 패스셋(pass set)에 관한 설명으로 옳은 것은?

① 동일한 시스템에서 패스셋의 개수와 컷 셋의 개수는 같다.
② 패스셋은 동시에 발생했을 때 정상사 상을 유발하는 사상들의 집합이다.
③ 일반적으로 시스템에서 최소컷셋의 개 수가 늘어나면 위험수준이 높아진다.
④ 최소컷셋은 어떤 고장이나 실수를 일 으키지 않으면 재해는 일어나지 않는 다고 하는 것이다.

•해설 ① 동일한 시스템에서 패스셋의 개수와 컷셋의 개수는 다르다.
② 패스셋은 그 속에 포함되는 기본사상이 일 어나지 않았을 때에 처음으로 정상사상이 일어나지 않는 기본사상의 집합이다.
④ 최소컷셋은 중복되는 사상의 컷셋 중 다른 컷셋에 포함되는 셋을 제거한 컷셋과 중복 되지 않는 사상의 컷셋을 합한 것이다.

35 조종장치를 촉각적으로 식별하기 위하여 사용되는 촉각적 코드화의 방법으로 옳지 않은 것은?

① 색감을 활용한 코드화
② 크기를 이용한 코드화
③ 조종장치의 형상 코드화
④ 표면 촉감을 이용한 코드화

해설 조종장치의 촉각적 코드화의 방법
㉠ 크기를 이용한 코드화
㉡ 조종장치의 형상 코드화
㉢ 표면 촉감을 이용한 코드화

36 FT도에서 사용하는 기호 중 다음 그림과 같이 OR 게이트이지만 2개 또는 그 이상의 입력이 동시에 존재할 때 출력이 생기지 않는 경우 사용하는 것은?

동시 발생이 없음

① 부정 OR 게이트
② 배타적 OR 게이트
③ 억제 게이트
④ 조합 OR 게이트

해설 배타적 OR 게이트의 설명이다.

37 휴먼에러(human error)의 요인을 심리적 요인과 물리적 요인으로 구분할 때, 심리적 요인에 해당하는 것은?

① 일이 너무 복잡한 경우
② 일의 생산성이 너무 강조될 경우
③ 동일 형상의 것이 나란히 있을 경우
④ 서두르거나 절박한 상황에 놓여 있을 경우

해설 ④ 휴먼에러의 심리적 요인
①, ②, ③ : 휴먼에러의 물리적 요인

38 적절한 온도의 작업환경에서 추운 환경으로 온도가 변할 때 우리의 신체가 수행하는 조절작용이 아닌 것은?

① 발한(發汗)이 시작된다.
② 피부의 온도가 내려간다.
③ 직장(直腸)온도가 약간 올라간다.
④ 혈액의 많은 양이 몸의 중심부를 위주로 순환한다.

해설 ① 몸이 떨리고 소름이 돋는다.

39 시스템 안전 MIL-STD-882B 분류기준의 위험성평가 매트릭스에서 발생빈도에 속하지 않는 것은?

① 거의 발생하지 않는(remote)
② 전혀 발생하지 않는(impossible)
③ 보통 발생하는(reasonably probable)
④ 극히 발생하지 않을 것 같은(extremely improbable)

해설 시스템 안전 MIL-STD-882B 위험성평가 매트릭스에서 발생빈도

분류	수준
자주 발생	A
보통 발생	B
가끔 발생	C
거의 발생하지 않음	D
극히 발생하지 않음	E

40 FTA에 의한 재해사례연구 순서 중 2단계에 해당하는 것은?

① FT도의 작성
② 톱사상의 선정
③ 개선계획의 작성
④ 사상의 재해원인을 규명

해설 FTA에 의한 재해사례연구 순서
㉠ 제1단계 : TOP사상의 선정
㉡ 제2단계 : 사상마다 재해 원인 및 요인 규명
㉢ 제3단계 : FT도 작성
㉣ 제4단계 : 개선계획 작성
㉤ 제5단계 : 개선안 실시계획

제3과목 기계위험방지기술

41 산업안전보건법령상 탁상용 연삭기의 덮개에는 작업받침대와 연삭숫돌과의 간격을 몇 mm 이하로 조정할 수 있어야 하는가?

① 3
② 4
③ 5
④ 10

해설 탁상용 연삭기의 덮개에는 작업받침대와 연삭숫돌과의 간격을 3mm 이하로 조정할 수 있다.

42 컨베이어의 제작 및 안전 기준상 작업구역 및 통행구역에 덮개, 울 등을 설치해야 하는 부위에 해당하지 않는 것은?

① 컨베이어의 동력전달 부분
② 컨베이어의 제동장치 부분
③ 호퍼, 슈트의 개구부 및 장력유지 장치
④ 컨베이어벨트, 풀리, 롤러, 체인, 스프로킷, 스크루 등

해설 컨베이어의 작업구역 및 통행구역에 덮개, 울 등을 설치해야 하는 부위
㉠ ①, ③, ④
㉡ 기타 가동부분과 정지부분 또는 다른 물건 사이 틈 등 작업자에게 위험을 미칠 우려가 있는 부분. 다만, 그 틈이 5mm 이내인 경우에는 예외로 할 수 있다.
㉢ 운반되는 재료 또는 컨베이어가 화상 등을 일으킬 수 있는 구간. 다만, 이 경우 덮개나 울을 설치해야 한다.

43 산업안전보건법령상 로봇에 설치되는 제어장치의 조건에 적합하지 않은 것은?

① 누름버튼은 오작동 방지를 위한 가드를 설치하는 등 불시 기동을 방지할 수 있는 구조로 제작·설치되어야 한다.
② 로봇에는 외부 보호장치와 연결하기 위해 하나 이상의 보호정지회로를 구비해야 한다.
③ 전원공급램프, 자동운전, 결함 검출 등 작동제어의 상태를 확인할 수 있는 표시장치를 설치해야 한다.
④ 조작버튼 및 선택스위치 등 제어장치에는 해당 기능을 명확하게 구분할 수 있도록 표시해야 한다.

해설 ② 로봇에는 외부 보호장치와 연결하기 위해 둘 이상의 보호정지회로를 구비해야 한다.

44 다음 중 회전축, 커플링 등 회전하는 물체에 작업복 등이 말려드는 위험을 초래하는 위험점은?

① 협착점　　② 접선물림점
③ 절단점　　④ 회전말림점

해설 회전말림점의 설명이다.

45 가공기계에 쓰이는 주된 풀푸르프(fool proof)에서 가드(guard)의 형식으로 틀린 것은?

① 인터록가드(interlock guard)
② 안내가드(guide guard)
③ 조정가드(adjustable guard)
④ 고정가드(fixed guard)

해설 ② 경고가드(warning guard)

46 밀링작업 시 안전수칙으로 틀린 것은?

① 보안경을 착용한다.
② 칩은 기계를 정지시킨 다음에 브러시로 제거한다.
③ 가공 중에는 손으로 가공 면을 점검하지 않는다.
④ 면장갑을 착용하여 작업한다.

해설 ④ 면장갑을 착용하지 않는다.

47 크레인의 방호장치에 해당되지 않는 것은?

① 권과방지장치　② 과부하방지장치
③ 비상정지장치　④ 자동보수장치

해설 크레인의 방호장치
㉠ ①, ②, ③
㉡ 제동장치

48 무부하상태에서 지게차로 20km/h의 속도로 주행할 때, 좌우 안정도는 몇 % 이내이어야 하는가?

① 37%　　② 39%
③ 41%　　④ 43%

해설 주행 시의 좌우 안정도(%)$=15+1.1V$
$=1.5\times1.1\times20$
$=37\%$ 이내

49 선반 가공 시 연속적으로 발생되는 칩으로 인해 작업자가 다치는 것을 방지하기 위하여 칩을 짧게 절단시켜 주는 안전장치는?

① 커버
② 브레이크
③ 보안경
④ 칩브레이커

해설 칩브레이커의 설명이다.

50 아세틸렌 용접장치에 관한 설명 중 틀린 것은?

① 아세틸렌 발생기로부터 5m 이내, 발생기실로부터 3m 이내에는 흡연 및 화기 사용을 금지한다.
② 발생기실에는 관계 근로자가 아닌 사람이 출입하는 것을 금지한다.
③ 아세틸렌 용기는 뉘어서 사용한다.
④ 건식 안전기의 형식으로 소결금속식과 우회로식이 있다.

해설 ③ 아세틸렌 용기는 세워서 사용한다.

51 산업안전보건법령상 프레스의 작업시작 전 점검사항이 아닌 것은?

① 금형 및 고정볼트의 상태
② 방호장치의 기능
③ 전단기의 칼날 및 테이블의 상태
④ 트롤리(trolley)가 횡행하는 레일의 상태

해설 프레스의 작업시작 전 점검사항
㉠ ①, ②, ③
㉡ 클러치 및 브레이크의 기능
㉢ 크랭크축·플라이휠·슬라이드·연결봉 및 연결나사의 풀림여부
㉣ 1행정 1정지 기구·급정지장치 및 비상정지장치의 기능
㉤ 슬라이드 또는 칼날에 의한 위험방지기구의 기능

52 프레스 양수조작식 방호장치 누름버튼의 상호 간 내측거리는 몇 mm 이상인가?

① 50
② 100
③ 200
④ 300

해설 프레스 및 전단기의 양수조작식 방호장치 누름버튼의 상호 간 최소내측거리는 300mm 이상으로 하여야 한다.

53 산업안전보건법령상 승강기의 종류에 해당하지 않는 것은?

① 리프트
② 에스컬레이터
③ 화물용 엘리베이터
④ 승객용 엘리베이터

해설 승강기의 종류
㉠ ②, ③, ④
㉡ 승객화물용 엘리베이터
㉢ 소형화물용 엘리베이터

54 롤러기 앞면 롤의 지름이 300mm, 분당 회전수가 30회일 경우 허용되는 급정지장치의 급정지거리는 약 몇 mm 이내이어야 하는가?

① 37.7
② 31.4
③ 377
④ 314

해설
$$V = \frac{\pi DN}{1,000} = \frac{3.14 \times 300 \times 30}{1,000} = 28.26\,\text{m/min}$$
앞면 롤러의 표면속도가 30m/min 미만은 급정지거리가 앞면 롤러 원주의 $\frac{1}{3}$ 이다.
$$\therefore\ l = \pi D \times \frac{1}{3} = 3.14 \times 300 \times \frac{1}{3} = 314\,\text{mm}$$

55 어떤 로프의 최대하중이 700N이고, 정격하중은 100N이다. 이때 안전계수는 얼마인가?

① 5
② 6
③ 7
④ 8

해설
$$안전계수 = \frac{최대하중}{정격하중}$$
$$= \frac{700\text{N}}{100\text{N}}$$
$$= 7$$

56 다음 중 설비의 진단방법에 있어 비파괴시험이나 검사에 해당하지 않는 것은?

① 피로시험
② 음향탐상검사
③ 방사선투과시험
④ 초음파탐상검사

●해설 ① 피로시험은 재료시험이다.

57 지름 5cm 이상을 갖는 회전 중인 연삭숫돌이 근로자들에게 위험을 미칠 우려가 있는 경우에 필요한 방호장치는?

① 받침대　② 과부하방지장치
③ 덮개　　 ④ 프레임

●해설 덮개의 설명이다.

58 프레스 금형의 파손에 의한 위험방지 방법이 아닌 것은?

① 금형에 사용하는 스프링은 반드시 인장형으로 할 것
② 작업 중 진동 및 충격에 의해 볼트 및 너트의 헐거워짐이 없도록 할 것
③ 금형의 하중 중심은 원칙적으로 프레스 기계의 하중 중심과 일치하도록 할 것
④ 캠, 기타 충격이 반복해서 가해지는 부분에는 완충장치를 설치할 것

●해설 ① 금형에 사용하는 스프링은 코일 용수철이다.

59 기계설비의 작업능률과 안전을 위해 공장의 설비 배치 3단계를 올바른 순서대로 나열한 것은?

① 지역 배치 → 건물 배치 → 기계 배치
② 건물 배치 → 지역 배치 → 기계 배치
③ 기계 배치 → 건물 배치 → 지역 배치
④ 지역 배치 → 기계 배치 → 건물 배치

●해설 **공장의 설비 배치 3단계**
지역 배치 → 건물 배치 → 기계 배치

60 다음 중 연삭숫돌의 파괴 원인으로 거리가 먼 것은?

① 플랜지가 현저히 클 때
② 숫돌에 균열이 있을 때
③ 숫돌의 측면을 사용할 때
④ 숫돌의 치수, 특히 내경의 크기가 적당하지 않을 때

●해설 ① 플랜지가 현저히 작을 때

제4과목　전기위험방지기술

61 충격전압시험 시의 표준충격파형을 1.2×50μs로 나타내는 경우 1.2와 50이 뜻하는 것은?

① 파두장, 파미장
② 최초섬락시간, 최종섬락시간
③ 라이징타임, 스테이블타임
④ 라이징타임, 충격전압인가시간

●해설 **표준충격파형**
$1.2 \times 50\mu s$
여기서, 1.2 : 파두장, 50 : 파미장

62 폭발위험장소의 분류 중 인화성 액체의 증기 또는 가연성 가스에 의한 폭발위험이 지속적으로 또는 장기간 존재하는 장소는 몇 종 장소로 분류되는가?

① 0종 장소
② 1종 장소
③ 2종 장소
④ 3종 장소

●해설 0종 장소의 설명이다.

63 활선작업 시 사용할 수 없는 전기작업용 안전장구는?

① 전기안전모
② 절연장갑
③ 검전기
④ 승주용 가제

해설 활선작업 시 전기작업용 안전장구
㉠ 전기안전모
㉡ 절연장갑
㉢ 검전기

64 인체의 전기저항을 500Ω이라 한다면 심실세동을 일으키는 위험에너지(J)는? (단, 심실세동전류 $I = \dfrac{165}{\sqrt{T}}$ mA, 통전시간은 1초이다.)

① 13.61
② 23.21
③ 33.42
④ 44.63

해설 $I = \dfrac{165}{\sqrt{T}}$, $W = I^2 RT$

$\therefore \left(\dfrac{165}{\sqrt{T}} \times 10^{-3}\right)^2 \times 500 \times T = 13.61 ≒ 13.6J$

65 피뢰침의 제한전압이 800kV, 충격절연강도가 1,000kV라 할 때, 보호여유도는 몇 %인가?

① 25
② 33
③ 47
④ 63

해설 보호여유도 $= \dfrac{충격절연강도 - 제한전압}{제한전압} \times 100$

$= \dfrac{1,000 - 800}{800} \times 100$

$= 25\%$

66 감전사고를 일으키는 주된 형태가 아닌 것은?

① 충전전로에 인체가 접촉되는 경우
② 이중절연구조로 된 전기 기계·기구를 사용하는 경우

③ 고전압의 전선로에 인체가 근접하여 섬락이 발생된 경우
④ 충전전기회로에 인체가 단락회로의 일부를 형성하는 경우

해설 ② 전선 등의 전로 1선에 인체가 접촉되어 인체를 통해 대지로 지락전류가 흐르는 경우

67 화재가 발생하였을 때 조사해야 하는 내용으로 가장 관계가 먼 것은?

① 발화원
② 착화물
③ 출화의 경과
④ 응고물

해설 화재가 발생하였을 때 조사해야 하는 내용
㉠ 발화원
㉡ 착화물
㉢ 출화의 경과

68 다음 중 정전기에 관한 설명으로 옳은 것은 어느 것인가?

① 정전기는 발생에서부터 억제 – 축적 방지 – 안전한 방전이 재해를 방지할 수 있다.
② 정전기 발생은 고체의 분쇄공정에서 가장 많이 발생한다.
③ 액체의 이송 시는 그 속도(유속)를 7m/s 이상 빠르게 하여 정전기의 발생을 억제한다.
④ 접지값은 10Ω 이하로 하되 플라스틱 같은 절연도가 높은 부도체를 사용한다.

해설 ② 정전기 발생은 고체나 분체류와 같은 물체가 파괴되었을 때 전하분리 또는 정, 부 전하의 균형이 깨지면서 정전기가 발생한다.
③ 액체의 이송 시는 그 속도(유속)를 7m/s 이하로 하여 정전기의 발생을 억제한다.
④ 접지값은 10Ω 이하로 하되 충격성의 전압과 같은 급격한 변화를 하는 전압에 대해서도 낮은 임피던스를 유지한다.

69 인체의 피부전기저항은 여러 가지의 제반
조건에 의해서 변화를 일으키는데 제반조
건으로써 가장 가까운 것은?

① 피부의 청결
② 피부의 노화
③ 인가전압의 크기
④ 통전경로

> **해설** 인체의 피부전기저항의 제반조건 : 인가전압의 크기

70 교류아크용접기에 전격방지기를 설치하는
요령 중 틀린 것은?

① 이완방지조치를 한다.
② 직각으로만 부착해야 한다.
③ 동작상태를 알기 쉬운 곳에 설치한다.
④ 테스트 스위치는 조작이 용이한 곳에
위치시킨다.

> **해설** ② 직각으로 부착한다. 단, 직각이 어려울 때는
> 직각에 대해 20도를 넘지 않을 것

71 전기기기의 Y종 절연물의 최고허용온도는?

① 80℃
② 85℃
③ 90℃
④ 105℃

> **해설** 전기기기의 절연물의 최고허용온도
>
> | 종 별 | 최고허용온도(℃) |
> |---|---|
> | Y종 | 90 |
> | A종 | 105 |
> | E종 | 120 |
> | B종 | 130 |
> | F종 | 155 |
> | H종 | 180 |
> | C종 | 180 초과 |

72 내압방폭구조의 기본적 성능에 관한 사항
으로 틀린 것은?

① 내부에서 폭발할 경우 그 압력에 견
딜 것
② 폭발화염이 외부로 유출되지 않을 것
③ 습기 침투에 대한 보호가 될 것
④ 외함 표면온도가 주위의 가연성 가스
에 점화하지 않을 것

> **해설** ③의 내용은 내압방폭구조의 기본적 성능에 관
> 한 사항으로는 거리가 멀다.

73 온도조절용 바이메탈과 온도 퓨즈가 회로
에 조합되어 있는 다리미를 사용한 가정에
서 화재가 발생하였다. 다리미에 부착되어
있던 바이메탈과 온도 퓨즈를 대상으로 화
재 사고를 분석하려 하는 데 논리기호를
사용하여 표현하고자 한다. 어느 기호가
적당한가? (단, 바이메탈의 작동과 온도
퓨즈가 끊어졌을 경우를 0, 그렇지 않을
경우를 1이라 한다.)

①    ②

③   ④

> **해설** ③ ⊐D— : 한 가지만 잘못되면 화재가 발생
> 되지 않고 두 가지가 잘못되면 화재가 발생
> 하므로 AND 게이트가 된다.

74 폭발위험이 있는 장소의 설정 및 관리와
가장 관계가 먼 것은?

① 인화성 액체의 증기 사용
② 가연성 가스 제조
③ 가연성 분진 제조
④ 종이 등 가연성 물질 취급

> **해설** 폭발위험이 있는 장소의 설정 및 관리
> ㉠ 인화성 액체의 증기 사용
> ㉡ 가연성 가스 제조
> ㉢ 가연성 분진 제조

75 화염일주한계에 대한 설명으로 옳은 것은?

① 폭발성 가스와 공기의 혼합기에 온도를 높인 경우 화염이 발생할 때까지의 시간 한계치

② 폭발성 분위기에 있는 용기의 접합면 틈새를 통해 화염이 내부에서 외부로 전파되는 것을 저지할 수 있는 틈새의 최대간격치

③ 폭발성 분위기 속에서 전기불꽃에 의하여 폭발을 일으킬 수 있는 화염을 발생시키기에 충분한 교류파형의 1주기치

④ 방폭설비에서 이상이 발생하여 불꽃이 생성된 경우에 그것이 점화원으로 작용하지 않도록 화염의 에너지를 억제하여 폭발하한계로 되도록 화염 크기를 조정하는 한계치

> **해설** 화염일주한계 : 폭발성 분위기에 있는 용기의 접합면 틈새를 통해 화염이 내부에서 외부로 전파되는 것을 저지할 수 있는 틈새의 최대간격

76 인체의 표면적이 0.5m²이고 정전용량은 0.02pF/cm²이다. 3,300V의 전압이 인가되어 있는 전선에 접근하여 작업을 할 때 인체에 축적되는 정전기에너지(J)는?

① 5.445×10^{-2}
② 5.445×10^{-4}
③ 2.723×10^{-2}
④ 2.723×10^{-4}

> **해설**
> $E = \dfrac{1}{2} CV^2 A$
> 여기서, E : 정전기에너지(J)
> C : 도체의 정전용량(F)
> V : 대전전위(V)
> A : 표면적(cm²)
> $\therefore \dfrac{1}{2} \times 0.02 \times 10^{-12} \times 3,300^2 \times 0.5 \times 100^2$
> $= 5.445 \times 10^{-4}$

77 고압 및 특고압 전로에 시설하는 피뢰기의 설치장소로 잘못된 곳은?

① 가공전선로와 지중전선로가 접속되는 곳

② 발전소, 변전소의 가공전선 인입구 및 인출구

③ 가공전선로에 접속하는 배전용 변압기의 저압측

④ 특고압 가공전선로로부터 공급 받는 수용장소의 인입구

> **해설** 피뢰기의 설치장소
> ㉠ ①, ②, ③
> ㉡ 가공전선로에 접속되는 배전용 변압기의 고압측 및 특별고압측
> ㉢ 고압 가공전선로로부터 공급을 받는 수전전력의 용량이 500kW 이상의 수용장소의 인입구
> ㉣ 배선전로 차단기, 개폐기의 전원측 및 부하측
> ㉤ 콘덴서의 전원측

78 전자파 중에서 광량자에너지가 가장 큰 것은?

① 극저주파   ② 마이크로파
③ 가시광선   ④ 적외선

> **해설** ① 0~3kHz
> ② 300MHz~300GHz
> ③ 380~780nm
> ④ 1~780nm

79 폭발위험장소에 전기설비를 설치할 때 전기적인 방호조치로 적절하지 않은 것은?

① 다상 전기기기는 결상 운전으로 인한 과열 방지조치를 한다.

② 배선은 단락·지락 사고 시의 영향과 과부하로부터 보호한다.

③ 자동차단이 점화의 위험보다 클 때는 경보장치를 사용한다.

④ 단락보호장치는 고장상태에서 자동 복구되도록 한다.

> **해설** ④ 단락보호장치는 고장상태에서 자동복구가 되지 않아야 한다.

80 감전사고 방지대책으로 틀린 것은?

① 설비의 필요한 부분에 보호접지 실시
② 노출된 충전부에 통전망 설치
③ 안전전압 이하의 전기기기 사용
④ 전기 기기 및 설비의 정비

>[해설] ② 노출된 충전부에 폐쇄형 외함으로 한다.

제5과목 ┃ **화학설비위험방지기술**

81 다음 관(pipe) 부속품 중 관로의 방향을 변경하기 위하여 사용하는 부속품은?

① 니플(nipple)　② 유니언(union)
③ 플랜지(flange)　④ 엘보(elbow)

>[해설] 엘보의 설명이다.

82 산업안전보건기준에 관한 규칙상 국소배기장치의 후드 설치기준이 아닌 것은?

① 유해물질이 발생하는 곳마다 설치할 것
② 후드의 개구부 면적은 가능한 한 크게할 것
③ 외부식 또는 리시버식 후드는 해당 분진 등의 발산원에 가장 가까운 위치에 설치할 것
④ 후드 형식은 가능하면 포위식 또는 부스식 후드를 설치할 것

>[해설] ② 유해인자의 발생형태와 비중, 작업방법 등을 고려하여 해당 분진 등의 발생원을 제어할 수 있는 구조로 설치할 것

83 산업안전보건기준에 관한 규칙에 따르면 쥐에 대한 경구투입실험에 의하여 실험동물의 50퍼센트를 사망시킬 수 있는 물질의 양, 즉 LD$_{50}$(경구, 쥐)이 킬로그램당 몇 밀리그램-(체중) 이하인 화학물질이 급성독성물질에 해당하는가?

① 25　　　　② 100
③ 300　　　④ 500

>[해설] **급성독성물질** : LD$_{50}$(경구, 쥐) → 300mg/체중(kg) 이하인 화학물질

84 반응성 화학물질의 위험성은 실험에 의한 평가 대신 문헌조사 등을 통해 계산에 의해 평가하는 방법을 사용할 수 있다. 이에 관한 설명으로 옳지 않은 것은?

① 위험성이 너무 커서 물성을 측정할 수 없는 경우 계산에 의한 평가방법을 사용할 수도 있다.
② 연소열, 분해열, 폭발열 등의 크기에 의해 그 물질의 폭발 또는 발화의 위험 예측이 가능하다.
③ 계산에 의한 평가를 하기 위해서는 폭발 또는 분해에 따른 생성물의 예측이 이루어져야 한다.
④ 계산에 의한 위험성 예측은 모든 물질에 대해 정확성이 있으므로 더 이상의 실험을 필요로 하지 않는다.

>[해설] ④ 계산에 의한 위험성 예측은 모든 물질에 대해 부정확성이 있으므로 실험을 필요로한다.

85 압축기와 송풍의 관로에 심한 공기의 맥동과 진동을 발생하면서 불안정한 운전이 되는 서징(surging) 현상의 방지법으로 옳지 않은 것은?

① 풍량을 감소시킨다.
② 배관의 경사를 완만하게 한다.
③ 교축밸브를 기계에서 멀리 설치한다.
④ 토출가스를 흡입 측에 바이패스시키거나 방출밸브에 의해 대기로 방출시킨다.

>[해설] ③ 교축밸브를 기계에 근접하여 설치한다.

86 다음 중 독성이 가장 강한 가스는?

① NH$_3$　　　　② COCl$_2$
③ C$_6$H$_5$CH$_3$　④ H$_2$S

·해설

가스 종류	허용농도(ppm)
NH_3	25
$COCl_2$	0.1
$C_6H_5CH_3$	100
H_2S	10

87 다음 중 분해폭발의 위험성이 있는 아세틸렌의 용제로 가장 적절한 것은?

① 에테르 ② 에틸알코올
③ 아세톤 ④ 아세트알데히드

·해설 아세틸렌 용제 : 아세톤, DMF

88 분진폭발의 발생순서로 옳은 것은?

① 비산 → 분산 → 퇴적분진 → 발화원 → 2차 폭발 → 전면폭발
② 비산 → 퇴적분진 → 분산 → 발화원 → 2차 폭발 → 전면폭발
③ 퇴적분진 → 발화원 → 분산 → 비산 → 전면폭발 → 2차 폭발
④ 퇴적분진 → 비산 → 분산 → 발화원 → 전면폭발 → 2차 폭발

·해설 분진폭발의 발생순서
퇴적분진 → 비산 → 분산 → 발화원 → 전면폭발 → 2차 폭발

89 폭발 방호대책 중 이상 또는 과잉 압력에 대한 안전장치로 볼 수 없는 것은?

① 안전밸브(safety valve)
② 릴리프밸브(relief valve)
③ 파열판(bursting disk)
④ 플레임어레스터(flame arrester)

·해설 ㉠ ①, ②, ③
㉡ 가용합금 안전밸브, 폭압방산구

90 다음 인화성 가스 중 가장 가벼운 물질은?

① 아세틸렌 ② 수소
③ 부탄 ④ 에틸렌

·해설 분자량
① $C_2H_2 = 12 \times 2 + 1 \times 2 = 26$
② $H_2 = 1 \times 2 = 2$
③ $C_4H_{10} = 12 \times 4 + 1 \times 10 = 58$
④ $C_2H_4 = 12 \times 2 + 1 \times 4 = 28$

91 가연성 가스 및 증기의 위험도에 따른 방폭전기기기의 분류로 폭발등급을 사용하는데, 이러한 폭발등급을 결정하는 것은?

① 발화도 ② 화염일주한계
③ 폭발한계 ④ 최소발화에너지

·해설 화염일주한계의 설명이다.

92 다음 중 메타인산(HPO_3)에 의한 소화효과를 가진 분말소화약제의 종류는?

① 제1종 분말소화약제
② 제2종 분말소화약제
③ 제3종 분말소화약제
④ 제4종 분말소화약제

·해설 제3종 분말소화약제
$$NH_4H_2PO_4 \longrightarrow \underset{질식}{HPO_3} + NH_3 + \underset{냉각}{H_2O}$$

93 다음 중 파열판에 관한 설명으로 틀린 것은?

① 압력 방출속도가 빠르다.
② 한번 파열되면 재사용할 수 없다.
③ 한번 부착한 후에는 교환할 필요가 없다.
④ 높은 점성의 슬러리나 부식성 유체에 적용할 수 있다.

·해설 ③ 장기간 운전 시 파열 가능성이 있으므로 정기적인 교체가 필요하다.

94 공기 중에서 폭발범위가 12.5~74vol%인 일산화탄소의 위험도는 얼마인가?

① 4.92 ② 5.26
③ 6.26 ④ 7.05

·해설 $$H = \frac{L-u}{u} = \frac{74-12.5}{12.5} = 4.92$$

95 산업안전보건법령에 따라 유해하거나 위험한 설비의 설치·이전 또는 주요 구조부분의 변경공사 시 공정안전보고서의 제출 시기는 착공일 며칠 전까지 관련 기관에 제출하여야 하는가?

① 15일

② 30일

③ 60일

④ 90일

해설 유해·위험설비의 설치, 이전 또는 구조 부분의 변경공사 시 공정안전보고서는 착공일 30일 전까지 관련 기관에 제출한다.

96 소화약제 IG−100의 구성성분은?

① 질소

② 산소

③ 이산화탄소

④ 수소

해설

소화약제	상품명	화학식
불연성·불활성 기체 혼합가스(IG−100)	Nitrogen	N_2

97 프로판(C_3H_8)의 연소에 필요한 최소산소농도의 값은 약 얼마인가? (단, 프로판의 폭발하한은 Jone 식에 의해 추산한다.)

① 8.1%v/v

② 11.1%v/v

③ 15.1%v/v

④ 20.1%v/v

해설 ㉠ 산소농도(O_2) $= \left(a + \dfrac{b-c-2d}{4} \right)$

$\qquad = \left(3 + \dfrac{8}{4} \right)$

$\qquad = 5$

(단, C_aH_b $a=3$, $b=8$, $c=0$, $d=0$)

㉡ 화학양론농도(C_{st}) $= \dfrac{100}{1+4.773O_2}$

$\qquad = \dfrac{100}{1+4.773 \times 5}$

$\qquad = 4.02\%$

㉢ 연소하한계(Jones식) $= C_{st} \times 0.55$

$\qquad = 4.02 \times 0.55$

$\qquad = 2.211\%v/v$

∴ 최소산소농도 = 산소농도 × 연소하한계

$\qquad = 5 \times 2.211$

$\qquad = 11.05 = 11.1\%v/v$

98 다음 중 물과 반응하여 아세틸렌을 발생시키는 물질은?

① Zn

② Mg

③ Al

④ CaC_2

해설 $CaC_2 + 2H_2O \longrightarrow Ca(OH)_2 + C_2H_2$

99 메탄 1vol%, 헥산 2vol%, 에틸렌 2vol%, 공기 95vol%로 된 혼합가스의 폭발하한계 값(vol%)은 약 얼마인가? (단, 메탄, 헥산, 에틸렌의 폭발하한계값은 각각 5.0vol%, 1.1vol%, 2.7vol%이다.)

① 1.8 ② 3.5

③ 12.8 ④ 21.7

해설 $L = \dfrac{V_1 + V_2 + \cdots + V_n}{\dfrac{V_1}{L_1} + \dfrac{V_2}{L_2} + \cdots + \dfrac{V_n}{L_n}}$

$\quad = \dfrac{1+2+2}{\dfrac{1}{5.0} + \dfrac{2}{1.1} + \dfrac{2}{2.7}}$

$\quad = 1.8\text{vol}\%$

100 가열·마찰·충격 또는 다른 화학물질과의 접촉 등으로 인하여 산소나 산화제의 공급이 없더라도 폭발 등 격렬한 반응을 일으킬 수 있는 물질은?

① 에틸알코올

② 인화성 고체

③ 니트로화합물

④ 테레빈유

해설 니트로화합물의 설명이다.

제6과목　건설안전기술

101 사업주가 유해 · 위험방지계획서 제출 후 건설공사 중 6개월 이내마다 안전보건공단의 확인을 받아야 할 내용이 아닌 것은 어느 것인가?

① 유해 · 위험방지계획서의 내용과 실제 공사내용이 부합하는지 여부
② 유해 · 위험방지계획서 변경내용의 적정성
③ 자율안전관리업체 유해 · 위험방지계획서 제출 · 심사 면제
④ 추가적인 유해 · 위험 요인의 존재 여부

> **해설** 유해 · 위험방지계획서를 제출한 후 건설공사 중 6개월 이내마다 안전보건공단의 확인을 받아야 할 내용
> ㉠ 유해 · 위험방지계획서의 내용과 실제 공사내용이 부합하는지 여부
> ㉡ 유해 · 위험방지계획서 변경내용의 적정성
> ㉢ 추가적인 유해 · 위험 요인의 존재여부

102 철골공사 시 안전작업방법 및 준수사항으로 옳지 않은 것은?

① 강풍, 폭우 등과 같은 악천우 시에는 작업을 중지하여야 하며, 특히 강풍 시에는 높은 곳에 있는 부재나 공구류가 낙하 · 비래하지 않도록 조치하여야 한다.
② 철골부재 반입 시 시공순서가 빠른 부재는 상단부에 위치하도록 한다.
③ 구명줄 설치 시 마닐라로프 직경 10mm를 기준하여 설치하고 작업방법을 충분히 검토하여야 한다.
④ 철골보의 두 곳을 매어 인양시킬 때 와이어로프의 내각은 60° 이하이어야 한다.

> **해설** ③ 구명줄 설치 시 마닐라로프 직경 16mm를 기준하여 설치하고 작업방법을 충분히 검토하여야 한다.

103 지면보다 낮은 땅을 파는 데 적합하고 수중굴착도 가능한 굴착기계는?

① 백호
② 파워셔블
③ 가이데릭
④ 파일드라이버

> **해설** 백호의 설명이다.

104 산업안전보건법령에 따른 지반의 종류별 굴착면의 기울기 기준으로 옳지 않은 것은?

① 모래 − 1 : 1.8
② 경암 − 1 : 0.3
③ 풍화암 − 1 : 1.0
④ 연암 − 1 : 1.0

> **해설** 굴착면의 기울기 기준

지반의 종류	굴착면의 기울기
모래	1 : 1.8
연암 및 풍화암	1 : 1.0
경암	1 : 0.5
그 밖의 흙	1 : 1.2

105 콘크리트 타설 시 거푸집 측압에 관한 설명으로 옳지 않은 것은?

① 기온이 높을수록 측압은 크다.
② 타설속도가 클수록 측압은 크다.
③ 슬럼프가 클수록 측압은 크다.
④ 다짐이 과할수록 측압은 크다.

> **해설** ① 기온이 낮을수록 측압은 크다.

106 강관비계의 수직방향 벽이음 조립간격(m)으로 옳은 것은? (단, 틀비계이며, 높이가 5m 이상일 경우이다.)

① 2m
② 4m
③ 6m
④ 9m

> **해설** 통나무 및 강관비계의 벽이음 간격

비계의 종류		조립간격(단위 : m)	
		수직방향	수평방향
강관비계	단관비계	5	5
	틀비계	6	8
통나무비계		5.5	7.5

107 굴착과 싣기를 동시에 할 수 있는 토공기계가 아닌 것은?

① Power shovel
② Tractor shovel
③ Back hoe
④ Motor grader

> **해설** ④ Motor grader : 지면을 절삭하여 평활하게 다듬는 것이 목적이다.

108 구축물에 안전진단 등 안전성 평가를 실시하여 근로자에게 미칠 위험성을 미리 제거하여야 하는 경우가 아닌 것은?

① 구축물 또는 이와 유사한 시설물의 인근에서 굴착·항타 작업 등으로 침하·균열 등이 발생하여 붕괴의 위험이 예상될 경우
② 구조물, 건축물, 그 밖의 시설물이 그 자체의 무게·적설·풍압 또는 그 밖에 부가되는 하중 등으로 붕괴 등의 위험이 있을 경우
③ 화재 등으로 구축물 또는 이와 유사한 시설물의 내력(耐力)이 심하게 저하되었을 경우
④ 구축물의 구조체가 안전 측으로 과도하게 설계가 되었을 경우

> **해설** 구축물에 안전진단 등 안전성 평가를 실시하여 근로자에게 미칠 위험성을 미리 제거하여야 하는 경우
> ㉠ ①, ②, ③
> ㉡ 구축물 또는 이와 유사한 시설물에 지진, 동해, 부동침하 등으로 균열·비틀림 등이 발생하였을 경우
> ㉢ 오랜기간 사용하지 아니하던 구축물 또는 이와 유사한 시설물을 재사용하게 되어 안전성을 검토하여야 하는 경우
> ㉣ 그 밖의 잠재위험이 예상될 경우

109 다음 중 방망사의 폐기 시 인장강도에 해당하는 것은? (단, 그물코의 크기는 10cm이며, 매듭 없는 방망의 경우이다.)

① 50kg
② 100kg
③ 150kg
④ 200kg

> **해설** 방망사의 폐기 시 인장강도
>
> | 그물코의 종류 | 인장강도(kgf/cm^2) | |
> |---|---|---|
> | | 매듭 없는 방망 | 매듭방망 |
> | 10cm 그물코 | 150kg | 135kg |
> | 5cm 그물코 | – | 60kg |

110 작업장에 계단 및 계단참을 설치하는 경우 매 제곱미터당 최소 몇 킬로그램 이상의 하중에 견딜 수 있는 강도를 가진 구조로 설치하여야 하는가?

① 300kg
② 400kg
③ 500kg
④ 600kg

> **해설** 작업장의 계단 및 계단 참 : $50kg/m^2$ 이상의 하중에 견딜 수 있는 강도를 가진 구조로 설치한다.

111 굴착공사에서 비탈면 또는 비탈면 하단을 성토하여 붕괴를 방지하는 공법은?

① 배수공
② 배토공
③ 공작물에 의한 방지공
④ 압성토공

> **해설** 압성토공법의 설명이다.

112 공정률이 65%인 건설현장의 경우 공사 진척에 따른 산업안전보건관리비의 최소사용기준으로 옳은 것은? (단, 공정률은 기성공정률을 기준으로 한다.)

① 40% 이상
② 50% 이상
③ 60% 이상
④ 70% 이상

> **해설** 공사 진척에 따른 안전관리비의 사용기준
>
> | 공정률 | 50% 이상 70% 미만 | 70% 이상 90% 미만 | 90% 이상 |
> |---|---|---|---|
> | 사용기준 | 50% 이상 | 70% 이상 | 90% 이상 |

113 해체공사 시 작업용 기계·기구의 취급 안전기준에 관한 설명으로 옳지 않은 것은?

① 철제 해머와 와이어로프의 결속은 경험이 많은 사람으로서 선임된 자에 한하여 실시하도록 하여야 한다.

② 팽창제 천공간격은 콘크리트 강도에 의하여 결정되나 70~120cm 정도를 유지하도록 한다.

③ 쐐기타입으로 해체 시 천공 구멍은 타입기 삽입부분의 직경과 거의 같아야 한다.

④ 화염방사기로 해체작업 시 용기 내 압력은 온도에 의해 상승하기 때문에 항상 40℃ 이하로 보존해야 한다.

> **해설** ② 팽창제 천공간격은 콘크리트 강도에 의하여 결정되나 30~70cm 정도를 유지하도록 한다.

114 가설통로의 설치에 관한 기준으로 옳지 않은 것은?

① 경사는 30° 이하로 한다.

② 건설공사에 사용하는 높이 8m 이상인 비계다리에는 7m 이내마다 계단참을 설치한다.

③ 작업상 부득이한 경우에는 필요한 부분에 한하여 안전난간을 임시로 해체할 수 있다.

④ 수직갱에 가설된 통로의 길이가 10m 이상인 경우에는 5m 이내마다 계단참을 설치한다.

> **해설** ④ 수직갱에 가설된 통로의 길이가 15m 이상인 경우에는 10m 이내마다 계단참을 설치한다.

115 작업으로 인하여 물체가 떨어지거나 날아올 위험이 있는 경우 필요한 조치와 가장 거리가 먼 것은?

① 투하설비 설치

② 낙하물방지망 설치

③ 수직보호망 설치

④ 출입금지구역 설정

> **해설** 작업으로 인하여 물체가 떨어지거나 날아올 위험이 있는 경우 필요한 조치
> ㉠ ②, ③, ④
> ㉡ 보호구의 착용

116 다음은 안전대와 관련된 설명이다. 아래 내용에 해당되는 용어로 옳은 것은?

> 로프 또는 레일 등과 같은 유연하거나 단단한 고정줄로서 추락 발생 시 추락을 저지시키는 추락방지대를 지탱해 주는 줄모양의 부품

① 안전블록　　　　② 수직구명줄

③ 죔줄　　　　　　④ 보조죔줄

> **해설** 수직구명줄의 설명이다.

117 크레인의 운전실 또는 운전대를 통하는 통로의 끝과 건설물 등의 벽체 간격은 최대 얼마 이하로 하여야 하는가?

① 0.2m　　　　　② 0.3m

③ 0.4m　　　　　④ 0.5m

> **해설** 다음의 간격을 0.3m 이하로 하여야 한다. 다만, 근로자가 추락할 위험이 없는 경우에는 그 간격을 0.3m 이하로 유지하지 아니할 수 있다.
> ㉠ 크레인의 운전실 또는 운전대를 통하는 통로의 끝과 건설물 등의 벽체의 간격
> ㉡ 크레인 거더(girder)의 통로 끝과 크레인 거더의 간격
> ㉢ 크레인 거더의 통로로 통하는 통로의 끝과 건설물 등의 벽체의 간격

118 달비계의 최대적재하중을 정하는 경우 그 안전계수 기준으로 옳지 않은 것은?

① 달기와이어로프 및 달기강선의 안전계수 : 10 이상

② 달기체인 및 달기훅의 안전계수 : 5 이상

③ 달기강대와 달비계의 하부 및 상부 지점의 안전계수 : 강재의 경우 3 이상

④ 달기강대와 달비계의 하부 및 상부 지점의 안전계수 : 목재의 경우 5 이상

해설 달비계의 안전계수

종류	안전계수
달기와이어로프 및 달기강선	10 이상
달기체인 및 달기훅	5 이상
달기강대와 달비계의 하부 및 상부 지점	강재 2.5 이상 목재 5 이상

119 달비계에 사용이 불가한 와이어로프의 기준으로 옳지 않은 것은?

① 이음매가 있는 것
② 와이어로프의 한 꼬임에서 끊어진 소선의 수가 7% 이상인 것
③ 지름의 감소가 공칭지름의 7%를 초과하는 것
④ 심하게 변형되거나 부식된 것

해설 ② 와이어로프의 한 꼬임에서 끊어진 소선의 수가 10% 이상인 것

120 흙막이 지보공을 설치하였을 때 정기적으로 점검하여 이상 발견 시 즉시 보수하여야 할 사항이 아닌 것은?

① 굴착깊이의 정도
② 버팀대의 긴압의 정도
③ 부재의 접속부·부착부 및 교차부의 상태
④ 부재의 손상·변형·부식·변위 및 탈락의 유무와 상태

해설 ① 침하의 정도

제1과목 · **안전관리론**

01 레빈(Lewin)은 인간의 행동 특성을 다음과 같이 표현하였다. 변수 'E'가 의미하는 것은?

$$B = f(P \cdot E)$$

① 연령
② 성격
③ 환경
④ 지능

해설 **인간의 행동**
$B = f(P \cdot E)$
여기서, B : 인간의 행동
　　　　f : 함수관계
　　　　P : 연령, 성격, 지능
　　　　E : 환경

02 안전교육의 형태 중 OJT(On the Job of Training) 교육에 대한 설명과 가장 거리가 먼 것은?

① 다수의 근로자에게 조직적 훈련이 가능하다.
② 직장의 실정에 맞게 실제적인 훈련이 가능하다.
③ 훈련에 필요한 업무의 지속성이 유지된다.
④ 직장의 직속상사에 의한 교육이 가능하다.

해설 ①은 Off JT의 장점이다.

03 다음 중 안전교육의 기본 방향과 가장 거리가 먼 것은?

① 생산성 향상을 위한 교육
② 사고사례중심의 안전교육
③ 안전작업을 위한 교육
④ 안전의식 향상을 위한 교육

해설 **안전교육의 기본방향**
㉠ 사고사례중심의 안전교육
㉡ 안전작업을 위한 교육
㉢ 안전의식 향상을 위한 교육

04 다음 설명의 학습지도 형태는 어떤 토의법 유형인가?

6-6 회의라고도 하며, 6명씩 소집단으로 구분하고, 집단별로 각각의 사회자를 선발하여 6분 간씩 자유토의를 행하여 의견을 종합하는 방법

① 포럼(Forum)
② 버즈세션(Buzz session)
③ 케이스메소드(Case method)
④ 패널디스커션(Panel discussion)

해설 버즈세션의 설명이다.

05 안전점검의 종류 중 태풍, 폭우 등에 의한 침수, 지진 등의 천재지변이 발생한 경우나 이상사태 발생 시 관리자나 감독자가 기계·기구, 설비 등의 기능상 이상 유무에 대하여 점검하는 것은?

① 일상점검　　② 정기점검
③ 특별점검　　④ 수시점검

해설 특별점검의 설명이다.

06 다음 중 산업재해의 원인으로 간접적 원인에 해당되지 않는 것은?

① 기술적 원인
② 물적 원인
③ 관리적 원인
④ 교육적 원인

해설 산업재해 원인
(1) 직접 원인
    ① 인적 원인
    ② 물적 원인
(2) 간접 원인
    ① 기술적 원인
    ② 교육적 원인
    ③ 관리적 원인

07 산업안전보건법상 안전보건관리책임자 등에 대한 교육시간 기준으로 틀린 것은?

① 보건관리자, 보건관리전문기관의 종사자 보수교육 : 24시간 이상
② 안전관리자, 안전관리전문기관의 종사자 신규교육 : 34시간 이상
③ 안전보건관리책임자의 보수교육 : 6시간 이상
④ 건설재해예방 전문지도기관의 종사자 신규교육 : 24시간 이상

해설 안전보건관리책임자 등에 대한 교육

교육대상	교육시간	
	신규교육	보수교육
안전보건관리책임자	6시간 이상	6시간 이상
안전관리자, 안전관리전문기관의 종사자	34시간 이상	24시간 이상
보건관리자, 보건관리전문기관의 종사자	34시간 이상	24시간 이상
건설재해예방 전문지도기관의 종사자	34시간 이상	24시간 이상
석면조사기관의 종사자	34시간 이상	24시간 이상
안전보건관리담당자	–	8시간 이상
안전검사기관, 자율안전검사기관의 종사자	34시간 이상	24시간 이상

08 매슬로우(Maslow)의 욕구단계 이론 중 제2단계 욕구에 해당하는 것은?

① 자아실현의 욕구
② 안전에 대한 욕구
③ 사회적 욕구
④ 생리적 욕구

해설 매슬로우의 욕구단계 이론
㉠ 제1단계 : 생리적 욕구
㉡ 제2단계 : 안전에 대한 욕구
㉢ 제3단계 : 사회적 욕구
㉣ 제4단계 : 존경 욕구
㉤ 제5단계 : 자아실현의 욕구

09 다음 중 재해 예방의 4원칙과 관련이 가장 적은 것은?

① 모든 재해의 발생원인은 우연적인 상황에서 발생한다.
② 재해손실은 사고가 발생할 때 사고대상의 조건에 따라 달라진다.
③ 재해예방을 위한 가능한 안전대책은 반드시 존재한다.
④ 재해는 원칙적으로 원인만 제거되면 예방이 가능하다.

해설 ① 모든 재해 발생은 반드시 그 원인이 있다.

10 파블로프(Pavlov)의 조건반사설에 의한 학습이론의 원리가 아닌 것은?

① 일관성의 원리
② 계속성의 원리
③ 준비성의 원리
④ 강도의 원리

해설 ③ 시간의 원리

11 인간의 동작특성 중 판단과정의 착오 요인이 아닌 것은?

① 합리화
② 정서 불안정
③ 작업조건 불량
④ 정보 부족

해설 ② 정서 불안정 : 인지과정 착오

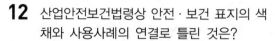
12 산업안전보건법령상 안전·보건 표지의 색채와 사용사례의 연결로 틀린 것은?

① 노란색 – 정지신호, 소화설비 및 그 장소, 유해행위의 금지

② 파란색 – 특정 행위의 지시 및 사실의 고지

③ 빨간색 – 화학물질 취급장소에서의 유해·위험 경고

④ 녹색 – 비상구 및 피난소, 사람 또는 차량의 통행표지

[해설] 빨간색 – 정지신호, 소화설비 및 그 장소, 유해행위의 금지

13 산업안전보건법령상 안전·보건 표지의 종류 중 다음 표지의 명칭은? (단, 마름모 테두리는 빨간색이며, 안의 내용은 검은색이다.)

① 폭발성 물질 경고

② 산화성 물질 경고

③ 부식성 물질 경고

④ 급성 독성물질 경고

[해설] 급성 독성물질 경고의 설명이다.

14 하인리히의 재해발생 이론이 다음과 같이 표현될 때, α가 의미하는 것으로 옳은 것은?

재해의 발생=설비적 결함+관리적 결함+α

① 노출된 위험의 상태

② 재해의 직접 원인

③ 물적 불안전 상태

④ 잠재된 위험의 상태

[해설] 재해의 발생=설비적 결함+관리적 결함+α
여기서 α : 잠재된 위험의 상태

15 허즈버그(Herzberg)의 위생–동기이론에서 동기요인에 해당하는 것은?

① 감독 ② 안전

③ 책임감 ④ 작업조건

[해설] 허즈버그의 2요인 이론

위생요인(직무환경)	동기요인(직무내용)
정책 및 관리, 대인관계 관리, 감독, 임금, 보수, 작업조건, 지위, 안전	성취에 대한 인정, 책임감, 안정감, 성장과 발전, 도전감, 일 그 자체

16 재해분석도구 중 재해발생의 유형을 어골상(魚骨像)으로 분류하여 분석하는 것은?

① 파레토도 ② 특성요인도

③ 관리도 ④ 클로즈분석

[해설] 특성요인도의 설명이다.

17 다음 중 안전모의 성능시험에 있어서 AE, ABE 종에만 한하여 실시하는 시험은?

① 내관통성 시험, 충격흡수성 시험

② 난연성 시험, 내수성 시험

③ 난연성 시험, 내전압성 시험

④ 내전압성 시험, 내수성 시험

[해설] 안전모의 종류 및 용도

종류 기호	사용 구분
AB	물체낙하, 비래 및 추락에 의한 위험을 방지, 경감
AE	물체낙하, 비래에 의한 위험을 방지 또는 경감 및 감전 방지용
ABE	물체낙하, 비래 및 추락에 의한 위험을 방지 또는 경감 및 감전 방지용

18 플리커 검사(flicker test)의 목적으로 가장 적절한 것은?

① 혈중 알코올농도 측정

② 체내 산소량 측정

③ 작업강도 측정

④ 피로의 정도 측정

[해설] 플리커 검사의 목적 : 피로의 정도 측정

19 다음 강도율에 관한 설명 중 틀린 것은 어느 것인가?

① 사망 및 영구전노동불능(신체 장애등급 1~3급)의 근로손실일수는 7500일로 환산한다.

② 신체 장애등급 중 제14급은 근로손실일수를 50일로 환산한다.

③ 영구일부노동불능은 신체 장애등급에 따른 근로손실일수에 $\frac{300}{365}$ 을 곱하여 환산한다.

④ 일시전노동불능은 휴업일수에 $\frac{300}{365}$ 을 곱하여 근로손실일수를 환산한다.

해설 ③ 영구일부노동불능은 신체 장애등급에 따른 손실일수＋비장애등급 손실×$\frac{300}{355}$ 으로 환산한다.

20 다음 중 브레인 스토밍의 4원칙과 가장 거리가 먼 것은?

① 자유로운 비평
② 자유분방한 발언
③ 대량적인 발언
④ 타인 의견의 수정 발언

해설 ① 비판 금지

제2과목 인간공학 및 시스템안전공학

21 다음 중 화학설비의 안정성 평가에서 정량적 평가의 항목에 해당되지 않는 것은 어느 것인가?

① 훈련
② 조작
③ 취급물질
④ 화학설비용량

해설 **화학설비의 정량적 평가의 항목**
　㉠ 당해화학설비의 취급물질
　㉡ 화학설비용량
　㉢ 온도
　㉣ 압력
　㉤ 조작

22 인간 에러(human error)에 관한 설명으로 틀린 것은?

① Omission error : 필요한 작업 또는 절차를 수행하지 않는 데 기인한 에러

② Commission error : 필요한 작업 또는 절차의 수행지연으로 인한 에러

③ Extraneous error : 불필요한 작업 또는 절차를 수행함에 기인한 에러

④ Sequential error : 필요한 작업 또는 절차의 순서 착오로 인한 에러

해설 ② Commission error : 필요한 작업 또는 절차를 수행하였으나 잘못 수행한 과오

23 다음은 유해위험방지계획서의 제출에 관한 설명이다. (　) 안에 들어갈 내용으로 옳은 것은?

> 산업안전보건법령상 "대통령령으로 정하는 사업의 종류 및 규모에 해당하는 사업으로서 해당 제품의 생산 공정과 직접적으로 관련된 건설물·기계·기구 및 설비 등 일체를 설치·이전하거나 그 주요 구조부분을 변경하려는 경우"에 해당하는 사업주는 유해위험방지계획서에 관련 서류를 첨부하여 해당 작업시작 (㉠)까지 공단에 (㉡)부를 제출하여야 한다.

① ㉠ : 7일 전, ㉡ : 2
② ㉠ : 7일 전, ㉡ : 4
③ ㉠ : 15일 전, ㉡ : 2
④ ㉠ : 15일 전, ㉡ : 4

해설 사업주는 유해위험방지계획서에 관한 서류를 첨부하여 해당 작업시작 15일 전까지 공단에 2부를 제출하여야 한다.

24 그림과 같이 FTA로 분석된 시스템에서 현재 모든 기본사상에 대한 부품이 고장난 상태이다. 부품 X_1부터 부품 X_5까지 순서대로 복구한다면 어느 부품을 수리 완료하는 시점에서 시스템이 정상가동 되는가?

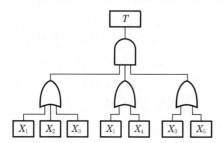

① 부품 X_2 　　② 부품 X_3
③ 부품 X_4 　　④ 부품 X_5

25 눈과 물체의 거리가 23cm, 시선과 직각으로 측정한 물체의 크기가 0.03cm일 때 시각(분)은 얼마인가? (단, 시각은 600 이하이며, radian 단위를 분으로 환산하기 위한 상수값은 57.3과 60을 모두 적용하여 계산하도록 한다.)

① 0.001 　　② 0.007
③ 4.48 　　④ 24.55

26 Sanders와 McCormick의 의자 설계의 일반적인 원칙으로 옳지 않은 것은?

① 요부 후만을 유지한다.
② 조정이 용이해야 한다.
③ 등근육의 정적부하를 줄인다.
④ 디스크가 받는 압력을 줄인다.

27 후각적 표시장치(olfactory display)와 관련된 내용으로 옳지 않은 것은?

① 냄새의 확산을 제어할 수 없다.
② 시각적 표시장치에 비해 널리 사용되지 않는다.
③ 냄새에 대한 민감도의 개별적 차이가 존재한다.
④ 경보장치로서 실용성이 없기 때문에 사용되지 않는다.

28 그림과 같은 FT도에서 $F_1 = 0.015$, $F_2 = 0.02$, $F_3 = 0.05$이면, 정상사상 T가 발생할 확률은 약 얼마인가?

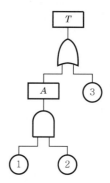

① 0.0002 　　② 0.0283
③ 0.0503 　　④ 0.9500

29 NIOSH lifting guideline에서 권장무게한계(RWL) 산출에 사용되는 계수가 아닌 것은?

① 휴식계수 　　② 수평계수
③ 수직계수 　　④ 비대칭계수

30 인간공학을 기업에 적용할 때의 기대효과로 볼 수 없는 것은?

① 노사 간의 신뢰 저하
② 작업손실시간의 감소
③ 제품과 작업의 질 향상
④ 작업자의 건강 및 안전 향상

해설 ① 노사 간의 신뢰 증대

31 THERP(Technique for Human Error Rate Prediction)의 특징에 대한 설명으로 옳은 것을 모두 고른 것은?

> ㉠ 인간-기계 계(system)에서 여러 가지의 인간의 에러와 이에 의해 발생할 수 있는 위험성의 예측과 개선을 위한 기법
> ㉡ 인간의 과오를 정성적으로 평가하기 위하여 개발된 기법
> ㉢ 가지처럼 갈라지는 형태의 논리구조와 나무 형태의 그래프를 이용

① ㉠, ㉡   ② ㉠, ㉢
③ ㉡, ㉢   ④ ㉠, ㉡, ㉢

해설 ㉡ 인간의 과오를 정량적으로 평가하기 위하여 개발된 기법

32 차폐효과에 대한 설명으로 옳지 않은 것은?

① 차폐음과 배음의 주파수가 가까울 때 차폐효과가 크다.
② 헤어드라이어 소음 때문에 전화 음을 듣지 못한 것과 관련이 있다.
③ 유의적 신호와 배경 소음의 차이를 신호/소음(S/N) 비로 나타낸다.
④ 차폐효과는 어느 한 음 때문에 다른 음에 대한 감도가 증가되는 현상이다.

해설 ④ 차폐효과는 어느 한 음 때문에 다른 음에 대한 감도가 감소되는 현상이다.

33 산업안전보건기준에 관한 규칙상 "강렬한 소음작업"에 해당하는 기준은?

① 85데시벨 이상의 소음이 1일 4시간 이상 발생하는 작업
② 85데시벨 이상의 소음이 1일 8시간 이상 발생하는 작업
③ 90데시벨 이상의 소음이 1일 4시간 이상 발생하는 작업
④ 90데시벨 이상의 소음이 1일 8시간 이상 발생하는 작업

해설 **강렬한 소음작업**
㉠ 90dB 이상의 소음이 1일 8시간 이상 발생하는 작업
㉡ 95dB 이상의 소음이 1일 4시간 이상 발생하는 작업 등

34 HAZOP 기법에서 사용하는 가이드 워드와 의미가 잘못 연결된 것은?

① No/Not - 설계 의도의 완전한 부정
② More/Less - 정량적인 증가 또는 감소
③ Part of - 성질상의 감소
④ Other than - 기타 환경적인 요인

해설 ④ Other than : 완전한 대체

35 그림과 같이 신뢰도 95%인 펌프 A가 각각 신뢰도 90%인 밸브 B와 밸브 C의 병렬밸브계와 직렬계를 이룬 시스템의 실패확률은 약 얼마인가?

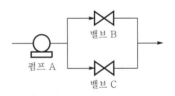

① 0.0091   ② 0.0595
③ 0.9405   ④ 0.9811

해설 $R = 0.95 \times [1 - (1 - 0.90)(1 - 0.90)]$
$= 0.9405$
$\therefore 1 - 0.9405 = 0.595$

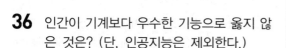

36 인간이 기계보다 우수한 기능으로 옳지 않은 것은? (단, 인공지능은 제외한다.)

① 암호화된 정보를 신속하게 대량으로 보관할 수 있다.

② 관찰을 통해서 일반화하여 귀납적으로 추리한다.

③ 항공사진의 피사체나 말소리처럼 상황에 따라 변화하는 복잡한 자극의 형태를 식별할 수 있다.

④ 수신 상태가 나쁜 음극선관에 나타나는 영상과 같이 배경 잡음이 심한 경우에도 신호를 인지할 수 있다.

해설 ① 암호화된 정보를 신속하게 대량으로 보관할 수 있다. : 기계가 인간보다 우수한 기능

37 FTA에서 사용되는 최소 컷셋에 관한 설명으로 옳지 않은 것은?

① 일반적으로 Fussell Algorithm을 이용한다.

② 정상사상(top event)을 일으키는 최소한의 집합이다.

③ 반복되는 사건이 많은 경우 Limnios와 Ziani Algorithm을 이용하는 것이 유리하다.

④ 시스템에 고장이 발생하지 않도록 하는 모든 사상의 집합이다.

해설 ④ Minimal Cut Set은 어떤 고장이나 실수를 일으키는 재해가 일어날까를 나타내는 식으로 결국 시스템의 위험성을 표시하는 것이다.

38 직무에 대하여 청각적 자극 제시에 대한 음성 응답을 하도록 할 때 가장 관련 있는 양립성은?

① 공간적 양립성   ② 양식 양립성
③ 운동 양립성   ④ 개념적 양립성

해설 양식 양립성의 설명이다.

39 컴퓨터 스크린 상에 있는 버튼을 선택하기 위해 커서를 이동시키는 데 걸리는 시간을 예측하는 데 가장 적합한 법칙은?

① Fitts의 법칙

② Lewin의 법칙

③ Hick의 법칙

④ Weber의 법칙

해설 Fitts의 법칙 설명이다.

40 설비의 고장과 같이 발생확률이 낮은 사건의 특정시간 또는 구간에서의 발생횟수를 측정하는 데 가장 적합한 확률분포는 다음 중 어느 것인가?

① 이항 분포(binomial distribution)

② 푸아송 분포(Poisson distribution)

③ 와이블 분포(Weibull distribution)

④ 지수 분포(exponential distribution)

해설 푸아송 분포의 설명이다.

제3과목   **기계위험방지기술**

41 산업안전보건법령상 양중기를 사용하여 작업하는 운전자 또는 작업자가 보기 쉬운 곳에 해당 양중기에 대해 표시하여야 할 내용으로 가장 거리가 먼 것은? (단, 승강기는 제외한다.)

① 정격하중

② 운전속도

③ 경고표시

④ 최대인양높이

해설 양중기를 사용하여 작업하는 운전자 또는 작업자가 보기 쉬운 곳에 해당 양중기에 대해 표시하여야 할 내용
㉠ 정격하중
㉡ 운전속도
㉢ 경고표시

42 롤러기의 급정지장치에 관한 설명으로 가장 적절하지 않은 것은?

① 복부 조작식은 조작부 중심점을 기준으로 밑면으로부터 1.2~1.4m 이내의 높이로 설치한다.

② 손 조작식은 조작부 중심점을 기준으로 밑면으로부터 1.8m 이내의 높이로 설치한다.

③ 급정지장치의 조작부에 사용하는 줄은 사용 중에 늘어져서는 안 된다.

④ 급정지장치의 조작부에 사용하는 줄은 충분한 인장강도를 가져야 한다.

해설 ① 복부 조작식 : 밑면에서 0.8m 이상 1.1m 이내

43 연삭기의 안전작업수칙에 대한 설명 중 가장 거리가 먼 것은?

① 숫돌의 정면에 서서 숫돌 원주면을 사용한다.

② 숫돌 교체 시 3분 이상 시운전을 한다.

③ 숫돌의 회전은 최고사용원주속도를 초과하여 사용하지 않는다.

④ 연삭숫돌에 충격을 가하지 않는다.

해설 ① 숫돌차의 정면에 서지 말고 측면으로 비켜서 작업을 한다.

44 롤러기의 가드와 위험점 간의 거리가 100mm일 경우 ILP 규정에 의한 가드 개구부의 안전간격은?

① 11mm
② 21mm
③ 26mm
④ 31mm

해설 $Y=6+0.15X$
$\quad =6+0.15\times100$
$\quad =21$
$\therefore\ Y=21mm$
여기서, Y : 가드 개구부 간격(안전간극)
$\quad\quad\quad X$: 가드와 위험점 간의 거리(안전거리)

45 지게차의 포크에 적재된 화물이 마스트 후방으로 낙하함으로 인해 근로자에게 미치는 위험을 방지하기 위하여 설치하는 것은?

① 헤드가드
② 백레스트
③ 낙하방지장치
④ 과부하방지장치

해설 백레스트의 설명이다.

46 산업안전보건법령상 프레스 및 전단기에서 안전블록을 사용해야 하는 작업으로 가장 거리가 먼 것은?

① 금형가공 작업
② 금형해체 작업
③ 금형부착 작업
④ 금형조정 작업

해설 **프레스 및 전단기에서 안전블록을 사용해야 하는 작업**
㉠ 금형해체 작업
㉡ 금형부착 작업
㉢ 금형조정 작업

47 다음 중 기계설비의 안전조건에서 안전화의 종류로 가장 거리가 먼 것은?

① 재질의 안전화
② 작업의 안전화
③ 기능의 안전화
④ 외형의 안전화

해설 **안전화의 종류**
㉠ ②, ③, ④
㉡ 구조의 안전화
㉢ 작업점의 안전화
㉣ 보전작업의 안전화

48 다음 중 비파괴검사법으로 틀린 것은?

① 인장검사
② 자기탐상검사
③ 초음파탐상검사
④ 침투탐상검사

해설 **비파괴검사 방법**
㉠ ②, ③, ④
㉡ 육안검사
㉢ 누설검사
㉣ 침투검사
㉤ 음향검사
㉥ 방사선투과검사
㉦ 와류탐상검사

49 산업안전보건법령상 아세틸렌 용접장치를 사용하여 금속의 용접·용단 또는 가열작업을 하는 경우 게이지 압력은 얼마를 초과하는 압력의 아세틸렌을 발생시켜 사용하면 안 되는가?

① 98kPa ② 127kPa
③ 147kPa ④ 196kPa

•해설 **아세틸렌 용접장치를 사용하여 금속의 용접·용단 또는 가열작업** : 게이지 압력 127kPa을 초과하는 압력의 아세틸렌을 발생시켜 사용해서는 안 된다.

50 산업안전보건법령상 산업용 로봇으로 인하여 근로자에게 발생할 수 있는 부상 등의 위험이 있는 경우 위험을 방지하기 위하여 울타리를 설치할 때 높이는 최소 몇 m 이상으로 해야 하는가? (단, 산업표준화법 및 국제적으로 통용되는 안전기준은 제외한다.)

① 1.8 ② 2.1
③ 2.4 ④ 1.2

•해설 **산업용 로봇으로 인해 근로자에게 발생할 수 있는 위험이 있는 경우 위험을 방지하기 위해 울타리 설치높이** : 최소 1.8m 이상

51 크레인의 사용 중 하중이 정격을 초과하였을 때 자동적으로 상승이 정지되는 장치는?

① 해지장치 ② 이탈방지장치
③ 아우트리거 ④ 과부하방지장치

•해설 과부하방지장치의 설명이다.

52 인간이 기계 등의 취급을 잘못해도 그것이 바로 사고나 재해와 연결되는 일이 없는 기능을 의미하는 것은?

① Fail safe
② Fail active
③ Fail operational
④ Fool proof

•해설 Fool proof의 설명이다.

53 산업안전보건법령상 컨베이어를 사용하여 작업을 할 때 작업시작 전 점검사항으로 가장 거리가 먼 것은?

① 원동기 및 풀리(pulley) 기능의 이상 유무
② 이탈 등의 방지장치 기능의 이상 유무
③ 유압장치 기능의 이상 유무
④ 비상정지장치 기능의 이상 유무

•해설 ③ 원동기, 회전축, 기어 및 풀리 등의 덮개 또는 울 등의 이상 유무

54 다음 중 기계설비에서 반대로 회전하는 두 개의 회전체가 맞닿는 사이에 발생하는 위험점으로 가장 적절한 것은?

① 물림점 ② 협착점
③ 끼임점 ④ 절단점

•해설 물림점의 설명이다.

55 선반작업 시 안전수칙으로 가장 적절하지 않은 것은?

① 기계에 주유 및 청소 시 반드시 기계를 정지시키고 한다.
② 칩 제거 시 브러시를 사용한다.
③ 바이트에는 칩 브레이커를 설치한다.
④ 선반의 바이트는 끝을 길게 장치한다.

•해설 ④ 선반의 바이트는 끝을 짧게 장치한다.

56 산업안전보건법령상 산업용 로봇의 작업 시작 전 점검사항으로 가장 거리가 먼 것은?

① 외부 전선의 피복 또는 외장의 손상 유무
② 압력방출장치의 이상 유무
③ 매니퓰레이터 작동의 이상 유무
④ 제동장치 및 비상정지장치의 기능

•해설 **산업용 로봇 작업시작 전 점검사항**
㉠ 외부 전선의 피복 또는 외장의 손상 유무
㉡ 매니퓰레이터 작동의 이상 유무
㉢ 제동장치 및 비상정지장치의 기능

57 산업안전보건법령상 보일러의 과열을 방지하기 위하여 최고사용압력과 상용압력 사이에서 보일러의 버너 연소를 차단하여 정상 압력으로 유도하는 방호장치로 가장 적절한 것은?

① 압력방출장치
② 고저수위조절장치
③ 언로드밸브
④ 압력제한스위치

> **해설** 압력제한스위치의 설명이다.

58 프레스 작동 후 슬라이드가 하사점에 도달할 때까지의 소요시간이 0.5s일 때 양수기동식 방호장치의 안전거리는 최소 얼마인가?

① 200mm ② 400mm
③ 600mm ④ 800mm

> **해설** 안전거리(cm)=160×프레스기 작동 후 작업점(하사점)까지의 도달시간
> ∴ 160×0.5=801m=800mm

59 둥근톱기계의 방호장치 중 반발예방장치의 종류로 틀린 것은?

① 분할날
② 반발방지기구(finger)
③ 보조안내판
④ 안전덮개

> **해설** ④ 반발방지롤러

60 산업안전보건법령상 형삭기(slotter, shaper)의 주요 구조부로 가장 거리가 먼 것은? (단, 수치제어식은 제외)

① 공구대
② 공작물 테이블
③ 램
④ 아버

> **해설** ④ 공구공급장치(수치제어식으로 한정)

61 피뢰기가 구비하여야 할 조건으로 틀린 것은?

① 제한전압이 낮아야 한다.
② 상용주파방전개시전압이 높아야 한다.
③ 충격방전개시전압이 높아야 한다.
④ 속류차단 능력이 충분하여야 한다.

> **해설** ③ 충격방전개시전압이 낮아야 한다.

62 다음 중 정전기의 발생현상에 포함되지 않는 것은?

① 파괴에 의한 발생
② 분출에 의한 발생
③ 전도 대전
④ 유동에 의한 대전

> **해설** **정전기 발생현상**
> ㉠ ①, ②, ④
> ㉡ 마찰대전
> ㉢ 박리대전
> ㉣ 충돌대전

63 방폭기기에 별도의 주위 온도 표시가 없을 때 방폭기기의 주위 온도 범위는? (단, 기호 "X"의 표시가 없는 기기이다.)

① 20~40℃
② −20~40℃
③ 10~50℃
④ −10~50℃

> **해설** **방폭기기 주위 온도** : −20~40℃

64 정전기로 인한 화재 및 폭발을 방지하기 위하여 조치가 필요한 설비가 아닌 것은?

① 드라이클리닝 설비
② 위험물 건조설비
③ 화약류 제조설비
④ 위험기구의 제전설비

해설 정전기로 인한 화재폭발을 방지하기 위한 조치가 필요한 설비
㉠ ①, ②, ③
㉡ 인화성 물질을 함유하는 도료 및 접착제 등을 도포하는 설비
㉢ 위험물을 탱크로리에 주입하는 설비
㉣ 탱크로리·탱크차 및 드럼 등 위험물저장 설비
㉤ 인화성 고체를 저장하거나 취급하는 설비
㉥ 고압가스를 이송하거나 저장·취급하는 설비

65 300A의 전류가 흐르는 저압가공전선로의 1선에서 허용 가능한 누설전류(mA)는?

① 600
② 450
③ 300
④ 150

해설 누설전류 I＝최대공급전류 $I \times \dfrac{1}{2,000}$

$$= 300 \times \frac{1}{2,000}$$
$$= 0.15\,\text{A}$$
$$= 0.15 \times 1,000\,\text{mA}$$
$$= 150\,\text{mA}$$

66 산업안전보건기준에 관한 규칙 제319조에 따라 감전될 우려가 있는 장소에서 작업을 하기 위해서는 전로를 차단하여야 한다. 전로 차단을 위한 시행절차 중 틀린 것은?

① 전기기기 등에 공급되는 모든 전원을 관련 도면, 배선도 등으로 확인
② 각 단로기를 개방한 후 전원 차단
③ 단로기 개방 후 차단장치나 단로기 등에 잠금장치 및 꼬리표를 부착
④ 잔류전하 방전 후 검전기를 이용하여 작업대상 기기가 충전되어 있는지 확인

해설 ② 전원을 차단한 후 각 단로기 등을 개방한다.

67 유자격자가 아닌 근로자가 방호되지 않은 충전전로 인근의 높은 곳에서 작업할 때에 근로자의 몸은 충전전로에서 몇 cm 이내로 접근할 수 없도록 하여야 하는가? (단, 대지전압은 50kV이다.)

① 50
② 100
③ 200
④ 300

해설 유자격자가 아닌 근로자가 방호되지 않은 충전전로 인근의 높은 곳에서 작업할 때 근로자의 몸 : 근로자의 몸 또는 긴 도전성 물체가 방호되지 않은 충전전로에서 대지전압이 50kV 이하인 경우에는 300cm 이내, 대지전압이 50kV를 넘는 경우에는 10kV당 10cm씩 더한 거리 이내로 각각 접근을 금지한다.

68 다음 중 정전기의 재해방지 대책으로 틀린 것은?

① 설비의 도체 부분을 접지
② 작업자는 정전화를 착용
③ 작업장의 습도를 30% 이하로 유지
④ 배관 내 액체의 유속 제한

해설 ③ 작업장의 상대습도를 70% 이상으로 유지

69 가스(발화온도 120℃)가 존재하는 지역에 방폭기기를 설치하고자 한다. 설치가 가능한 기기의 온도 등급은?

① T2
② T3
③ T4
④ T5

해설 최고 표면 온도 등급 및 발화도 등급

최고 표면 온도 등급	전기기기의 최고 표면 온도(℃)	발화도 등급	증기 또는 가스의 발화도(℃)
T1	300 초과 450 이하	G1	450 초과
T2	200 초과 300 이하	G2	300 초과 450 이하
T3	135 초과 200 이하	G3	200 초과 300 이하
T4	100 초과 135 이하	G4	135 초과 200 이하
T5	85 초과 100 이하	G5	100 초과 135 이하
T6	85 이하	G6	85 초과 100 이하

70 변압기의 중성점을 제2종 접지한 수전전 압 22.9kV, 사용전압 220V인 공장에서 외함을 제3종 접지공사를 한 전동기가 운전 중에 누전되었을 경우에 작업자가 접촉될 수 있는 최소전압은 약 몇 V인가? (단, 1선 지락전류 10A, 제3종 접지저항 30Ω, 인체저항 : 10,000Ω이다.)

① 116.7   ② 127.5

③ 146.7   ④ 165.6

해설 제2종 접지저항 : $R_2 = \dfrac{150}{10} = 15\,\Omega$

∴ 인체에 걸리는 전압(e)

$$= \dfrac{\dfrac{30 \times 10,000}{30 + 10,000}}{\dfrac{30 \times 10,000}{30 + 10,000} + 15} \times 220$$

$$= 146.7$$

71 제전기의 종류가 아닌 것은?

① 전압인가식 제전기

② 정전식 제전기

③ 방사선식 제전기

④ 자기방전식 제전기

해설 ② 이온 스프레이식 제전기

72 정전기 방전현상에 해당되지 않는 것은?

① 연면방전   ② 코로나방전

③ 낙뢰방전   ④ 스팀방전

해설 정전기 방전현상
ㄱ ①, ②, ③
ㄴ 불꽃(스파크)방전
ㄷ 브러시(스크리머)방전

73 전로에 지락이 생겼을 때에 자동적으로 전로를 차단하는 장치를 시설해야 하는 전기기계의 사용전압 기준은? (단, 금속제 외함을 가지는 저압의 기계·기구로서 사람이 쉽게 접촉할 우려가 있는 곳에 시설되어 있다.)

① 30V 초과   ② 50V 초과

③ 90V 초과   ④ 150V 초과

해설 전기기계의 사용전압 기준 : 50V 초과

74 정전용량 $C = 20\mu\text{F}$, 방전 시 전압 $V = 2\text{kV}$일 때 정전에너지(J)는?

① 40   ② 80

③ 400   ④ 800

해설 $E = \dfrac{1}{2}CV^2 = \dfrac{1}{2} \times 20 \times 10^{-6} \times 2,000^2$

$$= 40\text{J}$$

75 전로에 시설하는 기계·기구의 금속제 외함에 접지공사를 하지 않아도 되는 경우로 틀린 것은?

① 저압용의 기계·기구를 건조한 목재의 마루 위에서 취급하도록 시설한 경우

② 외함 주위에 적당한 절연대를 설치한 경우

③ 교류대지전압이 300V 이하인 기계·기구를 건조한 곳에 시설한 경우

④ 전기용품 및 생활용품 안전관리법의 적용을 받는 2중 절연구조로 되어 있는 기계·기구를 시설하는 경우

해설 ③ 교류대지전압이 150V 이하인 기계·기구를 건조한 곳에 시설한 경우

76 Dalziel에 의하여 동물실험을 통해 얻어진 전류값을 인체에 적용했을 때 심실세동을 일으키는 전기에너지(J)는 약 얼마인가? (단, 인체 전기저항은 500Ω으로 보며, 흐르는 전류 $I = \dfrac{165}{\sqrt{T}}$ mA로 한다.)

① 9.8   ② 13.6

③ 19.6   ④ 27

해설 $W = I^2 RT$

$$= \left(\dfrac{165}{\sqrt{T}} \times 10^{-3}\right)^2 \times 500 \times T$$

$$= 13.61\text{J}$$

$$≒ 13.6\text{J}$$

77 다음 중 전기설비 방폭구조의 종류가 아닌 것은?

① 근본방폭구조
② 압력방폭구조
③ 안전증방폭구조
④ 본질안전방폭구조

해설 **전기설비 방폭구조의 종류**
㉠ ②, ③, ④
㉡ 내압방폭구조
㉢ 유입방폭구조
㉣ 특수방폭구조

78 작업자가 교류전압 7,000V 이하의 전로에 활선 근접작업 시 감전사고 방지를 위한 절연용 보호구는?

① 고무절연관
② 절연시트
③ 절연커버
④ 절연안전모

해설 **절연용 보호구**
㉠ 절연안전모   ㉡ 절연장갑
㉢ 절연장화   ㉣ 보호용 가죽장갑 등

79 방폭전기기기에 "Ex ia ⅡC T4 Ga"라고 표시되어 있다. 해당 기기에 대한 설명으로 틀린 것은?

① 정상작동, 예상된 오작동 또는 드문 오작동 중에 점화원이 될 수 없는 "매우 높은" 보호등급의 기기이다.
② 온도 등급이 T4이므로 최고표면온도가 150℃를 초과해서는 안된다.
③ 본질안전방폭구조로 0종 장소에서 사용이 가능하다.
④ 수소 및 아세틸렌 등의 가스가 존재하는 곳에 사용이 가능하다.

해설 ② 온도 등급이 T4이므로 최고표면온도가 135℃를 초과해서는 안된다.

80 다음 중 전기기계·기구의 기능 설명으로 옳은 것은?

① CB는 부하전류를 개폐시킬 수 있다.
② ACB는 진공 중에서 차단동작을 한다.
③ DS는 회로의 개폐 및 대용량부하를 개폐시킨다.
④ 피뢰침은 뇌나 계통의 개폐에 의해 발생하는 이상전압을 대지로 방전시킨다.

해설 ② ACB는 과부하전류 및 단락전류를 자동차단 한다.
③ DS는 회로의 개폐 및 대용량부하를 개폐시킨다.
④ 피뢰침은 낙뢰로 인한 충격전류를 대지로 안전하게 방전시킨다.

제5과목   화학설비위험방지기술

81 다음 중 압축기 운전 시 토출압력이 갑자기 증가하는 이유로 가장 적절한 것은?

① 윤활유의 과다
② 피스톤 링의 가스 누설
③ 토출관 내에 저항 발생
④ 저장조 내 가스압의 감소

해설 **압축기 운전 시 토출압력이 갑자기 증가하는 이유 :** 토출관 내에 저항 발생

82 진한 질산이 공기 중에서 햇빛에 의해 분해되었을 때 발생하는 갈색증기는?

① N_2
② NO_2
③ NH_3
④ NH_2

해설
$$2HNO_3 \rightarrow H_2O + 2NO_2 + \frac{1}{2}O_2$$
갈색증기

83 고온에서 완전 열분해하였을 때 산소를 발생하는 물질은?

① 황화수소
② 과염소산칼륨
③ 메틸리튬
④ 적린

해설 $KClO_4 \rightarrow KCl + 2O_2$

84 다음 중 분진폭발에 관한 설명으로 틀린 것은?

① 폭발한계 내에서 분진의 휘발성분이 많으면 폭발 위험성이 높다.
② 분진이 발화폭발하기 위한 조건은 가연성, 미분상태, 공기 중에서의 교반과 유동 및 점화원의 존재이다.
③ 가스폭발과 비교하여 연소의 속도나 폭발의 압력이 크고, 연소시간이 짧으며, 발생에너지가 작다.
④ 폭발한계는 입자의 크기, 입도분포, 산소농도, 함유수분, 가연성 가스의 혼입 등에 의해 같은 물질의 분진에서도 달라진다.

해설 ③ 가스폭발과 비교하여 연소의 속도나 폭발의 압력이 작고, 연소시간이 길며, 발생에너지가 크다.

85 다음 중 유류화재의 화재 급수에 해당하는 것은?

① A급
② B급
③ C급
④ D급

해설 화재의 구분

화재별 급수	가연물질의 종류
A급 화재	종이, 목재, 섬유류 등
B급 화재	유류(가연성 액체 포함)
C급 화재	전기
D급 화재	금속

86 증기 배관 내에 생성하는 응축수를 제거할 때 증기가 배출되지 않도록 하면서 응축수를 자동적으로 배출하기 위한 장치를 무엇이라 하는가?

① Vent stack
② Steam trap
③ Blow down
④ Relief valve

해설 Steam trap의 설명이다.

87 다음 중 수분(H_2O)과 반응하여 유독성 가스인 포스핀이 발생되는 물질은 어느 것인가?

① 금속나트륨
② 알루미늄 분말
③ 인화칼슘
④ 수소화리튬

해설
① $2Na + 2H_2O \rightarrow 2NaOH + H_2$
② $2Al + 6H_2O \rightarrow 2Al(OH)_3 + 3H_2$
③ $Ca_3P_2 + 6H_2O \rightarrow 3Ca(OH)_2 + 2PH_3$
④ $LiH + H_2O \rightarrow LiOH + H_2$

88 대기압에서 사용하나 증발에 의한 액체의 손실을 방지함과 동시에 액면 위의 공간에 폭발성 위험가스를 형성할 위험이 적은 구조의 저장탱크는?

① 유동형 지붕 탱크
② 원추형 지붕 탱크
③ 원통형 저장 탱크
④ 구형 저장 탱크

해설 유동형 지붕 탱크의 설명이다.

89 자동화재탐지설비의 감지기 종류 중 열감지기가 아닌 것은?

① 차동식
② 정온식
③ 보상식
④ 광전식

해설 **자동화재탐지설비**

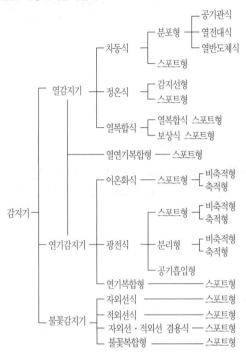

물 질	인화점(℃)
디에틸에티르	-45
아세톤	-18
벤젠	-121
아세트산	42.8

92 다음 중 아세틸렌을 용해가스로 만들 때 사용되는 용제로 가장 적합한 것은?

① 아세톤 　　　② 메탄
③ 부탄 　　　④ 프로판

해설 **아세틸렌 용제**
㉠ 아세톤(CH_3COCH_3)
㉡ DMF

93 다음 중 산업안전보건법령상 화학설비의 부속설비로만 이루어진 것은?

① 사이클론, 백필터, 전기집진기 등 분진처리설비
② 응축기, 냉각기, 가열기, 증발기 등 열교환기류
③ 고로 등 점화기를 직접 사용하는 열교환기류
④ 혼합기, 발포기, 압출기 등 화학제품 가공설비

해설 **화학설비** : ②, ③, ④

94 다음 중 밀폐공간 내 작업 시의 조치사항으로 가장 거리가 먼 것은?

① 산소결핍이나 유해가스로 인한 질식의 우려가 있으면 진행 중인 작업에 방해되지 않도록 주의하면서 환기를 강화하여야 한다.
② 해당 작업장을 적정한 공기상태로 유지되도록 환기하여야 한다.
③ 그 장소에 근로자를 입장시킬 때와 퇴장시킬 때마다 인원을 점검하여야 한다.
④ 그 작업장과 외부의 감시인 간에 항상 연락을 취할 수 있는 설비를 설치하여야 한다.

90 산업안전보건법령에서 규정하고 있는 위험물질의 종류 중 부식성 염기류로 분류되기 위하여 농도가 40% 이상이어야 하는 물질은?

① 염산
② 아세트산
③ 불산
④ 수산화칼륨

해설 **부식성 염기류** : 농도가 40% 이상인 수산화나트륨·수산화칼륨, 그 밖에 이와 동등 이상의 부식성을 가지는 염기류

91 인화점이 각 온도 범위에 포함되지 않는 물질은?

① -30℃ 미만 : 디에틸에테르
② -30℃ 이상 0℃ 미만 : 아세톤
③ 0℃ 이상 30℃ 미만 : 벤젠
④ 30℃ 이상 65℃ 이하 : 아세트산

해설 ① 산소결핍이 우려되거나 유해가스 등의 농도가 높아서 폭발할 우려가 있는 경우는 즉시 작업을 중단하고 해당 근로자를 대피시켜야 한다.

95 산업안전보건법령상 폭발성 물질을 취급하는 화학설비를 설치하는 경우에 단위공정설비로부터 다른 단위공정설비 사이의 안전거리는 설비 바깥면으로부터 몇 m 이상이어야 하는가?

① 10　　　　　② 15

③ 20　　　　　④ 30

해설 안전거리

㉠ 단위공정시설, 안전거리 설비로부터 다른 공정 시설 및 설비 사이 : 10m 이상

㉡ 플레어스택으로부터 위험물 저장 탱크, 위험물 화약 설비 사이 : 20m 이상

㉢ 위험물 저장 탱크로부터 단위 고정설비, 보일러, 가열로 사이 : 저장 탱크 외면에서 20m 이상

㉣ 사무실, 연구실, 식당으로부터 공정설비, 위험물 탱크, 보일러, 가열로 사이 : 사무실 등 외면으로부터 20m 이상

96 탄화수소 증기의 연소하한값 추정식은 연료의 양론 농도(C_{st})의 0.55배이다. 프로판 1몰의 연소반응식이 다음과 같을 때 연소하한값은 약 몇 vol%인가?

$$C_3H_8 + 5O_2 \rightarrow 3CO_2 + 4H_2O$$

① 2.22　　　　② 4.03

③ 4.44　　　　④ 8.06

해설 완전연소 조성 농도(양론 농도)

$$C_{st} = \frac{100}{1 + 4.773\left(C + \frac{H - Cl - 20}{4}\right)}$$

여기서 C : 탄소원자 수, H : 수소원자 수

Cl : 염소원자 수, O : 산소원자 수

그런데 보통 CH_4, C_2H_6, C_3H_8, C_4H_{10} 등이 문제로 나오기 때문에 염소, 산소, 할로겐 등이 없다.

$$C_{st} = \frac{100}{1 + 4.773\left(C + \frac{H}{4}\right)}$$ 로 식을 간략화

또 이 $C + \dfrac{H}{4}$ 는, 가스 1몰이 연소할 때 필요한

산소의 몰수가 같기 때문에 어떤 가스의 완전연소 시 필요한 산소의 몰수를 구하는 데에 응용할 수 있다. C_3H_8의 3과 8을 위 공식에 대입하면

$$C_{st} = \frac{100}{1 + 4.773\left(3 + \frac{8}{4}\right)} = 4.027$$

연소하한값 $= 4.027 \times 0.55 = 2.2119$

∴ 위 $\left(3 + \dfrac{8}{4}\right)$ 은 반응식의 $5O_2$와 몰수가 일치함을 확인할 수 있다.

97 에틸알코올(C_2H_5OH) 1몰이 완전연소할 때 생성되는 CO_2의 몰수로 옳은 것은?

① 1　　　　　② 2

③ 3　　　　　④ 4

해설 $C_2H_5OH + 3O_2 \rightarrow 2CO_2 + 3H_2O$

98 프로판과 메탄의 폭발하한계가 각각 2.5vol%, 5.0vol%라고 할 때 프로판과 메탄이 3 : 1의 체적비로 혼합되어 있다면 이 혼합가스의 폭발하한계는 약 몇 vol%인가? (단, 상온, 상압 상태이다.)

① 2.9　　　　　② 3.3

③ 3.8　　　　　④ 4.0

해설 $\dfrac{100}{L_m} = \dfrac{V_1}{L_1} + \dfrac{V_2}{L_2} + \cdots\cdots$

체적비가 3 : 1이면 전체를 100%로 볼 때 75% : 25%이다.

따라서 $L_m = \dfrac{100}{\left(\dfrac{75}{2.5} + \dfrac{25}{5}\right)}$

$= 2.8571$

또는 전체 체적을 4로 보고

$L_m = \dfrac{4}{\left(\dfrac{3}{2.5} + \dfrac{1}{5}\right)} = 2.8571$

99 다음 중 소화약제로 사용되는 이산화탄소에 관한 설명으로 틀린 것은?

① 사용 후에 오염의 영향이 거의 없다.

② 장시간 저장하여도 변화가 없다.

③ 주된 소화효과는 억제소화이다.

④ 자체 압력으로 방사가 가능하다.

해설 ③ 주된 소화효과는 질식소화이다.

100 다음 중 물질의 자연발화를 촉진시키는 요인으로 가장 거리가 먼 것은?

① 표면적이 넓고, 발열량이 클 것
② 열전도율이 클 것
③ 주위 온도가 높을 것
④ 적당한 수분을 보유할 것

해설 ② 열전도율이 작을 것

제6과목 **건설안전기술**

101 콘크리트 타설을 위한 거푸집동바리의 구조검토 시 가장 선행되어야 할 작업은 다음 중 어느 것인가?

① 각 부재에 생기는 응력에 대하여 안전한 단면을 산정한다.
② 가설물에 작용하는 하중 및 외력의 종류, 크기를 산정한다.
③ 하중 및 외력에 의하여 각 부재에 생기는 응력을 구한다.
④ 사용할 거푸집동바리의 설치간격을 결정한다.

해설 **콘크리트 타설을 위한 거푸집동바리의 구조검토 시 선행작업** : 가설물에 작용하는 하중 및 외력의 종류, 크기를 산정한다.

102 다음 중 해체작업용 기계·기구로 가장 거리가 먼 것은?

① 압쇄기   ② 핸드브레이커
③ 철제해머   ④ 진동롤러

해설 **해체작업용 기계·기구**
㉠ ①, ②, ③
㉡ 대형브레이커, ㉢ 화약류, ㉣ 팽창제, ㉤ 절단톱, ㉥ 잭(jack), ㉦ 쐐기타입기, ㉧ 화염방사기 등

103 거푸집동바리 등을 조립하는 경우에 준수하여야 할 안전조치 기준으로 옳지 않은 것은?

① 동바리로 사용하는 강관은 높이 2m 이내마다 수평연결재를 2개의 방향으로 만들고 수평연결재의 변위를 방지할 것
② 동바리로 사용하는 파이프 서포트는 3개 이상 이어서 사용하지 않도록 할 것
③ 동바리로 사용하는 파이프 서포트를 이어서 사용하는 경우에는 3개 이상의 볼트 또는 전용철물을 사용하여 이을 것
④ 동바리로 사용하는 강관틀과 강관틀 사이에는 교차가새를 설치할 것

해설 ③ 동바리로 사용하는 파이프 서포트를 이어서 사용하는 경우에는 4개 이상의 볼트 또는 전용철물을 사용하여 이을 것

104 다음은 말비계를 조립하여 사용하는 경우에 관한 준수사항이다. ( ) 안에 들어갈 내용으로 옳은 것은?

• 지주부재와 수평면의 기울기를 (㉠)° 이하로 하고, 지주부재와 지주부재 사이를 고정시키는 보조부재를 설치할 것
• 말비계의 높이가 2m를 초과하는 경우에는 작업발판의 폭을 (㉡)cm 이상으로 할 것

① ㉠ : 75, ㉡ : 30
② ㉠ : 75, ㉡ : 40
③ ㉠ : 85, ㉡ : 30
④ ㉠ : 85, ㉡ : 40

해설 • 말비계 조립 시 지주부재와 수평면의 기울기를 75° 이하로 하고, 지주부재와 지주부재 사이를 고정시키는 보조부재를 설치하여야 한다.
• 말비계의 높이가 2m를 초과하는 경우에는 작업발판의 폭을 40cm 이상으로 하여야 한다.

105 산업안전보건관리비 계상기준에 따른 건축공사, 대상액 「5억원 이상~50억원 미만」의 안전관리비 비율 및 기초액으로 옳은 것은?

① 비율 : 1.86%, 기초액 : 5,349,000원

② 비율 : 1.99%, 기초액 : 5,499,000원

③ 비율 : 2.35%, 기초액 : 5,400,000원

④ 비율 : 1.57%, 기초액 : 4,411,000원

해설 ㉠ ①은 건축공사이고, ②는 토목공사에 해당된다.
㉡ 중건설공사는 2.35%, 5,400,000원이다.

106 터널작업 시 자동경보장치에 대하여 당일의 작업시작 전 점검하여야 할 사항으로 옳지 않은 것은?

① 검지부의 이상 유무

② 조명시설의 이상 유무

③ 경보장치의 작동상태

④ 계기의 이상 유무

해설 터널작업 인화성 가스의 농도측정 자동경보장치의 작업시작 전 점검해야 할 사항
㉠ 검지부의 이상 유무
㉡ 경보장치의 작동상태
㉢ 계기의 이상 유무

107 다음은 강관틀비계를 조립하여 사용하는 경우 준수해야 할 기준이다. ( ) 안에 알맞은 숫자를 나열한 것은?

> 길이가 띠장방향으로 (A)미터 이하이고 높이가 (B)미터를 초과하는 경우에는 (C)미터 이내마다 띠장방향으로 버팀기둥을 설치할 것

① A : 4, B : 10, C : 5

② A : 4, B : 10, C : 10

③ A : 5, B : 10, C : 5

④ A : 5, B : 10, C : 10

해설 강관틀비계 조립 : 길이가 띠장방향으로 4m 이하이고 높이가 10m를 초과하는 경우에는 10m 이내마다 띠장방향으로 버팀기둥을 설치한다.

108 지반의 종류가 다음과 같을 때 굴착면의 기울기 기준으로 옳은 것은?

> 풍화암

① 1 : 0.5 ~ 1 : 1   ② 1 : 1

③ 1 : 0.8   ④ 1 : 0.5

해설 굴착면의 기울기 기준

지반의 종류	굴착면의 기울기
모래	1 : 1.8
연암 및 풍화암	1 : 1.0
경암	1 : 0.5
그 밖의 흙	1 : 1.2

109 동력을 사용하는 항타기 또는 항발기에 대하여 무너짐을 방지하기 위하여 준수하여야 할 기준으로 옳지 않은 것은 다음 중 어느 것인가?

① 연약한 지반에 설치하는 경우에는 각부(脚部)나 가대(架臺)의 침하를 방지하기 위하여 깔판·깔목 등을 사용할 것

② 각부나 가대가 미끄러질 우려가 있는 경우에는 말뚝 또는 쐐기 등을 사용하여 각부나 가대를 고정시킬 것

③ 버팀대만으로 상단부분을 안정시키는 경우에는 버팀대는 3개 이상으로 하고 그 하단 부분은 견고한 버팀·말뚝 또는 철골 등으로 고정시킬 것

④ 버팀줄만으로 상단 부분을 안정시키는 경우에는 버팀줄을 2개 이상으로 하고 같은 간격으로 배치할 것

해설 ④ 버팀줄만으로 상단 부분을 안정시키는 경우에는 버팀줄을 3개 이상으로 하고 같은 간격으로 배치할 것

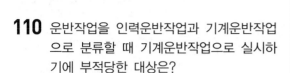

110 운반작업을 인력운반작업과 기계운반작업으로 분류할 때 기계운반작업으로 실시하기에 부적당한 대상은?

① 단순하고 반복적인 작업
② 표준화되어 있어 지속적이고 운반량이 많은 작업
③ 취급물의 형상, 성질, 크기 등이 다양한 작업
④ 취급물이 중량인 작업

> **해설** ③ 취급물의 형상, 성질, 크기 등이 다양한 작업 : 인력운반작업

111 터널 등의 건설작업을 하는 경우에 낙반 등에 의하여 근로자가 위험해질 우려가 있는 경우에 필요한 직접적인 조치사항과 거리가 먼 것은?

① 터널지보공 설치
② 부석 제거
③ 울 설치
④ 록볼트 설치

> **해설** 터널 등의 건설작업을 하는 경우 낙반 등에 직접적인 조치사항
> ㉠ 터널지보공 설치
> ㉡ 부석 제거
> ㉢ 록볼트 설치

112 장비 자체보다 높은 장소의 땅을 굴착하는 데 적합한 장비는?

① 파워셔블(Power shovel)
② 불도저(Bulldozer)
③ 드래그라인(Drag line)
④ 클램셸(Clamshell)

> **해설** ㉠ 주행기면보다 하방의 굴착에 적합한 것 : 백호, 클램셸, 드래그라인, 불도저 등
> ㉡ 중기가 위치한 지면보다 높은 장소(장비 자체보다 높은 장소)의 땅을 굴착하는 데 적합한 것 : 파워셔블

113 사다리식 통로의 길이가 10m 이상일 때 얼마 이내마다 계단참을 설치하여야 하는가?

① 3m 이내마다 ② 4m 이내마다
③ 5m 이내마다 ④ 6m 이내마다

> **해설** 사다리식 통로의 길이가 10m 이상 : 5m 이내마다 계단참을 설치한다.

114 추락방지망 설치 시 그물코의 크기가 10cm인 매듭 있는 방망의 신품에 대한 인장강도 기준으로 옳은 것은?

① 100kgf 이상 ② 200kgf 이상
③ 300kgf 이상 ④ 400kgf 이상

> **해설** 추락방지용 방망사의 신품에 대한 인장강도 기준
>
> | 그물코의 종류 | 인장강도(kg/cm²) | |
> |---|---|---|
> | | 매듭 없는 방망 | 매듭 있는 방망 |
> | 10cm 그물코 | 240 | 200 |
> | 5cm 그물코 | – | 110 |

115 타워크레인을 자립고(自立高) 이상의 높이로 설치할 때 지지벽체가 없어 와이어로프로 지지하는 경우의 준수사항으로 옳지 않은 것은?

① 와이어로프를 고정하기 위한 전용 지지프레임을 사용할 것
② 와이어로프 설치각도는 수평면에서 60° 이내로 하되, 지지점은 4개소 이상으로 하고, 같은 각도로 설치할 것
③ 와이어로프와 그 고정부위는 충분한 강도와 장력을 갖도록 설치하되, 와이어로프를 클립·새클(shackle) 등의 기구를 사용하여 고정하지 않도록 유의할 것
④ 와이어로프가 가공전선(架空電線)에 근접하지 않도록 할 것

> **해설** ③ 와이어로프와 그 고정부위는 충분한 강도와 장력을 갖도록 설치하고, 와이어로프를 클립·새클 등의 고정기구를 사용하여 견고하게 고정시켜 풀리지 아니하도록 하며, 사용 중에는 충분한 강도와 장력을 유지하도록 할 것

116 토질시험 중 연약한 점토지반의 점착력을 판별하기 위하여 실시하는 현장시험은?

① 베인테스트(Vane Test)
② 표준관입시험(SPT)
③ 하중재하시험
④ 삼축압축시험

해설 베인테스트(Vane Test)의 설명이다.

117 비계의 부재 중 기둥과 기둥을 연결시키는 부재가 아닌 것은?

① 띠장　　　　② 장선
③ 가새　　　　④ 작업발판

해설 비계의 부재 중 기둥과 기둥을 연결시키는 부재로는 띠장, 장선, 가새가 있다.

118 항만하역작업에서의 선박승강설비 설치기준으로 옳지 않은 것은?

① 200톤급 이상의 선박에서 하역작업을 하는 경우에 근로자들이 안전하게 오르내릴 수 있는 현문(舷門) 사다리를 설치하여야 하며, 이 사다리 밑에 안전망을 설치하여야 한다.
② 현문 사다리는 견고한 재료로 제작된 것으로 너비는 55cm 이상이어야 한다.
③ 현문 사다리의 양측에는 82cm 이상의 높이로 울타리를 설치하여야 한다.
④ 현문 사다리는 근로자의 통행에만 사용하여야 하며, 화물용 발판 또는 화물용 보판으로 사용하도록 해서는 안된다.

해설 ① 300톤급 이상의 선박에서 하역작업을 하는 경우에 근로자들이 안전하게 오르내릴 수 있는 현문 사다리를 설치하여야 하며, 이 사다리 밑에 안전망을 설치하여야 한다.

119 다음 중 유해위험방지계획서 제출대상 공사가 아닌 것은?

① 지상높이가 30m인 건축물 건설공사
② 최대지간길이가 50m인 교량 건설공사
③ 터널 건설공사
④ 깊이가 11m인 굴착공사

해설 **유해·위험방지계획서를 제출해야 할 대상 공사의 조건**
(1) 다음 각 목의 어느 하나에 해당하는 건축물 또는 시설 등의 건설·개조 또는 해체공사
　㉠ 지상높이가 31m 이상인 건축물 또는 인공구조물
　㉡ 연면적 3만m² 이상인 건축물
　㉢ 연면적 5천m² 이상인 시설로서 다음의 어느 하나에 해당하는 시설
　　• 문화 및 집회시설(전시장 및 동물원·식물원은 제외)
　　• 판매시설, 운수시설(고속철도의 역사 및 집배송시설은 제외)
　　• 종교시설
　　• 의료시설 중 종합병원
　　• 숙박시설 중 관광숙박시설
　　• 지하도상가
　　• 냉동·냉장 창고시설
(2) 연면적 5천m² 이상의 냉동·냉장창고시설의 설비공사 및 단열공사
(3) 최대 지간길이(다리의 기둥과 기둥의 중심 사이의 거리)가 50m 이상인 교량건설 등 공사
(4) 터널 건설 등의 공사
(5) 다목적댐, 발전용댐 및 저수용량 2천만 톤 이상의 용수 전용 댐, 지방상수도 전용 댐 건설
(6) 깊이 10m 이상인 굴착공사

120 본 터널(main tunnel)을 시공하기 전에 터널에서 약간 떨어진 곳에 지질조사, 환기, 배수, 운반 등의 상태를 알아보기 위하여 설치하는 터널은?

① 프리패브(prefab) 터널
② 사이드(side) 터널
③ 실드(shield) 터널
④ 파일럿(pilot) 터널

해설 파일럿 터널의 설명이다.

제1과목 | **안전관리론**

01 재해의 발생형태 중 다음 그림이 나타내는 것은?

① 단순연쇄형 ② 복합연쇄형
③ 단순자극형 ④ 복합형

해설 단순자극형(집중형)의 설명이다.

02 다음 재해원인 중 간접원인에 해당하지 않는 것은?

① 기술적 원인
② 교육적 원인
③ 관리적 원인
④ 인적 원인

해설 ④ 인적 원인 : 직접 원인

03 생체리듬의 변화에 대한 설명으로 틀린 것은?

① 야간에는 체중이 감소한다.
② 야간에는 말초운동 기능이 증가된다.
③ 체온, 혈압, 맥박수는 주간에 상승하고 야간에 감소한다.
④ 혈액의 수분과 염분량은 주간에 감소하고 야간에 상승한다.

해설 ② 야간에는 말초운동 기능이 저하된다.

04 산업안전보건법령상 안전·보건표지의 색채와 사용사례의 연결로 틀린 것은?

① 노란색 – 화학물질 취급장소에서의 유해·위험 경고 이외의 위험경고
② 파란색 – 특정 행위의 지시 및 사실의 고지
③ 빨간색 – 화학물질 취급장소에서의 유해·위험 경고
④ 녹색 – 정지신호, 소화설비 및 그 장소, 유해행위의 금지

해설 ④ 녹색 – 비상구 및 피난구, 사람 또는 차량의 통행표지

05 Y-K(Yutaka-Kohate)성격검사에 관한 사항으로 옳은 것은?

① C, C′형은 적응이 빠르다.
② M, M′형은 내구성, 집념이 부족하다.
③ S, S′형은 담력, 자신감이 강하다.
④ P, P′형은 운동, 결단이 빠르다.

해설 ② M, M′형은 내구성, 집념, 지속성이 있다.
③ S, S′형은 담력, 자신감이 약하다.
④ P, P′형은 운동성이 느리고, 담력, 자신감이 약하다.

06 재해의 발생확률은 개인적 특성이 아니라 그 사람이 종사하는 작업의 위험성에 기초한다는 이론은?

① 암시설 ② 경향설
③ 미숙설 ④ 기회설

해설 기회설의 설명이다.

07 라인(line)형 안전관리 조직의 특징으로 옳은 것은?

① 안전에 관한 기술의 축적이 용이하다.
② 안전에 관한 지시나 조치가 신속하다.
③ 조직원 전원을 자율적으로 안전활동에 참여시킬 수 있다.
④ 권한 다툼이나 조정 때문에 통제수속이 복잡해지며, 시간과 노력이 소모된다.

해설 라인형 특징 : 안전에 관한 지시나 조치가 신속하다.

08 재해원인 분석방법의 통계적 원인분석 중 사고의 유형, 기인물 등 분류항목을 큰 순서대로 도표화한 것은?

① 파레토도　　② 특성요인도
③ 크로스도　　④ 관리도

해설 파레토도의 설명이다.

09 타인의 비판 없이 자유로운 토론을 통하여 다량의 독창적인 아이디어를 이끌어내고, 대안적 해결안을 찾기 위한 집단적 사고기법은?

① Role playing
② Brain storming
③ Action playing
④ Fish Bowl playing

해설 Brain storming의 설명이다.

10 다음 중 헤드십(headship)에 관한 설명과 가장 거리가 먼 것은?

① 권한의 근거는 공식적이다.
② 지휘의 형태는 민주주의적이다.
③ 상사와 부하와의 사회적 간격은 넓다.
④ 상사와 부하와의 관계는 지배적이다.

해설 ② 지휘의 형태는 권위주의적이다.

11 무재해 운동을 추진하기 위한 조직의 세 기둥으로 볼 수 없는 것은?

① 최고경영자의 경영자세
② 소집단 자주활동의 활성화
③ 전 종업원의 안전요원화
④ 라인관리자에 의한 안전보건의 추진

해설 무재해 운동을 추진하기 위한 조직의 세 기둥
㉠ 최고경영자의 경영자세
㉡ 소집단 자주활동의 활성화
㉢ 라인관리자에 의한 안전보건의 추진

12 안전교육의 단계에 있어 교육대상자가 스스로 행함으로서 습득하게 하는 교육은?

① 의식교육　　② 기능교육
③ 지식교육　　④ 태도교육

해설 기능교육의 설명이다.

13 산업안전보건법령상 사업 내 안전보건교육 중 관리감독자 정기교육의 내용이 아닌 것은?

① 유해·위험 작업환경 관리에 관한 사항
② 표준안전작업방법 및 지도 요령에 관한 사항
③ 작업공정의 유해·위험과 재해 예방 대책에 관한 사항
④ 기계·기구의 위험성과 작업의 순서 및 동선에 관한 사항

해설 관리감독자 정기안전·보건교육 내용
㉠ ①, ②, ③
㉡ 산업안전 및 사고 예방에 관한 사항
㉢ 산업보건 및 직업병 예방에 관한 사항
㉣ 산업안전보건법령 및 산업재해보상보험 제도에 관한 사항 등

14 산업안전보건법령상 유해·위험 방지를 위한 방호조치가 필요한 기계·기구가 아닌 것은?

① 예초기　　② 지게차
③ 금속절단기　　④ 금속탐지기

해설 유해 · 위험 방지를 위한 방호조치가 필요한 기계 · 기구
ㄱ ①, ②, ③
ㄴ 원심기
ㄷ 공기압축기
ㄹ 포장기계(진공포장기, 래핑기로 한정)

15 안전교육 방법 중 구안법(Project Method)의 4단계 순서로 옳은 것은?

① 계획 수립 → 목적 결정 → 활동 → 평가
② 평가 → 계획 수립 → 목적 결정 → 활동
③ 목적 결정 → 계획 수립 → 활동 → 평가
④ 활동 → 계획 수립 → 목적 결정 → 평가

해설 구안법 4단계
목적 결정 → 계획 수립 → 활동 → 평가

16 안전인증 절연장갑에 안전인증 표시 외에 추가로 표시하여야 하는 등급별 색상의 연결로 옳은 것은? (단, 고용노동부 고시를 기준으로 한다.)

① 00등급 : 갈색
② 0등급 : 흰색
③ 1등급 : 노란색
④ 2등급 : 빨간색

해설 절연장갑 등급 및 색상

등 급	색 상
00	갈색
0	빨간색
1	흰색
2	노란색
3	녹색
4	등색

17 레빈(Lewin)은 인간의 행동 특성을 다음과 같이 표현하였다. 변수 'P'가 의미하는 것은?

$$B = f(P \cdot E)$$

① 행동
② 소질
③ 환경
④ 함수

해설 인간의 행동
$B = f(P \cdot E)$
여기서, B : Behavior(인간의 행동)
f : Function(함수관계)
P : Person(소질) – 연령, 경험, 성격, 지능
E : Environment(작업환경, 인간관계 요인을 나타내는 변수)

18 강도율 7인 사업장에서 한 작업자가 평생 동안 작업을 한다면 산업재해로 인한 근로 손실일수는 며칠로 예상되는가? (단, 이 사업장의 연근로시간과 한 작업자의 평생 근로시간은 100,000시간으로 가정한다.)

① 500
② 600
③ 700
④ 800

해설 환산강도율 : 입사하여 퇴직할 때까지 평생동안(40년)의 근로시간인 10만시간당 근로손실일수
환산강도율=강도율×100=7×100=700일

19 다음 설명에 해당하는 학습 지도의 원리는 어느 것인가?

> 학습자가 지니고 있는 각자의 요구와 능력 등에 알맞은 학습활동의 기회를 마련해 주어야 한다는 원리

① 직관의 원리
② 자기활동의 원리
③ 개별화의 원리
④ 사회화의 원리

해설 개별화의 원리 설명이다.

20 재해예방의 4원칙이 아닌 것은?

① 손실우연의 법칙
② 사전준비의 원칙
③ 원인계기의 원칙
④ 대책선정의 원칙

해설 ② 예방가능의 원칙

제2과목 : 인간공학 및 시스템안전공학

21 결함수분석법에서 Path Set에 관한 설명으로 옳은 것은?

① 시스템의 약점을 표현한 것이다.

② Top사상을 발생시키는 조합이다.

③ 시스템이 고장나지 않도록 하는 사상의 조합이다.

④ 시스템 고장을 유발시키는 필요불가결한 기본사상들의 집합이다.

해설 Path Set : 시스템이 고장나지 않도록 하는 사상의 조합

22 다음 중 인체 측정에 대한 설명으로 옳은 것은?

① 인체 측정은 동적 측정과 정적 측정이 있다.

② 인체 측정학은 인체의 생화학적 특징을 다룬다.

③ 자세에 따른 인체치수의 변화는 없다고 가정한다.

④ 측정항목에 무게, 둘레, 두께, 길이는 포함되지 않는다.

해설 ② 인체 측정학은 인체의 물리적 특성을 다룬다.
③ 자세에 따른 인체치수는 변화가 있다.
④ 측정항목에 무게, 둘레, 두께, 길이를 포함한다.

23 신호검출이론(SDT)의 판정결과 중 신호가 없었는데도 있었다고 말하는 경우는 어느 것인가?

① 긍정(hit)

② 누락(miss)

③ 허위(false alarm)

④ 부정(correct rejection)

해설 허위(false alarm)의 설명이다.

24 시스템 안전분석 방법 중 예비위험분석(PHA) 단계에서 식별하는 4가지 범주에 속하지 않는 것은?

① 위기 상태

② 무시가능 상태

③ 파국적 상태

④ 예비조처 상태

해설 ④ 한계적 상태

25 어느 부품 1,000개를 100,000시간 동안 가동하였을 때 5개의 불량품이 발생하였을 경우 평균동작시간(MTTF)은?

① 1×10^6시간 ② 2×10^7시간

③ 1×10^8시간 ④ 2×10^9시간

해설 고장률$(\lambda) = \dfrac{5}{1,000 \times 100,000} = 5 \times 10^{-8}$

∴ 평균동작시간(MTTF) $= \dfrac{1}{고장률(\lambda)}$

$= \dfrac{1}{5 \times 10^{-8}}$

$= 2 \times 10^7$시간

26 암호체계의 사용 시 고려해야 될 사항과 거리가 먼 것은?

① 정보를 암호화한 자극은 검출이 가능하여야 한다.

② 다차원의 암호보다 단일차원화된 암호가 정보전달이 촉진된다.

③ 암호를 사용할 때는 사용자가 그 뜻을 분명히 알 수 있어야 한다.

④ 모든 암호표시는 감지장치에 의해 검출될 수 있고, 다른 암호표시와 구별될 수 있어야 한다.

해설 ② 단일차원의 암호보다 다차원화된 암호가 정보전달이 촉진된다.

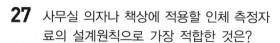

27 사무실 의자나 책상에 적용할 인체 측정자료의 설계원칙으로 가장 적합한 것은?

① 평균치 설계
② 조절식 설계
③ 최대치 설계
④ 최소치 설계

해설 조절식 설계의 설명이다.

28 결함수 분석의 기호 중 입력사상이 어느 하나라도 발생할 경우 출력사상이 발생하는 것은?

① NOR GATE
② AND GATE
③ OR GATE
④ NAND GATE

해설 OR GATE의 설명이다.

29 촉감의 일반적인 척도의 하나인 2점 문턱값(two-point threshold)이 감소하는 순서대로 나열된 것은?

① 손가락 → 손바닥 → 손가락 끝
② 손바닥 → 손가락 → 손가락 끝
③ 손가락 끝 → 손가락 → 손바닥
④ 손가락 끝 → 손바닥 → 손가락

해설 2점 문턱값이 감소하는 순서
손바닥 → 손가락 → 손가락 끝

30 어떤 소리가 1,000Hz, 60dB인 음과 같은 높이임에도 4배 더 크게 들린다면, 이 소리의 음압수준은 얼마인가?

① 70dB
② 80dB
③ 90dB
④ 100dB

해설
$$4\text{sone} = \frac{\log 2(L_1 - 60)}{10}$$
$$L_1 = \frac{10 \times \log 4}{\log 2} + 60 = 80\text{dB}$$

31 가스밸브를 잠그는 것을 잊어 사고가 발생했다면 작업자는 어떤 인적 오류를 범한 것인가?

① 생략 오류(omission error)
② 시간지연 오류(time error)
③ 순서 오류(sequential error)
④ 작위적 오류(commission error)

해설 생략 오류의 설명이다.

32 인간-기계 시스템에서 시스템의 설계를 다음과 같이 구분할 때 제3단계인 기본 설계에 해당되지 않는 것은?

- 1단계 : 시스템의 목표와 성능 명세 결정
- 2단계 : 시스템의 정의
- 3단계 : 기본 설계
- 4단계 : 인터페이스 설계
- 5단계 : 보조물 설계
- 6단계 : 시험 및 평가

① 화면 설계
② 작업 설계
③ 직무 분석
④ 기능 할당

해설 기본 설계
㉠ 작업 설계
㉡ 직무 분석
㉢ 기능 활당
㉣ 인간성능요건 명세

33 실린더 블록에 사용하는 개스킷의 수명 분포는 X~N(10,000, 200²)인 정규분포를 따른다. $t=9,600$시간일 경우에 신뢰도($R(t)$)는? (단, $P(Z \le 1) = 0.8413$, $P(Z \le 1.5) = 0.9332$, $P(Z \le 2) = 0.9772$, $P(Z \le 3) = 0.9987$이다.)

① 84.13%
② 93.32%
③ 97.72%
④ 99.87%

해설
$$\text{표준정규분포}(Z) = \frac{(평균수명 - 사용시간)}{표준편차}$$
$$= \frac{(10,000 - 9,600)}{200}$$
$$= 2$$

여기서, 원래 Z값 2.0을 가지고 표준정규분포 표에서 확률을 확인해야 하는데 조건에서 역으로 $u_{0.9772} = 2$라고 주어져 있으므로 확률 0.9772 즉, 97.72%가 된다.

34 FTA 결과 다음과 같은 패스셋을 구하였다. 최소 패스셋(minimal path sets)으로 옳은 것은?

$$\{X_2, X_3, X_4\}, \{X_1, X_3, X_4\}, \{X_3, X_4\}$$

① $\{X_3, X_4\}$

② $\{X_1, X_3, X_4\}$

③ $\{X_2, X_3, X_4\}$

④ $\{X_2, X_3, X_4\}$와 $\{X_3, X_4\}$

해설

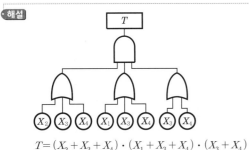

$T = (X_2 + X_3 + X_4) \cdot (X_1 + X_3 + X_4) \cdot (X_3 + X_4)$
∴ 최소 패스셋은 $\{X_3, X_4\}$

35 연구 기준의 요건과 내용이 옳은 것은?

① 무오염성 : 실제로 의도하는 바와 부합해야 한다.

② 적절성 : 반복실험 시 재현성이 있어야 한다.

③ 신뢰성 : 측정하고자 하는 변수 이외의 다른 변수의 영향을 받아서는 안 된다.

④ 민감도 : 피실험자 사이에서 볼 수 있는 예상 차이점에 비례하는 단위로 측정해야 한다.

해설 ① 무오염성 : 기준척도는 측정하고자 하는 변수 외의 다른 변수들의 영향을 받아서는 안 된다.

② 적절성 : 기준이 의도된 목적에 적당하다고 판단되는 정도이다.

③ 신뢰성 : 인간의 신뢰도를 높이면 인간행동의 잘못은 크게 줄어든다.

36 다음 중 열 중독증(heat illness)의 강도를 올바르게 나열한 것은?

ⓐ 열소모(heat exhaustion)
ⓑ 열발진(heat rash)
ⓒ 열경련(heat cramp)
ⓓ 열사병(heat stroke)

① ⓒ < ⓑ < ⓐ < ⓓ

② ⓒ < ⓑ < ⓓ < ⓐ

③ ⓑ < ⓒ < ⓐ < ⓓ

④ ⓑ < ⓓ < ⓐ < ⓒ

해설 **열중독의 강도** : 열사병 > 열소모 > 열경련 > 열발진

37 산업안전보건법령상 유해위험방지계획서의 제출대상 제조업은 전기계약용량이 얼마 이상인 경우에 해당되는가? (단, 기타 예외사항은 제외한다.)

① 50kW

② 100kW

③ 200kW

④ 300kW

해설 **유해 · 위험방지계획서의 제출대상 사업** : 기계 및 기구를 제외한 금속가공제품 제조업으로서 전기계약용량이 300kW 이상인 사업

38 시스템 안전분석 방법 중 HAZOP에서 "완전대체"를 의미하는 것은?

① NOT

② REVERSE

③ PART OF

④ OTHER THAN

해설 ① NOT : 디자인 의도의 완전한 부정
② REVERSE : 디자인 의도의 논리적 반대
③ PART OF : 성질상의 감소

39 신체활동의 생리학적 측정법 중 전신의 육체적인 활동을 측정하는 데 가장 적합한 방법은?

① Flicker 측정
② 산소 소비량 측정
③ 근전도(EMG) 측정
④ 피부전기반사(GSR) 측정

해설 산소 소비량 측정의 설명이다.

40 다음은 불꽃놀이용 화학물질취급설비에 대한 정량적 평가이다. 해당 항목에 대한 위험 등급이 올바르게 연결된 것은?

항 목	A (10점)	B (5점)	C (2점)	D (0점)
취급물질	○	○	○	
조작		○		○
화학설비의 용량	○		○	
온도	○	○		
압력		○	○	○

① 취급물질 – Ⅰ등급, 화학설비의 용량 – Ⅰ등급
② 온도 – Ⅰ등급, 화학설비의 용량 – Ⅱ등급
③ 취급물질 – Ⅰ등급, 조작 – Ⅳ등급
④ 온도 – Ⅱ등급, 압력 – Ⅲ등급

해설 당해 화학설비의 취급물질, 용량, 온도, 압력 및 조작의 5항목에 대해 A, B, C 및 D급으로 분류하여 A급은 10점, B급은 5점, C급은 2점, D급은 0점으로 점수를 부여한 후 5항목에 관한 점수들의 합을 구하고 점수합산 결과 16점 이상을 위험등급 Ⅰ, 11점 이상 15점 이하는 위험등급 Ⅱ, 10점 이하는 위험등급 Ⅲ으로 표시하여 각 위험등급에 따라 안전대책을 달리 강구하는 것이다.

제3과목 기계위험방지기술

41 선반작업의 안전수칙으로 가장 거리가 먼 것은?

① 기계에 주유 및 청소를 할 때에는 저속회전에서 한다.

② 일반적으로 가공물의 길이가 지름의 12배 이상일 때는 방진구를 사용하여 선반작업을 한다.
③ 바이트는 가급적 짧게 설치한다.
④ 면장갑을 사용하지 않는다.

해설 ① 기계에 주유 및 청소를 할 때에는 반드시 기계를 정지시키고 한다.

42 크레인에 돌발상황이 발생한 경우 안전을 유지하기 위하여 모든 전원을 차단하여 크레인을 급정지시키는 방호장치는?

① 호이스트
② 이탈방지장치
③ 비상정지장치
④ 아우트리거

해설 비상정지장치의 설명이다.

43 극한하중이 600N인 체인에 안전계수가 4일 때 체인의 정격하중(N)은?

① 130
② 140
③ 150
④ 160

해설 $정격하중(N) = \dfrac{극한하중(N)}{안전계수} = \dfrac{600N}{4} = 150N$

44 연삭작업에서 숫돌의 파괴원인으로 가장 적절하지 않은 것은?

① 숫돌의 회전속도가 너무 빠를 때
② 연삭작업 시 숫돌의 정면을 사용할 때
③ 숫돌에 큰 충격을 줬을 때
④ 숫돌의 회전중심이 제대로 잡히지 않았을 때

해설 ② 연삭작업 시 숫돌의 측면을 사용할 때

45 산업안전보건법령상 크레인에서 권과방지 장치의 달기구 윗면이 권상장치의 아랫면 과 접촉할 우려가 있는 경우 최소 몇 m 이 상 간격이 되도록 조정하여야 하는가? (단, 직동식 권과방지장치의 경우는 제외)

① 0.1 　　　　② 0.15

③ 0.25 　　　　④ 0.3

•해설 크레인에서 달기구 윗면이 권상장치의 아랫면과 접 촉할 우려가 있는 경우 : 최소 0.25m 이상의 간격이 되도록 조정한다.

46 산업안전보건법령상 화물의 낙하에 의해 운전자가 위험을 미칠 경우 지게차의 헤드 가드(head guard)는 지게차 최대하중의 몇 배가 되는 등분포정하중에 견디는 강도 를 가져야 하는가? (단, 4톤을 넘는 값은 제외)

① 1배 　　　　② 1.5배

③ 2배 　　　　④ 3배

•해설 화물의 낙하에 의해 운전자에게 위험을 미칠 경우 : 지게차의 헤드가드는 지게차 최대하중의 2배가 되는 등분포정하중에 견디는 강도를 갖는다.

47 산업안전보건법령상 프레스 등을 사용하 여 작업을 할 때에 작업시작 전 점검사항 으로 가장 거리가 먼 것은?

① 압력방출장치의 기능

② 클러치 및 브레이크의 기능

③ 프레스의 금형 및 고정볼트 상태

④ 1행정 1정지기구 · 급정지장치 및 비 상정지장치의 기능

•해설 프레스 등 작업시작 전 점검사항

㉠ ②, ③, ④

㉡ 크랭크축 · 플라이휠 · 슬라이드 · 연결봉 및 연결나사의 풀림 여부

㉢ 슬라이드 또는 칼날에 의한 위험방지기구의 기능

㉣ 방호장치의 기능

㉤ 전단기의 칼날 및 테이블의 상태

48 다음 중 프레스 방호장치에서 게이트가드 식 방호장치의 종류를 작동방식에 따라 분 류할 때 가장 거리가 먼 것은?

① 경사식

② 하강식

③ 도립식

④ 횡슬라이드식

•해설 프레스 게이트가드식 작동방식에 따라 방호장치 분류

㉠ 하강식

㉡ 상승식

㉢ 수평식

㉣ 도립식

㉤ 횡슬라이드식

49 500rpm으로 회전하는 연삭숫돌의 지름이 300mm일 때 원주속도(m/min)는?

① 약 748 　　　　② 약 650

③ 약 532 　　　　④ 약 471

•해설
$$V = \frac{\pi D \cdot N}{1,000}$$
$$= \frac{3.14 \times 300 \times 500}{1,000}$$
$$= 471 \text{m/min}$$

50 산업안전보건법령상 용접장치의 안전에 관한 준수사항으로 옳은 것은?

① 아세틸렌 용접장치의 발생기실을 옥 외에 설치한 경우에는 그 개구부를 다른 건축물로부터 1m 이상 떨어지 도록 하여야 한다.

② 가스집합장치로부터 7m 이내의 장소 에서는 화기의 사용을 금지시킨다.

③ 아세틸렌 발생기에서 10m 이내 또는 발생기실에서 4m 이내의 장소에서는 화기의 사용을 금지시킨다.

④ 아세틸렌 용접장치를 사용하여 용접작 업을 할 경우 게이지 압력이 127kPa 을 초과하는 압력의 아세틸렌을 발생 시켜 사용해서는 안된다.

해설 ① 아세틸렌 용접장치의 발생기실을 옥외에 설치한 경우에는 그 개구부를 다른 건축물로부터 1.5m 이상 떨어지도록 하여야 한다.
② 가스집합장치로부터 5m 이내의 장소에서는 화기의 사용을 금지시킨다.
③ 아세틸렌 발생기에서 5m 이내 또는 발생기실에서 3m 이내의 장소에서는 화기의 사용을 금지시킨다.

51 산업안전보건법령상 목재가공용 둥근톱 작업에서 분할날과 톱날 원주면과의 간격은 최대 얼마 이내가 되도록 조정하는가?

① 10mm
② 12mm
③ 14mm
④ 16mm

해설 목재가공용 둥근톱 작업 : 분할날과 톱날 원주면과의 간격은 최대 12mm 이내가 되도록 조정한다.

52 기계설비에서 기계 고장률의 기본 모형으로 옳지 않은 것은?

① 조립고장
② 초기고장
③ 우발고장
④ 마모고장

해설 기계설비에서 기계 고장률의 기본 모형
㉠ 초기고장
㉡ 우발고장
㉢ 마모고장

53 다음 중 선반의 방호장치로 가장 거리가 먼 것은?

① 실드(shield)
② 슬라이딩
③ 척커버
④ 칩브레이커

해설 선반의 방호장치
㉠ ①, ③, ④
㉡ 브레이크
㉢ 덮개 또는 울
㉣ 고정브리지

54 일반적으로 전류가 과대하고, 용접속도가 너무 빠르며, 아크를 짧게 유지하기 어려운 경우 모재 및 용접부의 일부가 녹아서 홈 또는 오목한 부분이 생기는 용접부 결함은?

① 잔류응력
② 융합불량
③ 기공
④ 언더컷

해설 언더컷의 설명이다.

55 산업안전보건법령상 로봇을 운전하는 경우 근로자가 로봇에 부딪힐 위험이 있을 때 높이는 최소 얼마 이상의 울타리를 설치하여야 하는가? (단, 로봇의 가동범위 등을 고려하여 높이로 인한 위험성이 없는 경우는 제외)

① 0.9m
② 1.2m
③ 1.5m
④ 1.8m

해설 근로자가 로봇에 부딪힐 위험이 있을 때에는 높이 1.8m 이상의 울타리를 설치한다.

56 다음 중 보일러 운전 시 안전수칙으로 가장 적절하지 않은 것은?

① 가동 중인 보일러에는 작업자가 항상 정위치를 떠나지 아니할 것
② 보일러의 각종 부속장치의 누설상태를 점검할 것
③ 압력방출장치는 매 7년마다 정기적으로 작동시험을 할 것
④ 노 내의 환기 및 통풍 장치를 점검할 것

해설 ③ 압력방출장치는 매년 1회 이상 정기적으로 작동시험을 할 것

57 산업안전보건법령상 승강기의 종류로 옳지 않은 것은?

① 승객용 엘리베이터
② 리프트
③ 화물용 엘리베이터
④ 승객화물용 엘리베이터

해설 승강기의 종류
ㄱ ①, ③, ④
ㄴ 에스컬레이터
ㄷ 소형화물용 엘리베이터

58 산업안전보건법령상 롤러기의 방호장치 중 롤러의 앞면 표면속도가 30m/min 이상일 때 무부하 동작에서 급정지거리는?

① 앞면 롤러 원주의 1/2.5 이내
② 앞면 롤러 원주의 1/3 이내
③ 앞면 롤러 원주의 1/3.5 이내
④ 앞면 롤러 원주의 1/5.5 이내

해설 롤러기의 급정지장치의 성능

앞면 롤러의 표면속도(m/min)	급정지거리
30 미만	앞면 롤러 원주의 $\frac{1}{3}$ 이내
30 이상	앞면 롤러 원주의 $\frac{1}{2.5}$ 이내

59 슬라이드가 내려옴에 따라 손을 쳐내는 막대가 좌우로 왕복하면서 위험한계에 있는 손을 보호하는 프레스 방호장치는?

① 수인식
② 게이트가드식
③ 반발예방장치
④ 손쳐내기식

해설 손쳐내기식 방호장치의 설명이다.

60 다음 중 컨베이어의 안전장치로 옳지 않은 것은?

① 비상정지장치
② 반발예방장치
③ 역회전방지장치
④ 이탈방지장치

해설 컨베이어의 안전장치
ㄱ 비상정지장치
ㄴ 역회전방지장치
ㄷ 이탈방지장치
ㄹ 건널다리

제4과목 **전기위험방지기술**

61 산업안전보건기준에 관한 규칙에 따라 누전에 의한 감전의 위험을 방지하기 위하여 접지를 하여야 하는 대상의 기준으로 틀린 것은? (단, 예외조건은 고려하지 않는다.)

① 전기기계·기구의 금속제 외함
② 고압 이상의 전기를 사용하는 전기기계·기구 주변의 금속제 칸막이
③ 고정배선에 접속된 전기기계·기구 중 사용전압이 대지전압 100V를 넘는 비충전 금속체
④ 코드와 플러그를 접속하여 사용하는 전기기계·기구 중 휴대형 전동기계·기구의 노출된 비충전 금속체

해설 ③ 고정배선에 접속된 전기기계·기구 중 사용전압이 대지전압 150V를 넘는 비충전 금속체

62 접지계통 분류에서 TN 접지방식이 아닌 것은?

① TN-S 방식
② TN-C 방식
③ TN-T 방식
④ TN-C-S 방식

해설 접지계통의 분류에서 TN 접지방식
ㄱ TN-S 방식
ㄴ TN-C 방식
ㄷ TN-C-S 방식

63 교류아크용접기의 자동전격방지장치는 전격의 위험을 방지하기 위하여 아크 발생이 중단된 후 약 1초 이내에 출력 측 무부하전압을 자동적으로 몇 V 이하로 저하시켜야 하는가?

① 85
② 70
③ 50
④ 25

해설 교류아크용접기 자동전격방지장치 : 아크 발생이 중단된 후 약 1초 이내에 출력 측 무부하전압을 자동적으로 25V 이하로 저하시킨다.

64 가연성 가스가 있는 곳에 저압 옥내전기설비를 금속관 공사에 의해 시설하고자 한다. 관 상호 간 또는 관과 전기기계·기구와는 몇 턱 이상 나사조임으로 접속하여야 하는가?

① 2턱 ② 3턱
③ 4턱 ④ 5턱

해설 가스증기 위험장소의 금속관(후강) 배선에 의하여 시설하는 경우 전기기계·기구와는 5턱 이상 나사조임으로 접속하는 방법에 의하여 견고하게 접속하여야 한다.

65 KS C IEC 60529에 따른 유입방폭구조 "o" 방폭장비의 최소 IP등급은?

① IP44
② IP54
③ IP55
④ IP66

해설 KS C IEC 60529에 따른 유입방폭구조 "o" : 방폭장비의 최소 IP66

66 우리나라의 안전전압으로 볼 수 있는 것은 약 몇 V인가?

① 30 ② 50
③ 60 ④ 70

해설 우리나라 안전전압 : 30V

67 누전차단기의 구성요소가 아닌 것은?

① 누전검출부
② 영상변류기
③ 차단장치
④ 전력퓨즈

해설 누전차단기 구성요소
㉠ 누전검출부
㉡ 영상변류기
㉢ 차단장치
㉣ 시험버튼
㉤ 트립코일

68 다음에서 설명하고 있는 방폭구조는?

전기기기의 정상 사용조건 및 특정 비정상 상태에서 과도한 온도 상승, 아크 또는 스파크의 발생위험을 방지하기 위해 추가적인 안전조치를 취한 것으로 Ex e라고 표시한다.

① 유입방폭구조
② 압력방폭구조
③ 내압방폭구조
④ 안전증방폭구조

해설 안전증방폭구조의 설명이다.

69 다음은 어떤 방전에 대한 설명인가?

정전기가 대전되어 있는 부도체에 접지체가 접근한 경우 대전물체와 접지체 사이에 발생하는 방전과 거의 동시에 부도체의 표면을 따라서 발생하는 나뭇가지 형태의 발광을 수반하는 방전

① 코로나 방전 ② 뇌상 방전
③ 연면 방전 ④ 불꽃 방전

해설 연면 방전의 설명이다.

70 KS C IEC 60079-6에 따른 방폭기기에 대한 설명이다. 다음 빈칸에 들어갈 알맞은 용어는?

(ⓐ)은 EPL로 표현되며 점화원이 될 수 있는 가능성에 기초하여 기기에 부여된 보호등급이다. EPL의 등급 중 (ⓑ)는 정상작동, 예상된 오작동, 드문 오작동 중에 점화원이 될 수 없는 "매우 높은" 보호등급의 기기이다.

① ⓐ Explosion Protection Level, ⓑ EPL Ga
② ⓐ Explosion Protection Level, ⓑ EPL Gc
③ ⓐ Equipment Protection Level, ⓑ EPL Ga
④ ⓐ Equipment Protection Level, ⓑ EPL Gc

해설 가스폭발 보호등급

EPL Ga	정상 작동, 예상된 오작동, 드문 오작동 중에 점화원이 될 수 없는 "매우 높은" 보호등급의 기기
EPL Gb	정상 작동, 예상된 오작동 중에 점화원이 될 수 없는 "높은" 보호등급의 기기
EPL Gc	정상 작동 중에 점화원이 될 수 없고 정기적인 고장 발생 시 점화원으로서 비활성 상태의 유지를 보장하기 위하여 추가적인 보호장치가 있을 수 있는 "강화된" 보호등급의 기기

71 피뢰레벨에 따른 회전구체 반경이 틀린 것은?

① 피뢰레벨 Ⅰ : 20m

② 피뢰레벨 Ⅱ : 30m

③ 피뢰레벨 Ⅲ : 50m

④ 피뢰레벨 Ⅳ : 60m

해설 피뢰레벨에 따른 회전구체 반경

수뢰기준			피뢰레벨(LPL)			
회전구체 반지름	기호	단위	Ⅰ	Ⅱ	Ⅲ	Ⅳ
	r	m	20	30	45	60

72 정전유도를 받고 있는 접지되어 있지 않는 도전성 물체에 접촉한 경우 전격을 당하게 되는데 이때 물체에 유도된 전압 V(V)를 옳게 나타낸 것은? (단, E는 송전선의 대지전압, C_1은 송전선과 물체 사이의 정전용량, C_2는 물체와 대지 사이의 정전용량이며, 물체와 대지 사이의 저항은 무시한다.)

① $V = \dfrac{C_1}{C_1 + C_2} \times E$

② $V = \dfrac{C_1 + C_2}{C_1} \times E$

③ $V = \dfrac{C_1}{C_1 \times C_2} \times E$

④ $V = \dfrac{C_1 \times C_2}{C_1} \times E$

해설 접지되어 있지 않는 도전성 물체에 접촉한 경우 전격

$$V = \frac{C_1}{C_1 + C_2} \times E$$

여기서, V : 물체에 유도된 전압
C_1 : 송전선과 물체 사이의 정전용량
C_2 : 물체와 대지 사이의 정전용량
E : 송전선의 대지전압

73 방폭지역 0종 장소로 결정해야 할 곳으로 틀린 것은?

① 인화성 또는 가연성 가스가 장기간 체류하는 곳

② 인화성 또는 가연성 물질을 취급하는 설비의 내부

③ 인화성 또는 가연성 액체가 존재하는 피트 등의 내부

④ 인화성 또는 가연성 증기의 순환통로를 설치한 내부

해설 ㉠ ①, ②, ③
㉡ 가연성 가스의 용기 및 탱크의 내부
㉢ 인화성 액체의 용기 또는 탱크 내 액면상부의 공간부

74 최소착화에너지가 0.26mJ인 가스에 정전용량이 100pF인 대전물체로부터 정전기 방전에 의하여 착화할 수 있는 전압은 약 몇 V인가?

① 2,240

② 2,260

③ 2,280

④ 2,300

해설 $E = \dfrac{1}{2}CV^2$

여기서, E : 착화에너지(mJ)
C : 정전용량(F)
V : 최소대전전위(V)

$$\therefore V = \sqrt{\frac{2E}{C}} = \sqrt{\frac{2 \times (0.26 \times 10^3)}{100 \times 10^{-3}}} = 2,280\text{V}$$

75 전기기계·기구에 설치되어 있는 감전방지용 누전차단기의 정격감도전류 및 작동시간으로 옳은 것은? (단, 정격전부하전류가 50A 미만이다.)

① 15mA 이하, 0.1초 이내

② 30mA 이하, 0.03초 이내

③ 50mA 이하, 0.5초 이내

④ 100mA 이하, 0.05초 이내

> 해설 **인체감전 보호용 누전차단기 최대값** : 정격감도전류(30mA 이하), 작동시간(0.03초 이내)

76 정전기 발생에 영향을 주는 요인으로 가장 적절하지 않은 것은?

① 분리속도
② 물체의 질량
③ 접촉면적 및 압력
④ 물체의 표면상태

> 해설 **정전기 발생 요인**
> ㉠ ①, ③, ④
> ㉡ 물체의 특성
> ㉢ 물체의 분리력

77 방전의 분류에 속하지 않는 것은?

① 연면 방전
② 불꽃 방전
③ 코로나 방전
④ 스프레이 방전

> 해설 **방전의 분류**
> ㉠ ①, ②, ③
> ㉡ 브러시(스트리머) 방전
> ㉢ 뇌상 방전

78 20Ω의 저항 중에 5A의 전류를 3분간 흘렸을 때의 발열량(cal)은?

① 4,320
② 90,000
③ 21,600
④ 376,560

> 해설 발열량은 줄의 법칙을 적용하여
> $Q = 0.24 I^2 \cdot R \cdot t(\text{cal})$
> $= 0.24 \times 5^2 \times 20 \times 180 \sec$
> $= 21,600 \text{cal}$

79 심실세동을 일으키는 위험한계 에너지는 약 몇 J인가? (단, 심실세동 전류 $I = \dfrac{165}{\sqrt{T}}$ mA, 인체의 전기저항 $R = 800\Omega$, 통전시간 $T = 1$초이다.)

① 12 ② 22
③ 32 ④ 42

> 해설 $W = I^2 RT$
> 여기서, W : 위험한계에너지(J)
> R : 전기저항(Ω)
> T : 통전시간(sec)
> $\therefore \left(\dfrac{165}{\sqrt{T}} \times 10^{-3}\right)^2 \times 800 \times T = 22\text{J}$

80 전기시설의 직접 접촉에 의한 감전방지 방법으로 적절하지 않은 것은?

① 충전부는 내구성이 있는 절연물로 완전히 덮어 감쌀 것
② 충전부가 노출되지 않도록 폐쇄형 외함이 있는 구조로 할 것
③ 충전부에 충분한 절연효과가 있는 방호망 또는 절연덮개를 설치할 것
④ 충전부는 출입이 용이한 전개된 장소에 설치하고 위험표시 등의 방법으로 방호를 강화할 것

> 해설 **직접 접촉에 의한 감전방지 방법**
> ㉠ ①, ②, ③
> ㉡ 설치장소의 제한(별도의 울타리 설치 등)
> ㉢ 전도성 물체 및 작업장 주위의 바닥을 절연물로 도포
> ㉣ 작업자는 절연화 등 보호구 착용

제5과목 화학설비위험방지기술

81 다음 중 응상폭발이 아닌 것은?

① 분해폭발
② 수증기폭발
③ 전선폭발
④ 고상 간의 전이에 의한 폭발

해설 응상폭발
- ㉠ ②, ③, ④
- ㉡ 폭발성 화합물의 폭발
- ㉢ 압력폭발

82 가연성 물질의 저장 시 산소농도를 일정한 값 이하로 낮추어 연소를 방지할 수 있는 데 이때 첨가하는 물질로 적합하지 않은 것은?

① 질소
② 이산화탄소
③ 헬륨
④ 일산화탄소

해설 연소를 방지할 수 있는 데 첨가하는 물질은 불연성 가스이다.

83 액화 프로판 310kg을 내용적 50L 용기에 충전할 때 필요한 소요용기의 수는 몇 개인가? (단, 액화 프로판의 가스 정수는 2.35이다.)

① 15
② 17
③ 19
④ 21

해설 $G = \dfrac{V}{C}$에서 $\dfrac{50}{2.35} = 21.28L$

∴ 310kg ÷ 21.28 = 15개

84 열교환기의 정기적 점검을 일상점검과 개방점검으로 구분할 때 개방점검 항목에 해당하는 것은?

① 보냉재의 파손 상황
② 플랜지부나 용접부에서의 누출 여부
③ 기초볼트의 체결 상태
④ 생성물, 부착물에 의한 오염 상황

해설 열교환기의 개방점검 및 일상점검 항목

개방점검 항목	일상점검 항목
㉠ 생성물, 부착물에 의한 오염 ㉡ 라이닝, 개스킷 손상 여부 ㉢ 용접부 상태 ㉣ 내부 관의 부식 및 누설 여부 ㉤ 내부 부식의 형태 및 정도	㉠ 도장의 노후상태 ㉡ 보온재 보냉재의 파손 여부 ㉢ 기초볼트의 체결 상태 ㉣ 플랜지부나 용접부에서의 누출 여부

85 사업주는 가스폭발 위험장소 또는 분진폭발 위험장소에 설치되는 건축물 등에 대해서는 규정에서 정한 부분을 내화구조로 하여야 한다. 다음 중 내화구조로 하여야 하는 부분에 대한 기준이 틀린 것은?

① 건축물의 기둥 : 지상 1층(지상 1층의 높이가 6미터를 초과하는 경우에는 6미터)까지
② 위험물 저장·취급용기의 지지대(높이가 30센티미터 이하인 것은 제외) : 지상으로부터 지지대의 끝부분까지
③ 건축물의 보 : 지상 2층(지상 2층의 높이가 10미터를 초과하는 경우에는 10미터)까지
④ 배관·전선관 등의 지지대 : 지상으로부터 1단(1단의 높이가 6미터를 초과하는 경우에는 6미터)까지

해설 ③ 건축물의 보 : 지상 1층(지상 1층의 높이가 6m를 초과하는 경우에는 6m)까지

86 산업안전보건법령상 위험물질의 종류에 있어 인화성 가스에 해당하지 않는 것은?

① 수소
② 부탄
③ 에틸렌
④ 과산화수소

해설 ④ 과산화수소 : 산화성 액체

87 산업안전보건법령상 위험물질의 종류에서 폭발성 물질에 해당하는 것은?

① 니트로화합물
② 등유
③ 황
④ 질산

해설
- ② 등유 : 인화성 액체
- ③ 황 : 물반응성 물질 및 인화성 고체
- ④ 질산 : 산화성 액체

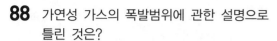

88 가연성 가스의 폭발범위에 관한 설명으로 틀린 것은?

① 압력 증가에 따라 폭발 상한계와 하한계가 모두 현저히 증가한다.

② 불활성 가스를 주입하면 폭발범위는 좁아진다.

③ 온도의 상승과 함께 폭발범위는 넓어진다.

④ 산소 중에서 폭발범위는 공기 중에서보다 넓어진다.

해설 ① 압력 증가에 따라 폭발 상한계는 증가하나 하한계는 거의 영향을 받지 않는다.

89 어떤 습한 고체 재료 10kg을 완전건조 후 무게를 측정하였더니 6.8kg이었다. 이 재료의 건량 기준 함수율은 몇 kg · H₂O/kg 인가?

① 0.25 ② 0.36

③ 0.47 ④ 0.58

해설 함수율 : 전체 질량에서 물이 차지하는 질량

$$함수율(건량 기준) = \frac{W_1 - W_2}{W_2}$$

$$= \frac{10 - 6.8}{6.8}$$

$$= 0.47 kg \cdot H_2O/kg$$

여기서, W_1 : 건조 전 질량

W_2 : 건조 후 질량

90 다음 중 분진의 폭발위험성을 증대시키는 조건에 해당하는 것은?

① 분진의 온도가 낮을수록

② 분위기 중 산소농도가 작을수록

③ 분진 내의 수분농도가 작을수록

④ 분진의 표면적이 입자체적과 비교하여 작을수록

해설 ① 분진의 온도가 높을수록

② 분위기 중 산소농도가 클수록

④ 분진의 표면적이 입자체적에 비교하여 클수록

91 물의 소화력을 높이기 위하여 물에 탄산칼륨(K_2CO_3)과 같은 염류를 첨가한 소화약제를 일반적으로 무엇이라 하는가?

① 포 소화약제

② 분말 소화약제

③ 강화액 소화약제

④ 산알칼리 소화약제

해설 강화액 소화약제의 설명이다.

92 산업안전보건법령에서 인화성 액체를 정의할 때 기준이 되는 표준압력은 몇 kPa 인가?

① 1 ② 100

③ 101.3 ④ 273.15

해설 인화성 액체를 정의할 때 기준이 되는 표준압력 : 101.3kPa

93 다음 중 관의 지름을 변경하는 데 사용되는 관의 부속품으로 가장 적절한 것은?

① 엘보(elbow)

② 커플링(coupling)

③ 유니언(union)

④ 리듀서(reducer)

해설 리듀서의 설명이다.

94 다음 중 가연성 가스의 연소 형태에 해당하는 것은?

① 분해연소

② 증발연소

③ 표면연소

④ 확산연소

해설 고체의 연소 : ①, ②, ③

95 다음 중 C급 화재에 해당하는 것은?

① 금속화재 ② 전기화재

③ 일반화재 ④ 유류화재

해설 화재의 분류

A급 화재	일반화재
B급 화재	유류화재
C급 화재	전기화재
D급 화재	금속화재

96 다음 중 물과의 반응성이 가장 큰 물질은 어느 것인가?

① 니트로글리세린 ② 이황화탄소
③ 금속나트륨   ④ 석유

해설 ③ $2Na + 2H_2O \rightarrow 2NaOH + H_2$

97 대기압하에서 인화점이 0℃ 이하인 물질이 아닌 것은?

① 메탄올   ② 이황화탄소
③ 산화프로필렌   ④ 디에틸에테르

해설 물질과 인화점

물질의 종류	인화점
메탄올	11℃
이황화탄소	-30℃
산화프로필렌	-37.2℃
디에틸에테르	-45℃

98 반응폭주 등 급격한 압력상승의 우려가 있는 경우에 설치하여야 하는 것은?

① 파열판
② 통기밸브
③ 체크밸브
④ Flame arrester

해설 파열판의 설명이다.

99 다음 중 분진폭발을 일으킬 위험이 가장 높은 물질은?

① 염소   ② 마그네슘
③ 산화칼슘   ④ 에틸렌

해설 분진폭발 물질 : Mg, Al, S, 실리콘, 금속분 등

100 다음 물질 중 인화점이 가장 낮은 물질은?

① 이황화탄소   ② 아세톤
③ 크실렌   ④ 경유

해설 물질과 인화점

물질의 종류	인화점
이황화탄소	-30℃
아세톤	-180℃
크실렌	17.2℃
경유	50~70℃

제6과목 **건설안전기술**

101 작업발판 및 통로의 끝이나 개구부로서 근로자가 추락할 위험이 있는 장소에서 난간 등의 설치가 매우 곤란하거나 작업의 필요상 임시로 난간 등을 해체하여야 하는 경우에 설치하여야 하는 것은?

① 구명구   ② 수직보호망
③ 석면포   ④ 추락방호망

해설 추락방호망의 설명이다.

102 건설재해 대책의 사면보호공법 중 식물을 생육시켜 그 뿌리로 사면의 표층토를 고정하여 빗물에 의한 침식, 동상, 이완 등을 방지하고, 녹화에 의한 경관 조성을 목적으로 시공하는 것은?

① 식생공   ② 실드공
③ 뿜어붙이기공   ④ 블록공

해설 식생공의 설명이다.

103 유해위험방지계획서를 제출하려고 할 때 그 첨부서류와 가장 거리가 먼 것은?

① 공사개요서
② 산업안전보건관리비 작성요령
③ 전체 공정표
④ 재해발생 위험 시 연락 및 대피 방법

해설 유해·위험방지계획서 제출 시 첨부서류
ⓐ ①, ③, ④
ⓑ 공사현장의 주변 현황 및 주변과의 관계를 나타내는 도면(매설물 현황 포함)
ⓒ 산업안전보건관리비 사용계획
ⓓ 안전관리조직표

104 도심지 폭파해체공법에 관한 설명으로 옳지 않은 것은?

① 장기간 발생하는 진동, 소음이 적다.
② 해체속도가 빠르다.
③ 주위의 구조물에 끼치는 영향이 적다.
④ 많은 분진 발생으로 민원을 발생시킬 우려가 있다.

해설 ③ 주위의 구조물에 끼치는 영향이 크다.

105 흙막이 지보공을 설치하였을 경우 정기적으로 점검하고 이상을 발견하면 즉시 보수하여야 하는 사항과 가장 거리가 먼 것은?

① 부재의 접속부·부착부 및 교차부의 상태
② 버팀대의 긴압(緊壓)의 정도
③ 부재의 손상·변형·부식·변위 및 탈락의 유무와 상태
④ 지표수의 흐름 상태

해설 흙막이 지보공을 정기적으로 점검하고 이상발견 시 보수사항
ⓐ ①, ②, ③
ⓑ 침하의 정도

106 산업안전보건법령에 따른 양중기의 종류에 해당하지 않는 것은?

① 곤돌라 ② 리프트
③ 클램셸 ④ 크레인

해설 양중기
ⓐ ①, ②, ④
ⓑ 이동식 크레인
ⓒ 승강기 : 승객용 엘리베이터, 화물용 엘리베이터(적재용량이 300kg 미만인 것은 제외), 승객화물용 엘리베이터, 소형화물용 엘리베이터, 에스컬레이터

107 말비계를 조립하여 사용하는 경우 지주부재와 수평면의 기울기는 얼마 이하로 하여야 하는가?

① 65°
② 70°
③ 75°
④ 80°

해설 말비계 : 지주부재와 수평면과의 기울기를 75° 이하로 한다.

108 NATM 공법 터널공사의 경우 록볼트 작업과 관련된 계측결과에 해당되지 않는 것은?

① 내공변위측정 결과
② 천단침하측정 결과
③ 인발시험 결과
④ 진동측정 결과

해설 ④ 숏크리트 응력 측정 결과

109 흙막이 공법을 흙막이 지지방식에 의한 분류와 구조방식에 의한 분류로 나눌 때 다음 중 지지방식에 의한 분류에 해당하는 것은?

① 수평버팀대식 흙막이 공법
② H-Pile 공법
③ 지하연속벽 공법
④ Top down method 공법

해설 흙막이 공법의 분류
(1) 지지방식
① 자립 공법
② 수평버팀대 공법
③ 어스앵커 공법
(2) 구조방식
① H-Pile 공법
② 널말뚝 공법
③ 지하연속벽 공법
④ Top down method 공법

110 건설현장에서 설치하는 사다리식 통로의 설치기준으로 옳지 않은 것은?

① 발판과 벽과의 사이는 15cm 이상의 간격을 유지할 것
② 발판의 간격은 일정하게 할 것
③ 사다리의 상단은 걸쳐놓은 지점으로부터 60cm 이상 올라가도록 할 것
④ 사다리식 통로의 길이가 10m 이상인 경우에는 3m 이내마다 계단참을 설치할 것

●해설 **사다리식 통로에 대한 설치기준**
㉠ 견고한 구조로 할 것
㉡ 심한 손상·부식 등이 없는 재료를 사용할 것
㉢ 발판의 간격은 일정하게 할 것
㉣ 발판과 벽과의 사이는 15cm 이상의 간격을 유지할 것
㉤ 폭은 30cm 이상으로 할 것
㉥ 사다리가 넘어지거나 미끄러지는 것을 방지하기 위한 조치를 할 것
㉦ 사다리의 상단은 걸쳐놓은 지점으로부터 60cm 이상 올라가도록 할 것
㉧ 사다리식 통로의 길이가 10m 이상인 경우에는 5m 이내마다 계단참을 설치할 것
㉨ 사다리식 통로의 기울기는 75° 이하로 할 것(다만, 고정식 사다리식 통로의 기울기는 90° 이하로 하고, 그 높이가 7m 이상인 경우에는 바닥으로부터 높이가 2.5m 되는 지점부터 등받이울을 설치할 것)
㉩ 접이식 사다리 기둥은 사용 시 접혀지거나 펼쳐지지 않도록 철물 등을 사용하여 견고하게 조치할 것

111 콘크리트 타설작업과 관련하여 준수하여야 할 사항으로 가장 거리가 먼 것은?

① 당일의 작업을 시작하기 전에 해당 작업에 관한 거푸집 동바리 등의 변형·변위 및 지반의 침하 유무 등을 점검하고 이상이 있으면 보수할 것
② 콘크리트를 타설하는 경우에는 편심이 발생하지 않도록 골고루 분산하여 타설할 것

③ 진동기의 사용은 많이 할수록 균일한 콘크리트를 얻을 수 있으므로 가급적 많이 사용할 것
④ 설계도서상의 콘크리트 양생기간을 준수하여 거푸집 동바리 등을 해체할 것

●해설 ③ 진동기의 사용은 많이 할수록 균일한 콘크리트를 얻을 수 없으므로 많이 사용하지 않는다.

112 불도저를 이용한 작업 중 안전조치사항으로 옳지 않은 것은?

① 작업종료와 동시에 삽날을 지면에서 띄우고 주차 제동장치를 건다.
② 모든 조종간은 엔진 시동 전에 중립 위치에 놓는다.
③ 장비의 승차 및 하차 시 뛰어내리거나 오르지 말고 안전하게 잡고 오르내린다.
④ 야간작업 시 자주 장비에서 내려와 장비 주위를 살피며 점검하여야 한다.

●해설 ① 작업종료와 동시에 삽날을 지면에 닿게 하고 주차 제동장치를 건다.

113 건설공사의 산업안전보건관리비 계상 시 대상액이 구분되어 있지 않은 공사는 도급계약 또는 자체사업 계획 상의 총 공사금액 중 얼마를 대상액으로 하는가?

① 50%
② 60%
③ 70%
④ 80%

●해설 **건설공사의 산업안전보건관리비 계상 시 대상액이 구분되어 있지 않은 공사** : 도급계약 또는 자체사업계획 상의 총 공사금액 중 70%를 대상액으로 한다.

114 비계의 높이가 2m 이상인 작업장소에 설치하는 작업발판의 설치기준으로 옳지 않은 것은? (단, 달비계, 달대비계 및 말비계는 제외)

① 작업발판의 폭은 40cm 이상으로 한다.
② 작업발판 재료는 뒤집히거나 떨어지지 않도록 하나 이상의 지지물에 연결하거나 고정시킨다.
③ 발판재료 간의 틈은 3cm 이하로 한다.
④ 작업발판의 지지물은 하중에 의하여 파괴될 우려가 없는 것을 사용한다.

> **해설** ② 작업발판 재료는 뒤집히거나 떨어지지 아니하도록 2 이상의 지지물에 연결하거나 고정시킬 것

115 표준관입시험에 관한 설명으로 옳지 않은 것은?

① N치(N-value)는 지반을 30cm 굴진하는 데 필요한 타격횟수를 의미한다.
② N치가 4~10일 경우 모래의 상대밀도는 매우 단단한 편이다.
③ 63.5kg 무게의 추를 76cm 높이에서 자유낙하하여 타격하는 시험이다.
④ 사질지반에 적용하며, 점토지반에서는 편차가 커서 신뢰성이 떨어진다.

> **해설** ㉠ 표준관입시험
> 시험용 샘플러로 중량 63.5kg 추를 76cm의 높이에서 자유 낙하시켜 30cm 관입하는 데 필요한 타격횟수(N값)로 흙의 지내력을 측정하는 시험(보통은 사질지반의 밀실도를 측정)
> ㉡ 표준관입시험 N값의 상대 밀도

N값	모래 상대밀도	N값	진흙 상대밀도
0~4	매우 느슨	0~2	매우 무름
4~10	느슨	2~4	무름
10~30	중간	4~8	중간
30~50	조밀	8~15	단단
50	매우 조밀	15~30	매우 단단

116 거푸집 동바리 등을 조립하는 경우에 준수하여야 할 사항으로 옳지 않은 것은 어느 것인가?

① 깔목의 사용, 콘크리트 타설, 말뚝박기 등 동바리의 침하를 방지하기 위한 조치를 할 것
② 개구부 상부에 동바리를 설치하는 경우에는 상부하중을 견딜 수 있는 견고한 받침대를 설치할 것
③ 거푸집이 곡면인 경우에는 버팀대의 부착 등 그 거푸집의 부상(浮上)을 방지하기 위한 조치를 할 것
④ 동바리의 이음은 맞댄이음이나 장부이음을 피할 것

> **해설** ④ 동바리의 이음은 맞댄이음이나 장부이음으로 하고 같은 품질의 재료를 사용할 것

117 철골용접부의 내부 결함을 검사하는 방법으로 가장 거리가 먼 것은?

① 알칼리 반응시험
② 방사선 투과시험
③ 자기분말 탐상시험
④ 침투 탐상시험

> **해설** 철골용접부의 내부 결함을 검사하는 방법
> ㉠ ②, ③, ④
> ㉡ 육안검사
> ㉢ 초음파 탐상검사
> ㉣ 와류탐상검사

118 다음 중 화물취급작업과 관련한 위험방지를 위해 조치하여야 할 사항으로 옳지 않은 것은?

① 하역작업을 하는 장소에서 작업장 및 통로의 위험한 부분에는 안전하게 작업할 수 있는 조명을 유지할 것
② 하역작업을 하는 장소에서 부두 또는 안벽의 선을 따라 통로를 설치하는 경우에는 폭을 50cm 이상으로 할 것
③ 차량 등에서 화물을 내리는 작업을 하는 경우에 해당 작업에 종사하는 근로자에게 쌓여 있는 화물 중간에서 화물을 빼내도록 하지 말 것
④ 꼬임이 끊어진 섬유로프 등을 화물운반용 또는 고정용으로 사용하지 말 것

해설 ② 하역작업을 하는 장소에서 부두 또는 안벽의 선을 따라 통로를 설치하는 경우에는 폭을 90cm 이상으로 할 것

119 근로자의 추락 등의 위험을 방지하기 위한 안전난간의 설치요건에서 상부난간대를 120cm 이상 지점에 설치하는 경우 중간난간대를 최소 몇 단 이상 균등하게 설치하여야 하는가?

① 2단   ② 3단
③ 4단   ④ 5단

해설 **안전난간 설치요건** : 상부난간대를 120cm 이상 지점에 설치하는 경우 중간난간대를 최소 2단 이상 균등하게 설치한다.

120 지반 등의 굴착 시 위험을 방지하기 위한 연암 지반 굴착면의 기울기 기준으로 옳은 것은?

① 1 : 0.3   ② 1 : 0.5
③ 1 : 1.0   ④ 1 : 1.5

해설 굴착면의 기울기 기준

지반의 종류	굴착면의 기울기
모래	1 : 1.8
연암 및 풍화암	1 : 1.0
경암	1 : 0.5
그 밖의 흙	1 : 1.2

제1과목 ▶ 안전관리론

01 참가자에게 일정한 역할을 주어 실제적으로 연기를 시켜봄으로써 자기의 역할을 보다 확실히 인식할 수 있도록 체험학습을 시키는 교육방법은?

① Symposium
② Brain Storming
③ Role Playing
④ Fish Bowl Playing

• 해설 Role Playing(역할 연기)의 설명이다.

02 일반적으로 시간의 변화에 따라 야간에 상승하는 생체리듬은?

① 혈압 ② 맥박수
③ 체중 ④ 혈액의 수분

• 해설 ① 혈압 : 주간 상승, 야간 감소
② 맥박수 : 주간 상승, 야간 감소
③ 체중 : 야간 감소
④ 혈액의 수분 : 주간 감소, 야간 상승

03 하인리히의 재해구성비율 "1 : 29 : 300"에서 "29"에 해당되는 사고발생비율은?

① 8.8% ② 9.8%
③ 10.8% ④ 11.8%

• 해설 하인리히 사고발생비율
1(0.3%) : 29(8.8%) : 300(90.9%)

04 무재해운동의 3원칙에 해당되지 않는 것은?

① 무의 원칙 ② 참가의 원칙
③ 선취의 원칙 ④ 대책선정의 원칙

• 해설 무재해운동의 3원칙
㉠ 무의 원칙
㉡ 참가의 원칙
㉢ 선취의 원칙

05 안전보건관리조직의 형태 중 라인-스태프(line-staff)형에 관한 설명으로 틀린 것은?

① 조직원 전원을 자율적으로 안전활동에 참여시킬 수 있다.
② 라인의 관리·감독자에게도 안전에 관한 책임과 권한이 부여된다.
③ 중규모 사업장(100명 이상~500명 미만)에 적합하다.
④ 안전활동과 생산업무가 유리될 우려가 없기 때문에 균형을 유지할 수 있어 이상적인 조직형태이다.

• 해설 ③ 대규모 사업장(1,000명 이상)에 적합하다.

06 브레인스토밍 기법에 관한 설명으로 옳은 것은?

① 타인의 의견을 수정하지 않는다.
② 지정된 표현방식에서 벗어나 자유롭게 의견을 제시한다.
③ 참여자에게는 동일한 횟수의 의견제시 기회가 부여된다.
④ 주제와 내용이 다르거나 잘못된 의견은 지적하여 조정한다.

• 해설 ① 타인의 의견을 수정하여 발언할 수 있다.
③ 한 사람이 많은 의견을 제시할 수 있다.
④ 타인의 의견에 대하여 비판·비평하지 않는다.

07 산업안전보건법령상 안전인증대상 기계 등에 포함되는 기계, 설비, 방호장치에 해당하지 않는 것은?

① 롤러기
② 크레인
③ 동력식 수동대패용 칼날접촉방지장치
④ 방폭구조(防爆構造) 전기 기계·기구 및 부품

해설 안전인증대상 기계·기구

구 분	안전인증대상 기계·기구
기계·기구 및 설비	① 프레스　② 전단기 및 절곡기 ③ 크레인　④ 리프트 ⑤ 압력용기　⑥ 롤러기 ⑦ 사출성형기　⑧ 고소작업대 ⑨ 곤돌라 ⑩ 기계톱(이동식만 해당)
방호장치	① 프레스 및 전단기 방호장치 ② 양중기용 과부하방지장치 ③ 보일러 압력방출용 안전밸브 ④ 압력용기 압력방출용 안전밸브 ⑤ 압력용기 압력방출용 파열판 ⑥ 절연용 방호구 및 활선작업용 기구 ⑦ 방폭구조 전기 기계·기구 및 부품 ⑧ 추락·낙하 및 붕괴 등의 위험방호에 필요한 가설기자재로서 노동부장관이 정하여 고시하는 것 ⑨ 충돌·협착 등의 위험 방지에 필요한 산업용 로봇방호장치로서 고용노동부장관이 정하여 고시하는 것

08 안전교육 중 같은 것을 반복하여 개인의 시행착오에 의해서만 점차 그 사람에게 형성되는 것은?

① 안전기술의 교육
② 안전지식의 교육
③ 안전기능의 교육
④ 안전태도의 교육

해설 안전기능 교육의 설명이다.

09 상황성 누발자의 재해유발원인과 가장 거리가 먼 것은?

① 작업이 어렵기 때문이다.
② 심신에 근심이 있기 때문이다.
③ 기계설비의 결함이 있기 때문이다.
④ 도덕성이 결여되어 있기 때문이다.

해설 ④ 환경상 주의력의 집중이 혼란되기 때문에

10 작업자 적성의 요인이 아닌 것은?

① 지능　　　② 인간성
③ 흥미　　　④ 연령

해설 ④ 직업 적성

11 재해로 인한 직접비용으로 8,000만원의 산재보상비가 지급되었을 때, 하인리히 방식에 따른 총 손실비용은?

① 16,000만원　② 24,000만원
③ 32,000만원　④ 40,000만원

해설 하인리히 방식
총 손실비용 = 직접비(1) + 간접비(4)
　　　　　 = 8,000만원 + 8,000만원 × 4
　　　　　 = 40,000만원

12 재해조사의 목적과 가장 거리가 먼 것은?

① 재해예방 자료수집
② 재해 관련 책임자 문책
③ 동종 및 유사재해 재발방지
④ 재해발생 원인 및 결함 규명

해설 ② 가장 적절한 재발방지대책 강구

13 교육훈련기법 중 Off J.T.(Off the Job Training)의 장점이 아닌 것은?

① 업무의 계속성이 유지된다.
② 외부의 전문가를 강사로 활용할 수 있다.
③ 특별교재, 시설을 유효하게 사용할 수 있다.
④ 다수의 대상자에게 조직적 훈련이 가능하다.

해설 ① O.J.T.의 장점이다.

14 산업안전보건법령상 중대재해의 범위에 해당하지 않는 것은?

① 1명의 사망자가 발생한 재해

② 1개월의 요양을 요하는 부상자가 동시에 5명 발생한 재해

③ 3개월의 요양을 요하는 부상자가 동시에 3명 발생한 재해

④ 10명의 직업성 질병자가 동시에 발생한 재해

해설 **중대재해**

㉠ 사망자가 1인 이상 발생한 재해

㉡ 3개월 이상의 요양이 필요한 부상자가 동시에 2인 이상 발생한 재해

㉢ 부상자 또는 직업성 질병자가 동시에 10인 이상 발생한 재해

15 Thorndike의 시행착오설에 의한 학습의 원칙이 아닌 것은?

① 연습의 원칙

② 효과의 원칙

③ 동일성의 원칙

④ 준비성의 원칙

해설 **Thorndike가 제시한 3가지 학습법칙**

㉠ 효과의 법칙(law of effect) : 학습의 과정과 그 결과가 만족스러운 상태에 도달하게 되면 자극과 반응 간의 결합이 한층 더 강화되어 학습이 견고하게 되며, 이와 반대로 불만스러운 경우에는 결합이 약해진다는 법칙이다. 즉, 조건이 동일한 경우 만족의 결과를 주는 반응은 고정되고, 그렇지 못한 반응은 폐기된다.

㉡ 준비성의 법칙(law of readiness) : 학습하는 태도나 준비와 관련되는 것으로, 새로운 사실과 지식을 습득하기 위해서는 준비가 잘 되어 있을수록 결합이 용이하게 된다는 것을 의미한다.

㉢ 연습(실행)의 법칙(law of exercise) : 자극과 반응의 결합이 빈번히 되풀이되는 경우 그 결합이 강화된다. 즉, 연습하면 결합이 강화되고, 연습하지 않으면 결합이 약화된다는 것이다.

16 산업안전보건법령상 보안경 착용을 포함하는 안전보건표지의 종류는?

① 지시표지

② 안내표지

③ 금지표지

④ 경고표지

해설 **보안경 착용** : 지시표지

17 보호구에 관한 설명으로 옳은 것은?

① 유해물질이 발생하는 산소결핍지역에서는 필히 방독마스크를 착용하여야 한다.

② 차광용 보안경의 사용 구분에 따른 종류에는 자외선용, 적외선용, 복합용, 용접용이 있다.

③ 선반작업과 같이 손에 재해가 많이 발생하는 작업장에서는 장갑 착용을 의무화한다.

④ 귀마개는 처음에는 저음만을 차단하는 제품부터 사용하며, 일정 기간이 지난 후 고음까지 모두 차단할 수 있는 제품을 사용한다.

해설 ① 유해물질이 발생하는 산소결핍지역에서는 필히 호스마스크를 착용한다.

③ 선반작업과 같이 손에 재해가 많이 발생하는 작업장에서는 협착에 의한 위험이 있으므로 장갑 착용을 하지 않는다.

④ 귀마개는 저음부터 고음까지를 차단하는 것, 고음만을 차단하는 것이 있으며 사업장의 특성에 따라 제품을 사용한다.

18 사업주가 근로자에게 실시해야 하는 안전보건교육의 교육시간 중 그 밖의 근로자의 채용 시 교육시간으로 옳은 것은?

① 1시간 이상

② 2시간 이상

③ 3시간 이상

④ 8시간 이상

해설 **근로자 안전보건교육**

교육과정	교육대상		교육시간
정기교육	사무직 종사 근로자		매 반기 6시간 이상
	그 밖의 근로자	판매업무에 직접 종사하는 근로자	매 반기 6시간 이상

교육과정	교육대상		교육시간
정기교육	그 밖의 근로자	판매업무에 직접종사하는 근로자 외의 근로자	매 반기 12시간 이상
채용 시 교육	일용근로자 및 근로계약기간이 1주일 이하인 기간제 근로자		1시간 이상
	근로계약기간이 1주일 초과 1개월 이하인 기간제 근로자		4시간 이상
	그 밖의 근로자		8시간 이상
작업내용 변경 시 교육	일용근로자 및 근로계약기간이 1주일 이하인 기간제 근로자		1시간 이상
	그 밖의 근로자		2시간 이상
특별교육	일용근로자 및 근로계약기간이 1주일 이하인 기간제 근로자(타워크레인 신호작업에 종사하는 근로자 제외)		2시간 이상
	일용근로자 및 근로계약기간이 1주일 이하인 기간제 근로자 중 타워크레인 신호작업에 종사하는 근로자		8시간 이상
	일용근로자 및 근로계약기간이 1주일 이하인 기간제 근로자를 제외한 근로자		㉠ 16시간 이상 (최초 작업에 종사하기 전 4시간 이상 실시하고, 12시간은 3개월 이내에서 분할하여 실시 가능) ㉡ 단기간 작업 또는 간헐적 작업인 경우에는 2시간 이상
건설업 기초 안전·보건 교육	건설 일용근로자		4시간 이상

19 집단에서의 인간관계 메커니즘(mechanism)과 가장 거리가 먼 것은?

① 분열, 강박
② 모방, 암시
③ 동일화, 일체화
④ 커뮤니케이션, 공감

•해설 집단에서의 인간관계 메커니즘
㉠ 모방, 암시
㉡ 동일화, 일체화
㉢ 커뮤니케이션, 공감

20 재해의 빈도와 상해의 강약도를 혼합하여 집계하는 지표로 옳은 것은?

① 강도율
② 종합재해지수
③ 안전활동률
④ Safe-T-Score

•해설 종합재해지수의 설명이다.

제2과목 **인간공학 및 시스템안전공학**

21 다음 중 인체측정자료를 장비, 설비 등의 설계에 적용하기 위한 응용원칙에 해당하지 않는 것은?

① 조절식 설계
② 극단치를 이용한 설계
③ 구조적 치수 기준의 설계
④ 평균치를 기준으로 한 설계

•해설 인체측정자료를 장비, 설비 등의 설계에 적용하기 위한 응용원칙
㉠ 조절식 설계
㉡ 극단치를 이용한 설계
㉢ 평균치를 기준으로 한 설계

22 자동차를 생산하는 공장의 어떤 근로자가 95dB(A)의 소음수준에서 하루 8시간 작업하며 매 시간 조용한 휴게실에서 20분씩 휴식을 취한다고 가정하였을 때, 8시간 시간가중평균(TWA)은? (단, 소음은 누적소음노출량측정기로 측정하였으며, OSHA에서 정한 95dB(A)의 허용시간은 4시간이라 가정한다.)

① 약 91dB(A)　② 약 92dB(A)
③ 약 93dB(A)　④ 약 94dB(A)

해설

$$TWA = 16.61 \times \log\left(\frac{D(\%)}{100}\right) + \rho_o \, dB(A)$$

$$= 16.61 \times \log\left(\frac{133.34\%}{100}\right) + \rho_o \, dB(A)$$

$$= 92.07 \, dB(A)$$

$$D(\%) = \left\{\frac{C_1}{T_1} + \frac{C_2}{T_2} + \frac{C_3}{T_3} + \cdots + \frac{C_n}{T_n}\right\} \times 100$$

$$= \left\{\frac{0.6667(hr)}{4(hr)} \times 8\right\} \times 100$$

$$= 133.34(\%)$$

$\dfrac{0.6667(hr)}{4(hr)} \times 8$의 의미는 8시간 근로하며 매 시간마다 20분씩 휴식을 하였기 때문에 $\dfrac{40분}{60분}$ $= 0.6667$시간으로 8회 계산하였다.

여기서, D : 누적소음폭로량(%)

C : 작업시간(hr)

T : 측정된 음압수준에 상응하는 허용 노출시간(여기서는 4시간으로 가정함)

23 컷셋(cut sets)과 최소 패스셋(minimal path sets)의 정의로 옳은 것은?

① 컷셋은 시스템 고장을 유발시키는 필요 최소한의 고장들의 집합이며, 최소 패스셋은 시스템의 신뢰성을 표시한다.

② 컷셋은 시스템 고장을 유발시키는 기본고장들의 집합이며, 최소 패스셋은 시스템의 불신뢰도를 표시한다.

③ 컷셋은 그 속에 포함되어 있는 모든 기본사상이 일어났을 때 정상사상을 일으키는 기본사상의 집합이며, 최소 패스셋은 시스템의 신뢰성을 표시한다.

④ 컷셋은 그 속에 포함되어 있는 모든 기본사상이 일어났을 때 정상사상을 일으키는 기본사상의 집합이며, 최소 패스셋은 시스템의 성공을 유발하는 기본사상의 집합이다.

해설 ㉠ 컷셋 : 그 속에 포함되어 있는 모든 기본사상이 일어났을 때 정상사상을 일으키는 기본사상의 집합
ⓛ 최소 패스셋 : 시스템의 신뢰성을 표시한다.

24 작업공간의 배치에 있어 구성요소 배치의 원칙에 해당하지 않는 것은?

① 기능성의 원칙

② 사용빈도의 원칙

③ 사용순서의 원칙

④ 사용방법의 원칙

해설 ④ 중요도의 원칙

25 시스템의 수명 및 신뢰성에 관한 설명으로 틀린 것은?

① 병렬설계 및 디레이팅 기술로 시스템의 신뢰성을 증가시킬 수 있다.

② 직렬시스템에서는 부품들 중 최소 수명을 갖는 부품에 의해 시스템 수명이 정해진다.

③ 수리가 가능한 시스템의 평균 수명(MTBF)은 평균 고장률(λ)과 정비례 관계가 성립한다.

④ 수리가 불가능한 구성요소로 병렬구조를 갖는 설비는 중복도가 늘어날수록 시스템 수명이 길어진다.

해설 ③ 수리가 가능한 시스템의 평균 수명(MTBF)은 평균 고장률(λ)과 반비례 관계가 성립한다.

26 화학설비에 대한 안전성 평가 중 정성적 평가방법의 주요 진단항목으로 볼 수 없는 것은?

① 건조물　　　② 취급물질

③ 입지조건　　④ 공장 내 배치

해설 ② 소방설비

27 작업면상의 필요한 장소만 높은 조도를 취하는 조명은?

① 완화조명　　② 전반조명

③ 투명조명　　④ 국소조명

해설 국소조명의 설명이다.

28 동작경제의 원칙에 해당하지 않는 것은?

① 공구의 기능을 각각 분리하여 사용하도록 한다.

② 두 팔의 동작은 동시에 서로 반대방향으로 대칭적으로 움직이도록 한다.

③ 공구나 재료는 작업동작이 원활하게 수행되도록 그 위치를 정해준다.

④ 가능하다면 쉽고도 자연스러운 리듬이 작업동작에 생기도록 작업을 배치한다.

·해설 ① 공구의 가능을 통합하여 사용하도록 한다.

29 인간이 기계보다 우수한 기능이라 할 수 있는 것은? (단, 인공지능은 제외한다.)

① 일반화 및 귀납적 추리

② 신뢰성 있는 반복작업

③ 신속하고 일관성 있는 반응

④ 대량의 암호화된 정보의 신속한 보관

·해설 ②, ③, ④ : 기계가 인간보다 우수한 기능

30 시각적 표시장치보다 청각적 표시장치를 사용하는 것이 더 유리한 경우는?

① 정보의 내용이 복잡하고 긴 경우

② 정보가 공간적인 위치를 다룬 경우

③ 직무상 수신자가 한 곳에 머무르는 경우

④ 수신장소가 너무 밝거나 암순응이 요구될 경우

·해설 ㉠ 시각적 표시장치보다 청각적 표시장치를 사용하는 것이 더 유리한 경우 : 수신장소가 너무 밝거나 암순응이 요구될 경우
ㄴ 청각적 표시장치보다 시각적 표시장치를 사용하는 것이 더 유리한 경우 : ①, ②, ③

31 다음 시스템의 신뢰도 값은?

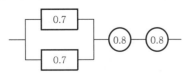

① 0.5824　　② 0.6682

③ 0.7855　　④ 0.8642

·해설 $R(t) = \{1 - (1-0.7)(1-0.7)\} \times 0.8 \times 0.8$
$= 0.5824$

32 다음 현상을 설명한 이론은?

> 인간이 감지할 수 있는 외부의 물리적 자극 변화의 최소범위는 표준 자극의 크기에 비례한다.

① 피츠(Fitts) 법칙

② 웨버(Weber) 법칙

③ 신호검출이론(SDT)

④ 힉-하이만(Hick-Hyman) 법칙

·해설 웨버(Weber) 법칙의 설명이다.

33 그림과 같은 FT도에서 정상사상 T의 발생 확률은? (단, X_1, X_2, X_3의 발생 확률은 각각 0.1, 0.15, 0.10이다.)

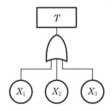

① 0.3115　　② 0.35

③ 0.496　　④ 0.9985

·해설 $1 - (1-0.1)(1-0.15)(1-0.1) = 0.3115$

34 산업안전보건법령상 해당 사업주가 유해위험방지계획서를 작성하여 제출해야 하는 대상은?

① 시·도지사

② 관할 구청장

③ 고용노동부 장관

④ 행정안전부 장관

·해설 사업주가 유해위험방지계획서를 작성하여 제출해야 하는 대상 : 고용노동부 장관

35 인간의 위치동작에 있어 눈으로 보지 않고 손을 수평면상에서 움직이는 경우 짧은 거리는 지나치고, 긴 거리는 못 미치는 경향이 있는데 이를 무엇이라고 하는가?

① 사정효과(range effect)

② 반응효과(reaction effect)

③ 간격효과(distance effect)

④ 손동작효과(hand action effect)

해설 사정효과(range effect)의 설명이다.

36 정신작업 부하를 측정하는 척도를 크게 4가지로 분류할 때 심박수의 변동, 뇌전위, 동공반응 등 정보처리에 중추신경계 활동이 관여하고 그 활동이나 징후를 측정하는 것은?

① 주관적(subjective) 척도

② 생리적(physiological) 척도

③ 주임무(primary task) 척도

④ 부임무(secondary task) 척도

해설 생리적(physiological) 척도의 설명이다.

37 서브시스템, 구성요소, 기능 등의 잠재적 고장형태에 따른 시스템의 위험을 파악하는 위험분석기법으로 옳은 것은?

① ETA(Event Tree Analysis)

② HEA(Human Error Analysis)

③ PHA(Preliminary Hazard Analysis)

④ FMEA(Failure Mode and Effect Analysis)

해설 FMEA의 설명이다.

38 다음 중 불필요한 작업을 수행함으로써 발생하는 오류로 옳은 것은?

① Command error

② Extraneous error

③ Secondary error

④ Commission error

해설 Extraneous error(과잉적 과오)의 설명이다.

39 불(Boole) 대수의 정리를 나타낸 관계식으로 틀린 것은?

① $A \cdot A = A$ ② $A + \overline{A} = 0$

③ $A + AB = A$ ④ $A + A = A$

해설 ② $A + \overline{A} = 1$

40 다음 중 Chapanis가 정의한 위험의 확률수준과 그에 따른 위험발생률로 옳은 것은?

① 전혀 발생하지 않는(impossible) 발생빈도 : 10^{-8}/day

② 극히 발생할 것 같지 않는(extremely unlikely) 발생빈도 : 10^{-7}/day

③ 거의 발생하지 않은(remote) 발생빈도 : 10^{-6}/day

④ 가끔 발생하는(occasional) 발생빈도 : 10^{-5}/day

해설 ② 극히 발생할 것 같지 않는 발생빈도 : 10^{-6}/day
③ 거의 발생하지 않은 발생빈도 : 10^{-5}/day
④ 가끔 발생하는 발생빈도 : 10^{-4}/day

제3과목   기계위험방지기술

41 휴대형 연삭기 사용 시 안전사항에 대한 설명으로 적절하지 않은 것은?

① 잘 안 맞는 장갑이나 옷은 착용하지 말 것

② 긴 머리는 묶고 모자를 착용하고 작업할 것

③ 연삭숫돌을 설치하거나 교체하기 전에 전선과 압축공기 호스를 설치할 것

④ 연삭작업 시 클램핑 장치를 사용하여 공작물을 확실히 고정할 것

해설 ③ 연삭숫돌을 설치하거나 교체하기 전에 전선과 압축공기 호스를 뽑아 놓을 것

42 선반작업에 대한 안전수칙으로 가장 적절하지 않은 것은?

① 선반의 바이트는 끝을 짧게 장치한다.
② 작업 중에는 면장갑을 착용하지 않도록 한다.
③ 작업이 끝난 후 절삭 칩의 제거는 반드시 브러시 등의 도구를 사용한다.
④ 작업 중 일감의 치수 측정 시 기계 운전상태를 저속으로 하고 측정한다.

해설 ④ 작업 중 일감의 치수 측정 시 기계 운전상태를 정지시키고 측정한다.

43 다음 중 금형을 설치 및 조정할 때 안전수칙으로 가장 적절하지 않은 것은?

① 금형을 체결할 때에는 적합한 공구를 사용한다.
② 금형의 설치 및 조정은 전원을 끄고 실시한다.
③ 금형을 부착하기 전에 하사점을 확인하고 설치한다.
④ 금형을 체결할 때에는 안전블록을 잠시 제거하고 실시한다.

해설 ④ 금형의 체결 시에는 안전블록을 설치하고 실시한다.

44 지게차의 방호장치에 해당하는 것은?

① 버킷   ② 포크
③ 마스트   ④ 헤드가드

해설 **지게차 방호장치**
㉠ 헤드가드, ㉡ 백레스터, ㉢ 전조등, ㉣ 후미등, ㉤ 안전밸브

45 다음 중 절삭가공으로 틀린 것은?

① 선반   ② 밀링
③ 프레스   ④ 보링

해설 ③ 프레스 : 금속의 비금속물질을 압축, 절단 또는 조형하는 기계

46 산업안전보건법령상 롤러기의 방호장치 설치 시 유의해야 할 사항으로 가장 적절하지 않은 것은?

① 손으로 조작하는 급정지장치의 조작부는 롤러기의 전면 및 후면에 각각 1개씩 수평으로 설치하여야 한다.
② 앞면 롤러의 표면속도가 30m/min 미만인 경우 급정지 거리는 앞면 롤러 원주의 1/2.5 이하로 한다.
③ 급정지장치의 조작부에 사용하는 줄은 사용 중 늘어져서는 안 된다.
④ 급정지장치의 조작부에 사용하는 줄은 충분한 인장강도를 가져야 한다.

해설 ② 앞면 롤러의 표면속도가 30m/min 미만인 경우 급정지 거리는 앞면 롤러 원주의 $\frac{1}{3}$ 이내로 한다.

47 보일러 부하의 급변, 수위의 과상승 등에 의해 수분이 증기와 분리되지 않아 보일러 수면이 심하게 솟아올라 올바른 수위를 판단하지 못하는 현상은?

① 프라이밍
② 모세관
③ 워터해머
④ 역화

해설 프라이밍의 설명이다.

48 자동화 설비를 사용하고자 할 때 기능의 안전화를 위하여 검토할 사항으로 거리가 가장 먼 것은?

① 재료 및 가공 결함에 의한 오동작
② 사용압력 변동 시의 오동작
③ 전압강하 및 정전에 따른 오동작
④ 단락 또는 스위치 고장 시의 오동작

해설 ① 구조적 안전화

49 산업안전보건법령상 금속의 용접, 용단에 사용하는 가스 용기를 취급할 때 유의사항으로 틀린 것은?

① 밸브의 개폐는 서서히 할 것
② 운반하는 경우에 캡을 벗길 것
③ 용기의 온도는 40℃ 이하로 유지할 것
④ 통풍이나 환기가 불충분한 장소에는 설치하지 말 것

> **해설** ② 운반하는 경우에는 캡을 확실하게 고정할 것

50 크레인 로프에 질량 2,000kg의 물건을 10m/s²의 가속도로 감아올릴 때, 로프에 걸리는 총 하중(kN)은? (단, 중력가속도는 9.8m/s²)

① 9.6
② 19.6
③ 29.6
④ 39.6

> **해설** $W = W_1 + W_2$
>
> $W_2 = \dfrac{W_1}{g} \times a$
>
> 여기서, g : 중력가속도
> a : 가속도
>
> $\therefore\ 2,000 + \dfrac{2,000}{9.8} \times 10 = 4040.8 \text{kg}$
>
> 장력[kN]=총 하중×중력가속도
> $\qquad = 4040.8 \times 9.8$
> $\qquad = 39,600 \text{kg} = 39.6 \text{kN}$

51 산업안전보건법령상 보일러에 설치해야 하는 안전장치로 거리가 가장 먼 것은?

① 해지장치
② 압력방출장치
③ 압력제한스위치
④ 고·저수위조절장치

> **해설** 보일러에 설치해야 하는 안전장치
> ① 화염검출기

52 프레스 작동 후 작업점까지의 도달시간이 0.3초인 경우 위험한계로부터 양수조작식 방호장치의 최단 설치거리는?

① 48cm 이상
② 58cm 이상
③ 68cm 이상
④ 78cm 이상

> **해설** 안전거리(m)=160×프레스기 작동 후 작업점(하사점)까지의 도달시간
> $\qquad = 160 \times 0.3 = 48 \text{cm}$ 이상

53 산업안전보건법령상 고속 회전체의 회전시험을 하는 경우 미리 회전축의 재질 및 형상 등에 상응하는 종류의 비파괴검사를 해서 결함 유무를 확인해야 한다. 이때 검사대상이 되는 고속 회전체의 기준은?

① 회전축의 중량이 0.5톤을 초과하고, 원주속도가 100m/s 이내인 것
② 회전축의 중량이 0.5톤을 초과하고, 원주속도가 120m/s 이상인 것
③ 회전축의 중량이 1톤을 초과하고, 원주속도가 100m/s 이내인 것
④ 회전축의 중량이 1톤을 초과하고, 원주속도가 120m/s 이상인 것

> **해설** ④ 회전축의 중량이 1t을 초과하고, 원주속도가 초당 120m 이상인 고속 회전체는 비파괴검사를 해서 결함 유무를 확인해야 한다.

54 프레스의 손쳐내기식 방호장치 설치기준으로 틀린 것은?

① 방호판의 폭이 금형폭의 1/2 이상이어야 한다.
② 슬라이드 행정수가 300SPM 이상의 것에 사용한다.
③ 손쳐내기봉의 행정(stroke)길이를 금형의 높이에 따라 조정할 수 있고 진동폭은 금형폭 이상이어야 한다.
④ 슬라이드 하행정거리의 3/4 위치에서 손을 완전히 밀어내야 한다.

> **해설** ② 슬라이드 행정수가 120SPM 이하의 것에 사용한다.

55 산업안전보건법령상 컨베이어에 설치하는 방호장치로 거리가 가장 먼 것은?

① 건널다리
② 반발예방장치
③ 비상정지장치
④ 역주행방지장치

해설 컨베이어에 설치하는 방호장치
ㄱ ①, ③, ④
ㄴ 덮개 또는 울

56 산업안전보건법령상 숫돌 지름이 60cm인 경우 숫돌 고정장치인 평형 플랜지의 지름은 최소 몇 cm 이상인가?

① 10 　　② 20
③ 30 　　④ 60

해설 평형 플랜지의 지름=숫돌의 바깥지름$\times\dfrac{1}{3}$

$$= 60\text{cm} \times \dfrac{1}{3}$$
$$= 20\text{cm}$$

57 기계설비의 위험점 중 연삭숫돌과 작업받침대, 교반기의 날개와 하우스 등 고정부분과 회전하는 동작부분 사이에서 형성되는 위험점은?

① 끼임점 　　② 물림점
③ 협착점 　　④ 절단점

해설 ② 물림점 : 기계설비에서 반대로 회전하는 두 개의 회전체가 맞닿는 사이에 발생하는 위험점
③ 협착점 : 기계의 왕복운동하는 부분과 고정부분 사이에서 형성되는 위험점
④ 절단점 : 운동하는 기계 자체와 회전하는 운동부분 자체와의 위험이 형성되는 점

58 500rpm으로 회전하는 연삭숫돌의 지름이 300mm일 때 회전속도(m/min)는?

① 471 　　② 551
③ 751 　　④ 1,025

해설 $V=\dfrac{\pi Dn}{1,000}$

여기서, V : 원주속도(m/min)
　　　　D : 연삭숫돌의 지름(mm)
　　　　n : 회전수(rpm)

$\therefore\ V=\dfrac{3.14\times300\times500}{1,000}=471\text{m/min}$

59 산업안전보건법령상 정상적으로 작동될 수 있도록 미리 조정해 두어야 할 이동식 크레인의 방호장치로 가장 적절하지 않은 것은?

① 제동장치
② 권과방지장치
③ 과부하방지장치
④ 파이널 리미트 스위치

해설 ④ 비상정지장치

60 비파괴 검사방법으로 틀린 것은?

① 인장시험
② 음향탐상시험
③ 와류탐상시험
④ 초음파탐상시험

해설 ① 인장시험 : 파괴시험

제4과목　전기위험방지기술

61 속류를 차단할 수 있는 최고의 교류전압을 피뢰기의 정격전압이라고 하는데 이 값은 통상적으로 어떤 값으로 나타내고 있는가?

① 최댓값
② 평균값
③ 실효값
④ 파고값

해설 실효값의 설명이다.

62 전로에 시설하는 기계기구의 철대 및 금속제 외함에 접지공사를 생략할 수 없는 경우는?

① 30V 이하의 기계기구를 건조한 곳에 시설하는 경우

② 물기 없는 장소에 설치하는 저압용 기계기구를 위한 전로에 정격감도전류 40mA 이하, 동작시간 2초 이하의 전류동작형 누전차단기를 시설하는 경우

③ 철대 또는 외함의 주위에 적당한 절연대를 설치하는 경우

④ 「전기용품 및 생활용품 안전관리법」의 적용을 받는 이중절연구조로 되어 있는 기계기구를 시설하는 경우

• 해설 ② 물기 없는 장소에 설치하는 저압용 기계기구를 위한 전로에 정격감도전류 30mA 이하, 동작시간 0.03초 이하의 전류동작형 누전차단기를 시설하는 경우

63 인체의 전기저항을 500Ω으로 하는 경우 심실세동을 일으킬 수 있는 에너지는 약 얼마인가? (단, 심실세동전류 $I = \dfrac{165}{\sqrt{T}}$ mA 로 한다.)

① 13.6J ② 19.0J

③ 13.6mJ ④ 19.0mJ

• 해설 $W = I^2RT$

$= \left(\dfrac{165}{\sqrt{T}} \times 10^{-3} \right)^2 \times 500 \times T$

$= 13.6J$

64 다음 중 전기설비에 접지를 하는 목적으로 틀린 것은?

① 누설전류에 의한 감전방지

② 낙뢰에 의한 피해방지

③ 지락사고 시 대지전위 상승 유도 및 절연강도 증가

④ 지락사고 시 보호계전기 신속동작

• 해설 전기설비의 접지 목적

㉠ ①, ②, ④

㉡ 고압선과 저압선의 혼촉방지

㉢ 송배전로의 지락사고 시 대전전위의 상승억제

㉣ 절연강도를 경감

65 한국전기설비규정에 따라 과전류차단기로 저압전로에 사용하는 범용 퓨즈(gG)의 용단전류는 정격전류의 몇 배인가? (단, 정격전류가 4A 이하인 경우이다.)

① 1.5배 ② 1.6배

③ 1.9배 ④ 2.1배

• 해설

정격전류 구분	시간	정격전류 배수	용단전류
4A 이하	60분	1.5배	2.1배
4A 이상~16A 미만	60분	1.5배	1.9배

66 정전기가 대전된 물체를 제전시키려고 한다. 다음 중 대전된 물체의 절연저항이 증가되어 제전의 효과를 감소시키는 것은?

① 접지한다.

② 건조시킨다.

③ 도전성 재료를 첨가한다.

④ 주위를 가습한다.

• 해설 건조시키면 대전된 물체의 절연저항이 증가되어 제전의 효과를 감소시킨다.

67 감전 등의 재해를 예방하기 위하여 특고압용 기계기구 주위에 관계자 외 출입을 금하도록 울타리를 설치할 때, 울타리의 높이와 울타리로부터 충전부분까지의 거리의 합이 최소 몇 m 이상이 되어야 하는가? (단, 사용전압이 35kV 이하인 특고압용 기계기구이다.)

① 5m ② 6m

③ 7m ④ 9m

• 해설 감전 등의 재해를 방지하기 위하여 울타리의 높이와 울타리로부터 충전부분까지의 거리의 합이 최소 5m 이상은 되어야 한다.

68 개폐기로 인한 발화는 스파크에 의한 가연물의 착화화재가 많이 발생한다. 이를 방지하기 위한 대책으로 틀린 것은?

① 가연성 증기, 분진 등이 있는 곳은 방폭형을 사용한다.

② 개폐기를 불연성 상자 안에 수납한다.

③ 비포장 퓨즈를 사용한다.

④ 접속부분의 나사풀림이 없도록 한다.

해설 ③ 통형 퓨즈를 사용한다.

69 극간 정전용량이 1,000pF이고, 착화에너지가 0.019mJ인 가스에서 폭발한계 전압(V)은 약 얼마인가? (단, 소수점 이하는 반올림한다.)

① 3,900　　② 1,950

③ 390　　④ 195

해설 $E = \frac{1}{2}CV^2$

$V = \sqrt{\frac{2E}{C}} = \sqrt{\frac{2 \times 0.019 \times 10^{-3}}{1,000 \times 10^{-12}}} = 195\text{V}$

70 개폐기, 차단기, 유도전압조정기의 최대사용전압이 7kV 이하인 전로의 경우 절연내력 시험은 최대사용전압의 1.5배의 전압을 몇 분간 가하는가?

① 10　　② 15

③ 20　　④ 25

해설 최대사용전압에 배수를 곱하고 그 값의 전압으로 권선과 대지 간에 10분간 견딜 것

71 한국전기설비규정에 따라 욕조나 샤워시설이 있는 욕실 등 인체가 물에 젖어있는 상태에서 전기를 사용하는 장소에 인체감전보호용 누전차단기가 부착된 콘센트를 시설하는 경우 누전차단기의 정격감도전류 및 동작시간은?

① 15mA 이하, 0.01초 이하

② 15mA 이하, 0.03초 이하

③ 30mA 이하, 0.01초 이하

④ 30mA 이하, 0.03초 이하

해설 욕조나 샤워시설 등 누전차단기의 정격감도전류 및 동작시간 : 15mA 이하, 0.03초 이하

72 불활성화할 수 없는 탱크, 탱크롤리 등에 위험물을 주입하는 배관은 정전기 재해방지를 위하여 배관 내 액체의 유속제한을 한다. 배관 내 유속제한에 대한 설명으로 틀린 것은?

① 물이나 기체를 혼합하는 비수용성 위험물의 배관 내 유속은 1m/s 이하로 할 것

② 저항률이 $10^{10}\,\Omega \cdot \text{cm}$ 미만의 도전성 위험물의 배관 내 유속은 7m/s 이하로 할 것

③ 저항률이 $10^{10}\,\Omega \cdot \text{cm}$ 이상인 위험물의 배관 내 유속은 관 내경이 0.05m 이면 3.5m/s 이하로 할 것

④ 이황화탄소 등과 같이 유동대전이 심하고 폭발 위험성이 높은 것은 배관 내 유속을 3m/s 이하로 할 것

해설 ④ 이황화탄소 등과 같이 유동대전이 심하고 폭발 위험성이 높은 것은 배관 내 유속을 1m/s 이하로 할 것

73 절연물의 절연계급을 최고허용온도가 낮은 온도에서 높은 온도 순으로 배치한 것은?

① Y종 → A종 → E종 → B종

② A종 → B종 → E종 → Y종

③ Y종 → E종 → B종 → A종

④ B종 → Y종 → A종 → E종

해설 절연물의 절연계급

종별	Y종	A종	E종	B종	F종	H종	C종
최고허용온도 (℃)	90	105	120	130	155	180	180 초과

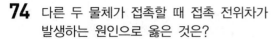

74 다른 두 물체가 접촉할 때 접촉 전위차가 발생하는 원인으로 옳은 것은?

① 두 물체의 온도 차
② 두 물체의 습도 차
③ 두 물체의 밀도 차
④ 두 물체의 일함수 차

> **해설** 다른 두 물체가 접촉할 때 접촉 전위차가 발생하는 원인 : 두 물체의 일함수 차

75 방폭인증서에서 방폭부품을 나타내는 데 사용되는 인증번호의 접미사는?

① "G"　　　　② "X"
③ "D"　　　　④ "U"

> **해설** ② "X" : 안전한 사용을 위한 특별한 조건
> ④ "U" : 방폭부품을 나타내는 데 사용되는 인증번호의 접미사

76 고압 및 특고압 전로에 시설하는 피뢰기의 설치장소로 잘못된 것은?

① 가공전선로와 지중전선로가 접속되는 곳
② 발전소, 변전소의 가공전선 인입구 및 인출구
③ 고압 가공전선로에 접속하는 배전용 변압기의 저압측
④ 고압 가공전선로로부터 공급을 받는 수용장소의 인입구

> **해설** ③ 고압 가공전선로에 접속하는 배전용 변압기의 고압측 및 특별고압측

77 산업안전보건기준에 관한 규칙 제319조에 의한 정전전로에서의 정전작업을 마친 후 전원을 공급하는 경우에 사업주가 작업에 종사하는 근로자 및 전기기기와 접촉할 우려가 있는 근로자에게 감전의 위험이 없도록 준수해야 할 사항이 아닌 것은?

① 단락 접지기구 및 작업기구를 제거하고 전기기기 등이 안전하게 통전될 수 있는지 확인한다.

② 모든 작업자가 작업이 완료된 전기기기에서 떨어져 있는지 확인한다.
③ 잠금장치와 꼬리표를 근로자가 직접 설치한다.
④ 모든 이상 유무를 확인한 후 전기기기 등의 전원을 투입한다.

> **해설** ③ 잠금장치와 꼬리표는 설치한 근로자가 직접 철거한다.

78 변압기의 최소 IP 등급은? (단, 유입방폭구조의 변압기이다.)

① IP55　　　　② IP56
③ IP65　　　　④ IP66

> **해설** ① IP55 : 먼지로부터 보호, 모든 방향의 낮은 압력의 분사되는 물로부터 보호
> ② IP56 : 먼지로부터 보호, 모든 방향의 높은 압력의 분사되는 물로부터 보호
> ③ IP65 : 먼지로부터 완벽히 보호, 모든 방향의 낮은 압력의 분사되는 물로부터 보호
> ④ IP66 : 먼지로부터 완벽히 보호, 모든 방향의 높은 압력의 분사되는 물로부터 보호
> 예 변압기의 등급

79 가스 그룹이 ⅡB인 지역에 내압방폭구조 "d"의 방폭기기가 설치되어 있다. 기기의 플랜지 개구부에서 장애물까지의 최소거리(mm)는?

① 10　　　　② 20
③ 30　　　　④ 40

> **해설**
>
> | 가스 그룹 | 최소이격거리(mm) |
> |---|---|
> | ⅡA | 10 |
> | ⅡB | 30 |
> | ⅡC | 40 |

80 방폭전기설비의 용기 내부에서 폭발성 가스 또는 증기가 폭발하였을 때 용기가 그 압력에 견디고 접합면이나 개구부를 통해서 외부의 폭발성 가스나 증기에 인화되지 않도록 한 방폭구조는?

① 내압방폭구조　　② 압력방폭구조
③ 유입방폭구조　　④ 본질안전방폭구조

해설 내압방폭구조의 설명이다.

제5과목 화학설비위험방지기술

81 포스겐가스 누설검지의 시험지로 사용되는 것은?

① 연당지
② 염화파라듐지
③ 하리슨시험지
④ 초산벤젠지

해설 가스누설검지의 시험지와 검지가스

시험지	검지가스
KI - 전분지	할로겐(Cl_2), NO_2, ClO
리트머스	산성 가스
	염기성 가스(NH_3)
염화제동착염지	아세틸렌(C_2H_2)
하리슨시험지	포스겐($COCl_2$)
염화파라듐지	일산화탄소(CO)
초산납시험지(연당지)	황화수소(H_2S)
질산구리벤젠지 (초산벤지딘지)	시안화수소(HCN)

82 안전밸브 전단·후단에 자물쇠형 또는 이에 준하는 형식의 차단밸브 설치를 할 수 있는 경우에 해당하지 않는 것은?

① 자동압력조절밸브와 안전밸브 등이 직렬로 연결된 경우
② 화학설비 및 그 부속설비에 안전밸브 등이 복수방식으로 설치되어 있는 경우
③ 열팽창에 의하여 상승된 압력을 낮추기 위한 목적으로 안전밸브가 설치된 경우
④ 인접한 화학설비 및 그 부속설비에 안전밸브 등이 각각 설치되어 있고, 해당 화학설비 및 그 부속설비의 연결배관에 차단밸브가 없는 경우

해설 안전밸브 전단·후단에 자물쇠형 또는 이에 준하는 형식의 차단밸브를 설치할 수 있는 경우

㉠ ②, ③, ④
㉡ 안전밸브 등의 배출용량의 $\frac{1}{2}$ 이상에 해당하는 용량의 자동압력조절밸브와 안전밸브 등이 병렬로 연결된 경우
㉢ 예비용 설비를 설치하고 각각의 설비에 안전밸브 등이 설치되어 있는 경우
㉣ 하나의 플레어스택에 2 이상의 단위공정의 플레어헤더를 연결하여 사용하는 경우로서 각각의 단위공정의 플레어헤더에 설치된 차단밸브의 열림, 닫힘 상태를 중앙제어실에서 알 수 있도록 조치한 경우

83 압축하면 폭발할 위험성이 높아 아세톤 등에 용해시켜 다공성 물질과 함께 저장하는 물질은?

① 염소
② 아세틸렌
③ 에탄
④ 수소

해설 아세틸렌의 성질이다.

84 산업안전보건법령상 대상 설비에 설치된 안전밸브에 대해서는 경우에 따라 구분된 검사주기마다 안전밸브가 적정하게 작동하는지 검사하여야 한다. 화학공정 유체와 안전밸브의 디스크 또는 시트가 직접 접촉될 수 있도록 설치된 경우의 검사주기로 옳은 것은?

① 매년 1회 이상
② 2년마다 1회 이상
③ 3년마다 1회 이상
④ 4년마다 1회 이상

해설 안전밸브 검사주기
㉠ 안전밸브 전단에 파열판이 설치된 경우 : 2년마다 1회 이상
㉡ 공정안전보고서 제출대상으로서 고용노동부장관이 실시하는 공정보고서 이행상태 평가 결과가 우수한 사업장의 경우 : 4년마다 1회 이상

85 위험물을 산업안전보건법령에서 정한 기준량 이상으로 제조하거나 취급하는 설비로서 특수화학설비에 해당되는 것은?

① 가열시켜 주는 물질의 온도가 가열되는 위험물질의 분해온도보다 높은 상태에서 운전되는 설비
② 상온에서 게이지 압력으로 200kPa의 압력으로 운전되는 설비
③ 대기압 하에서 300℃로 운전되는 설비
④ 흡열반응이 행하여지는 반응설비

해설 특수화학설비
㉠ 발열반응이 일어나는 반응장치
㉡ 증류·정류·증발·추출 등 분리를 하는 장치
㉢ 가열시켜 주는 물질의 온도가 가열되는 위험물질의 분해온도 또는 발화점보다 높은 상태에서 운전되는 설비
㉣ 반응 폭주 등 화학반응에 의하여 위험물질이 발생할 우려가 있는 설비
㉤ 온도가 350℃ 이상이거나 게이지 압력이 980kPa 이상인 상태에서 운전되는 설비
㉥ 가열로 또는 가열기

86 산업안전보건법령상 다음 내용에 해당하는 폭발위험장소는?

20종 장소 밖으로서 분진운 형태의 가연성 분진이 폭발농도를 형성할 정도의 충분한 양이 정상작동 중에 존재할 수 있는 장소를 말한다.

① 21종 장소 ② 22종 장소
③ 0종 장소 ④ 1종 장소

해설 21종 장소 : 집진장치·백필터·배기구 등의 주위, 이송벨트 샘플링 지역 등

87 Li과 Na에 관한 설명으로 틀린 것은?

① 두 금속 모두 실온에서 자연발화의 위험성이 있으므로 알코올 속에 저장해야 한다.
② 두 금속은 물과 반응하여 수소기체를 발생한다.
③ Li은 비중값이 물보다 작다.
④ Na은 은백색의 무른 금속이다.

해설 ① 두 금속 모두 실온에서 자연발화의 위험성이 있으므로 건조하고 환기가 잘 되는 실내에 저장한다.

88 다음 중 누설 발화형 폭발재해의 예방대책으로 가장 거리가 먼 것은?

① 발화원 관리
② 밸브의 오동작 방지
③ 가연성 가스의 연소
④ 누설물질의 검지 경보

해설 누설 발화형 폭발재해의 예방대책
㉠ 발화원 관리
㉡ 밸브의 오동작 방지
㉢ 누설물질의 검지 경보
㉣ 위험물질의 누설 방지

89 수분을 함유하는 에탄올에서 순수한 에탄올을 얻기 위해 벤젠과 같은 물질을 첨가하여 수분을 제거하는 증류방법은?

① 공비증류 ② 추출증류
③ 가압증류 ④ 감압증류

해설 공비증류의 설명이다.

90 다음 중 인화점에 관한 설명으로 옳은 것은?

① 액체의 표면에서 발생한 증기농도가 공기 중에서 연소하한 농도가 될 수 있는 가장 높은 액체온도
② 액체의 표면에서 발생한 증기농도가 공기 중에서 연소상한 농도가 될 수 있는 가장 낮은 액체온도
③ 액체의 표면에서 발생한 증기농도가 공기 중에서 연소하한 농도가 될 수 있는 가장 낮은 액체온도
④ 액체의 표면에서 발생한 증기농도가 공기 중에서 연소상한 농도가 될 수 있는 가장 높은 액체온도

해설 인화점 : 액체의 표면에서 발생한 증기농도가 증기 중에서 연소하한 농도가 될 수 있는 가장 낮은 액체온도

91 분진폭발의 특징에 관한 설명으로 옳은 것은?

① 가스폭발보다 발생에너지가 작다.

② 폭발압력과 연소속도는 가스폭발보다 크다.

③ 입자의 크기, 부유성 등이 분진폭발에 영향을 준다.

④ 불완전연소로 인한 가스중독의 위험성은 작다.

> 해설 ① 가스폭발보다 발생에너지가 크다.
> ② 폭발압력과 연소속도는 가스폭발보다 작다.
> ④ 불완전연소로 인한 가스중독의 위험성은 크다.

92 위험물안전관리법령상 제1류 위험물에 해당하는 것은?

① 과염소산나트륨 　 ② 과염소산

③ 과산화수소 　　　 ④ 과산화벤조일

> 해설 ② 과염소산 : 제6류 위험물
> ③ 과산화수소 : 제6류 위험물
> ④ 과산화벤조일 : 제5류 위험물

93 다음 중 질식소화에 해당하는 것은?

① 가연성 기체의 분출화재 시 주밸브를 닫는다.

② 가연성 기체의 연쇄반응을 차단하여 소화한다.

③ 연료탱크를 냉각하여 가연성 가스의 발생속도를 작게 한다.

④ 연소하고 있는 가연물이 존재하는 장소를 기계적으로 폐쇄하여 공기의 공급을 차단한다.

> 해설 ① 제거소화
> ② 부촉매소화
> ③ 냉각소화

94 산업안전보건기준에 관한 규칙에서 정한 위험물질의 종류에서 "물반응성물질 및 인화성 고체"에 해당하는 것은?

① 질산에스테르류 　 ② 니트로화합물

③ 칼륨 · 나트륨 　　 ④ 니트로소화합물

> 해설 ①, ②, ④ : 폭발성물질 및 유기과산화물

95 다음 공기 중 아세톤의 농도가 200ppm (TLV 500ppm), 메틸에틸케톤(MEK)의 농도가 100ppm(TLV 200ppm)일 때 혼합물질의 허용농도(ppm)는? (단, 두 물질은 서로 상가작용을 하는 것으로 가정한다.)

① 150 　　　　　 ② 200

③ 270 　　　　　 ④ 333

> 해설
> $$R(\text{노출기준}) = \frac{C_1}{T_1} + \frac{C_2}{T_2} + \cdots + \frac{C_n}{T_n}$$
> $$\text{허용농도} = \frac{\text{농도}1 + \text{농도}2}{R}$$
> $$R = \frac{200}{500} + \frac{100}{200} = 0.9$$
> $$\text{허용농도} = \frac{(200 + 100)}{0.9} = 333\text{ppm}$$

96 다음 중 분진이 발화 · 폭발하기 위한 조건으로 거리가 먼 것은?

① 불연성질

② 미분상태

③ 점화원의 존재

④ 산소 공급

> 해설 **분진이 발화 · 폭발하기 위한 조건**
> ㉠ 미분상태
> ㉡ 점화원의 존재
> ㉢ 산소상태

97 다음 중 폭발한계(vol%)의 범위가 가장 넓은 것은?

① 메탄 　　　　　 ② 부탄

③ 톨루엔 　　　　 ④ 아세틸렌

> 해설 **가스의 폭발한계(vol%) 범위**
>
> | 가 스 | 하한계 | 상한계 |
> |---|---|---|
> | 메탄 | 5 | 15 |
> | 부탄 | 1.8 | 8.4 |
> | 톨루엔 | 1.4 | 6.7 |
> | 아세틸렌 | 2.5 | 81 |

98 다음 중 최소발화에너지(E[J])를 구하는 식으로 옳은 것은? (단, I는 전류[A], R은 저항[Ω], V는 전압[V], C는 콘덴서 용량[F], T는 시간[초]이라 한다.)

① $E = IRT$
② $E = 0.24I^2\sqrt{R}$
③ $E = \dfrac{1}{2}CV^2$
④ $E = \dfrac{1}{2}\sqrt{C^2 V}$

> **해설** **최소발화에너지** : 가연성 혼합기체에 전기적 스파크로 점화 시 착화하기 위하여 필요한 최소한의 에너지를 말하며 최소회로전류치라 한다.
>
> $E = \dfrac{1}{2}CV^2$

99 공기 중에서 A물질의 폭발하한계가 4vol%, 상한계가 75vol%라면 이 물질의 위험도는?

① 16.75
② 17.75
③ 18.75
④ 19.75

> **해설** $H = \dfrac{u - L}{L} = \dfrac{75 - 4}{4} = 17.75$

100 다음 중 관의 지름을 변경하고자 할 때 필요한 관 부속품은?

① Elbow
② Reducer
③ Plug
④ Valve

> **해설**
> ① Elbow : 관로의 방향을 변경하는 데 가장 적합한 것
> ③ Plug : 엘보, 티와 같이 내경이 나사로 된 부품을 폐쇄할 필요가 있는 경우
> ④ Valve : 유체를 흐르게 하거나 멈추게 하는 등의 제어를 위해 유로를 개폐하는 기기의 총칭

제6과목 **건설안전기술**

101 지하수위 측정에 사용되는 계측기는?

① Load Cell
② Inclinometer
③ Extensometer
④ Piezometer

> **해설** Piezometer : 지하수위 측정에 사용되는 계측기

102 이동식 비계를 조립하여 작업을 하는 경우에 준수하여야 할 기준으로 옳지 않은 것은?

① 승강용 사다리는 견고하게 설치할 것
② 비계의 최상부에서 작업을 하는 경우에는 안전난간을 설치할 것
③ 작업발판의 최대적재하중은 400kg을 초과하지 않도록 할 것
④ 작업발판은 항상 수평을 유지하고 작업발판 위에서 안전난간을 딛고 작업을 하거나 받침대 또는 사다리를 사용하여 작업하지 않도록 할 것

> **해설** ③ 작업발판의 최대적재하중은 250kg을 초과하지 않도록 할 것

103 터널지보공을 조립하거나 변경하는 경우에 조치하여야 하는 사항으로 옳지 않은 것은?

① 목재의 터널지보공은 그 터널지보공의 각 부재에 작용하는 긴압 정도를 체크하여 그 정도가 최대한 차이나도록 할 것
② 강(鋼)아치 지보공의 조립은 연결볼트 및 띠장 등을 사용하여 주재 상호 간을 튼튼하게 연결할 것
③ 기둥에는 침하를 방지하기 위하여 받침목을 사용하는 등의 조치를 할 것
④ 주재(主材)를 구성하는 1세트의 부재는 동일 평면 내에 배치할 것

> **해설** ① 목재의 터널지보공은 그 터널지보공의 각 부재의 긴압 정도가 균등하게 되도록 할 것

104 안전계수가 4이고 2,000MPa의 인장강도를 갖는 강선의 최대허용응력은?

① 500MPa
② 1,000MPa
③ 1,500MPa
④ 2,000MPa

> **해설** 강선의 최대허용응력 $= \dfrac{인장강도}{안전계수}$
>
> $= \dfrac{2,000\text{MPa}}{4}$
>
> $= 500\text{MPa}$

105 거푸집동바리 등을 조립하는 경우에 준수하여야 하는 기준으로 옳지 않은 것은?

① 동바리로 사용하는 파이프 서포트를 이어서 사용하는 경우에는 3개 이상의 볼트 또는 전용철물을 사용하여 이을 것

② 동바리로 사용하는 강관은 높이 2m 이내마다 수평연결재를 2개 방향으로 만들 것

③ 깔목의 사용, 콘크리트 타설, 말뚝박기 등 동바리의 침하를 방지하기 위한 조치를 할 것

④ 동바리로 사용하는 파이프 서포트를 3개 이상 이어서 사용하지 않도록 할 것

해설 ① 동바리로 사용하는 파이프 서포트를 이어서 사용하는 경우에는 4개 이상의 볼트 또는 전용철물을 사용하여 이을 것

106 가설통로를 설치하는 경우 준수하여야 할 기준으로 옳지 않은 것은?

① 경사는 30° 이하로 할 것

② 경사가 15°를 초과하는 경우에는 미끄러지지 아니하는 구조로 할 것

③ 추락할 위험이 있는 장소에는 안전난간을 설치할 것

④ 수직갱에 가설된 통로의 길이가 15m 이상인 경우에는 7m 이내마다 계단참을 설치할 것

해설 ④ 수직갱에 가설된 통로의 길이가 15m 이상인 경우에는 10m 이내마다 계단참을 설치할 것

107 사면보호공법 중 구조물에 의한 보호공법에 해당되지 않는 것은?

① 블록공

② 식생구멍공

③ 돌쌓기공

④ 현장타설 콘크리트 격자공

해설 사면보호공법 중 구조물에 의한 보호공법
㉠ ①, ③, ④
㉡ 콘크리트 붙임공
㉢ 콘크리트 블록 격자공
㉣ 모르타르 및 콘크리트 뿜어붙이기 공법

108 터널공사의 전기발파작업에 관한 설명으로 옳지 않은 것은?

① 전선은 점화하기 전에 화약류를 충진한 장소로부터 30m 이상 떨어진 안전한 장소에서 도통시험 및 저항시험을 하여야 한다.

② 점화는 충분한 허용량을 갖는 발파기를 사용하고 규정된 스위치를 반드시 사용하여야 한다.

③ 발파 후 발파기와 발파모선의 연결을 유지한 채 그 단부를 절연시킨 후 재점화가 되지 않도록 한다.

④ 점화는 선임된 발파책임자가 행하고 발파기의 핸들을 점화할 때 이외는 시건장치를 하거나 모선을 분리하여야 하며 발파책임자의 엄중한 관리하에 두어야 한다.

해설 ③ 발파 후 즉시 발파모선을 발파기로부터 분리하고 그 단부를 절연시킨다.

109 화물을 적재하는 경우의 준수사항으로 옳지 않은 것은?

① 침하 우려가 없는 튼튼한 기반 위에 적재할 것

② 건물의 칸막이나 벽 등이 화물의 압력에 견딜 만큼의 강도를 지니지 아니한 경우에는 칸막이나 벽에 기대어 적재하지 않도록 할 것

③ 불안정할 정도로 높이 쌓아 올리지 말 것

④ 하중을 한쪽으로 치우치더라도 화물을 최대한 효율적으로 적재할 것

해설 ④ 하중이 한쪽으로 치우치지 않도록 쌓을 것

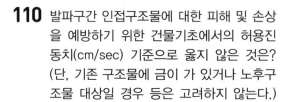

110 발파구간 인접구조물에 대한 피해 및 손상을 예방하기 위한 건물기초에서의 허용진동치(cm/sec) 기준으로 옳지 않은 것은? (단, 기존 구조물에 금이 가 있거나 노후구조물 대상일 경우 등은 고려하지 않는다.)

① 문화재 : 0.2cm/sec

② 주택, 아파트 : 0.5cm/sec

③ 상가 : 1.0cm/sec

④ 철골콘크리트 빌딩 : 0.8~1.0cm/sec

해설 ④ 철골콘크리트 빌딩 : 1.0~4.0cm/sec

111 거푸집동바리 등을 조립 또는 해체하는 작업을 하는 경우의 준수사항으로 옳지 않은 것은?

① 재료, 기구 또는 공구 등을 올리거나 내리는 경우에는 근로자로 하여금 달줄·달포대 등의 사용을 금하도록 할 것

② 낙하·충격에 의한 돌발적 재해를 방지하기 위하여 버팀목을 설치하고 거푸집동바리 등을 인양장비에 매단 후에 작업을 하도록 하는 등 필요한 조치를 할 것

③ 비, 눈, 그 밖의 기상상태의 불안정으로 날씨가 몹시 나쁜 경우에는 그 작업을 중지할 것

④ 해당 작업을 하는 구역에는 관계 근로자가 아닌 사람의 출입을 금지할 것

해설 ① 재료, 기구 또는 공구 등을 올리거나 내리는 경우에는 근로자로 하여금 달줄, 달포대 등을 사용하도록 할 것

112 강관을 사용하여 비계를 구성하는 경우 준수하여야 할 기준으로 옳지 않은 것은?

① 비계기둥의 간격은 띠장방향에서는 1.85m 이하, 장선(長線)방향에서는 1.5m 이하로 할 것

② 띠장 간격은 2.0m 이하로 할 것

③ 비계기둥의 제일 윗부분으로부터 31m 되는 지점 밑부분의 비계기둥은 3개의 강관으로 묶어 세울 것

④ 비계기둥 간의 적재하중은 400kg을 초과하지 않도록 할 것

해설 ③ 비계기둥의 제일 윗부분으로부터 31m 되는 지점 밑부분의 비계기둥은 2개의 강관으로 묶어 세울 것

113 지하수위 상승으로 포화된 사질토 지반의 액상화 현상을 방지하기 위한 가장 직접적이고 효과적인 대책은?

① Well Point 공법 적용

② 동다짐 공법 적용

③ 입도가 불량한 재료를 입도가 양호한 재료로 치환

④ 밀도를 증가시켜 한계간극비 이하로 상대밀도를 유지하는 방법 강구

해설 **액상화 현상을 방지하기 위한 대책**

㉠ 탈수공법 : Sand Drain 공법, Paper Drain 공법, Pack Drain 공법

㉡ 배수공법 : Well Point 공법, Deep Well 공법

㉢ 입도 개량 : 치환공법, 약액주입공법

㉣ 전단변형 억제 : Sheet Pile 공법, 지중연속벽

㉤ 밀도 증대 : Vibro Floatation 공법, Sand Compaction Pile 공법, 동압밀공법

㉥ 기타 : 구조물 자체강성 확보, 액상화 가능지역 구조물 축조금지

114 크레인 등 건설장비의 가공전선로 접근 시 안전대책으로 옳지 않은 것은?

① 안전 이격거리를 유지하고 작업한다.

② 장비를 가공전선로 밑에 보관한다.

③ 장비의 조립, 준비 시부터 가공전선로에 대한 감전방지 수단을 강구한다.

④ 장비 사용 현장의 장애물, 위험물 등을 점검 후 작업계획을 수립한다.

해설 ② 장비를 가공전선로 밑에 보관하지 않는다.

115 흙의 투수계수에 영향을 주는 인자에 관한 설명으로 옳지 않은 것은?

① 포화도 : 포화도가 클수록 투수계수도 크다.

② 공극비 : 공극비가 클수록 투수계수는 작다.

③ 유체의 점성계수 : 점성계수가 클수록 투수계수는 작다.

④ 유체의 밀도 : 유체의 밀도가 클수록 투수계수는 크다.

해설 **투수계수** : 매질의 유체 통과능력을 나타내는 지수로서 단위체적의 지하수가 유선의 직각방향의 단위면적을 통해 단위시간당 흐르는 양

㉠ 공극비↑, 투수계수↑
㉡ 포화도↑, 투수계수↑
㉢ 유체의 점성계수↑, 투수계수↓
㉣ 유체의 밀도↑, 투수계수↑

116 산업안전보건법령에서 규정하는 철골작업을 중지하여야 하는 기후조건에 해당하지 않는 것은?

① 풍속이 초당 10m 이상인 경우

② 강우량이 시간당 1mm 이상인 경우

③ 강설량이 시간당 1cm 이상인 경우

④ 기온이 영하 5℃ 이하인 경우

해설 **철골작업을 중지하여야 하는 기후조건**

㉠ 풍속 : 10m/sec 이상
㉡ 강우량 : 1mm/h 이상
㉢ 강설량 : 1cm/h 이상

117 차량계 건설기계를 사용하여 작업을 하는 경우 작업계획서 내용에 포함되지 않는 사항은?

① 사용하는 차량계 건설기계의 종류 및 성능

② 차량계 건설기계의 운행경로

③ 차량계 건설기계에 의한 작업방법

④ 차량계 건설기계 사용 시 유도자 배치 위치

해설 **차량계 건설기계를 사용하는 작업 시 작업계획서 내용에 포함되는 사항**

㉠ 사용하는 차량계 건설기계의 종류 및 성능
㉡ 차량계 건설기계의 운행경로
㉢ 차량계 건설기계에 의한 작업방법

118 유해위험방지계획서를 고용노동부장관에게 제출하고 심사를 받아야 하는 대상 건설공사 기준으로 옳지 않은 것은?

① 최대지간길이가 50m 이상인 다리의 건설 등 공사

② 지상높이 25m 이상인 건축물 또는 인공구조물의 건설 등 공사

③ 깊이 10m 이상인 굴착공사

④ 다목적댐, 발전용댐, 저수용량 2천만 톤 이상의 용수 전용댐 및 지방상수도 전용댐의 건설 등 공사

해설 **유해·위험방지계획서를 제출해야 할 대상 공사의 조건**

(1) 다음 각 목의 어느 하나에 해당하는 건축물 또는 시설 등의 건설·개조 또는 해체공사

㉠ 지상높이가 31m 이상인 건축물 또는 인공구조물
㉡ 연면적 3만m² 이상인 건축물
㉢ 연면적 5천m² 이상인 시설로서 다음의 어느 하나에 해당하는 시설
  • 문화 및 집회시설(전시장 및 동물원·식물원은 제외)
  • 판매시설, 운수시설(고속철도의 역사 및 집배송시설은 제외)
  • 종교시설
  • 의료시설 중 종합병원
  • 숙박시설 중 관광숙박시설
  • 지하도상가
  • 냉동·냉장 창고시설

(2) 연면적 5천m² 이상의 냉동·냉장창고시설의 설비공사 및 단열공사

(3) 최대 지간길이(다리의 기둥과 기둥의 중심 사이의 거리)가 50m 이상인 교량건설 등 공사

(4) 터널 건설 등의 공사

(5) 다목적댐, 발전용댐 및 저수용량 2천만 톤 이상의 용수 전용 댐, 지방상수도 전용 댐 건설

(6) 깊이 10m 이상인 굴착공사

119 공사 진척에 따른 공정률이 다음과 같을 때 안전관리비 사용기준으로 옳은 것은? (단, 공정률은 기성공정률을 기준으로 함)

> 공정률 : 70% 이상, 90% 미만

① 50% 이상   ② 60% 이상
③ 70% 이상   ④ 80% 이상

─ 해설 **공사 진척에 따른 안전관리비의 사용기준**

공정률	50% 이상 70% 미만	70% 이상 90% 미만	90% 이상
사용기준	50% 이상	70% 이상	90% 이상

120 미리 작업장소의 지형 및 지반상태 등에 적합한 제한속도를 정하지 않아도 되는 차량계 건설기계의 속도기준은?

① 최대제한속도가 10km/h 이하
② 최대제한속도가 20km/h 이하
③ 최대제한속도가 30km/h 이하
④ 최대제한속도가 40km/h 이하

─ 해설 **차량용 건설기계 속도기준** : 최대제한속도가 10km/h 이하

제1과목 안전관리론

01 헤링(Hering)의 착시현상에 해당하는 것은?

> **해설** ① Helmholtz의 착시
> ② Köhler의 착시
> ③ Müller-Lyer의 착시

02 데이비스(K.Davis)의 동기부여 이론에 관한 등식에서 그 관계가 틀린 것은?

① 지식×기능=능력
② 상황×능력=동기유발
③ 능력×동기유발=인간의 성과
④ 인간의 성과×물질의 성과=경영의 성과

> **해설** ② 상황×태도=동기유발

03 산업안전보건법령상 안전보건표지의 종류 중 경고표지의 기본모형(형태)이 다른 것은?

① 고압전기 경고
② 방사성물질 경고
③ 폭발성물질 경고
④ 매달린 물체 경고

> **해설** **경고표지의 종류 및 기본모형**
> (1) 삼각형(△)
>   ① 방사성물질 경고
>   ② 고압전기 경고
>   ③ 매달린 물체 경고
>   ④ 낙하물 경고
>   ⑤ 고온 경고
>   ⑥ 저온 경고
>   ⑦ 몸균형상실 경고
>   ⑧ 레이저광선 경고
>   ⑨ 위험장소 경고
> (2) 마름모형(◇)
>   ① 인화성물질 경고
>   ② 산화성물질 경고
>   ③ 폭발성물질 경고
>   ④ 급성독성물질 경고

04 산업안전보건법령상 프레스를 사용하여 작업을 할 때 작업시작 전 점검사항으로 틀린 것은?

① 방호장치의 기능
② 언로드밸브의 기능
③ 금형 및 고정볼트 상태
④ 클러치 및 브레이크의 기능

> **해설** ㉠ ①, ③, ④
> ㉡ 크랭크축·플라이휠·슬라이드·연결봉 및 연결나사의 풀림 여부
> ㉢ 1행정1정지기구·급정지장치 및 비상정지장치의 기능
> ㉣ 슬라이드 또는 칼날에 의한 위험방지기구의 기능
> ㉤ 전단기의 칼날 및 테이블의 상태

05 TWI의 교육내용 중 인간관계 관리방법, 즉 부하 통솔법을 주로 다루는 것은?

① JST(Job Safety Training)
② JMT(Job Method Training)
③ JRT(Job Relation Training)
④ JIT(Job Instruction Training)

> **해설** ① JST : 작업안전훈련
> ② JMT : 작업방법훈련
> ③ JRT : 인간관계훈련
> ④ JIT : 작업지도훈련

06 학습을 자극(Stimulus)에 의한 반응(Response)으로 보는 이론에 해당하는 것은?

① 장설(Field Theory)
② 통찰설(Insight Theory)
③ 기호형태설(Sign-gestalt Theory)
④ 시행착오설(Trial and Error Theory)

해설 시행착오설의 설명이다.

07 산업안전보건법령상 특정행위의 지시 및 사실의 고지에 사용되는 안전 · 보건표지의 색도기준으로 옳은 것은?

① 2.5G 4/10   ② 5Y 8.5/12
③ 2.5PB 4/10   ④ 7.5R 4/14

해설 ① 비상구 및 피난소, 사람 또는 차량의 통행표지
② 화학물질 취급장소에서의 유해 · 위험경고, 이 외의 위험경고, 주의표지 또는 기계 방호물
④ 금지 : 정지신호, 소화설비 및 그 장소, 유해행위의 금지
경고 : 화학물질 취급장소에서의 유해 · 위험경고

08 재해조사에 관한 설명으로 틀린 것은?

① 조사목적에 무관한 조사는 피한다.
② 조사는 현장을 정리한 후에 실시한다.
③ 목격자나 현장 책임자의 진술을 듣는다.
④ 조사자는 객관적이고 공정한 입장을 취해야 한다.

해설 ② 조사는 가급적 재해 현장이 변형되지 않은 상태에서 실시한다.

09 하인리히의 사고방지 기본원리 5단계 중 시정방법의 선정단계에 있어서 필요한 조치가 아닌 것은?

① 인사조정
② 안전행정의 개선
③ 교육 및 훈련의 개선
④ 안전점검 및 사고조사

해설 ④ 제2단계(사실의 발견) : 안전점검 및 사고조사

10 산업안전보건법령상 안전보건관리규정에 반드시 포함되어야 할 사항이 아닌 것은? (단, 그 밖에 안전 및 보건에 관한 사항은 제외한다.)

① 재해코스트 분석방법
② 사고조사 및 대책수립
③ 작업장 안전 및 보건관리
④ 안전 및 보건관리조직과 그 직무

해설 안전보건관리규정에 반드시 포함되어야 할 사항
㉠ ②, ③, ④
㉡ 안전 · 보건교육
㉢ 작업장 안전 및 보건관리

11 산업안전보건법령상 협의체 구성 및 운영에 관한 사항으로 (   )에 알맞은 내용은?

> 도급인은 관계수급인 근로자가 도급인의 사업장에서 작업을 하는 경우 도급인과 수급인을 구성원으로 하는 안전 및 보건에 관한 협의체를 구성 및 운영하여야 한다. 이 협의체는 (   ) 정기적으로 회의를 개최하고 그 결과를 기록 · 보존해야 한다.

① 매월 1회 이상   ② 2개월마다 1회
③ 3개월마다 1회   ④ 6개월마다 1회

해설 도급인의 안전 및 보건에 관한 협의체 구성 및 운영 : 매월 1회 이상 정기적으로 회의를 개최하고 그 결과를 기록 · 보존해야 한다.

12 재해원인 분석기법의 하나인 특성요인도의 작성방법에 대한 설명으로 틀린 것은?

① 큰뼈는 특성이 일어나는 요인이라고 생각되는 것을 크게 분류하여 기입한다.
② 등뼈는 원칙적으로 우측에서 좌측으로 향하여 가는 화살표를 기입한다.
③ 특성의 결정은 무엇에 대한 특성요인도를 작성할 것인가를 결정하고 기입한다.
④ 중뼈는 특성이 일어나는 큰뼈의 요인마다 다시 미세하게 원인을 결정하여 기입한다.

해설 ② 등뼈는 원칙적으로 좌측에서 우측으로 향하여 가는 화살표를 기입한다.

13 산업안전보건법령상 안전보건교육 교육대상별 교육내용 중 관리감독자 정기교육의 내용으로 틀린 것은?

① 정리정돈 및 청소에 관한 사항
② 유해·위험 작업환경 관리에 관한 사항
③ 표준안전작업방법 및 지도 요령에 관한 사항
④ 작업공정의 유해·위험과 재해예방대책에 관한 사항

해설 관리감독자 정기교육의 내용
㉠ ②, ③, ④
㉡ 산업안전 및 사고 예방에 관한 사항
㉢ 산업보건 및 직업병 예방에 관한 사항
㉣ 직무스트레스 예방 및 관리에 관한 사항 등

14 산업안전보건법령상 보호구 안전인증 대상 방독마스크의 유기화합물용 정화통 외부 측면 표시색으로 옳은 것은?

① 갈색   ② 녹색
③ 회색   ④ 노랑색

해설 방독마스크 정화통 외부 측면 표시색

종 류	정화통 외부 측면 표시색
유기화합물용	갈색
할로겐용	회색
황화수소용	회색
시안화수소용	회색
아황산용	노란색
암모니아용	녹색

15 다음의 교육내용과 관련 있는 교육은?

ⓐ 작업동작 및 표준작업방법의 습관화
ⓑ 공구·보호구 등의 관리 및 취급태도의 확립
ⓒ 작업 전후의 점검, 검사요령의 정확화 및 습관화

① 지식교육   ② 기능교육
③ 태도교육   ④ 문제해결교육

해설 ③ 태도교육의 설명이다.

16 헤드십의 특성이 아닌 것은?

① 지휘형태는 권위주의적이다.
② 권한행사는 임명된 헤드이다.
③ 구성원과의 사회적 간격은 넓다.
④ 상관과 부하와의 관계는 개인적인 영향이다.

해설 헤드십과 리더십의 차이

개인과 상황변수	헤드십	리더십
권한행사	임명된 헤드	선출된 리더
권한부여	위에서 위임	밑으로부터 동의
권한근거	법적 또는 공식적	개인능력
권한귀속	공식화된 규정에 의함	집단목표에 기여한 공로 인정
상관과 부하와의 관계	지배적	개인적인 영향
책임귀속	상사	상사와 부하
부하와의 사회적 간격	넓음	좁음
지휘형태	권위주의적	민주주의적

17 무재해운동 추진의 3요소에 관한 설명이 아닌 것은?

① 안전보건은 최고경영자의 무재해 및 무질병에 대한 확고한 경영자세로 시작된다.
② 안전보건을 추진하는 데에는 관리감독자들의 생산활동 속에 안전보건을 실천하는 것이 중요하다.
③ 모든 재해는 잠재요인을 사전에 발견·파악·해결함으로써 근원적으로 산업재해를 없애야 한다.
④ 안전보건은 각자 자신의 문제이며, 동시에 동료의 문제로서 직장의 팀 멤버와 협동·노력하여 자주적으로 추진하는 것이 필요하다.

해설 무재해운동 추진의 3요소
① 최고경영층의 엄격한 안전방침 및 자세
② 라인화(관리감독자)의 철저
③ 직장(소집단) 자주활동의 활성화

18 인간관계의 메커니즘 중 다른 사람의 행동양식이나 태도를 투입시키거나 다른 사람 가운데서 자기와 비슷한 것을 발견하는 것은?

① 공감
② 모방
③ 동일화
④ 일체화

• 해설 동일화의 설명이다.

19 도수율이 24.5이고, 강도율이 1.15인 사업장에서 한 근로자가 입사하여 퇴직할 때까지 근로손실일수는?

① 2.45일
② 115일
③ 215일
④ 245일

• 해설

$$강도율 = \frac{근로손실일수}{연근로시간수} \times 1,000$$

$$근로손실일수 = \frac{강도율 \times 연근로시간수}{1,000}$$

$$= \frac{1.15 \times 10^5}{1,000} = 115일$$

단, 1인 근로자의 평생근로시간은 10^5시간이다.

20 학습자가 자신의 학습속도에 적합하도록 프로그램 자료를 가지고 단독으로 학습하도록 하는 안전교육 방법은?

① 실연법
② 모의법
③ 토의법
④ 프로그램 학습법

• 해설
① 실연법 : 이미 설명을 듣고 시범을 보아서 알게 된 지식이나 기능을 교사의 지도 아래 직접 연습을 통해 적용해 보는 방법
② 모의법 : 실제의 장면이나 상황을 인위적으로 비슷하게 만들어두고 학습하게 하는 방법
③ 토의법 : 어떤 주제, 이유, 논쟁점 등을 학생과 교사 등이 다같이 언어로 상호작용하는 방법

제2과목 인간공학 및 시스템안전공학

21 감각저장으로부터 정보를 작업기억으로 전달하기 위한 코드화 분류에 해당되지 않는 것은?

① 시각코드
② 촉각코드
③ 음성코드
④ 의미코드

• 해설 감각저장 정보를 작업기억으로 전달하기 위한 코드화 분류
㉠ 시각코드 ㉡ 음성코드 ㉢ 의미코드

22 일반적으로 은행의 접수대 높이나 공원의 벤치를 설계할 때 가장 적합한 인체측정자료의 응용원칙은?

① 조절식 설계
② 평균치를 이용한 설계
③ 최대치수를 이용한 설계
④ 최소치수를 이용한 설계

• 해설 인체측정자료의 응용원칙
㉠ 평균치를 이용한 설계
㉡ 극단치 설계
㉢ 조절범위

23 두 가지 상태 중 하나가 고장 또는 결함으로 나타나는 비정상적인 사건은?

① 톱사상
② 결함사상
③ 정상적인 사상
④ 기본적인 사상

• 해설 결함사상의 설명이다.

24 작업장의 설비 3대에서 각각 80dB, 86dB, 78dB의 소음이 발생되고 있을 때 작업장의 음압수준은?

① 약 81.3dB
② 약 85.5dB
③ 약 87.5dB
④ 약 90.3dB

• 해설
$$전체 소음 = 10\log\left(10^{\frac{dB_1}{10}} + 10^{\frac{dB_2}{10}} + 10^{\frac{dB_3}{10}}\right)$$
$$= 10\log(10^8 + 10^{8.6} + 10^{7.8})$$
$$= 87.49 ≒ 87.5dB$$

25 설비보전 방법 중 설비의 열화를 방지하고 그 진행을 지연시켜 수명을 연장하기 위한 점검, 청소, 주유 및 교체 등의 활동은?

① 사후보전
② 개량보전
③ 일상보전
④ 보전예방

• 해설 일상보전의 설명이다.

26 욕조곡선에서의 고장형태에서 일정한 형태의 고장률이 나타나는 구간은?

① 초기 고장구간　② 마모 고장구간
③ 피로 고장구간　④ 우발 고장구간

> 해설　① 초기 고장구간 : 감소형
> ② 마모 고장구간 : 증가형
> ③ 피로 고장구간 : 감소형
> ④ 우발 고장구간 : 일정형

27 FT도에서 시스템의 신뢰도는 얼마인가? (단, 모든 부품의 발생확률은 0.1이다.)

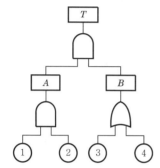

① 0.0033　　　② 0.0062
③ 0.9981　　　④ 0.9936

> 해설
>
>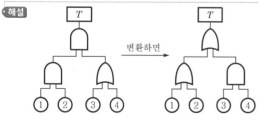
>
> 변환하면
>
> 여기서, ①③④
> 　　　　②③④
> 즉, 최소 패스셋 ①, ② (③, ④)
> 신뢰도 $R(t)$: ① $1-(1-0.9)(1-0.9)=0.99$
> 　　　　　　② $(0.9)\times(0.9)=0.81$
> ∴ $1-(1-0.99)(1-0.81)=0.9981$

28 일반적인 화학설비에 대한 안전성 평가(safety assessment) 절차에 있어 안전대책 단계에 해당되지 않는 것은?

① 보전　　　　② 위험도 평가
③ 설비적 대책　④ 관리적 대책

> 해설　화학설비에 대한 안전성 평가에서 안전대책 단계
> (1) 설비적 대책
> (2) 관리적 대책
> 　① 적정한 인원 배치
> 　② 교육훈련
> 　③ 보전

29 동작경제의 원칙과 가장 거리가 먼 것은?

① 급작스런 방향의 전환은 피하도록 할 것
② 가능한 관성을 이용하여 작업하도록 할 것
③ 두 손의 동작은 같이 시작하고, 같이 끝나도록 할 것
④ 두 팔의 동작은 동시에 같은 방향으로 움직일 것

> 해설　④ 두 팔의 동작을 동시에 서로 반대방향으로 대칭적으로 움직이도록 한다.

30 중량물 들기작업 시 5분간의 산소소비량을 측정한 결과 90L의 배기량 중에 산소가 16%, 이산화탄소가 4%로 분석되었다. 해당 작업에 대한 산소소비량(L/min)은 약 얼마인가? (단, 공기 중 질소는 79vol%, 산소는 21vol%이다.)

① 0.948　　　② 1.948
③ 4.74　　　④ 5.74

> 해설　㉠ 분당 배기량
> $$V_2 = \frac{\text{총 배기량}}{\text{시간}}$$
> $$= \frac{90}{5} = 18 \text{L/min}$$
> ㉡ 분당 흡기량
> $$V_1 = \frac{100 - O_2 - CO_2}{79} \times V_2$$
> $$= \frac{100 - 16 - 4}{79} \times 18$$
> $$= 18.227 \fallingdotseq 18.23 \text{L/min}$$
> ㉢ 분당 산소소비량
> $$= (V_1 \times 21\%) - (V_2 \times 16\%)$$
> $$= (18.23 \times 0.21) - (18 \times 0.16)$$
> $$= 0.948 \text{L/min}$$

31 정보를 전송하기 위해 청각적 표시장치보다 시각적 표시장치를 사용하는 것이 더 효과적인 경우는?

① 정보의 내용이 간단한 경우
② 정보가 후에 재참조되는 경우
③ 정보가 즉각적인 행동을 요구하는 경우
④ 정보의 내용이 시간적인 사건을 다루는 경우

해설 (1) 정보를 전송하기 위해 청각적 표시장치보다 시각적 표시장치를 사용하는 것이 더 효과적인 경우 : 정보가 후에 재참조되는 경우
(2) 시각적 표시장치보다 청각적 표시장치를 사용하는 것이 더 효과적인 경우
① 정보의 내용이 간단한 경우
② 정보가 즉각적인 행동을 요구하는 경우
③ 정보의 내용이 시간적인 사건을 다루는 경우

32 인간공학 연구방법 중 실제의 제품이나 시스템이 추구하는 특성 및 수준이 달성되는지를 비교하고 분석하는 연구는?

① 조사연구　　② 실험연구
③ 분석연구　　④ 평가연구

해설 평가연구의 설명이다.

33 음량수준을 평가하는 척도와 관계없는 것은?

① dB　　　　② HSI
③ phon　　　④ sone

해설 음량수준을 평가하는 척도
㉠ dB
㉡ phon
㉢ sone

34 위험분석기법 중 고장이 시스템의 손실과 인명의 사상에 연결되는 높은 위험도를 가진 요소나 고장의 형태에 따른 분석법은?

① CA　　　　② ETA
③ FHA　　　④ FTA

해설 CA의 설명이다.

35 실효온도(effective temperature)에 영향을 주는 요인이 아닌 것은?

① 온도　　　　② 습도
③ 복사열　　　④ 공기 유동

해설 **실효온도에 영향을 주는 요인**
㉠ 온도
㉡ 습도
㉢ 공기 유동

36 인간-기계시스템 설계과정 중 직무분석을 하는 단계는?

① 제1단계 : 시스템의 목표와 성능명세 결정
② 제2단계 : 시스템의 정의
③ 제3단계 : 기본설계
④ 제4단계 : 인터페이스 설계

해설 ③ 제3단계 : 기본설계(기능의 할당, 인간성능조건, 직무분석, 작업설계)

37 의도는 올바른 것이었지만, 행동이 의도한 것과는 다르게 나타나는 오류는?

① slip　　　　② mistake
③ lapse　　　④ violation

해설 slip의 설명이다.

38 FTA에서 사용하는 다음 사상기호에 대한 설명으로 맞는 것은?

① 시스템 분석에서 좀 더 발전시켜야 하는 사상
② 시스템의 정상적인 가동상태에서 일어날 것이 기대되는 사상
③ 불충분한 자료로 결론을 내릴 수 없어 더 이상 전개할 수 없는 사상
④ 주어진 시스템의 기본사상으로 고장원인이 분석되었기 때문에 더 이상 분석할 필요가 없는 사상

해설

◇ 불충분한 자료로 결론을 내릴 수 없어 더 이상 전개할 수 없는 사상

(생략사상)

39 시스템 수명주기에 있어서 예비위험분석(PHA)이 이루어지는 단계에 해당하는 것은?

① 구상단계　　② 점검단계
③ 운전단계　　④ 생산단계

해설 예비위험분석(PHA)은 구상(초기)단계에서 시스템의 근본적인 위험성을 평가하는 가장 기초적인 위험도 분석기법이다.

40 어떤 설비의 시간당 고장률이 일정하다고 할 때 이 설비의 고장간격은 다음 중 어떤 확률분포를 따르는가?

① t분포
② 와이블분포
③ 지수분포
④ 아이링(Eyring)분포

해설 어떤 설비의 시간당 고장률이 일정하다고 할 때 이 설비의 고장간격은 지수분포를 따른다.

제3과목　기계위험방지기술

41 산업안전보건법령상 크레인에서 정격하중에 대한 정의는? (단, 지브가 있는 크레인은 제외)

① 부하할 수 있는 최대하중
② 부하할 수 있는 최대하중에서 달기기구의 중량에 상당하는 하중을 뺀 하중
③ 짐을 싣고 상승할 수 있는 최대하중
④ 가장 위험한 상태에서 부하할 수 있는 최대하중

해설 **지브가 없는 크레인의 정격하중** : 부하할 수 있는 최대하중에서 달기기구의 중량에 상당하는 하중을 뺀 하중

42 산업안전보건법령상 양중기의 과부하방지장치에서 요구하는 일반적인 성능기준으로 가장 적절하지 않은 것은?

① 과부하방지장치 작동 시 경보음과 경보 램프가 작동되어야 하며 양중기는 작동이 되지 않아야 한다.
② 외함의 전선 접촉부분은 고무 등으로 밀폐되어 물과 먼지 등이 들어가지 않도록 한다.
③ 과부하방지장치와 타 방호장치는 기능에 서로 장애를 주지 않도록 부착할 수 있는 구조이어야 한다.
④ 방호장치의 기능을 정지 및 제거할 때 양중기의 기능이 동시에 원활하게 작동하는 구조이며 정지해서는 안 된다.

해설 ④ 방호장치의 기능을 정지 및 제거할 때 양중기의 기능이 작동되지 않는 구조이며, 정지해야 한다.

43 프레스 작업에서 제품 및 스크랩을 자동적으로 위험한계 밖으로 배출하기 위한 장치로 틀린 것은?

① 피더　　　　② 키커
③ 이젝터　　　④ 공기분사장치

해설 ① 피더 : 재료공급장치

44 산업안전보건법령상 로봇의 작동범위 내에서 그 로봇에 관하여 교시 등 작업을 행하는 때 작업시작 전 점검사항으로 옳은 것은? (단, 로봇의 동력원을 차단하고 행하는 것은 제외)

① 과부하방지장치의 이상 유무
② 압력제한스위치의 이상 유무
③ 외부 전선의 피복 또는 외장의 손상 유무
④ 권과방지장치의 이상 유무

해설 로봇의 작동범위 내에서 교시 등의 작업을 행하는 때 작업시작 전 점검사항
㉠ 외부 전선의 피복 또는 외장의 손상 유무
㉡ 매니퓰레이터 작동의 이상 유무
㉢ 제동장치 및 비상정지장치의 기능

45 산업안전보건법령상 보일러 수위가 이상현상으로 인해 위험수위로 변하면 작업자가 쉽게 감지할 수 있도록 경보등, 경보음을 발하고 자동적으로 급수 또는 단수되어 수위를 조절하는 방호장치는?

① 압력방출장치
② 고저수위 조절장치
③ 압력제한스위치
④ 과부하방지장치

해설 고저수위 조절장치의 설명이다.

46 회전하는 동작부분과 고정부분이 함께 만드는 위험점으로 주로 연삭숫돌과 작업대, 교반기의 교반날개와 몸체 사이에서 형성되는 위험점은?

① 협착점
② 절단점
③ 물림점
④ 끼임점

해설 끼임점의 설명이다.

47 물체의 표면에 침투력이 강한 적색 또는 형광성의 침투액을 표면 개구 결함에 침투시켜 직접 또는 자외선 등으로 관찰하여 결함 장소와 크기를 판별하는 비파괴시험은?

① 피로시험
② 음향탐상시험
③ 와류탐상시험
④ 침투탐상시험

해설 침투탐상시험의 설명이다.

48 공기압축기의 작업안전수칙으로 가장 적절하지 않은 것은?

① 공기압축기의 점검 및 청소는 반드시 전원을 차단한 후에 실시한다.

② 운전 중에 어떠한 부품도 건드려서는 안 된다.
③ 공기압축기 분해 시 내부의 압축공기를 이용하여 분해한다.
④ 최대공기압력을 초과한 공기압력으로는 절대로 운전하여서는 안 된다.

해설 ③ 공기압축기 분해 시 내부의 압축공기를 제거한 후 실시한다.

49 다음 중 가공재료의 칩이나 절삭유 등이 비산되어 나오는 위험으로부터 보호하기 위한 선반의 방호장치는?

① 바이트
② 권과방지장치
③ 압력제한스위치
④ 실드(shield)

해설 실드(shield)의 설명이다.

50 프레스기의 SPM(Stroke Per Minute)이 200이고, 클러치의 맞물림 개소수가 6인 경우 양수기동식 방호장치의 안전거리는?

① 120mm
② 200mm
③ 320mm
④ 400mm

해설 $D_m = 1.6 T_m$

$$= 1.6 \left(\frac{1}{\text{클러치 맞물림 개소수}} + \frac{1}{2} \right) \times \frac{60,000}{\text{SPM}}$$

$$= 1.6 \left(\frac{1}{6} + \frac{1}{2} \right) \times \frac{60,000}{200} = 320 \text{mm}$$

51 용접부 결함에서 전류가 과대하고, 용접속도가 너무 빨라 용접부의 일부가 홈 또는 오목하게 생기는 결함은?

① 언더컷
② 기공
③ 균열
④ 융합불량

해설 ② 기공 : 용접부에 작은 구멍이 산재되어 있는 형태로 가장 취약한 상황이므로 용접부를 제거 후 재용접해야 함
③ 균열 : 용착금속이 냉각 후 실모양의 균열이 형성되어 있는 상태로 열간 및 냉간 균열이 있음
④ 융합불량 : 모재의 어느 한 부분이 완전히 용착되지 못하고 남아 있는 현상

52 페일 세이프(fail safe)의 기능적인 면에서 분류할 때 거리가 가장 먼 것은?

① fool proof
② fail passive
③ fail active
④ fail operational

> **해설** 페일 세이프의 기능적인 면에서 분류
> ㉠ fail passive
> ㉡ fail active
> ㉢ fail operational

53 산업안전보건법령상 컨베이어, 이송용 롤러 등을 사용하는 경우 정전 · 전압강하 등에 의한 위험을 방지하기 위하여 설치하는 안전장치는?

① 권과방지장치
② 동력전달장치
③ 과부하방지장치
④ 화물의 이탈 및 역주행 방지장치

> **해설** 컨베이어 등 정전 · 전압강하 등 위험을 방지하기 위하여 설치하는 안전장치 : 화물의 이탈 및 역주행 방지장치

54 드릴작업의 안전사항으로 틀린 것은?

① 옷소매가 길거나 찢어진 옷은 입지 않는다.
② 작고, 길이가 긴 물건은 손으로 잡고 뚫는다.
③ 회전하는 드릴에 걸레 등을 가까이 하지 않는다.
④ 스핀들에서 드릴을 뽑아낼 때에는 드릴 아래에 손을 내밀지 않는다.

> **해설** ② 작고, 길이가 긴 물건은 바이스로 고정하고 뚫는다.

55 연삭숫돌의 파괴원인으로 거리가 가장 먼 것은?

① 숫돌이 외부의 큰 충격을 받았을 때
② 숫돌의 회전속도가 너무 빠를 때
③ 숫돌 자체에 이미 균열이 있을 때
④ 플랜지 직경이 숫돌 직경의 1/3 이상일 때

> **해설** 연삭숫돌의 파괴원인
> ㉠ ①, ②, ③
> ㉡ 숫돌의 측면을 사용하여 작업할 때
> ㉢ 숫돌 반경방향의 온도변화가 심할 때
> ㉣ 작업에 부적당한 숫돌을 사용할 때
> ㉤ 숫돌의 치수가 부적당할 때
> ㉥ 플랜지가 현저히 작을 때
> ㉦ 숫돌의 불균형이나 베어링 마모에 의한 진동이 있을 때
> ㉧ 회전력이 결합력보다 클 때

56 산업안전보건법령상 보일러의 압력방출장치가 2개 설치된 경우 그 중 1개는 최고사용압력 이하에서 작동된다고 할 때 다른 압력방출장치는 최고사용압력의 최대 몇 배 이하에서 작동되도록 하여야 하는가?

① 0.5
② 1
③ 1.05
④ 2

> **해설** 압력방출장치가 2개 이상 설치된 경우에는 최고사용압력 이하에서 1개가 작동되고, 다른 압력방출장치는 최고사용압력의 1.05배 이하에서 작동되도록 부착하여야 한다.

57 산업안전보건법령상 프레스 등 금형을 부착 · 해체 또는 조정하는 작업을 할 때, 슬라이드가 갑자기 작동함으로써 근로자에게 발생할 우려가 있는 위험을 방지하기 위해 사용해야 하는 것은? (단, 해당 작업에 종사하는 근로자의 신체가 위험한계 내에 있는 경우)

① 방진구
② 안전블록
③ 시건장치
④ 날접촉예방장치

> **해설** 안전블록의 설명이다.

58 기계설비의 안전조건인 구조의 안전화와 거리가 가장 먼 것은?

① 전압강하에 따른 오동작 방지
② 재료의 결함방지
③ 설계상의 결함방지
④ 가공 결함방지

해설 ① 기능적 안전화

59 산업안전보건법령상 지게차 작업시작 전 점검사항으로 거리가 가장 먼 것은?

① 제동장치 및 조종장치 기능의 이상 유무
② 압력방출장치의 작동 이상 유무
③ 바퀴의 이상 유무
④ 전조등·후미등·방향지시기 및 경보장치 기능의 이상 유무

해설 ② 하역장치 및 유압장치 기능의 이상 유무

60 상용운전압력 이상으로 압력이 상승할 경우 보일러의 과열을 방지하기 위하여 버너의 연소를 차단하여 정상압력으로 유도하는 장치는?

① 압력방출장치
② 고저수위 조절장치
③ 압력제한스위치
④ 통풍제어스위치

해설 압력제한스위치의 설명이다.

제4과목   전기위험방지기술

61 정전기 재해의 방지대책에 대한 설명으로 적합하지 않은 것은?

① 접지의 접속은 납땜, 용접 또는 멈춤나사로 실시한다.
② 회전부품의 유막저항이 높으면 도전성의 윤활제를 사용한다.
③ 이동식의 용기는 절연성 고무제 바퀴를 달아서 폭발위험을 제거한다.
④ 폭발의 위험이 있는 구역은 도전성 고무류로 바닥처리를 한다.

해설 ③ 이동식의 용기는 도전성 고무제 바퀴를 달아서 폭발위험을 제거한다.

62 방폭기기 그룹에 관한 설명으로 틀린 것은?

① 그룹 Ⅰ, 그룹 Ⅱ, 그룹 Ⅲ가 있다.
② 그룹 Ⅰ의 기기는 폭발성 갱내 가스에 취약한 광산에서의 사용을 목적으로 한다.
③ 그룹 Ⅱ의 세부 분류로 ⅡA, ⅡB, ⅡC가 있다.
④ ⅡA로 표시된 기기는 그룹 ⅡB 기기를 필요로 하는 지역에 사용할 수 있다.

해설 ④ ⅡA는 ⅡB보다 약한 등급으로 ⅡB기기를 필요로 하는 지역에 사용할 수 없다.

63 어느 변전소에서 고장전류가 유입되었을 때 도전성 구조물과 그 부근 지표상의 점과의 사이(약 1m)의 허용접촉전압은 약 몇 V인가? (단, 심실세동전류 : $I_k = \dfrac{0.165}{\sqrt{t}}$ A, 인체의 저항 : 1,000Ω, 지표면의 저항률 : 150Ω·m, 통전시간을 1초로 한다.)

① 164
② 186
③ 202
④ 228

해설
$$E = \left(R_b + \frac{3}{2}R_s\right) \times I_k$$

여기서, E : 허용접촉전압
R_b : 인체의 저항률(Ω)
R_s : 표상층 저항률(Ω·m)
I_k : 심실세동전류(A)

$$\therefore E = \left(1,000 + \frac{3}{2} \times 150\right) \times \frac{0.165}{\sqrt{1}} ≒ 202\,V$$

64 폭발한계에 도달한 메탄가스가 공기에 혼합되었을 경우 착화한계전압(V)은 약 얼마인가? (단, 메탄의 착화최소에너지는 0.2mJ, 극간 용량은 10pF으로 한다.)

① 6,325
② 5,225
③ 4,135
④ 3,035

해설

$$E = \frac{1}{2}CV^2, \quad V^2 = \frac{2E}{C}, \quad V = \sqrt{\frac{2E}{C}}$$

$$\therefore \sqrt{\frac{2 \times 0.2 \times 10^{-3}}{10 \times 10^{-12}}} = 6,325\,\text{V}$$

65 다음 중 0종 장소에 사용될 수 있는 방폭 구조의 기호는?

① Ex ia ② Ex ib
③ Ex d   ④ Ex e

해설 방폭구조 전기 기계기구의 선정기준

폭발위험장소의 분류		방폭구조의 기호
가스 폭발 위험 장소	0종 장소	본질안전방폭구조(ia)
	1종 장소	내압방폭구조(d) 압력방폭구조(p) 충전방폭구조(q) 유입방폭구조(o) 안전증방폭구조(e) 본질안전방폭구조(ia, ib) 몰드방폭구조(m)
	2종 장소	0종 장소 및 1종 장소에 사용 가능한 방폭구조 비점화방폭구조(n)

66 내전압용 절연장갑의 등급에 따른 최대사용전압이 틀린 것은? (단, 교류전압은 실효값이다.)

① 등급 00 : 교류 500V
② 등급 1 : 교류 7,500V
③ 등급 2 : 직류 17,000V
④ 등급 3 : 직류 39,750V

해설 내전압용 절연장갑의 등급에 따른 최대사용전압

등 급	최대사용전압	
	교류(V)	직류(V)
00	500	750
0	1,000	1,500
1	7,500	11,250
2	17,000	25,500
3	26,500	39,750
4	36,000	54,000

67 다음 중 전기화재의 주요 원인이라고 할 수 없는 것은?

① 절연전선의 열화
② 정전기 발생
③ 과전류 발생
④ 절연저항값의 증가

해설 전기화재의 주요 원인
㉠ 절연전선의 열화
㉡ 정전기 발생
㉢ 과전류 발생
㉣ 스파크
㉤ 접속부 과열
㉥ 단락 및 과부하

68 지락이 생긴 경우 접촉상태에 따라 접촉전압을 제한할 필요가 있다. 인체의 접촉상태에 따른 허용접촉전압을 나타낸 것으로 다음 중 옳지 않은 것은?

① 제1종 : 2.5V 이하
② 제2종 : 25V 이하
③ 제3종 : 35V 이하
④ 제4종 : 제한 없음

해설 ③ 제3종 : 50V 이하

69 한국전기설비규정에 따라 피뢰설비에서 외부피뢰시스템의 수뢰부시스템으로 적합하지 않은 것은?

① 돌침   ② 수평도체
③ 메시도체   ④ 환상도체

해설 피뢰설비에서 외부피뢰시스템의 수뢰부시스템
㉠ 돌침(수뢰부) ㉡ 수평도체 ㉢ 메시도체

70 다음 중 방폭전기기기의 구조별 표시방법으로 틀린 것은?

① 내압방폭구조 : p
② 본질안전방폭구조 : ia, ib
③ 유입방폭구조 : o
④ 안전증방폭구조 : e

해설 ① 내압방폭구조 : d

71 다음 중 누전차단기를 시설하지 않아도 되는 전로가 아닌 것은? (단, 전로는 금속제 외함을 가지는 사용전압이 50V를 초과하는 저압의 기계기구에 전기를 공급하는 전로이며, 기계기구에는 사람이 쉽게 접촉할 우려가 있다.)

① 기계기구를 건조한 장소에 시설하는 경우

② 기계기구가 고무, 합성수지, 기타 절연물로 피복된 경우

③ 대지전압 200V 이하인 기계기구를 물기가 있는 곳 이외의 곳에 시설하는 경우

④ 「전기용품 및 생활용품 안전관리법」의 적용을 받는 이중절연구조의 기계기구를 시설하는 경우

해설 ③ 대지전압 150V 이하인 기계기구를 물기가 있는 곳 이외의 곳에 시설하는 경우

72 고압전로에 설치된 전동기용 고압전류 제한퓨즈의 불용단전류의 조건은?

① 정격전류 1.3배의 전류로 1시간 이내에 용단되지 않을 것

② 정격전류 1.3배의 전류로 2시간 이내에 용단되지 않을 것

③ 정격전류 2배의 전류로 1시간 이내에 용단되지 않을 것

④ 정격전류 2배의 전류로 2시간 이내에 용단되지 않을 것

해설 전동기용 고압전류 제한퓨즈의 불용단전류의 조건 : 정격전류 1.3배의 전류로 2시간 이내에 용단되지 않을 것

73 정전기 재해의 방지를 위하여 배관 내 액체의 유속제한이 필요하다. 배관의 내경과 유속제한 값으로 적절하지 않은 것은?

① 관 내경(mm) : 25, 제한유속(m/s) : 6.5

② 관 내경(mm) : 50, 제한유속(m/s) : 3.5

③ 관 내경(mm) : 100, 제한유속(m/s) : 2.5

④ 관 내경(mm) : 200, 제한유속(m/s) : 1.8

해설 저항률이 10^{10} 이상 배관의 유속

관 내경(mm)	유속(m/s)	관 내경(mm)	유속(m/s)
10	8	200	1.8
25	4.9	400	1.3
50	3.5	600	1.0
100	2.5		

74 저압전로의 절연성능에 관한 설명으로 적합하지 않은 것은?

① 전로의 사용전압이 SELV 및 PELV일 때 절연저항은 0.5MΩ 이상이어야 한다.

② 전로의 사용전압이 FELV일 때 절연저항은 1.0MΩ 이상이어야 한다.

③ 전로의 사용전압이 FELV일 때 DC 시험전압은 500V이다.

④ 전로의 사용전압이 600V일 때 절연저항은 1.5MΩ 이상이어야 한다.

해설 저압전로의 절연성능

전로의 사용전압(V)	DC시험전압(V)	절연저항(MΩ)
SELV 및 PELV	250	0.5
FELV, 500V 이하	500	1.0
500V 초과	1,000	1.0

75 계통접지로 적합하지 않은 것은?

① TN계통 ② TT계통

③ IN계통 ④ IT계통

해설 계통접지 : TN, TT, IT계통

76 정전기 발생에 영향을 주는 요인이 아닌 것은?

① 물체의 분리속도 ② 물체의 특성

③ 물체의 접촉시간 ④ 물체의 표면상태

해설 정전기 발생에 영향을 주는 요인

㉠ ①, ②, ④

㉡ 물체의 분리력

㉢ 물체의 접촉면적 및 압력

77 정전기 방지대책 중 적합하지 않는 것은?

① 대전서열이 가급적 먼 것으로 구성한다.
② 카본블랙을 도포하여 도전성을 부여한다.
③ 유속을 저감시킨다.
④ 도전성 재료를 도포하여 대전을 감소시킨다.

해설 ① 대전서열이 가급적 가까운 것으로 구성한다.

78 $Q=2\times10^{-7}$C으로 대전하고 있는 반경 25cm 도체구의 전위(kV)는 약 얼마인가?

① 7.2
② 12.5
③ 14.4
④ 25

해설 $C=\dfrac{Q}{4\pi\varepsilon_o r}=\dfrac{2\times10^{-7}}{(4\pi\times8.855\times10^{-12}\times0.25)}$
$=7,189V \fallingdotseq 7.2kV$

79 누전차단기의 시설방법 중 옳지 않은 것은?

① 시설장소는 배전반 또는 분전반 내에 설치한다.
② 정격전류용량은 해당 전로의 부하전류 값 이상이어야 한다.
③ 정격감도전류는 정상의 사용상태에서 불필요하게 동작하지 않도록 한다.
④ 인체감전보호형은 0.05초 이내에 동작하는 고감도 고속형이어야 한다.

해설 ④ 인체감전보호형은 0.03초 이내에 동작하는 고감도 고속형이어야 한다.

80 배전선로에 정전작업 중 단락접지기구를 사용하는 목적으로 가장 적합한 것은?

① 통신선 유도장해방지
② 배전용 기계기구의 보호
③ 배전선 통전 시 전위경도 저감
④ 혼촉 또는 오동작에 의한 감전방지

해설 **단락접지기구 사용목적** : 혼촉 또는 오동작에 의한 감전방지

81 제1종 분말소화약제의 주성분에 해당하는 것은?

① 사염화탄소
② 브롬화메탄
③ 수산화암모늄
④ 탄산수소나트륨

해설 **분말소화약제 종류**
㉠ 제1종 : 중탄산나트륨($NaHCO_3$)
㉡ 제2종 : 중탄산칼륨($KHCO_3$)
㉢ 제3종 : 제1인산암모늄($NH_4H_2PO_4$)
㉣ 제4종 : 중탄산칼륨($KHCO_3$)+요소($(NH_2)_2CO$)

82 5% NaOH 수용액과 10% NaOH 수용액을 반응기에 혼합하여 6% 100kg의 NaOH 수용액을 만들려면 각각 몇 kg의 NaOH 수용액이 필요한가?

① 5% NaOH 수용액 : 33.3, 10% NaOH 수용액 : 66.7
② 5% NaOH 수용액 : 50, 10% NaOH 수용액 : 50
③ 5% NaOH 수용액 : 66.7, 10% NaOH 수용액 : 33.3
④ 5% NaOH 수용액 : 80, 10% NaOH 수용액 : 20

해설 $\underset{x}{5\%\ NaOH}+\underset{100-x}{10\%\ NaOH} \rightarrow \underset{0.06\times100}{6\%\ NaOH의\ 100kg}$
$0.05x+0.1\times(100-x)=6$
$0.05x+10-0.1x=6$
$0.05x=4$
$\therefore\ x=80kg의\ 5\%\ NaOH,\ 20kg의\ 10\%\ NaOH$

83 다음 [표]를 참조하여 메탄 70vol%, 프로판 21vol%, 부탄 9vol%인 혼합가스의 폭발범위를 구하면 약 몇 vol%인가?

가 스	폭발하한계(vol%)	폭발상한계(vol%)
C_4H_{10}	1.8	8.4
C_3H_8	2.1	9.5
C_2H_6	3.0	12.4
CH_4	5.0	15.0

① 3.45~9.11
② 3.45~12.58
③ 3.85~9.11
④ 3.85~12.58

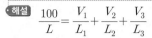

해설

$$\frac{100}{L} = \frac{V_1}{L_1} + \frac{V_2}{L_2} + \frac{V_3}{L_3}$$

하한값 : $\frac{100}{L} = \frac{70}{5} + \frac{21}{2.1} + \frac{9}{1.8}$, $L = 3.45$

상한값 : $\frac{100}{L} = \frac{70}{15} + \frac{21}{9.5} + \frac{9}{8.4}$, $L = 12.58$

84 산업안전보건법령에 따라 위험물 건조설비 중 건조실을 설치하는 건축물의 구조를 독립된 단층 건물로 하여야 하는 건조설비가 아닌 것은?

① 위험물 또는 위험물이 발생하는 물질을 가열·건조하는 경우 내용적이 $2m^3$인 건조설비

② 위험물이 아닌 물질을 가열·건조하는 경우 액체연료의 최대사용량이 5kg/h 인 건조설비

③ 위험물이 아닌 물질을 가열·건조하는 경우 기체연료의 최대사용량이 $2m^3$/h 인 건조설비

④ 위험물이 아닌 물질을 가열·건조하는 경우 전기사용 정격용량이 20kW인 건조설비

해설 **건축물의 구조를 독립된 단층 건물로 하는 건조설비**
(1) 위험물 또는 위험물이 발생하는 물질을 가열·건조하는 경우 내용적이 $1m^3$ 이상인 건조설비
(2) 위험물이 아닌 물질을 가열·건조하는 경우로서 다음 중 하나의 용량에 해당하는 건조설비
　① 고체 또는 액체연료의 최대사용량이 10kg/h 이상
　② 기체연료의 최대사용량이 $1m^3$/h 이상
　③ 전기사용 정격용량이 10kW 이상

85 자연발화 성질을 갖는 물질이 아닌 것은?

① 질화면　　　　　② 목탄분말
③ 아마인유　　　　④ 과염소산

해설 ④ 과염소산 : 산화성 액체 및 산화성 고체

86 다음 중 증기배관 내에 생성된 증기의 누설을 막고 응축수를 자동적으로 배출하기 위한 안전장치는?

① steam trap　　　② vent stack
③ blow down　　　④ flame arrester

해설 steam trap의 설명이다.

87 다음 중 왕복펌프에 속하지 않는 것은?

① 피스톤 펌프　　② 플런저 펌프
③ 기어펌프　　　　④ 격막펌프

해설 ③ 기어펌프 : 회전형 펌프

88 불연성이지만 다른 물질의 연소를 돕는 산화성 액체물질에 해당하는 것은?

① 히드라진　　　　② 과염소산
③ 벤젠　　　　　　④ 암모니아

해설 과염소산의 설명이다.

89 산업안전보건법령상 단위공정시설 및 설비로부터 다른 단위공정시설 및 설비 사이의 안전거리는 설비의 바깥면부터 얼마 이상이 되어야 하는가?

① 5m　　　　　　② 10m
③ 15m　　　　　　④ 20m

해설 단위공정시설 및 설비로부터 다른 단위공정시설 및 설비 사이의 안전거리는 설비의 바깥면부터 10m 이상이다.

90 두 물질을 혼합하면 위험성이 커지는 경우가 아닌 것은?

① 이황화탄소+물
② 나트륨+물
③ 과산화나트륨+염산
④ 염소산칼륨+적린

해설 ① 이황화탄소는 물 속에 보관하면 안전하다.

91 산업안전보건법령상 위험물질의 종류를 구분할 때 다음 물질들이 해당하는 것은?

> 리튬, 칼륨·나트륨, 황, 황린, 황화인·적린

① 폭발성물질 및 유기과산화물
② 산화성 액체 및 산화성 고체
③ 물반응성물질 및 인화성 고체
④ 급성독성물질

해설 물반응성물질 및 인화성 고체의 설명이다.

92 다음 중 분진폭발의 특징으로 옳은 것은?

① 가스폭발보다 연소시간이 짧고, 발생에너지가 작다.
② 압력의 파급속도보다 화염의 파급속도가 빠르다.
③ 가스폭발에 비하여 불완전연소의 발생이 없다.
④ 주위의 분진에 의해 2차, 3차의 폭발로 파급될 수 있다.

해설 ① 가스폭발보다 발생에너지가 크다.
② 화염의 파급속도보다 압력의 파급속도가 크다.
③ 불완전연소로 인한 가스 중독의 위험성은 크다.

93 가연성 가스 A의 연소범위를 2.2 ~ 9.5vol%라 할 때 가스 A의 위험도는 얼마인가?

① 2.52   ② 3.32
③ 4.91   ④ 5.64

해설 $H = \dfrac{U-L}{L} = \dfrac{9.5-2.2}{2.2} = 3.32$

94 아세톤에 대한 설명으로 틀린 것은?

① 증기는 유독하므로 흡입하지 않도록 주의해야 한다.
② 무색이고, 휘발성이 강한 액체이다.
③ 비중이 0.79이므로 물보다 가볍다.
④ 인화점이 20℃이므로 여름철에 인화 위험이 더 높다.

해설 ④ 인화점이 −18℃이므로 여름철에 인화 위험이 더 높다.

95 다음 중 노출기준(TWA, ppm)값이 가장 작은 물질은?

① 염소   ② 암모니아
③ 에탄올   ④ 메탄올

해설 **독성가스의 허용노출기준(TWA)**

가스 명칭	허용농도(ppm)
염소	1
암모니아	25
에탄올	1,000
메탄올	200

96 화학물질 및 물리적 인자의 노출기준에서 정한 유해인자에 대한 노출기준의 표시단위가 잘못 연결된 것은?

① 에어로졸 : ppm
② 증기 : ppm
③ 가스 : ppm
④ 고온 : 습구흑구온도지수(WBGT)

해설 ① 에어로졸 : mg/m^3

97 산업안전보건법령상 특수화학설비를 설치할 때 내부의 이상상태를 조기에 파악하기 위하여 필요한 계측장치를 설치하여야 한다. 이러한 계측장치로 거리가 먼 것은?

① 압력계   ② 유량계
③ 온도계   ④ 비중계

해설 특수화학설비에서 온도계, 유량계, 압력계 등의 계측장치를 설치한다.

98 탄화칼슘이 물과 반응하였을 때 생성물을 옳게 나타낸 것은?

① 수산화칼슘+아세틸렌
② 수산화칼슘+수소
③ 염화칼슘+아세틸렌
④ 염화칼슘+수소

> 해설 $CaC_2 + 2H_2O \rightarrow Ca(OH)_2 + C_2H_2$

99 산업안전보건법령에 따라 공정안전보고서에 포함해야 할 세부내용 중 공정안전자료에 해당하지 않는 것은?

① 안전운전지침서

② 각종 건물 · 설비의 배치도

③ 유해하거나 위험한 설비의 목록 및 사양

④ 위험설비의 안전설계 · 제작 및 설치 관련 지침서

> 해설 **공정안전자료의 세부내용**
> ㉠ 취급 · 저장하고 있는 유해위험물질의 종류와 수량
> ㉡ 유해위험물질에 대한 물질안전보건자료
> ㉢ 유해위험설비의 목록 및 사양
> ㉣ 유해위험설비의 운전방법을 알 수 있는 공정도면
> ㉤ 각종 건물 · 설비의 배치도
> ㉥ 폭발위험장소의 구분도 및 전기단선도
> ㉦ 위험설비의 안전설계 · 제작 및 설치 관련 지침서

100 CF_3Br 소화약제의 할론 번호를 옳게 나타낸 것은?

① 할론 1031

② 할론 1311

③ 할론 1301

④ 할론 1310

> 해설 **할론 번호**
> ㉠ 첫째 : 탄소
> ㉡ 둘째 : 불소
> ㉢ 셋째 : 염소
> ㉣ 넷째 : 브롬
> ∴ CF_3Br

제6과목 　건설안전기술

101 장비가 위치한 지면보다 낮은 장소를 굴착하는 데 적합한 장비는?

① 트럭크레인

② 파워셔블

③ 백호

④ 진폴

> 해설 백호의 설명이다.

102 가설통로 설치에 있어 경사가 최소 얼마를 초과하는 경우에는 미끄러지지 아니하는 구조로 하여야 하는가?

① 15°

② 20°

③ 30°

④ 40°

> 해설 경사가 15°를 초과하는 경우에는 미끄러지지 아니하는 구조로 할 것

103 거푸집동바리 등을 조립하는 경우에 준수해야 할 기준으로 옳지 않은 것은?

① 동바리의 상하고정 및 미끄러짐 방지 조치를 하고, 하중의 지지상태를 유지한다.

② 강재와 강재의 접속부 및 교차부는 볼트 · 클램프 등 전용철물을 사용하여 단단히 연결한다.

③ 파이프 서포트를 제외한 동바리로 사용하는 강관은 높이 2m마다 수평연결재를 2개 방향으로 만들고 수평연결재의 변위를 방지할 것

④ 동바리로 사용하는 파이프 서포트는 4개 이상 이어서 사용하지 않도록 할 것

> 해설 ④ 동바리로 사용하는 파이프 서포트는 3개 이상 이어서 사용하지 않도록 할 것

104 산업안전보건법령에 따른 건설공사 중 다리 건설공사의 경우 유해위험방지계획서를 제출하여야 하는 기준으로 옳은 것은?

① 최대지간길이가 40m 이상인 다리의 건설 등 공사

② 최대지간길이가 50m 이상인 다리의 건설 등 공사

③ 최대지간길이가 60m 이상인 다리의 건설 등 공사

④ 최대지간길이가 70m 이상인 다리의 건설 등 공사

해설 **유해위험방지계획서를 제출하여야 하는 공사**
ⓐ 지상높이가 31m 이상인 건축물 또는 인공구조물, 연면적 30,000m² 이상인 건축물 또는 연면적 5,000m² 이상의 문화 및 집회시설, 종교시설, 의료시설 중 종합병원, 숙박시설 중 관광숙박시설, 지하도 상가 또는 냉동·냉장창고시설의 건설·개조 또는 해체
ⓑ 연면적 5,000m² 이상의 냉동·냉장창고시설의 설비공사 및 단열공사
ⓒ 최대지간길이가 50m 이상인 교량건설 등 공사
ⓓ 터널건설 등의 공사
ⓔ 다목적댐, 발전용 댐 및 저수용량 2,000만 이상의 용수전용댐, 지방 상수도 전용댐 건설 등의 공사
ⓕ 깊이 10m 이상인 굴착공사

105 다음은 산업안전보건법령에 따른 시스템 비계의 구조에 관한 사항이다. ( ) 안에 들어갈 내용으로 옳은 것은?

> 비계 밑단의 수직재와 받침철물은 밀착되도록 설치하고, 수직재와 받침철물의 연결부의 겹침길이는 받침철물 전체 길이의 ( ) 이상이 되도록 할 것

① 2분의 1 　　② 3분의 1
③ 4분의 1 　　④ 5분의 1

해설 **시스템 비계 구조** : 수직재와 받침철물의 연결부의 겹침길이는 받침철물 전체 길이의 $\frac{1}{3}$ 이상 되도록 한다.

106 강관틀 비계를 조립하여 사용하는 경우 준수하여야 할 사항으로 옳지 않은 것은?

① 비계기둥의 밑둥에는 밑받침철물을 사용할 것
② 높이가 20m를 초과하거나 중량물의 적재를 수반하는 작업을 할 경우에는 주틀 간의 간격을 1.8m 이하로 할 것
③ 주틀 간에 교차가새를 설치하고 최하층 및 3층 이내마다 수평재를 설치할 것

④ 길이가 띠장방향으로 4m 이하이고, 높이가 10m를 초과하는 경우에는 10m 이내마다 띠장방향으로 버팀기둥을 설치할 것

해설 ③ 주틀 간에 교차가새를 설치하고 최상층 및 5층 이내마다 수평재를 설치할 것

107 터널지보공을 조립하는 경우에는 미리 그 구조를 검토한 후 조립도를 작성하고, 그 조립도에 따라 조립하도록 하여야 하는데 이 조립도에 명시하여야 할 사항과 가장 거리가 먼 것은?

① 이음방법 　　② 단면규격
③ 재료의 재질 　④ 재료의 구입처

해설 ④ 설치 간격

108 굴착공사에 있어서 비탈면 붕괴를 방지하기 위하여 실시하는 대책으로 옳지 않은 것은?

① 지표수의 침투를 막기 위해 표면배수공을 한다.
② 지하수위를 내리기 위해 수평배수공을 설치한다.
③ 비탈면 하단을 성토한다.
④ 비탈면 상부에 토사를 적재한다.

해설 ④ 비탈면 붕괴의 원인이 된다.

109 부두·안벽 등 하역작업을 하는 장소에서 부두 또는 안벽의 선을 따라 통로를 설치하는 경우에는 폭을 최소 얼마 이상으로 하여야 하는가?

① 85cm 　　② 90cm
③ 100cm 　　④ 120cm

해설 부두 또는 안벽의 선을 따라 통로를 설치하는 때에는 폭을 최소 90cm 이상으로 한다.

110 지반의 굴착작업에 있어서 비가 올 경우를 대비한 직접적인 대책으로 옳은 것은?

① 측구 설치
② 낙하물방지망 설치
③ 추락방호망 설치
④ 매설물 등의 유무 또는 상태 확인

해설 지반의 굴착작업 시 비가 올 경우를 대비한 직접적인 대책
㉠ 측구 설치
㉡ 굴착사면에 비닐을 덮는다.

111 굴착과 싣기를 동시에 할 수 있는 토공기계가 아닌 것은?

① 트랙터셔블(tractor shovel)
② 백호(back hoe)
③ 파워셔블(power shovel)
④ 모터 그레이더(motor grader)

해설 ④ 모터 그레이더 : 토공기계의 대패라고 하며, 지면을 절삭하여 평활하게 다듬는 것이 목적이다.

112 다음은 산업안전보건법령에 따른 산업안전보건관리비의 사용에 관한 규정이다. ( ) 안에 들어갈 내용을 순서대로 옳게 작성한 것은?

> 건설공사 도급인은 고용노동부장관이 정하는 바에 따라 해당 건설공사를 위하여 계상된 산업안전보건관리비를 그가 사용하는 근로자와 그의 관계 수급인이 사용하는 근로자의 산업재해 및 건강장해 예방에 사용하고, 그 사용명세서를 ( ) 작성하고 건설공사 종료 후 ( )간 보존해야 한다.

① 매월, 6개월
② 매월, 1년
③ 2개월마다, 6개월
④ 2개월마다, 1년

해설 건설공사 도급인은 근로자의 산업재해 및 건강장해 예방에 사용하고, 그 사용명세서를 매월 작성하고, 건설공사 종료 후 1년간 보존해야 한다.

113 강관을 사용하여 비계를 구성하는 경우 준수해야 할 사항으로 옳지 않은 것은?

① 비계기둥의 간격은 띠장방향에서는 1.85m 이하, 장선(長線)방향에서는 1.5m 이하로 할 것
② 띠장간격은 2.0m 이하로 할 것
③ 비계기둥의 제일 윗부분으로부터 31m 되는 지점 밑부분의 비계기둥은 3개의 강관으로 묶어 세울 것
④ 비계기둥 간의 적재하중은 400kg을 초과하지 않도록 할 것

해설 ③ 비계기둥의 제일 윗부분으로부터 31m 되는 지점 밑부분의 비계기둥은 2개의 강관으로 묶어 세울 것

114 산업안전보건법령에 따른 양중기의 종류에 해당하지 않는 것은?

① 고소작업차
② 이동식 크레인
③ 승강기
④ 리프트(lift)

해설 양중기의 종류
㉠ ②, ③, ④
㉡ 크레인(호이스트 포함)
㉢ 곤돌라

115 콘크리트 타설 시 안전수칙으로 옳지 않은 것은?

① 타설순서는 계획에 의하여 실시하여야 한다.
② 진동기는 최대한 많이 사용하여야 한다.
③ 콘크리트를 치는 도중에는 거푸집, 지보공 등의 이상 유무를 확인하여야 한다.
④ 손수레로 콘크리트를 운반할 때에는 손수레를 타설하는 위치까지 천천히 운반하여 거푸집에 충격을 주지 아니하도록 타설하여야 한다.

해설 ② 진동기는 적절히 사용한다.

116 건설현장에서 작업으로 인하여 물체가 떨어지거나 날아올 위험이 있는 경우에 대한 안전조치에 해당하지 않는 것은?

① 수직보호망 설치

② 방호선반 설치

③ 울타리 설치

④ 낙하물방지망 설치

해설 **물체가 떨어지거나 날아올 위험이 있는 경우 안전조치**

㉠ ①, ②, ④

㉡ 출입금지구역의 설정

㉢ 보호구의 착용

117 건설공사 도급인은 건설공사 중에 가설구조물의 붕괴 등 산업재해가 발생할 위험이 있다고 판단되면 건축·토목 분야의 전문가의 의견을 들어 건설공사 발주자에게 해당 건설공사의 설계변경을 요청할 수 있는데, 이러한 가설구조물의 기준으로 옳지 않은 것은?

① 높이 20m 이상인 비계

② 작업발판 일체형 거푸집 또는 높이 6m 이상인 거푸집동바리

③ 터널의 지보공 또는 높이 2m 이상인 흙막이 지보공

④ 동력을 이용하여 움직이는 가설구조물

해설 ① 높이 31m 이상인 비계

118 산업안전보건법령에 따른 작업발판 일체형 거푸집에 해당되지 않는 것은?

① 갱폼(gang form)

② 슬립폼(slip form)

③ 유로폼(euro form)

④ 클라이밍폼(climbing form)

해설 **작업발판 일체형 거푸집** : 거푸집의 설치·해체, 철근조립, 콘크리트 타설, 콘크리트 면처리 작업 등을 위하여 거푸집을 작업발판과 일체로 제작하여 사용하는 거푸집

㉠ 갱폼(gang form)

㉡ 슬립폼(slip form)

㉢ 클라이밍폼(climbing form)

㉣ 터널라이닝폼(tunnel lining form)

㉤ 그 밖에 거푸집과 작업발판이 일체로 제작된 거푸집 등

119 강관틀 비계(높이 5m 이상)의 넘어짐을 방지하기 위하여 사용하는 벽이음 및 버팀의 설치간격 기준으로 옳은 것은?

① 수직방향 5m, 수평방향 5m

② 수직방향 6m, 수평방향 7m

③ 수직방향 6m, 수평방향 8m

④ 수직방향 7m, 수평방향 8m

해설 **통나무 및 강관비계의 벽이음 간격**

비계의 종류		조립간격(단위 : m)	
		수직방향	수평방향
강관비계	단관비계	5	5
	틀비계	6	8
통나무비계		5.5	7.5

120 흙막이 가시설공사 중 발생할 수 있는 보일링(boiling) 현상에 관한 설명으로 옳지 않은 것은?

① 이 현상이 발생하면 흙막이벽의 지지력이 상실된다.

② 지하수위가 높은 지반을 굴착할 때 주로 발생한다.

③ 흙막이벽의 근입장 깊이가 부족할 경우 발생한다.

④ 연약한 점토지반에서 굴착면의 융기로 발생한다.

해설 ④ 히빙(heaving) 현상에 관한 내용이다.

제1과목 안전관리론

01 안전점검검표(체크리스트) 항목 작성 시 유의사항으로 틀린 것은?

① 정기적으로 검토하여 설비나 작업방법이 타당성 있게 개조된 내용일 것
② 사업장에 적합한 독자적 내용을 가지고 작성할 것
③ 위험성이 낮은 순서 또는 긴급을 요하는 순서대로 작성할 것
④ 점검항목을 이해하기 쉽게 구체적으로 표현할 것

•해설 ③ 위험성이 높고, 긴급을 요하는 순으로 작성할 것

02 안전교육에 있어서 동기부여방법으로 가장 거리가 먼 것은?

① 책임감을 느끼게 한다.
② 관리감독을 철저히 한다.
③ 자기 보존본능을 자극한다.
④ 물질적 이해관계에 관심을 두도록 한다.

•해설 **안전교육에 있어서 동기부여방법**
㉠ 책임감을 느끼게 한다.
㉡ 자기 보존본능을 자극한다.
㉢ 물질적 이해관계에 관심을 두도록 한다.

03 교육과정 중 학습경험조직의 원리에 해당하지 않는 것은?

① 기회의 원리   ② 계속성의 원리
③ 계열성의 원리   ④ 통합성의 원리

•해설 **학습경험조직의 원리**
㉠ 계속성의 원리
㉡ 계열성의 원리
㉢ 통합성의 원리

04 근로자 1,000명 이상의 대규모 사업장에 적합한 안전관리 조직의 유형은?

① 직계식 조직
② 참모식 조직
③ 병렬식 조직
④ 직계 참모식 조직

•해설 직계 참모식 조직의 설명이다.

05 산업안전보건법령상 안전보건표지의 종류와 형태 중 관계자 외 출입금지에 해당하지 않는 것은?

① 관리대상물질 작업장
② 허가대상물질 작업장
③ 석면 취급ㆍ해체 작업장
④ 금지대상물질의 취급 실험실

•해설 **관계자 외 출입금지**
㉠ 허가대상물질 작업장
㉡ 석면 취급ㆍ해체 작업장
㉢ 금지대상물질의 취급 실험실

06 산업안전보건법령상 명시된 타워크레인을 사용하는 작업에서 신호업무를 하는 작업 시 특별교육 대상 작업별 교육내용이 아닌 것은? (단, 그 밖에 안전ㆍ보건관리에 필요한 사항은 제외한다.)

① 신호방법 및 요령에 관한 사항
② 걸고리ㆍ와이어로프 점검에 관한 사항
③ 화물의 취급 및 안전작업방법에 관한 사항
④ 인양물이 적재될 지반의 조건, 인양하중, 풍압 등이 인양물과 타워크레인에 미치는 영향

해설 **타워크레인 신호작업 시 특별교육**
ㄱ ①, ③, ④
ㄴ 타워크레인의 기계적 특성 및 방호장치 등에 관한 사항
ㄷ 인양 물건의 위험성 및 낙하·비래·충돌 재해 예방에 관한 사항
ㄹ 그 밖에 안전·보건에 필요한 사항

07 보호구 안전인증 고시상 추락방지대가 부착된 안전대 일반구조에 관한 내용 중 틀린 것은?
① 죔줄은 합성섬유로프를 사용해서는 안 된다.
② 고정된 추락방지대의 수직구명줄은 와이어로프 등으로 하며 최소지름이 8mm 이상이어야 한다.
③ 수직구명줄에서 걸이설비와의 연결부위는 훅 또는 카라비너 등이 장착되어 걸이설비와 확실히 연결되어야 한다.
④ 추락방지대를 부착하여 사용하는 안전대는 신체지지의 방법으로 안전그네만을 사용하여야 하며 수직구명줄이 포함되어야 한다.

해설 ① 죔줄은 합성섬유로프·웨빙·와이어로프 등을 사용한다.

08 하인리히 재해구성 비율 중 무상해 사고가 600건이라면 사망 또는 중상 발생건수는?
① 1 　② 2
③ 29 　④ 58

해설 **하인리히 재해구성 비율 1:29:300의 법칙**
ㄱ 1건(2건) : 사망 또는 중상
ㄴ 29건(58건) : 경상해
ㄷ 300건(600건) : 무상해

09 재해사례 연구순서로 옳은 것은?
재해상황의 파악 → (ⓐ) → (ⓑ) → 근본적 문제점의 결정 → (ⓒ)

① ⓐ 문제점의 발견, ⓑ 대책수립, ⓒ 사실의 확인
② ⓐ 문제점의 발견, ⓑ 사실의 확인, ⓒ 대책수립
③ ⓐ 사실의 확인, ⓑ 대책수립, ⓒ 문제점의 발견
④ ⓐ 사실의 확인, ⓑ 문제점의 발견, ⓒ 대책수립

해설 **재해사례 연구순서**
재해상황의 파악 → 사실의 확인 → 문제점의 발견 → 근본적 문제점의 결정 → 대책수립

10 강의식 교육지도에서 가장 많은 시간을 소비하는 단계는?
① 도입
② 제시
③ 적용
④ 확인

해설 **강의식 교육지도**

단 계	강의식
제1단계 : 도입(준비)	5분
제2단계 : 제시(설명)	40분
제3단계 : 적용(응용)	10분
제4단계 : 확인(총괄)	5분

11 위험예지훈련 4단계의 진행순서를 바르게 나열한 것은?
① 목표설정 → 현상파악 → 대책수립 → 본질추구
② 목표설정 → 현상파악 → 본질추구 → 대책수립
③ 현상파악 → 본질추구 → 대책수립 → 목표설정
④ 현상파악 → 본질추구 → 목표설정 → 대책수립

해설 **위험예지훈련 4단계의 진행순서**
현상파악 → 본질추구 → 대책수립 → 목표설정

12 레윈(Lewin.K)에 의하여 제시된 인간의 행동에 관한 식을 올바르게 표현한 것은? (단, B는 인간의 행동, P는 개체, E는 환경, f는 함수관계를 의미한다.)

① $B = f(P \cdot E)$

② $B = f(P+1)^E$

③ $P = E \cdot f(B)$

④ $E = f(P \cdot B)$

> **해설** 인간의 행동 $B = f(P \cdot E)$
> 여기서, B : 인간의 행동
> f : 함수관계
> P : 개체
> E : 환경

13 산업안전보건법령상 근로자에 대한 일반건강진단의 실시 시기 기준으로 옳은 것은?

① 사무직에 종사하는 근로자 : 1년에 1회 이상

② 사무직에 종사하는 근로자 : 2년에 1회 이상

③ 사무직 외의 업무에 종사하는 근로자 : 6월에 1회 이상

④ 사무직 외의 업무에 종사하는 근로자 : 2년에 1회 이상

> **해설** 근로자에 대한 일반건강진단의 실시 시기
> ㉠ 사무직 근로자 : 2년에 1회 이상
> ㉡ 사무직 외의 근로자 : 1년에 1회 이상

14 매슬로우(Maslow)의 욕구 5단계 이론 중 안전욕구의 단계는?

① 제1단계 　　　② 제2단계

③ 제3단계 　　　④ 제4단계

> **해설** 매슬로우의 욕구 5단계
> ㉠ 제1단계 : 생리적 욕구
> ㉡ 제2단계 : 안전욕구
> ㉢ 제3단계 : 사회적 욕구
> ㉣ 제4단계 : 존경욕구
> ㉤ 제5단계 : 자아실현의 욕구

15 교육계획 수립 시 가장 먼저 실시하여야 하는 것은?

① 교육내용의 결정

② 실행교육계획서 작성

③ 교육의 요구사항 파악

④ 교육실행을 위한 순서, 방법, 자료의 검토

> **해설** 교육계획 수립
> 교육의 요구사항 파악 → 교육내용 및 방법 결정 → 교육실행을 위한 순서, 방법, 자료의 검토 → 교육성과 평가

16 상황성 누발자의 재해유발원인이 아닌 것은?

① 심신의 근심 　　② 작업의 어려움

③ 도덕성의 결여 　④ 기계설비의 결함

> **해설** ③ 환경상 주의력의 집중이 혼란되기 때문

17 인간의 의식수준을 5단계로 구분할 때 의식이 몽롱한 상태의 단계는?

① Phase Ⅰ 　　　② Phase Ⅱ

③ Phase Ⅲ 　　　④ Phase Ⅳ

> **해설** 의식수준의 5단계
>
> | 단 계 | 의식의 상태 |
> |---|---|
> | Phase 0 | 무의식 상태, 실신 |
> | Phase Ⅰ | 의식흐름, 의식 몽롱함 |
> | Phase Ⅱ | 의식의 이완상태 |
> | Phase Ⅲ | 명료한 상태 |
> | Phase Ⅳ | 과긴장 상태 |

18 무재해운동의 이념 중 선취의 원칙에 대한 설명으로 옳은 것은?

① 사고의 잠재요인을 사후에 파악하는 것

② 근로자 전원이 일체감을 조성하여 참여하는 것

③ 위험요소를 사전에 발견·파악하여 재해를 예방 또는 방지하는 것

④ 관리감독자 또는 경영층에서의 자발적 참여로 안전활동을 촉진하는 것

·해설 선취의 원칙 : 위험요소를 사전에 발견·파악하여 재해를 예방 또는 방지하는 것

19 산업안전보건법령상 사업장에서 산업재해 발생 시 사업주가 기록·보존하여야 하는 사항을 모두 고른 것은? (단, 산업재해조사표와 요양신청서의 사본은 보존하지 않았다.)

> ⓐ 사업장의 개요 및 근로자의 인적사항
> ⓑ 재해발생의 일시 및 장소
> ⓒ 재해발생의 원인 및 과정
> ⓓ 재해재발방지 계획

① ⓐ, ⓓ
② ⓑ, ⓒ, ⓓ
③ ⓐ, ⓑ, ⓒ
④ ⓐ, ⓑ, ⓒ, ⓓ

·해설 산업재해 발생 시 사업주가 기록·보존하여야 하는 사항
㉠ 사업장의 개요 및 근로자의 인적사항
㉡ 재해발생의 일시 및 장소
㉢ 재해발생의 원인 및 과정
㉣ 재해재발방지 계획

20 A사업장의 조건이 다음과 같을 때 A사업장에서 연간 재해발생으로 인한 근로손실일수는?

> • 강도율 : 0.4
> • 근로자수 : 1,000명
> • 연근로시간수 : 2,400시간

① 480
② 720
③ 960
④ 1,440

·해설
$$근로손실일수 = \frac{강도율 \times 연근로시간수}{1,000}$$
$$= \frac{0.4 \times 2,400 \times 1,000}{1,000}$$
$$= 960$$

제2과목 **제2과목 인간공학 및 시스템안전공학**

21 다음 상황은 인간실수의 분류 중 어느 것에 해당하는가?

> 전자기기 수리공이 어떤 제품의 분해·조립 과정을 거쳐서 수리를 마친 후 부품 하나가 남았다.

① time error
② omission error
③ command error
④ extraneous error

·해설 ① time error : 필요한 작업 또는 절차의 잘못된 수행 지연으로 발생하는 과오
③ command error : 필요한 작업 또는 절차의 잘못된 수행으로 발생하는 과오
④ extraneous error : 불필요한 작업 또는 절차를 수행함으로써 기인한 과오

22 스트레스의 영향으로 발생된 신체반응의 결과인 스트레인(strain)을 측정하는 척도가 잘못 연결된 것은?

① 인지적 활동 – EEG
② 육체적 동적 활동 – GSR
③ 정신 운동적 활동 – EOG
④ 국부적 근육활동 – EMG

·해설 ② 육체적 동적 활동 – EMG

23 일반적인 시스템의 수명곡선(욕조곡선)에서 고장형태 중 증가형 고장률을 나타내는 기간으로 옳은 것은?

① 우발 고장기간
② 마모 고장기간
③ 초기 고장기간
④ Burn-in 고장기간

·해설 ① 일정형
③ 감소형
④ 감소형

24 청각적 표시장치의 설계 시 적용하는 일반 원리에 대한 설명으로 틀린 것은?

① 양립성이란 긴급용 신호일 때는 낮은 주파수를 사용하는 것을 의미한다.

② 검약성이란 조작자에 대한 입력신호는 꼭 필요한 정보만을 제공하는 것이다.

③ 근사성이란 복잡한 정보를 나타내고자 할 때 2단계의 신호를 고려하는 것이다.

④ 분리성이란 두 가지 이상의 채널을 듣고 있다면 각 채널의 주파수가 분리되어 있어야 한다는 의미이다.

• 해설 ① 양립성 : 긴급용 신호일 때는 높은 주파수를 사용하는 것을 의미한다.

25 FTA에 대한 설명으로 가장 거리가 먼 것은?

① 정성적 분석만 가능

② 하향식(top-down) 방법

③ 복잡하고 대형화된 시스템에 활용

④ 논리게이트를 이용하여 도해적으로 표현하여 분석하는 방법

• 해설 ① 연역 · 정량적 분석이 가능하다.

26 발생 확률이 동일한 64가지의 대안이 있을 때 얻을 수 있는 총 정보량은?

① 6bit   ② 16bit

③ 32bit   ④ 64bit

• 해설 $H = \log_2 64 = 6$, $\dfrac{\log 64}{\log 2} = 6 \text{bit}$

27 FT도에서 최소 컷셋을 올바르게 구한 것은?

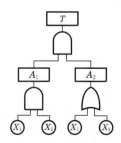

① $(X_1, \ X_2)$ ② $(X_1, \ X_3)$

③ $(X_2, \ X_3)$ ④ $(X_1, \ X_2, \ X_3)$

• 해설 $T = A_1 \times A_2$
$A_1 = X_1 \times X_2$
$A_2 = X_1 \times X_3$
$= (X_1 \cdot X_2) \cdot (X_1 + X_3)$
$= (X_1 \cdot X_2 \cdot X_1) + (X_1 \cdot X_2 \cdot X_3)$
$= (X_1 \cdot X_2) + (X_1 \cdot X_2 \cdot X_3)$
∴ 이중 미니멀은 $(X_1, \ X_2)$이다.

28 인간-기계 시스템의 설계과정을 [보기]와 같이 분류할 때 다음 중 인간 · 기계의 기능을 할당하는 단계는?

> • 1단계 : 시스템의 목표와 성능명세 결정
> • 2단계 : 시스템의 정의
> • 3단계 : 기본설계
> • 4단계 : 인터페이스 설계
> • 5단계 : 보조물 설계 혹은 편의수단 설계
> • 6단계 : 평가

① 기본설계

② 인터페이스 설계

③ 시스템의 목표와 성능명세 결정

④ 보조물 설계 혹은 편의수단 설계

• 해설 **인간-기계 시스템의 설계과정 6단계**
㉠ 제1단계 : 시스템의 목표와 성능명세 결정
㉡ 제2단계 : 시스템의 정의
㉢ 제3단계 : 기본설계(인간 · 기계의 기능을 할당)
㉣ 제4단계 : 인터페이스 설계
㉤ 제5단계 : 보조물 설계 혹은 편의수단 설계
㉥ 제6단계 : 평가

29 인간공학의 궁극적인 목적과 가장 관계가 깊은 것은?

① 경제성 향상

② 인간 능력의 극대화

③ 설비의 가동률 향상

④ 안전성 및 효율성 향상

• 해설 **인간공학의 궁극적인 목적** : 안전성 및 효율성 향상

30 일반적으로 인체측정치의 최대집단치를 기준으로 설계하는 것은?

① 선반의 높이
② 공구의 크기
③ 출입문의 크기
④ 안내데스크의 높이

해설 출입문, 통로, 의자 사이의 간격 등은 최대집단치를 적용하고, 선반의 높이, 조종장치까지의 거리, 버스나 전철의 손잡이 등은 최소집단치를 적용하며, 안내데스크는 평균치를 기준으로 설계한다.

31 '화재발생'이라는 시작(초기)사상에 대하여 화재감지기, 화재경보, 스프링클러 등의 성공 또는 실패 작동 여부와 그 확률에 따른 피해 결과를 분석하는 데 가장 적합한 위험분석기법은?

① FTA   ② ETA
③ FHA   ④ THERP

해설 ETA의 설명이다.

32 여러 사람이 사용하는 의자의 좌판높이 설계기준으로 옳은 것은?

① 5% 오금높이
② 50% 오금높이
③ 75% 오금높이
④ 95% 오금높이

해설 의자의 좌판높이 설계기준 : 5% 오금높이

33 FTA에서 사용되는 사상기호 중 결함사상을 나타낸 기호로 옳은 것은?

①   ②

③   ④

해설 ① 통상사상
③ 기본사상
④ 생략사상

34 기술개발과정에서 효율성과 위험성을 종합적으로 분석 · 판단할 수 있는 평가방법으로 가장 적절한 것은?

① Risk Assessment
② Risk Management
③ Safety Assessment
④ Technology Assessment

해설 Technology Assessment의 설명이다.

35 자동차를 타이어가 4개인 하나의 시스템으로 볼 때, 타이어 1개가 파열될 확률이 0.01이라면, 이 자동차의 신뢰도는 약 얼마인가?

① 0.91   ② 0.93
③ 0.96   ④ 0.99

해설 자동차의 신뢰도$(R_s) = (1-0.01)^4$
$= 0.9605 ≒ 0.96$

36 다음 그림에서 명료도 지수는?

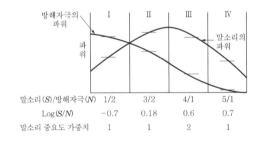

말소리(S)/방해자극(N)	1/2	3/2	4/1	5/1
Log(S/N)	-0.7	0.18	0.6	0.7
말소리 중요도 가중치	1	1	2	1

① 0.38   ② 0.68
③ 1.38   ④ 5.68

해설 ㉠ 명료도 지수 : 통화 이해도를 추정하는 근거로 사용하며 각 옥타브대의 음성과 잡음을 데시벨치에 가중치를 곱하여 합계를 구한 값
㉡ 명료도 지수
$= (-0.7×1) + (0.18×1) + (0.6×2) + (0.7×1)$
$= 1.38$

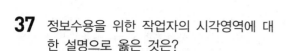

37 정보수용을 위한 작업자의 시각영역에 대한 설명으로 옳은 것은?

① 판별시야 – 안구운동만으로 정보를 주시하고 순간적으로 특정정보를 수용할 수 있는 범위

② 유효시야 – 시력, 색판별 등의 시각기능이 뛰어나며 정밀도가 높은 정보를 수용할 수 있는 범위

③ 보조시야 – 머리부분의 운동이 안구운동을 돕는 형태로 발생하며 무리 없이 주시가 가능한 범위

④ 유도시야 – 제시된 정보의 존재를 판별할 수 있는 정도의 식별능력 밖에 없지만 인간의 공간좌표 감각에 영향을 미치는 범위

> **해설** ① 판별(변별)시야 : 주시하고 있는 곳으로 대상을 정확하게 변별할 수 있는 범위
> ② 유효시야 : 변별시야를 약간 벗어나지만 안구를 움직여서 변별시야로 들어올 수 있는 범위
> ③ 보조시야 : 거의 식별이 불가능하며, 고개를 움직여야 식별 가능한 범위 안에 들어올 수 있다.

38 FMEA 분석 시 고장평점법의 5가지 평가요소에 해당하지 않는 것은?

① 고장발생의 빈도
② 신규 설계의 가능성
③ 기능적 고장 영향의 중요도
④ 영향을 미치는 시스템의 범위

> **해설** **FMEA 분석 시 고장평점법의 5가지 평가요소**
> ㉠ ①, ③, ④
> ㉡ 고장방지의 가능성
> ㉢ 신규 설계의 정도

39 건구온도 30℃, 습구온도 35℃일 때의 옥스퍼드(Oxford) 지수는?

① 20.75
② 24.58
③ 30.75
④ 34.25

> **해설** Oxford 지수(WD)
> $= 0.85WB$(습구온도)$+ 0.15DB$(건구온도)
> $= 0.85 \times 35 + 0.15 \times 30 = 34.25$

40 설비보전에서 평균수리시간을 나타내는 것은?

① MTBF
② MTTR
③ MTTF
④ MTBP

> **해설** ① MTBF : 평균 무고장시간
> ③ MTTF : 평균 고장시간
> ④ MTBP : 예방보전기간

제3과목 **기계위험방지기술**

41 산업안전보건법령상 사업장 내 근로자 작업환경 중 '강렬한 소음작업'에 해당하지 않는 것은?

① 85dB 이상의 소음이 1일 10시간 이상 발생하는 작업

② 90dB 이상의 소음이 1일 8시간 이상 발생하는 작업

③ 95dB 이상의 소음이 1일 4시간 이상 발생하는 작업

④ 100dB 이상의 소음이 1일 2시간 이상 발생하는 작업

> **해설** **강렬한 소음작업**
> ㉠ 90dB 이상의 소음이 1일 8시간 이상 발생하는 작업
> ㉡ 95dB 이상의 소음이 1일 4시간 이상 발생하는 작업
> ㉢ 100dB 이상의 소음이 1일 2시간 이상 발생하는 작업
> ㉣ 105dB 이상의 소음이 1일 1시간 이상 발생하는 작업
> ㉤ 110dB 이상의 소음이 1일 30분 이상 발생하는 작업
> ㉥ 115dB 이상의 소음이 1일 15분 이상 발생하는 작업

42 산업안전보건법령상 프레스의 작업시작 전 점검사항이 아닌 것은?

① 슬라이드 또는 칼날에 의한 위험방지 기구의 기능
② 프레스의 금형 및 고정볼트 상태
③ 전단기의 칼날 및 테이블의 상태
④ 권과방지장치 및 그 밖의 경보장치의 기능

·해설 **프레스의 작업시작 전 점검사항**
ⓐ ①, ②, ③
ⓑ 클러치 및 브레이크의 기능
ⓒ 크랭크축·플라이휠·슬라이드·연결봉 및 연결나사의 풀림 여부
ⓓ 1행정1정지기구·급정지장치 및 비상정지장치의 기능
ⓔ 방호장치의 기능

43 동력전달부분의 전방 35cm 위치에 일반 평형보호망을 설치하고자 한다. 보호망의 최대구멍의 크기는 몇 mm인가?

① 41   ② 45
③ 51   ④ 55

·해설 **동력전달부분에 일반 평형보호망을 설치할 때 개구부 간격**
$$Y = 6 + 0.1X$$
$$= 6 + 0.1 \times 350$$
$$= 41mm$$
여기서, Y : 보호망 최대개구부간격(mm)
X : 보호망과 위험점 간의 거리(mm)

44 다음 연삭숫돌의 파괴원인 중 가장 적절하지 않은 것은?

① 숫돌의 회전속도가 너무 빠른 경우
② 플랜지의 직경이 숫돌 직경의 1/3 이상으로 고정된 경우
③ 숫돌 자체에 균열 및 파손이 있는 경우
④ 숫돌에 과대한 충격을 준 경우

·해설 **연삭숫돌의 파괴원인**
ⓐ ①, ③, ④
ⓑ 숫돌의 측면을 사용하여 작업할 때

ⓒ 숫돌 반경방향의 온도변화가 심할 때
ⓓ 작업에 부적당한 숫돌을 사용할 때
ⓔ 숫돌의 치수가 부적당할 때
ⓕ 플랜지가 현저히 작을 때
ⓖ 숫돌의 불균형이나 베어링 마모에 의한 진동이 있을 때
ⓗ 회전력이 결합력보다 클 때

45 화물중량이 200kgf, 지게차의 중량이 400kgf, 앞바퀴에서 화물의 무게중심까지의 최단거리가 1m일 때 지게차가 안정되기 위하여 앞바퀴에서 지게차의 무게중심까지 최단거리는 최소 몇 m를 초과해야 하는가?

① 0.2m   ② 0.5m
③ 1m   ④ 2m

·해설

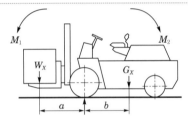

ⓐ $M_1 = W \times a = 200 \times 1 = 200 \, kgf$
ⓑ $M_2 = G \times b = 400 \times b = 400 \cdot b \, [kgf]$
ⓒ $M_1 \leq M_2$
$$200 \leq 400 \cdot b$$
$$\therefore b = \frac{200}{400} = 0.5m$$

46 산업안전보건법령상 압력용기에서 안전인증된 파열판에 안전인증 표시 외에 추가로 나타내야 하는 사항이 아닌 것은?

① 분출차(%)
② 호칭지름
③ 용도(요구성능)
④ 유체의 흐름방향 지시

·해설 **압력용기 안전인증된 파열판에 나타내야 하는 사항**
ⓐ ②, ③, ④
ⓑ 설정파열압력(Mpa) 및 설정온도(℃)
ⓒ 파열판의 재질
ⓓ 분출용량(kg/h) 또는 공칭분출계수

47 선반에서 일감의 길이가 지름에 비하여 상당히 길 때 사용하는 부속품으로 절삭 시 절삭저항에 의한 일감의 진동을 방지하는 장치는?

① 칩 브레이커　　② 척 커버
③ 방진구　　　　④ 실드

해설 ① 칩 브레이커 : 절삭가공 시 발생하는 칩을 짧게 끊어지도록 공구에 설치되어 있는 칩 제거 기구
② 척 커버 : 가공물의 돌출부에 작업복 등이 말려들어가는 것을 방지하기 위한 것
④ 실드 : 가공재료의 칩이나 절삭유 등이 비산되어 나오는 위험으로부터 보호하기 위한 것

48 산업안전보건법령상 프레스를 제외한 사출성형기·주형조형기 및 형단조기 등에 관한 안전조치사항으로 틀린 것은?

① 근로자의 신체 일부가 말려들어갈 우려가 있는 경우에는 양수조작식 방호장치를 설치하여 사용한다.
② 게이트 가드식 방호장치를 설치할 경우에는 연동구조를 적용하여 문을 닫지 않아도 동작할 수 있도록 한다.
③ 사출성형기의 전면에 작업용 발판을 설치할 경우 근로자가 쉽게 미끄러지지 않는 구조여야 한다.
④ 기계의 히터 등 가열부위, 감전 우려가 있는 부위에는 방호덮개를 설치하여 사용한다.

해설 ② 게이트 가드식 방호장치를 설치할 경우에는 연동구조를 적용하여 문을 열지 않으면 동작할 수 없도록 한다.

49 연강의 인장강도가 420MPa이고, 허용응력이 140MPa이라면 안전율은?

① 1　　　　② 2
③ 3　　　　④ 4

해설 안전율 = $\dfrac{\text{인장강도(MPa)}}{\text{허용응력(MPa)}} = \dfrac{420\text{MPa}}{140\text{MPa}} = 3$

50 밀링작업 시 안전수칙에 관한 설명으로 틀린 것은?

① 칩은 기계를 정지시킨 다음에 브러시 등으로 제거한다.
② 일감 또는 부속장치 등을 설치하거나 제거할 때는 반드시 기계를 정지시키고 작업한다.
③ 면장갑을 반드시 끼고 작업한다.
④ 강력 절삭을 할 때는 일감을 바이스에 깊게 물린다.

해설 ③ 면장갑을 사용하지 않는다.

51 다음 중 프레스기에 사용되는 방호장치에 있어 원칙적으로 급정지기구가 부착되어야만 사용할 수 있는 방식은?

① 양수조작식　　② 손쳐내기식
③ 가드식　　　　④ 수인식

해설 양수조작식 : 원칙적으로 급정지기구가 부착되어야만 사용할 수 있는 방식

52 산업안전보건법령상 지게차의 최대하중의 2배 값이 6톤일 경우 헤드가드의 강도는 몇 톤의 등분포 정하중에 견딜 수 있어야 하는가?

① 4　　　　② 6
③ 8　　　　④ 10

해설 지게차의 최대하중의 2배 값이 4톤을 넘는 값에 대해서는 4톤으로 해야 한다. 따라서 최대하중의 2배 값이 6톤이므로 헤드가드의 강도는 4톤의 등분포 정하중에 견딜 수 있어야 한다.

53 강자성체를 자화하여 표면의 누설자속을 검출하는 비파괴 검사방법은?

① 방사선투과시험
② 인장시험
③ 초음파탐상시험
④ 자분탐상시험

해설 자분탐상시험의 설명이다.

54 산업안전보건법령상 보일러 방호장치로 거리가 가장 먼 것은?

① 고저수위 조절장치
② 아우트리거
③ 압력방출장치
④ 압력제한스위치

해설 ② 화염검출기

55 산업안전보건법령상 아세틸렌 용접장치에 관한 설명이다. ( ) 안에 공통으로 들어갈 내용으로 옳은 것은?

> • 사업주는 아세틸렌 용접장치의 취관마다 ( )를 설치하여야 한다.
> • 사업주는 가스용기가 발생기와 분리되어 있는 아세틸렌 용접장치에 대하여 발생기와 가스용기 사이에 ( )를 설치하여야 한다.

① 분기장치
② 자동발생확인장치
③ 유수분리장치
④ 안전기

해설 아세틸렌 용접장치의 취관 및 발생기와 가스용기 사이 : 안전기를 설치한다.

56 프레스기의 안전대책 중 손을 금형 사이에 집어넣을 수 없도록 하는 본질적 안전화를 위한 방식(no-hand in die)에 해당하는 것은?

① 수인식
② 광전자식
③ 방호울식
④ 손쳐내기식

해설 동력 프레스에 대한 안전조치

no-hand in die	hand in die
• 방호울식	• 가드식
• 안전금형 부착식	• 손쳐내기식
• 전용식	• 수인식
• 자동식	• 양수조작식
	• 감응식(광전자식)

57 회전하는 부분의 접선방향으로 물려 들어갈 위험이 존재하는 점으로 주로 체인, 풀리, 벨트, 기어와 랙 등에서 형성되는 위험점은?

① 끼임점
② 협착점
③ 절단점
④ 접선물림점

해설 ① 끼임점 : 고정부분과 회전하는 동작부분이 함께 만드는 위험점
② 협착점 : 기계의 왕복운동하는 부분과 고정부분 사이에서 형성되는 위험점
③ 절단점 : 운동하는 기계 자체와 회전하는 운동부분 자체와의 위험이 형성되는 점

58 산업안전보건법령상 양중기에 해당하지 않는 것은?

① 곤돌라
② 이동식 크레인
③ 적재하중 0.05톤의 이삿짐 운반용 리프트
④ 화물용 엘리베이터

해설 양중기
㉠ ①, ②, ④
㉡ 크레인(호이스트 포함)
㉢ 리프트 : 건설작업용, 이삿짐운반용 리프트(적재하중 0.1t 이상), 자동차 정비용 리프트
㉣ 승강기 : 승객용 엘리베이터, 승객화물용 엘리베이터, 소형화물용 엘리베이터, 에스컬레이터

59 다음 설명 중 ( ) 안에 알맞은 내용은?

> 산업안전보건법령상 롤러기의 급정지장치는 롤러를 무부하로 회전시킨 상태에서 앞면 롤러의 표면속도가 30m/min 미만일 때에는 급정지거리가 앞면 롤러 원주의 ( ) 이내에서 롤러를 정지시킬 수 있는 성능을 보유해야 한다.

① $\frac{1}{4}$
② $\frac{1}{3}$
③ $\frac{1}{2.5}$
④ $\frac{1}{2}$

해설 급정지장치의 성능

앞면 롤러의 표면속도(m/min)	급정지거리
30 미만	앞면 롤러 원주의 $\frac{1}{3}$ 이내
30 이상	앞면 롤러 원주의 $\frac{1}{2.5}$ 이내

60 산업안전보건법령상 지게차에서 통상적으로 갖추고 있어야 하나, 마스트의 후방에서 화물이 낙하함으로써 근로자에게 위험을 미칠 우려가 없는 때에는 반드시 갖추지 않아도 되는 것은?

① 전조등   ② 헤드가드
③ 백레스트   ④ 포크

•해설 백레스트의 설명이다.

제4과목 전기위험방지기술

61 피뢰시스템의 등급에 따른 회전구체의 반지름으로 틀린 것은?

① Ⅰ등급 : 20m   ② Ⅱ등급 : 30m
③ Ⅲ등급 : 40m   ④ Ⅳ등급 : 60m

•해설 **피뢰레벨에 따른 회전구체 반경**

수뢰기준			피뢰레벨(LPL)			
	기호	단위	Ⅰ	Ⅱ	Ⅲ	Ⅳ
회전구체 반지름	r	m	20	30	45	60

62 전류가 흐르는 상태에서 단로기를 끊었을 때 여러 가지 파괴작용을 일으킨다. 다음 그림에서 유입차단기의 차단순서와 투입순서가 안전수칙에 가장 적합한 것은?

① 차단 : ㉮ → ㉯ → ㉰
　 투입 : ㉮ → ㉯ → ㉰
② 차단 : ㉯ → ㉰ → ㉮
　 투입 : ㉯ → ㉰ → ㉮
③ 차단 : ㉰ → ㉯ → ㉮
　 투입 : ㉰ → ㉮ → ㉯
④ 차단 : ㉯ → ㉰ → ㉮
　 투입 : ㉰ → ㉮ → ㉯

•해설 개폐조작의 순서에 있어서 차단순위와 투입순위가 안전수칙에 적합한 것은 ④이다.

63 다음은 무슨 현상을 설명한 것인가?

전위차가 있는 2개의 대전체가 특정거리에 접근하게 되면 등전위가 되기 위하여 전하가 절연공간을 깨고 순간적으로 빛과 열을 발생하며 이동하는 현상

① 대전   ② 충전
③ 방전   ④ 열전

•해설 방전에 대한 설명이다.

64 정전기 재해를 예방하기 위해 설치하는 제전기의 제전효율은 설치 시에 얼마 이상이 되어야 하는가?

① 40% 이상   ② 50% 이상
③ 70% 이상   ④ 90% 이상

•해설 제전기의 제전효율은 90% 이상이 되어야 한다.

65 정전기 화재폭발 원인으로 인체대전에 대한 예방대책으로 옳지 않은 것은?

① wrist strap을 사용하여 접지선과 연결한다.
② 대전방지제를 넣은 제전복을 착용한다.
③ 대전방지 성능이 있는 안전화를 착용한다.
④ 바닥재료는 고유저항이 큰 물질로 사용한다.

•해설 ④ 바닥재료는 도전성이 큰 물질로 사용한다.

66 정격사용률이 30%, 정격 2차 전류가 300A인 교류아크 용접기를 200A로 사용하는 경우의 허용사용률(%)은?

① 13.3   ② 67.5
③ 110.3   ④ 157.5

•해설 허용사용률(%)

$$= \left(\frac{정격\ 2차\ 전류}{실제\ 용접전류} \right)^2 \times 정격사용률$$

$$= \left(\frac{300}{200} \right)^2 \times 30 = 67.5\%$$

67 피뢰기의 제한전압이 752kV이고 변압기의 기준 충격절연강도가 1,050kV라면, 보호여유도(%)는 약 얼마인가?

① 18   ② 28
③ 40   ④ 43

해설 보호여유도

$$= \frac{충격절연강도 - 제한전압}{제한전압} \times 100$$

$$= \frac{1,050 - 752}{752} \times 100$$

$$= 40\%$$

68 절연물의 절연불량 주요 원인으로 거리가 먼 것은?

① 진동, 충격 등에 의한 기계적 요인
② 산화 등에 의한 화학적 요인
③ 온도 상승에 의한 열적 요인
④ 정격전압에 의한 전기적 요인

해설 ④ 높은 이상전압 등에 의한 전기적 요인

69 고장전류를 차단할 수 있는 것은?

① 차단기(CB)
② 유입개폐기(OS)
③ 단로기(DS)
④ 선로개폐기(LS)

해설 ② 유입개폐기(OS) : 부하전류를 개폐할 수 있는 장치이지만 차단 불가
③ 단로기(DS) : 충전된 전기회로를 개폐하기 위한 장치
④ 선로개폐기(LS) : 보안상 책임 분계점에서 보수·점검 시 전로를 개폐하기 위한 것

70 주택용 배선차단기 B타입의 경우 순시동작 범위는? (단, I_n는 차단기 정격전류이다.)

① $3I_n$ 초과 ~ $5I_n$ 이하
② $5I_n$ 초과 ~ $10I_n$ 이하
③ $10I_n$ 초과 ~ $15I_n$ 이하
④ $10I_n$ 초과 ~ $20I_n$ 이하

해설 주택용 배선차단기 순시동작 범위

항목	순시트립	일반적인 적용
type B	$3I_n$ 초과 $5I_n$ 이하	일반가정 및 저항성 부하
type C	$5I_n$ 초과 $10I_n$ 이하	소형 모터, 소형 변압기, 형광등 유도성 부하
type D	$10I_n$ 초과 $20I_n$ 이하	DOL 모터, 대형 스타-델타 모터, 대형 변압기

71 다음 중 방폭구조의 종류가 아닌 것은?

① 유압방폭구조(k)
② 내압방폭구조(d)
③ 본질안전방폭구조(i)
④ 압력방폭구조(p)

해설 ① 유입방폭구조(o)

72 동작 시 아크가 발생하는 고압 및 특고압용 개폐기·차단기의 이격거리(목재의 벽 또는 천장, 기타 가연성 물체로부터의 거리)의 기준으로 옳은 것은? (단, 사용전압이 35kV 이하의 특고압용의 기구 등으로서 동작할 때에 생기는 아크의 방향과 길이를 화재가 발생할 우려가 없도록 제한하는 경우가 아니다.)

① 고압용 : 0.8m 이상, 특고압용 : 1.0m 이상
② 고압용 : 1.0m 이상, 특고압용 : 2.0m 이상
③ 고압용 : 2.0m 이상, 특고압용 : 3.0m 이상
④ 고압용 : 3.5m 이상, 특고압용 : 4.0m 이상

해설 아크가 생기는 것을 목재의 벽 또는 천장, 기타의 가연성 물체로부터 각각 고압용 1.0m 이상, 특고압용은 2.0m 이상 떼어놓아야 한다.

73 3,300/220V, 20kVA인 3상 변압기로부터 공급받고 있는 저압 전선로의 절연부분의 전선과 대지 간의 절연저항의 최솟값은 약 몇 Ω인가? (단, 변압기의 저압측 중성점에 접지가 되어 있다.)

① 1,240 ② 2,794
③ 4,840 ④ 8,383

해설 $P = \sqrt{3}\, VI$, $I = \dfrac{P}{\sqrt{3}\, V}$

누설전류 $I_g = \dfrac{1}{2,000} \times I$를 넘지 않아야 한다.

$R = \dfrac{V}{I_g}$

$= \dfrac{V}{\dfrac{1}{2,000} \times \dfrac{P}{\sqrt{3}\, V}}$

$= \dfrac{220}{\dfrac{1}{2,000} \times \dfrac{20 \times 1,000}{\sqrt{3} \times 220}}$

$= 8,383\, \Omega$

74 감전사고로 인한 전격사의 메커니즘으로 가장 거리가 먼 것은?

① 흉부수축에 의한 질식
② 심실세동에 의한 혈액순환기능의 상실
③ 내장파열에 의한 소화기 계통의 기능 상실
④ 호흡중추신경 마비에 따른 호흡기능 상실

해설 감전사고로 인한 전격사의 메커니즘
㉠ 흉부수축에 의한 질식
㉡ 심실세동에 의한 혈액순환기능의 상실
㉢ 호흡중추신경 마비에 따른 호흡기능 상실
㉣ 뇌−발작 의식상실 또는 기타 이상 유발
㉤ 목부분이 감전 시 동맥이 절단되어 출혈 사망

75 50kW, 60Hz 3상 유도전동기가 380V 전원에 접속된 경우 흐르는 전류(A)는 약 얼마인가? (단, 역률은 80%이다.)

① 82.24 ② 94.96
③ 116.30 ④ 164.47

해설 $W = \sqrt{3}\, VI$

$50\text{kW} = 1.732 \times 380 \times I$

$50,000\text{W} = 1.732 \times 380 \times I$

$\therefore\; I = \dfrac{50,000}{658.16} \div 0.8 = 94.96\text{A}$

76 욕조나 샤워시설이 있는 욕실 또는 화장실에 콘센트가 시설되어 있다. 해당 전로에 설치된 누전차단기의 정격감도전류와 동작시간은?

① 정격감도전류 15mA 이하, 동작시간 0.01초 이하
② 정격감도전류 15mA 이하, 동작시간 0.03초 이하
③ 정격감도전류 30mA 이하, 동작시간 0.01초 이하
④ 정격감도전류 30mA 이하, 동작시간 0.03초 이하

해설 욕실 또는 화장실에 콘센트가 있는 경우 누전차단기 : 정격감도전류 15mA 이하, 동작시간 0.03초 이하이다.

77 내압방폭용기 "d"에 대한 설명으로 틀린 것은?

① 원통형 나사 접합부의 체결 나사산 수는 5산 이상이어야 한다.
② 가스/증기 그룹이 ⅡB일 때 내압 접합면과 장애물과의 최소이격거리는 20mm이다.
③ 용기 내부의 폭발이 용기 주위의 폭발성가스 분위기로 화염이 전파되지 않도록 방지하는 부분은 내압방폭 접합부이다.
④ 가스/증기 그룹이 ⅡC일 때 내압 접합면과 장애물과의 최소이격거리는 40mm이다.

해설 가스 그룹의 최소 이격거리

가스 그룹	ⅡA	ⅡB	ⅡC
최소 이격거리	10mm	30mm	40mm

78 인체저항을 500Ω이라 한다면, 심실세동을 일으키는 위험한계에너지는 약 몇 J인가? (단, 심실세동 전류값 $I = \dfrac{165}{\sqrt{T}}$ mA의 Dalziel의 식을 이용하며, 통전시간은 1초로 한다.)

① 11.5　　　　② 13.6
③ 15.3　　　　④ 16.2

해설 $W = I^2 RT$

$$= \left(\frac{165}{\sqrt{T}} \times 10^{-3} \right)^2 \times 500 \times T = 13.6J$$

79 KS C IEC 60079-0의 정의에 따라 '두 도전부 사이의 고체 절연물 표면을 따른 최단거리'를 나타내는 명칭은?

① 전기적 간격　　② 절연공간거리
③ 연면거리　　　④ 충전물 통과거리

해설 ① 전기적 간격 : 절연파괴, 방전현상이 일어나지 않는 최소허용간격
② 절연공간거리 : 두 도체 간의 공간을 통한 최단거리
④ 충전물 통과거리 : 충전물로 채워진 두 도체 간의 최단거리

80 접지 목적에 따른 분류에서 병원설비의 의료용 전기전자(M·E)기기와 모든 금속부분 또는 도전 바닥에도 접지하여 전위를 동일하게 하기 위한 접지를 무엇이라 하는가?

① 계통 접지
② 등전위 접지
③ 노이즈 방지용 접지
④ 정전기 장해방지 이용 접지

해설 ① 계통 접지 : 전력계통의 필요한 곳에 전로의 한 곳을 접지
③ 노이즈 방지용 접지 : 다른 기기의 노이즈로 인한 오동작의 방지
④ 정전기 장해방지 이용 접지 : 마찰 등 방전이 될 수 있으므로 이를 방지하기 위해 정전기를 바로 대지로 방류하는 것

제5과목　　**화학설비위험방지기술**

81 고체연소의 종류에 해당하지 않는 것은?

① 표면연소　　　② 증발연소
③ 분해연소　　　④ 예혼합연소

해설 ④ 내부(자기)연소

82 가연성물질을 취급하는 장치를 퍼지하고자 할 때 잘못된 것은?

① 대상물질의 물성을 파악한다.
② 사용하는 불활성가스의 물성을 파악한다.
③ 퍼지용 가스를 가능한 한 빠른 속도로 단시간에 다량 송입한다.
④ 장치 내부를 세정한 후 퍼지용 가스를 송입한다.

해설 ③ 퍼지용 가스를 가능한 한 느린 속도로 송입한다.

83 위험물질에 대한 설명 중 틀린 것은?

① 과산화나트륨에 물이 접촉하는 것은 위험하다.
② 황린은 물속에 저장한다.
③ 염소산나트륨은 물과 반응하여 폭발성의 수소기체를 발생한다.
④ 아세트알데히드는 0℃ 이하의 온도에서도 인화할 수 있다.

해설 ③ 염소산나트륨은 물에 잘 녹는다.

84 공정안전보고서 중 공정안전자료에 포함하여야 할 세부내용에 해당하는 것은?

① 비상조치계획에 따른 교육계획
② 안전운전지침서
③ 각종 건물·설비의 배치도
④ 도급업체 안전관리계획

해설 공정안전자료의 세부내용
- ㉠ 취급·저장하고 있는 유해위험물질의 종류와 수량
- ㉡ 유해위험물질에 대한 물질안전보건자료
- ㉢ 유해위험설비의 목록 및 사양
- ㉣ 유해위험설비의 운전방법을 알 수 있는 공정도면
- ㉤ 각종 건물·설비의 배치도
- ㉥ 폭발위험장소의 구분도 및 전기단선도
- ㉦ 위험설비의 안전설계·제작 및 설치 관련 지침서

85 디에틸에테르의 연소범위에 가장 가까운 값은?

① 2~10.4%

② 1.9~48%

③ 2.5~15%

④ 1.5~7.8%

해설

인화성 액체	연소범위(%)
디에틸에테르	1.9~48

86 공기 중에서 A가스의 폭발하한계는 2.2vol%이다. 이 폭발하한계 값을 기준으로 하여 표준상태에서 A가스와 공기의 혼합기체 $1m^3$에 함유되어 있는 A가스의 질량을 구하면 약 몇 g인가? (단, A가스의 분자량은 26이다.)

① 19.02 ② 25.54

③ 29.02 ④ 35.54

해설 혼합기체 $1m^3$(1,000L)이므로

$1,000 \times 0.022 = 22L$

모든 기체는 1mole에는 22.4L이므로

$\dfrac{22}{22.4} \times 26 = 25.54g$

87 다음 물질 중 물에 가장 잘 용해되는 것은?

① 아세톤 ② 벤젠

③ 톨루엔 ④ 휘발유

해설 ① 아세톤은 물에 잘 녹는다.

88 가스누출감지경보기 설치에 관한 기술상의 지침으로 틀린 것은?

① 암모니아를 제외한 가연성 가스 누출 감지경보기는 방폭성능을 갖는 것이어야 한다.

② 독성가스 누출감지경보기는 해당 독성가스 허용농도의 25% 이하에서 경보가 울리도록 설정하여야 한다.

③ 하나의 감지대상가스가 가연성이면서 독성인 경우에는 독성가스를 기준하여 가스누출감지경보기를 선정하여야 한다.

④ 건축물 안에 설치되는 경우, 감지대상가스의 비중이 공기보다 무거운 경우에는 건축물 내의 하부에 설치하여야 한다.

해설 ② 독성가스 누출감지경보기는 해당 독성가스 허용농도 이하에서 경보가 울리도록 설정하여야 한다.

89 폭발을 기상폭발과 응상폭발로 분류할 때 기상폭발에 해당되지 않는 것은?

① 분진폭발

② 혼합가스폭발

③ 분무폭발

④ 수증기폭발

해설 ④ 수증기폭발 : 응상폭발

90 다음 가스 중 가장 독성이 큰 것은?

① CO ② $COCl_2$

③ NH_3 ④ H_2

해설

가스의 명칭	허용농도(ppm)
CO	50
$COCl_2$	0.1
NH_3	25
H_2	–

91 처음 온도가 20℃인 공기를 절대압력 1기압에서 3기압으로 단열압축하면 최종온도는 약 몇 도인가? (단, 공기의 비열비는 1.4이다.)

① 68℃ ② 75℃
③ 128℃ ④ 164℃

> 해설 단열압축 시 공기의 온도(T_2)
>
> $$T_1 \times \left(\frac{P_2}{P_1}\right)^{\frac{r-1}{r}} = 293 \times 3^{\frac{1.4-1}{1.4}} = 128℃$$

92 물질의 누출방지용으로써 접합면을 상호 밀착시키기 위하여 사용하는 것은?

① 개스킷 ② 체크밸브
③ 플러그 ④ 콕

> 해설 ② 체크밸브 : 유체의 역류를 방지하는 것
> ③ 플러그 : 엘보, 티와 같이 내경이 나사로 된 부품을 폐쇄할 필요가 있는 경우
> ④ 콕 : 유로의 급속 개폐용

93 건조설비의 구조를 구조부분, 가열장치, 부속설비로 구분할 때 다음 중 "부속설비"에 속하는 것은?

① 보온판 ② 열원장치
③ 소화장치 ④ 철골부

> 해설 건조설비의 구조
> ㉠ 구조부분 : 보온판, 철골부, 내부구조 등
> ㉡ 가열장치 : 열원장치, 송풍기 등
> ㉢ 부속설비 : 전기설비, 환기장치, 온도조절장치 등

94 에틸렌(C_2H_4)이 완전연소하는 경우 다음의 Jones식을 이용하여 계산할 경우 연소하한계는 약 몇 vol%인가?

Jones식 : LFL$=0.55 \times C_{st}$

① 0.55 ② 3.6
③ 6.3 ④ 8.5

> 해설 $C_2H_4 + 3O_2 \rightarrow 2CO_2 + 2H_2O$
>
> $$C_{st} = \frac{100}{1+z} = \frac{100}{1+\frac{3}{0.21}} = 6.541$$
>
> Jones식 LFL $= 0.55 \times 6.541 = 3.6$vol%

95 [보기]의 물질을 폭발범위가 넓은 것부터 좁은 순서로 옳게 배열한 것은?

H_2 C_3H_8 CH_4 CO

① $CO > H_2 > C_3H_8 > CH_4$
② $H_2 > CO > CH_4 > C_3H_8$
③ $C_3H_8 > CO > CH_4 > H_2$
④ $CH_4 > H_2 > CO > C_3H_8$

> 해설 물질의 폭발범위
>
> | 가 스 | 하한계 | 상한계 |
> |---|---|---|
> | H_2 | 4 | 75 |
> | CO | 12.5 | 74 |
> | CH_4 | 5 | 15 |
> | C_3H_8 | 2.1 | 9.5 |

96 산업안전보건법령상 위험물질의 종류에서 "폭발성물질 및 유기과산화물"에 해당하는 것은?

① 디아조화합물 ② 황린
③ 알킬알루미늄 ④ 마그네슘 분말

> 해설 ②, ③, ④ 물반응성물질 및 인화성 고체

97 화염방지기의 설치에 관한 사항으로 ( )에 알맞은 것은?

사업주는 인화성 액체 및 인화성 가스를 저장·취급하는 화학설비에서 증기나 가스를 대기로 방출하는 경우에는 외부로부터의 화염을 방지하기 위하여 화염방지기를 그 설비 ( )에 설치하여야 한다.

① 상단 ② 하단
③ 중앙 ④ 무게중심

해설 인화성 액체 및 인화성 가스에서 화염방지기를
그 설비 상단에 설치한다.

98 다음 중 인화성 가스가 아닌 것은?

① 부탄　　　② 메탄
③ 수소　　　④ 산소

해설 ④ 지연(조연)성 가스

99 반응기를 조작방식에 따라 분류할 때 해당
되지 않는 것은?

① 회분식 반응기　② 반회분식 반응기
③ 연속식 반응기　④ 관형식 반응기

해설 ④ 구조방식에 의한 분류

100 다음 중 가연성 물질과 산화성 고체가 혼
합하고 있을 때 연소에 미치는 현상으로
옳은 것은?

① 착화온도(발화점)가 높아진다.
② 최소점화에너지가 감소하며, 폭발의
위험성이 증가한다.
③ 가스나 가연성 증기의 경우 공기혼합
보다 연소범위가 축소된다.
④ 공기 중에서보다 산화작용이 약하게
발생하여 화염온도가 감소하며 연소
속도가 늦어진다.

해설 가연성 물질과 산화성 고체가 혼합하고 있을 때
최소점화에너지가 감소하며, 폭발의 위험성이 증
가한다.

제6과목　건설안전기술

101 건설현장에서 사용되는 작업발판 일체형
거푸집의 종류에 해당되지 않는 것은?

① 갱폼(gang form)
② 슬립폼(slip form)

③ 클라이밍폼(climbing form)
④ 유로폼(euro form)

해설 **작업발판 일체형 거푸집** : 거푸집의 설치·해체, 철
근조립, 콘크리트 타설, 콘크리트 면처리 작업
등을 위하여 거푸집을 작업발판과 일체로 제작하
여 사용하는 거푸집
㉠ 갱폼(gang form)
㉡ 슬립폼(slip form)
㉢ 클라이밍폼(climbing form)
㉣ 터널라이닝폼(tunnel lining form)
㉤ 그 밖에 거푸집과 작업발판이 일체로 제작
된 거푸집 등

102 콘크리트 타설작업을 하는 경우 준수하여
야 할 사항으로 옳지 않은 것은?

① 당일의 작업을 시작하기 전에 해당 작
업에 관한 거푸집동바리 등의 변형·
변위 및 지반의 침하 유무 등을 점검하
고 이상이 있으면 보수할 것
② 콘크리트를 타설하는 경우에는 편심이
발생하지 않도록 골고루 분산하여 타
설할 것
③ 설계도서상의 콘크리트 양생기간을 준
수하여 거푸집동바리 등을 해체할 것
④ 작업 중에는 거푸집동바리 등의 변형·
변위 및 침하 유무 등을 감시할 수 있는
감시자를 배치하여 이상이 있으면 작
업을 중지하지 아니하고, 즉시 충분한
보강조치를 실시할 것

해설 ④ 작업 중에는 거푸집동바리 등의 변형·변위
및 침하 유무 등을 감시할 수 있는 감시자를
배치하여 이상 발견 시 작업중지 및 근로자
를 대피한다.

103 버팀보, 앵커 등의 축하중 변화상태를 측정
하여 이들 부재의 지지효과 및 그 변화 추이
를 파악하는 데 사용되는 계측기기는?

① Water level meter
② Load cell
③ Piezo meter
④ Strain gauge

> 해설 Load cell의 설명이다.

104 차량계 건설기계를 사용하여 작업을 하는 경우 작업계획서 내용에 포함되지 않는 것은?

① 사용하는 차량계 건설기계의 종류 및 성능
② 차량계 건설기계의 운행경로
③ 차량계 건설기계에 의한 작업방법
④ 차량계 건설기계의 유지보수방법

> 해설 **차량계 건설기계 작업계획서 내용**
> ㉠ 사용하는 차량계 건설기계의 종류 및 성능
> ㉡ 차량계 건설기계의 운행경로
> ㉢ 차량계 건설기계에 의한 작업방법

105 근로자의 추락 등의 위험을 방지하기 위한 안전난간의 설치기준으로 옳지 않은 것은?

① 상부 난간대와 중간 난간대는 난간길이 전체에 걸쳐 바닥면 등과 평행을 유지할 것
② 발끝막이판은 바닥면 등으로부터 20cm 이상의 높이를 유지할 것
③ 난간대는 지름 2.7cm 이상의 금속제 파이프나 그 이상의 강도가 있는 재료일 것
④ 안전난간은 구조적으로 가장 취약한 지점에서 가장 취약한 방향으로 작용하는 100kg 이상의 하중에 견딜 수 있는 튼튼한 구조일 것

> 해설 ② 발끝막이판은 바닥면 등으로부터 10cm 이상의 높이를 유지할 것

106 흙 속의 전단응력을 증대시키는 원인에 해당하지 않는 것은?

① 자연 또는 인공에 의한 지하공동의 형성
② 함수비의 감소에 따른 흙의 단위체적 중량의 감소
③ 지진, 폭파에 의한 진동 발생
④ 균열 내에 작용하는 수압 증가

> 해설 ② 함수량의 증가에 따른 흙의 단위체적 중량의 증가

107 다음은 산업안전보건법령에 따른 항타기 또는 항발기에 권상용 와이어로프를 사용하는 경우에 준수하여야 할 사항이다. ( ) 안에 알맞은 내용으로 옳은 것은?

> 권상용 와이어로프는 추 또는 해머가 최저의 위치에 있을 때 또는 널말뚝을 빼내기 시작할 때를 기준으로 권상장치의 드럼에 적어도 ( ) 감기고 남을 수 있는 충분한 길이일 것

① 1회 ② 2회
③ 4회 ④ 6회

> 해설 **권상용 와이어로프** : 권상장치 드럼에 적어도 2회 감기고 남을 수 있는 충분한 길이일 것

108 산업안전보건법령에 따른 유해위험방지계획서 제출대상 공사로 볼 수 없는 것은?

① 지상높이가 31m 이상인 건축물의 건설공사
② 터널 건설공사
③ 깊이 10m 이상인 굴착공사
④ 다리의 전체 길이가 40m 이상인 건설공사

> 해설 ④ 최대 지간길이가 50m 이상인 교량건설공사

109 사다리식 통로 등을 설치하는 경우 고정식 사다리식 통로의 기울기는 최대 몇 도 이하로 하여야 하는가?

① 60° ② 75°
③ 80° ④ 90°

> 해설 고정식 사다리식 통로의 기울기는 최대 90° 이하로 한다.

110 거푸집동바리 구조에서 높이가 $l=3.5m$인 파이프 서포트의 좌굴하중은? (단, 상부받이판과 하부받이판은 힌지로 가정하고, 단면 2차 모멘트 $I=8.31cm^4$, 탄성계수 $E=2.1\times10^5MPa$)

① 14,060N ② 15,060N
③ 16,060N ④ 17,060N

해설

$$P_B = n\pi^2 \frac{EI}{l^2}$$

$$= 1 \times \pi^2 \frac{2.1 \times 10^{11} \times 8.31 \times 10^{-8}}{(3.5)^2}$$

$$= 14,060\text{N}$$

111 다음 중 하역작업 등에 의한 위험을 방지하기 위하여 준수하여야 할 사항으로 옳지 않은 것은?

① 꼬임이 끊어진 섬유로프를 화물운반용으로 사용해서는 안 된다.

② 심하게 부식된 섬유로프를 고정용으로 사용해서는 안 된다.

③ 차량 등에서 화물을 내리는 작업 시 해당 작업에 종사하는 근로자에게 쌓여 있는 화물 중간에서 화물을 빼내도록 할 경우에는 사전교육을 철저히 한다.

④ 부두 또는 안벽의 선을 따라 통로를 설치하는 경우에는 폭을 90cm 이상으로 한다.

해설 ③ 차량 등에서 화물을 내리는 작업을 하는 경우에 해당 작업에 종사하는 근로자에게 쌓여 있는 화물 중간에서 화물을 빼내도록 해서는 아니된다.

112 추락방지용 방망 중 그물코의 크기가 5cm인 매듭방망 신품의 인장강도는 최소 몇 kg 이상이어야 하는가?

① 60 ② 110
③ 150 ④ 200

해설 방망사의 신품에 대한 인장강도

그물코의 종류	인장강도(kg/cm²)	
	매듭 없는 방망	매듭 있는 방망
10cm 그물코	240	200
5cm 그물코	–	110

113 단관비계의 도괴 또는 전도를 방지하기 위하여 사용하는 벽이음의 간격 기준으로 옳은 것은?

① 수직방향 5m 이하, 수평방향 5m 이하
② 수직방향 6m 이하, 수평방향 6m 이하
③ 수직방향 7m 이하, 수평방향 7m 이하
④ 수직방향 8m 이하, 수평방향 8m 이하

해설 통나무 및 강관비계의 벽이음 간격

비계의 종류		조립간격(단위 : m)	
		수직방향	수평방향
강관비계	단관비계	5	5
	틀비계	6	8
통나무비계		5.5	7.5

114 인력으로 화물을 인양할 때의 몸의 자세와 관련하여 준수하여야 할 사항으로 옳지 않은 것은?

① 한쪽 발은 들어올리는 물체를 향하여 안전하게 고정시키고 다른 발은 그 뒤에 안전하게 고정시킬 것

② 등은 항상 직립한 상태와 90° 각도를 유지하여 가능한 한 지면과 수평이 되도록 할 것

③ 팔은 몸에 밀착시키고 끌어당기는 자세를 취하며 가능한 한 수평거리를 짧게 할 것

④ 손가락으로만 인양물을 잡아서는 아니되며 손바닥으로 인양물 전체를 잡을 것

해설 ② 등을 항상 직립한 상태를 유지하고, 가능한 한 지면과 수직이 되게 할 것

115 산업안전보건관리비 항목 중 안전시설비로 사용 가능한 것은?

① 원활한 공사수행을 위한 가설시설 중 비계설치 비용

② 소음 관련 민원예방을 위한 건설현장 소음방지용 방음시설 설치 비용

③ 근로자의 재해예방을 위한 목적으로만 사용하는 CCTV에 사용되는 비용

④ 기계 · 기구 등과 일체형 안전장치의 구입비용

·해설 **안전시설비** : 각종 안전표지·경보 및 유도시설, 감시시설, 방호장치, 안전·보건시설 및 그 설치비용(시설의 설치·보수, 해체 시 발생하는 인건비 등 경비 포함)

116 유한사면에서 원형 활동면에 의해 발생하는 일반적인 사면파괴의 종류에 해당하지 않는 것은?

① 사면내파괴(slope failure)
② 사면선단파괴(toe failure)
③ 사면인장파괴(tension failure)
④ 사면저부파괴(base failure)

·해설 **유한사면 등에서 사면파괴의 종류**
㉠ 사면내파괴
㉡ 사면선단파괴
㉢ 사면저부파괴

117 강관비계를 사용하여 비계를 구성하는 경우 준수해야 할 기준으로 옳지 않은 것은?

① 비계기둥의 간격은 띠장방향에서는 1.85m 이하, 장선(長線)방향에서는 1.5m 이하로 할 것
② 띠장 간격은 2.0m 이하로 할 것
③ 비계기둥의 제일 윗부분으로부터 31m 되는 지점 밑부분의 비계기둥은 2개의 강관으로 묶어 세울 것
④ 비계기둥 간의 적재하중은 600kg을 초과하지 않도록 할 것

·해설 ④ 비계기둥 간의 적재하중은 400kg을 초과하지 않도록 할 것

118 다음은 산업안전보건법령에 따른 화물자동차의 승강설비에 관한 사항이다. ( ) 안에 알맞은 내용으로 옳은 것은?

사업주는 바닥으로부터 짐 윗면까지의 높이가 ( ) 이상인 화물자동차에 짐을 싣는 작업 또는 내리는 작업을 하는 경우에는 근로자의 추가 위험을 방지하기 위하여 해당 작업에 종사하는 근로자가 바닥과 적재함의 짐 윗면 간을 안전하게 오르내리기 위한 설비를 설치하여야 한다.

① 2m
② 4m
③ 6m
④ 8m

·해설 **화물자동차의 승강설비** : 바닥으로부터 짐 윗면까지의 높이가 2m 이상인 화물자동차에 짐을 싣는 작업 또는 내리는 작업 등 안전하게 오르내리기 위한 설비를 설치한다.

119 달비계의 최대적재하중을 정함에 있어서 활용하는 안전계수의 기준으로 옳은 것은? (단, 곤돌라의 달비계를 제외한다.)

① 달기훅 : 5 이상
② 달기강선 : 5 이상
③ 달기체인 : 3 이상
④ 달기와이어로프 : 5 이상

·해설 **달비계의 안전계수**

종 류	안전계수
달기와이어로프 및 달기강선	10 이상
달기체인 및 달기훅	5 이상
달기강대와 달비계의 하부 및 상부 지점	강재 2.5 이상
	목재 5 이상

120 발파작업 시 암질변화 구간 및 이상암질의 출현 시 반드시 암질판별을 실시하여야 하는데, 이와 관련된 암질판별기준과 가장 거리가 먼 것은?

① R.Q.D(%)
② 탄성파 속도(m/sec)
③ 전단강도(kg/cm^2)
④ R.M.R

·해설 **암질판별기준**
㉠ ①, ②, ④
㉡ 일축압축강도(kg/cm^2)
㉢ 진동치 속도(cm/sec=kine)

제1과목 ▷ 안전관리론

01 산업안전보건법령상 산업안전보건위원회의 구성·운영에 관한 설명 중 틀린 것은?

① 정기회의는 분기마다 소집한다.
② 위원장은 위원 중에서 호선(互選)한다.
③ 근로자대표가 지명하는 명예산업안전감독관은 근로자 위원에 속한다.
④ 공사금액 100억원 이상의 건설업의 경우 산업안전보건위원회를 구성·운영해야 한다.

해설 ④ 건설업의 경우 공사금액이 120억원 이상인 사업장은 산업안전보건위원회를 구성·운영해야 한다.

02 산업안전보건법령상 잠함(潛函) 또는 잠수 작업 등 높은 기압에서 작업하는 근로자의 근로시간 기준은?

① 1일 6시간, 1주 32시간 초과금지
② 1일 6시간, 1주 34시간 초과금지
③ 1일 8시간, 1주 32시간 초과금지
④ 1일 8시간, 1주 34시간 초과금지

해설 잠함 또는 잠수 작업 등 높은 기압에서 하는 작업에 종사하는 근로자의 근로 제한시간 : 1일 6시간, 1주 34시간 초과금지

03 산업재해보험적용근로자 1,000명인 플라스틱 제조 사업장에서 작업 중 재해 5건이 발생하였고, 1명이 사망하였을 때 이 사업장의 사망만인율은?

① 2 　　　　② 5
③ 10 　　　　④ 20

해설
$$사망만인율 = \frac{사고망자수}{전체근로자수} \times 10,000$$
$$= \frac{1}{1,000} \times 10,000 = 10$$

04 산업 현장에서 재해 발생 시 조치 순서로 옳은 것은?

① 긴급처리 → 재해조사 → 원인분석 → 대책수립
② 긴급처리 → 원인분석 → 대책수립 → 재해조사
③ 재해조사 → 원인분석 → 대책수립 → 긴급처리
④ 재해조사 → 대책수립 → 원인분석 → 긴급처리

해설 재해 발생 시 조치 순서
긴급처리 → 재해조사 → 원인분석 → 대책수립

05 안전·보건 교육계획 수립 시 고려사항 중 틀린 것은?

① 필요한 정보를 수집한다.
② 현장의 의견은 고려하지 않는다.
③ 지도안은 교육대상을 고려하여 작성한다.
④ 법령에 의한 교육에만 그치지 않아야 한다.

해설 ② 현장의 의견을 충분히 반영한다.

06 학습지도의 형태 중 몇 사람의 전문가가 주제에 대한 견해를 발표하고 참가자로 하여금 의견을 내거나 질문을 하게 하는 토의방식은?

① 포럼(Forum)
② 심포지엄(Symposium)
③ 버즈세션(Buzz session)
④ 자유토의법(Free discussion method)

[해설] 심포지엄에 대한 설명이다.

07 사업주가 근로자에게 실시해야 하는 안전보건교육의 교육시간 중 그 밖의 근로자의 채용 시 교육시간으로 옳은 것은?

① 1시간 이상 ② 2시간 이상
③ 3시간 이상 ④ 8시간 이상

[해설] 근로자 안전보건교육

교육과정	교육대상		교육시간
정기교육	사무직 종사 근로자		매 반기 6시간 이상
	그 밖의 근로자	판매업무에 직접 종사하는 근로자	매 반기 6시간 이상
		판매업무에 직접 종사하는 근로자 외의 근로자	매 반기 12시간 이상
채용 시 교육	일용근로자 및 근로계약기간이 1주일 이하인 기간제 근로자		1시간 이상
	근로계약기간이 1주일 초과 1개월 이하인 기간제 근로자		4시간 이상
	그 밖의 근로자		8시간 이상
작업내용 변경 시 교육	일용근로자 및 근로계약기간이 1주일 이하인 기간제 근로자		1시간 이상
	그 밖의 근로자		2시간 이상
특별교육	일용근로자 및 근로계약기간이 1주일 이하인 기간제 근로자 (타워크레인 신호작업에 종사하는 근로자 제외)		2시간 이상
	일용근로자 및 근로계약기간이 1주일 이하인 기간제 근로자 중 타워크레인 신호작업에 종사하는 근로자		8시간 이상
	일용근로자 및 근로계약기간이 1주일 이하인 기간제 근로자를 제외한 근로자		㉠ 16시간 이상 (최초 작업에 종사하기 전 4시간 이상 실시하고, 12시간은 3개월 이내에서 분할하여 실시 가능) ㉡ 단기간 작업 또는 간헐적 작업인 경우에는 2시간 이상

교육과정	교육대상	교육시간
건설업 기초 안전·보건 교육	건설 일용근로자	4시간 이상

08 버드(Bird)의 신 도미노이론 5단계에 해당하지 않는 것은?

① 제어부족(관리) ② 직접원인(징후)
③ 간접원인(평가) ④ 기본원인(기원)

[해설] 버드의 신 도미노이론 5단계
㉠ 1단계 : 제어 부족(관리)
㉡ 2단계 : 기본원인(기원)
㉢ 3단계 : 직접원인(징후)
㉣ 4단계 : 사고(접촉)
㉤ 5단계 : 상해·손해(손실)

09 재해예방의 4원칙에 해당하지 않는 것은?

① 예방가능의 원칙
② 손실우연의 원칙
③ 원인연계의 원칙
④ 재해 연쇄성의 원칙

[해설] ④ 대책선정의 원칙

10 안전점검을 점검시기에 따라 구분할 때 다음에서 설명하는 안전점검은?

> 작업담당자 또는 해당 관리감독자가 맡고 있는 공정의 설비, 기계, 공구 등을 매일 작업 전 작업 중에 일상적으로 실시하는 안전점검

① 정기점검 ② 수시점검
③ 특별점검 ④ 임시점검

[해설] 수시점검에 대한 설명이다.

11 타일러(Tyler)의 교육과정 중 학습경험선정의 원리에 해당하는 것은?

① 기회의 원리 ② 계속성의 원리
③ 계열성의 원리 ④ 통합성의 원리

해설 타일러(Tyler)의 교육과정 중 학습경험선정의 원리
　㉠ 가능성의 원리
　㉡ 동기유발의 원리
　㉢ 다목적 달성의 원리
　㉣ 기회의 원리
　㉤ 전이의 원리

12 주의(Attention)의 특성에 관한 설명 중 틀린 것은?

① 고도의 주의는 장시간 지속하기 어렵다.
② 한 지점에 주의를 집중하면 다른 곳의 주의는 약해진다.
③ 최고의 주의 집중은 의식의 과잉 상태에서 가능하다.
④ 여러 자극을 지각할 때 소수의 현란한 자극에 선택적 주의를 기울이는 경향이 있다.

해설 ③ 의식의 과잉 상태인 경우 작업을 하고 있을 때 긴급이상 상태 또는 돌발 상태가 되면 순간적으로 긴장하게 되어 판단 능력이 둔화 또는 정지 상태가 된다.

13 산업재해보상보험법령상 보험급여의 종류가 아닌 것은?

① 장례비　　　　② 간병급여
③ 직업재활급여　④ 생산손실비용

해설 산업재해보상보험법령상 보험급여의 종류
　㉠ ①, ②, ③　　㉡ 요양급여
　㉢ 휴업급여　　　㉣ 장해급여
　㉤ 유족급여　　　㉥ 상병보상연금

14 산업안전보건법령상 그림과 같은 기본모형이 나타내는 안전·보건표지의 표시사항으로 옳은 것은? (단, L은 안전·보건표지를 인식할 수 있거나 인식해야 할 안전거리를 말한다.)

① 금지
② 경고
③ 지시
④ 안내

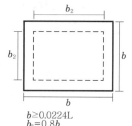

$b \geq 0.0224L$
$b_2 = 0.8b$

해설 안내표시에 대한 설명이다.

15 기업 내의 계층별 교육훈련 중 주로 관리감독자를 교육대상자로 하며 작업을 가르치는 능력, 작업방법을 개선하는 기능 등을 교육내용으로 하는 기업 내 정형교육은?

① TWI(Training Within Industry)
② ATT(American Telephone Telegram)
③ MTP(Management Training Program)
④ ATP(Administration Training Program)

해설 TWI에 대한 설명이다.

16 사회행동의 기본 형태가 아닌 것은?

① 모방　　　　② 대립
③ 도피　　　　④ 협력

해설 ① 융합

17 위험예지훈련의 문제해결 4라운드에 해당하지 않는 것은?

① 현상파악　　② 본질추구
③ 대책수립　　④ 원인결정

해설 ④ 행동목표설정

18 바이오리듬(생체리듬)에 관한 설명 중 틀린 것은?

① 안정기(+)와 불안정기(−)의 교차점을 위험일이라 한다.
② 감성적 리듬은 33일을 주기로 반복하며, 주의력, 예감 등과 관련되어 있다.
③ 지성적 리듬은 "I"로 표시하며 사고력과 관련이 있다.
④ 육체적 리듬은 신체적 컨디션의 율동적 발현, 즉 식욕·활동력 등과 밀접한 관계를 갖는다.

해설 ② 감성적 리듬은 28일을 주기로 반복하며, 주의력, 예감 등과 관련되어 있다.

19 운동의 시지각(착각현상) 중 자동운동이 발생하기 쉬운 조건에 해당하지 않는 것은?

① 광점이 작은 것
② 대상이 단순한 것
③ 광의 강도가 큰 것
④ 시야의 다른 부분이 어두운 것

•해설 ③ 광의 강도가 작은 것

20 보호구 안전인증 고시상 안전인증 방독마스크의 정화통 종류와 외부 측면의 표시 색이 잘못 연결된 것은?

① 할로겐용 – 회색
② 황화수소용 – 회색
③ 암모니아용 – 회색
④ 시안화수소용 – 회색

•해설 ③ 암모니아용 – 녹색

제2과목 ▶ 인간공학 및 시스템안전공학

21 인간공학적 연구에 사용되는 기준 척도의 요건 중 다음 설명에 해당하는 것은?

> 기준 척도는 측정하고자 하는 변수 외의 다른 변수들의 영향을 받아서는 안 된다.

① 신뢰성
② 적절성
③ 검출성
④ 무오염성

•해설 무오염성에 대한 설명이다.

22 그림과 같은 시스템에서 부품 A, B, C, D 의 신뢰도가 모두 r로 동일할 때 이 시스템의 신뢰도는?

① $r(2-r)^2$
② $r^2(2-r)^2$
③ $r^2(2-r^2)$
④ $r^2(2-r)$

•해설 ㉠ 병렬연결
(A, C) 구간 $= 1-(1-A)\times(1-C)$
$= 1-(1-r)^2 = 1-(1-2r+r^2)$
$= r(2-r)$
(B, D) 구간 $= 1-(1-B)\times(1-D)$
$= 1-(1-r)^2 = 1-(1-2r+r^2)$
$= r(2-r)$
㉡ 직렬연결
(AC, BD) 구간 $= (A, C)\times(B, D)$
$= r(2-r)\times r(2-r)$
$= r^2(2-r)^2$

23 서브시스템 분석에 사용되는 분석방법으로 시스템 수명주기에서 ㉠에 들어갈 위험분석기법은?

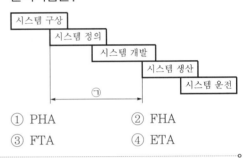

① PHA
② FHA
③ FTA
④ ETA

•해설 결함위험요인분석(FHA)에 대한 설명이다.

24 정신적 작업 부하에 관한 생리적 척도에 해당하지 않는 것은?

① 근전도
② 뇌파도
③ 부정맥 지수
④ 점멸융합주파수

•해설 ① 근전도 : 육체적 척도

25 A사의 안전관리자는 자사 화학 설비의 안전성 평가를 실시하고 있다. 그 중 제2단계인 정성적 평가를 진행하기 위하여 평가항목을 설계관계 대상과 운전관계 대상으로 분류하였을 때 설계관계 항목이 아닌 것은?

① 건조물
② 공장 내 배치
③ 입지조건
④ 원재료, 중간제품

•해설 ㉠ 설계관계대상 : 입지조건, 공장 내 배치, 소방설비, 공정기기
㉡ 운전관계대상 : 수송, 저장, 원재료, 중간제품

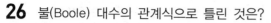

26 불(Boole) 대수의 관계식으로 틀린 것은?

① $A + \overline{A} = 1$

② $A + AB = A$

③ $A(A + B) = A + B$

④ $A + \overline{A}B = A + B$

> **해설** ③ $A(A+B) = A+B \rightarrow$
> $A^2 + AB = A + AB = A(1-B) = A$

27 인간공학의 목표와 거리가 가장 먼 것은?

① 사고 감소

② 생산성 증대

③ 안전성 향상

④ 근골격계질환 증가

> **해설** ④ 환경의 쾌적성

28 통화이해도 척도로서 통화이해도에 영향을 주는 잡음의 영향을 추정하는 지수는?

① 명료도 지수

② 통화 간섭 수준

③ 이해도 점수

④ 통화 공진 수준

> **해설** 통화 간섭 수준에 대한 설명이다.

29 예비위험분석(PHA)에서 식별된 사고의 범주가 아닌 것은?

① 중대(critical)

② 한계적(marginal)

③ 파국적(catastrophic)

④ 수용가능(acceptable)

> **해설** ④ 무시가능(negligible)

30 반사경 없이 모든 방향으로 빛을 발하는 점광원에서 3m 떨어진 곳의 조도가 300 lux라면 2m 떨어진 곳에서 조도(lux)는?

① 375

② 675

③ 875

④ 975

> **해설** 조도 $= \dfrac{광도}{(거리)^2}$
>
> 3m 떨어진 지점의 광도를 구하면, $300 = \dfrac{x}{(3)^2}$
>
> $= \dfrac{x}{p}$ 이므로 $x = 300 \times p = 2,700$ 이다.
>
> 다시 2m 떨어진 지점의 조도(lux)를 구하면,
>
> $x = \dfrac{2,700}{(2)^2}$
>
> $\therefore x = 675 \, lux$

31 어떤 결함수를 분석하여 minimal cut set을 구한 결과 다음과 같았다. 각 기본사상의 발생확률을 q_i, $i = 1$, 2, 3이라 할 때, 정상사상의 발생확률함수로 맞는 것은?

> $k_1 = [1, \ 2], \ k_2 = [1, \ 3], \ k_3 = [2, \ 3]$

① $q_1 q_2 + q_1 q_2 - q_2 q_3$

② $q_1 q_2 + q_1 q_3 - q_2 q_3$

③ $q_1 q_2 + q_1 q_3 + q_2 q_3 - q_1 q_2 q_3$

④ $q_1 q_2 + q_1 q_3 + q_2 q_3 - 2 q_1 q_2 q_3$

> **해설** 1, 2, 3 중에 2개가 동시에 발생하면 정상사상이 발생하는 것이며, 이 중에 3개가 동시에 발생하는 $q_1 q_2 q_3$ 는 교집합 개념으로 제외된다. 그러나 $q_1 q_2 q_3$ 는 교집합이 2개 적용된다는 것에 유의한다.

32 근골격계 부담작업의 범위 및 유해요인조사 방법에 관한 고시상 근골격계 부담작업에 해당하지 않는 것은? (단, 상시작업을 기준으로 한다.)

① 하루에 10회 이상 25kg 이상의 물체를 드는 작업

② 하루에 총 2시간 이상 쪼그리고 앉거나 무릎을 굽힌 자세에서 이루어지는 작업

③ 하루에 총 2시간 이상 시간당 5회 이상 손 또는 무릎을 사용하여 반복적으로 충격을 가하는 작업

④ 하루에 4시간 이상 집중적으로 자료입력 등을 위해 키보드 또는 마우스를 조작하는 작업

•해설 근골격계 부담작업

㉠ ①, ②, ④

㉡ 하루에 총 2시간 이상 목, 어깨, 팔꿈치, 손목 또는 손을 사용하여 같은 동작으로 반복하는 작업

㉢ 하루에 총 2시간 이상 머리 위에 손이 있거나, 팔꿈치가 어깨 위에 있거나, 팔꿈치를 몸통으로부터 들거나, 팔꿈치를 몸통 뒤쪽에 위치하도록 하는 상태에서 이루어지는 작업

㉣ 지지되지 않은 상태이거나 임의로 자세를 바꿀 수 없는 조건에서, 하루에 총 2시간 이상 목이나 허리를 구부리거나 트는 상태에서 이루어지는 작업

㉤ 하루에 총 2시간 이상 지지되지 않은 상태에서 1kg 이상의 물건을 한 손가락으로 집어 옮기거나, 2kg 이상에 상응하는 힘을 가하여 한 손의 손가락으로 물건을 쥐는 작업

㉥ 하루에 총 2시간 이상 지지되지 않은 상태에서 4.5kg 이상의 물건을 한 손으로 들거나, 동일한 힘으로 쥐는 작업

㉦ 하루에 25회 이상 10kg 이상의 물체를 무릎 아래에서 들거나, 어깨 위에서 들거나, 팔을 뻗은 상태에서 드는 작업

㉧ 하루에 총 2시간 이상, 분당 2회, 4.5kg 이상의 물체를 드는 작업

㉨ 하루에 총 2시간 이상, 시간당 10회 이상 손 또는 무릎을 사용하여 반복적으로 충격을 가하는 작업

33 시각적 식별에 영향을 주는 각 요소에 대한 설명 중 틀린 것은?

① 조도는 광원의 세기를 말한다.

② 휘도는 단위 면적당 표면에 반사 또는 방출되는 광량을 말한다.

③ 반사율은 물체의 표면에 도달하는 조도와 광도의 비를 말한다.

④ 광도 대비란 표적의 광도와 배경의 광도의 차이를 배경 광도로 나눈 값을 말한다.

•해설 ① 조도는 단위면적당 주어지는 빛의 양이다.

34 부품 배치의 원칙 중 기능적으로 관련된 부품들을 모아서 배치한다는 원칙은?

① 중요성의 원칙

② 사용빈도의 원칙

③ 사용순서의 원칙

④ 기능별 배치의 원칙

•해설 기능별 배치의 원칙에 대한 설명이다.

35 HAZOP 분석기법의 장점이 아닌 것은?

① 학습 및 적용이 쉽다.

② 기법 적용에 큰 전문성을 요구하지 않는다.

③ 짧은 시간에 저렴한 비용으로 분석이 가능하다.

④ 다양한 관점을 가진 팀 단위 수행이 가능하다.

•해설 ③ 단점 : 주관적 평가로 치우치기 쉽다.

36 태양광이 내리쬐지 않는 옥내의 습구흑구 온도지수(WBGT) 산출식은?

① 0.6×자연습구온도+0.3×흑구온도

② 0.7×자연습구온도+0.3×흑구온도

③ 0.6×자연습구온도+0.4×흑구온도

④ 0.7×자연습구온도+0.4×흑구온도

•해설 ㉠ 옥내의 습구흑구 온도지수(WBGT)
=0.7× 자연습구온도 + 0.3 × 흑구온도

㉡ 옥외의 습구흑구 온도지수(WBGT)
=0.7× 자연습구온도 + 0.2×흑구온도+ 0.1×건구온도

37 FTA에서 사용되는 논리게이트 중 입력과 반대되는 현상으로 출력되는 것은?

① 부정 게이트

② 억제 게이트

③ 배타적 OR 게이트

④ 우선적 AND 게이트

•해설 부정 게이트에 대한 설명이다.

38 부품고장이 발생하여도 기계가 추후 보수될 때까지 안전한 기능을 유지할 수 있도록 하는 기능은?

① Fail-soft
② Fail-active
③ Fail-operational
④ Fail-passive

해설 Fail-operational에 대한 설명이다.

39 양립성의 종류가 아닌 것은?

① 개념의 양립성
② 감성의 양립성
③ 운동의 양립성
④ 공간의 양립성

해설 ② 양식의 양립성

40 James Rason의 원인적 휴먼에러 종류 중 다음 설명의 휴먼에러 종류는?

자동차가 우측 운행하는 한국의 도로에 익숙해진 운전자가 좌측 운행을 해야 하는 일본에서 우측 운행을 하다가 교통사고를 냈다.

① 고의 사고(Violation)
② 숙련 기반 에러(Skill based error)
③ 규칙 기반 착오(Rule based mistake)
④ 지식 기반 착오(Knowledge based mistake)

해설 규칙 기반 착오에 대한 설명이다.

제3과목 기계위험방지기술

41 산업안전보건법령상 사업주가 진동 작업을 하는 근로자에게 충분히 알려야 할 사항과 거리가 가장 먼 것은?

① 인체에 미치는 영향과 증상
② 진동기계·기구 관리방법
③ 보호구 선정과 착용방법
④ 진동재해 시 비상연락체계

해설 ④ 진동장해 예방방법

42 산업안전보건법령상 크레인에 전용탑승설비를 설치하고 근로자를 달아 올린 상태에서 작업에 종사시킬 경우 근로자의 추락 위험을 방지하기 위하여 실시해야 할 조치 사항으로 적합하지 않은 것은?

① 승차석 외의 탑승 제한
② 안전대나 구명줄의 설치
③ 탑승설비의 하강 시 동력하강방법을 사용
④ 탑승설비가 뒤집히거나 떨어지지 않도록 필요한 조치

해설 ① 안전난간의 설치가 가능한 구조인 경우 안전난간을 설치할 것

43 연삭기에서 숫돌의 바깥지름이 150mm일 경우 평형플랜지 지름은 몇 mm 이상이어야 하는가?

① 30
② 50
③ 60
④ 90

해설 평형플랜지의 지름 = 숫돌의 바깥지름 $\times \dfrac{1}{3}$

$$= 150 \times \dfrac{1}{3} = 50$$

44 플레이너 작업 시의 안전대책이 아닌 것은?

① 베드 위에 다른 물건을 올려놓지 않는다.
② 바이트는 되도록 짧게 나오도록 설치한다.
③ 프레임 내의 피트(pit)에는 뚜껑을 설치한다.
④ 칩 브레이커를 사용하여 칩이 길게 되도록 한다.

해설 ㉠ ①, ②, ③
㉡ 플레이너 운동범위에 방책을 설치한다.
㉢ 테이블과 고정벽, 다른 기계와 최소거리가 4cm 이하 시 양쪽에 방책을 설치하여 통행을 차단한다.

45 양중기 과부하방지장치의 일반적인 공통 사항에 대한 설명 중 부적합한 것은?

① 과부하방지장치와 타 방호장치는 기능에 서로 장애를 주지 않도록 부착할 수 있는 구조이어야 한다.

② 방호장치의 기능을 변형 또는 보수할 때 양중기의 기능도 동시에 정지할 수 있는 구조이어야 한다.

③ 과부방지장치에는 정상동작 상태의 녹색램프와 과부하 시 경고 표시를 할 수 있는 붉은색램프와 경보음을 발하는 장치 등을 갖추어야 하며, 양중기 운전자가 확인할 수 있는 위치에 설치해야 한다.

④ 과부하방지장치 작동 시 경보음과 경보램프가 작동되어야 하며, 양중기는 작동이 되지 않아야 한다. 다만, 크레인은 과부하 상태 해지를 위하여 권상된 만큼 권하시킬 수 있다.

> **해설** ② 방호장치의 기능을 제거 또는 정지할 때 양중기의 기능도 동시에 정지할 수 있는 구조이어야 한다.

46 산업안전보건법령상 프레스 작업시작 전 점검해야 할 사항에 해당하는 것은?

① 와이어로프가 통하고 있는 곳 및 작업장소의 지반상태

② 하역장치 및 유압장치 기능

③ 권과방지장치 및 그 밖의 경보장치의 기능

④ 1행정 1정지기구·급정지장치 및 비상정지장치의 기능

> **해설** **프레스 작업시작 전 점검해야 할 사항**
> ㉠ 클러치 및 브레이크의 기능
> ㉡ 크랭크축, 플라이휠, 슬라이브, 연결봉 및 연결나사의 풀림 여부
> ㉢ 1행정 1정지기구·급정지장치 및 비상정지장치의 기능

㉣ 슬라이브 또는 칼날에 의한 위험방지기구의 기능
㉤ 프레스의 금형 및 고정볼트 상태
㉥ 방호장치의 기능
㉦ 전단기의 칼날 및 테이블의 상태

47 방호장치를 분류할 때는 크게 위험장소에 대한 방호장치와 위험원에 대한 방호장치로 구분할 수 있는데, 다음 중 위험장소에 대한 방호장치가 아닌 것은?

① 격리형 방호장치

② 접근거부형 방호장치

③ 접근반응형 방호장치

④ 포집형 방호장치

> **해설** **방호장치의 구분**

48 산업안전보건법령상 목재가공용 기계에 사용되는 방호장치의 연결이 옳지 않은 것은?

① 둥근톱기계 : 톱날접촉예방장치

② 띠톱기계 : 날접촉예방장치

③ 모떼기기계 : 날접촉예방장치

④ 동력식 수동대패기계 : 반발예방장치

> **해설** ④ 동력식 수동대패기계 : 칼날접촉예방장치

49 다음 중 금속 등의 도체에 교류를 통한 코일을 접근시켰을 때, 결함이 존재하면 코일에 유기되는 전압이나 전류가 변하는 것을 이용한 검사방법은?

① 자분탐상검사   ② 초음파탐상검사

③ 와류탐상검사   ④ 침투형탐상검사

> **해설** 와류탐상검사에 대한 설명이다.

50 산업안전보건법령상에서 정한 양중기의 종류에 해당하지 않는 것은?

① 크레인[호이스트(hoist)를 포함한다]
② 도르래
③ 곤돌라
④ 승강기

해설 양중기의 종류
㉠ ①, ③, ④
㉡ 이동식크레인
㉢ 리프트 : 건설작업용, 이삿짐운반용 리프트 (적재하중이 0.1t 이상), 자동차 정비용 리프트

51 롤러의 급정지를 위한 방호장치를 설치하고자 한다. 앞면 롤러 직경이 36cm이고, 분당회전속도가 50rpm이라면 급정지거리는 약 얼마 이내이어야 하는가? (단, 무부하동작에 해당한다.)

① 45cm   ② 50cm
③ 55cm   ④ 60cm

해설
$$V = \frac{\pi DN}{1,000}$$
여기서, V : 원주속도 또는 회전속도(m/min)
　　　　D : 롤러 직경(mm)
　　　　N : 분당회전수(rpm)
$$\therefore \frac{3.14 \times 360 \times 50}{1,000} = 56.52$$
앞면 롤러의 표면속도가 30m/min 이상이므로,
급정지거리는 앞면 롤러 원주길이의 $\frac{1}{2.5}$
$$\therefore \pi D \times \frac{1}{2.5} = 3.14 \times 36 \times \frac{1}{2.5} = 45.22$$

52 슬라이드가 내려옴에 따라 손을 쳐내는 막대가 좌우로 왕복하면서 위험점으로부터 손을 보호하여 주는 프레스의 안전장치는?

① 수인식 방호장치
② 양손조작식 방호장치
③ 손쳐내기식 방호장치
④ 게이트 가드식 방호장치

해설 손쳐내기식 방호장치에 대한 설명이다.

53 다음 중 금형 설치·해체작업의 일반적인 안전사항으로 틀린 것은?

① 고정볼트는 고정 후 가능하면 나사산이 3~4개 정도 짧게 남겨 슬라이드 면과의 사이에 협착이 발생하지 않도록 해야 한다.
② 금형 고정용 브래킷(물림판)을 고정시킬 때 고정용 브래킷은 수평이 되게 하고, 고정볼트는 수직이 되게 고정하여야 한다.
③ 금형을 설치하는 프레스의 T홈 안길이는 설치 볼트 직경 이하로 한다.
④ 금형의 설치용구는 프레스의 구조에 적합한 형태로 한다.

해설 금형의 탈착 및 운반에 의한 위험방지
③ 금형을 설치하는 프레스의 T홈 안길이는 설치 볼트 직경의 2배 이상으로 한다.

54 산업안전보건법령상 보일러에 설치하는 압력방출장치에 대하여 검사 후 봉인에 사용되는 재료로 가장 적합한 것은?

① 납   ② 주석
③ 구리   ④ 알루미늄

해설 보일러 압력방출장치 검사 후 봉인에 사용되는 재료
납

55 산업안전보건법령에 따라 사업주는 근로자가 안전하게 통행할 수 있도록 통로에 얼마 이상의 채광 또는 조명시설을 하여야 하는가?

① 50럭스   ② 75럭스
③ 90럭스   ④ 100럭스

해설 조명시설의 종류
㉠ 초정밀작업 : 750럭스 이상
㉡ 정밀작업 : 300럭스 이상
㉢ 보통작업 : 150럭스 이상
㉣ 기타 작업(안전한 통행을 위한 통로) : 75럭스 이상

56 산업안전보건법령상 다음 중 보일러의 방호장치와 가장 거리가 먼 것은?

① 언로드밸브
② 압력방출장치
③ 압력제한스위치
④ 고저수위 조절장치

> **해설** ① 화염검출기

57 다음 중 롤러기 급정지장치의 종류가 아닌 것은?

① 어깨조작식　　② 손조작식
③ 복부조작식　　④ 무릎조작식

> **해설** 롤러기 급정지장치의 종류 : ②, ③, ④

58 산업안전보건법령에 따라 레버풀러(lever puller) 또는 체인블록(chain block)을 사용하는 경우 훅의 입구(hook mouth) 간격이 제조자가 제공하는 제품사양서 기준으로 몇 % 이상 벌어진 것은 폐기하여야 하는가?

① 3　　　　　　② 5
③ 7　　　　　　④ 10

> **해설** 레버풀러 또는 체인블록을 사용하는 경우 준수사항
> ㉠ 정격하중을 초과하여 사용하지 말 것
> ㉡ 레버풀러 작업 중 훅이 빠져 튕길 우려가 있는 경우에는 훅을 대상물에 직접 걸지 말고, 피벗클램프나 러그를 연결하여 사용할 것
> ㉢ 레버풀러의 레버에 파이프 등을 끼워서 사용하지 말 것
> ㉣ 체인블록의 상부 훅은 인양하중에 충분히 견디는 강도를 갖고, 정확히 지탱될 수 있는 곳에 걸어서 사용할 것
> ㉤ 훅의 입구 간격이 제조자가 제공하는 제품사양서 기준으로 10% 이상 벌어진 것은 폐기할 것
> ㉥ 체인블록을 체인의 꼬임과 헝클어지지 않도록 할 것
> ㉦ 체인과 훅은 변형, 파손, 부식, 마모되거나 균열된 것을 사용하지 않도록 조치할 것

59 컨베이어(conveyor) 역전방지장치의 형식을 기계식과 전기식으로 구분할 때 기계식에 해당하지 않는 것은?

① 라쳇식
② 밴드식
③ 슬러스트식
④ 롤러식

> **해설** ㉠ 기계식 : 라쳇식, 밴드식, 롤러식
> ㉡ 전기식 : 슬러스트식, 전자식, 유압식 등

60 다음 중 연삭숫돌의 3요소가 아닌 것은?

① 결합제　　　　② 입자
③ 저항　　　　　④ 기공

> **해설** 연삭숫돌의 3요소 : ①, ②, ④

제4과목　　전기위험방지기술

61 다음 ( ) 안의 알맞은 내용을 나타낸 것은?

> 폭발성 가스의 폭발등급 측정에 사용되는 표준용기는 내용적이 (㉮)cm³, 반구상의 플랜지 접합면의 안길이 (㉯)mm의 구상용기의 틈새를 통과시켜 화염일주한계를 측정하는 장치이다.

① ㉮ 600　㉯ 0.4
② ㉮ 1800　㉯ 0.6
③ ㉮ 4500　㉯ 8
④ ㉮ 8000　㉯ 25

> **해설** 표준용기는 내용적이 8,000cm³, 반구상의 플랜지 접합면의 안길이는 25mm이다.

62 다음 차단기는 개폐기구가 절연물의 용기 내에 일체로 조립한 것으로 과부하 및 단락사고 시에 자동적으로 전로를 차단하는 장치는?

① OS　　　　　② VCB
③ MCCB　　　　④ ACB

해설 ① OS : 유입개폐기
② VCB : 진공차단기
④ ACB : 기중차단기

63 한국전기설비규정에 따라 보호등전위본딩 도체로서 주접지단자에 접속하기 위한 등전위본딩 도체(구리도체)의 단면적은 몇 mm² 이상이어야 하는가? (단, 등전위본딩 도체는 설비 내에 있는 가장 큰 보호접지 도체 단면적의 $\frac{1}{2}$ 이상의 단면적을 가지고 있다.)

① 2.5
② 6
③ 16
④ 50

해설 보호등전위본딩 도체

구분	단면적
구리	6mm² 이상
알루미늄	16mm² 이상
강철	50mm² 이상

64 저압전로의 절연성능 시험에서 전로의 사용전압이 380V인 경우, 전로의 전선 상호간 및 전로와 대지 사이의 절연저항은 최소 몇 MΩ 이상이어야 하는가?

① 0.1
② 0.3
③ 0.5
④ 1

해설 저압전로의 절연성능시험

전로의 사용전압	DC 시험전압	절연저항
SELV 및 PELV	250V	0.5MΩ
FELV, 500V 이하	500V	1.0MΩ
500V 초과	1000V	1.0MΩ

65 전격의 위험을 결정하는 주된 인자로 가장 거리가 먼 것은?

① 통전전류
② 통전시간
③ 통전경로
④ 접촉전압

해설 ④ 전류의 크기

66 교류 아크용접기의 허용사용률(%)은? (단, 정격사용률은 10%, 2차 정격전류는 500A, 교류 아크용접기의 사용전류는 250A이다.)

① 30
② 40
③ 50
④ 60

해설 교류 아크용접기의 허용사용률(%)
$$= \left(\frac{2차정격전류}{실제용접전류}\right)^2 \times 정격사용률$$
$$= \left(\frac{500}{250}\right)^2 \times 10 = 40$$

67 내압방폭구조의 필요충분조건에 대한 사항으로 틀린 것은?

① 폭발화염이 외부로 유출되지 않을 것
② 습기침투에 대한 보호를 충분히 할 것
③ 내부에서 폭발한 경우 그 압력에 견딜 것
④ 외함의 표면온도가 외부의 폭발성가스를 점화하지 않을 것

해설 내압방폭구조의 필요충분조건 : ①, ③, ④

68 다음 중 전동기를 운전하고자 할 때 개폐기의 조작순서로 옳은 것은?

① 메인 스위치 → 분전반 스위치 → 전동기용 개폐기
② 분전반 스위치 → 메인 스위치 → 전동기용 개폐기
③ 전동기용 개폐기 → 분전반 스위치 → 메인 스위치
④ 분전반 스위치 → 전동기용 스위치 → 메인 스위치

해설 전동기 운전 시 개폐기 조작순서
메인 스위치 → 분전반 스위치 → 전동기용 개폐기

69 외부피뢰시스템에서 접지극은 지표면에서 몇 m 이상 깊이로 매설하여야 하는가? (단, 동결심도는 고려하지 않는 경우이다.)

① 0.5
② 0.75
③ 1
④ 1.25

해설 외부피뢰시스템
접지극은 지표면에서 0.75m 이상 깊이로 매설하여야 한다. (단, 동결심도는 고려하지 않는 경우이다.)

70 다음 빈칸에 들어갈 내용으로 알맞는 것은?

"교류 특고압 가공전선로에서 발생하는 극저주파 전자계는 지표상 1m에서 전계가 (ⓐ), 자계가 (ⓑ)가 되도록 시설하는 등 상시 정전유도 및 전자유도 작용에 의하여 사람에게 위험을 줄 우려가 없도록 시설하여야 한다."

① ⓐ 0.35kV/m 이하 ⓑ 0.833μT 이하
② ⓐ 3.5kV/m 이하 ⓑ 8.3μT 이하
③ ⓐ 3.5kV/m 이하 ⓑ 83.3μT 이하
④ ⓐ 3.5kV/m 이하 ⓑ 833μT 이하

해설 유도장해방지
㉠ 교류 특고압 가공전선로 : 지표상 1m에서 전계가 3.5kV/m 이하, 자계가 83.3μT 이하
㉡ 직류 특고압 가공전선로 : 지표면에서 전계가 25kV/m 이하, 직류자계가 지표상 1m에서 400,000μT 이하

71 감전사고를 방지하기 위한 방법으로 틀린 것은?

① 전기기기 및 설비의 위험부에 위험표지
② 전기설비에 대한 누전차단기 설치
③ 전기기기에 대한 정격표시
④ 무자격자는 전기기계 및 기구에 전기적인 접촉 금지

해설 ③ 안전전압 이하의 전기기기 사용

72 정전기의 재해방지 대책이 아닌 것은?

① 부도체에는 도전성을 향상 또는 제전기를 설치 운영한다.
② 접촉 및 분리를 일으키는 기계적 작용으로 인한 정전기 발생을 적게 하기 위해서는 가능한 접촉 면적을 크게 하여야 한다.

③ 저항률이 10^{10}Ω·cm 미만의 도전성 위험물의 배관유속은 7m/s 이하로 한다.
④ 생산공정에 별다른 문제가 없다면, 습도를 70(%) 정도 유지하는 것도 무방하다.

해설 ② 접촉 및 분리를 일으키는 기계적 작용으로 인한 정전기 발생을 적게 하기 위해서는 가능한 접촉 면적을 작게 하여야 한다.

73 어떤 부도체에서 정전용량이 10pF이고, 전압이 5kV일 때 전하량(C)은?

① 9×10^{-12} ② 6×10^{-10}
③ 5×10^{-8} ④ 2×10^{-6}

해설 $Q(C) = C(F) V = 10\text{pF} \times 5\text{kV}$
$= 10 \times 10^{-12} \times 5 \times 10^3$
$= 50 \times 10^{-9} = 5 \times 10^{-8}$

74 KS C IEC 60079-0에 따른 방폭에 대한 설명으로 틀린 것은?

① 기호 "X"는 방폭기기의 특정사용조건을 나타내는 데 사용되는 인증번호의 접미사이다.
② 인화하한(LFL)과 인화상한(UFL) 사이의 범위가 클수록 폭발성 가스 분위기 형성가능성이 크다.
③ 기기그룹에 따라 폭발성가스를 분류할 때 ⅡA의 대표 가스로 에틸렌이 있다.
④ 연면거리는 두 도전부 사이의 고체 절연물 표면을 따른 최단거리를 말한다.

해설 ㉠ ⅡA 가스 : 일산화탄소, 벤젠, 아세톤, 암모니아
㉡ ⅡB 가스 : 에틸렌

75 밸브 저항형 피뢰기의 구성요소로 옳은 것은?

① 직렬갭, 특성요소
② 병렬갭, 특성요소
③ 직렬갭, 충격요소
④ 병렬갭, 충격요소

해설 밸브 저항형 피뢰기의 구성요소 : 직렬갭, 특성요소

76 다음 중 활선근접 작업 시의 안전조치로 적절하지 않은 것은?

① 근로자가 절연용 방호구의 설치·해체작업을 하는 경우에는 절연용 보호구를 착용하거나 활선작업용 기구 및 장치를 사용하도록 하여야 한다.
② 저압인 경우에는 해당 전기작업자가 절연용 보호구를 착용하되, 충전 전로에 접촉할 우려가 없는 경우에는 절연용 방호구를 설치하지 아니할 수 있다.
③ 유자격자가 아닌 근로자가 근로자의 몸 또는 긴 도전성 물체가 방호되지 않은 충전전로에서 대지전압이 50kV 이하인 경우에는 400cm 이내로 접근할 수 없도록 하여야 한다.
④ 고압 및 특별고압의 전로에서 전기작업을 하는 근로자에게 활선작업용 기구 및 장치를 사용하여야 한다.

해설 ③ 유자격자가 아닌 근로자가 근로자의 몸 또는 긴 도전성 물체가 방호되지 않은 충전전로에서 대지전압이 50kV 이하인 경우에는 300cm 이내로 접근할 수 없도록 하여야 한다.

77 정전기 제거 방법으로 가장 거리가 먼 것은?

① 작업장 바닥을 도전처리한다.
② 설비의 도체 부분은 접지시킨다.
③ 작업자는 대전방지화를 신는다.
④ 작업장을 항온으로 유지한다.

해설 ④ 제전기를 사용한다.

78 인체의 전기저항을 0.5kΩ이라고 하면 심실세동을 일으키는 위험한계 에너지는 몇 J인가? (단, 심실세동전류값 $I=\dfrac{165}{\sqrt{T}}$ mA의 Dalziel의 식을 이용하며, 통전시간은 1초로 한다.)

① 13.6
② 12.6
③ 11.6
④ 10.6

해설 심실세동전류 $=\dfrac{165}{5QRT(1)}=165$mA
$=0.165$A
에너지 = 전압×전류
(여기서, 전압 = 전류×저항)
= 전류²×저항
$=(0.165)^2×0.5×1,000=13.6125$

79 다음 중 전기설비기술기준에 따른 전압의 구분으로 틀린 것은?

① 저압 : 직류 1kV 이하
② 고압 : 교류 1kV를 초과, 7kV 이하
③ 특고압 : 직류 7kV 초과
④ 특고압 : 교류 7kV 초과

해설 전압의 구분

구분	직류(DC)	교류(AC)
저압	1.5kV 이하	1kV 이하
고압	1.5kV 초과~7kV 이하	1kV 초과~7kV 이하
특별고압	7kV 초과	

80 가스 그룹 ⅡB 지역에 설치된 내압방폭구조 "d" 장비의 플랜지 개구부에서 장애물까지의 최소거리(mm)는?

① 10
② 20
③ 30
④ 40

해설 내압방폭구조 플랜지 개구부에서 장애물까지의 최소 이격거리

가스 그룹	최소이격거리(mm)
ⅡA	10
ⅡB	30
ⅡC	40

제5과목	화학설비위험방지기술

81 다음 설명이 의미하는 것은?

> 온도, 압력 등 제어상태가 규정의 조건을 벗어나는 것에 의해 반응속도가 지수함수적으로 증대되고, 반응용기 내의 온도, 압력이 급격히 이상 상승되어 규정 조건을 벗어나고, 반응이 과격화되는 현상

① 비등
② 과열 · 과압
③ 폭발
④ 반응폭주

해설 반응폭주에 대한 설명이다.

82 다음 중 전기화재의 종류에 해당하는 것은?

① A급
② B급
③ C급
④ D급

해설 **화재의 구분**

화재별 급수	가연물질의 종류
A급 화재	목재, 종이, 섬유류 등 일반 가연물
B급 화재	유류(가연성, 인화성 액체 포함)
C급 화재	전기
D급 화재	금속

83 다음 중 폭발범위에 관한 설명으로 틀린 것은?

① 상한값과 하한값이 존재한다.
② 온도에는 비례하지만 압력과는 무관하다.
③ 가연성가스의 종류에 따라 각각 다른 값을 갖는다.
④ 공기와 혼합된 가연성가스의 체적 농도로 나타낸다.

해설 ② 온도에는 비례하지만 압력 증가에 따라 폭발상한계는 증가하고, 폭발하한계는 영향이 없다.

84 다음 [표]와 같은 혼합가스의 폭발범위(vol%)로 옳은 것은?

종류	용적비율 (vol%)	폭발하한계 (vol%)	폭발상한계 (vol%)
CH_4	70	5	15
C_2H_6	15	3	12.5
C_3H_8	5	2.1	9.5
C_4H_{10}	10	1.9	8.5

① 3.75~13.21
② 4.33~13.21
③ 4.33~15.22
④ 3.75~15.22

해설 ㉠ 폭발하한계 $= \dfrac{70+15+5+10}{\dfrac{70}{5}+\dfrac{15}{3}+\dfrac{5}{2.1}+\dfrac{10}{1.9}}$

$= 3.75$

㉡ 폭발상한계 $= \dfrac{70+15+5+10}{\dfrac{70}{15}+\dfrac{15}{12.5}+\dfrac{5}{9.5}+\dfrac{10}{8.5}}$

$= 13.21$

85 위험물을 저장 · 취급하는 화학설비 및 그 부속설비를 설치할 때 '단위공정시설 및 설비로부터 다른 단위공정시설 및 설비의 사이'의 안전거리는 설비의 바깥면으로부터 몇 m 이상이 되어야 하는가?

① 5
② 10
③ 15
④ 20

해설 **안전거리**
㉠ 단위공정시설 및 설비로부터 다른 단위공정시설 및 설비의 사이 : 10m 이상
㉡ 플레어스택으로부터 위험물질 저장탱크, 위험물질 하역설비의 사이 : 20m 이상
㉢ 위험물질 저장탱크로부터 단위공정시설 및 설비, 보일러, 가열로의 사이 : 저장탱크 외면에서 20m 이상
㉣ 사무실 · 연구실 · 식당 등으로부터 단위공정시설 및 설비, 위험물질 저장탱크, 보일러, 가열로의 사이 : 사무실 등 외면으로부터 20m 이상

86 열교환기의 열교환 능률을 향상시키기 위한 방법으로 거리가 먼 것은?

① 유체의 유속을 적절하게 조절한다.
② 유체의 흐르는 방향을 병류로 한다.
③ 열교환기 입구와 출구의 온도차를 크게 한다.
④ 열전도율이 좋은 재료를 사용한다.

> 해설 ② 유체의 흐르는 방향을 향류로 한다.

87 다음 중 인화성 물질이 아닌 것은?

① 디에틸에테르　② 아세톤
③ 에틸알코올　④ 과염소산칼륨

> 해설 ④ 과염소산칼륨 : 산화성 고체

88 산업안전보건법령상 위험물질의 종류에서 "폭발성 물질 및 유기과산화물"에 해당하는 것은?

① 리튬　② 아조화합물
③ 아세틸렌　④ 셀룰로이드류

> 해설 **폭발성 물질 및 유기과산화물**
> ㉠ 질산에스테르류
> ㉡ 니트로화합물
> ㉢ 니트로소화합물
> ㉣ 아조화합물
> ㉤ 디아조화합물
> ㉥ 하이드라진 유도체
> ㉦ 유기과산화물

89 건축물 공사에 사용되고 있으나, 불에 타는 성질이 있어서 화재 시 유독한 시안화수소 가스가 발생되는 물질은?

① 염화비닐　② 염화에틸렌
③ 메타크릴산메틸　④ 우레탄

> 해설 **연소물질과 생성가스**
>
> | 연소물질 | 생성가스 |
> | --- | --- |
> | 탄화수소류 | CO 및 CO_2 |
> | 우레탄 | HCN |
> | 나무 등 | SO_2 |
> | 폴리스틸렌(스티로폼) 등 | C_6H_6 |

90 반응기를 설계할 때 고려하여야 할 요인으로 가장 거리가 먼 것은?

① 부식성
② 상의 형태
③ 온도 범위
④ 중간생성물의 유무

> 해설 **반응기 설계 시 고려할 요인** : 부식성, 상(phase)의 형태, 온도 범위

91 에틸알코올 1몰이 완전 연소 시 생성되는 CO_2와 H_2O의 몰수로 옳은 것은?

① CO_2 : 1, H_2O : 4
② CO_2 : 2, H_2O : 3
③ CO_2 : 3, H_2O : 2
④ CO_2 : 4, H_2O : 1

> 해설 $C_2H_5OH + 3O_2 \rightarrow 2CO_2 + 3H_2O$

92 산업안전보건법령상 각 물질이 해당하는 위험물질의 종류를 옳게 연결한 것은?

① 아세트산(농도 90%) - 부식성 산류
② 아세톤(농도 90%) - 부식성 염기류
③ 이황화탄소 - 인화성 가스
④ 수산화칼륨 - 인화성 가스

> 해설 (1) 부식성 산류
> ㉠ 농도 20% 이상의 황산, 염산, 질산 등
> ㉡ 농도 60% 이상의 불산, 아세트산, 인산 등
> (2) 부식성 염기류 : 농도 40% 이상의 수산화나트륨, 수산화칼륨 등

93 메탄올에 관한 설명으로 틀린 것은?

① 무색투명한 액체이다.
② 비중은 1보다 크고, 증기는 공기보다 가볍다.
③ 금속나트륨과 반응하여 수소를 발생한다.
④ 물에 잘 녹는다.

> 해설 ② 비중은 0.79이고, 증기는 공기보다 무겁다.

94 물과의 반응으로 유독한 포스핀가스를 발생하는 것은?

① HCl
② NaCl
③ Ca_3P_2
④ $Al(OH)_3$

해설 $Ca_3P_2 + 6H_2O \rightarrow 3Ca(OH)_2 + 2PH_3$

95 분진폭발의 요인을 물리적 인자와 화학적 인자로 분류할 때 화학적 인자에 해당하는 것은?

① 연소열
② 입도분포
③ 열전도율
④ 입자의 형상

해설 **분진폭발의 요인**
㉠ 물리적 인자 : 입도분포, 열전도율, 입자의 형상
㉡ 화학적 인자 : 연소열 등

96 다음 중 자연발화가 쉽게 일어나는 조건으로 틀린 것은?

① 주위온도가 높을수록
② 열 축적이 클수록
③ 적당량의 수분이 존재할 때
④ 표면적이 작을수록

해설 ④ 표면적이 클수록

97 다음 중 인화점이 가장 낮은 것은?

① 벤젠
② 메탄올
③ 이황화탄소
④ 경유

해설 ① 벤젠 : −11.1℃
② 메탄올 : 11℃
③ 이황화탄소 : −30℃
④ 경유 : 40~70℃

98 자연발화성을 가진 물질이 자연발화를 일으키는 원인으로 거리가 먼 것은?

① 분해열
② 증발열
③ 산화열
④ 중합열

해설 ② 흡착열

99 비점이 낮은 가연성 액체 저장탱크 주위에 화재가 발생했을 때 저장탱크 내부의 비등현상으로 인한 압력 상승으로 탱크가 파열되어 그 내용물이 증발, 팽창하면서 발생되는 폭발현상은?

① Back Draft
② BLEVE
③ Flash Over
④ UVCE

해설 BLEVE(Boiling Liquid Expanding Vapour Explosion, 비등액 팽창 증기폭발)에 대한 설명이다.

100 사업주는 산업안전보건법령에서 정한 설비에 대해서는 과압에 따른 폭발을 방지하기 위하여 안전밸브 등을 설치하여야 한다. 다음 중 이에 해당하는 설비가 아닌 것은?

① 원심펌프
② 정변위 압축기
③ 정변위 펌프(토출축에 차단밸브가 설치된 것만 해당한다)
④ 배관(2개 이상의 밸브에 의하여 차단되어 대기온도에서 액체의 열팽창에 의하여 파열될 우려가 있는 것으로 한정한다)

해설 ① 압력용기(안지름 150mm 이하인 압력용기는 제외하며, 압력용기 중 관형열교환기의 경우에는 관의 파열로 인하여 상승한 압력이 압력용기의 최고사용압력을 초과할 우려가 있는 경우에만 해당)

제6과목 **건설안전기술**

101 유해·위험방지계획서 제출 시 첨부서류로 옳지 않은 것은?

① 공사현장의 주변 현황 및 주변과의 관계를 나타내는 도면
② 공사개요서
③ 전체공정표
④ 작업인부의 배치를 나타내는 도면 및 서류

해설 유해 · 위험방지계획서 제출 시 첨부서류
(1) 공사개요 및 안전보건관리계획
　　㉠ 공사개요서
　　㉡ 공사현장의 주변 현황 및 주변과의 관계를 나타내는 도면(매설물 현황 포함)
　　㉢ 전체공정표
　　㉣ 산업안전보건관리비 사용계획서
　　㉤ 안전관리조직표
　　㉥ 재해발생 위험 시 연락 및 대피방법
(2) 작업공사 종류별 유해 · 위험방지계획

102 거푸집 해체작업 시 유의사항으로 옳지 않은 것은?

① 일반적으로 수평부재의 거푸집은 연직부재의 거푸집보다 빨리 떼어낸다.
② 해체된 거푸집이나 각목 등에 박혀있는 못 또는 날카로운 돌출물은 즉시 제거하여야 한다.
③ 상하 동시 작업은 원칙적으로 금지하여 부득이한 경우에는 긴밀히 연락을 위하며 작업을 하여야 한다.
④ 거푸집 해체작업장 주위에는 관계자를 제외하고는 출입을 금지시켜야 한다.

해설 ① 일반적으로 수평부재의 거푸집은 양생이 끝나고 동바리와 같이 거푸집을 해체한다.

103 사다리식 통로 등을 설치하는 경우 통로 구조로서 옳지 않은 것은?

① 발판의 간격은 일정하게 한다.
② 발판과 벽과의 사이는 15cm 이상의 간격을 유지한다.
③ 사다리의 상단은 걸쳐놓은 지점으로부터 60cm 이상 올라가도록 한다.
④ 폭은 40cm 이상으로 한다.

해설 ④ 폭은 30cm 이상으로 한다.

104 추락 재해방지 설비 중 근로자의 추락재해를 방지할 수 있는 설비로 작업발판 설치가 곤란한 경우에 필요한 설비는?

① 경사로　　　　② 추락방호망
③ 고정사다리　　④ 달비계

해설 추락의 방지 : 작업발판을 설치하기 곤란한 경우 추락방호망을 설치한다.

105 콘크리트 타설작업을 하는 경우에 준수해야할 사항으로 옳지 않은 것은?

① 당일의 작업을 시작하기 전에 해당 작업에 관한 거푸집동바리 등의 변형 · 변위 및 지반의 침하 유무 등을 점검하고 이상이 있으면 보수한다.
② 작업 중에는 거푸집동바리 등의 변형 · 변위 및 침하 유무 등을 감시할 수 있는 감시자를 배치하여 이상이 있으면 작업을 빠른 시간 내 우선 완료하고 근로자를 대피시킨다.
③ 콘크리트 타설작업 시 거푸집 붕괴의 위험이 발생할 우려가 있으면 보강조치를 한다.
④ 콘크리트를 타설하는 경우에는 편심이 발생하지 않도록 골고루 분산하여 타설한다.

해설 ② 작업 중에는 거푸집동바리 등의 변형 · 변위 및 침하 유무 등을 감시할 수 있는 감시자를 배치하여 이상이 있으면 작업을 중지하고 근로자를 대피시킨다.

106 건설작업장에서 근로자가 상시 작업하는 장소의 작업면 조도기준으로 옳지 않은 것은? (단, 갱내 작업장과 감광재료를 취급하는 작업장의 경우는 제외)

① 초정밀작업 : 600럭스(lux) 이상
② 정밀작업 : 300럭스(lux) 이상
③ 보통작업 : 150럭스(lux) 이상
④ 초정밀, 정밀, 보통작업을 제외한 기타 작업 : 75럭스(lux) 이상

해설 ① 초정밀작업 : 750럭스(lux) 이상

107 작업장 출입구 설치 시 준수해야 할 사항으로 옳지 않은 것은?

① 출입구의 위치·수 및 크기가 작업장의 용도와 특성에 맞도록 한다.

② 출입구에 문을 설치하는 경우에는 근로자가 쉽게 열고 닫을 수 있도록 한다.

③ 주된 목적이 하역운반기계용인 출구에는 보행자용 출입구를 따로 설치하지 않는다.

④ 계단이 출입구와 바로 연결된 경우에는 작업자의 안전한 통행을 위하여 그 사이에 1.2m 이상 거리를 두거나 안내표지 또는 비상벨 등을 설치한다.

해설 ③ 주된 목적이 하역운반기계용인 출입구에는 보행자용 출입구를 따로 설치한다.

108 건설업 사업안전보건관리비 계상 및 사용기준에 따른 안전관리비의 개인보호구 및 안전장구 구입비 항목에서 안전관리비로 사용이 가능한 경우는?

① 안전·보건관리자가 선임되지 않은 현장에서 안전·보건업무를 담당하는 현장관계자용 무전기, 카메라, 컴퓨터, 프린터 등 업무용 기기

② 혹한·혹서에 장기간 노출로 인해 건강장해를 일으킬 우려가 있는 경우 특정근로자에게 지급되는 기능성 보호 장구

③ 근로자에게 일률적으로 지급하는 보냉·보온장구

④ 감리원이나 외부에서 방문하는 인사에게 지급하는 보호구

해설 **개인보호구 및 안전장구 구입비에서 제외되는 항목**
㉠ 안전·보건관리자가 선임되지 않은 현장에서 안전·보건업무를 담당하는 현장관계자용 무전기, 카메라, 컴퓨터, 프린터 등 업무용 기기
㉡ 근로자 보호 목적으로 보기 어려운 피복, 장구, 용품 등
• 작업복, 방한복, 방한장갑, 면장갑, 코팅장갑 등(다만, 근로자의 건강장해 예방을 위해

사용하는 미세먼지 마스크, 쿨토시, 아이스 조끼, 핫팩, 발열조끼 등은 사용 가능함)
• 감리원이나 외부에서 방문하는 인사에게 지급하는 보호구

109 옥외에 설치되어 있는 주행크레인에 대하여 이탈방지장치를 작동시키는 등 그 이탈을 방지하기 위한 조치를 하여야 하는 순간풍속에 대한 기준으로 옳은 것은?

① 순간풍속이 초당 10m를 초과하는 바람이 불어올 우려가 있는 경우

② 순간풍속이 초당 20m를 초과하는 바람이 불어올 우려가 있는 경우

③ 순간풍속이 초당 30m를 초과하는 바람이 불어올 우려가 있는 경우

④ 순간풍속이 초당 40m를 초과하는 바람이 불어올 우려가 있는 경우

해설 **주행크레인에 대하여 이탈을 방지하기 위한 조치** 순간풍속이 초당 30m를 초과하는 바람이 불어올 우려가 있는 경우

110 지반 등의 굴착작업 시 연암의 굴착면 기울기로 옳은 것은?

① 1 : 0.3   ② 1 : 0.5
③ 1 : 0.8   ④ 1 : 1.0

해설 **굴착면의 기울기 기준**

지반의 종류	굴착면의 기울기
모래	1 : 1.8
연암 및 풍화암	1 : 1.0
경암	1 : 0.5
그 밖의 흙	1 : 1.2

111 철골작업 시 철골부재에서 근로자가 수직방향으로 이동하는 경우에 설치하여야 하는 고정된 승강로의 최대 답단 간격은 얼마 이내인가?

① 20cm   ② 25cm
③ 30cm   ④ 40cm

해설 **수직방향으로 이동하는 고정된 승강로의 최대 답단 간격** : 30cm 이내

112 흙막이벽의 근입깊이를 깊게 하고, 전면의 굴착부분을 남겨두어 흙의 중량으로 대항하게 하거나, 굴착예정부분의 일부를 미리 굴착하여 기초콘크리트를 타설하는 등의 대책과 가장 관계 깊은 것은?

① 파이핑현상이 있을 때
② 히빙현상이 있을 때
③ 지하수위가 높을 때
④ 굴착깊이가 깊을 때

> **해설** 히빙(Heaving)현상이 있을 때의 대책이다.

113 재해사고를 방지하기 위하여 크레인에 설치된 방호장치로 옳지 않은 것은?

① 공기정화장치   ② 비상정지장치
③ 제동장치   ④ 권과방지장치

> **해설** ① 과부하방지장치

114 가설구조물의 문제점으로 옳지 않은 것은?

① 도괴재해의 가능성이 크다.
② 추락재해 가능성이 크다.
③ 부재의 결합이 간단하나 연결부가 견고하다.
④ 구조물이라는 통상의 개념이 확고하지 않으며 조립의 정밀도가 낮다.

> **해설** ③ 부재의 결합이 간단하나 연결부가 견고하지 않다.

115 사면지반 개량공법으로 옳지 않은 것은?

① 전기 화학적 공법
② 석회 안정처리 공법
③ 이온 교환 공법
④ 옹벽 공법

> **해설** **사면지반 개량공법**
> ㉠ ① ② ③
> ㉡ 주입 공법
> ㉢ 시멘트 안정처리 공법
> ㉣ 소결 공법

116 강관틀비계를 조립하여 사용하는 경우 준수해야 할 기준으로 옳지 않은 것은?

① 수직방향으로 6m, 수평방향으로 8m 이내마다 벽이음을 할 것
② 높이가 20m를 초과하거나 중량물의 적재를 수반하는 작업을 할 경우에는 주틀 간의 간격을 2.4m 이하로 할 것
③ 길이가 띠장 방향으로 4m 이하이고 높이가 10m를 초과하는 경우에는 10m 이내마다 띠장 방향으로 버팀기둥을 설치할 것
④ 주틀 간에 교차가새를 설치하고 최상층 및 5층 이내마다 수평재를 설치할 것

> **해설** ② 높이가 20m를 초과하거나 중량물의 적재를 수반하는 작업을 할 경우에는 주틀 간의 간격을 1.8m 이하로 할 것

117 비계의 높이가 2m 이상인 작업장소에 작업발판을 설치할 경우 준수하여야 할 기준으로 옳지 않은 것은?

① 작업발판의 폭은 30cm 이상으로 한다.
② 발판재료 간의 틈은 3cm 이하로 한다.
③ 추락의 위험성이 있는 장소에는 안전난간을 설치한다.
④ 발판재료는 뒤집히거나 떨어지지 않도록 2개 이상의 지지물에 연결하거나 고정시킨다.

> **해설** ① 작업발판의 폭은 40cm 이상으로 한다.

118 법면 붕괴에 의한 재해 예방조치로서 옳은 것은?

① 지표수와 지하수의 침투를 방지한다.
② 법면의 경사를 증가한다.
③ 절토 및 성토높이를 증가한다.
④ 토질의 상태에 관계없이 구배조건을 일정하게 한다.

> **해설** ② 법면의 경사를 감소한다.
> ③ 절토 및 성토높이를 감소한다.
> ④ 토질의 상태에 따라 구배를 감소한다.

119 취급 · 운반의 원칙으로 옳지 않은 것은?

① 운반 작업을 집중하여 시킬 것
② 생산을 최고로 하는 운반을 생각할 것
③ 곡선 운반을 할 것
④ 연속 운반을 할 것

해설 ③ 직선 운반을 할 것

120 가설통로의 설치기준으로 옳지 않은 것은?

① 경사가 15°를 초과하는 때에는 미끄러지지 않는 구조로 한다.
② 건설공사에 사용하는 높이 8m 이상인 비계다리에는 7m 이내마다 계단참을 설치한다.
③ 수직갱에 가설된 통로의 길이가 15m 이상일 경우에는 15m 이내마다 계단참을 설치한다.
④ 추락의 위험이 있는 장소에는 안전난간을 설치한다.

해설 ③ 수직갱에 가설된 통로의 길이가 15m 이상일 경우에는 10m 이내마다 계단참을 설치한다.

제1과목 ▶ 안전관리론

01 매슬로우(Maslow)의 인간의 욕구단계 중 5번째 단계에 속하는 것은?

① 안전 욕구 　　② 존경의 욕구

③ 사회적 욕구 　④ 자아실현의 욕구

해설 **매슬로우의 욕구 5단계**
㉠ 1단계 : 생리적 욕구
㉡ 2단계 : 안전 욕구
㉢ 3단계 : 사회적 욕구
㉣ 4단계 : 존경 욕구
㉤ 5단계 : 자아실현의 욕구

02 A사업장의 현황이 다음과 같을 때 이 사업장의 강도율은?

- 근로자수 : 500명
- 연근로시간수 : 2,400시간
- 신체장해등급
  - 2급 : 3명
  - 10급 : 5명
- 의사 진단에 의한 휴업일수 : 1,500일

① 0.22 　　　　② 2.22

③ 22.28 　　　④ 222.88

해설 강도율 $= \dfrac{근로손실일수}{연근로시간수} \times 1,000$

$= \dfrac{(7,500 \times 3) + (600 \times 5) + \left(1,500 \times \dfrac{300}{365}\right)}{500 \times 2,400}$

$\times 1,000$

$= 22.28$

03 보호구 자율안전확인 고시상 자율안전확인 보호구에 표시하여야 하는 사항을 모두 고른 것은?

ㄱ. 모델명
ㄴ. 제조 번호
ㄷ. 사용 기한
ㄹ. 자율안전확인 번호

① ㄱ, ㄴ, ㄷ 　　② ㄱ, ㄴ, ㄹ

③ ㄱ, ㄷ, ㄹ 　　④ ㄴ, ㄷ, ㄹ

해설 **자율안전확인 보호구에 표시하여야 하는 사항**
㉠ 형식 또는 모델명
㉡ 규격 및 등급
㉢ 제조자명
㉣ 제조 번호 및 제조 연월
㉤ 자율안전확인 번호
㉥ 기타(해당 시)

04 학습지도의 형태 중 참가자에게 일정한 역할을 주어 실제적으로 연기를 시켜봄으로써 자기의 역할을 보다 확실히 인식시키는 방법은?

① 포럼(Forum)

② 심포지엄(Symposium)

③ 롤 플레잉(Role playing)

④ 사례연구법(Case study method)

해설 롤 플레잉에 대한 설명이다.

05 보호구 안전인증 고시상 전로 또는 평로 등의 작업 시 사용하는 방열두건의 차광도 번호는?

① #2 ~ #3 　　② #3 ~ #5

③ #6 ~ #8 　　④ #9 ~ #11

해설 **방열두건의 차광도 번호**
① #2 ~ #3 : 고로강판가열로, 조괴(造塊) 등의 작업
② #3 ~ #5 : 전로 또는 평로 등의 작업
③ #6 ~ #8 : 전기로의 작업

06 산업재해의 분석 및 평가를 위하여 재해발생 건수 등의 추이에 대해 한계선을 설정하여 목표 관리를 수행하는 재해통계 분석 기법은?

① 관리도　　　② 안전 T점수
③ 파레토도　　④ 특성요인도

해설 관리도에 대한 설명이다.

07 산업안전보건법령상 안전보건관리규정 작성 시 포함되어야 하는 사항을 모두 고른 것은? (단, 그 밖에 안전 및 보건에 관한 사항은 제외한다.)

ㄱ. 안전보건교육에 관한 사항
ㄴ. 재해사례 연구·토의결과에 관한 사항
ㄷ. 사고조사 및 대책 수립에 관한 사항
ㄹ. 작업장의 안전 및 보건 관리에 관한 사항
ㅁ. 안전 및 보건에 관한 관리조직과 그 직무에 관한 사항

① ㄱ, ㄴ, ㄷ, ㄹ　② ㄱ, ㄴ, ㄹ, ㅁ
③ ㄱ, ㄷ, ㄹ, ㅁ　④ ㄴ, ㄷ, ㄹ, ㅁ

해설 안전보건관리규정 작성 시 포함되어야 하는 사항
㉠ ㄱ, ㄷ, ㄹ, ㅁ
㉡ 그 밖에 안전보건에 관한 사항

08 억측판단이 발생하는 배경으로 볼 수 없는 것은?

① 정보가 불확실할 때
② 타인의 의견에 동조할 때
③ 희망적인 관측이 있을 때
④ 과거에 성공한 경험이 있을 때

해설 억측판단이 발생하는 배경
㉠ ①, ③, ④
㉡ 초조한 심정

09 하인리히의 사고예방원리 5단계 중 교육 및 훈련의 개선, 인사조정, 안전관리규정 및 수칙의 개선 등을 행하는 단계는?

① 사실의 발견　　② 분석 평가
③ 시정방법의 선정　④ 시정책의 적용

해설 하인리히의 사고예방원리의 5단계 중 4단계(시정방법의 선정)에 대한 설명이다.

10 재해예방의 4원칙에 대한 설명으로 틀린 것은?

① 재해발생은 반드시 원인이 있다.
② 손실과 사고와의 관계는 필연적이다.
③ 재해는 원인을 제거하면 예방이 가능하다.
④ 재해를 예방하기 위한 대책은 반드시 존재한다.

해설 ② 손실과 사고와의 관계는 우연적이다.

11 산업안전보건법령상 안전보건진단을 받아 안전보건개선계획의 수립 및 명령을 할 수 있는 대상이 아닌 것은?

① 직업성 질병자가 연간 2명 이상(상시 근로자 1천 명 이상 사업장의 경우 3명 이상) 발생한 사업장
② 산업재해율이 같은 업종 평균 산업재해율의 2배 이상인 사업장
③ 사업주가 필요한 안전조치 또는 보건조치를 이행하지 아니하여 중대재해가 발생한 사업장
④ 상시 근로자 1천 명 이상인 사업장에서 유해인자의 노출기준을 초과한 사업장

해설 안전보건진단을 받아 안전보건개선계획을 수립 및 명령을 할 수 있는 대상
㉠ ①, ②, ③
㉡ 그 밖에 작업환경 불량, 화재·폭발 또는 누출사고 등으로 사업장 주변까지 피해가 확산된 사업장으로서 고용노동부령으로 정하는 사업장

12 버드(Bird)의 재해분포에 따르면 20건의 경상(물적, 인적 상해)사고가 발생했을 때 무상해·무사고(위험순간) 고장 발생 건수는?

① 200
② 600
③ 1,200
④ 12,000

해설 버드의 1:10:30:600 재해구성 비율

∴ 경상(물적, 인적 상해) 사고 : 무상해·무사고 (위험 순간) = 10 : 600 = 20 : 1,200(건)이다.

13 산업안전보건법령상 거푸집동바리의 조립 또는 해체작업 시 특별교육 내용이 아닌 것은? (단, 그 밖에 안전·보건관리에 필요한 사항은 제외한다.)

① 비계의 조립순서 및 방법에 관한 사항
② 조립 해체 시의 사고 예방에 관한 사항
③ 동바리의 조립방법 및 작업 절차에 관한 사항
④ 조립재료의 취급방법 및 설치기준에 관한 사항

해설 거푸집동바리의 조립 또는 해체작업 시 특별교육 내용
㉠ ②, ③, ④
㉡ 보호구 착용 및 점검에 관한 사항
㉢ 그 밖에 안전·보건관리에 필요한 사항

14 산업안전보건법령상 다음의 안전보건표지 중 기본모형이 다른 것은?

① 위험장소 경고
② 레이저광선 경고
③ 방사성물질 경고
④ 부식성물질 경고

해설 안전보건표지의 기본모형
㉠ ①, ②, ③ : 삼각형(△)
㉡ ④ : 마름모형(◇)

15 학습정도(Level of learning)의 4단계를 순서대로 나열한 것은?

① 인지 → 이해 → 지각 → 적용
② 인지 → 지각 → 이해 → 적용
③ 지각 → 이해 → 인지 → 적용
④ 지각 → 인지 → 이해 → 적용

해설 학습정도의 4단계 순서
인지 → 지각 → 이해 → 적용

16 기업 내 정형교육 중 TWI(Training Within Industry)의 교육내용이 아닌 것은?

① Job Method Training
② Job Relation Training
③ Job Instruction Training
④ Job Standardization Training

해설 ④ Job Safety Training

17 레빈(Lewin)의 법칙 $B = f(P \cdot E)$ 중 B가 의미하는 것은?

① 행동
② 경험
③ 환경
④ 인간관계

해설 $B = f(P \cdot E)$
여기서, B : Behavior(행동)
f : Function(함수관계)
P : Person(개체 : 경험 등)
E : Environment(환경 : 인간관계 등)

18 재해원인을 직접원인과 간접원인으로 분류할 때 직접원인에 해당하는 것은?

① 물적 원인
② 교육적 원인
③ 정신적 원인
④ 관리적 원인

해설 ㉠ 직접원인 : 인적 원인(불안전한 상태), 물적 원인(불안전한 행동)
㉡ 간접원인 : ②, ③, ④

19 헤드십(headship)의 특성에 관한 설명으로 틀린 것은?

① 지휘형태는 권위주의적이다.
② 상사의 권한 근거는 비공식적이다.
③ 상사와 부하의 관계는 지배적이다.
④ 상사와 부하의 사회적 간격은 넓다.

해설 헤드십과 리더십의 차이

개인과 상황변수	헤드십	리더십
권한행사	임명된 헤드	선출된 리더
권한부여	위에서 위임	밑으로부터 동의
권한근거	법적 또는 공식적	개인능력
권한귀속	공식화된 규정에 의함.	집단목표에 기여한 공로 인정
상관과 부하와의 관계	지배적	개인적인 영향
책임귀속	상사	상사와 부하
부하와의 사회적 간격	넓음	좁음
지휘형태	권위주의적	민주주의적

20 산업안전보건법상 안전관리자의 업무에 해당되지 않는 것은?

① 업무수행 내용의 기록·유지
② 산업재해에 관한 통계의 유지·관리· 분석을 위한 보좌 및 조언·지도
③ 안전에 관한 사항의 이행에 관한 보좌 및 조언·지도
④ 작업장 내에서 사용되는 전체환기장치 및 국소배기장치 등에 관한 설비의 점검과 작업방법의 공학적 개선에 관한 보좌 및 조언·지도

해설 안전관리자의 업무
㉠ ①, ②, ③
㉡ 사업장 안전교육계획의 수립 및 안전교육 실시에 관한 보좌 및 조언·지도
㉢ 안전인증 대상 기계·기구 등과 자율안전확인 대상 기계·기구 등 구입 시 적격품의 선정에 관한 보좌 및 조언·지도
㉣ 위험성평가에 관한 보좌 및 조언·지도

㉤ 산업안전보건위원회 또는 노사협의체, 안전보건 관리규정 및 취업규칙에서 정한 직무
㉥ 사업장 순회점검·지도 및 조치의 건의
㉦ 산업재해 발생의 원인 조사·분석 및 재발방지를 위한 기술적 보좌 및 조언·지도
㉧ 그 밖에 안전에 관한 사항으로서 노동부 장관이 정하는 사항

제2과목 **인간공학 및 시스템안전공학**

21 위험분석 기법 중 시스템 수명주기 관점에서 적용 시점이 가장 빠른 것은?

① PHA
② FHA
③ OHA
④ SHA

해설 시스템 수명주기 관점에서 PHA(예비위험분석)가 적용 시점이 가장 빠르다.

22 상황해석을 잘못하거나 목표를 잘못 설정하여 발생하는 인간의 오류 유형은?

① 실수(Slip)
② 착오(Mistake)
③ 위반(Violation)
④ 건망증(Lapse)

해설 착오(Mistake)에 대한 설명이다.

23 A작업의 평균에너지소비량이 다음과 같을 때, 60분간의 총 작업시간 내에 포함되어야 하는 휴식시간(분)은?

> • 휴식 중 에너지소비량 : 1.5kcal/min
> • A작업 시 평균 에너지소비량 : 6kcal/min
> • 기초대사를 포함한 작업에 대한 평균 에너지소비량 상한 : 5kcal/min

① 10.3
② 11.3
③ 12.3
④ 13.3

해설 휴식시간(R)

$$R = \frac{60(E-5)}{E-1.5} = \frac{60 \times (6-5)}{6-1.5} = 13.3분$$

여기서, E : 작업 시 평균 에너지소비량(kcal/min)

24 시스템의 수명곡선(욕조곡선)에 있어서 디버깅(Debugging)에 관한 설명으로 옳은 것은?

① 초기 고장의 결함을 찾아 고장률을 안정시키는 과정이다.

② 우발 고장의 결함을 찾아 고장률을 안정시키는 과정이다.

③ 마모 고장의 결함을 찾아 고장률을 안정시키는 과정이다.

④ 기계 결함을 발견하기 위해 동작 시험을 하는 기간이다.

> **해설** 디버깅(Debugging) : 초기 고장의 결함을 찾아 고장률을 안정시키는 과정

25 밝은 곳에서 어두운 곳으로 갈 때 망막에 시홍이 형성되는 생리적 과정인 암조응이 발생하는데, 완전 암조응(Dark adaptation)이 발생하는 데 소요되는 시간은?

① 약 3~5분

② 약 10~15분

③ 약 30~40분

④ 약 60~90분

> **해설** 완전 암조응에 걸리는 시간 : 30~40분

26 인간공학에 대한 설명으로 틀린 것은?

① 인간-기계 시스템의 안전성, 편리성, 효율성을 높인다.

② 인간을 작업과 기계에 맞추는 설계 철학이 바탕이 된다.

③ 인간이 사용하는 물건, 설비, 환경의 설계에 적용된다.

④ 인간의 생리적, 심리적인 면에서의 특성이나 한계점을 고려한다.

> **해설** ② 기계를 인간의 작업에 맞추는 설계 철학이 바탕이 된다.

27 HAZOP 기법에서 사용하는 가이드워드와 그 의미가 잘못 연결된 것은?

① Part of : 성질상의 감소

② As well as : 성질상의 증가

③ Other than : 기타 환경적인 요인

④ More/Less : 정량적인 증가 또는 감소

> **해설** ③ Other than : 완전한 대체

28 그림과 같은 FT도에 대한 최소 컷셋(minimal cut sets)으로 옳은 것은? (단, Fussell의 알고리즘을 따른다.)

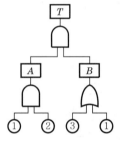

① {1, 2}

② {1, 3}

③ {2, 3}

④ {1, 2, 3}

> **해설** ㉠ $T = A \cdot B = \{1,2\} \cdot \begin{Bmatrix} 3 \\ 1 \end{Bmatrix} = \begin{Bmatrix} 1,2,3 \\ 1,2 \end{Bmatrix}$
>
> ㉡ 컷셋 : {1, 2, 3}, {1, 2}
>
> ㉢ 최소 컷셋 : {1, 2}

29 경계 및 경보신호의 설계지침으로 틀린 것은?

① 주의를 환기시키기 위하여 변조된 신호를 사용한다.

② 배경소음의 진동수와 다른 진동수의 신호를 사용한다.

③ 귀는 중음역에 민감하므로 500~3,000 Hz의 진동수를 사용한다.

④ 300m 이상의 장거리용으로는 1,000Hz를 초과하는 진동수를 사용한다.

> **해설** ④ 300m 이상의 장거리용으로는 1,000Hz 이하의 진동수를 사용한다.

30 FTA(Fault Tree Analysis)에서 사용되는 사상기호 중 통상의 작업이나 기계의 상태에서 재해의 발생 원인이 되는 요소가 있는 것을 나타내는 것은?

①   ②

③   ④

> 해설 ① 결함사상
> ② 기본사상
> ③ 생략사상
> ④ 통상사상

31 불(Bool) 대수의 정리를 나타낸 관계식 중 틀린 것은?

① $A \cdot 0 = 0$ ② $A + 1 = 1$

③ $A \cdot \overline{A} = 1$ ④ $A(A+B) = A$

> 해설 ① $A \cdot 0 = 0$
> ② $A + 1 = 1$
> ③ $A \cdot \overline{A} = 0$
> ④ $A(A+B) = A \cdot A + A \cdot B$
> $\qquad\qquad = A + AB$
> $\qquad\qquad = A(1+B)$
> $\qquad\qquad = A \cdot 1 = A$

32 근골격계질환 작업분석 및 평가 방법인 OWAS의 평가요소를 모두 고른 것은?

> ㄱ. 상지　　　ㄴ. 무게(하중)
> ㄷ. 하지　　　ㄹ. 허리

① ㄱ, ㄴ
② ㄱ, ㄷ, ㄹ
③ ㄴ, ㄷ, ㄹ
④ ㄱ, ㄴ, ㄷ, ㄹ

> 해설 OWAS(Ovako Working Posture Analysing System)의 평가요소
> 상지, 무게(하중), 하지, 허리

33 다음 중 좌식작업이 가장 적합한 작업은?

① 정밀 조립작업
② 4.5kg 이상의 중량물을 다루는 작업
③ 작업장이 서로 떨어져 있으며 작업장 간 이동이 잦은 작업
④ 작업자의 정면에서 매우 높거나 낮은 곳으로 손을 자주 뻗어야 하는 작업

> 해설 정밀 조립작업은 좌식작업이 가장 적합하다.

34 n개의 요소를 가진 병렬 시스템에 있어 요소의 수명($MTTF$)이 지수 분포를 따를 경우, 이 시스템의 수명으로 옳은 것은?

① $MTTF \times n$

② $MTTF \times \dfrac{1}{n}$

③ $MTTF \times \left(1 + \dfrac{1}{2} + \cdots + \dfrac{1}{n}\right)$

④ $MTTF \times \left(1 \times \dfrac{1}{2} \times \cdots \times \dfrac{1}{n}\right)$

> 해설 병렬 체계의 수명 $= MTTF \times \left(1 + \dfrac{1}{2} + \cdots + \dfrac{1}{n}\right)$

35 인간-기계 시스템에 관한 설명으로 틀린 것은?

① 자동 시스템에서는 인간요소를 고려하여야 한다.
② 자동차 운전이나 전기 드릴 작업은 반자동 시스템의 예시이다.
③ 자동 시스템에서 인간은 감시, 정비유지, 프로그램 등의 작업을 담당한다.
④ 수동 시스템에서 기계는 동력원을 제공하고 인간의 통제하에서 제품을 생산한다.

> 해설 ④ 수동 시스템에서 인간은 동력원을 제공하고 인간의 통제하에서 제품을 생산한다.

36 양식 양립성의 예시로 가장 적절한 것은?

① 자동차 설계 시 고도계 높낮이 표시
② 방사능 사업장에 방사능 폐기물 표시
③ 청각적 자극 제시와 이에 대한 음성 응답
④ 자동차 설계 시 제어장치와 표시장치의 배열

해설 **양식 양립성** : 청각적 자극 제시와 이에 대한 음성 응답

37 다음에서 설명하는 용어는?

> 유해·위험요인을 파악하고 해당 유해·위험요인에 의한 부상 또는 질병의 발생 가능성(빈도)과 중대성(강도)을 추정·결정하고 감소대책을 수립하여 실행하는 일련의 과정을 말한다.

① 위험성 결정
② 위험성 평가
③ 위험빈도 추정
④ 유해·위험요인 파악

해설 위험성 평가에 대한 설명이다.

38 태양광선이 내리쬐는 옥외장소의 자연습구온도 20℃, 흑구온도 18℃, 건구온도 30℃일 때 습구흑구온도지수(WBGT)는?

① 20.6℃
② 22.5℃
③ 25.0℃
④ 28.5℃

해설 옥외의 습구흑구온도지수(WBGT)
= (0.7×자연습구)+(0.2×흑구온도)
  +(0.1×건구온도)
= (0.7×20)+(0.2×18)+(0.1×30)
= 20.6

39 FTA(Fault Tree Analysis)에 관한 설명으로 옳은 것은?

① 정성적 분석만 가능하다.
② 복잡하고 대형화된 시스템의 신뢰성 분석 및 안정성 분석에 이용되는 기법이다.
③ FT에 동일한 사건이 중복되어 나타나는 경우 상향식(Bottom-up)으로 정상 사건 T의 발생 확률을 계산할 수 있다.
④ 기초사건과 생략사건의 확률값이 주어지게 되더라도 정상 사건의 최종적인 발생 확률을 계산할 수 없다.

해설 FTA(Fault Tree Analysis)
복잡하고 대형화된 시스템의 신뢰성 분석 및 안정성 분석에 이용되는 기법이다.

40 1 sone에 관한 설명으로 (   )에 알맞은 수치는?

> 1 sone : (㉠)Hz, (㉡)dB의 음압수준을 가진 순음의 크기

① ㉠ : 1000, ㉡ : 1
② ㉠ : 4000, ㉡ : 1
③ ㉠ : 1000, ㉡ : 40
④ ㉠ : 4000, ㉡ : 40

해설 **1 sone** : 1000Hz, 40dB의 음압수준을 가진 순음의 크기

제3과목 기계위험방지기술

41 밀링 작업 시 안전수칙으로 옳지 않은 것은?

① 테이블 위에 공구나 기타 물건 등을 올려놓지 않는다.
② 제품 치수를 측정할 때는 절삭 공구의 회전을 정지한다.
③ 강력 절삭을 할 때는 일감을 바이스에 짧게 물린다.
④ 상·하, 좌·우 이송장치의 핸들은 사용 후 풀어 둔다.

해설 ③ 강력 절삭을 할 때는 일감을 바이스에 깊게 물린다.

42 다음 중 와이어로프의 구성요소가 아닌 것은?

① 클립　　　　② 소선
③ 스트랜드　　④ 심강

・해설 와이어로프의 구성요소 : ②, ③, ④

43 산업안전보건법령상 산업용 로봇에 의한 작업 시 안전조치 사항으로 적절하지 않은 것은?

① 로봇의 운전으로 인해 근로자가 로봇에 부딪칠 위험이 있을 때에는 높이 1.8m 이상의 울타리를 설치하여야 한다.
② 작업을 하고 있는 동안 로봇의 기동스위치 등은 작업에 종사하고 있는 근로자가 아닌 사람이 그 스위치 등을 조작할 수 없도록 필요한 조치를 한다.
③ 로봇의 조작방법 및 순서, 작업 중의 매니퓰레이터의 속도 등에 관한 지침에 따라 작업을 하여야 한다.
④ 작업에 종사하는 근로자가 이상을 발견하면, 관리 감독자에게 우선 보고하고, 지시가 나올 때까지 작업을 진행한다.

・해설 ④ 작업에 종사하는 근로자 또는 그 근로자를 감시하는 사람은 이상을 발견하면 즉시 로봇의 운전을 정지시키기 위한 조치를 하여야 한다.

44 다음 중 지게차의 작업 상태별 안정도에 관한 설명으로 틀린 것은? (단, V는 최고속도 (km/h)이다.)

① 기준 부하상태에서 하역작업 시의 전후 안정도는 20% 이내이다.
② 기준 부하상태에서 하역작업 시의 좌우 안정도는 6% 이내이다.
③ 기준 무부하상태에서 주행 시의 전후 안정도는 18% 이내이다.
④ 기준 무부하상태에서 주행 시의 좌우 안정도는 $(15+1.1V)$% 이내이다.

・해설 ① 기준 부하상태에서 하역작업 시의 전후 안정도는 4% 이내이다.

45 산업안전보건법령상 보일러의 안전한 가동을 위하여 보일러 규격에 맞는 압력방출장치가 2개 이상 설치된 경우에 최고사용압력 이하에서 1개가 작동되고, 다른 압력방출장치는 최고사용압력의 몇 배 이하에서 작동되도록 부착하여야 하는가?

① 1.03배　　② 1.05배
③ 1.2배　　　④ 1.5배

・해설 보일러
압력방출장치가 2개 이상 설치된 경우에는 최고 사용압력 이하에서 1개가 작동되고, 다른 압력방출장치는 최고 사용압력의 1.05배 이하에서 작동되도록 부착하여야 한다.

46 금형의 설치, 해체, 운반 시 안전사항에 관한 설명으로 틀린 것은?

① 운반을 위하여 관통 아이볼트가 사용될 때는 구멍 틈새가 최소화되도록 한다.
② 금형을 설치하는 프레스의 T홈 안길이는 설치 볼트 지름의 1/2 이하로 한다.
③ 고정볼트는 고정 후 가능하면 나사산을 3~4개 정도 짧게 남겨 설치 또는 해체 시 슬라이드 면과의 사이에 협착이 발생하지 않도록 해야 한다.
④ 운반 시 상부금형과 하부금형이 닿을 위험이 있을 때는 고정 패드를 이용한 스트랩, 금속재질이나 우레탄 고무의 블록 등을 사용한다.

・해설 ② 금형을 설치하는 프레스의 T홈 안길이는 설치 볼트 직경의 2배 이상으로 한다.

47 선반에서 절삭 가공 시 발생하는 칩을 짧게 끊어지도록 공구에 설치되어 있는 방호 장치의 일종인 칩 제거 기구를 무엇이라 하는가?

① 칩 브레이커　　② 칩 받침
③ 칩 실드　　　　④ 칩 커터

・해설 칩 브레이커에 대한 설명이다.

48 다음 중 산업안전보건법령상 안전인증대상 방호장치에 해당하지 않는 것은?

① 연삭기 덮개
② 압력용기 압력방출용 파열판
③ 압력용기 압력방출용 안전밸브
④ 방폭구조(防爆構造) 전기기계 · 기구 및 부품

> **해설** 안전인증대상 방호장치
> ㉠ ②, ③, ④
> ㉡ 프레스 및 전단기 방호장치
> ㉢ 양중기용 과부하방지장치
> ㉣ 보일러 압력방출용 안전밸브
> ㉤ 절연용 방호구 및 활선작업용 기구
> ㉥ 추락 · 낙하 및 붕괴 등의 위험방지 및 보호에 필요한 가설기자재로서 고용노동부장관이 정하여 고시하는 것
> ㉦ 충돌 · 협착 등의 위험방지에 필요한 산업용 로봇 방호장치로서 고용노동부장관이 정하여 고시하는 것

49 인장강도가 250N/mm²인 강판에서 안전율이 4라면 이 강판의 허용응력(N/mm²)은 얼마인가?

① 42.5
② 62.5
③ 82.5
④ 102.5

> **해설** 허용응력 $= \dfrac{인장강도}{안전율} = \dfrac{250}{4} = 62.5 \, (\text{N/mm}^2)$

50 산업안전보건법령상 강렬한 소음작업에서 데시벨에 따른 노출시간으로 적합하지 않은 것은?

① 100데시벨 이상의 소음이 1일 2시간 이상 발생하는 작업
② 110데시벨 이상의 소음이 1일 30분 이상 발생하는 작업
③ 115데시벨 이상의 소음이 1일 15분 이상 발생하는 작업
④ 120데시벨 이상의 소음이 1일 7분 이상 발생하는 작업

> **해설** 강렬한 소음작업
> ㉠ 90dB 이상의 소음이 1일 8시간 이상 발생하는 작업
> ㉡ 95dB 이상의 소음이 1일 4시간 이상 발생하는 작업
> ㉢ 100dB 이상의 소음이 1일 2시간 이상 발생하는 작업
> ㉣ 105dB 이상의 소음이 1일 1시간 이상 발생하는 작업
> ㉤ 110dB 이상의 소음이 1일 30분 이상 발생하는 작업
> ㉥ 115dB 이상의 소음이 1일 15분 이상 발생하는 작업

51 방호장치 안전인증 고시에 따라 프레스 및 전단기에 사용되는 광전자식 방호장치의 일반구조에 대한 설명으로 가장 적절하지 않은 것은?

① 정상동작 표시램프는 녹색, 위험 표시 램프는 붉은색으로 하며, 근로자가 쉽게 볼 수 있는 곳에 설치해야 한다.
② 슬라이드 하강 중 정전 또는 방호장치의 이상 시에 정지할 수 있는 구조이어야 한다.
③ 방호장치는 릴레이, 리미트 스위치 등의 전기부품의 고장, 전원전압의 변동 및 정전에 의해 슬라이드가 불시에 동작하지 않아야 하며, 사용전원전압의 ±(100분의 10)의 변동에 대하여 정상으로 작동되어야 한다.
④ 방호장치의 감지기능은 규정한 검출영역 전체에 걸쳐 유효하여야 한다(다만, 블랭킹 기능이 있는 경우 그렇지 않다).

> **해설** ③ 사용전원전압의 ±(100분의 20)의 변동에 대하여 정상으로 작동되어야 한다.

52 다음 중 크레인의 방호장치로 가장 거리가 먼 것은?

① 권과방지장치
② 과부하방지장치
③ 비상정지장치
④ 자동보수장치

•해설 **크레인의 방호장치**
④ 제동장치

53 산업안전보건법령상 연삭기 작업 시 작업자가 안심하고 작업을 할 수 있는 상태는?

① 탁상용 연삭기에서 숫돌과 작업 받침대의 간격이 5mm이다.
② 덮개 재료의 인장강도는 224MPa이다.
③ 숫돌 교체 후 2분 정도 시험운전을 실시하여 해당 기계의 이상 여부를 확인하였다.
④ 작업 시작 전 1분 정도 시험운전을 실시하여 해당 기계의 이상 여부를 확인하였다.

•해설 ① 탁상용 연삭기에서 숫돌과 작업받침대의 간격이 3mm 이내이다.
② 덮개 재료의 인장강도는 274.5Mpa이다.
③ 숫돌 교체 후 3분 이상 시험운전을 실시하여 해당 기계의 이상 여부를 확인해야 한다.

54 보기와 같은 기계요소가 단독으로 발생시키는 위험점은?

> 밀링커터, 둥근톱날

① 협착점   ② 끼임점
③ 절단점   ④ 물림점

•해설 **절단점** : 회전하는 기계의 운동 부분과 기계 자체와의 위험이 형성되는 위험점

55 산업안전보건법령상 프레스기를 사용하여 작업을 할 때 작업시작 전 점검사항으로 틀린 것은?

① 클러치 및 브레이크의 기능
② 압력방출장치의 기능
③ 크랭크축·플라이휠·슬라이드·연결봉 및 연결나사의 풀림 유무
④ 프레스의 금형 및 고정 볼트의 상태

•해설 **프레스의 작업시작 전 점검사항**
㉠ ①, ③, ④
㉡ 1행정 1정지기구, 급정지장치 및 비상정지장치의 기능
㉢ 슬라이드 또는 칼날에 의한 위험방지기구의 기능
㉣ 방호장치의 기능
㉤ 전단기의 칼날 및 테이블의 상태

56 설비보전은 예방보전과 사후보전으로 대별된다. 다음 중 예방보전의 종류가 아닌 것은?

① 시간계획보전   ② 개량보전
③ 상태기준보전   ④ 적응보전

•해설 **예방보전의 종류** : ①, ③, ④

57 천장크레인에 중량 3kN의 화물을 2줄로 매달았을 때 매달기용 와이어(sling wire)에 걸리는 장력은 약 몇 kN인가? (단, 매달기용 와이어(sling wire) 2줄 사이의 각도는 55°이다.)

① 1.3   ② 1.7
③ 2.0   ④ 2.3

•해설
$$장력 = \frac{\dfrac{W(중량)}{2}}{\dfrac{\cos\theta}{2}} = \frac{\dfrac{3}{2}}{\dfrac{\cos 55°}{2}} = 1.69 ≒ 1.7kN$$

58 다음 중 롤러의 급정지 성능으로 적합하지 않은 것은?

① 앞면 롤러 표면 원주속도가 25m/min, 앞면 롤러의 원주가 5m일 때 급정지거리 1.6m 이내
② 앞면 롤러 표면 원주속도가 35m/min, 앞면 롤러의 원주가 7m일 때 급정지거리 2.8m 이내
③ 앞면 롤러 표면 원주속도가 30m/min, 앞면 롤러의 원주가 6m일 때 급정지거리 2.6m 이내
④ 앞면 롤러 표면 원주속도가 20m/min, 앞면 롤러의 원주가 8m일 때 급정지거리 2.6m 이내

해설 급정지장치의 성능

앞면 롤러의 표면속도(m/min)	급정지거리
30 미만	앞면 롤러 원주의 $\frac{1}{3}$ 이내
30 이상	앞면 롤러 원주의 $\frac{1}{2.5}$ 이내

① $5 \times \frac{1}{3} = 1.67\text{m}$ 이내

② $7 \times \frac{1}{2.5} = 2.8\text{m}$ 이내

③ $6 \times \frac{1}{2.5} = 2.4\text{m}$ 이내

④ $8 \times \frac{1}{3} = 2.676\text{m}$ 이내

59 조작자의 신체부위가 위험한계 밖에 위치하도록 기계의 조작 장치를 위험구역에서 일정 거리 이상 떨어지게 하는 방호장치는?

① 덮개형 방호장치
② 차단형 방호장치
③ 위치제한형 방호장치
④ 접근반응형 방호장치

해설 위치제한형 방호장치에 대한 설명이다.

60 산업안전보건법령상 아세틸렌 용접장치의 아세틸렌 발생기실을 설치하는 경우 준수하여야 하는 사항으로 옳은 것은?

① 벽은 가연성 재료로 하고 철근 콘크리트 또는 그 밖에 이와 동등하거나 그 이상의 강도를 가진 구조로 할 것

② 바닥면적의 $\frac{1}{16}$ 이상의 단면적을 가진 배기통을 옥상으로 돌출시키고 그 개구부를 창이나 출입구로부터 1.5m 이상 떨어지도록 할 것

③ 출입구의 문은 불연성 재료로 하고 두께 1.0mm 이상의 강도를 가진 구조로 할 것

④ 발생기실을 옥외에 설치한 경우에는 그 개구부를 다른 건축물로부터 1.0m 이내 떨어지도록 할 것

해설 아세틸렌 용접장치 발생기실의 설치장소 및 구조

① 벽은 불연성 재료로 하고 철근 콘크리트 또는 그 밖에 이와 동등하거나 그 이상의 강도를 가진 구조로 할 것

③ 출입구의 문은 불연성 재료로 하고 두께 1.5mm 이상의 철판이나 그 밖에 그 이상의 강도를 가진 구조로 할 것

④ 발생기실을 옥외에 설치한 경우에는 그 개구부를 다른 건축물로부터 1.5m 이상 떨어지도록 할 것

제4과목 | 전기위험방지기술

61 대지에서 용접작업을 하고 있는 작업자가 용접봉에 접촉한 경우 통전전류는? (단, 용접기의 출력 측 무부하전압 : 90V, 접촉저항(손, 용접봉 등 포함) : 10kΩ, 인체의 내부저항 : 1kΩ, 발과 대지의 접촉저항 : 20kΩ이다.)

① 약 0.19mA
② 약 0.29mA
③ 약 1.96mA
④ 약 2.90mA

해설
$$I = \frac{V}{R}$$

$$\text{통전전류} = \frac{\text{출력측무부하전압}}{\text{접촉저항} + \text{인체의 내부저항} + \text{발과 대지의 접촉저항}}$$

$$= \frac{90\text{V}}{10,000\Omega + 1,000\Omega + 20,000\Omega}$$

$$= 0.0029\text{A} = 2.90\text{mA}$$

62 KS C IEC 60079-10-2에 따라 공기 중에 분진운의 형태로 폭발성 분진 분위기가 지속적으로 또는 장기간 또는 빈번히 존재하는 장소는?

① 0종 장소
② 1종 장소
③ 20종 장소
④ 21종 장소

해설 20종 장소에 대한 설명이다.

63 설비의 이상현상에 나타나는 아크(Arc)의 종류가 아닌 것은?

① 단락에 의한 아크

② 지락에 의한 아크

③ 차단기에서의 아크

④ 전선저항에 의한 아크

해설 ④ 전선절단에 의한 아크

64 정전기 재해방지에 관한 설명 중 틀린 것은?

① 이황화탄소의 수송 과정에서 배관 내의 유속을 2.5m/s 이상으로 한다.

② 포장 과정에서 용기를 도전성 재료에 접지한다.

③ 인쇄 과정에서 도포량을 소량으로 하고 접지한다.

④ 작업장의 습도를 높여 전하가 제거되기 쉽게 한다.

해설 ① 이황화탄소의 수송 과정에서 배관 내의 유속을 1m/s 이하로 한다.

65 한국전기설비규정에 따라 사람이 쉽게 접촉할 우려가 있는 곳에 금속제 외함을 가지는 저압의 기계기구가 시설되어 있다. 이 기계기구의 사용전압이 몇 V를 초과할 때 전기를 공급하는 전로에 누전차단기를 시설해야 하는가? (단, 누전차단기를 시설하지 않아도 되는 조건은 제외한다.)

① 30V ② 40V

③ 50V ④ 60V

해설 기계기구의 사용전압이 50V 초과 시 누전차단기를 시설해야 한다.

66 다음 중 방폭설비의 보호등급(IP)에 대한 설명으로 옳은 것은?

① 제1 특성 숫자가 "1"인 경우 지름 50mm 이상의 외부 분진에 대한 보호

② 제1 특성 숫자가 "2"인 경우 지름 10mm 이상의 외부 분진에 대한 보호

③ 제2 특성 숫자가 "1"인 경우 지름 50mm 이상의 외부 분진에 대한 보호

④ 제2 특성 숫자가 "2"인 경우 지름 10mm 이상의 외부 분진에 대한 보호

해설 ② 제1특성 숫자가 "2"인 경우 지름 12.5mm 이상의 외부 분진에 대한 보호

③ 제2특성 숫자가 "1"인 경우 수직으로 떨어지는 물방울에 대해 유해한 영향 끼치지 않음

④ 제2특성 숫자가 "2"인 경우 용기가 정상 위치에 대해 양쪽으로 15° 이내로 기울어져 수직으로 떨어지는 물방울에 대해 유해한 영향을 끼치지 않음

67 정전기 발생에 영향을 주는 요인에 대한 설명으로 틀린 것은?

① 물체의 분리속도가 빠를수록 발생량은 적어진다.

② 접촉면적이 크고 접촉압력이 높을수록 발생량이 많아진다.

③ 물체 표면이 수분이나 기름으로 오염되면 산화 및 부식에 의해 발생량이 많아진다.

④ 정전기의 발생은 처음 접촉, 분리할 때가 최대로 되고 접촉, 분리가 반복됨에 따라 발생량은 감소한다.

해설 ① 물체의 분리속도가 빠를수록 발생량은 많아진다.

68 전기기기, 설비 및 전선로 등의 충전 유무 등을 확인하기 위한 장비는?

① 위상검출기

② 디스콘 스위치

③ COS

④ 저압 및 고압용 검전기

해설 저압 및 고압용 검전기에 대한 설명이다.

69 피뢰기로서 갖추어야 할 성능 중 틀린 것은?

① 충격 방전 개시전압이 낮을 것
② 뇌전류 방전 능력이 클 것
③ 제한전압이 높을 것
④ 속류 차단을 확실하게 할 수 있을 것

해설 ③ 제한전압이 낮을 것

70 접지저항 저감 방법으로 틀린 것은?

① 접지극의 병렬 접지를 실시한다.
② 접지극의 매설 깊이를 증가시킨다.
③ 접지극의 크기를 최대한 작게 한다.
④ 접지극 주변의 토양을 개량하여 대지
저항률을 떨어뜨린다.

해설 ③ 접지극의 크기를 최대한 크게 한다.

71 교류 아크용접기의 사용에서 무부하 전압이 80V, 아크 전압 25V, 아크 전류 300A일 경우 효율은 약 몇 %인가? (단, 내부손실은 4kW이다.)

① 65.2
② 70.5
③ 75.3
④ 80.6

해설
$$효율 = \frac{출력}{입력} \times 100 = \frac{출력}{출력 + 내부손실} \times 100$$
출력 = 아크전압 × 아크전류
$$= 25 \times 300 = 7500W = 7.5kW$$
$$\therefore \frac{7.5}{7.5 + 4} \times 100 = 65.21$$

72 아크방전의 전압전류 특성으로 가장 옳은 것은?

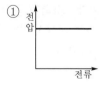 ① 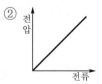 ②
 ③ 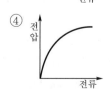 ④

해설 아크방전의 전압전류는 반비례한다.

73 다음 중 기기보호등급(EPL)에 해당하지 않는 것은?

① EPL Ga
② EPL Ma
③ EPL Dc
④ EPL Mc

해설 **기기보호등급(EPL)**
㉠ EPL Ma, Mb
㉡ EPL Ga, Gb, Gc
㉢ EPL Da, Db, Dc

74 다음 중 산업안전보건기준에 관한 규칙에 따라 누전차단기를 설치하지 않아도 되는 곳은?

① 철판·철골 위 등 도전성이 높은 장소에서 사용하는 이동형 전기기계·기구
② 대지전압이 220V인 휴대형 전기기계·기구
③ 임시배선의 전로가 설치되는 장소에서 사용하는 이동형 전기기계·기구
④ 절연대 위에서 사용하는 전기기계·기구

해설 (1) 누전차단기를 설치하지 않아도 되는 곳
㉠ 전기용품 및 생활용품 안전관리법이 적용되는 이중절연 또는 이와 같은 수준 이상으로 보호되는 구조로 된 전기기계·기구
㉡ 절연대 위 등과 같이 감전의 위험이 없는 장소에서 사용하는 전기기계·기구
㉢ 비접지방식의 보호
(2) 누전차단기의 설치 대상
㉠ 대지전압이 150V를 초과하는 이동형 또는 휴대형 전기기계·기구
㉡ 물 등 도전성이 높은 액체가 있는 습윤 장소에서 사용하는 저압(1,500V 이하 직류전압이나 1,000V 이하의 교류전압을 말한다)용 전기기계·기구
㉢ 철판·철골 위 등 도전성이 높은 장소에서 사용하는 이동형 또는 휴대형 전기기계·기구
㉣ 임시배선의 전로가 설치되는 장소에서 사용하는 이동형 또는 휴대형 전기기계·기구

75 다음 설명이 나타내는 현상은?

> 전압이 인가된 이극 도체간의 고체 절연물 표면에 이물질이 부착되면 미소방전이 일어난다. 이 미소방전이 반복되면서 절연물 표면에 도전성 통로가 형성되는 현상이다.

① 흑연화현상　　② 트래킹현상
③ 반단선현상　　④ 절연이동현상

해설 트래킹현상에 대한 설명이다.

76 다음 중 방폭구조의 종류가 아닌 것은?

① 본질안전방폭구조
② 고압방폭구조
③ 압력방폭구조
④ 내압방폭구조

해설 방폭구조의 종류
㉠ ①, ③, ④
㉡ 안전증방폭구조
㉢ 유입방폭구조
㉣ 특수방폭구조

77 심실세동 전류 $I = \dfrac{165}{\sqrt{t}}$ (mA)라면 심실세동 시 인체에 직접 받는 전기 에너지(cal)는 약 얼마인가? (단, t는 통전시간으로 1초이며, 인체의 저항은 500Ω으로 한다.)

① 0.52　　　　② 1.35
③ 2.14　　　　④ 3.27

해설
$$W = I^2RT = \left(\dfrac{165}{\sqrt{1}} \times 10^{-3}\right)^2 \times 500 \times 1$$
$$= 13.6\text{Ws} = 13.6\text{J} = 13.6 \times 0.24 = 3.264\text{cal}$$

78 정전기로 인한 화재 폭발의 위험이 가장 높은 것은?

① 드라이클리닝설비　② 농작물 건조기
③ 가습기　　　　　　④ 전동기

해설 드라이클리닝설비는 인화성 유기용제를 사용하므로 화재 폭발의 위험이 가장 높다.

79 산업안전보건기준에 관한 규칙에 따른 전기기계·기구의 설치 시 고려할 사항으로 거리가 먼 것은?

① 전기기계·기구의 충분한 전기적 용량 및 기계적 강도
② 전기기계·기구의 안전효율을 높이기 위한 시간 가동률
③ 습기·분진 등 사용장소의 주위 환경
④ 전기적·기계적 방호수단의 적정성

해설 전기기계·기구의 설치 시 고려할 사항 : ①, ③, ④

80 정전작업 시 조치사항으로 틀린 것은?

① 작업 전 전기설비의 잔류 전하를 확실히 방전한다.
② 개로된 전로의 충전여부를 검전기구에 의하여 확인한다.
③ 개폐기에 잠금장치를 하고 통전금지에 관한 표지판은 제거한다.
④ 예비 동력원의 역송전에 의한 감전의 위험을 방지하기 위해 단락접지 기구를 사용하여 단락 접지를 한다.

해설 ③ 개폐기에 잠금장치를 하고 통전금지에 관한 표지판을 설치한다.

제5과목　화학설비위험방지기술

81 산업안전보건법에서 정한 위험물질을 기준량 이상 제조하거나 취급하는 화학설비로서 내부의 이상상태를 조기에 파악하기 위하여 필요한 온도계·유량계·압력계 등의 계측장치를 설치하여야 하는 대상이 아닌 것은?

① 가열로 또는 가열기
② 증류·정류·증발·추출 등 분리를 하는 장치
③ 반응폭주 등 이상 화학반응에 의하여 위험물질이 발생할 우려가 있는 설비
④ 흡열반응이 일어나는 반응장치

해설 계측기 설치대상

㉠ ①, ②, ③
㉡ 발열반응이 일어나는 반응장치
㉢ 가열시켜주는 물질의 온도가 가열되는 위험물질의 분해온도 또는 발화점보다 높은 상태에서 운전되는 설비
㉣ 온도가 350℃ 이상이거나 게이지압력이 980kPa 이상인 상태에서 운전되는 설비

82 다음 중 퍼지(purge)의 종류에 해당하지 않는 것은?

① 압력퍼지　　　　② 진공퍼지
③ 스위프퍼지　　　④ 가열퍼지

해설 ④ 사이펀퍼지

83 폭발한계와 완전연소 조성 관계인 Jones식을 이용하여 부탄(C_4H_{10})의 폭발하한계를 구하면 몇 vol%인가?

① 1.4　　　　　　② 1.7
③ 2.0　　　　　　④ 2.3

해설 Jones식 폭발 상·하한계

Jones는 많은 탄화수소 증기의 LFL(하한)과 UFL(상한)이 연료의 양론농도(C_{st})의 함수임을 발견하였다.
$LFL = 0.55 C_{st}$, $UFL = 3.50 C_{st}$

여기서, $C_{st} = \dfrac{100}{1 + \dfrac{z}{0.21}}$

그리고 대부분의 유기물에 대한 양론농도는 일반적인 연소반응을 이용하여 결정된다.
$C_m H_x O_y + z O_2 \rightarrow m CO_2 + x/2 H_2O$
즉, 필요한 산소 몰수이다. 단, 연료가스가 1몰이라는 가정이 필요하다.
$C_4H_{10} + 6.5 O_2 \rightarrow 4 CO_2 + 5 H_2O$

$C_{st} = \dfrac{100}{1 + \dfrac{z}{0.21}} = \dfrac{100}{1 + \dfrac{6.5}{0.21}} = 3.13\%$

따라서, 하한 $= 0.55 \times 3.13 = 1.72\%\text{v/v}$
　　　　상한 $= 3.50 \times 3.13 = 10.96\%\text{v/v}$

84 가스를 분류할 때 독성가스에 해당하지 않는 것은?

① 황화수소　　　　② 시안화수소
③ 이산화탄소　　　④ 산화에틸렌

해설 ③ 이산화탄소는 불연성가스이다.

85 다음 중 폭발 방호 대책과 가장 거리가 먼 것은?

① 불활성화　　　　② 억제
③ 방산　　　　　　④ 봉쇄

해설 폭발의 방호 대책 : ②, ③, ④

86 질화면(Nitrocellulose)은 저장·취급 중에는 에틸알코올 등으로 습면 상태를 유지해야 한다. 그 이유를 옳게 설명한 것은?

① 질화면은 건조 상태에서는 자연적으로 분해하면서 발화할 위험이 있기 때문이다.
② 질화면은 알코올과 반응하여 안정한 물질을 만들기 때문이다.
③ 질화면은 건조 상태에서 공기 중의 산소와 환원반응을 하기 때문이다.
④ 질화면은 건조 상태에서 유독한 중합물을 형성하기 때문이다.

해설 질화면을 건조 상태에서는 자연적으로 분해하면서 발화할 위험이 있기 때문에 에틸알코올 등으로 습면 상태를 유지해야 한다.

87 분진폭발의 특징으로 옳은 것은?

① 연소속도가 가스폭발보다 크다.
② 완전연소로 가스중독의 위험이 작다.
③ 화염의 파급속도보다 압력의 파급속도가 빠르다.
④ 가스폭발보다 연소시간은 짧고 발생 에너지는 작다.

해설 ① 폭발압력과 연소속도는 가스폭발보다 작다.
② 불완전연소로 인한 가스중독의 위험이 크다.
④ 가스폭발보다 발생에너지가 크다.

88 크롬에 대한 설명으로 옳은 것은?

① 은백색 광택이 있는 금속이다.
② 중독 시 미나마타병이 발병한다.
③ 비중이 물보다 작은 값을 나타낸다.
④ 3가 크롬이 인체에 가장 유해하다.

•해설 ② 중독 시 비중격천공증이 발생한다.
③ 비중은 7.20이므로 물보다 큰 값을 나타낸다.
④ 6가 크롬이 인체에 가장 유해하다.

89 사업주는 인화성 액체 및 인화성 가스를 저장 취급하는 화학설비에서 증기나 가스를 대기로 방출하는 경우에는 외부로부터의 화염을 방지 하기 위하여 화염방지기를 설치하여야 한다. 다음 중 화염방지기의 설치 위치로 옳은 것은?

① 설비의 상단   ② 설비의 하단
③ 설비의 측면   ④ 설비의 조작부

•해설 화염방지기는 설비의 상단에 설치한다.

90 열교환탱크 외부를 두께 0.2m의 단열재(열전 도율 $k = 0.037$kcal/m·h·℃)로 보온하였 더니 단열재 내면은 40℃, 외면은 20℃이었다. 면적 1m² 당 1시간에 손실되는 열량(kcal)은?

① 0.0037   ② 0.037
③ 1.37   ④ 3.7

•해설 $Q = \dfrac{KA\Delta t}{L} = \dfrac{0.037 \times 1 \times 20}{0.2} = 3.7$kcal

91 산업안전보건법령상 다음 인화성가스의 정의에서 ( ) 안에 알맞은 값은?

"인화성가스"란 인화한계 농도의 최저한도가 (㉠)% 이하 또는 최고한도와 최저한도의 차가 (㉡)% 이상인 것으로서 표준압력(101.3kPa), 20℃에서 가스 상태인 물질을 말한다.

① ㉠ 13, ㉡ 12   ② ㉠ 13, ㉡ 15
③ ㉠ 12, ㉡ 13   ④ ㉠ 12, ㉡ 15

•해설 **인화성가스**
인화한계 농도의 최저한도가 13% 이하 또는 최 고한도와 최저한도의 차가 12% 이상인 것으로 서, 표준압력(101.3kPa) 20℃에서 가스 상태인 물질을 말한다.

92 액체 표면에서 발생한 증기농도가 공기 중 에서 연소하한농도가 될 수 있는 가장 낮은 액체온도를 무엇이라 하는가?

① 인화점   ② 비등점
③ 연소점   ④ 발화온도

•해설 인화점에 대한 설명이다.

93 위험물의 저장방법으로 적절하지 않은 것은?

① 탄화칼슘은 물 속에 저장한다.
② 벤젠은 산화성 물질과 격리시킨다.
③ 금속나트륨은 석유 속에 저장한다.
④ 질산은 갈색병에 넣어 냉암소에 보관 한다.

•해설 ① 탄화칼슘은 습기가 없는 건조한 장소에 밀봉· 밀전하여 보관한다.

94 다음 중 열교환기의 보수에 있어 일상점검 항목과 정기적 개방점검항목으로 구분할 때 일상점검항목으로 거리가 먼 것은?

① 도장의 노후상황
② 부착물에 의한 오염의 상황
③ 보온재, 보냉재의 파손여부
④ 기초볼트의 체결정도

•해설 **열교환기의 일상점검 및 개방점검 항목**

일상점검 항목	개방점검 항목
㉠ 도장의 노후상태	㉠ 생성물, 부착물에 의 한 오염
㉡ 보온재 보냉재의 파 손 여부	㉡ 라이닝, 개스킷 손상 여부
㉢ 기초볼트의 체결 상태	㉢ 용접부 상태
㉣ 플랜지부나 용접부 에서의 누출 여부	㉣ 내부 관의 부식 및 누 설 여부
	㉤ 내부 부식의 형태 및 정도

95 다음 중 반응기의 구조방식에 의한 분류에 해당하는 것은?

① 탑형 반응기
② 연속식 반응기
③ 반회분식 반응기
④ 회분식 균일상반응기

해설 **반응기의 분류**
(1) 조작방식에 의한 분류
  ㉠ 회분식 균일상 반응기
  ㉡ 반회분식 반응기
  ㉢ 연속식 반응기
(2) 구조방식에 의한 분류
  ㉠ 관형 반응기
  ㉡ 탑형 반응기
  ㉢ 교반조형 반응기
  ㉣ 유동층형 반응기

96 다음 중 공기 중 최소 발화에너지 값이 가장 작은 물질은?

① 에틸렌   ② 아세트알데히드
③ 메탄   ④ 에탄

해설 ① 에틸렌 : 0.096mJ
② 아세트알데히드 : 0.30mJ
③ 메탄 : 0.29mJ
④ 에탄 : 0.25mJ

97 다음 [표]의 가스(A~D)를 위험도가 큰 것부터 작은 순으로 나열한 것은?

	폭발하한값	폭발상한값
A	4.0 vol%	75.0 vol%
B	3.0 vol%	80.0 vol%
C	1.25 vol%	44.0 vol%
D	2.5 vol%	81.0 vol%

① D−B−C−A ② D−B−A−C
③ C−D−A−B ④ C−D−B−A

해설
㉠ A 위험도 : $\frac{75-4}{4}=17.75$
㉡ B 위험도 : $\frac{80-3}{3}=25.67$
㉢ C 위험도 : $\frac{44-1.25}{1.25}=34.2$
㉣ D 위험도 : $\frac{81-2.5}{2.5}=31.4$

98 알루미늄분이 고온의 물과 반응하였을 때 생성되는 가스는?

① 이산화탄소 ② 수소
③ 메탄   ④ 에탄

해설 **알루미늄분과 물의 반응식**
$2Al+6H_2O \rightarrow 2Al(OH)_3+3H_2$

99 메탄, 에탄, 프로판의 폭발하한계가 각각 5vol%, 3vol%, 2.1vol%일 때 다음 중 폭발하한계가 가장 낮은 것은? (단, Le Chatelier의 법칙을 이용한다.)

① 메탄 20vol%, 에탄 30vol%, 프로판 50vol%의 혼합가스
② 메탄 30vol%, 에탄 30vol%, 프로판 40vol%의 혼합가스
③ 메탄 40vol%, 에탄 30vol%, 프로판 30vol%의 혼합가스
④ 메탄 50vol%, 에탄 30vol%, 프로판 20vol%의 혼합가스

해설
① $\frac{100}{L}=\frac{20}{5}+\frac{30}{3}+\frac{50}{2.1}$, $L=2.64$
② $\frac{100}{L}=\frac{30}{5}+\frac{30}{3}+\frac{40}{2.1}$, $L=2.85$
③ $\frac{100}{L}=\frac{40}{5}+\frac{30}{3}+\frac{30}{2.1}$, $L=3.10$
④ $\frac{100}{L}=\frac{50}{5}+\frac{30}{3}+\frac{20}{2.1}$, $L=3.39$

100 고압가스 용기 파열사고의 주요 원인 중 하나는 용기의 내압력(耐壓力, capacity to resist pressure) 부족이다. 다음 중 내압력 부족의 원인으로 거리가 먼 것은?

① 용기 내벽의 부식 ② 강재의 피로
③ 과잉 충전   ④ 용접 불량

해설 고압가스 용기의 내압력 부족 원인 : ①, ②, ④

제6과목 **건설안전기술**

101 토사붕괴에 따른 재해를 방지하기 위한 흙막이 지보공 부재로 옳지 않은 것은?

① 흙막이판 ② 말뚝
③ 턴버클   ④ 띠장

해설 흙막이 지보공 부재 : ①, ②, ④

102 건설현장에 거푸집동바리 설치 시 준수사항으로 옳지 않은 것은?

① 파이프서포트 높이가 4.5m를 초과하는 경우에는 높이 2m 이내마다 2개 방향으로 수평 연결재를 설치한다.

② 동바리의 침하 방지를 위해 깔목의 사용, 콘크리트 타설, 말뚝박기 등을 실시한다.

③ 강재와 강재의 접속부는 볼트 또는 클램프 등 전용철물을 사용한다.

④ 강관틀 동바리는 강관틀과 강관틀 사이에 교차가새를 설치한다.

해설 ① 파이프서포트 높이가 3.5m를 초과하는 경우에는 높이 2m 이내마다 수평연결재를 2개 방향으로 만들고, 수평연결재의 변위를 방지한다.

103 고소작업대를 설치 및 이동하는 경우에 준수하여야 할 사항으로 옳지 않은 것은?

① 와이어로프 또는 체인의 안전율은 3 이상일 것

② 붐의 최대 지면경사각을 초과 운전하여 전도되지 않도록 할 것

③ 고소작업대를 이동하는 경우 작업대를 가장 낮게 내릴 것

④ 작업대에 끼임·충돌 등 재해를 예방하기 위한 가드 또는 과상승방지장치를 설치할 것

해설 ① 와이어로프 또는 체인의 안전율은 5 이상일 것

104 건설공사의 유해위험방지계획서 제출기준일로 옳은 것은?

① 당해공사 착공 1개월 전까지

② 당해공사 착공 15일 전까지

③ 당해공사 착공 전날까지

④ 당해공사 착공 15일 후까지

해설 건설공사의 유해위험방지계획서는 당해공사 착공 전날까지 제출하여야 한다.

105 철골건립준비를 할 때 준수하여야 할 사항으로 옳지 않은 것은?

① 지상 작업장에서 건립준비 및 기계기구를 배치할 경우에는 낙하물의 위험이 없는 평탄한 장소를 선정하여 정비하여야 한다.

② 건립작업에 다소 지장이 있다 하더라도 수목은 제거하거나 이설하여서는 안된다.

③ 사용전에 기계기구에 대한 정비 및 보수를 철저히 실시하여야 한다.

④ 기계에 부착된 앵커 등 고정장치와 기초구조 등을 확인하여야 한다.

해설 ② 건립작업에 지장이 있을 경우 수목은 제거하여야 한다.

106 가설공사 표준안전 작업지침에 따른 통로발판을 설치하여 사용함에 있어 준수사항으로 옳지 않은 것은?

① 추락의 위험이 있는 곳에는 안전난간이나 철책을 설치하여야 한다.

② 작업발판의 최대폭은 1.6m 이내이어야 한다.

③ 비계발판의 구조에 따라 최대 적재하중을 정하고, 이를 초과하지 않도록 하여야 한다.

④ 발판을 겹쳐 이음하는 경우 장선 위에서 이음을 하고, 겹침길이는 10cm 이상으로 하여야 한다.

해설 ④ 발판을 겹쳐 이음하는 경우 장선 위에서 이음을 하고, 겹침길이는 20cm 이상으로 하여야 한다.

107 항타기 또는 항발기의 사용 시 준수사항으로 옳지 않은 것은?

① 증기나 공기를 차단하는 장치를 작업관리자가 쉽게 조작할 수 있는 위치에 설치한다.

② 해머의 운동에 의하여 증기호스 또는 공기호스와 해머의 접속부가 파손되거나 벗겨지는 것을 방지하기 위하여 그 접속부가 아닌 부위를 선정하여 증기호스 또는 공기호스를 해머에 고정시킨다.

③ 항타기나 항발기의 권상장치의 드럼에 권상용 와이어로프가 꼬인 경우에는 와이어로프에 하중을 걸어서는 안 된다.

④ 항타기나 항발기의 권상장치에 하중을 건 상태로 정지하여 두는 경우에는 쐐기장치 또는 역회전방지용 브레이크를 사용하여 제동하는 등 확실하게 정지시켜 두어야 한다.

> 해설 ① 증기나 공기를 차단하는 장치를 운전자가 쉽게 조작할 수 있는 위치에 설치한다.

108 건설업 중 유해위험방지계획서 제출 대상 사업장으로 옳지 않은 것은?

① 지상높이가 31m 이상인 건축물 또는 인공구조물, 연면적 30,000m² 이상인 건축물 또는 연면적 5,000m² 이상의 문화 및 집회시설의 건설공사

② 연면적 3,000m² 이상의 냉동·냉장 창고시설의 설비공사 및 단열공사

③ 깊이 10m 이상인 굴착공사

④ 최대 지간길이가 50m 이상인 다리의 건설공사

> 해설 ② 연면적 5,000m² 이상의 냉동·냉장 창고시설의 설비공사 및 단열공사

109 건설작업용 타워크레인의 안전장치로 옳지 않은 것은?

① 권과 방지장치
② 과부하 방지장치
③ 비상정지 장치
④ 호이스트 스위치

> 해설 ④ 제동장치

110 이동식 비계를 조립하여 작업을 하는 경우의 준수기준으로 옳지 않은 것은?

① 비계의 최상부에서 작업을 할 때에는 안전난간을 설치하여야 한다.

② 작업발판의 최대 적재하중은 400kg을 초과하지 않도록 한다.

③ 승강용 사다리는 견고하게 설치하여야 한다.

④ 작업발판은 항상 수평을 유지하고 작업발판 위에서 안전난간을 딛고 작업을 하거나 받침대 또는 사다리를 사용하여 작업하지 않도록 한다.

> 해설 ② 작업발판의 최대 적재하중은 250kg을 초과하지 않도록 한다.

111 토사붕괴 원인으로 옳지 않은 것은?

① 경사 및 기울기 증가
② 성토높이의 증가
③ 건설기계 등 하중작용
④ 토사중량의 감소

> 해설 ④ 토사중량의 증가

112 건설용 리프트의 붕괴 등을 방지하기 위해 받침의 수를 증가시키는 등 안전조치를 하여야 하는 순간풍속 기준은?

① 초당 15미터 초과
② 초당 25미터 초과
③ 초당 35미터 초과
④ 초당 45미터 초과

해설 건설용 리프트의 붕괴 등을 방지하기 위해 초당 35m 초과 시 안전조치를 한다.

113 가설구조물의 특징으로 옳지 않은 것은?

① 연결재가 적은 구조로 되기 쉽다.
② 부재 결합이 간략하여 불안전 결합이다.
③ 구조물이라는 개념이 확고하여 조립의 정밀도가 높다.
④ 사용부재는 과소단면이거나 결함재가 되기 쉽다.

해설 ③ 구조물이라는 개념이 확고하지 않아 조립의 정밀도가 낮다.

114 사다리식 통로 등의 구조에 설치기준으로 옳지 않은 것은?

① 발판의 간격은 일정하게 할 것
② 발판과 벽과의 사이는 15cm 이상의 간격을 유지할 것
③ 사다리식 통로의 길이가 10m 이상인 때에는 7m 이내마다 계단참을 설치할 것
④ 사다리의 상단은 걸쳐놓은 지점으로부터 60cm 이상 올라가도록 할 것

해설 ③ 사다리식 통로의 길이가 10m 이상인 때에는 5m 이내마다 계단참을 설치할 것

115 가설통로를 설치하는 경우 준수해야 할 기준으로 옳지 않은 것은?

① 경사는 30° 이하로 할 것
② 경사가 25°를 초과하는 경우에는 미끄러지지 아니하는 구조로 할 것
③ 건설공사에 사용하는 높이 8m 이상인 비계다리에는 7m 이내마다 계단참을 설치할 것
④ 수직갱에 가설된 통로의 길이가 15m 이상인 때에는 10m 이내마다 계단참을 설치할 것

해설 ② 경사가 15°를 초과하는 경우에는 미끄러지지 아니하는 구조로 할 것

116 터널공사에서 발파작업 시 안전대책으로 옳지 않은 것은?

① 발파전 도화선 연결상태, 저항치 조사 등의 목적으로 도통시험 실시 및 발파기의 작동상태에 대한 사전점검 실시
② 모든 동력선은 발원점으로부터 최소한 15m 이상 후방으로 옮길 것
③ 지질, 암의 절리 등에 따라 화약량에 대한 검토 및 시방기준과 대비하여 안전조치
④ 발파용 점화회선은 타동력선 및 조명회선과 한곳으로 통합하여 관리

해설 ④ 발파용 점화회선은 타동력선 및 조명회선과 분리하여 관리한다.

117 건설업 산업안전보건관리비 계상 및 사용기준은 산업재해보상 보험법의 적용을 받는 공사 중 총 공사금액이 얼마 이상인 공사에 적용하는가? (단, 전기공사업법, 정보통신공사업법에 의한 공사는 제외)

① 4천만원
② 3천만원
③ 2천만원
④ 1천만원

해설 **건설업 산업안전보건관리비 계상 및 사용기준의 적용범위** : 산업재해보상보험법 적용을 받는 공사 중 총 공사금액 2천만원 이상인 공사에 적용한다. 다만, 다음 각 호의 어느 하나에 해당되는 공사 중 단가계약에 의하여 행하는 공사에 대하여는 총계약금액을 기준으로 적용한다.
㉠ 「전기공사업법」 제2조에 따른 전기공사로서 저압·고압 또는 특별고압작업으로 이루어지는 공사
㉡ 「정보통신공사업법」 제2조에 따른 정보통신 공사

118 건설업의 공사금액이 850억원일 경우 산업안전보건법령에 따른 안전관리자의 수로 옳은 것은? (단, 전체 공사기간을 100으로 할 때 공사 전·후 15에 해당하는 경우는 고려하지 않는다.)

① 1명 이상
② 2명 이상
③ 3명 이상
④ 4명 이상

해설 안전관리자의 수

사업 종류	규모	안전관리자 수
건설업	공사금액 50억 이상 120억 미만	1명 이상
	공사금액 120억 이상 800억 미만	1명 이상
	공사금액 800억 이상 1500억 미만	2명 이상

119 거푸집동바리의 침하를 방지하기 위한 직접적인 조치로 옳지 않은 것은?

① 수평연결재 사용
② 깔목의 사용
③ 콘크리트의 타설
④ 말뚝박기

해설 ① 수평연결재 사용은 간접적인 조치이다.

120 달비계에 사용하는 와이어로프의 사용금지 기준으로 옳지 않은 것은?

① 이음매가 있는 것
② 열과 전기 충격에 의해 손상된 것
③ 지름의 감소가 공칭지름의 7%를 초과하는 것
④ 와이어로프의 한 꼬임에서 끊어진 소선의 수가 7% 이상인 것

해설 ④ 와이어로프의 한 꼬임에서 끊어진 소선의 수가 10% 이상인 것

제1과목 ▸ 안전관리론

01 다음 중 재해율에 관한 설명으로 틀린 것은?

① 연천인율, 강도율, 도수율 등이 있다.
② 재해율의 단위는 %이다.
③ 근로자 1,000명당 1년간에 발생하는 재해발생자수의 비율을 연천인율이라 한다.
④ 강도율이란 연간 총 근로시간 1,000시간당 재해발생으로 인한 근로손실일수를 말한다.

해설 재해율의 단위는 없다.

02 적응기제(適應機制, Adjustment Mechanism)의 종류 중 도피적 기제(행동)에 속하지 않는 것은?

① 고립   ② 퇴행
③ 억압   ④ 합리화

해설 **적응기제 종류**

도피적 기제	방어적 기제
고립	보상
퇴행	합리화
억압	동일시
백일몽	승화

03 다음 중 방진마스크의 선정기준에 해당하지 않는 것은?

① 배기저항이 낮을 것
② 흡기저항이 낮을 것
③ 사용적이 클 것
④ 시야가 넓을 것

해설 **방진마스크의 선정기준**
㉠ 여과효율이 좋을 것
㉡ 흡배기 저항이 낮을 것
㉢ 사용적이 적을 것
㉣ 중량이 가벼울 것
㉤ 시야가 넓을 것
㉥ 안면밀착성이 좋을 것
㉦ 피부접촉부분의 고무질이 좋을 것

04 산업안전보건법에서 규정한 안전관리자 또는 보건관리자를 증원·교체 임명해야 하는 해임사유에 해당하지 않는 것은?

① 중대재해가 연간 3건 이상 발생할 때
② 발생한 사고로 인해 1억원 이상 경제적 손실이 있을 때
③ 관리자가 질병 기타 사유로 3월 이상 직무를 수행할 수 없게 될 때
④ 당해 사업장의 연간재해율이 동종업종 평균재해율의 2배 이상일 때

해설 **안전관리자 또는 보건관리자를 증원·교체 임명해야 하는 사유**
㉠ 중대재해가 연간 2건 이상 발생할 때(단, 전년도 사망만인율이 같은 업종 평균 사망만인율 이하인 경우는 제외)
㉡ 관리자가 질병 그 외의 사유로 3월 이상 직무를 수행할 수 없게 될 때
㉢ 연간재해율이 동종업종 평균 재해율의 2배 이상일 때
㉣ 화학적 인자로 인한 직업성 질병자가 연간 3명 이상 발생한 경우

05 다음 중 브레인스토밍(Brain Storming)의 4원칙과 거리가 먼 것은?

① 필수적 사전학습
② 자유분방한 발언
③ 대량적인 발언
④ 타인의견의 수정발언

해설 ① 비판금지

06 다음 중 산업안전심리의 5대 요소에 해당하지 않는 것은?

① 습관 ② 동기
③ 감정 ④ 지능

해설 **안전심리의 5대 요소**
ㄱ ①, ②, ③
ㄴ 기질, 습성

07 손다이크(Thorndike)의 시행착오설에 의한 학습의 법칙이 아닌 것은?

① 연습의 법칙 ② 효과의 법칙
③ 동일성의 법칙 ④ 준비성의 법칙

해설 **손다이크(Thorndike)의 시행착오설에 의한 학습의 법칙**
①, ②, ④

08 산업안전보건법상 산업안전보건 관련 교육과정 중 정기교육 대상자에 해당되지 않는 사람은?

① 판매 업무에 직접 종사하는 근로자
② 사무직 종사 근로자
③ 주식회사 임원
④ 판매 업무에 직접 종사하는 근로자 외의 근로자

해설 정기교육 대상자 : ①, ②, ④

09 다음 중 O.J.T(On the Job Training)의 특징에 대한 설명으로 옳은 것은?

① 직장의 실정에 맞는 구체적이고 실제적인 지도교육이 가능하다.
② 타 직장의 근로자와 지식이나 경험을 교류할 수 있다.
③ 외부의 전문가를 위촉하여 전문교육을 실시할 수 있다.
④ 다수의 근로자에게 조직적 훈련이 가능하다.

해설 ① : O.J.T의 특징
②, ③, ④ : Off.J.T의 특징

10 산업안전보건법령상 안전보건관리규정에 반드시 포함되어야 할 사항이 아닌 것은? (단, 그 밖에 안전 및 보건에 관한 사항은 제외한다.)

① 재해코스트 분석방법
② 사고조사 및 대책수립
③ 작업장 안전 및 보건관리
④ 안전 및 보건관리조직과 그 직무

해설 **안전보건관리규정에 반드시 포함되어야 할 사항**
ㄱ ②, ③, ④
ㄴ 안전·보건교육
ㄷ 작업장 안전 및 보건관리

11 교육방법 중 실제의 장면이나 상태와 극히 유사한 상황을 인위적으로 만들어 그 속에서 학습하도록 하는 교육방법을 무엇이라 하는가?

① 실연법
② 프로그램학습법
③ 시범
④ 모의법

해설 모의법의 설명이다.

12 알더퍼(Alderfer)의 ERG 이론 중 다른 사람과의 상호작용을 통하여 만족을 추구하는 대인욕구와 관련이 가장 깊은 것은?

① 성장욕구
② 관계욕구
③ 존재욕구
④ 위생욕구

해설 관계욕구(Relatedness)는 다른 사람과의 상호작용을 통하여 만족을 추구하는 대인욕구와 관련이 가장 깊다.

13 다음 중 강의식 교육지도에서 가장 많은 시간을 소비하는 부분은?

① 도입 ② 제시
③ 적용 ④ 확인

해설 교육진행 4단계 시간배분(단, 60분 교육 시)
　㉠ 강의식(교육지도) : 도입(5분) → 제시(40분) →
　　적용(10분) → 확인(5분)
　㉡ 토의식(교육지도) : 도입(5분) → 제시(10분) →
　　적용(40분) → 확인(5분)

14 K 사업장의 근로자가 90명이고, 3건의 재해
가 발생하여 5명의 사상자가 발생하였다면
이 사업장의 도수율은 약 얼마인가? (단, 1인
1일 9시간씩 연간 300일을 근무하였다.)

① 12.35　　　　② 13.89
③ 20.58　　　　④ 55.56

해설
$$도수율 = \frac{재해건수}{근로\ 총시간수} \times 10^6$$
$$= \frac{3}{90 \times 9 \times 300} \times 10^6$$
$$= 12.35$$

15 다음 중 재해의 발생형태에 해당하지 않는
것은?

① 떨어짐
② 끼임
③ 이상온도 노출 · 접촉
④ 타박상

해설 타박상은 상해의 종류이다.

16 인간의 실수를 없애기 위하여 눈, 손, 입
그리고 귀를 이용하여 작업시작 전에 뇌를
자극시켜 안전을 확보하기 위한 기법은?

① 브레인스토밍　　② 터치 앤드 콜
③ 롤 플레밍　　　④ 지적확인

해설 **지적확인** : 인간의 실수를 없애기 위하여 눈,
손, 입 그리고 귀를 이용하여 작업시작 전에 뇌
를 자극시켜 안전을 확보하기 위한 기법

17 하행선 기차역에 정지하고 있는 열차 안의
승객이 반대편 상행선 열차의 출발로 인하
여 하행선 열차가 움직이는 것 같은 착각
을 일으키는 현상을 무엇이라 하는가?

① 유도운동　　　② 자동운동
③ 가현운동　　　④ 브라운운동

해설 유도운동의 설명이다.

18 다음 중 고음만을 차음하는 방음 보호구의
기호는?

① NRR　　　　② EM
③ EP−1　　　　④ EP−2

해설 **방음 보호구의 종류**

종류	등급	기호	성능
귀마개	1종	EP−1	저음부터 고음까지 차음한다.
	2종	EP−2	주로 고음을 차음한다.
귀덮개	−	EM	

19 다음 중 무재해 운동의 이념에서 '선취의
원칙'을 가장 적절하게 설명한 것은?

① 사고의 잠재요인을 사후에 파악하는 것
② 근로자 전원이 일체감을 조성하여 참
　여하는 것
③ 위험요소를 사전에 발견, 파악하여 재
　해를 예방하거나 방지하는 것
④ 관리감독자 또는 경영층에서의 자발
　적 참여로 안전활동을 촉진하는 것

해설 **무재해 운동의 3원칙**
　㉠ 무의 원칙
　㉡ 선취의 원칙
　㉢ 참가의 원칙

20 다음 중 버드(Frank Bird)의 도미노이론
에서 재해발생의 근원적 원인에 해당하는
것은?

① 상해발생　　　② 징후발생
③ 접촉발생　　　④ 관리소홀

해설 **버드(Frank Bird)의 도미노이론**
　㉠ 제1단계 : 통제의 부족(관리)
　㉡ 제2단계 : 기본원인(기원론)
　㉢ 제3단계 : 직접원인(징후)
　㉣ 제4단계 : 사고(접촉)
　㉤ 제5단계 : 상해 · 손해(손실)

제2과목 **인간공학 및 시스템안전공학**

21 다음 중 진동의 영향을 가장 많이 받는 인간 성능은?

① 감시(Monitoring)작업
② 반응시간(Reaction Time)
③ 추적(Tracking)능력
④ 형태식별(Pattern Recognition)

해설 추적(Tracking)능력은 진동의 영향을 가장 많이 받는 인간의 성능이다.

22 다음 중 동작경제의 원칙과 가장 거리가 먼 것은?

① 두 팔의 동작은 동시에 같은 방향으로 움직일 것
② 두 손의 동작은 같이 시작하고 같이 끝나도록 할 것
③ 급작스런 방향의 전환은 피하도록 할 것
④ 가능한 한 관성을 이용하여 작업하도록 할 것

해설 ① 두 팔의 동작은 동시에 다른 방향으로 움직일 것

23 각각 1.2×10^4시간의 수명을 가진 요소 4개가 병렬계를 이룰 때 이 계의 수명은 얼마인가?

① 3×10^3시간
② 1.2×10^4시간
③ 2.5×10^4시간
④ 4.8×10^4시간

해설 병렬계의 수명 $= 1.2 \times 10^4 \left(1 + \dfrac{1}{2} + \dfrac{1}{3} + \dfrac{1}{4} \right)$
$= 2.5 \times 10^4$시간

24 어떤 설비의 시간당 고장률이 일정하다고 하면 이 설비의 고장간격은 다음 중 어떠한 확률분포를 따르는가?

① t분포
② Erlang 분포
③ 와이블분포
④ 지수분포

해설 지수분포의 설명이다.

25 다음 FTA에서 사용하는 논리기호 중 주어진 시스템의 기본사상을 나타내는 것은?

① ②

③ ④

해설 ① 결함사상
② 기본사상
③ 최후사상(이하생략)
④ 통상사상

26 FMEA의 위험성 분류 중 카테고리-3과 가장 관계가 깊은 것은?

① 영향 없음
② 활동의 지연
③ 작업수행의 실패
④ 생명 또는 가옥의 상실

해설 **EMEA의 위험성 분류**
㉠ Category Ⅰ : 생명 또는 가옥의 손실
㉡ Category Ⅱ : 작업수행의 실패
㉢ Category Ⅲ : 활동의 지연
㉣ Category Ⅳ : 영향 없음

27 다음 중 시스템 안전프로그램계획에 포함되지 않아도 될 사항은?

① 안전조직
② 안전기준
③ 안전종류
④ 안전성 평가

해설 시스템 안전프로그램계획의 포함사항 : ①, ②, ④

28 일반적으로 실내공간의 조명을 설계할 때 조명에 대한 반사율이 낮은 면에서 높은 순으로 올바르게 나열된 것은?

① 바닥-창문-가구-벽
② 바닥-가구-벽-천장
③ 창문-바닥-가구-벽
④ 벽-천장-가구-바닥

해설 옥내 최적반사율
ㄱ 바닥 : 20~40%
ㄴ 가구 : 25~45%
ㄷ 벽 : 40~60%
ㄹ 천장 : 80~90%

29 그림과 같이 FTA로 분석된 시스템에서 현재 모든 기본사상에 대한 부품이 고장난 상태이다. 부품 X_1부터 부품 X_5까지 순서대로 복구한다면 어느 부품을 수리완료하는 순간부터 시스템은 정상가동이 되겠는가?

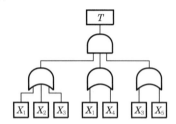

① 부품 X_2 ② 부품 X_3
③ 부품 X_4 ④ 부품 X_5

해설 OR Gate는 입력사상 중 어느 것이나 하나가 존재할 때에 출력사상이 발생하므로, X_1이나 X_3의 부품을 수리완료하면 시스템은 정상 가동된다.

30 다음 중 인간공학 연구조사에 사용되는 기준의 구비조건으로 볼 수 없는 것은?

① 적절성
② 무오염성
③ 부호성
④ 기준척도의 신뢰성

해설 인간공학 연구조사에 사용되는 기준의 구비조건
①, ②, ④

31 반경 10cm의 조종구(Ball Control)를 30° 움직였을 때 표시장치는 1cm 이동하였다. 이때의 통제표시비(C/D)는 약 얼마인가?

① 2.56   ② 3.12
③ 4.56   ④ 5.24

해설 통제표시비 $\left(\dfrac{C}{D}\right) = \dfrac{\dfrac{\alpha}{360} \times 2\pi L}{\text{표시장치의 이동거리}}$

$= \dfrac{\dfrac{30°}{360} \times 2 \times \pi \times 10}{1} = 5.24$

32 소음이 심한 기계로부터 2m 떨어진 곳의 음압수준이 100dB이라면 이 기계로부터 4.5m 떨어진 곳의 음압수준은 약 몇 dB인가?

① 85.43   ② 89.54
③ 92.96   ④ 102.76

해설 음압수준$(dB_2) = dB_1 - 20\log\dfrac{r_2}{R_1}$

$= 100 - 20\log\dfrac{4.5}{2}$

$= 92.96dB$

33 다음 중 Webber의 법칙에서 Webber비를 구하는 식으로 옳은 것은? (단, ΔI는 특정 감관의 변화감지역, I는 사용되는 표준자극을 의미한다.)

① $\dfrac{\Delta I}{I}$ ② $\dfrac{\Delta I^2}{I}$
③ $\dfrac{\Delta I}{I^2}$ ④ $\left(\dfrac{\Delta I}{I}\right)^2$

해설 Webber의 법칙
Webber비 $= \dfrac{\Delta I}{I}$ 이다.

34 정적자세를 유지할 때 진전(Tremor)을 가장 감소시키는 손의 위치로 옳은 것은?

① 손이 머리 위에 있을 때
② 손이 심장높이에 있을 때
③ 손이 배꼽높이에 있을 때
④ 손이 무릎높이에 있을 때

해설 진전(Tremor)을 가장 감소시키는 손의 위치는 손이 심장높이에 있을 때이다.

35 반사율이 85%, 글자의 밝기가 400cd/m²인 VDT 화면에 350Lux의 조명이 있다면 대비는 약 얼마인가?

① −2.8　　　② −4.2

③ −5.0　　　④ −6.0

● 해설 $대비 = \frac{배경의 반사율(\%) - 표적의 반사율(\%)}{배경의 반사율(\%)} \times 100$

36 화학설비에 대한 안전성 평가에서 정량적 평가항목에 해당하지 않는 것은?

① 보전　　　② 조작

③ 취급물질　④ 화학설비용량

● 해설 화학설비에 대한 안전성 평가의 정량적 평가항목
ㄱ ②, ③, ④
ㄴ 온도
ㄷ 압력

37 다음 중 위험 및 운전성검토(HAZOP)에서 성질상의 감소를 나타내는 가이드 워드는?

① MORE LESS

② OTHER THAN

③ AS WELL AS

④ PART OF

● 해설 ㄱ MORE LESS : 양의 증가 또는 양의 감소
ㄴ OTHER THAN : 완전한 대체
ㄷ AS WELL AS : 성질상의 증가
ㄹ PART OF : 성질상의 감소
ㅁ NO 또는 NOT : 설계의도의 완전한 부정
ㅂ REVERSE : 설계의도와 논리적인 역

38 다음 중 인간−기계 통합체계의 유형에서 수동체계에 해당하는 것은?

① 자동차　　② 컴퓨터

③ 공작기계　④ 장인과 공구

● 해설 인간−기계 통합시스템 유형

시스템 유형 및 운용방식	보 기
수동체계	장인과 공구
기계체계	공작기계, 자동차
자동체계	컴퓨터

39 인간이 절대 식별할 수 있는 대안의 최대 범위는 대략 7이라고 한다. 이를 정보량의 단위인 bit로 표시하면 약 몇 bit가 되는가?

① 3.2

② 3.0

③ 2.8

④ 2.6

● 해설 $\log 2^{(7)} = 2.8 \text{bit}$

40 인간의 시(視)식별 기능에 영향을 주는 외적요인으로 볼 수 없는 것은?

① 사람의 개인차

② 색채의 사용과 조명

③ 물체와 배경간의 대비

④ 표적물체나 관측자의 이동

● 해설 인간의 시식별에 기능에 영향을 주는 외적요인
②, ③, ④

제3과목 | 기계위험방지기술

41 기계설비 보전에 있어서 기계고장률 곡선(모형)의 고장형태 중 고장률이 가장 낮은 것은?

① 우발고장

② 감소고장

③ 초기고장

④ 마모고장

● 해설 우발고장은 일정형(CFR)으로 사용조건상의 고장을 말하며, 고장률이 가장 낮다.

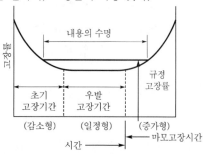

42 방호 덮개의 설치목적과 가장 관계가 먼 것은?

① 가공물 등의 낙하에 의한 위험방지
② 위험부위와 신체의 접촉방지
③ 방음이나 집진
④ 주유나 검사의 편리성

해설 주유나 검사의 편리성은 방호 덮개의 설치목적과 거리가 멀다.

43 지게차의 작업상태별 안전도에 관한 내용으로 틀린 것은? (단, V는 최고속도(km/h))

① 주행 시의 전후 안정도의 18%이다.
② 하역작업 시의 좌우 안정도는 6%이다.
③ 하역작업 시의 전후 안정도는 20%이다.
④ 주행 시의 좌우 안정도는 $(15+1.1V)\%$이다.

해설 ③ 하역작업 시의 전후 안정도는 4%이다.

44 앞면 롤러지름이 600mm이고, 회전수가 20rpm의 경우, 롤러기에 설치하는 급정지장치의 급정지거리는?

① 약 942mm 이내
② 약 753mm 이내
③ 약 802mm 이내
④ 약 993mm 이내

해설 ㉠ $V=\dfrac{\pi DN}{1,000}$

여기서, V : 표면속도(m/min)
D : 롤러지름(mm)
N : 회전수(rpm)

∴ $\dfrac{3.14\times600\times20}{1,000}=37.68\,\text{m/min}$

㉡ 표면속도가 30m/min 미만일 때 급정지 거리는 앞면 롤러 원주의 $\dfrac{1}{3}$ 이내이고, 30m/min 이상일 때 급정지 거리는 앞면 롤러 원주의 $\dfrac{1}{2.5}$ 이내이다.

㉢ 표면속도가 30m/min 이상이므로 πD(원주)$\times\dfrac{1}{2.5}$ 이다.

∴ $3.14\times600\div2.5=942\,\text{mm}$ 이내

45 목재가공기의 반발예방장치와 같이 위험장소에 설치하여 위험원이 비산하거나 튀는 것을 방지하는 등 작업자로부터 위험원을 차단하는 방호장치는?

① 포집형 방호장치
② 감지형 방호장치
③ 위치제한형 방호장치
④ 접근반응형 방호장치

해설 포집형 방호장치에는 목재가공 둥근톱기계의 반발예방장치, 연삭숫돌의 덮개가 있다.

46 고속회전체의 회전시험을 하기 전 미리 결함 유무를 확인할 수 있는 비파괴검사를 실시하도록 의무화(산업안전기준에 관한 규칙)되어 있는 회전축의 중량과 속도조건은?

① 중량 1톤 초과, 원주속도 120m/s 이상인 것
② 중량 0.8톤 초과, 원주속도 100m/s 이상인 것
③ 중량 1톤 미만, 원주속도 100m/s 이상인 것
④ 중량 0.8톤 미만, 원주속도 120m/min 이하인 것

해설 ①의 경우, 고속회전체의 회전시험을 하기 전 미리 결함 유무를 확인할 수 있는 비파괴검사를 실시하도록 의무화되어 있다.

47 산업용 로봇의 작동범위 내에서 당해 로봇에 대하여 교시 등의 작업 시 위험을 방지하기 위하여 수립해야 하는 작업 시의 지침사항에 해당하지 않는 것은?

① 로봇의 구성품의 설계절차
② 2인 이상의 근로자에게 작업을 시킬 때의 신호방법
③ 로봇의 조작방법 및 순서
④ 작업중의 매니퓰레이터의 속도

해설 산업용 로봇에 대하여 교시 등의 작업 시 수립해야 하는 지침사항
㉠ ②, ③, ④
㉡ 이상을 발견할 때의 조치
㉢ 이상을 발견하여 로봇의 운전을 정지시킨 후 이를 재가동시킬 때의 조치
㉣ 그 밖에 로봇의 예기치 못한 작동 또는 오조작에 의한 위험을 방지하기 위하여 필요한 조치

48 재료에 힘이 작용할 때, 힘의 제거와 동시에 재료가 원형으로 복귀하는 현상에 대하여 바르게 설명한 것은?

① 응력과 변형률은 반비례한다.
② 변형률에 대한 응력의 비는 탄성계수이다.
③ 응력은 불변이다.
④ 탄성계수와 변형률은 비례한다.

해설 ① 응력과 변형률은 비례한다.
③ 응력은 가변이다.
④ 탄성계수와 변형률은 반비례한다.

49 연삭숫돌의 상부를 사용하는 것을 목적으로 하는 탁상용 연삭기의 안전덮개 노출각도로 다음 중 가장 적합한 것은?

① 90° 이내　② 65° 이상
③ 60° 이내　④ 125° 이내

해설 탁상용 연삭기의 안전덮개 노출각도
㉠ 90° 이내 : 덮개의 최대노출각도
㉡ 65° 이내 : 숫돌주축에서 수평면 위로 이루는 원주각도
㉢ 125°까지 증가 : 수평면 이하의 부문에서 연삭할 경우

50 기계설비가 이상이 있을 때 기계를 급정지시키거나 방호장치가 작동되도록 하는 것과 전기회로를 개선하여 오동작을 방지하거나 별도의 완전한 회로에 의해 정상기능을 찾을 수 있도록 하는 것은?

① 구조부분 안전화　② 기능적 안전화
③ 보전작업 안전화　④ 외관상 안전화

해설 기능적 안전화
㉠ 기계의 급정지
㉡ 회로의 개선으로 오동작방지
㉢ 페일 세이프

51 세이퍼(Shaper)의 안전장치로 볼 수 없는 것은?

① 방책　② 칩받이
③ 칸막이　④ 시건장치

해설 ④는 전기기계·기구에 설치하는 안전장치이다.

52 보일러에 가장 많이 사용되는 안전밸브의 종류는?

① 지렛대식　② 추식
③ 전자식　④ 스프링식

해설 보일러에 가장 많이 사용되는 안전밸브는 스프링식이다.

53 프레스 방호장치에 대한 설명 중 잘못된 것은?

① 누름버튼의 간격은 300mm 이상으로 한다.
② 수인식 방호장치는 120SPM 이하의 프레스에 적합하다.
③ 1행정 1정지식에 적합한 방호장치는 양수조작식이다.
④ 금형가이드 포스트와 부시와의 간격은 8mm 이상이어야 한다.

해설 ④ 금형가이드 포스트와 부시와의 간격은 8mm 이하이어야 한다.

54 프레스의 게이트가드(Gate Guard)식 방호장치의 종류가 아닌 것은?

① 하강식　② 도립식
③ 경사식　④ 횡슬라이드식

해설 게이트가드식 방호장치의 종류
㉠ ①, ②, ④
㉡ 상승식

55 승강기는 안전 및 검사기준에서 정한 방호장치를 부착하여야 한다. 다음 설명 중 틀린 것은?

① 카 내부에서 동력을 차단시킬 수 있는 장치

② 카 상부에서 동력을 차단시킬 수 있는 장치

③ 하강속도가 정격속도의 2.4배에서 조속기 로프를 구속하는 장치

④ 카의 출입구 문이 닫히지 않았을 때는 카가 승강되지 않는 장치

해설 승강기방호장치의 안전 및 검사기준

㉠ ①, ②, ③

㉡ 하강속도가 정격속도의 1.4배에서 조속기 로프를 구속하는 장치

㉢ 카의 속도가 정격속도의 1.3배 이내에서 동력을 자동적으로 차단하는 장치

㉣ 승강기에 정격하중 이상 탑승 시 문닫힘이 정지되고 경보벨이 울리는 장치

56 목재가공용 둥근톱의 방호장치 중 주 안내판과 톱날 사이의 공간에서 나무가 퍼질 수 있게 하여 죄임으로 인한 반발을 방지하는 것은?

① 분할날

② 반발방지 롤

③ 반발방지 핑거

④ 보조안내판

해설 ①, ②, ③ : 가공재의 반발을 예방하는 장치

57 상용운전압력 이상으로 압력이 상승할 경우 보일러의 파열을 방지하기 위하여 버너의 연소를 차단하여 열원을 제거함으로써 정상압력으로 유도하는 장치는?

① 압력방출장치

② 고저수위 조절장치

③ 압력제한 스위치

④ 통풍제어 스위치

해설 보일러의 안전장치

㉠ 압력방출장치 : 보일러 내부의 증기압력이 최고사용 압력에 달하면 자동적으로 밸브가 열려서 증기를 외부로 분출시켜 증기압력의 상승을 막아주는 장치

㉡ 고저수위 조절장치 : 보일러 내의 수위가 최저 또는 최고 한계에 도달하였을 때, 자동적으로 경보를 발하는 동시에 연료공급을 차단시키는 등 수위를 조절하는 장치

㉢ 기타 안전장치 : 도피밸브, 가용전, 방폭문, 화염검출기 등

58 프레스작동 후 작업점까지 도달시간이 0.6초 걸렸다면 양수기동식 방호장치의 조작부의 설치거리는 최소 몇 cm 이상이어야 하는가? (단, 인간의 손의 기준속도는 1.6m/s로 한다.)

① 96

② 80

③ 70

④ 60

해설 설치거리(cm) = 160×프레스작동 직후 작업점까지 도달시간(초)

= 160×0.6 = 96cm

59 설비보전에 있어서 장치공업의 대부분은 예방보전방법(PM)이 채택되고 있다. 즉, 철강업 등에서는 보통 10일 간격으로 10시간 정도의 정기 수리일을 마련하여 대대적인 수리, 수선을 하게 되는데, 이와 같이 일정기간마다 보수를 하는 것을 무엇이라 하는가?

① 사후보전(Break down Maintenance (BM))

② 시간기준보전(Time Based Maintenance (TBM))

③ 개량보전(Concentration Maintenance (CM))

④ 상태기준보전(Condition Based Main-tenance(CBM))

해설 시간기준보전의 설명이다.

60 회전축, 기어, 풀리, 플라이휠 등에는 어떤 고정구를 설치해야 하는가?

① 개방형 고정구
② 돌출형 고정구
③ 묻힘형 고정구
④ 요철형 고정구

> **해설** 회전축, 기어, 풀리, 플라이휠 등의 고정구는 묻힘형 고정구로 해야만 감김, 끼임 등의 재해를 예방할 수 있다.

제4과목 | 전기위험방지기술

61 분진운 형태의 가연성 분진이 폭발농도를 형성할 정도로 충분한 양이 정상작동 중에 연속적으로 또는 자주 존재하거나, 제어할 수 없을 정도의 양 및 두께의 분진층이 형성될 수 있는 장소로 정의되는 폭발위험장소는?

① 0종 장소　　② 1종 장소
③ 20종 장소　　④ 21종 장소

> **해설** ㉠ 20종 장소 : 문제의 내용에 관한 것으로, 호퍼, 분진저장소, 집진장치, 필터 등의 내부가 이에 해당된다.
> ㉡ 21종 장소 : 분진운 형태의 가연성 분진이 폭발농도를 형성할 정도의 충분한 양이 정상작동 중에 존재할 수 있는 장소로, 집진장치, 백필터, 배기구 등의 주위 및 이송벨트 샘플링 지역 등이 해당된다.
> ㉢ 22종 장소 : 가연성 분진운 형태가 드물게 발생 또는 단기간 존재할 우려가 있거나 이상작동 상태하에서 가연성 분진층이 형성될 수 있는 장소로, 환기설비 등과 같은 안전장치 배출구 주위 등이 해당된다.

62 누전차단기 접속 시 유의사항으로 옳지 않은 것은?

① 정격부하전류가 50A 이상인 전기기계·기구에 접속되는 경우 정격감도전류는 200mA 이하, 작동시간은 0.1초 이내로 할 수 있다.

② 전기기계·기구에 접속되는 경우 정격감도전류가 50mA 이하이고, 작동시간은 0.03초 이내이어야 한다.
③ 지락보호용 누전차단기는 과전류를 차단하는 퓨즈 또는 차단기 등과 조합하여 접속한다.
④ 평상시 누설전류가 미소한 소용량의 부하의 전로인 경우 분기회로에 일괄하여 누전차단기를 접속할 수 있다.

> **해설** ② 전기기계·기구에 접속되는 경우 정격감도전류가 30mA 이하이고, 작동시간은 0.03초 이내이어야 한다.

63 전기기계·기구의 조작 시 등의 안전조치에 관한 사항으로 옳지 않은 것은?

① 감전 또는 오조작에 의한 위험을 방지하기 위하여 당해 전기기계·기구의 조작부분은 150Lux 이상의 조도가 유지되도록 하여야 한다.
② 전기기계·기구의 조작부분에 대한 점검 또는 보수를 하는 때에는 전기기계·기구로부터 폭 50cm 이상의 작업공간을 확보하여야 한다.
③ 전기적 불꽃 또는 아크에 의한 화상의 우려가 높은 600V 이상 전압의 충전전로작업에는 방염처리된 작업복 또는 난연성능을 가진 작업복을 착용하여야 한다.
④ 전기기계·기구의 조작부분에 대한 점검 또는 보수를 하기 위한 작업공간의 확보가 곤란한 때에는 절연용 보호구를 착용하여야 한다.

> **해설** 전기기계·기구의 조작부분에 대한 점검 또는 보수 시 작업공간의 확보
> ㉠ 작업공간 한쪽에만 노출부나 통전부분이 있을 경우 : 75cm 이상
> ㉡ 작업공간 양쪽에 노출부나 통전부분이 있을 경우 : 1.35m 이상

64 인체에 대전된 정전기로 인하여 화재 또는 폭발의 위험이 발생할 우려가 있을 때의 조치사항으로 옳지 않은 것은?

① 정전기 대전유도용 안전화 착용
② 제전복 착용
③ 정전기 제전용구의 사용
④ 작업장 바닥 등의 도전성 조치

해설 정전기발생 방지대책

㉠ ②, ③, ④
㉡ 정전기 대전방지용 안전화 착용
㉢ 접지
㉣ 가습
㉤ 배관 내 액체의 유속제한, 정치시간의 확보

65 인화성 물질을 함유하는 도료 및 접착제 등을 도포하는 설비 또는 가연성 분진을 취급하는 설비에 접지를 하는 목적으로 가장 알맞은 것은?

① 낙뢰방지
② 정전기에 의한 화재 또는 폭발방지
③ 기기의 오작동에 의한 산업재해방지
④ 절연강도 증가에 의한 감전방지

해설 도포설비 또는 가연성 분진을 취급하는 설비에 접지를 하는 목적은 정전기에 의한 화재 또는 폭발방지이다.

66 인체가 현저하게 젖어있는 상태 또는 금속성의 전기기계장치나 구조물에 인체의 일부가 상시 접촉되어 있는 상태에서는 허용접촉전압은 일반적으로 몇 V 이하로 하고 있는가?

① 2.5V 이하   ② 25V 이하
③ 50V 이하   ④ 75V 이하

해설 허용접촉전압에 관한 사항

㉠ 제1종(2.5V 이하) : 인체의 대부분이 수중에 있는 상태
㉡ 제2종(25V 이하) : 인체가 현저하게 젖어있는 상태 또는 금속성의 전기기계장치나 구조물에 인체의 일부가 상시 접촉되어 있는 상태

㉢ 제3종(50V 이하) : 통상 인체상태에 있어서 접촉전압이 가해지면 위험성이 높은 상태
㉣ 제4종(제한없음) : 통상 인체상태에 있어서 접촉전압이 가해지더라도 위험성이 낮은 상태, 접촉전압이 가해질 우려가 없는 경우

67 다음 중 감전사고 방지대책으로 옳지 않은 것은?

① 설비의 필요한 부분에 보호접지 실시
② 노출된 충전부에 통전망 설치
③ 안전전압 이하의 전기기기 사용
④ 전기기기 및 설비의 정비

해설 ② 노출된 충전부에 절연방호구 설치

68 다음 중 가수전류(Let-go Current)에 대한 설명으로 옳은 것은?

① 마이크 사용 중 전격으로 사망에 이른 전류
② 전력을 일으킨 전류가 교류인지 직류인지 구별할 수 없는 전류
③ 충전부로부터 인체가 자력으로 이탈할 수 있는 전류
④ 몸이 물에 젖어 전압이 낮은데도 전격을 일으킨 전류

해설 가수전류란 충전부로부터 인체가 자력으로 이탈할 수 있는 전류이다.

69 대지에서 용접작업을 하고 있는 작업자가 용접봉에 접촉한 경우 통전전류는? (단, 용접기의 출력측 무부하전압 : 100V, 접촉저항(손, 용접봉 등 포함) : 20kΩ, 인체의 내부저항 : 1kΩ, 발과 대지의 접촉저항 : 30kΩ이다.)

① 약 0.2mA   ② 약 2.0mA
③ 약 0.2A   ④ 약 2.0A

해설 $I = \dfrac{V}{R}$에서

$R = 20 + 30 + 1 = 51\,\mathrm{k\Omega}$

$\therefore \dfrac{100}{51 \times 1,000} = 0.00196\mathrm{A}$

$0.00196 \times 1,000 = 1.96 \fallingdotseq 2\mathrm{mA}$

70 동작 시 아크를 발생하는 고압용 개폐기, 차단기 등은 목재의 벽 또는 천장 기타의 가연성 물체로부터 몇 m 이상 떼어놓아야 하는가?

① 0.3m   ② 0.5m

③ 1.0m   ④ 1.5m

해설 고압용 개폐기, 차단기 등은 목재의 벽 또는 천장 기타의 가연성 물체로부터 1m 이상, 특고압용은 2m 이상 이격시켜야 한다.

71 물체에 정전기가 대전하면 정전에너지를 갖게 되는데, 다음 중 정전에너지를 나타내는 식으로 알맞은 것은? (단, Q는 대전 전하량, C는 정전용량이다.)

① $\dfrac{Q}{2C}$ ② $\dfrac{Q}{2C^2}$

③ $\dfrac{Q^2}{2C}$ ④ $\dfrac{Q^2}{2C^2}$

해설 정전에너지

$$E = \frac{1}{2}CV^2 = \frac{1}{2}QV = \frac{Q^2}{2C}$$

여기서, E : 정전에너지(J)
C : 정전용량(F)
V : 대전전위(V)
Q : 대전전하량(C)

72 전압은 저압, 고압 및 특고압으로 구분되고 있다. 다음 중 저압에 대한 설명으로 가장 알맞은 것은?

① 직류 750V 미만, 교류 650V 미만

② 직류 750V 이하, 교류 650V 이하

③ 직류 1,500V 이하, 교류 1,000V 이하

④ 직류 1,500V 미만, 교류 1,000V 미만

해설 전압의 분류

구분	직류(DC)	교류(AC)
저압	1.5kV 이하	1kV 이하
고압	1.5kV 초과 ~7kV 이하	1kV 초과 ~7kV 이하
특고압	7kV 초과	

73 누전경보기는 사용전압이 600V 이하인 경계전로의 누설전류를 검출하여 당해 소방대상물의 관계자에게 경보를 발하는 설비를 말한다. 다음 중 누전경보기의 구성으로 옳은 것은?

① 변압기-발신기   ② 변류기-수신부

③ 중계기-감지기   ④ 차단기-증폭기

해설 누전경보기는 변류기-수신부-음향장치로 구성되어 있다.

74 다음 중 정전기의 발생현상에 포함되지 않는 것은?

① 파괴대전   ② 분출대전

③ 전도대전   ④ 유동대전

해설 정전기의 발생현상
㉠ ①, ②, ④   ㉡ 마찰대전
㉢ 박리대전   ㉣ 충돌대전
㉤ 비말대전 등

75 다음 중 작업조건과 적합한 보호구의 연결로서 옳지 않은 것은?

① 정전기 대전에 의한 위험이 있는 작업 : 안전대

② 고열에 의한 화상 등의 위험이 있는 작업 : 방열복

③ 감전의 위험이 있는 작업 : 안전화

④ 용접 시 불꽃이 날아 흩어질 위험이 있는 작업 : 보안면

해설 ㉠ 정전기 대전에 의한 위험이 있는 작업 : 제전복
㉡ 추락할 위험이 있는 장소에서의 작업 : 안전대

76 인체의 전기저항을 최악의 상태라고 가정하여 500Ω으로 하는 경우 심실세동을 일으킬 수 있는 에너지는 얼마 정도인가?

(단, 심실세동 전류 $I = \dfrac{165}{\sqrt{T}}$ (mA)로 한다.)

① 6.5~17.0J   ② 2.5~3.0J

③ 250~300mJ   ④ 650~1,700mJ

해설
$$W = I^2RT = \left(\sqrt{\frac{165}{T}} \times 10^{-3}\right)^2 \times 500 \times T$$
$$= 13.5\text{J}$$

∴ 6.5~17J 사이에 13.5J의 값이 존재하므로 정답은 ①이다.

77 내압방폭구조에서 안전간극(Safe Gap)을 적게 하는 이유로 가장 알맞은 것은?

① 최소점화에너지를 높게 하기 위해
② 폭발화염이 외부로 전파되지 않도록 하기 위해
③ 폭발압력에 견디고 파손되지 않도록 하기 위해
④ 쥐가 침입해서 전선 등을 갉아먹지 않도록 하기 위해

해설 안전간극(Safe Gap)을 적게 하는 이유는 최소 점화에너지 이하로 열을 떨어뜨려 폭발화염이 외부로 전파되지 않도록 하기 위해서이다.

78 교류아크용접기의 자동전격방지장치는 아크발생이 중단된 후 출력측 무부하전압을 몇 V 이하로 저하시켜야 하는가?

① 25~30V   ② 35~50V
③ 55~75V   ④ 80~100V

해설 자동전격방지장치는 아크발생을 중단시킨 때로부터 1초 이내에 출력측 무부하전압을 25~30V 이하로 저하시켜야 된다.

79 20Ω의 저항 중에 5A의 전류를 3분간 흘렸을 때의 발열량(cal)은?

① 4,320
② 90,000
③ 21,600
④ 376,560

해설 발열량은 줄의 법칙을 적용하여
$$Q = 0.24I^2 \cdot R \cdot t \text{(cal)}$$
$$= 0.24 \times 5^2 \times 20 \times 180\text{sec}$$
$$= 21,600\text{cal}$$

80 제전능력이 가장 뛰어난 제전기는?

① 이온제어식 제전기
② 전압인가식 제전기
③ 방사선식 제전기
④ 자기방전식 제전기

해설 전압인가식 제전기는 교류방전식 제전기라고도 하며, 방전침에 약 7,000V 정도의 전압을 걸어 코로나방전을 일으키고 발생된 이온으로 대전체의 전하를 재결합시키는 방식으로 약간의 전위가 남지만 거의 0에 가까운 효과를 거두고 있다.

제5과목   화학설비위험방지기술

81 다음 중 상온에서 물과 격렬히 반응하여 수소를 발생시키는 물질은?

① Ti   ② K
③ Fe   ④ Ag

해설 $2K + H_2O \longrightarrow 2KOH + H_2\uparrow + 2 \times 46.2\text{kcal}$

82 다음 연소이론에 대한 설명으로 틀린 것은?

① 착화온도가 낮을수록 연소위험이 크다.
② 인화점이 낮은 물질은 반드시 착화점도 낮다.
③ 인화점이 낮을수록 일반적으로 연소위험도 크다.
④ 연소범위가 넓을수록 연소위험이 크다.

해설 ② 인화점이 낮다고 반드시 착화점도 낮지는 않다.

83 다음 중 화학공장에서 주로 사용되는 불활성 가스는?

① 수소   ② 수증기
③ 질소   ④ 일산화탄소

해설 질소(N_2)는 화학공장에서 주로 사용하는 불활성 가스이다.

84 산업안전기준에 관한 규칙에서 안전밸브 등의 전·후단에 자물쇠형 또는 이에 준한 형식의 차단밸브를 설치할 수 있는 경우가 아닌 것은?

① 화학설비 및 그 부속설비에 안전밸브 등이 복수방식으로 설치되어 있는 경우

② 인접한 화학설비 및 그 부속설비에 안전밸브 등이 각각 설치되어 있고 당해 화학설비 및 그 부속설비의 연결배관에 차단밸브가 없는 경우

③ 파열판과 안전밸브를 직렬로 설치한 경우

④ 열팽창에 의하여 상승된 압력을 낮추기 위한 목적으로 안전밸브가 설치된 경우

• 해설 **안전밸브 등의 전·후단에 자물쇠형 또는 이에 준하는 차단밸브를 설치할 수 있는 경우**
ㄱ ①, ②, ④
ㄴ 안전밸브 등의 배출용량의 1/2 이상에 해당하는 용량의 자동압력조절밸브(구동용 동력원의 공급을 차단할 경우 열리는 구조인 것에 한한다)와 안전밸브 등이 병렬로 연결된 경우
ㄷ 예비용 설비를 설치하고 각각의 설비에 안전밸브 등이 설치되어 있는 경우
ㄹ 하나의 플레어스택(Flare Stack)에 2 이상의 단위공정의 플레어헤더(Flare Header)를 연결하여 사용하는 경우로서 각각의 단위공정의 플레어헤더에 설치된 차단밸브의 열림·닫힘 상태를 중앙제어실에서 알 수 있도록 조치한 경우

85 다음 중 방폭기기에 반드시 설치하여야 할 것은?

① 용기 내측 또는 주위에 냉각을 위한 물의 순환통로

② 용기 내측의 접속단자 근처의 접지단자

③ 마찰을 줄이기 위한 기름의 순환통로

④ 용기 내측과 외부와의 공기 순환통로

• 해설 용기 내측의 접속단자 근처의 접지단자는 방폭기기에 반드시 설치한다.

86 다음 중 유류화재와 전기화재에 모두 사용할 수 있는 소화기로 가장 적당한 것은?

① 산·알칼리 소화기
② 분말 소화기
③ 포말 소화기
④ 물 소화기

• 해설 **유류화재와 전기화재 : B, C급 화재**
① A급 화재
② A, B, C급 화재
③ A, B급 화재
④ A급 화재

87 다음 중 축류식 압축기에 대한 설명으로 옳은 것은?

① Casing 내에 1개 또는 수 개의 특수 피스톤을 설치하여 이것을 회전시킬 때 Casing과 피스톤 사이의 체적이 감소해서 기체를 압축하는 방식이다.

② 실린더 내에서 피스톤을 왕복시켜 이것에 따라 개폐하는 흡입밸브 및 배기밸브의 작용에 의해 기체를 압축하는 방식이다.

③ Casing 내에 넣어진 날개바퀴를 회전시켜 기체에 작용하는 원심력에 의해서 기체를 압송하는 방식이다.

④ 프로펠러의 회전에 의한 추진력에 의해 기체를 압송하는 방식이다.

• 해설 **축류식 압축기** : 프로펠러의 회전에 의한 추진력에 의해 기체를 압송하는 방식

88 다음 중 열교환기의 보수에 있어서 일상점검 항목으로 볼 수 없는 것은?

① 보온재 및 보냉재의 파손상황
② 부식의 형태 및 정도
③ 도장의 노후상황
④ Flange부 등의 외부 누출여부

• 해설 **열교환기 보수에 있어서 일상점검 항목**
ㄱ ①, ③, ④
ㄴ 기초볼트의 풀림여부
ㄷ 기초(특히 콘크리트 기초)의 파손상황

89 산업안전보건법에서 규정한 독성 물질은 쥐에 대한 4시간 동안의 흡입실험에 의하여 실험동물 50%를 사망시킬 수 있는 농도, 즉 LC_{50}이 몇 ppm 이하인 물질을 말하는가?

① 1,000 　　　② 2,000
③ 3,000 　　　④ 4,000

해설 LC_{50}은 2,000ppm 이하인 물질이다.

90 포 소화약제 혼합장치로서 정하여진 농도로 물과 혼합하여 거품수용액을 만드는 장치가 아닌 것은?

① 관로혼합장치
② 차압혼합장치
③ 펌프혼합장치
④ 낙하혼합장치

해설 물과 혼합하여 거품수용액을 만드는 장치의 종류
①, ②, ③

91 고체의 연소형태 중 증발연소에 속하는 것은?

① 목탄 　　　② 목재
③ TNT 　　　④ 나프탈렌

해설 ① 목탄 : 표면연소(직접연소)
② 목재 : 분해연소
③ TNT : 자기연소(내부연소)
④ 나프탈렌 : 증발연소

92 물이 관 속을 흐를 때 유동하는 물속의 어느 부분의 정압이 그때의 물의 증기압보다 낮을 경우 물이 증발하여 부분적으로 증기가 발생되어 배관의 부식을 초래하는 경우가 있다. 이러한 현상을 무엇이라 하는가?

① 수격작용(Water Hammering)
② 공동현상(Cavitation)
③ 서징(Surging)
④ 비말동반(Entrainment)

해설 공동현상(Cavitation)의 설명이다.

93 폭발성 물질의 저장·취급하는 화학설비 및 그 부속설비를 설치할 때 단위공정시설 및 설비로부터 다른 단위공정시설 및 설비 사이의 안전거리는 설비 외면으로부터 몇 m 이상 두어야 하는가?

① 3 　　　② 5
③ 10 　　　④ 20

해설 폭발성 물질의 저장·취급하는 화학설비 및 그 부속설비를 설치할 때 안전거리

구 분	안전거리
1. 단위공정시설 및 설비로부터 다른 단위공정시설 및 설비의 사이	설비의 외면으로부터 10m 이상
2. 플레어스택으로부터 단위공정시설 및 설비, 위험물질 저장탱크 또는 위험물질 하역설비의 사이	플레어스택으로부터 반경 20m 이상. 단, 단위공정시설 등이 불연재로 시공된 지붕 아래 설치된 경우에는 그러하지 아니하다.
3. 위험물질 저장탱크로부터 단위공정시설 및 설비, 보일러 또는 가열로의 사이	저장탱크의 외면으로부터 20m 이상. 단, 저장탱크에 방호벽, 원격조정 소화설비 또는 살수설비를 설치한 경우에는 그러하지 아니하다.
4. 사무실·연구실·실험실·정비실 또는 식당으로부터 단위공정시설 및 설비, 위험물질 저장탱크, 위험물질 하역설비, 보일러 또는 가열로의 사이	사무실 등의 외면으로부터 20m 이상. 단, 난방용 보일러인 경우 또는 사무실 등의 벽을 방호구조로 설치한 경우에는 그러하지 아니하다.

94 다음 중 금속화재는 어떤 종류의 화재에 해당되는가?

① A급 　　　② B급
③ C급 　　　④ D급

해설 화재의 종류
㉠ A급 화재 : 일반화재
㉡ B급 화재 : 유류화재
㉢ C급 화재 : 전기화재
㉣ D급 화재 : 금속화재

95 다음 중 분진폭발의 특징을 가장 올바르게 설명한 것은?

① 가스폭발보다 발생에너지가 작다.

② 폭발압력과 연소속도는 가스폭발보다 크다.

③ 불완전연소로 인한 가스중독의 위험성은 적다.

④ 화염의 파급속도보다 압력의 파급속도가 크다.

해설 ㉠ 가스폭발보다 발생에너지가 크다.
ㄴ 폭발압력과 연소속도는 가스폭발보다 작다.
ㄷ 불완전연소로 인한 가스중독의 위험점은 크다.

96 관부속품 중 유로를 차단할 때 사용되는 것은?

① 유니언 ② 소켓

③ 플러그 ④ 엘보

해설 **유로를 차단할 때 사용되는 관부속품**
㉠ 플러그(Plug) ㄴ Cap

97 위험물 저장탱크의 화재 시 물 또는 포를 화염이 왕성한 표면에 방사할 때 위험물과 함께 탱크 밖으로 흘러넘치는 현상을 무엇이라 하는가?

① 보일오버(Boil Over)

② 파이어볼(Fire Ball)

③ 링파이어(Ring Fire)

④ 슬롭오버(Slop Over)

해설 슬롭오버(Slop Over)현상은 제3석유류인 중유에서 발생이 된다.

98 증기배관 내에 생성하는 응축수는 송기상 지장이 되어 제거할 필요가 있는데, 이때 증기를 도망가지 않도록 이 응축수를 자동적으로 배출하기 위한 장치를 무엇이라 하는가?

① Ventstack ② Steamdraft

③ Blow−down계 ④ Relief Valve

해설 Steamdraft의 설명이다.

99 금속의 용접·용단 또는 가열에 사용되는 가스 등의 용기를 취급할 때의 준수사항으로 틀린 것은?

① 전도의 위험이 없도록 한다.

② 밸브를 서서히 개폐한다.

③ 용해아세틸렌의 용기는 세워서 보관한다.

④ 용기의 온도를 섭씨 65° 이하로 유지한다.

해설 **가스 등의 용기를 취급할 때 준수사항**
㉠ ①, ②, ③
ㄴ 용기의 온도를 섭씨 40° 이하로 유지한다.
ㄷ 충격을 가하지 아니하도록 한다.
ㄹ 운반할 때에는 캡을 씌운다.
ㅁ 사용할 때에는 용기의 마개에 부착되어 있는 유류 및 먼지를 제거한다.
ㅂ 사용 전 또는 사용중인 용기와 그 외의 용기를 명확히 구별하여 보관한다.
ㅅ 용기의 부식·마모 또는 변형상태를 점검한 후 사용한다.

100 다음 중 산업안전보건법상 산화성 물질에 해당하지 않는 것은?

① 질산

② 중크롬산

③ 과산화수소

④ 과산화벤조일

해설 ④ 과산화벤조일은 자기반응성 물질이다.

제6과목 **건설안전기술**

101 기계 중 양중기에 포함되지 않는 것은?

① 리프트 ② 곤돌라

③ 크레인 ④ 클램셸

해설 ④ 클램셸은 굴착기계에 해당된다.

102 30° 경사각의 가설통로에서 미끄럼막이 간격으로 알맞은 것은?

① 30cm   ② 40cm

③ 50cm   ④ 60cm

해설 경사각의 가설통로에서 미끄럼막이 간격은 30cm 이다.

103 운반작업 시 주의사항으로 옳지 않은 것은?

① 단독으로 긴 물건을 어깨에 메고 운반할 때에는 뒤쪽을 위로 올린 상태로 운반한다.

② 운반 시의 시선은 진행방향을 향하고 뒷걸음 운반을 하여서는 안 된다.

③ 무거운 물건을 운반할 때 무게중심이 높은 하물은 인력으로 운반하지 않는다.

④ 물건을 들고 일어날 때는 허리보다 무릎의 힘으로 일어선다.

해설 ① 단독으로 긴 물건을 어깨에 메고 운반할 때에는 앞쪽을 위로 올린 상태로 운반한다.

104 지게차 운전 시의 안전사항에 해당되지 않는 것은?

① 짐을 들어올린 상태로 출발, 주행하여야 한다.

② 적재하물이 크고 현저하게 시계를 방해할 때에는 유도자를 붙여 차를 유도시키는 등의 조치를 취해야 한다.

③ 짐을 싣고 내리막 길을 내려갈 때는 전진으로 천천히 운행할 것

④ 철판 또는 각목을 다리 대용으로 하여 통과할 때는 반드시 강도를 확인할 것

해설 ③ 짐을 싣고 내리막 길을 내려갈 때는 후진으로 천천히 운행할 것

105 이동식 크레인작업 시 준수해야 할 사항으로 잘못된 것은?

① 운전사는 반드시 면허를 받은 자이어야 한다.

② 전력선 근처에서의 작업 시 붐과 전력선과의 거리는 최소 1m 이상 간격을 유지한다.

③ 부득이한 경우 전용 탑승설비를 설치하여 근로자를 탑승시킬 수 있다.

④ 제한된 지브의 경사각 범위에서만 작업을 해야 한다.

해설 ② 전력선 근처에서의 작업 시 붐과 전력선과의 거리는 최소 3m 이상 간격을 유지한다.

106 토석붕괴의 외적 원인으로 옳지 않은 것은?

① 사면, 법면의 경사 및 기울기의 증가

② 절토 및 성토 높이의 증가

③ 토사 및 암석의 혼합층 두께

④ 토석의 강도 저하

해설 ㉮ **토석붕괴의 외적 원인**
  ㉠ ①, ②, ③
  ㉡ 공사에 의한 진동 및 반복 하중의 증가
  ㉢ 지표수 및 지하수의 침투에 의한 토사중량의 증가
  ㉣ 지진, 차량, 구조물의 하중
㉯ **토석붕괴의 내적 원인**
  ㉠ 토석강도의 저하
  ㉡ 절토사면의 토질
  ㉢ 암석 및 성토사면의 토질

107 통나무비계를 조립할 때 준수하여야 할 사항에 대한 다음 내용에서 ( ) 안에 가장 적합한 것은?

> 비계기둥의 이음이 맞댄이음인 때에는 비계기둥을 쌍기둥틀로 하거나 (㉠)m 이상의 덧댐목을 사용하여 (㉡)개소 이상을 묶을 것

① ㉠ : 1.0, ㉡ : 4

② ㉠ : 1.8, ㉡ : 4

③ ㉠ : 1.0, ㉡ : 2

④ ㉠ : 1.0, ㉡ : 2

해설 ㉠ 맞댄이음인 때에는 비계기둥의 이음이 맞댄 이음인 때에는 비계기둥을 쌍기둥틀로 하거나 1.8m 이상의 덧댐목을 사용하여 4개소 이상을 묶을 것
㉡ 통나무비계를 조립할 때 비계기둥의 이음이 겹침이음인 때에는 이음부분에서 1m 이상을 서로 겹쳐서 2개소 이상을 묶을 것

108 콘크리트 측압에 관한 설명으로 옳은 것은?

① 부어넣기 속도가 빠르면 측압은 작아진다.
② 철근의 양이 적으면 측압은 작아진다.
③ 대기의 온도가 낮을수록 측압은 크다.
④ 구조물의 단면이 크면 측압은 작다.

해설 ① 부어넣기 속도가 빠르면 측압은 커진다.
② 철근의 양이 적으면 측압은 커진다.
④ 구조물의 단면이 크면 측압은 크다.

109 철륜 표면에 다수의 돌기를 붙여 접지면적을 작게 하여 접지압을 증가시킨 롤러로서 고함수비의 점성토지반의 다짐작업에 적합한 롤러는?

① 탠덤롤러　　② 로드롤러
③ 타이어롤러　　④ 탬핑롤러

해설 돌기를 붙여 고함수비의 점성토지반의 다짐작업에 적합한 것은 탬핑롤러이다.

110 차량계 건설기계를 사용하여 작업하고자 할 때 작업계획서에 포함되어야 할 사항으로 적합하지 않은 것은?

① 사용하는 차량계 건설기계의 종류 및 성능
② 차량계 건설기계의 운행경로
③ 차량계 건설기계에 의한 작업방법
④ 차량계 건설기계의 유지보수방법

해설 차량계 건설기계의 작업계획서에 포함되어야 할 사항 : ①, ②, ③

111 화물취급작업 시 관리감독자의 유해·위험방지업무와 가장 거리가 먼 것은?

① 관계근로자 외의 자의 출입을 금지시키는 일
② 기구 및 공구를 점검하고 불량품을 제거하는 일
③ 대피방법을 미리 교육하는 일
④ 작업 방법 및 순서를 결정하고 작업을 지휘하는 일

해설 ③은 채석을 위한 굴착작업 시 관리감독자의 유해·위험방지업무에 해당된다.

112 양중작업에 사용되는 와이어로프의 안전계수에 관한 사항 중 옳지 않은 것은?

① 와이어로프의 안전계수는 그 절단하중의 값을 와이어로프에 걸리는 하중의 평균값으로 나눈 값이다.
② 근로자가 탑승하는 운반구를 지지하는 경우의 안전계수는 10 이상이어야 한다.
③ 화물의 하중을 직접 지지하는 경우의 안전계수는 5 이상이어야 한다.
④ 근로자가 탑승하는 운반구를 지지하거나 화물의 하중을 직접 지지하는 경우 외의 와이어로프 안전계수는 4 이상이어야 한다.

해설 ① 와이어로프의 안전계수는 그 절단하중의 값을 와이어로프에 걸리는 하중의 최대값으로 나눈 값이다.

113 토사붕괴예방을 위해 지반 종류에 따른 굴착면의 기울기 기준을 설명한 것으로 잘못된 것은?

① 모래 1 : 1.8
② 풍화암 1 : 1
③ 연암 1 : 1
④ 경암 1 : 0.2

해설 굴착면의 기울기 기준

지반의 종류	굴착면의 기울기
모래	1 : 1.8
연암 및 풍화암	1 : 1.0
경암	1 : 0.5
그 밖의 흙	1 : 1.2

114 추락방지용 방망의 그물코가 10cm인 신제품 매듭 방망사의 인장강도는 몇 kg 이상이어야 하는가?

① 80 ② 110
③ 150 ④ 200

해설 방망사의 신품에 대한 인장강도

그물코의 종류	인장강도(kg/cm^2)	
	매듭 없는 방망	매듭 있는 방망
10cm 그물코	240	200
5cm 그물코	–	110

115 추락재해를 방지하기 위하여 사용하는 방망의 지지점이 연속적인 구조물이고 지지점의 간격이 1.0m일 때, 외력에 견딜 수 있어야 하는 강도는 최소 얼마 이상이어야 하는가?

① 200kg ② 400kg
③ 600kg ④ 800kg

해설 $F = 200B$
여기서, F : 강도(kg)
B : 지지점 간격(m)
∴ $200 \times 1 = 200kg$

116 다음 중 연약지반개량공법이 아닌 것은?

① 폭파치환공법
② 샌드드레인공법
③ 우물통공법
④ 모래다짐말뚝공법

해설 ③ 우물통공법은 굴착공법의 종류에 해당된다.

117 항타기 및 항발기에 대한 설명으로 잘못된 것은?

① 도괴방지를 위해 시설 또는 가설물 등에 설치하는 때에는 그 내력을 확인하고 내력이 부족한 때에는 그 내력을 보강해야 한다.
② 와이어로프의 한 꼬임에서 끊어진 소선(필러선을 제외한다)의 수가 10% 이상인 것은 권상용 와이어로프로 사용을 금한다.
③ 지름 감소가 호칭지름의 7%를 초과하는 것은 권상용 와이어로프로 사용을 금한다.
④ 권상용 와이어로프의 안전계수가 4 이상이 아니면 이를 사용하여서는 안 된다.

해설 ④ 권상용 와이어로프의 안전계수가 5 이상이 아니면 이를 사용하여서는 안 된다.

118 유해·위험방지계획서를 제출해야 할 대상 공사에 대한 설명으로 잘못된 것은?

① 지상높이가 31m 이상인 건축물 또는 공작물의 건설, 개조 또는 해체공사
② 최대지간 길이가 50m 이상인 교량건설 등의 공사
③ 다목적댐, 발전용댐 및 저수용량 2천만 톤 이상의 용수전용댐 건설 등의 공사
④ 깊이가 5m 이상인 굴착공사

해설 유해·위험방지계획서를 제출해야 할 대상 공사의 조건
(1) 다음 각 목의 어느 하나에 해당하는 건축물 또는 시설 등의 건설·개조 또는 해체공사
㉠ 지상높이가 31m 이상인 건축물 또는 인공구조물
㉡ 연면적 3만m^2 이상인 건축물
㉢ 연면적 5천m^2 이상인 시설로서 다음의 어느 하나에 해당하는 시설
• 문화 및 집회시설(전시장 및 동물원·식물원은 제외)
• 판매시설, 운수시설(고속철도의 역사 및 집배송시설은 제외)

- 종교시설
- 의료시설 중 종합병원
- 숙박시설 중 관광숙박시설
- 지하도상가
- 냉동·냉장 창고시설

(2) 연면적 5천m² 이상의 냉동·냉장창고시설의 설비공사 및 단열공사

(3) 최대 지간길이(다리의 기둥과 기둥의 중심 사이의 거리)가 50m 이상인 교량건설 등 공사

(4) 터널 건설 등의 공사

(5) 다목적댐, 발전용댐 및 저수용량 2천만 톤 이상의 용수 전용 댐, 지방상수도 전용 댐 건설

(6) 깊이 10m 이상인 굴착공사

119 부두 등의 하역작업장에서 부두 또는 안벽의 선에 따라 통로를 설치할 때의 폭은?

① 90cm 이상   ② 75cm 이상

③ 60cm 이상   ④ 45cm 이상

해설 부두 등의 하역작업장에서 부두 또는 안벽의 선에 따라 통로를 설치할 때는 90cm 이상의 폭을 유지해야만 안전하다.

120 다음 중 강관비계 조립 시 준수사항으로 잘못된 것은?

① 비계기둥에는 미끄러지거나 침하하는 것을 방지하기 위하여 밑받침 철물을 사용하거나 깔판, 깔목 등을 사용하여 밑둥잡이를 설치하는 등의 조치를 해야 한다.

② 비계기둥의 최고부로부터 31m 되는 지점 밑부분의 비계기둥은 2본의 강관으로 묶어 세워야 한다.

③ 비계기둥 간의 적재하중은 40kg를 초과하지 아니하도록 한다.

④ 첫번째 띠장은 지상으로부터 높이 2m 이하의 위치에 설치해야 한다.

해설 ③ 비계기둥 간의 적재하중은 400kg을 초과하지 아니하도록 한다.

길을 가다가 돌이 나타나면
약자는 그것을 걸림돌이라 말하고,
강자는 그것을 디딤돌이라고 말한다.

-토마스 칼라일(Thomas Carlyle)-

☆

같은 돌이지만 바라보는 시각에 따라 그리고 마음가짐에 따라
걸림돌이 되기도 하고 디딤돌이 되기도 합니다.
자기에게 주어진 상황을 활용할 줄 아는 자만이
성공의 문에 도달할 수 있답니다.^^

제1과목　　안전관리론

01 재해는 크게 4가지 방법으로 분류하고 있는데, 다음 중 분류 방법에 해당되지 않는 것은?

① 통계적 분류
② 상해 종류에 의한 분류
③ 관리적 분류
④ 재해 형태별 분류

해설 ③ 상해 정도별 분류(I.L.O)

02 산업안전보건법상 안전관리자의 업무에 해당되지 않는 것은?

① 업무수행 내용의 기록 · 유지
② 산업재해에 관한 통계의 유지 · 관리 · 분석을 위한 보좌 및 조언 · 지도
③ 안전에 관한 사항의 이행에 관한 보좌 및 조언 · 지도
④ 작업장 내에서 사용되는 전체환기장치 및 국소배기장치 등에 관한 설비의 점검과 작업방법의 공학적 개선에 관한 보좌 및 조언 · 지도

해설 안전관리자의 업무
　㉠ ①, ②, ③
　㉡ 사업장 안전교육계획의 수립 및 안전교육 실시에 관한 보좌 및 조언 · 지도
　㉢ 안전인증 대상 기계 · 기구 등과 자율안전확인 대상 기계 · 기구 등 구입 시 적격품의 선정에 관한 보좌 및 조언 · 지도
　㉣ 위험성평가에 관한 보좌 및 조언 · 지도
　㉤ 산업안전보건위원회 또는 노사협의체, 안전보건 관리규정 및 취업규칙에서 정한 직무

　㉥ 사업장 순회점검 · 지도 및 조치의 건의
　㉦ 산업재해 발생의 원인 조사 · 분석 및 재발방지를 위한 기술적 보좌 및 조언 · 지도
　㉧ 그 밖에 안전에 관한 사항으로서 노동부 장관이 정하는 사항

03 재해예방의 4원칙 중 대책선정의 원칙에서 관리적 대책에 해당되지 않는 것은?

① 안전교육 및 훈련
② 동기부여와 사기 향상
③ 각종 규정 및 수칙의 준수
④ 경영자 및 관리자의 솔선수범

해설 대책선정의 원칙
　㉠ 기술적 대책 : 안전설계, 작업행정의 개선, 안전기준의 설정, 환경설비의 개선, 점검보존의 확립 등
　㉡ 교육적 대책 : 안전교육 및 훈련
　㉢ 관리적 대책 : 적합한 기준 설정, 전 종업원의 기준 이해, 동기부여와 사기 향상, 각종 규정 및 수칙의 준수, 경영자 및 관리자의 솔선수범

04 1일 근무시간이 9시간이고, 지난 한 해 동안의 근무일이 300일인 A 사업장의 재해건수는 24건, 의사진단에 의한 총 휴업일수는 3,650일이었다. 해당 사업장의 도수율과 강도율은 얼마인가? (단, 사업장의 평균 근로자수는 450명이다.)

① 도수율 : 0.02, 강도율 : 2.55
② 도수율 : 0.19, 강도율 : 0.25
③ 도수율 : 19.75, 강도율 : 2.47
④ 도수율 : 20.43, 강도율 : 2.55

해설 ㉠ 도수율 $= \dfrac{\text{재해건수}}{\text{연근로시간수}} \times 1{,}000{,}000$

$= \dfrac{24}{450 \times 9 \times 300} \times 1{,}000{,}000$

$= 19.753 = 19.75$

㉡ 강도율 $= \dfrac{\text{총 근로손실일수}}{\text{연근로시간수}} \times 1{,}000$

$= \dfrac{3{,}650 \times \dfrac{300}{365}}{450 \times 9 \times 300} \times 1{,}000$

$= 2.469 = 2.47$

05 불안전한 행동을 예방하기 위하여 수정해야 할 조건 중 시간의 소요가 짧은 것부터 장시간 소요되는 순서대로 올바르게 연결된 것은?

① 집단행동 – 개인행위 – 지식 – 태도
② 지식 – 태도 – 개인행위 – 집단행위
③ 태도 – 지식 – 집단행위 – 개인행위
④ 개인행위 – 태도 – 지식 – 집단행위

해설 시간의 소요가 짧은 것부터 장시간 소요되는 순서 :
지식 – 태도 – 개인행위 – 집단행위

06 다음 중 안전점검 종류에 있어 점검주기에 의한 구분에 해당하는 것은?

① 육안점검   ② 수시점검
③ 형식점검   ④ 기능점검

해설 안전점검의 종류 중 점검주기에 의한 구분
㉠ 정기(계획)점검
㉡ 임시점검
㉢ 수시(일상)점검
㉣ 특별점검

07 다음 중 무재해 운동의 기본이념 3원칙에 해당되지 않는 것은?

① 모든 재해에는 손실이 발생하므로 사업주는 근로자의 안전을 보장하여야 한다는 것을 전제로 한다.
② 위험을 발견, 제거하기 위하여 전원이 참가, 협력하여 각자의 위치에서

의욕적으로 문제해결을 실천하는 것을 뜻한다.
③ 직장 내의 모든 잠재위험 요인을 적극적으로 사전에 발견, 파악, 해결함으로써 뿌리에서부터 산업재해를 제거하는 것을 말한다.
④ 무재해, 무질병의 직장을 실현하기 위하여 직장의 위험요인을 행동하기 전에 예지하여 발견, 파악, 해결함으로써 재해발생을 예방하거나 방지하는 것을 말한다.

해설 무재해 운동의 기본이념 3원칙
㉠ 무의 원칙 : 무재해, 무질병의 직장을 실현하기 위하여 직장의 위험요인을 행동하기 전에 예지하여 발견, 파악, 해결함으로써 재해발생을 예방하거나 방지하는 것을 말한다.
㉡ 참가의 원칙 : 위험을 발견, 제거하기 위하여 전원이 참가, 협력하여 각자의 위치에서 의욕적으로 문제해결을 실천하는 것을 뜻한다.
㉢ 선취의 원칙 : 직장 내의 모든 잠재위험 요인을 적극적으로 사전에 발견, 파악, 해결함으로써 뿌리에서부터 산업재해를 제거하는 것을 말한다.

08 다음 중 브레인 스토밍(Brain Storming) 기법에 관한 설명으로 옳은 것은?

① 타인의 의견에 대하여 장·단점을 표현할 수 있다.
② 발언은 순서대로 하거나, 균등한 기회를 부여한다.
③ 주제와 관련이 없는 사항이라도 발언을 할 수 있다.
④ 이미 제시된 의견과 유사한 사항은 피하여 발언한다.

해설 브레인 스토밍 기법
㉠ 비판금지 : 좋다, 나쁘다에 대한 비판을 하지 않는다.
㉡ 자유분방 : 마음대로 편안히 발언한다.
㉢ 대량발언 : 주제와 관련이 없는 사항이라도 발언을 할 수 있다.
㉣ 수정발언 : 타인의 아이디어에 편승하거나 덧붙여 발언해도 좋다.

09 다음 중 안전인증 대상 안전모의 성능기준 항목이 아닌 것은?

① 내열성   ② 턱끈풀림
③ 내관통성   ④ 충격흡수성

> **해설** 안전인증 대상 안전모의 성능기준 항목
> 내관통성, 충격흡수성, 내전압성, 내수성, 난연성, 턱끈풀림

10 산업안전보건법령상 안전·보건표지에 있어 경고표지의 종류 중 기본모형이 다른 것은?

① 매달린 물체 경고
② 폭발성 물질 경고
③ 고압전기 경고
④ 방사성 물질 경고

> **해설** 경고표지의 종류 및 기본모형
> (1) 삼각형(△)
>   ⊙ 방사성 물질 경고
>   ⓒ 고압전기 경고
>   ⓒ 매달린 물체 경고
>   ⓔ 낙하물 경고
>   ⓜ 고온 경고
>   ⓗ 저온 경고
>   ⓢ 몸균형상실 경고
>   ⓞ 레이저광선 경고
>   ⓩ 위험장소 경고
> (2) 마름모형(◇)
>   ⊙ 인화성 물질 경고
>   ⓒ 산화성 물질 경고
>   ⓒ 폭발성 물질 경고
>   ⓔ 급성독성 물질 경고

11 인간의 적응기제 중 방어기제로 볼 수 없는 것은?

① 승화   ② 고립
③ 합리화   ④ 보상

> **해설** 인간의 적응기제 중 방어기제
> ⊙ 승화
> ⓒ 합리화
> ⓒ 보상

12 인간의 행동은 사람의 개성과 환경에 영향을 받는데, 다음 중 환경적 요인이 아닌 것은?

① 책임   ② 작업조건
③ 감독   ④ 직무의 안정

> **해설** 환경적 요인
> ⊙ 작업조건
> ⓒ 감독
> ⓒ 직무의 안정

13 다음 중 직무적성검사의 특징과 가장 거리가 먼 것은?

① 타당성(validity)
② 객관성(objectivity)
③ 표준화(standardization)
④ 재현성(reproducibility)

> **해설** 직무적성검사의 특징
> ⊙ 타당성
> ⓒ 객관성
> ⓒ 표준화
> ⓔ 규준(norms)
> ⓜ 신뢰성

14 다음 중 부주의의 발생원인별 대책방법이 올바르게 짝지어진 것은?

① 소질적 문제 – 안전교육
② 경험, 미경험 – 적성배치
③ 의식의 우회 – 작업환경 개선
④ 작업순서의 부적합 – 인간공학적 접근

> **해설** ① 소질적 문제 – 적성배치
> ② 경험, 미경험 – 안전교육
> ③ 의식의 우회 – 카운슬링

15 교육훈련의 효과는 5관을 최대한 활용하여야 하는데, 다음 중 효과가 가장 큰 것은?

① 청각   ② 시각
③ 촉각   ④ 후각

> **해설** 교육훈련의 효과 : 시각(50%) > 청각(20%) > 촉각(15%) > 미각(30%) > 후각(2%)

16 다음 중 강의계획 수립 시 학습목적 3요소가 아닌 것은?

① 목표
② 주제
③ 학습정도
④ 교재내용

해설 **강의계획 수립 시 학습목적 3요소**
㉠ 목표
㉡ 주제
㉢ 학습정도

17 다음 중 준비, 교시, 연합, 총괄, 응용시키는 사고과정의 기술교육 진행방법에 해당하는 것은?

① 듀이의 사고과정
② 태도교육 단계이론
③ 하버드학파의 교수법
④ MTP(Management Training Program)

해설 (1) 듀이의 사고과정
㉠ 제1단계 : 시사를 받는다.
㉡ 제2단계 : 머리로 생각한다.
㉢ 제3단계 : 가설을 설정한다.
㉣ 제4단계 : 추론한다.
㉤ 제5단계 : 행동에 의하여 가설을 검토한다.
(2) 하버드학파의 교수법
㉠ 제1단계 : 준비
㉡ 제2단계 : 교시
㉢ 제3단계 : 연합
㉣ 제4단계 : 총괄
㉤ 제5단계 : 응용

18 다음 안전교육의 방법 중에서 프로그램학습법(Programmed Self-instruction Method)에 관한 설명으로 틀린 것은?

① 개발비가 적게 들어 쉽게 적용할 수 있다.
② 수업의 모든 단계에서 적용이 가능하다.
③ 한 번 개발된 프로그램자료는 개조하기 어렵다.
④ 수강자들이 학습 가능한 시간대의 폭이 넓다.

해설 **프로그램학습법**
(Programmed Self-instruction Method)

적용의 경우	㉠ 수업의 모든 단계 ㉡ 학교수업, 방송수업, 직업훈련의 경우 ㉢ 학생들의 개인차가 최대한으로 조절되어야 할 경우 ㉣ 학생들이 자기에게 허용된 어느 시간에나 학습이 가능할 경우 ㉤ 보충학습의 경우
제약 조건	㉠ 한 번 개발한 프로그램자료를 개조하기가 어려움 ㉡ 개발비가 높음 ㉢ 학생들의 사회성이 결여되기 쉬움

19 사업주가 근로자에게 실시해야 하는 안전보건교육의 교육시간 중 그 밖의 근로자의 채용 시 교육시간으로 옳은 것은?

① 1시간 이상
② 2시간 이상
③ 3시간 이상
④ 8시간 이상

해설 **근로자 안전보건교육**

교육과정	교육대상		교육시간
정기교육	사무직 종사 근로자		매 반기 6시간 이상
	그 밖의 근로자	판매업무에 직접 종사하는 근로자	매 반기 6시간 이상
		판매업무에 직접 종사하는 근로자 외의 근로자	매 반기 12시간 이상
채용 시 교육	일용근로자 및 근로계약기간이 1주일 이하인 기간제 근로자		1시간 이상
	근로계약기간이 1주일 초과 1개월 이하인 기간제 근로자		4시간 이상
	그 밖의 근로자		8시간 이상
작업내용 변경 시 교육	일용근로자 및 근로계약기간이 1주일 이하인 기간제 근로자		1시간 이상
	그 밖의 근로자		2시간 이상
특별교육	일용근로자 및 근로계약기간이 1주일 이하인 기간제 근로자 (타워크레인 신호작업에 종사하는 근로자 제외)		2시간 이상

교육과정	교육대상	교육시간
특별교육	일용근로자 및 근로계약기간이 1주일 이하인 기간제 근로자 중 타워크레인 신호작업에 종사하는 근로자	8시간 이상
	일용근로자 및 근로계약기간이 1주일 이하인 기간제 근로자를 제외한 근로자	㉠ 16시간 이상 (최초 작업에 종사하기 전 4시간 이상 실시하고, 12시간은 3개월 이내에서 분할하여 실시 가능) ㉡ 단기간 작업 또는 간헐적 작업인 경우에는 2시간 이상
건설업 기초 안전·보건 교육	건설 일용근로자	4시간 이상

20 다음 중 산업안전보건법령상 안전검사 대상 유해·위험기계의 종류가 아닌 것은?

① 곤돌라 ② 압력용기
③ 리프트 ④ 아크용접기

해설 안전검사 대상 유해·위험기계의 종류
㉠ 프레스, ㉡ 전단기, ㉢ 크레인(정격하중 2톤 미만인 것 제외), ㉣ 리프트, ㉤ 압력용기, ㉥ 곤돌라, ㉦ 국소배기장치(이동식 제외), ㉧ 원심기(산업용에 한정), ㉨ 롤러기(밀폐용 구조 제외), ㉩ 사출성형기(형체결력 294kN 미만 제외), ㉪ 고소작업대, ㉫ 컨베이어, ㉬ 산업용 로봇

제2과목 인간공학 및 시스템안전공학

21 다음 중 사업장에서 인간공학 적용분야와 가장 거리가 먼 것은?

① 작업환경 개선
② 장비 및 공구의 설계
③ 재해 및 질병 예방
④ 신뢰성 설계

해설 사업장에서 인간공학 적용분야
㉠ 작업환경 개선
㉡ 장비 및 공구의 설계
㉢ 재해 및 질병 예방

22 다음 중 체계분석 및 설계에 있어서 인간공학적 노력의 효능을 산정하는 척도의 기준에 포함하지 않는 것은?

① 성능의 향상
② 훈련비용의 절감
③ 인력 이용률의 저하
④ 생산 및 보전의 경제성 향상

해설 ③ 인력 이용률의 향상

23 반경 7cm의 조종구를 30° 움직일 때 계기판의 표시가 3cm 이동하였다면 이 조종장치의 C/R비는 약 얼마인가?

① 0.22
② 0.38
③ 1.22
④ 1.83

해설
$$C/R비 = \frac{\frac{a}{360} \times 2\pi L}{표시계기의\ 이동거리}$$
$$= \frac{\frac{30}{360} \times 2\pi \times 7cm}{3cm}$$
$$= 1.22$$
여기서, a : 조종구가 움직인 각도
L : 반경

24 다음 중 일반적인 지침의 설계요령과 가장 거리가 먼 것은?

① 뾰족한 지침의 선각은 약 30° 정도를 사용한다.
② 지침의 끝은 눈금과 맞닿되 겹치지 않게 한다.
③ 원형 눈금의 경우 지침의 색은 선단에서 눈의 중심까지 칠한다.
④ 시차를 없애기 위해 지침을 눈금 면에 밀착시킨다.

해설 ①의 경우, 뾰족한 지침의 선각은 약 15° 정도를 사용한다.

25 인간 오류의 분류에 있어 원인에 의한 분류 중 작업의 조건이나 작업의 형태 중에서 다른 문제가 생겨 그 때문에 필요한 사항을 실행할 수 없는 오류(error)를 무엇이라고 하는가?

① Secondary error
② Primary error
③ Command error
④ Commission error

해설 ② 작업자 자신으로부터 발생한 과오
③ 작업자가 움직이려 해도 움직일 수 없음으로 인해 발생하는 과오
④ 요구된 기능을 실행하고자 하여도 필요한 물건, 정보, 에너지 등의 공급이 없기 때문에 작업자가 움직이려고 해도 움직일 수 없음으로 발생하는 과오

26 각각 10,000시간의 수명을 가진 A, B 두 요소가 병렬계를 이루고 있을 때 이 시스템의 수명은 얼마인가? (단, 요소 A, B의 수명은 지수분포를 따른다.)

① 5,000시간
② 10,000시간
③ 15,000시간
④ 20,000시간

해설 병렬체계의 수명 $= \left(1 + \dfrac{1}{2} + \cdots + \dfrac{1}{n}\right) \times$ 시간
$= \left(1 + \dfrac{1}{2}\right) \times 10,000$
$= 15,000$ 시간

27 다음 중 정신적 작업부하에 대한 생리적 측정치에 해당하는 것은?

① 에너지 대사량
② 최대산소소비능력
③ 근전도
④ 부정맥지수

해설 정신적 작업부하에 대한 생리적 측정치 : 부정맥지수

28 다음 중 인체계측에 있어 구조적 인체치수에 관한 설명으로 옳은 것은?

① 움직이는 신체의 자세로부터 측정한다.
② 실제의 작업 중 움직임을 계측, 자료를 취합하여 통계적으로 분석한다.
③ 정해진 동작에 있어 자세, 관절 등의 관계를 3차원 디지타이저(Digitizer), 모아레(Moire)법 등의 복합적인 장비를 활용하여 측정한다.
④ 고정된 자세에서 마틴(Martin)식 인체측정기로 측정한다.

해설 ㉠ 표준자세에서 움직이지 않는 피측정자를 인체측정기 등으로 측정한 것이다.
㉡ 어떤 부위 특성의 측정치는 수화기(Earphone), 색안경 등을 설계할 때와 같이 특수용도에 사용되는 것도 있다.
㉢ 수치들은 연령이 다른 여러 피측정자들에 대한 것이고, 특히 신장과 체중은 연령에 따라 상당한 차이가 있다는 것을 유념해야 한다.

29 다음 중 부품배치의 원칙에 해당하지 않는 것은?

① 사용 순서의 원칙
② 사용 빈도의 원칙
③ 중요성의 원칙
④ 신뢰성의 원칙

해설 부품배치의 원칙으로는 ①, ②, ③ 외에 기능배치의 원칙이 있다.

30 광원으로부터 2m 떨어진 곳에서 측정한 조도가 400lux이고, 다른 곳에서 동일한 광원에 의한 밝기를 측정하였더니 100lux이었다면, 두 번째로 측정한 지점은 광원으로부터 몇 m 떨어진 곳인가?

① 4
② 6
③ 8
④ 10

해설 조도$[\text{lux}] = \dfrac{\text{광도}[\text{cd}]}{\text{거리}^2}$
광원의 광도$[\text{cd}] = 400 \times 2^2 = 1,600$
두 번째 측정한 지점의 광원의 거리를 x라고 하면
$\dfrac{1,600}{x^2} = 100$ 에서 $x = 4\text{m}$

31 다음 중 점멸융합주파수에 대한 설명으로 옳은 것은?

① 암조응 시에는 주파수가 증가한다.
② 정신적으로 피로하면 주파수값이 내려간다.
③ 휘도가 동일한 색은 주파수값에 영향을 준다.
④ 주파수는 조명강도의 대수치에 선형 반비례한다.

해설 ① 암조응 시에는 주파수가 감소한다.
③ 휘도가 동일한 색은 주파수값에 영향을 주지 않는다.
④ 주파수는 조명강도의 대수치에 선형 비례한다.

32 다음 중 변화감지역(JND ; Just Noticeable Difference)이 가장 작은 음은?

① 낮은 주파수와 작은 강도를 가진 음
② 낮은 주파수와 큰 강도를 가진 음
③ 높은 주파수와 작은 강도를 가진 음
④ 높은 주파수와 큰 강도를 가진 음

해설 **변화감지역(Just Noticeable Difference)**
㉠ 자극의 상대 식별에 있어 50%보다 더 높은 확률로 판단할 수 있는 자극 차이다. 예를 들면 양손에 30g 무게와 31g 무게를 올려놓고 어느 쪽이 무겁다는 것은 변화량이 적어 식별할 수 없으나 30g 무게와 35g 무게는 차이를 식별할 수 있다.
㉡ 변화감지역이 가장 작은 음 : 낮은 주파수와 큰 강도를 가진 음

33 건습구온도에서 건구온도가 24℃이고, 습구온도가 20℃일 때 Oxford 지수는 얼마인가?

① 20.6℃   ② 21.0℃
③ 23.0℃   ④ 23.4℃

해설 **Oxford 지수(WD)**
$= 0.85 WB$(습구온도)$+ 0.15 DB$(건구온도)
$= 0.85 \times 20 + 0.15 \times 24$
$= 20.6℃$

34 다음 중 시스템 안전프로그램의 개발단계에서 이루어져야 할 사항의 내용과 가장 거리가 먼 것은?

① 교육훈련을 시작한다.
② 위험분석으로 FMEA가 적용된다.
③ 설계의 수용 가능성을 위해 보다 완벽한 검토를 한다.
④ 이 단계의 모형분석과 검사결과는 OHA의 입력자료로 사용된다.

해설 **시스템 안전프로그램의 개발단계에서 이루어져야 할 사항**
㉠ 위험분석으로 주로 FMEA가 적용된다.
㉡ 설계의 수용 가능성을 위해 보다 완벽한 검토를 한다.
㉢ 이 단계의 모형분석과 검사결과는 OHA의 입력자료로 사용된다.

35 작업자가 계기판의 수치를 읽고 판단하여 밸브를 잠그는 작업을 수행한다고 할 때, 다음 중 이 작업자의 실수확률을 예측하는 데 가장 적합한 기법은?

① THERP
② FMEA
③ OSHA
④ MORT

해설 ② FMEA : 고장형태와 영향분석이라고도 하며 각 요소의 고장유형과 그 고장이 미치는 영향을 분석하는 방법으로 귀납적이면서 정성적으로 분석하는 기법이다.
③ OSHA : 운용 및 지원 위험분석이라 하며 시스템 요건의 지정된 시스템의 모든 사용단계에서 생산, 보전, 시험, 운반, 저장, 운전, 비상탈출, 구조, 훈련 및 폐기 등에 사용하는 인원, 설비에 관하여 위험을 동정하고 제어하며 그들의 안전요건을 결정하기 위하여 실시하는 분석이다.
④ MORT : 경영 소홀과 위험수 분석이라 하며 Tree를 중심으로 FTA와 같은 논리기법을 이용하여 관리, 설계, 생산, 보존 등으로 광범위하게 안전을 도모하는 것으로서, 고도의 안전을 달성하는 것을 목적으로 한다.

36 다음 중 결함수 분석법에 관한 설명으로 틀린 것은?

① 잠재위험을 효율적으로 분석한다.
② 연역적 방법으로 원인을 규명한다.
③ 복잡하고 대형화된 시스템의 분석에 사용한다.
④ 정성적 평가보다 정량적 평가를 먼저 실시한다.

해설 ④ 정량적 평가보다 정성적 평가를 먼저 실시한다.

37 FT도에서 사용되는 기호 중 입력현상의 반대현상이 출력되는 게이트는?

① AND 게이트   ② 부정 게이트
③ OR 게이트   ④ 억제 게이트

해설 부정 게이트의 설명이다.

38 다음 FT도에서 최소 컷셋(minimal cut set)으로만 올바르게 나열한 것은?

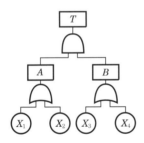

① $[X_1]$, $[X_2]$
② $[X_1, \ X_2]$, $[X_1, \ X_3]$
③ $[X_1]$, $[X_2, \ X_3]$
④ $[X_1, \ X_2, \ X_3]$

해설 $A = X_1 + X_2$
$B = X_1 + X_3$
$T = A \cdot B$
$\quad = (X_1 + X_2) \cdot (X_1 + X_3)$
$\quad = X_1 X_1 + X_1 X_3 + X_1 X_2 + X_2 X_3$
$(X_1 X_1)$은 흡수 법칙에 의해 X_1이 된다.
$T = X_1 + X_1 X_3 + X_1 X_2 + X_2 X_3$
$\quad = X_1 (1 + X_3 + X_2) + X_2 X_3$

$(1 + X_3 + X_2)$은 불 대수에서 "$A + 1 = 1$"로 1이 된다.
$\therefore \ T = X_1 + X_2 X_3$

39 다음 중 시스템 안전성 평가기법에 관한 설명으로 틀린 것은?

① 가능성을 정량적으로 다룰 수 있다.
② 시각적 표현에 의해 정보전달이 용이하다.
③ 원인, 결과 및 모든 사상들의 관계가 명확해진다.
④ 연역적 추리를 통해 결함사상을 빠짐없이 도출하나, 귀납적 추리로는 불가능하다.

해설 ④ 연역적 추리를 통해 결함사상을 빠짐없이 도출하나, 귀납적 추리로는 가능하다.

40 다음 중 산업안전보건법령상 유해·위험방지 계획서의 심사결과에 따른 구분·판정의 종류에 해당하지 않는 것은?

① 보류   ② 부적정
③ 적정   ④ 조건부 적정

해설 유해·위험방지 계획서의 심사결과에 따른 구분·판정의 종류
㉠ 적정
㉡ 조건부 적정
㉢ 부적정

제3과목 | **기계위험방지기술**

41 다음 중 기계설비에서 반대로 회전하는 두 개의 회전체가 맞닿는 사이에 발생하는 위험점을 무엇이라 하는가?

① 협착점(squeeze point)
② 물림점(nip point)
③ 접선물림점(tangential point)
④ 회전말림점(trapping point)

해설 문제의 내용은 물림점에 관한 것이다.

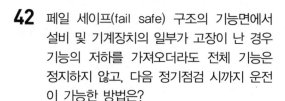

42 페일 세이프(fail safe) 구조의 기능면에서 설비 및 기계장치의 일부가 고장이 난 경우 기능의 저하를 가져오더라도 전체 기능은 정지하지 않고, 다음 정기점검 시까지 운전이 가능한 방법은?

① Fail-passive
② Fail-soft
③ Fail-active
④ Fail-operational

해설 문제는 Fail-operational에 관한 것이다.

43 기계의 각 작동부분 상호간을 전기적, 기구적, 공유압장치 등으로 연결해서 기계의 각 작동부분이 정상으로 작동하기 위한 조건이 만족되지 않을 경우 자동적으로 그 기계를 작동할 수 없도록 하는 것을 무엇이라 하는가?

① 인터록기구
② 과부하방지장치
③ 트립기구
④ 오버런기구

해설 인터록기구를 말하며, 일명 연동장치라고도 한다.

44 다음 중 선반작업 시 준수하여야 하는 안전사항으로 틀린 것은?

① 작업 중 장갑착용을 금한다.
② 작업 시 공구는 항상 정리해 둔다.
③ 운전 중에 백 기어(back gear)를 사용한다.
④ 주유 및 청소를 할 때에는 반드시 기계를 정지시키고 한다.

해설 ③ 운전 중에 백 기어(back gear)를 사용하지 않는다.

45 다음 중 플레이너작업 시의 안전대책으로 거리가 먼 것은?

① 베드 위에 다른 물건을 올려놓지 않는다.
② 바이트는 되도록 짧게 나오도록 설치한다.

③ 프레임 내의 피트(pit)에는 뚜껑을 설치한다.
④ 칩 브레이커를 사용하여 칩이 길게 되도록 한다.

해설 ④의 경우, 칩 브레이커를 사용하여 칩이 짧게 되도록 하는 것은 선반작업 시의 안전대책이다.

46 산업안전보건법상 회전 중인 연삭숫돌 직경이 최소 얼마 이상인 경우로서 근로자에게 위험을 미칠 우려가 있는 경우 해당 부위에 덮개를 설치하여야 하는가?

① 3cm 이상
② 5cm 이상
③ 10cm 이상
④ 20cm 이상

해설 연삭숫돌 직경이 최소 5cm 이상일 경우 해당 부위에 덮개를 설치하여야 한다.

47 산업안전보건법령에 따라 다음 중 목재가 공용으로 사용되는 모떼기기계의 방호장치는? (단, 자동이송장치를 부착한 것은 제외한다.)

① 분할날
② 날접촉예방장치
③ 급정지장치
④ 이탈방지장치

해설 목재가공용으로 사용되는 모떼기기계의 방호장치는 날접촉예방장치이다.

48 동력 프레스기 중 Hand in die 방식의 프레스기에서 사용하는 방호대책에 해당하는 것은?

① 가드식 방호장치
② 전용 프레스의 도입
③ 자동 프레스의 도입
④ 안전울을 부착한 프레스

해설 ②, ③, ④ 이외에 동력 프레스기 중 Hand in die 방식의 프레스기에서 사용하는 방호대책은 다음과 같다.
㉠ 손쳐내기식 방호장치
㉡ 수인식 방호장치
㉢ 양수조작식 방호장치
㉣ 감응식(광전자식) 방호장치

49 SPM(Stroke Per Minute)이 100인 프레스에서 클러치 맞물림 개소수가 4인 경우 양수조작식 방호장치의 설치거리는 얼마인가?

① 160mm
② 240mm
③ 300mm
④ 720mm

해설 $D_m = 1.6 T_m$

$$= 1.6 \left(\frac{1}{\text{클러치 맞물림 개소 수}} + \frac{1}{2} \right) \times \frac{60,000}{\text{SPM}}$$

$$= 1.6 \times \left(\frac{1}{4} + \frac{1}{2} \right) \times \frac{60,000}{100}$$

$$= 720 \text{mm}$$

50 광전자식 방호장치의 광선에 신체의 일부가 감지된 후로부터 급정지기구가 작동개시하기까지의 시간이 40ms이고, 광축의 설치거리가 96mm일 때 급정지기구가 작동개시한 때로부터 프레스기의 슬라이드가 정지될 때까지의 시간은?

① 15ms
② 20ms
③ 25ms
④ 30ms

해설 광축의 설치거리 $= 1.6(T_l + T_s)$

여기서, T_l : 손이 광선을 차단한 직후로부터 급정지기구가 작동을 개시하기까지의 시간(ms)

T_s : 급정지기구가 작동을 개시한 때로부터 슬라이드가 정지할 때까지의 시간(ms)

$96 = 1.6(40 + T_s)$

$\dfrac{96}{1.6} = 40 + T_s$

$\therefore T_s = \dfrac{96}{1.6} - 40 = 20 \text{ms}$

51 산업안전보건법령상 롤러기에 사용하는 급정지장치 중 작업자의 무릎으로 조작하는 것의 위치로 옳은 것은?

① 밑면에서 0.2m 이상 0.4m 이내
② 밑면에서 0.4m 이상 0.6m 이내
③ 밑면에서 0.8m 이상 1.1m 이내
④ 밑면에서 1.8m 이내

해설 급정지장치의 조작하는 것의 위치
㉠ 손으로 조작하는 것 : 밑면에서 1.8m 이내
㉡ 무릎으로 조작하는 것 : 밑면에서 0.4m 이상 0.6m 이내
㉢ 복부로 조작하는 것 : 밑면에서 0.8m 이상 1.1m 이내

52 아세틸렌 용접장치를 사용하여 금속의 용접·용단 또는 가열 작업을 하는 경우 게이지압력으로 얼마를 초과하는 압력의 아세틸렌을 발생시켜 사용해서는 안 되는가?

① 85kPa
② 107kPa
③ 127kPa
④ 150kPa

해설 아세틸렌 용접장치를 사용하여 금속의 용접, 용단 또는 가열 작업을 하는 경우 게이지압력으로 127kPa를 초과하는 아세틸렌을 발생시켜 사용해서는 아니 된다.

53 다음 중 산업안전보건법령상 보일러에 설치하는 압력방출장치에 대하여 검사 후 봉인에 사용되는 재료로 가장 적합한 것은?

① 납
② 주석
③ 구리
④ 알루미늄

해설 산업안전보건법령상 보일러에 설치하는 압력방출장치에 대하여 검사 후 봉인에 사용되는 재료로 가장 적합한 것은 납이다.

54 산업안전보건법령상 공기압축기를 가동할 때 작업 시작 전 점검사항에 해당하지 않는 것은?

① 윤활유의 상태
② 회전부의 덮개 또는 울
③ 과부하방지장치의 작동 유무
④ 공기저장 압력용기의 외관상태

해설 ①, ②, ④ 이외에 공기압축기를 가동할 때 작업 시작 전 점검사항은 다음과 같다.
㉠ 드레인밸브의 조작 및 배수
㉡ 압력방출장치의 기능
㉢ 언로드밸브의 기능
㉣ 그 밖의 연결부위의 이상 유무

55 다음 중 수평거리 20m, 높이가 5m인 경우 지게차의 안정도는 얼마인가?

① 10% ② 20%

③ 25% ④ 40%

> **해설** 지게차의 안정도(%) $= \dfrac{h}{l} \times 100$
>
> 여기서, l : 수평거리, h : 높이
>
> $\therefore \dfrac{5}{20} \times 100 = 25\%$

56 산업안전보건법령상 근로자가 위험해질 우려가 있는 경우 컨베이어에 부착, 조치하여야 할 방호장치가 아닌 것은?

① 안전매트

② 비상정지장치

③ 덮개 또는 울

④ 이탈 및 역주행방지장치

> **해설** ①의 안전매트는 산업용 로봇에 부착, 조치하여야 할 방호장치이다.

57 산업안전보건법에 따라 순간 풍속이 몇 m/s를 초과하는 바람이 불거나 중진(中震) 이상 진도의 지진이 있은 후에 옥외에 설치되어 있는 양중기를 사용하여 작업을 하는 경우에는 미리 기계 각 부위에 이상이 있는지를 점검하여야 하는가?

① 25 ② 30

③ 35 ④ 40

> **해설** 순간 풍속이 30m/s를 초과하는 바람이 불거나 중진 이상 진도의 지진이 있은 후에 옥외에 설치되어 있는 양중기를 사용하여 작업을 하는 경우에는 미리 기계 각 부위에 이상이 있는지를 점검하여야 한다.

58 고리걸이용 와이어로프의 절단하중이 4ton일 때, 이 로프의 최대사용하중은 얼마인가? (단, 안전계수는 5이다.)

① 400kgf ② 500kgf

③ 800kgf ④ 2,000kgf

> **해설** 안전계수 $= \dfrac{\text{절단하중}}{\text{최대사용하중}}$
>
> 최대사용하중 $= \dfrac{\text{절단하중}}{\text{안전계수}}$
>
> $\therefore \dfrac{4,000}{5} = 800 \text{kgf}$

59 검사물 표면의 균열이나 피트 등의 결함을 비교적 간단하고 신속하게 검출할 수 있고, 특히 비자성 금속재료의 검사에 자주 이용되는 비파괴검사법은?

① 침투탐상검사

② 초음파탐상검사

③ 자기탐상검사

④ 방사선투과검사

> **해설** 문제의 내용은 침투탐상검사에 관한 것으로 내부 결함은 검출되지 않는 단점이 있다.

60 다음 중 진동방지용 재료로 사용되는 공기 스프링의 특징으로 틀린 것은?

① 공기량에 따라 스프링상수의 조절이 가능하다.

② 측면에 대한 강성이 강하다.

③ 공기의 압축성에 의해 감쇠특성이 크므로 미소진동의 흡수도 가능하다.

④ 공기탱크 및 압축기 등의 설치로 구조가 복잡하고, 제작비가 비싸다.

> **해설** 공기스프링의 특징으로는 ①, ③, ④가 옳다.

제4과목 전기위험방지기술

61 Dalziel의 심실세동 전류와 통전시간과의 관계식에 의하면 인체 전격 시의 통전시간이 4초였다고 했을 때 심실세동 전류의 크기는 약 몇 mA인가?

① 42 ② 83

③ 165 ④ 185

해설 $I = \dfrac{165}{\sqrt{T}} = \dfrac{165}{\sqrt{4}}$

$= 82.5 \fallingdotseq 83\,\mathrm{mA}$

여기서, I : 심실세동 전류(mA)

T : 통전시간(sec)

62 다음은 인체 내에 흐르는 60Hz 전류의 크기에 따른 영향을 기술한 것이다. 틀린 것은? (단, 통전경로는 손→발, 성인(남)의 기준이다.)

① 20~30mA는 고통을 느끼고 강한 근육의 수축이 일어나 호흡이 곤란하다.

② 50~100mA는 순간적으로 확실하게 사망한다.

③ 1~8mA는 쇼크를 느끼나 인체의 기능에는 영향이 없다.

④ 15~20mA는 쇼크를 느끼고 감전부위 가까운 쪽의 근육이 마비된다.

해설 ② 심장은 불규칙적인 세동(細動)을 일으키며, 혈액의 순환이 곤란하게 되고 심장이 마비된다.

63 인체가 땀 등에 의해 현저하게 젖어있는 상태에서의 허용접촉전압은 얼마인가?

① 2.5V 이하 ② 25V 이하

③ 42V 이하 ④ 사람에 따라 다름

해설 **허용접촉전압**

㉠ 제1종(2.5V 이하) : 인체의 대부분이 수중에 있는 상태

㉡ 제2종(25V 이하) : 인체가 현저하게 젖어있는 상태

㉢ 제3종(50V 이하) : 통상의 인체상태에 있어서 접촉전압이 가해지면 위험성이 높은 상태

㉣ 제4종(제한 없음) : 통상의 인체상태에 있어서 접촉전압이 가해지더라도 위험성이 낮은 상태

64 작업장에서는 근로자의 감전위험을 방지하기 위하여 필요한 조치를 하여야 한다. 맞지 않는 것은?

① 작업장 통행 등으로 인하여 접촉하거나 접촉할 우려가 있는 배선 또는 이동전선에 대하여는 절연피복이 손상되거나 노화된 경우에는 교체하여 사용하는 것이 바람직하다.

② 전선을 서로 접속하는 때에는 해당 전선의 절연성능 이상으로 절연될 수 있는 것으로 충분히 피복하거나 적합한 접속기구를 사용하여야 한다.

③ 물 등의 도전성이 높은 액체가 있는 습윤한 장소에서 근로자의 통행 등으로 인하여 접촉할 우려가 있는 이동전선 및 이에 부속하는 접속기구는 그 도전성이 높은 액체에 대하여 충분한 절연효과가 있는 것을 사용하여야 한다.

④ 차량 및 기타 물체의 통과 등으로 인하여 전선의 절연피복이 손상될 우려가 없더라도 통로바닥에 전선 또는 이동전선을 설치하여 사용하여서는 아니 된다.

해설 ④ 차량 및 기타 물체의 통과 등으로 인하여 전선의 절연피복이 손상될 우려가 없더라도 통로바닥에 전선 또는 이동전선을 설치하여 사용할 수 있다.

65 인입개폐기(LS)를 개방하지 않고 전등용 변압기 1차측 COS만 개방 후 전등용 변압기 접속용 볼트작업 중 동력용 COS에 접촉, 사망한 사고에 대한 원인과 거리가 먼 것은?

① 인입구 개폐기 미개방한 상태에서 작업

② 동력용 변압기 COS 미개방

③ 안전장구 미사용

④ 전등용 변압기 2차측 COS 미개방

해설 ④의 내용은 사망한 사고에 대한 원인과 거리가 멀다.

66 다음 [보기]의 누전차단기에서 정격감도전류에서 동작시간이 짧은 두 종류를 알맞게 고른 것은?

> [보기]
> • 고속형 누전차단기
> • 시연형 누전차단기
> • 반한시형 누전차단기
> • 감전방지용 누전차단기

① 고속형 누전차단기, 시연형 누전차단기
② 반한시형 누전차단기, 감전방지용 누전차단기
③ 반한시형 누전차단기, 시연형 누전차단기
④ 고속형 누전차단기, 감전방지용 누전차단기

●해설 **정격감도전류에서 동작시간**
ⓐ 감전방지용 누전차단기 : 0.03초 이내
ⓑ 고속형 누전차단기 : 0.1초 이내
ⓒ 반한시형 누전차단기 : 0.2~1초 이내
ⓓ 시연형 누전차단기 : 0.1~2초 이내

67 그림과 같은 설비에 누전되었을 때 인체가 접촉하여도 안전하도록 ELB를 설치하려고 한다. 가장 적당한 누전차단기의 정격은?

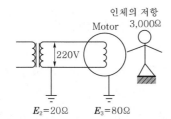

① 30mA, 0.1초
② 60mA, 0.1초
③ 90mA, 0.1초
④ 120mA, 0.1초

●해설

정격감도전류	동작시간	
30mA	정격감도전류	0.1초 이내
	인체감전보호형	0.03초 이내

68 다음 중 누전차단기의 설치 환경조건에 관한 설명으로 틀린 것은?

① 전원전압은 정격전압의 85~110% 범위로 한다.
② 설치장소가 직사광선을 받을 경우 차폐시설을 설치한다.
③ 정격부동작전류가 정격감도전류의 30% 이상이어야 하고, 이들의 차가 가능한 큰 것이 좋다.
④ 정격전부하전류가 30A인 이동형 전기기계·기구에 접속되어 있는 경우 일반적으로 정격감도전류는 30mA 이하인 것을 사용한다.

●해설 ③ 정격부동작전류가 정격감도전류의 50% 이상이어야 하고, 이들의 차가 가능한 작은 것이 좋다.

69 누전경보기의 수신기는 옥내의 점검에 편리한 장소에 설치하여야 한다. 이 수신기의 설치장소로 옳지 않은 것은?

① 습도가 낮은 장소
② 온도의 변화가 거의 없는 장소
③ 화약류를 제조하거나 저장 또는 취급하는 장소
④ 부식성 증기와 가스는 발생하나 방식이 되어 있는 곳

●해설 누전경보기의 수신기 설치장소로는 ①, ②, ④ 이외에 다음과 같다.
ⓐ 진동이 작고 기계적인 손상을 받을 염려가 없다고 생각되는 장소
ⓑ 화약류를 제조하거나 저장 또는 취급하지 않는 장소

70 고압 및 특별고압의 전로에 시설하는 피뢰기에 접지공사를 할 때 접지저항은 몇 Ω 이하이어야 하는가?

① 10 ② 20
③ 100 ④ 150

●해설 고압 및 특별고압의 전로에 시설하는 피뢰기에 접지공사를 할 때 접지저항은 10Ω 이하, 접지선의 굵기는 2.6mm 이상이어야 한다.

71 전기화재 발화원으로 관계가 먼 것은?

① 단열압축
② 광선 및 방사선
③ 낙뢰(벼락)
④ 기계적 정지에너지

해설 전기화재의 발화원으로는 ①, ②, ③ 이외에 전기불꽃, 정전기, 마찰열, 화학반응열, 고열물 등이 있다.

72 200A의 전류가 흐르는 단상전로의 한 선에서 누전되는 최소전류는 몇 A인가?

① 0.1
② 0.2
③ 1
④ 2

해설 누전전류는 최대공급전류의 $\frac{1}{2,000}$ 을 넘지 않아야 하므로 $200 \times \frac{1}{2,000} = 0.1$A가 된다.

73 접지저항계로 3개의 접지봉의 접지저항을 측정한 값이 각각 R_1, R_2, R_3일 경우 접지저항 G_1으로 옳은 것은?

① $\frac{1}{2}(R_1 + R_2 + R_3) - R_1$
② $\frac{1}{2}(R_1 + R_2 + R_3) - R_2$
③ $\frac{1}{2}(R_1 + R_2 + R_3) - R_3$
④ $\frac{1}{2}(R_2 + R_3) - R_1$

해설 접지저항 $G_1 = \frac{1}{2}(R_1 + R_2 + R_3) - R_2$

74 대전서열을 올바르게 나열한 것은?

| (+) | (−) |
① 폴리에틸렌 – 셀룰로이드 – 염화비닐 – 테프론
② 셀룰로이드 – 폴리에틸렌 – 염화비닐 – 테프론
③ 염화비닐 – 폴리에틸렌 – 셀룰로이드 – 테프론
④ 테프론 – 셀룰로이드 – 염화비닐 – 폴리에틸렌

해설 **대전서열**
폴리에틸렌 – 셀룰로이드 – 사진필름 – 셀로판 – 염화비닐 – 테프론

75 정전기 화재폭발원인인 인체대전에 대한 예방대책으로 옳지 않은 것은?

① 대전물체를 금속판 등으로 차폐한다.
② 대전방지제를 넣은 제전복을 착용한다.
③ 대전방지 성능이 있는 안전화를 착용한다.
④ 바닥재료는 고유저항이 큰 물질로 사용한다.

해설 ④ 바닥재료는 고유저항이 작은 물질로 사용한다.

76 정전기로 인한 화재폭발을 방지하기 위한 조치가 필요한 설비가 아닌 것은?

① 인화성 물질을 함유하는 도료 및 접착제 등을 도포하는 설비
② 위험물을 탱크로리에 주입하는 설비
③ 탱크로리 · 탱크차 및 드럼 등 위험물 저장설비
④ 위험기계 · 기구 및 그 수중설비

해설 **정전기로 인한 화재폭발을 방지하기 위한 조치가 필요한 설비**
㉠ ①, ②, ③
㉡ 위험물 건조설비 또는 그 부속설비
㉢ 인화성 고체를 저장하거나 취급하는 설비
㉣ 드라이클리닝설비, 염색가공설비 또는 모피류 등을 씻는 설비 등 인화성 유기용제를 사용하는 설비
㉤ 고압가스를 이송하거나 저장 · 취급하는 설비
㉥ 화약류 제조설비

77 다음 중 제전기의 종류에 해당하지 않는 것은?

① 전류제어식
② 전압인가식
③ 자기방전식
④ 방사선식

해설 **제전기의 종류**
전압인가식(코로나방전식), 자기방전식, 방사선식, 이온 스프레이식

78 전기기기 방폭의 기본 개념이 아닌 것은?

① 점화원의 방폭적 격리
② 전기기기의 안전도 증강
③ 점화능력의 본질적 억제
④ 전기설비 주위 공기의 절연능력 향상

> **해설** 전기기기 방폭의 기본 개념으로는 ①, ②, ③ 세 가지가 있다.

79 방폭전기기기의 등급에서 위험장소의 등급분류에 해당되지 않는 것은?

① 3종 장소   ② 2종 장소

③ 1종 장소   ④ 0종 장소

> **해설** 방폭전기기기의 등급에서 위험장소의 등급으로는 0종 장소, 1종 장소, 2종 장소가 있다.

80 방폭구조와 기호의 연결이 옳지 않은 것은?

① 압력방폭구조 : p

② 내압방폭구조 : d

③ 안전증방폭구조 : s

④ 본질안전방폭구조 : ia 또는 ib

> **해설** ③ 안전증방폭구조의 기호는 'e'이다.

제5과목 화학설비위험방지기술

81 뜨거운 금속에 물이 닿으면 튀는 현상과 같이 핵비등(nucleate boiling) 상태에서 막비등(film boiling)으로 이행하는 온도를 무엇이라 하는가?

① Burn-out point

② Leidenfrost point

③ Entrainment point

④ Sub-cooling boiling point

> **해설** ① Burn-out point : 비등전열에 있어 핵비등에서 막비등으로 이행할 때 열유속이 극대값을 나타내는 점
> ③ Entrainment point
> ④ Sub-cooling boiling point

82 다음 중 폭발이나 화재방지를 위하여 물과의 접촉을 방지하여야 하는 물질에 해당하는 것은?

① 칼륨

② 트리니트로톨루엔

③ 황린

④ 니트로셀룰로오스

> **해설** ㉠ 칼륨은 공기 중의 수분 또는 물과 반응하여 수소가스를 발생하고 발화한다.
> $2K + 2H_2O \rightarrow 2KOH + H_2\uparrow + 92.8kcal$
> ㉡ 트리니트로톨루엔, 황린, 니트로셀룰로오스는 물과 접촉하면 안정하다.

83 다음 중 인화성 액체의 취급 시 주의사항으로 가장 적절하지 않은 것은?

① 소포성의 인화성 액체의 화재 시에는 내알코올포를 사용한다.

② 소화작업 시에는 공기호흡기 등 적합한 보호구를 착용하여야 한다.

③ 일반적으로 비중이 물보다 무거워서 물 아래로 가라앉으므로, 주수소화를 이용하면 효과적이다.

④ 화기, 충격, 마찰 등의 열원을 피하고, 밀폐용기를 사용하며, 사용상 불가능한 경우 환기장치를 이용한다.

> **해설** ③의 경우, 일반적으로 비중이 물보다 가볍고 물 위로 뜨며 질식소화를 이용하면 효과적이라는 내용이 옳다.

84 다음 각 물질의 저장방법에 관한 설명으로 옳은 것은?

① 황린은 저장용기 중에 물을 넣어 보관한다.

② 과산화수소는 장기보존 시 유리용기에 저장한다.

③ 피크린산은 철 또는 구리로 된 용기에 저장한다.

④ 마그네슘은 다습하고 통풍이 잘 되는 장소에 보관한다.

> **해설** ② 과산화수소는 뚜껑에 작은 구멍을 뚫은 갈색 유리병에 저장한다.
> ③ 피크린산은 건조된 것일수록 폭발의 위험이 증대되므로 화기 등으로부터 멀리한다.
> ④ 마그네슘은 가열, 충격, 마찰 등을 피하고 산화제, 수분, 할로겐원소와의 접촉을 피한다.

85 다음 중 유해물 취급상의 안전을 위한 조치사항으로 가장 적절하지 않은 것은?

① 작업적응자의 배치
② 유해물 발생원의 봉쇄
③ 유해물의 위치, 작업공정의 변경
④ 작업공정의 밀폐와 작업장의 격리

해설 ① 유해물질의 제조 및 사용의 중지, 유해성이 적은 물질로의 전환

86 연소 및 폭발에 관한 설명으로 옳지 않은 것은?

① 가연성 가스가 산소 중에서는 폭발범위가 넓어진다.
② 화학양론농도 부근에서는 연소나 폭발이 가장 일어나기 쉽고 또한 격렬한 정도도 크다.
③ 혼합농도가 한계농도에 근접함에 따라 연소 및 폭발이 일어나기 쉽고 격렬한 정도도 크다.
④ 일반적으로 탄화수소계의 경우 압력의 증가에 따라 폭발상한계는 현저하게 증가하지만, 폭발하한계는 큰 변화가 없다.

해설 ③ 혼합농도가 한계농도에 근접함에 따라 연소 및 폭발이 일어나기 어렵다.

87 다음 중 충분히 높은 온도에서 혼합물(연료와 공기)이 점화원 없이 발화 또는 폭발을 일으키는 최저온도를 무엇이라 하는가?

① 착화점   ② 연소점
③ 용융점   ④ 인화점

해설 ② 연소점(Fire Point) : 상온에서 액체상태로 존재하는 액체 가연물의 연소상태를 5초 이상 유지시키기 위한 온도로서 일반적으로 인화점보다 약 10℃ 정도 높은 온도이다.
③ 용융점(Melting Point) : 녹는점을 말하며 금속에 열을 가하면 그 금속이 녹아서 액체로 될 때의 온도로서, 용융점이 가장 높은 것은

텅스텐(3,400℃)이며, 가장 낮은 것은 수은(−38.8℃)이다.
④ 인화점(Flash Point) : 인화온도라 하며, 가연물을 가열하면서 한쪽에서 점화원을 부여하여 발화온도보다 낮은 온도에서 연소가 일어나는 것을 인화라고 하며, 인화가 일어나는 최저의 온도가 인화점이다.

88 다음 중 벤젠(C_6H_6)이 공기 중에서 연소될 때의 이론혼합비(화학양론조성)는?

① 0.72vol%   ② 1.22vol%
③ 2.72vol%   ④ 3.22vol%

해설 ㉠ 산소농도(O_2)
$$= \left(a + \frac{b-c-2d}{4}\right) = \left(6 + \frac{6}{4}\right) = 7.5$$
(단, C_aH_b $a=6$, $b=6$, $c=0$, $d=0$)
㉡ 화학양론농도(C_{st})
$$= \frac{100}{1+4.773O_2} = \frac{100}{1+4.773\times7.5}$$
$$= 2.717 = 2.72\text{vol\%}$$

89 에틸렌(C_2H_4)이 완전연소하는 경우 다음의 Jones식을 이용하여 계산하면 연소하한계는 약 몇 vol%인가?

> Jones식 : $LFL = 0.55 \times C_{st}$

① 0.55   ② 3.6
③ 6.3   ④ 8.5

해설 $C_2H_4 + 3O_2 \rightarrow 2CO_2 + 2H_2O$
$$C_{st} = \frac{100}{1+\dfrac{z}{0.21}} = \frac{100}{1+\dfrac{3}{0.21}} = 6.541$$
Jones식 $LFL = 0.55 \times 6.541 = 3.6\text{vol\%}$

90 다음 중 비전도성 가연성 분진은?

① 아연   ② 염료
③ 코크스   ④ 카본블랙

해설 아연, 코크스, 카본블랙, 석탄은 전도성 가연성 분진이고 염료, 고무, 소맥, 폴리에틸렌, 페놀수지는 비전도성 가연성 분진이다.

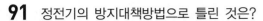

91 정전기의 방지대책방법으로 틀린 것은?

① 상대습도를 70% 이상으로 높인다.
② 공기를 이온화한다.
③ 접지를 실시한다.
④ 환기시설을 설치한다.

해설 **정전기의 방지대책방법**
㉠ 상대습도 70% 이상
㉡ 공기의 이온화
㉢ 접지 실시
㉣ 도전성 재료의 사용
㉤ 대전방지제 사용
㉥ 제전기의 사용
㉦ 보호구의 착용
㉧ 배관 내 액체의 유속제한

92 다음 중 허용노출기준(TWA)이 가장 낮은 물질은?

① 불소   ② 암모니아
③ 니트로벤젠   ④ 황화수소

해설 ① 불소 : 0.1ppm
② 암모니아 : 25ppm
③ 니트로벤젠 : 1ppm
④ 황화수소 : 10ppm

93 다음 중 LPG에 대한 설명으로 적절하지 않은 것은?

① 강한 독성이 있다.
② 질식의 우려가 있다.
③ 누설 시 인화, 폭발성이 있다.
④ 가스의 비중은 공기보다 크다.

해설 ① 무색 투명하며, 냄새가 거의 나지 않는다.

94 다음 설명이 의미하는 것은?

온도, 압력 등 제어상태가 규정의 조건을 벗어나는 것에 의해 반응속도가 지수함수적으로 증대되고, 반응용기 내의 온도, 압력이 급격히 이상 상승되어 규정조건을 벗어나고, 반응이 과격화되는 현상

① 비등
② 과열·과압
③ 폭발
④ 반응폭주

해설 ① 비등(Boiling) : 일정한 압력 하에서 액체를 가열하면 일정 온도에 도달한 후 액체 표면에 기화(증발) 외에 액체 안에 증기기포가 형성되는 현상
② 과열·과압 : 온도 이상으로 가열된 상태, 지속적으로 압력이 이상 상승하는 상태
③ 폭발(Explosion) : 압력의 급격한 발생 또는 개방한 결과로 인해 폭음을 수반하는 파열이나 가스 팽창이 일어나는 현상
④ 반응폭주 : 온도, 압력 등 제어상태가 규정의 조건을 벗어나는 것에 의해 반응속도가 지수함수적으로 증대되고, 반응용기 내의 온도, 압력이 급격히 이상 상승되어 규정조건을 벗어나고, 반응이 과격화되는 현상

95 압축기의 운전 중 흡입배기밸브의 불량으로 인한 주요 현상으로 볼 수 없는 것은?

① 가스 온도가 상승한다.
② 가스 압력에 변화가 초래된다.
③ 밸브 작동음에 이상을 초래한다.
④ 피스톤 링의 마모와 파손이 발생한다.

해설 **압축기의 운전 중 흡입배기밸브의 불량으로 인한 현상**
㉠ 가스 온도가 상승한다.
㉡ 가스 압력에 변화가 초래된다.
㉢ 밸브 작동음에 이상을 초래한다.

96 다음 중 일반적인 자동제어 시스템의 작동 순서를 바르게 나열한 것은?

ⓐ 검출	ⓑ 조절계
ⓒ 밸브	ⓓ 공정상황

① ⓐ→ⓑ→ⓓ→ⓒ
② ⓓ→ⓐ→ⓑ→ⓒ
③ ⓑ→ⓓ→ⓐ→ⓒ
④ ⓒ→ⓑ→ⓓ→ⓐ

해설 **일반적인 자동제어 시스템의 작동 순서**
공정상황 → 검출 → 조절계 → 밸브

97 다음 중 질식소화에 해당하는 것은?

① 가연성 기체의 분출화재 시 주밸브를 닫는다.

② 가연성 기체의 연쇄반응을 차단하여 소화한다.

③ 연료탱크를 냉각하여 가연성 가스의 발생속도를 작게 한다.

④ 연소하고 있는 가연물이 존재하는 장소를 기계적으로 폐쇄하여 공기의 공급을 차단한다.

해설 ① 제거소화
② 부촉매소화
③ 냉각소화

98 다음 중 분말소화약제로 가장 적절한 것은?

① 사염화탄소   ② 브롬화메탄
③ 수산화암모늄   ④ 제1인산암모늄

해설 **분말소화약제 종류**
㉠ 제1종 : 중탄산나트륨($NaHCO_3$)
㉡ 제2종 : 중탄산칼륨($KHCO_3$)
㉢ 제3종 : 제1인산암모늄($NH_4H_2PO_4$)
㉣ 제4종 : 중탄산칼륨($KHCO_3$) + 요소($NH_2)_2CO$)

99 다음 중 칼륨에 의한 화재발생 시 소화를 위해 가장 효과적인 것은?

① 건조사 사용
② 포 소화기 사용
③ 이산화탄소 사용
④ 할로겐화합물 소화기 사용

해설 **칼륨 화재 시 적정한 소화제**
건조사(마른 모래)

100 산업안전보건법에 따라 유해·위험설비의 설치·이전 또는 주요 구조부분의 변경공사 시 공정안전보고서의 제출시기는 착공일 며칠 전까지 관련 기관에 제출하여야 하는가?

① 15일   ② 30일
③ 60일   ④ 90일

해설 유해·위험설비의 설치, 이전 또는 구조부분의 변경공사의 착공일 30일 전까지 공정안전보고서를 2부 작성하여 공단에 제출한다.

제6과목   건설안전기술

101 건설공사 시 계측관리의 목적이 아닌 것은?

① 지역의 특수성보다는 토질의 일반적인 특성파악을 목적으로 한다.

② 시공 중 위험에 대한 정보제공을 목적으로 한다.

③ 설계 시 예측치와 시공 시 측정치와의 비교를 목적으로 한다.

④ 향후 거동파악 및 대책수립을 목적으로 한다.

해설 ① 토질의 일반적인 특성보다는 지역의 특수성 파악을 목적으로 한다.

102 지반개량공법 중 고결안정공법에 해당하지 않는 것은?

① 생석회 말뚝공법   ② 동결공법
③ 동다짐공법   ④ 소결공법

해설 지반개량공법 중 고결안정공법으로는 생석회 말뚝공법, 동결공법, 소결공법이 있다.

103 토질시험 중 사질토시험에서 얻을 수 있는 값이 아닌 것은?

① 체적압축계수   ② 내부마찰각
③ 액상화 평가   ④ 탄성계수

해설 토질시험 중 사질토시험에서는 체적압축계수를 얻을 수 없다.

104 공사 진척에 따른 안전관리비 사용기준은 얼마 이상인가? (단, 공정률이 70% 이상 90% 미만일 경우이다.)

① 50%   ② 60%
③ 70%   ④ 90%

> **해설** 공정률이 70% 이상 90% 미만인 경우 안전관리비의 사용기준은 70% 이상이다.

105 장비 자체보다 높은 장소의 땅을 굴착하는 데 적합한 장비는?

① 파워셔블(Power Shovel)
② 불도저(Bulldozer)
③ 드래그 라인(Drag Line)
④ 클램셸(Clamshell)

> **해설** ㉠ 주행기면보다 하방의 굴착에 적합한 것 : 백호, 클램셸, 드래그 라인, 불도저 등
> ㉡ 중기가 위치한 지면보다 높은 장소(장비 자체보다 높은 장소)의 땅을 굴착하는 데 적합한 것 : 파워셔블

106 크레인을 사용하는 작업을 할 때 작업시작 전 점검사항이 아닌 것은?

① 권과방지장치·브레이크·클러치 및 운전장치의 기능
② 방호장치의 이상 유무
③ 와이어로프가 통하고 있는 곳의 상태
④ 주행로의 상측 및 트롤리가 횡행하는 레일의 상태

> **해설** ② 방호장치의 이상 유무는 크레인의 작업시작 전 점검사항에 해당되지 않는다.

107 강풍 시 타워크레인의 작업제한과 관련된 사항으로 타워크레인의 운전작업을 중지해야 하는 순간 풍속 기준으로 옳은 것은?

① 순간 풍속이 매 초당 10m 초과
② 순간 풍속이 매 초당 15m 초과
③ 순간 풍속이 매 초당 30m 초과
④ 순간 풍속이 매 초당 40m 초과

> **해설** 순간 풍속이 초당 15m를 초과하는 경우에는 타워크레인의 운전작업을 중지해야 한다.

108 안전의 정도를 표시하는 것으로서 재료의 파괴응력도와 허용응력도의 비율을 의미하는 것은?

① 설계하중
② 안전율
③ 인장강도
④ 세장비

> **해설** **안전율**
> 안전의 정도를 표시하는 것이다.
> $$안전율 = \frac{파괴응력도}{허용응력도}$$

109 추락에 의한 위험을 방지하기 위한 안전방망의 설치기준으로 옳지 않은 것은?

① 안전방망의 설치위치는 가능하면 작업면으로부터 가까운 지점에 설치할 것
② 건축물 등의 바깥쪽으로 설치하는 경우 망의 내민 길이는 벽면으로부터 2m 이상이 되도록 할 것
③ 안전방망은 수평으로 설치하고, 망의 처짐은 짧은 변 길이의 12% 이상이 되도록 할 것
④ 작업면으로부터 망의 설치지점까지의 수직거리는 10m를 초과하지 아니할 것

> **해설** ②의 경우, 건축물 등의 바깥쪽으로 설치하는 경우에 망의 내민 길이는 벽면으로부터 3m 이상이 되도록 할 것이 옳은 내용이다.

110 추락에 의한 위험방지를 위해 조치해야 할 사항과 거리가 먼 것은?

① 추락방지망 설치
② 안전난간 설치
③ 안전모 착용
④ 투하설비 설치

> **해설** 투하설비 설치는 낙하에 의한 위험방지를 위해 조치해야 할 사항이다.

111 건설공사에서 발코니 단부, 엘리베이터 입구, 재료 반입구 등과 같이 벽면 혹은 바닥에 추락의 위험이 우려되는 장소를 가리키는 용어는?

① 비계
② 개구부
③ 가설구조물
④ 연결통로

> **해설** 문제의 내용은 개구부에 관한 것이다.

112 흙을 크게 분류하면 사질토와 점성토로 나눌 수 있는데 그 차이점으로 옳지 않은 것은?

① 흙의 내부마찰각은 사질토가 점성토보다 크다.

② 지지력은 사질토가 점성토보다 크다.

③ 점착력은 사질토가 점성토보다 작다.

④ 장기침하량은 사질토가 점성토보다 크다.

해설 ④의 경우, 장기침하량은 사질토가 점성토보다 작다가 옳다.

113 다음은 강관을 사용하여 비계를 구성하는 경우에 대한 내용이다. 빈칸에 들어갈 내용으로 옳은 것은?

> 비계기둥 간격은 띠장방향에서는 ( ), 장선방향에서는 1.5m 이하로 할 것

① 1.2m 이상 1.5m 이하

② 1.2m 이상 2.0m 이하

③ 1.5m 이상 1.8m 이하

④ 1.5m 이상 2.0m 이하

해설 강관을 사용하여 비계를 구성하는 경우 비계기둥 간격은 띠장방향에서는 1.5m 이상 1.8m 이하, 장선방향에서는 1.5m 이하로 하여야 한다.

114 달비계의 발판 위에 설치하는 발끝막이판의 높이는 몇 cm 이상 설치하여야 하는가?

① 10cm 이상   ② 8cm 이상

③ 6cm 이상   ④ 5cm 이상

해설 달비계의 발판 위에 설치하는 발끝막이판의 높이는 10cm 이상 설치하여야 한다.

115 비계 등을 조립하는 경우 강재와 강재의 접속부 또는 교차부를 연결시키기 위한 전용 철물은?

① 클램프   ② 가새

③ 턴버클   ④ 섀클

해설 문제의 내용은 클램프에 관한 것이다.

116 콘크리트의 재료분리현상 없이 거푸집 내부에 쉽게 타설할 수 있는 정도를 나타내는 것은?

① Workability   ② Bleeding

③ Consistency   ④ Finishability

해설 콘크리트의 재료분리현상 없이 거푸집 내부에 쉽게 타설할 수 있는 정도는 Workability(시공연도)이다.

117 지름이 15cm이고, 높이가 30cm인 원기둥 콘크리트 공시체에 대해 압축강도시험을 한 결과 460kN에서 파괴되었다. 이때 콘크리트 압축강도는?

① 16.2MPa   ② 21.5MPa

③ 26MPa   ④ 31.2MPa

해설 $w = \dfrac{P}{A} = \dfrac{P}{\dfrac{\pi D^2}{4}} = \dfrac{460}{\dfrac{3.14 \times 15^2}{4}} ≒ 26\text{MPa}$

118 콘크리트 타설작업을 하는 경우에 준수해야 할 사항으로 옳지 않은 것은?

① 당일의 작업을 시작하기 전에 해당 작업에 관한 거푸집 동바리 등의 변형·변위 및 지반의 침하 유무 등을 점검하고 이상이 있으면 보수할 것

② 작업 중에는 거푸집 동바리 등의 변형·변위 및 침하 유무 등을 감시할 수 있는 감시자를 배치하여 이상이 있으면 작업을 중지하고 근로자를 대피시킬 것

③ 설계도서상의 콘크리트 양생기간을 준수하여 거푸집 동바리 등을 해체할 것

④ 거푸집 붕괴의 위험이 발생할 우려가 있는 때에는 보강조치 없이 즉시 해체할 것

해설 ④의 경우, 거푸집 붕괴의 위험이 발생할 우려가 있는 때에는 충분한 보강조치를 할 것이 옳다.

119 화물을 적재하는 경우에 준수하여야 하는 사항으로 옳지 않은 것은?

① 침하 우려가 없는 튼튼한 기반 위에 적재할 것

② 건물의 칸막이나 벽 등이 화물의 압력에 견딜 만큼의 강도를 지니지 아니한 경우에는 칸막이나 벽에 기대어 적재하지 않도록 할 것

③ 불안정할 정도로 높이 쌓아 올리지 말 것

④ 편하중이 발생하도록 쌓을 것

해설 ④ 편하중이 발생하지 않도록 쌓는다.

120 철골조립작업에서 작업발판과 안전난간을 설치하기가 곤란한 경우 안전대책으로 가장 타당한 것은?

① 안전벨트 착용

② 달줄, 달포대의 사용

③ 투하설비 설치

④ 사다리 사용

해설 철골조립작업에서 작업발판과 안전난간을 설치하기가 곤란한 경우 안전벨트를 착용한다.

제1과목 ▶ 안전관리론

01 다음 중 칼날이나 뾰족한 물체 등 날카로운 물건에 찔린 상해를 무엇이라 하는가?

① 찔림　　　　② 베임
③ 절단　　　　④ 찰과상

[해설] ① 찔림 : 칼날이나 뾰족한 물체 등 날카로운 물건에 찔린 상해
② 베임 : 창, 칼 등에 베인 상해
③ 절단 : 신체 부위가 절단된 상해
④ 찰과상 : 스치거나 문질러서 벗겨진 상해

02 산업안전보건법령상 산업안전보건위원회의 구성원 중 사용자 위원에 해당되지 않는 것은? (단, 해당 위원이 사업장에 선임이 되어 있는 경우에 한한다.)

① 안전관리자
② 보건관리자
③ 산업보건의
④ 명예산업안전감독관

[해설] 산업안전보건위원회의 구성
(1) 근로자 위원
　㉠ 근로자 대표
　㉡ 근로자 대표가 지명하는 1명 이상의 명예산업안전감독관
　㉢ 근로자 대표가 지명하는 9명 이내의 해당 사업장의 근로자
(2) 사용자 위원
　㉠ 해당 사업의 대표자
　㉡ 안전관리자 1명
　㉢ 보건관리자 1명
　㉣ 산업보건의
　㉤ 해당 사업의 대표자가 지명하는 9명 이내의 해당 사업장 부서의 장

03 다음 중 산소결핍이 예상되는 맨홀 내에서 작업을 실시할 때 사고방지 대책으로 적절하지 않은 것은?

① 작업 시작 전 및 작업 중 충분한 환기 실시
② 작업 장소의 입장 및 퇴장 시 인원점검
③ 방독마스크의 보급과 철저한 착용
④ 작업장과 외부와의 상시 연락을 위한 설비 설치

[해설] 산소결핍이 예상되는 맨홀 내에서 작업을 실시할 때의 사고방지 대책
　㉠ 작업 시작 전 및 작업 중 충분한 환기 실시
　㉡ 작업 장소의 입장 및 퇴장 시 인원점검
　㉢ 작업장과 외부와의 상시 연락을 위한 설비 설치

04 다음 중 재해통계에 있어 강도율이 2.0인 경우에 대한 설명으로 옳은 것은?

① 한 건의 재해로 인해 전체 작업비용의 2.0%에 해당하는 손실이 발생하였다.
② 근로자 1,000명당 2.0건의 재해가 발생하였다.
③ 근로시간 1,000시간당 2.0건의 재해가 발생하였다.
④ 근로시간 1,000시간당 2.0일의 근로손실이 발생하였다.

[해설] 강도율 2.0인 경우 근로시간 1,000시간당 2.0일의 근로손실이 발생하였다.

05 작업장에서 매일 작업자가 작업 전, 중, 후에 시설과 작업동작 등에 대하여 실시하는 안전점검의 종류를 무엇이라 하는가?

① 정기점검　　　　② 일상점검
③ 임시점검　　　　④ 특별점검

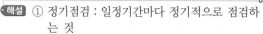

해설 ① 정기점검 : 일정기간마다 정기적으로 점검하는 것
② 일상점검 : 작업장에서 매일 작업자가 작업 전, 중, 후에 시설과 작업동작 등에 대하여 실시하는 안전점검
③ 임시점검 : 정기점검 실시 후 다음 점검기일 이전에 임시로 실시하는 점검
④ 특별점검 : 기계·기구 또는 설비를 신설하거나 변경 또는 고장, 수리 등을 할 경우에 행하는 부정기 특별점검

06 다음 중 하인리히가 제시한 1 : 29 : 300의 재해구성 비율에 관한 설명으로 틀린 것은?

① 총 사고발생건수는 300건이다.
② 중상 또는 사망은 1회 발생된다.
③ 고장이 포함되는 무상해 사고는 300건 발생된다.
④ 인적, 물적 손실이 수반되는 경상이 29건 발생된다.

해설 ① 총 사고발생건수는 330건이다.

07 다음 중 무재해 운동 추진에 있어 무재해로 보는 경우가 아닌 것은?

① 출·퇴근 도중에 발생한 재해
② 제3자의 행위에 의한 업무상 재해
③ 운동경기 등 각종 행사 중 발생한 재해
④ 사업주가 제공한 사업장 내의 시설물에서 작업개시 전의 작업준비 및 작업종료 후의 정리정돈과정에서 발생한 재해

해설 ④의 내용은 재해의 경우이다.

08 다음 중 무재해 운동 추진기법에 있어 지적확인의 특성을 가장 적절하게 설명한 것은?

① 오감의 감각기관을 총 동원하여 작업의 정확성과 안전을 확인한다.
② 참여자 전원의 스킨십을 통하여 연대감, 일체감을 조성할 수 있고 느낌을 교류한다.

③ 비평을 금지하고, 자유로운 토론을 통하여 독창적인 아이디어를 끌어낼 수 있다.
④ 작업 전 5분간의 미팅을 통하여 시나리오상의 역할을 연기하여 체험하는 것을 목적으로 한다.

해설 지적확인 : 오감의 감각기관을 총 동원하여 작업의 정확성과 안전을 확인한다.

09 안전인증 대상 보호구 중 차광보안경의 사용구분에 따른 종류가 아닌 것은?

① 보정용 ② 용접용
③ 복합용 ④ 적외선용

해설 안전인증(차광보안경)
㉠ 자외선용
㉡ 적외선용
㉢ 복합용(자외선 및 적외선)
㉣ 용접용(자외선, 적외선 및 강렬한 가시광선)

10 다음 중 산업안전보건법령상 안전·보건표지에 있어 금지표지의 종류가 아닌 것은?

① 금연 ② 접촉금지
③ 보행금지 ④ 차량통행금지

해설 금지표지의 종류
㉠ 출입금지
㉡ 보행금지
㉢ 차량통행금지
㉣ 사용금지
㉤ 탑승금지
㉥ 금연
㉦ 화기금지
㉧ 물체이동금지

11 다음 중 인간의 적응기제(適應機制)에 포함되지 않는 것은?

① 갈등(Conflict)
② 억압(Repression)
③ 공격(Aggression)
④ 합리화(Rationalization)

해설 인간의 적응기제
ㄱ 억압(Repression)
ㄴ 반동형성(Reaction Formation)
ㄷ 공격(Aggression)
ㄹ 고립(Isolation)
ㅁ 도피(Withdrawal)
ㅂ 퇴행(Regression)
ㅅ 합리화(Rationalization)
ㅇ 투사(Projection)
ㅈ 동일화(Identification)
ㅊ 백일몽(Day - dreaming)
ㅋ 보상(Compensation)
ㅌ 승화(Sublimation)

12 다음 중 매슬로우의 욕구 5단계 이론에서 최종 단계에 해당하는 것은?
① 존경의 욕구 ② 성장의 욕구
③ 자아실현의 욕구 ④ 생리적 욕구

해설 매슬로우의 욕구 5단계
ㄱ 제1단계 : 생리적 욕구
ㄴ 제2단계 : 안전욕구
ㄷ 제3단계 : 사회적 욕구
ㄹ 제4단계 : 존경욕구
ㅁ 제5단계 : 자아실현의 욕구

13 다음 중 인지과정 착오의 요인과 가장 거리가 먼 것은?
① 정서 불안정
② 감각차단 현상
③ 작업자의 기능 미숙
④ 생리 · 심리적 능력의 한계

해설 인지과정 착오의 요인
ㄱ 정서 불안정
ㄴ 감각차단 현상
ㄷ 생리 · 심리적 능력의 한계

14 다음 중 피로의 직접적인 원인과 가장 거리가 먼 것은?
① 작업환경 ② 작업속도
③ 작업태도 ④ 작업적성

해설 피로의 직접적인 원인
ㄱ 작업환경
ㄴ 작업속도
ㄷ 작업태도

15 다음 중 안전교육의 목적과 가장 거리가 먼 것은?
① 설비의 안전화 ② 제도의 정착화
③ 환경의 안전화 ④ 행동의 안전화

해설 안전교육의 목적
ㄱ 설비의 안전화
ㄴ 환경의 안전화
ㄷ 행동의 안전화

16 강의계획에서 주제를 학습시킬 범위와 내용의 정도를 무엇이라 하는가?
① 학습목적 ② 학습목표
③ 학습정도 ④ 학습성과

해설 문제는 학습정도의 설명이다.

17 기술교육의 형태 중 존 듀이(J. Dewey)의 사고과정 5단계에 해당하지 않는 것은?
① 추론한다.
② 시사를 받는다.
③ 가설을 설정한다.
④ 가슴으로 생각한다.

해설 듀이의 사고과정 5단계
ㄱ 제1단계 : 시사를 받는다.
ㄴ 제2단계 : 머리로 생각한다.
ㄷ 제3단계 : 가설을 설정한다.
ㄹ 제4단계 : 추론한다.
ㅁ 제5단계 : 행동에 의하여 가설을 검토한다.

18 다음 중 산업안전보건법상 사업 내 안전 · 보건교육에 있어 근로자 정기안전 · 보건교육의 내용이 아닌 것은? (단, 산업안전보건법 및 일반관리에 관한 사항은 제외한다.)
① 표준안전작업방법 및 지도요령에 관한 사항
② 산업보건 및 직업병 예방에 관한 사항
③ 유해 · 위험 작업환경관리에 관한 사항
④ 건강증진 및 질병 예방에 관한 사항

· 해설 · 근로자 정기안전 · 보건교육 내용
ㄱ ②, ③, ④
ㄴ 산업안전 및 사고 예방에 관한 사항
ㄷ 산업안전보건법령 및 산업재해보상보험제도에 관한 사항
ㄹ 직무스트레스 예방 및 관리에 관한 사항
ㅁ 직장 내 괴롭힘, 고객의 폭언 등으로 인한 건강장해 예방 및 관리에 관한 사항
ㅂ 위험성 평가에 관한 사항

19 다음 중 사업장 내 안전 · 보건교육을 통하여 근로자가 함양 및 체득될 수 있는 사항과 가장 거리가 먼 것은?

① 잠재위험 발견능력
② 비상사태 대응능력
③ 재해손실비용 분석능력
④ 직면한 문제의 사고발생 가능성 예지능력

· 해설 · 사업장 내 안전 · 보건교육을 통하여 근로자가 함양 및 체득될 수 있는 사항
ㄱ 잠재위험 발견능력
ㄴ 비상사태 대응능력
ㄷ 직면한 문제의 사고발생 가능성 예지능력

20 다음 중 산업안전보건법령상 근로자에 대한 일반건강진단의 실시 시기가 올바르게 연결된 것은?

① 사무직에 종사하는 근로자 : 1년에 1회 이상
② 사무직에 종사하는 근로자 : 2년에 1회 이상
③ 사무직 외의 업무에 종사하는 근로자 : 6월에 1회 이상
④ 사무직 외의 업무에 종사하는 근로자 : 2년에 1회 이상

· 해설 · 근로자에 대한 일반건강진단의 실시 시기
ㄱ 사무직에 종사하는 근로자 : 2년에 1회 이상
ㄴ 사무직 외의 업무에 종사하는 근로자 : 1년에 1회 이상

제2과목 | 인간공학 및 시스템안전공학

21 인간공학의 목표와 가장 거리가 먼 것은?

① 에러 감소
② 생산성 증대
③ 안전성 향상
④ 신체 건강 증진

· 해설 · 인간공학의 목표
ㄱ 안전성 향상
ㄴ 생산성 증대
ㄷ 에러 감소

22 인간공학의 중요한 연구과제인 계면(interface) 설계에 있어서 다음 중 계면에 해당되지 않는 것은?

① 작업공간
② 표시장치
③ 조종장치
④ 조명시설

· 해설 · 계면(interface)설계의 종류 : 작업공간, 표시장치, 전송장치, 제어장치, 컴퓨터와의 대화, 조종장치 등

23 다음 중 조종 – 반응 비율(C/R비)에 따른 이동시간과 조정시간의 관계로 옳은 것은?

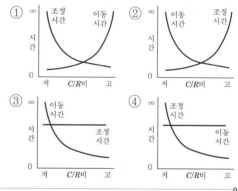

· 해설 · C/R비가 감소함에 따라 이동시간은 급격히 감소하다가 안정되며, 조정시간은 이와 반대의 형태를 갖는다.

24 다음 중 지침이 고정되어 있고 눈금이 움직이는 형태의 정량적 표시장치는?

① 정목 동침형 표시장치
② 정침 동목형 표시장치
③ 계수형 표시장치
④ 점멸형 표시장치

해설 정침 동목형 표시장치의 설명이다.

25 인간 오류의 분류에 있어 원인에 의한 분류 중 작업자가 기능을 움직이려고 해도 필요한 물건, 정보, 에너지 등의 공급이 없는 것처럼 작업자가 움직이려고 해도 움직일 수 없어서 발생하는 오류는?

① Primary error
② Secondary error
③ Command error
④ Omission error

해설 ① Primary error : 작업자 자신으로부터의 오류
② Secondary error : 작업형태나 작업조건 중에서 다른 문제가 생겨 그 때문에 필요한 사항을 실행할 수 없는 오류
④ Omission error : 필요한 task 또는 절차를 수행하지 않는 데에 기인한 오류

26 어떤 전자회로에 4개의 트랜지스터와 20개의 저항이 직렬로 연결되어 있다. 이러한 부품들이 정상운용상태에서 다음과 같은 고장률을 가질 때 이 회로의 신뢰는 얼마인가?

- 트랜지스터 : 0.00001/시간
- 저항 : 0.000001/시간

① $e^{-0.0006t}$
② $e^{-0.00004t}$
③ $e^{-0.00006t}$
④ $e^{-0.000001t}$

해설 신뢰도
$R(t) = e^{-\lambda t}$
$= e^{-(0.00001 \times 4 + 0.000001 \times 20)t}$
$= e^{-0.00006t}$

27 일반적으로 스트레스로 인한 신체반응의 척도 가운데 정신적 작업의 스트레인 척도와 가장 거리가 먼 것은?

① 뇌전도　　② 부정맥지수
③ 근전도　　④ 심박수의 변화

해설 정신적 작업의 스트레인 척도
㉠ 뇌전도
㉡ 부정맥지수
㉢ 심박수의 변화

28 다음 중 인체계측자료의 응용원칙에 있어 조절범위에서 수용하는 통상의 범위는 몇 %tile 정도인가?

① 5~95
② 20~80
③ 30~70
④ 40~60

해설 인체계측자료의 응용원칙에 있어 조절범위에서 수용하는 통상의 범위 : 5~95%tile

29 부품배치의 원칙 중 부품의 일반적인 위치를 결정하기 위한 기준으로 가장 적합한 것은?

① 중요성의 원칙, 사용 빈도의 원칙
② 기능별 배치의 원칙, 사용 순서의 원칙
③ 중요성의 원칙, 사용 순서의 원칙
④ 사용 빈도의 원칙, 사용 순서의 원칙

해설 부품의 일반적인 위치를 결정하기 위한 기준
㉠ 중요성의 원칙
㉡ 사용 빈도의 원칙

30 1cd의 점광원에서 1m 떨어진 곳에서의 조도가 3lux이었다. 동일한 조건에서 5m 떨어진 곳에서의 조도는 약 몇 lux인가?

① 0.12
② 0.22
③ 0.36
④ 0.56

해설 조도는 (거리)²에 반비례한다. 5m 떨어진 곳에서의 조도를 x(lux)라고 하면,
$3\text{lux} : \dfrac{1}{1^2\text{m}} = x(\text{lux}) : \dfrac{1}{5^2\text{m}}$
∴ $x = 0.12\text{lux}$

31 다음 중 중추신경계 피로(정신 피로)의 척도로 사용할 수 있는 시각적 점멸융합주파수(VFF)를 측정할 때 영향을 주는 변수에 관한 설명으로 틀린 것은?

① 휘도만 같다면 색상은 영향을 주지 않는다.
② 표적과 주변의 휘도가 같을 때 최대가 된다.
③ 조명강도의 대수치에 선형적으로 반비례한다.
④ 사람들 간에는 큰 차이가 있으나 개인의 경우 일관성이 있다.

> **해설** 조명강도의 대수치에 선형적으로 비례한다.

32 신호의 강도, 진동수에 의한 신호의 상대 식별 등 물리적 자극의 변화 여부를 감지할 수 있는 최소의 자극 범위를 의미하는 것은?

① Chunking
② Stimulus Range
③ SDT(Signal Detection Theory)
④ JND(Just Noticeable Difference)

> **해설** JND(Just Noticeable Difference) : 신호의 강도, 진동수에 의한 신호의 상대 식별 등 물리적 자극의 변화 여부를 감지할 수 있는 최소의 자극 범위

33 다음 중 열압박 지수(HSI ; Heat Stress Index)에서 고려하고 있지 않은 항목은 어느 것인가?

① 공기속도   ② 습도
③ 압력   ④ 온도

> **해설** 열압박 지수에서 고려하는 항목
> ㉠ 공기속도
> ㉡ 습도
> ㉢ 온도

34 다음 중 시스템 안전의 최종 분석단계에서 위험을 고려하는 결정인자가 아닌 것은?

① 효율성
② 피해 가능성
③ 비용 산정
④ 시스템의 고장모드

> **해설** 시스템 안전의 최종 분석단계에서 위험을 고려하는 결정인자
> ㉠ 효율성
> ㉡ 피해 가능성
> ㉢ 비용 산정

35 다음은 위험분석기법 중 어떠한 기법에 사용되는 양식인가?

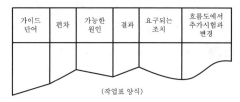

가이드 단어	편차	가능한 원인	결과	요구되는 조치	흐름도에서 추가시험과 변경

(작업표 양식)

① ETA   ② THERP
③ FMEA   ④ HAZOP

> **해설** ① ETA(Event Tree Analysis) : 사상의 안전도를 사용하여 시스템의 안전도를 나타내는 시스템 모델의 하나로서 귀납적이기는 하나, 정량적인 분석수법이다. 종래의 지나치게 쉬웠던 재해확대 요인의 분석 등에 적합하다.
> ② THERP(Technique for Human Error Rate Prediction, 인간의 과오율 예측법) : 시스템이 있어서 인간의 과오를 정량적으로 평가하기 위하여 개발된 기법이다.
> ③ FMEA(Failure Mode and Effects Analysis, 고장형태와 영향분석) : 서브시스템 위험분석이나 시스템 위험분석을 위하여 일반적으로 사용되는 전형적인 정성적, 귀납적 분석기법으로 시스템에 영향을 미치는 모든 요소의 고장을 형태별로 분석하여 그 영향을 검토하는 기법이다.
> ④ HAZOP(Hazard and Operability, 위험과 운전분석기법) : 화학공장에서의 위험성과 운전성을 정해진 규칙과 설계도면에 의해 체계적으로 분석평가하는 방법이다. 인명과 재산상의 손실을 수반하는 시행착오를 방지하기 위하여 인위적으로 만들어진 합성경험을 통하여 공정 전반에 걸쳐 설비의 오동작이나 운전조작의 실수 가능성을 최소화하도록 합성경험에 해당하는 운전상의 이탈을 제시함에 있어서 사소한 원인이나 비현실적인 원인이라 해도 이것으로 인해 초래될 수 있는 결과를 체계적으로 누락없이 검토하고 나아가서 그것에 대한 수립까지 가능한 위험성 평가기법이다.

36 다음 중 FTA에 의한 재해사례연구의 순서를 올바르게 나열한 것은?

> A : 목표사상 선정
> B : FT도 작성
> C : 사상마다 재해원인 규명
> D : 개선계획 작성

① A → B → C → D
② A → C → B → D
③ B → C → A → D
④ B → A → C → D

> **해설** FTA에 의한 재해사례연구 순서 : 목표사상 선정 → 사상마다 재해원인 규명 → FT도 작성 → 개선계획 작성

37 FTA에서 사용하는 수정 게이트의 종류에서 3개의 입력현상 중 2개가 발생할 경우 출력이 생기는 것은?

① 우선적 AND 게이트
② 조합 AND 게이트
③ 위험지속 기호
④ 배타적 OR 게이트

> **해설** 수정 게이트 : AND 게이트 또는 OR 게이트에 수정 기호를 병용함으로써 각종의 조건을 갖는 게이트를 구성한다.
> ① 우선적 AND 게이트 : 입력현상 중에 어떤 현상이 다른 현상보다 먼저 일어날 때에 출력현상이 생긴다.
> ② 조합 AND 게이트 : 3개 이상의 입력현상 중에 언젠가 2개가 일어나면 출력이 생긴다.
> ③ 위험지속 기호(hazard duration modifier) : 입력현상이 생겨서 어떤 일정한 시간이 지속된 때에 출력이 생긴다. 만약 그 시간이 지속되지 않으면 출력은 생기지 않는다.
> ④ 배타적 OR 게이트 : OR 게이트이지만 2개 또는 그 이상의 입력이 동시에 존재하는 경우에는 출력이 생기지 않는다.

38 다음과 같이 ①~④의 기본사상을 가진 FT도에서 Minimal Cut Set으로 옳은 것은?

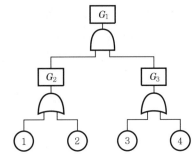

① {①, ②, ③, ④}
② {①, ③, ④}
③ {①, ②}
④ {③, ④}

> **해설** $G_1 \rightarrow G_2 G_3 \rightarrow$ {①, ②, ③, ④}

39 다음 중 안전성 평가의 기본원칙 6단계에 해당되지 않는 것은?

① 정성적 평가
② 관계자료의 정비검토
③ 안전대책
④ 작업조건의 평가

> **해설** 안전성 평가의 기본원칙 6단계
> ㉠ 제1단계 : 관계자료의 정비검토
> ㉡ 제2단계 : 정성적 평가
> ㉢ 제3단계 : 정량적 평가
> ㉣ 제4단계 : 안전대책
> ㉤ 제5단계 : 재해정보로부터의 재평가
> ㉥ 제6단계 : FTA 방법에 의한 재평가

40 산업안전보건법에 따라 유해 · 위험방지 계획서를 제출하려면 관련서류를 첨부하여 해당 공사 착공 며칠 전까지 제출하여야 하는가?

① 7일
② 15일
③ 30일
④ 60일

> **해설** 유해 · 위험방지 계획서를 제출하려면 관련서류를 첨부하여 해당 공사 착공 15일 전까지 공단에 2부를 제출한다.

제3과목 기계위험방지기술

41 다음 중 기계설비에 의해 형성되는 위험점이 아닌 것은?

① 회전말림점   ② 접선분리점
③ 협착점   ④ 끼임점

> **해설** 기계설비에 의해 형성되는 위험점으로는 ①, ③, ④ 이외에 다음과 같다.
> ㉠ 물림점
> ㉡ 접선물림점
> ㉢ 절단점

42 다음 중 기계 구조 부분의 안전화에 대한 결함에 해당되지 않는 것은?

① 재료의 결함
② 기계설계의 결함
③ 가공상의 결함
④ 작업환경상의 결함

> **해설** 기계 구조 부분의 안전화에 대한 결함으로는 ①, ②, ③의 세 가지가 있다.

43 다음 중 위험한 작업점에 대한 격리형 방호장치와 가장 거리가 먼 것은?

① 안전방책
② 덮개형 방호장치
③ 포집형 방호장치
④ 완전차단형 방호장치

> **해설** 위험한 작업점에 대한 격리형 방호장치로는 안전방책, 덮개형 방호장치, 완전차단형 방호장치가 있다.

44 다음 중 선반작업의 안전수칙을 설명한 것으로 옳지 않은 것은?

① 운전 중에는 백 기어(back gear)를 사용하지 않는다.
② 센터작업 시 심압센터에 절삭유를 자주 준다.
③ 일감의 치수 측정, 주유 및 청소 시에는 기계를 정지시켜야 한다.

④ 가공 중 발생하는 절삭칩에 의한 상해를 방지하기 위하여 면장갑을 착용한다.

> **해설** ④ 가공 중 발생하는 절삭칩에 의한 상해를 방지하기 위하여 면장갑을 착용하지 않는다.

45 다음 중 플레이너(planer)에 관한 설명으로 틀린 것은?

① 이송운동은 절삭운동의 1왕복에 대하여 2회의 연속운동으로 이루어진다.
② 평면가공을 기준으로 하여 경사면, 홈파기 등의 가공을 할 수 있다.
③ 절삭행정과 귀환행정이 있으며, 가공효율을 높이기 위하여 귀환행정을 빠르게 할 수 있다.
④ 플레이너의 크기는 테이블의 최대행정과 절삭할 수 있는 최대폭 및 최대높이로 표시한다.

> **해설** ① 이송운동은 절삭운동의 1왕복에 대하여 1회의 연속운동으로 이루어진다.

46 연삭숫돌의 기공 부분이 너무 작거나 연질의 금속을 연마할 때에 숫돌표면의 공극이 연삭칩에 막혀서 연삭이 잘 행하여지지 않는 현상을 무엇이라 하는가?

① 자생현상   ② 드레싱현상
③ 그레이징현상   ④ 눈 메꿈현상

> **해설** 눈 메꿈현상(Loading, 로딩)의 발생원인은 연삭깊이가 깊고, 원주속도가 너무 느리며, 조직이 너무 치밀하고, 숫돌입자가 너무 미세할 때이다.

47 목재가공용 기계별 방호장치가 틀린 것은?

① 목재가공용 둥근톱기계-반발예방장치
② 동력식 수동대패기계-날접촉예방장치
③ 목재가공용 띠톱기계-날접촉예방장치
④ 모떼기기계-반발예방장치

> **해설** ④의 경우, 모떼기기계의 방호장치로는 날접촉예방장치를 설치해야 한다.

48 프레스 가공품의 이송방법으로 2차 가공용 송급배출장치가 아닌 것은?

① 푸셔 피더(Pusher Feeder)

② 다이얼 피더(Dial Feeder)

③ 롤 피더(Roll Feeder)

④ 트랜스퍼 피더(Transfer Feeder)

해설 (1) 2차 가공용 송급배출장치로는 ①, ②, ④ 이외에 다음과 같다.
ㄱ 호퍼 피더
ㄴ 슈트
(2) 롤 피더는 그리퍼 피더와 더불어 1차 가공용 송급배출장치에 해당된다.

49 클러치 프레스에 부착된 양수조작식 방호장치에 있어서 클러치 맞물림 개소 수가 4군데, 매분 행정수가 300SPM일 때 양수조작식 조작부의 최소안전거리는? (단, 인간의 손의 기준속도는 1.6m/s로 한다.)

① 240mm

② 260mm

③ 340mm

④ 360mm

해설 $D_m = 1.6 T_m$

$$T_m = \left(\frac{1}{\text{클러치 맞물림 개소 수}} + \frac{1}{2} \right) \times \frac{60,000}{\text{매분 행정수}}$$

$$\therefore \ 1.6 \times \left(\frac{1}{4} + \frac{1}{2} \right) \times \frac{60,000}{300} = 240 \text{mm}$$

50 프레스 광전자식 방호장치의 광선에 신체의 일부가 감지된 후로부터 급정지기구 작동 시까지의 시간이 30ms이고, 급정지기구의 작동 직후로부터 프레스기가 정지될 때까지의 시간이 20ms라면 광축의 최소 설치거리는?

① 75mm

② 80mm

③ 100mm

④ 150mm

해설 광축의 설치거리(mm) $= 1.6(T_l + T_s)$

$\therefore \ 1.6(30 + 20) = 80 \text{mm}$

51 롤러의 급정지를 위한 방호장치를 설치하고자 한다. 앞면 롤러 직경이 36cm이고, 분당 회전속도가 50rpm이라면 급정지거리는 약 얼마 이내이어야 하는가? (단, 무부하동작에 해당한다.)

① 45cm

② 50cm

③ 55cm

④ 60cm

해설 $V = \dfrac{\pi D N}{100}$

$$\therefore \ \frac{3.14 \times 36 \times 50}{100} = 56.52 \text{m/min}$$

따라서 앞면 롤러의 표면속도가 30m/min 이상이므로 급정지거리는 앞면 롤러 원주의 $\dfrac{1}{2.5}$ 이 된다.

$l = \pi D = 3.14 \times 36 = 113.04$

따라서, $113.04 \times \dfrac{1}{2.5} = 45.22 \text{cm}$

가장 근접 수치인 45cm가 정답이 된다.

52 다음 중 산업안전보건법상 아세틸렌가스 용접장치에 관한 기준으로 틀린 것은?

① 전용의 발생기실을 옥외에 설치한 경우에는 그 개구부를 다른 건축물로부터 1.5m 이상 떨어지도록 하여야 한다.

② 아세틸렌 용접장치를 사용하여 금속의 용접·용단 또는 가열 작업을 하는 경우에는 게이지압력이 127kPa을 초과하는 압력의 아세틸렌을 발생시켜 사용해서는 아니 된다.

③ 전용의 발생기실을 설치하는 경우 벽은 불연성 재료로 하고 철근콘크리트 또는 그 밖에 이와 동등하거나 그 이상의 강도를 가진 구조로 할 것

④ 전용의 발생기실은 건물의 최상층에 위치하여야 하며, 화기를 사용하는 설비로부터 1m를 초과하는 장소에 설치하여야 한다.

해설 ④의 경우, 화기를 사용하는 설비로 3m를 초과하는 장소에 설치하여야 한다는 내용이 옳다.

53 산업안전보건법령에 따라 보일러의 과열을 방지하기 위하여 최고사용압력과 상용압력 사이에서 보일러의 버너 연소를 차단할 수 있도록 부착하여 사용하여야 하는 장치는?

① 경보음장치

② 압력제한스위치

③ 압력방출장치

④ 고저수위조절장치

해설 보일러의 과열을 방지하기 위하여 최고사용압력과 상용압력 사이에서 보일러의 버너 연소를 차단할 수 있도록 부착하는 것은 압력제한스위치이다.

54 공기압축기에서 공기탱크 내의 압력이 최고사용압력에 도달하면 압송을 정지하고, 소정의 압력까지 강하하면 다시 압송작업을 하는 밸브는?

① 감압밸브

② 언로드밸브

③ 릴리프밸브

④ 시퀀스밸브

해설 문제의 내용은 언로드밸브에 관한 것이다.

55 지게차의 높이가 6m이고, 안정도가 30%일 때 지게차의 수평거리는 얼마인가?

① 10m

② 20m

③ 30m

④ 40m

해설 안정도(%) $= \dfrac{h}{l} \times 100$

$30 = \dfrac{6 \times 100}{l}$, $30l = 600$

$\therefore \ l = 20\,\mathrm{m}$

56 다음 중 포터블 벨트 컨베이어(portable belt conveyor) 운전 시 준수사항으로 적절하지 않은 것은?

① 공회전하여 기계의 운전상태를 파악한다.

② 정해진 조작스위치를 사용하여야 한다.

③ 운전시작 전 주변근로자에게 경고하여야 한다.

④ 하물적치 후 몇 번씩 시동, 정지를 반복 테스트한다.

해설 ④의 경우, 하물적치 전 몇 번씩 시동, 정지를 반복 테스트한다는 내용이 옳다.

57 산업안전보건법령에 따라 타워크레인을 와이어로프로 지지하는 경우, 와이어로프의 설치각도는 수평면에서 몇 도 이내로 해야 하는가?

① 30°

② 45°

③ 60°

④ 75°

해설 타워크레인을 와이어로프로 지지하는 경우, 와이어로프의 설치각도는 수평면에서 60° 이내로 하여야 한다.

58 와이어로프의 절단하중이 1,116kgf이고, 한 줄로 물건을 매달고자 할 때 안전계수를 6으로 하면 몇 kgf 이하의 물건을 매달 수 있는가?

① 126

② 372

③ 588

④ 6,696

해설 안전계수 $= \dfrac{\text{절단하중}}{\text{안전하중}}$, $6 = \dfrac{1,116}{x}$

$\therefore \ x = \dfrac{1,116}{6} = 186\,\mathrm{kgf}$

따라서, 186kgf 이하인 126kgf가 정답이다.

59 강자성체의 결함을 찾을 때 사용하는 비파괴시험으로 표면 또는 표층(표면에서 수 mm 이내)에 결함이 있을 경우 누설자속을 이용하여 육안으로 결함을 검출하는 시험법은?

① 와류탐상시험(ET)

② 자분탐상시험(MT)

③ 초음파탐상시험(UT)

④ 방사선투과시험(RT)

해설 **자분탐상시험(MT)** : 강자성체의 결함을 찾을 때 사용하는 비파괴시험으로 표면 또는 표층(표면에서 수 mm 이내)에 결함이 있을 경우 누설자속을 이용하여 육안으로 결함을 검출하는 시험법

60 진동에 의한 설비진단법 중 정상, 비정상, 악화의 정도를 판단하기 위한 방법이 아닌 것은?

① 상호 판단　　② 비교 판단
③ 절대 판단　　④ 평균 판단

해설 진동에 의한 설비진단법 중 정상, 비정상, 악화의 정도를 판단하기 위한 방법으로는 상호 판단, 비교 판단, 절대 판단이 있다.

제4과목　전기위험방지기술

61 다음 중 전격의 위험을 가장 잘 설명하고 있는 것은?

① 통전전류가 크고, 주파수가 높고, 장시간 흐를수록 위험하다.
② 통전전압이 높고, 주파수가 높고, 인체저항이 낮을수록 위험하다.
③ 통전전류가 크고, 장시간 흐르고, 인체의 주요한 부분을 흐를수록 위험하다.
④ 통전전압이 높고, 인체저항이 높고, 인체의 주요한 부분을 흐를수록 위험하다.

해설 전격의 위험을 가장 잘 설명하고 있는 것은 ③이다.

62 인체의 저항을 500Ω이라 하면, 심실세동을 일으키는 정현파 교류에 있어서의 에너지적인 위험한계는 어느 정도인가?

① 6.5~17.0J
② 15.0~25.5J
③ 20.5~30.5J
④ 31.5~38.5J

해설 $W = I^2RT$
$$= \left(\frac{165}{\sqrt{T}} \times 10^{-3} \right)^2 \times 500 \times T$$
$$= 13.5J$$
따라서, 6.5~17.0J의 범위가 옳다.

63 다음 중 인체의 접촉상태에 따른 최대허용 접촉전압의 연결이 올바른 것은?

① 인체의 대부분이 수중에 있는 상태 : 10V 이하
② 인체가 현저하게 젖어 있는 상태 : 25V 이하
③ 통상의 인체상태에 있어서 접촉전압이 가해지더라도 위험성이 낮은 상태 : 30V 이하
④ 금속성의 전기기계장치나 구조물에 인체의 일부가 상시 접촉되어 있는 상태 : 50V 이하

해설 **허용접촉전압에 관한 사항**
㉠ 제1종(2.5V 이하) : 인체의 대부분이 수중에 있는 상태
㉡ 제2종(25V 이하) : 인체가 현저하게 젖어있는 상태 또는 금속성의 전기기계장치나 구조물에 인체의 일부가 상시 접촉되어 있는 상태
㉢ 제3종(50V 이하) : 통상 인체상태에 있어서 접촉전압이 가해지면 위험성이 높은 상태
㉣ 제4종(제한없음) : 통상 인체상태에 있어서 접촉전압이 가해지더라도 위험성이 낮은 상태, 접촉전압이 가해질 우려가 없는 경우

64 감전사고 시 전선이나 개폐기 터미널 등의 금속분자가 고열로 용융됨으로써 피부 속으로 녹아 들어가는 것은?

① 피부의 광성변화　② 전문
③ 표피박탈　　　　④ 전류반점

해설 문제의 내용은 피부의 광성변화에 관한 것이다.

65 다음 중 전동기용 퓨즈의 사용 목적으로 알맞은 것은?

① 과전압차단
② 지락과전류차단
③ 누설전류차단
④ 회로에 흐르는 과전류차단

해설 회로에 흐르는 과전류차단을 위하여 전동기용 퓨즈를 사용한다.

66 누전에 의한 감전위험을 방지하기 위하여 감전방지용 누전차단기의 접속에 관한 사항으로 틀린 것은?

① 분기회로마다 누전차단기를 설치한다.
② 작동시간은 0.03초 이내이어야 한다.
③ 전기기계·기구에 설치되어 있는 누전차단기는 정격감도전류가 30mA 이하이어야 한다.
④ 누전차단기는 배전반 또는 분전반 내에 접속하지 않고 별도로 설치한다.

해설 ④의 경우, 누전차단기는 배전반 또는 분전반 내에 접속하거나 꽂음접속기형 누전차단기를 콘센트에 접속한다는 내용이 옳다.

67 누전된 전동기에 인체가 접촉하여 500mA의 누전전류가 흘렀고 정격감도전류 500mA인 누전차단기가 동작하였다. 이때 인체전류를 약 10mA로 제한하기 위해서는 전동기 외함에 설치할 접지저항의 크기는 몇 Ω 정도로 하면 되는가? (단, 인체저항은 500Ω이며, 다른 저항은 무시한다.)

① 5 　　　　② 10
③ 50 　　　　④ 100

해설 인체전류를 약 10mA로 제한하기 위해서는 전동기 외함에 설치할 접지저항의 크기는 10Ω 정도로 하면 된다.

68 산업안전보건법상 누전에 의한 감전의 위험을 방지하기 위하여 접지를 하여야 하는 부분으로 고정 설치되거나 고정배선에 접속된 전기기계·기구의 노출된 비충전 금속체 중 충전될 우려가 있는 접지대상에 해당하지 않는 것은?

① 사용전압이 대지전압 75V를 넘는 것
② 물기 또는 습기가 있는 장소에 설치되어 있는 것
③ 금속으로 되어 있는 기기접지용 전선의 피복·외장 또는 배선

④ 지면이나 접지된 금속체로부터 수직거리 2.4m, 수평거리 1.5m 이내인 것

해설 ①의 경우, 사용전압이 대지전압 150V를 넘는 것이 옳은 내용이다.

69 누전 화재경보기에 사용하는 변류기에 대한 설명으로 잘못된 것은?

① 옥외 전로에는 옥외형을 설치
② 점검이 용이한 옥외 인입선의 부하측에 설치
③ 건물의 구조상 부득이하여 인입구에 근접한 옥내에 설치
④ 수신부에 있는 스위치 1차측에 설치

해설 ④의 경우, 수신부에 있는 스위치 2차측에 설치하는 것이 옳다.

70 정상운전 중의 전기설비가 점화원으로 작용하지 않는 것은?

① 변압기 권선
② 보호계전기 접점
③ 직류 전동기의 정류자
④ 권선형 전동기의 슬립링

해설 변압기 권선은 정상운전 중의 전기설비가 점화원으로 작용하는 것과 관계가 없다.

71 다음 중 전기화재의 원인에 관한 설명으로 가장 거리가 먼 것은?

① 단락된 순간의 전류는 정격전류보다 크다.
② 전류에 의해 발생되는 열은 전류의 제곱에 비례하고, 저항에 비례한다.
③ 누전, 접촉불량 등에 의한 전기화재는 배선용차단기나 누전차단기로 예방이 가능하다.
④ 전기화재의 발화 형태별 원인 중 가장 큰 비율을 차지하는 것은 전기배선의 단락이다.

해설 ③은 전기화재의 원인에 관한 설명과는 거리가 멀다.

72 누전사고가 발생될 수 있는 취약개소가 아닌 것은?

① 비닐전선을 고정하는 지지용 스테이플
② 정원 연못 조명등에 사용하는 전원공급용 지하매설 전선류
③ 콘센트, 스위치박스 등의 재료로 PVC 등의 부도체 사용
④ 분기회로 접속점은 나선으로 발열이 쉽도록 유지

해설 ①, ②, ④ 이외에 누전사고가 발생될 수 있는 취약개소는 다음과 같다.
㉠ 전선이 들어가는 금속제 전선관의 끝부분
㉡ 인입선과 안테나의 지지대가 교차되어 닿는 부분
㉢ 전선이 수목 또는 물받이 홈통과 닿는 부분
㉣ 전기기계·기구의 내부 또는 인출부에서 전선피복이 벗겨지거나 절연테이프가 노화되어 있는 부분

73 전기설비의 접지저항을 감소시킬 수 있는 방법으로 가장 거리가 먼 것은?

① 접지극을 깊이 묻는다.
② 접지극을 병렬로 접속한다.
③ 접지극의 길이를 길게 한다.
④ 접지극과 대지 간의 접촉을 좋게 하기 위해서 모래를 사용한다.

해설 **전기설비의 접지저항을 감소시킬 수 있는 방법**
㉠ 접지극을 깊이 묻는다.
㉡ 접지극을 병렬로 접속한다.
㉢ 접지극의 길이를 길게 한다.
㉣ 토양을 개량하여 도전율을 증가시킨다.

74 다음 설명과 가장 관계가 깊은 것은?

- 파이프 속에 저항이 높은 액체가 흐를 때 발생된다.
- 액체의 흐름이 정전기 발생에 영향을 준다.

① 충돌대전
② 박리대전
③ 유동대전
④ 분출대전

해설 **유동대전** : 파이프 속에 저항이 높은 액체가 흐를 때 발생되는 것이며, 액체의 흐름이 정전기 발생에 영향을 준다.

75 부도체의 대전은 도체의 대전과는 달리 복잡해서 폭발, 화재의 발생한계를 추정하는데 충분한 유의가 필요하다. 다음 중 유의가 필요한 경우가 아닌 것은?

① 대전상태가 매우 불균일한 경우
② 대전량 또는 대전의 극성이 매우 변화하는 경우
③ 부도체 중에 국부적으로 도전율이 높은 곳이 있고, 이것이 대전한 경우
④ 대전되어 있는 부도체의 뒷면 또는 근방에 비접지 도체가 있는 경우

해설 ④ 대전되어 있는 부도체의 뒷면 또는 근방에 비접지 도체가 있는 경우에는 폭발, 화재의 발생한계를 추정하는 데 유의할 필요가 없다.

76 대지를 접지로 이용하는 이유는?

① 대지는 넓어서 무수한 전류통로가 있기 때문에 저항이 작다.
② 대지는 철분을 많이 포함하고 있기 때문에 저항이 작다.
③ 대지는 토양의 주성분이 산화알루미늄(Al_2O_3)이므로 저항이 작다.
④ 대지는 토양의 주성분이 규소(SiO_2)이므로 저항이 영(zero)에 가깝다.

해설 대지는 넓어서 무수한 전류통로가 있기 때문에 저항이 작아 접지로 이용할 수 있다.

77 제전기의 설명 중 잘못된 것은?

① 전압인가식은 교류 7,000V를 걸어 방전을 일으켜 발생한 이온으로 대전체의 전하를 중화시킨다.

② 방사선식은 특히 이동물체에 적합하고, α 및 β선원이 사용되며, 방사선 장해 및 취급에 주의를 요하지 않아도 된다.

③ 이온식은 방사선의 전리작용으로 공기를 이온화시키는 방식, 제전효율은 낮으나 폭발위험지역에 적당하다.

④ 자기방전식은 필름의 권취, 셀로판 제조, 섬유공장 등에 유효하나 2kV 내외의 대전이 남는 결점이 있다.

•해설 ② 방사선식은 특히 이동물체에 부적합하다.

78 다음에서 전기기기 방폭의 기본 개념과 이를 이용한 방폭구조로 볼 수 없는 것은?

① 점화원의 격리 – 내압(耐壓)방폭구조

② 전기기기 안전도의 증강 – 안전증방폭구조

③ 폭발성 위험분위기 해소 – 유입방폭구조

④ 점화능력의 본질적 억제 – 본질안전방폭구조

•해설 **전기기기 방폭의 기본 개념**
ㄱ 전기기기 안전도의 증강 : 안전증방폭구조
ㄴ 점화능력의 본질적 억제 : 본질안전방폭구조
ㄷ 점화원의 방폭적 격리 : 유입, 압력, 내압 방폭구조

79 다음 중 산업안전보건법령상 방폭전기설비의 위험장소 분류에 있어 보통 상태에서 위험분위기를 발생할 염려가 있는 장소로서 폭발성 가스가 보통 상태에서 집적되어 위험농도로 될 염려가 있는 장소를 몇 종 장소라 하는가?

① 0종 장소 ② 1종 장소
③ 2종 장소 ④ 3종 장소

•해설 (1) 문제의 내용은 1종 장소에 관한 것이다.
(2) 그 밖의 위험장소에 관한 사항
ㄱ 0종 장소 : 위험분위기가 지속적으로 또는 장기간 존재하는 장소
ㄴ 2종 장소 : 이상상태 하에서 위험분위기가 단시간 동안 존재할 수 있는 장소

80 방폭전기기기 발화도의 온도등급과 최고 표면온도에 의한 폭발성 가스의 분류표기를 가장 올바르게 나타낸 것은?

① T1 : 450℃ 이하 ② T2 : 350℃ 이하
③ T4 : 125℃ 이하 ④ T6 : 100℃ 이하

•해설 방폭전기기기 발화온도의 온도등급과 최고표면온도에 의한 폭발성 가스의 분류표기
ㄱ T1 : 450℃ 이하   ㄴ T2 : 300℃ 이하
ㄷ T3 : 200℃ 이하   ㄹ T4 : 135℃ 이하
ㅁ T5 : 100℃ 이하   ㅂ T6 : 85℃ 이하

제5과목 **화학설비위험방지기술**

81 대기압에서 물의 엔탈피가 1kcal/kg이었던 것이 가압하여 1.45kcal/kg을 나타내었다면 flash율은 얼마인가? (단, 물의 기화열은 540cal/g이라고 가정한다.)

① 0.00083 ② 0.0083
③ 0.0015 ④ 0.015

•해설 $\text{flash율} = \dfrac{1.45 - 1}{540} = 0.00083$

82 다음 중 물과 반응하여 수소가스를 발생시키지 않는 물질은?

① Mg ② Zn
③ Cu ④ Li

•해설 ㄱ 금속의 이온화경향
K > Ca > Na > Mg > Al > Zn > Fe > Ni > Sn > Pb > (H) > Cu > Hg > Ag > Pt > Au
ㄴ 수소(H)보다 이온화경향이 작은 Cu, Hg, Ag, Pt, Au은 물과 반응하여 수소가스를 발생하지 않는다.

83 다음 중 인화점이 가장 낮은 물질은?

① CS_2
② C_2H_5OH
③ CH_3COCH_3
④ $CH_3COOC_2H_5$

해설 인화점

① CS_2 : $-30℃$
② C_2H_5OH : $11℃$
③ CH_3COCH_3 : $-18℃$
④ $CH_3COOC_2H_5$: $-10℃$

84 질화면(nitrocellulose)은 저장·취급 중에는 에틸알코올 또는 이소프로필알코올로 습면의 상태로 되어 있다. 그 이유를 바르게 설명한 것은?

① 질화면은 건조상태에서는 자연발열을 일으켜 분해폭발의 위험이 존재하기 때문이다.
② 질화면은 알코올과 반응하여 안정한 물질을 만들기 때문이다.
③ 질화면은 건조상태에서 공기 중의 산소와 환원반응을 하기 때문이다.
④ 질화면은 건조상태에서 용이하게 중합물을 형성하기 때문이다.

해설 질화면(nitrocellulose, NC)$[C_6H_7O_2(ONO_2)_3]_n$은 물과 혼합할수록 위험성이 감소되므로 운반 시는 물(20%), 용제 또는 알코올(30%)을 첨가·습윤시킨다. 건조상태에 이르면 즉시 습한 상태를 유지시킨다.

85 다음 중 크롬에 관한 설명으로 옳은 것은?

① 미나마타병으로 알려져 있다.
② 3가와 6가의 화합물이 사용되고 있다.
③ 급성 중독으로 수포성 피부염이 발생된다.
④ 6가보다 3가 화합물이 특히 인체에 유해하다.

해설 크롬은 2가, 3가, 6가의 화합물이 사용된다.

86 다음 중 연소 및 폭발에 관한 용어의 설명으로 틀린 것은?

① 폭굉 : 폭발충격파가 미반응 매질 속으로 음속보다 큰 속도로 이동하는 폭발
② 연소점 : 액체 위에 증기가 일단 점화된 후 연소를 계속할 수 있는 최고온도
③ 발화온도 : 가연성 혼합물이 주위로부터 충분한 에너지를 받아 스스로 점화할 수 있는 최저온도
④ 인화점 : 액체의 경우 액체표면에서 발생한 증기농도가 공기 중에서 연소하한 농도가 될 수 있는 가장 낮은 액체온도

해설 ② 연소점 : 상온에서 액체상태로 존재하는 액체가연물의 연소상태를 5초 이상 유지시키기 위한 온도로서 일반적으로 인화점보다 약 10℃ 정도 높은 온도

87 다음 중 가연성 가스의 폭발범위에 관한 설명으로 틀린 것은?

① 상한과 하한이 있다.
② 압력과 무관하다.
③ 공기와 혼합된 가연성 가스의 체적농도로 표시된다.
④ 가연성 가스의 종류에 따라 다른 값을 갖는다.

해설 대단히 낮은 압력(<50mmHg 절대)을 제외하고는 압력은 연소하한값(LFL)에 거의 영향을 주지 않는다. 이 압력 이하에서는 화염이 전파되지 않는다. 연소상한값(UFL)은 압력이 증가될 때 현저히 증가되어 연소범위가 넓어진다.

88 다음 중 완전조성농도가 가장 낮은 것은?

① 메탄(CH_4)
② 프로판(C_3H_8)
③ 부탄(C_4H_{10})
④ 아세틸렌(C_2H_2)

해설

① $C = \dfrac{100}{1+4.773\left(1+\dfrac{4}{4}\right)} = 8.66$

② $C = \dfrac{100}{1+4.773\left(1+\dfrac{8}{4}\right)} = 5.77$

③ $C = \dfrac{100}{1+4.773\left(1+\dfrac{10}{4}\right)} = 4.95$

④ $C = \dfrac{100}{1+4.773\left(1+\dfrac{2}{4}\right)} = 11.55$

89 폭발한계와 완전연소 조성 관계인 Jones 식을 이용한 부탄(C_4H_{10})의 폭발하한계는 약 얼마인가? (단, 공기 중 산소의 농도는 21%로 가정한다.)

① 1.4%v/v   ② 1.7%v/v

③ 2.0%v/v   ④ 2.3%v/v

해설 **Jones식 폭발 상·하한계** : Jones는 많은 탄화수소 증기의 LFL(하한)과 UFL(상한)이 연료의 양론농도(C_{st})의 함수임을 발견하였다.

$LFL = 0.55C_{st}$, $UFL = 3.50C_{st}$

여기서, $C_{st} = 100/(1+z/0.21)$

$C_mH_xO_y + zO_2 \rightarrow mCO_2 + x/2H_2O$

즉 필요한 산소 몰수이다. 단, 연료가스가 1몰이라는 가정이 필수이다.

$C_4H_{10} + 6.5O_2 \rightarrow 4CO_2 + 5H_2O$

$C_{st} = 100/(1+6.5/0.21) = 3.13$

따라서, 하한 $= 0.55 \times 3.13 = 1.72$%v/v

상한 $= 3.50 \times 3.13 = 10.96$%v/v

90 다음 중 분진의 폭발위험성을 증대시키는 조건에 해당하는 것은?

① 분진의 발열량이 적을수록

② 분위기 중 산소농도가 작을수록

③ 분진 내의 수분농도가 작을수록

④ 분진의 표면적이 입자체적에 비교하여 작을수록

해설 **분진의 폭발위험성을 증대시키는 조건** : 분진 내의 수분농도가 작을수록

91 안전설계의 기초에 있어 기상폭발대책을 예방대책, 긴급대책, 방호대책으로 나눌 때 다음 중 방호대책과 가장 관계가 깊은 것은?

① 경보

② 발화의 저지

③ 방폭벽과 안전거리

④ 가연조건의 성립저지

해설 **방호대책** : 방폭벽과 안전거리

92 다음 중 가연성 가스이며, 독성 가스에 해당하는 것은?

① 수소   ② 프로판

③ 산소   ④ 일산화탄소

해설 ① 수소 : 가연성 가스

② 프로판 : 가연성 가스

③ 산소 : 지연(조연)성 가스

④ 일산화탄소 : 가연성 및 독성 가스

93 다음 중 분해 폭발의 위험성이 있는 아세틸렌의 용제로 가장 적절한 것은?

① 에테르

② 에틸알코올

③ 아세톤

④ 아세트알데히드

해설 **아세틸렌의 용제**

㉠ 아세톤(CH_3COCH_3)

㉡ DMF

94 다음 중 화학장치에서 반응기의 유해·위험 요인(Hazard)으로 화학반응이 있을 때 특히 유의해야 할 사항은?

① 낙하, 절단

② 감전, 협착

③ 비래, 붕괴

④ 반응폭주, 과압

해설 ㉠ 반응폭주 : 메탄올 합성원료용 가스압축기 배기파이프의 이음새로부터 미량의 공기가 흡수되고, 원료로 사용된 질소 중 미량의 산소가 수소와 반응해 승온되어 반응폭주가 시작되며, 강관이 연화되고 부분적으로 팽출되며 가스가 분출되어 착화한다.
㉡ 과압 : 압력을 가하는 것이다. 일정 체적의 물체에 압력을 가하면 체적이 줄어들게 되고 이때 발생하는 응력과 변형은 서로 비례한다.

95 다음 중 관로의 방향을 변경하는 데 가장 적합한 것은?

① 소켓
② 엘보
③ 유니언
④ 플러그

해설 ① 소켓
② 엘보 : 관로의 방향을 변경
③ 유니언 : 동경관을 직선결합
④ 플러그 : 관 끝을 막는 경우

96 다음 중 플레어스택에 부착하여 가연성 가스와 공기의 접촉을 방지하기 위하여 밀도가 작은 가스를 채워주는 안전장치는?

① Molecular Seal
② Flame Arrester
③ Seal Drum
④ Purge

해설 ② Flame Arrester : 화염방지기라고 하며, 가연성 가스의 유통 부분에 금속망 혹은 좁은 간격을 가진 연소차단용 금속판을 사용하여 고온의 화염이 좁은 벽면에 접촉하면 열전도에 의해서 급속히 열을 빼앗겨 그 온도가 발화온도 이하로 낮아지게 함으로써 소염되도록 하는 장치이다.
③ Seal Drum : 수봉된 밀봉 드럼을 통해 플레어스택에 도입되어 항상 연소되고 있는 점화버너에 의해 착화연소해서 가연성·독성 냄새를 대부분 상실하고 대기 중에 흩어지게 하는 안전장치이다.
④ Purge : 보일러의 안전을 위한 기능으로 가동 후에는 항상 남는 폐가스를 외부로 배출시키기 위하여 바로 꺼지지 않는다. 2분에서 3분까지 지속되며, 이후 보일러는 정지한다.

97 다음 중 연소 시 발생하는 열에너지를 흡수하는 매체를 화염 속에 투입하여 소화하는 방법은?

① 냉각소화
② 희석소화
③ 질식소화
④ 억제소화

해설 냉각소화 : 연소 시 발생하는 열에너지를 흡수하는 매체를 화염 속에 투입하여 소화하는 방법

98 다음 중 분말소화제의 조성과 관계가 없는 것은?

① 중탄산나트륨
② T.M.B
③ 탄산마그네슘
④ 인산칼슘

해설 분말소화제의 조성
㉠ 중탄산나트륨($NaHCO_3$)
㉡ 탄산마그네슘($MgCO_3$)
㉢ 인산칼슘($CaPO_3$)

99 다량의 황산이 가연물과 혼합되어 화재가 발생하였을 경우의 소화작업으로 적절하지 못한 방법은?

① 회(灰)로 덮어 질식소화를 한다.
② 건조분말로 질식소화를 한다.
③ 마른 모래로 덮어 질식소화를 한다.
④ 물을 뿌려 냉각소화 및 질식소화를 한다.

해설 황산이 가연물과 혼합되어 화재발생 시 소화작업
㉠ 회로 덮어 질식소화를 한다.
㉡ 건조분말로 질식소화를 한다.
㉢ 마른 모래로 덮어 질식소화를 한다.

100 산업안전보건법에 따라 사업주는 공정안전보고서의 심사결과를 송부받은 경우 몇 년간 보존하여야 하는가?

① 1년
② 2년
③ 3년
④ 5년

해설 사업주는 공정안전보고서의 심사결과를 송부받은 경우 5년간 보존한다.

제6과목 건설안전기술

101 지반조사의 간격 및 깊이에 대한 내용으로 옳지 않은 것은?

① 조사간격은 지층상태, 구조물 규모에 따라 정한다.

② 지층이 복잡한 경우에는 기 조사한 간격 사이에 보완조사를 실시한다.

③ 절토, 개착, 터널구간은 기반암의 심도 5~6m까지 확인한다.

④ 조사깊이는 액상화 문제가 있는 경우에는 모래층 하단에 있는 단단한 지 지층까지 조사한다.

해설 ③ 절토, 개착, 터널구간은 기반암의 심도 2m 까지 확인한다.

102 지표면에서 소정의 위치까지 파내려간 후 구조물을 축조하고 되메운 후 지표면을 원 상태로 복구시키는 공법은?

① NATM 공법 　② 개착식 터널공법

③ TBM 공법 　④ 침매공법

해설 문제의 내용은 개착식 터널공법에 관한 것이다.

103 흙막이 가시설 공사 중 발생할 수 있는 보일링(boiling) 현상에 관한 설명으로 옳지 않은 것은?

① 이 현상이 발생하면 흙막이 벽의 지 지력이 상실된다.

② 지하수위가 높은 지반을 굴착할 때 주로 발생한다.

③ 흙막이 벽의 근입장 깊이가 부족할 경우 발생한다.

④ 연약한 점토지반에서 굴착면의 융기로 발생한다.

해설 ④는 히빙(heaving) 현상에 관한 내용이다.

104 건설업의 산업안전보건관리비 사용 항목에 해당되지 않는 것은?

① 안전시설비

② 근로자 건강관리비

③ 운반기계 수리비

④ 안전진단비

해설 **산업안전보건관리비 사용 항목**

㉠ 안전·보건관리자 임금 등

㉡ 안전시설비 등

㉢ 보호구 등

㉣ 안전보건 진단비 등

㉤ 안전보건 교육비 등

㉥ 근로자 건강장해 예방비 등

㉦ 건설재해예방전문지도기관 기술지도비

㉧ 본사 전담조직 근로자 임금 등

㉨ 위험성 평가 등에 따른 소요비용

105 굴착기계 중 주행기면보다 하방의 굴착에 적합하지 않은 것은?

① 백호

② 클램셸

③ 파워셔블

④ 드래그 라인

해설 ㉠ 주행기면보다 하방의 굴착에 적합한 것 : 백호, 클램셸, 드래그 라인, 불도저 등

㉡ 증기가 위치한 지면보다 높은 장소의 장비 자체보다 높은 장소의 땅을 굴착하는 데 적 합한 것 : 파워셔블

106 주행크레인 및 선회크레인과 건설물 사이 에 통로를 설치하는 경우 그 폭은 최소 얼 마 이상으로 하여야 하는가? (단, 건설물 의 기둥에 접촉하지 않는 부분인 경우)

① 0.3m 　　② 0.4m

③ 0.5m 　　④ 0.6m

해설 **건설물 통과의 사이 통로** : 주행크레인 또는 선회 크레인과 건설물 또는 설비와의 사이에는 통로 를 설치하는 경우 그 폭을 0.6m 이상으로 한다. 단, 그 통로 중 건설물의 기둥에 접촉하는 부분 에 대해서는 0.4m 이상으로 할 수 있다.

107 타워크레인을 벽체에 지지하는 경우 서면심사서류 등이 없거나 명확하지 아니할 때 설치를 위해서는 특정기술자의 확인을 필요로 하는데, 그 기술자에 해당하지 않는 것은?

① 건설안전기술사
② 기계안전기술사
③ 건축시공기술사
④ 건설안전분야 산업안전지도사

> **해설** **타워크레인 지지에서 서면심사서류 등이 없거나 명확하지 아니할 때 확인 기술자**
> ㉠ 건축구조기술사
> ㉡ 건설기계기술사
> ㉢ 기계안전기술사
> ㉣ 건설안전기술사
> ㉤ 건설안전분야의 산업안전지도사

108 안전계수가 4이고 $2,000kg/cm^2$의 인장강도를 갖는 강선의 최대허용응력은?

① $500kg/cm^2$
② $1,000kg/cm^2$
③ $1,500kg/cm^2$
④ $2,000kg/cm^2$

> **해설** 안전계수 $= \dfrac{인장강도}{허용응력}$
> $\therefore$ 허용응력 $= \dfrac{인장강도}{안전계수} = \dfrac{2,000}{4} = 500kg/cm^2$

109 높이 또는 깊이 2m 이상의 추락할 위험이 있는 장소에서 작업을 할 때의 필수 착용 보호구는?

① 보안경
② 방진마스크
③ 방열복
④ 안전대

> **해설** 높이 또는 깊이 2m 이상의 추락할 위험이 있는 장소에서 작업할 때의 필수 착용 보호구는 안전대이다.

110 물체가 떨어지거나 날아올 위험이 있을 때의 재해예방대책과 거리가 먼 것은?

① 낙하물방지망 설치
② 출입금지구역 설정
③ 안전대 착용
④ 안전모 착용

> **해설** ③ 안전대 착용은 추락재해예방대책에 해당된다.

111 산업안전보건기준에 관한 규칙에 따른 토사붕괴를 예방하기 위한 굴착면의 기울기 기준으로 틀린 것은?

① 모래 1 : 1.8
② 연암 1 : 1.0
③ 풍화암 1 : 0.5
④ 경암 1 : 0.5

> **해설** **굴착면의 기울기 기준**
>
> | 지반의 종류 | 굴착면의 기울기 |
> | --- | --- |
> | 모래 | 1 : 1.8 |
> | 연암 및 풍화암 | 1 : 1.0 |
> | 경암 | 1 : 0.5 |
> | 그 밖의 흙 | 1 : 1.2 |

112 흙의 투수계수에 영향을 주는 인자에 대한 내용으로 옳지 않은 것은?

① 공극비 : 공극비가 클수록 투수계수는 작다.
② 포화도 : 포화도가 클수록 투수계수도 크다.
③ 유체의 점성계수 : 점성계수가 클수록 투수계수는 작다.
④ 유체의 밀도 : 유체의 밀도가 클수록 투수계수는 크다.

> **해설** **투수계수** : 매질의 유체 통과능력을 나타내는 지수로서 단위체적의 지하수가 유선의 직각방향의 단위면적을 통해 단위시간당 흐르는 양
> ㉠ 공극비↑, 투수계수↑
> ㉡ 포화도↑, 투수계수↑
> ㉢ 유체의 점성계수↑, 투수계수↓
> ㉣ 유체의 밀도↑, 투수계수↑

113 가설구조물의 특징으로 옳지 않은 것은?

① 연결재가 적은 구조로 되기 쉽다.
② 부재 결합이 간략하여 불안전 결합이다.
③ 구조물이라는 개념이 확고하여 조립의 정밀도가 높다.
④ 사용부재는 과소단면이거나 결함재가 되기 쉽다.

해설 ③ 구조물이라는 개념이 확고하지 않아 조립의 정밀도가 낮다.

114 달비계 설치 시 와이어로프를 사용할 때 사용 가능한 와이어로프의 조건은?

① 지름의 감소가 공칭지름의 8%인 것
② 이음매가 없는 것
③ 심하게 변형되거나 부식된 것
④ 와이어로프의 한 꼬임에서 끊어진 소선의 수가 10%인 것

해설 달비계 설치 시 와이어로프의 사용금지 조건
㉠ 이음매가 있는 것
㉡ 와이어로프의 한 꼬임에서 끊어진 소선의 수가 10% 이상(비자전로프의 경우에는 끊어진 소선의 수가 와이어로프 호칭지름의 6배 길이 이내에서 4개 이상이거나 호칭지름 30배 길이 이내에서 8개 이상)인 것
㉢ 지름의 감소가 공칭지름의 7%를 초과하는 것
㉣ 꼬인 것
㉤ 심하게 변형되거나 부식된 것
㉥ 열과 전기충격에 의해 손상된 것

115 비계의 부재 중 기둥과 기둥을 연결시키는 부재가 아닌 것은?

① 띠장   ② 장선
③ 가새   ④ 작업발판

해설 비계의 부재 중 기둥과 기둥을 연결시키는 부재로는 띠장, 장선, 가새가 있다.

116 콘크리트 타설작업 시 거푸집에 작용하는 연직하중이 아닌 것은?

① 콘크리트의 측압
② 거푸집의 중량
③ 굳지 않은 콘크리트의 중량
④ 작업원의 작업하중

해설 ㉠ ①의 콘크리트의 측압은 거푸집에 작용하는 수평하중이다.
㉡ 콘크리트 측압 이외에 수평하중으로는 풍하중, 지진하중이 있다.

117 하루의 평균기온이 4℃ 이하로 될 것이 예상되는 기상조건에서 낮에도 콘크리트가 동결의 우려가 있는 경우에 사용되는 콘크리트는?

① 고강도 콘크리트   ② 경량 콘크리트
③ 서중 콘크리트   ④ 한중 콘크리트

해설 문제의 내용은 한중 콘크리트에 관한 것으로 계획배합시 물·시멘트비는 60% 이하로 하고, AE제 또는 AE감수제 등의 표면활성제를 사용한다.

118 콘크리트 타설 후 물이나 미세한 불순물이 분리 상승하여 콘크리트 표면에 떠오르는 현상을 가리키는 용어와 이때 표면에 발생하는 미세한 물질을 가리키는 용어를 옳게 나열한 것은?

① 블리딩 – 레이턴스
② 브링 – 샌드드레인
③ 히빙 – 슬라임
④ 블로홀 – 슬래그

해설 문제의 내용은 블리딩 – 레이턴스에 관한 것이다.

119 차량계 하역운반기계의 안전조치사항 중 옳지 않은 것은?

① 최대제한속도가 시속 10km를 초과하는 차량계 건설기계를 사용하여 작업을 하는 경우 미리 작업장소의 지형 및 지반상태 등에 적합한 제한속도를 정하고, 운전자로 하여금 준수하도록 할 것
② 차량계 건설기계의 운전자가 운전위치를 이탈하는 경우 해당 운전자로 하여금 포크 및 버킷 등의 하역장치를 가장 높은 위치에 둘 것
③ 차량계 하역운반기계 등에 화물을 적재하는 경우 하중이 한쪽으로 치우치지 않도록 적재할 것
④ 차량계 건설기계를 사용하여 작업을 하는 경우 승차석이 아닌 위치에 근로자를 탑승시키지 말 것

해설 ②의 경우, 차량계 건설기계의 운전자가 운전 위치를 이탈하는 경우, 해당 운전자로 하여금 포크 및 버킷 등의 하역장치를 가장 낮은 위치에 둘 것이 옳다.

120 철골조립작업에서 안전한 작업발판과 안 전난간을 설치하기가 곤란한 경우 작업원 에 대한 안전대책으로 가장 알맞은 것은?

① 안전대 및 구명로프 사용
② 안전모 및 안전화 사용
③ 출입금지 조치
④ 작업 중지 조치

해설 철골작업 시 안전한 작업발판과 안전난간을 설 치하기 곤란한 경우 작업원에 대하여 안전대 및 구명로프를 사용하도록 하여야 한다.

제1과목 ▶ 안전관리론

01 다음 중 사람이 인력(중력)에 의하여 건축물, 구조물, 가설물, 수목, 사다리 등의 높은 장소에서 떨어지는 재해의 발생 형태를 무엇이라 하는가?

① 떨어짐

② 맞음

③ 끼임

④ 넘어짐

해설 ② 맞음 : 날아오거나 떨어진 물체에 맞음
③ 끼임 : 기계설비에 끼이거나 감김
④ 넘어짐

02 다음 중 산업안전보건법령에서 정한 안전보건관리규정의 세부 내용으로 가장 적절하지 않은 것은?

① 산업안전보건위원회의 설치·운영에 관한 사항

② 사업주 및 근로자의 재해예방 책임 및 의무 등에 관한 사항

③ 근로자의 건강진단, 작업환경측정의 실시 및 조치절차 등에 관한 사항

④ 산업재해 및 중대산업사고의 발생 시 손실비용 산정 및 보상에 관한 사항

해설 ④ 산업재해 및 중대산업사고의 발생 시 처리 절차 및 긴급조치에 관한 사항

03 1일 8시간씩 연간 300일을 근무하는 사업장의 연천인율이 7이었다면 도수율은 약 얼마인가?

① 2.41 ② 2.92

③ 3.42 ④ 4.53

해설 재해 빈도를 연천인율로 표시했을 때 이것을 도수율로 간단히 환산하면 다음과 같다.

$$도수율 = \frac{연천인율}{2.4}$$
$$= \frac{7}{2.4} = 2.92$$

04 도수율이 24.5이고, 강도율이 1.15인 사업장이 있다. 이 사업장에 한 근로자가 입사하여 퇴직할 때까지 며칠 간의 근로손실일수가 발생하겠는가?

① 2.45일 ② 115일

③ 215일 ④ 245일

해설 **환산 강도율**
입사하여 퇴직할 때까지 평생동안(40년)의 근로시간인 10만시간당 근로손실일수
환산 강도율 = 강도율×100 = 1.15×100 = 115일

05 A 사업장에서 사망이 2건 발생하였다면 이 사업장에서 경상재해는 몇 건이 발생하겠는가? (단, 하인리히의 재해구성 비율을 따른다.)

① 30건 ② 58건

③ 60건 ④ 600건

해설 **하인리히 재해구성 비율 1 : 29 : 300의 법칙**
㉠ 1건 : 사망 또는 중상
㉡ 29건 : 경상해
㉢ 300건 : 무상해
즉, 경상해(29건)×2=58건이다.

06 일상점검 중 작업 전에 수행되는 내용과 가장 거리가 먼 것은?

① 주변의 정리 · 정돈

② 생산품질의 이상 유무

③ 주변의 청소상태

④ 설비의 방호장치 점검

해설 **일상점검 중 작업 전에 수행되는 내용**
㉠ 주변의 정리 · 정돈
㉡ 주변의 청소상태
㉢ 설비의 방호장치 점검

07 사업장 무재해 운동 추진 및 운영에 있어 무재해 목표설정의 기준이 되는 무재해 시간은 무재해 운동을 개시하거나 재개시한 날부터 실근무자수와 실근로시간을 곱하여 산정하는데, 다음 중 실근로시간의 산정이 곤란한 사무직 근로자 등의 경우에는 1일 몇 시간 근무한 것으로 보는가?

① 6시간

② 8시간

③ 9시간

④ 10시간

해설 실근로시간의 산정이 곤란한 사무직 근로자 등의 경우에는 1일 8시간 근무한 것으로 본다.

08 다음 설명에 해당하는 위험예지활동은?

> 작업을 오조작 없이 안전하게 하기 위하여 작업공정의 요소에서 자신의 행동을 하고 대상을 가리킨 후 큰 소리로 확인하는 것

① 지적확인

② Tool Box Meeting

③ 터치 앤 콜

④ 삼각위험예지훈련

해설 작업자가 낮은 의식수준으로 작업하는 경우에라도, 지적확인을 실시하면 신뢰성이 높은 Phase Ⅲ까지 의식수준을 끌어올릴 수 있다.

09 다음 중 보호구에 관하여 설명한 것으로 옳은 것은?

① 차광용 보안경의 사용 구분에 따른 종류에는 자외선용, 적외선용, 복합용, 용접용이 있다.

② 귀마개는 처음에는 저음만을 차단하는 제품부터 사용하며, 일정 기간이 지난 후 고음까지 모두 차단할 수 있는 제품을 사용한다.

③ 유해물질이 발생하는 산소결핍지역에서는 필히 방독마스크를 착용하여야 한다.

④ 선반작업과 같이 손에 재해가 많이 발생하는 작업장에서는 장갑 착용을 의무화한다.

해설 ② 귀마개는 저음부터 고음까지를 차단하는 것, 고음만을 차음하는 것이 있으며 사업장의 특성에 따라 제품을 사용한다.
③ 유해물질이 발생하는 산소결핍지역에서는 필히 호스마스크를 착용한다.
④ 선반작업과 같이 손에 재해가 많이 발생하는 작업장에서는 협착에 의한 위험이 있으므로 장갑 착용을 하지 않는다.

10 다음에 해당하는 산업안전보건법상 안전 · 보건표지의 명칭은?

① 화물적재금지

② 사용금지

③ 물체이동금지

④ 화물출입금지

해설 **금지표지** : 물체이동금지

11 다음 중 인간이 자기의 실패나 약점을 그럴듯한 이유를 들어 남의 비난을 받지 않도록 하며 또한 자위하는 방어기제를 무엇이라 하는가?

① 보상   ② 투사

③ 합리화   ④ 전이

해설 ① 보상(Compensation) : 욕구가 저지되면 그것을 대신한 목표로서 만족을 얻고자 한다.
② 투사(Projection) : 자신조차 승인할 수 없는 욕구나 특성을 타인이나 사물로 전환시켜 자신의 바람직하지 않은 욕구로부터 자신을 지키고 또한 투사한 대상에 대해서 공격을 가함으로써 한층 더 확고하게 안정을 얻으려고 한다.
③ 합리화(Rationalization) : 인간이 자기의 실패나 약점을 그럴듯한 이유를 들어 남의 비난을 받지 않도록 하며 또한 자위하는 방어기제이다.
④ 전이(Transference) : 어떤 내용이 다른 내용에 영향을 주는 현상이다.

12 동기부여 이론 중 데이비스(K. Davis)의 이론은 동기유발을 식으로 표현하였다. 옳은 것은?

① 지식(Knowledge)×기능(Skill)
② 능력(Ability)×태도(Attitude)
③ 상황(Situation)×태도(Attitude)
④ 능력(Ability)×동기유발(Motivation)

해설 데이비스의 이론
㉠ 경영의 성과=인간의 성과+물적인 성과
㉡ 능력(Ability)=지식(Knowledge)×기능(Skill)
㉢ 동기유발(Motivation)
 =상황(Situation)×태도(Attitude)
㉣ 인간의 성과(Human Performance)
 =능력×동기유발

13 단조로운 업무가 장시간 지속될 때 작업자의 감각기능 및 판단능력이 둔화 또는 마비되는 현상을 무엇이라 하는가?

① 의식의 과잉   ② 망각현상
③ 감각차단현상   ④ 피로현상

해설 감각차단현상의 설명이다.

14 다음 중 일반적으로 피로의 회복대책에 가장 효과적인 방법은?

① 휴식과 수면을 취한다.
② 충분한 영양(음식)을 섭취한다.

③ 땀을 낼 수 있는 근력운동을 한다.
④ 모임 참여, 동료와의 대화 등을 통하여 기분을 전환한다.

해설 피로회복대책에 가장 효과적인 방법 : 휴식과 수면을 취한다.

15 다음 중 안전교육의 기본방향으로 가장 적합하지 않은 것은?

① 안전작업을 위한 교육
② 사고사례 중심의 안전교육
③ 생산활동 개선을 위한 교육
④ 안전의식 향상을 위한 교육

해설 안전교육의 기본방향
㉠ 안전작업을 위한 교육
㉡ 사고사례 중심의 안전교육
㉢ 안전의식 향상을 위한 교육

16 다음 중 시행착오설에 의한 학습 법칙에 해당하지 않는 것은?

① 효과의 법칙
② 준비성의 법칙
③ 연습의 법칙
④ 일관성의 법칙

해설 Thorndike가 제시한 3가지 학습 법칙
① 효과의 법칙(law of effect) : 학습의 과정과 그 결과가 만족스러운 상태에 도달하게 되면 자극과 반응 간의 결합이 한층 더 강화되어 학습이 견고하게 되며, 이와 반대로 불만스러운 경우에는 결합이 약해진다는 법칙이다. 즉, 조건이 동일한 경우 만족의 결과를 주는 반응은 고정되고, 그렇지 못한 반응은 폐기된다.
② 준비성의 법칙(law of readiness) : 학습하는 태도나 준비와 관련되는 것으로, 새로운 사실과 지식을 습득하기 위해서는 준비가 잘 되어 있을수록 결합이 용이하게 된다는 것을 의미한다.
③ 연습(실행)의 법칙(law of exercise) : 자극과 반응의 결합이 빈번히 되풀이되는 경우 그 결합이 강화된다. 즉, 연습하면 결합이 강화되고, 연습하지 않으면 결합이 약화된다는 것이다.

17 제일선의 감독자를 교육대상으로 하고 작업을 지도하는 방법, 작업개선방법 등의 주요 내용을 다루는 기업 내 교육방법은?

① TWI
② MTP
③ ATT
④ CCS

해설 ② MTP : TWI보다 약간 높은 관리자 계층을 목표로 하며 TWI와는 달리 관리문제에 보다 더 치중한다.
③ ATT : 대상 계층이 한정되어 있지 않고 또 한번 훈련을 받은 관리자는 그 부하인 감독자에 대해 지도원이 될 수 있다.
④ CCS : 일부 회사의 톱 매니지먼트에만 행하여진 것으로 정책의 수립, 조직, 통제, 운영 등의 교육을 한다.

18 산업안전보건법령상 사업 내 안전·보건교육에 있어 채용 시의 교육 및 작업내용 변경 시 교육내용에 포함되지 않는 것은? (단, 산업안전보건법 및 일반관리에 관한 사항은 제외한다.)

① 물질안전보건자료에 관한 사항
② 작업개시 전 점검에 관한 사항
③ 유해·위험 작업환경관리에 관한 사항
④ 기계·기구의 위험성과 작업의 순서 및 동선에 관한 사항

해설 채용 시의 교육 및 작업내용 변경 시 교육내용
㉠ ①, ②, ④
㉡ 산업안전 및 사고 예방에 관한 사항
㉢ 산업보건 및 직업병 예방에 관한 사항
㉣ 산업안전보건법령 및 산업재해보상보험 제도에 관한 사항 등

19 산업안전보건법상 안전보건관리책임자 등에 대한 교육시간 기준으로 틀린 것은?

① 보건관리자, 보건관리전문기관의 종사자 보수교육 : 24시간 이상
② 안전관리자, 안전관리전문기관의 종사자 신규교육 : 34시간 이상
③ 안전보건관리책임자의 보수교육 : 6시간 이상
④ 건설재해예방 전문지도기관의 종사자 신규교육 : 24시간 이상

해설 안전보건관리책임자 등에 대한 교육

교육대상	교육시간	
	신규교육	보수교육
안전보건관리책임자	6시간 이상	6시간 이상
안전관리자, 안전관리전문기관의 종사자	34시간 이상	24시간 이상
보건관리자, 보건관리전문기관의 종사자	34시간 이상	24시간 이상
건설재해예방 전문지도기관 종사자	34시간 이상	24시간 이상
석면 조사기관의 종사자	34시간 이상	24시간 이상
안전보건관리담당자	–	8시간 이상
안전검사기관, 자율안전 검사기관의 종사자	34시간 이상	24시간 이상

20 산업안전보건법령에 따라 건설현장에서 사용하는 크레인, 리프트 및 곤돌라는 최초로 설치한 날부터 얼마마다 안전검사를 실시하여야 하는가?

① 6개월
② 1년
③ 2년
④ 3년

해설 안전검사 주기
㉠ 크레인(이동식 크레인은 제외), 리프트(이삿짐운반용 리프트는 제외) 및 곤돌라 : 사업장에 설치가 끝난 날부터 3년 이내에 최초 안전검사를 실시하되, 그 이후부터 2년마다(건설현장에서 사용하는 것은 최초로 설치한 날부터 6개월마다) 실시
㉡ 이동식 크레인, 이삿짐운반용 리프트 및 고소작업대 : 자동차관리법 제3조에 따른 신규 등록 이후 3년 이내에 최초 안전검사를 실시하되, 그 이후부터 2년마다 실시

제2과목 인간공학 및 시스템안전공학

21 다음 중 인간공학의 직접적인 목적과 가장 거리가 먼 것은?

① 기계조작의 능률성
② 인간의 능력개발
③ 사고의 미연 및 방지
④ 작업환경의 쾌적성

해설 인간공학의 직접적인 목적
㉠ 기계조작의 능률성
㉡ 사고의 미연 및 방지
㉢ 작업환경의 쾌적성

22 시스템 설계과정의 주요 단계 중 계면설계에 있어 계면설계를 위한 인간요소 자료로 볼 수 없는 것은?

① 상식과 경험
② 전문가의 판단
③ 실험절차
④ 정량적 자료집

해설 계면설계를 위한 인간요소 자료
㉠ 상식과 경험
㉡ 전문가의 판단
㉢ 정량적 자료집

23 다음 중 조종 – 반응 비율(C/R비)에 관한 설명으로 틀린 것은?

① C/R비가 클수록 민감한 제어장치이다.
② "X"가 조종장치의 변위량, "Y"가 표시장치의 변위량일 때 $\dfrac{X}{Y}$로 표현된다.
③ Knob C/R비는 손잡이 1회전 시 움직이는 표시장치 이동거리의 역수로 나타낸다.
④ 최적의 C/R비는 제어장치의 종류나 표시장치의 크기, 허용오차 등에 의해 달라진다.

해설 ① C/R비가 작을수록 민감한 제어장치이다.

24 다음 중 표시장치에 나타나는 값들이 계속적으로 변하는 경우에는 부적합하며 인접한 눈금에 대한 지침의 위치를 파악할 필요가 없는 경우의 표시장치 형태로 가장 적합한 것은?

① 정목 동침형
② 정침 동목형
③ 동목 동침형
④ 계수형

해설 계수형의 설명이다.

25 다음 설명 중 해당하는 용어를 올바르게 나타낸 것은?

ⓐ 요구된 기능을 실행하고자 하여도 필요한 물건, 정보, 에너지 등의 공급이 없기 때문에 작업자가 움직이려고 해도 움직일 수 없으므로 발생하는 과오
ⓑ 작업자 자신으로부터 발생한 과오

① ⓐ Secondary error, ⓑ Command error
② ⓐ Command error, ⓑ Primary error
③ ⓐ Primary error, ⓑ Secondary error
④ ⓐ Command error, ⓑ Secondary error

해설 ⓐ Command error, ⓑ Primary error의 설명이다.

26 프레스기의 안전장치 수명은 지수분포를 따르며, 평균 수명은 100시간이다. 새로 구입한 안전장치가 향후 50시간 동안 고장없이 작동할 확률(A)과 이미 100시간을 사용한 안전장치가 향후 50시간 이상 견딜 확률(B)은 각각 얼마인가?

① A : 0.606, B : 0.368
② A : 0.990, B : 0.606
③ A : 0.990, B : 0.951
④ A : 0.951, B : 0.606

해설 ㉠ 작동할 확률(A) $= R(t) = e^{\lambda t} = e^{-0.01 \times 50}$
$= 0.606$
㉡ 견딜 확률(B) $= R(t) = e^{\lambda t} = e^{-0.01 \times 200}$
$= 0.368$

27 심장의 박동 주기 동안 심근의 전기적 신호를 피부에 부착한 전극들로부터 측정하는 것으로 심장이 수축과 확장을 할 때 일어나는 전기적 변동을 기록한 것은?

① 뇌전도계
② 심전도계
③ 근전도계
④ 안전도계

해설 심전도계의 설명이다.

28 다음 중 인체계측에 관한 설명으로 틀린 것은?

① 의자, 피복과 같이 신체 모양과 치수와 관련성이 높은 설비의 설계에 중요하게 반영된다.

② 일반적으로 몸의 측정치수는 구조적 치수(structural dimension)와 기능적 치수(functional dimension)로 나눌 수 있다.

③ 인체계측치의 활용 시에는 문화적 차이를 고려하여야 한다.

④ 인체계측치를 활용한 설계는 인간의 신체적 안락에는 영향을 미치지만, 성능수행과는 관련성이 없다.

해설 ④ 인체계측치를 활용한 설계는 인간의 신체적 안락에 영향을 미칠 뿐만 아니라 성능수행과도 관련성이 있다.

29 공간배치의 원칙에 해당되지 않는 것은?

① 중요성의 원칙
② 다양성의 원칙
③ 기능별 배치의 원칙
④ 사용 빈도의 원칙

해설 ② 사용 순서의 원칙

30 다음 중 조도에 관한 설명으로 틀린 것은?

① 거리에 비례하고, 광도에 반비례한다.
② 어떤 물체나 표면에 도달하는 광의 밀도를 말한다.
③ 1Lux란 1촉광의 점광원으로부터 1m 떨어진 곡면에 비추는 광의 밀도를 말한다.
④ 1fc란 1촉광의 점광원으로부터 1feet 떨어진 곡면에 비추는 광의 밀도를 말한다.

해설 ①의 경우, 조도는 광도에 비례하고, 거리의 자승에 반비례한다는 내용이 옳다.
$$조도 = \frac{광도}{(거리)^2}$$

31 다음 중 시력 및 조명에 관한 설명으로 옳은 것은?

① 표적물체가 움직이거나 관측자가 움직이면 시력의 역치는 증가한다.

② 필터를 부착한 VDT 화면에 표시된 글자의 밝기는 줄어들지만 대비는 증가한다.

③ 대비는 표적물체 표면에 도달하는 조도와 결과하는 광도와의 차이를 나타낸다.

④ 관측자의 시야 내에 있는 주시영역과 그 주변영역의 조도의 비를 조도비라고 한다.

해설 ① 표적물체가 움직이거나 관측자가 움직이면 시력의 역치는 감소한다.
③ 대비는 표적의 광속발산도와 배경의 광속발산도의 차를 나타내는 척도이다.
④ 조도비는 조명으로 인해 생기는 밝은 곳과 어두운 곳의 비이다.

32 통신에서 잡음 중 일부를 제거하기 위해 필터(Filter)를 사용하였다면 이는 다음 중 어느 것의 성능을 향상시키는 것인가?

① 신호의 검출성
② 신호의 양립성
③ 신호의 산란성
④ 신호의 표준성

해설 통신에서 잡음 중의 일부를 제거하기 위해 필터를 사용하였다면 신호의 검출성의 성능을 향상시키는 것이다.

33 다음 중 인체의 피부감각에 있어 민감한 순서대로 나열된 것은?

① 압각－온각－냉각－통각
② 냉각－통각－온각－압각
③ 온각－냉각－통각－압각
④ 통각－압각－냉각－온각

해설 인체의 피부감각에 있어 민감한 순서
통각－압각－냉각－온각

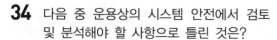

34 다음 중 운용상의 시스템 안전에서 검토 및 분석해야 할 사항으로 틀린 것은?

① 훈련
② 사고조사에의 참여
③ ECR(Error Cause Removal) 제안 제도
④ 고객에 의한 최종 성능검사

해설 **운용상의 시스템 안전에서 검토 및 분석사항**
㉠ 훈련
㉡ 사고조사에의 참여
㉢ 고객에 의한 최종 성능검사

35 다음 중 위험 및 운전성 분석(HAZOP) 수행에 가장 좋은 시점은 어느 단계인가?

① 구상단계　　② 생산단계
③ 설치단계　　④ 개발단계

해설 **위험 및 운전성 분석(HAZOP) 수행에 가장 좋은 시점** : 개발단계

36 다음 중 FTA의 기대효과로 볼 수 없는 것은?

① 사고원인 규명의 간편화
② 사고원인 분석의 정량화
③ 시스템의 결함 진단
④ 사고결과의 분석

해설 **FTA의 기대효과**
㉠ 사고원인 규명의 간편화
㉡ 사고원인 분석의 일반화
㉢ 사고원인 분석의 정량화
㉣ 노력, 시간의 절감
㉤ 시스템의 결함 진단
㉥ 안전점검표 작성

37 다음 중 FTA에서 어떤 고장이나 실수를 일으키지 않으면 정상사상(top event)은 일어나지 않는다고 하는 것으로 시스템의 신뢰성을 표시하는 것은?

① Cut set　　② Minimal cut set
③ Free event　　④ Minimal pass set

해설 ㉠ 컷셋 : 정상사상을 일으키는 기본사상의 집합
㉡ 미니멀 컷셋 : 정상사상을 일으키기 위해 필요한 최소한의 컷의 집합(시스템의 위험성을 나타냄)
㉢ 패스셋 : 정상사상을 일으키지 않는 기본사상의 집합
㉣ 미니멀 패스셋 : 어떤 고장이나 패스를 일으키지 않으면 재해가 일어나지 않는다는 것(시스템의 신뢰성을 나타냄)

38 다음과 같은 FT도에서 Minimal Cut Set으로 옳은 것은?

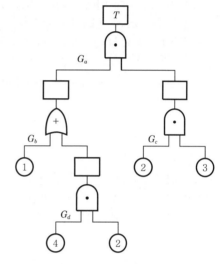

① (2, 3)　　② (1, 2, 3)
③ (1, 2, 3)　　④ (1, 2, 3)
　(2, 3, 4)　　　(1, 3, 4)

해설 $G_a \rightarrow G_b G_c \rightarrow ①$　$G_c \rightarrow ①, ②, ③$
$G_d G_c \rightarrow ②, ③, ④$

39 다음은 화학설비의 안전성 평가단계를 간략히 나열한 것이다. 다음 중 평가단계 순서를 올바르게 나타낸 것은?

ⓐ 관계자료의 작성준비
ⓑ 정량적 평가
ⓒ 정성적 평가
ⓓ 안전대책

① ⓐ→ⓒ→ⓑ→ⓓ
② ⓐ→ⓑ→ⓓ→ⓒ
③ ⓐ→ⓒ→ⓓ→ⓑ
④ ⓐ→ⓑ→ⓒ→ⓓ

> 해설 화학설비의 안전성 평가단계
> ㉠ 제1단계 : 관계자료의 작성준비
> ㉡ 제2단계 : 정성적 평가
> ㉢ 제3단계 : 정량적 평가
> ㉣ 제4단계 : 안전대책

40 다음 중 산업안전보건법에 따라 제조업의 유해·위험방지 계획서를 작성하고자 할 때 관련 규정에 따라 공단이 실시하는 관련 교육을 20시간 이상 이수한 사람 또는 1명 이상 포함시켜야 하는 사람의 자격으로 적합하지 않은 것은?

① 안전관리 분야 기술사 자격을 취득한 사람

② 기계안전·전기안전·화공안전 분야의 산업안전지도사 자격을 취득한 사람

③ 기사 자격을 취득한 사람으로서 해당 분야에서 3년 근무한 경력이 있는 사람

④ 산업기사 자격을 취득한 사람으로서 해당 분야에서 4년 근무한 경력이 있는 사람

> 해설 제조업의 유해·위험방지 계획서를 작성하고자 할 때 관련 규정에 따라 공단이 실시하는 관련 교육을 20시간 이상 이수한 사람 또는 1명 이상 포함시켜야 하는 사람의 자격은 다음과 같다.
> ㉠ 기계, 재료, 화학, 전기·전자, 안전관리 또는 환경분야 기술사 자격을 취득한 사람
> ㉡ 기계안전·전기안전·화공안전분야의 산업안전지도사 또는 산업보건지도사 자격을 취득한 사람
> ㉢ 제㉠호 관련 분야 기사 자격을 취득한 사람으로서 해당 분야에서 3년 이상 근무한 경력이 있는 사람
> ㉣ 제㉠호 관련 분야 산업기사 자격을 취득한 사람으로서 해당 분야에서 5년 이상 근무한 경력이 있는 사람

제3과목 ▷ **기계위험방지기술**

41 회전축, 커플링에 사용하는 덮개는 다음 중 어떠한 위험점을 방호하기 위한 것인가?

① 회전말림점　② 접선물림점

③ 절단점　　　④ 협착점

> 해설 회전축, 커플링에 사용하는 덮개는 회전말림점을 방호하기 위한 것이다.

42 기계설비 안전화를 외형의 안전화, 기능의 안전화, 구조의 안전화로 구분할 때 다음 중 구조의 안전화에 해당하는 것은?

① 가공 중에 발생한 예리한 모서리, 버(burr) 등을 연삭기로 라운딩

② 기계의 오동작을 방지하도록 자동제어장치 구성

③ 이상발생 시 기계를 급정지시킬 수 있도록 동력차단장치를 부착하는 조치

④ 열처리를 통하여 기계의 강도와 인성을 향상

> 해설 구조의 안전화에 해당하는 것은 ④의 강도와 인성 향상, 적합한 재질 선택, 설계의 안전화 등이 있다.

43 조작자의 신체부위가 위험한계 밖에 위치하도록 기계의 조작장치를 위험구역에서 일정 거리 이상 떨어지게 하는 방호장치를 무엇이라 하는가?

① 덮개형 방호장치

② 차단형 방호장치

③ 위치제한형 방호장치

④ 접근반응형 방호장치

> 해설 문제의 내용은 위치제한형 방호장치로서 프레스기의 양수조작식 방호장치가 이에 해당된다.

44 선반작업의 안전수칙으로 적합하지 않은 것은 어느 것인가?

① 작업 중 장갑을 착용하여서는 안 된다.

② 공작물의 측정은 기계를 정지시킨 후 실시한다.

③ 사용 중인 공구는 선반의 베드 위에 올려 놓는다.

④ 가공물의 길이가 지름의 12배 이상이면 방진구를 사용한다.

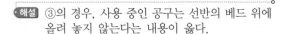

> **해설** ③의 경우, 사용 중인 공구는 선반의 베드 위에 올려 놓지 않는다는 내용이 옳다.

45 다음 중 셰이퍼와 플레이너(Planer)의 방호장치가 아닌 것은?

① 방책　　　　　② 칩받이
③ 칸막이　　　　④ 칩 브레이크

> **해설** ④ 칩 브레이크는 선반의 방호장치에 해당된다.

46 산업안전보건법령에 따라 목재가공용 기계에 설치하여야 하는 방호장치의 내용으로 틀린 것은?

① 목재가공용 둥근톱기계에는 분할날 등 반발예방장치를 설치하여야 한다.
② 목재가공용 둥근톱기계에는 톱날접촉예방장치를 설치하여야 한다.
③ 모떼기기계에는 가공 중 목재의 회전을 방지하는 회전방지장치를 설치하여야 한다.
④ 작업대상물이 수동으로 공급되는 동력식 수동 대패기계에 날접촉예방장치를 설치하여야 한다.

> **해설** ③ 모떼기기계에는 날접촉예방장치를 설치하여야 한다.

47 다음 중 목재가공기계의 반발예방장치와 같이 위험장소에 설치하여 위험원이 비산하거나 튀는 것을 방지하는 등 작업자로부터 위험원을 차단하는 방호장치는?

① 포집형 방호장치
② 감지형 방호장치
③ 위치제한형 방호장치
④ 접근반응형 방호장치

> **해설** 목재가공용기계의 반발예방장치는 포집형 방호장치에 해당된다.

48 다음 중 프레스 또는 전단기 방호장치의 종류와 분류 기호가 올바르게 연결된 것은?

① 광전자식 : D-1
② 양수조작식 : A-1
③ 가드식 : C
④ 손쳐내기식 : B

> **해설** **방호장치의 종류와 분류 기호**
> ㉠ 광전자식 : A-1, A-2
> ㉡ 양수조작식 : B-1, B-2
> ㉢ 손쳐내기식 : D
> ㉣ 수인식 : E

49 양수조작식 방호장치의 누름버튼에서 손을 떼는 순간부터 급정지기구가 작동하여 슬라이드가 정지할 때까지의 시간이 0.2초 걸린다면, 양수조작식 방호장치의 안전거리는 최소한 몇 mm 이상이어야 하는가?

① 160　　　　　② 320
③ 480　　　　　④ 560

> **해설** 방호장치의 안전거리(cm)
> =160×급정지기구가 작동하여 슬라이드가 정지할 때까지의 시간(프레스 작동 후 작업점까지의 도달시간)
> =160×0.2=32cm=320mm

50 프레스 정지 시의 안전수칙이 아닌 것은?

① 정전되면 즉시 스위치를 끈다.
② 안전블록을 바로 고여준다.
③ 클러치를 연결시킨 상태에서 기계를 정지시키지 않는다.
④ 플라이휠의 회전을 멈추기 위해 손으로 누르지 않는다.

> **해설** ②의 경우, 프레스의 정비·수리 시의 안전수칙에 해당된다.

51 롤러기의 앞면 롤의 지름이 300mm, 분당 회전수가 30회일 경우 허용되는 급정지장치의 급정지거리는 약 얼마인가?

① 9.42mm　　　② 28.27mm
③ 100mm　　　④ 314.16mm

해설
$$V = \frac{\pi DN}{1,000}$$
$$= \frac{3.14 \times 300 \times 30}{1,000} = 28.26 \text{m/min}$$

앞면 롤러의 표면속도가 30m/min 미만은 급정지거리가 앞면 롤러 원주의 $\frac{1}{3}$ 이다.

$$\therefore l = \pi D \times \frac{1}{3} = 3.14 \times 300 \times \frac{1}{3} = 314 \text{mm}$$

52 다음 중 아세틸렌 용접장치에 사용되는 전용의 아세틸렌 발생기실의 구조에 관한 설명으로 틀린 것은?

① 지붕 및 천장에는 얇은 철판이나 가벼운 불연성 재료를 사용할 것
② 바닥면적의 1/16 이상의 단면적을 가진 배기통을 옥상으로 돌출시키고 그 개구부를 창 또는 출입구로부터 1.5m 이상 떨어지도록 할 것
③ 벽과 발생기 사이에는 발생기의 조정 또는 카바이드 공급 등의 작업을 방해하지 아니하도록 간격을 확보할 것
④ 출입구의 문은 불연성 재료로 하고 두께 1.0mm 이상의 철판이나 그 밖에 그 이상의 강도를 가진 구조로 할 것

해설 ④의 경우, 출입구의 문은 불연성 재료로 하고 두께 1.5mm 이상의 철판이나 그 밖에 그 이상의 강도를 가진 구조로 할 것이 옳다.

53 다음 중 보일러의 역화(Back Fire) 발생원인이 아닌 것은?

① 압입통풍이 너무 강할 경우
② 댐퍼를 너무 조여 흡입통풍이 부족할 경우
③ 연료밸브를 급히 열었을 경우
④ 연료에 수분이 함유된 경우

해설 **보일러의 역화(Back fire) 발생원인**
㉠ ①, ②, ③
㉡ 점화할 때 착화가 늦어졌을 경우
㉢ 연도 내에 미연가스가 다량 있는 경우
㉣ 연소 중 갑자기 소화된 후 노내의 여열로 점화했을 경우

54 산업용 로봇의 동작형태별 분류에서 틀린 것은?

① 원통좌표 로봇
② 수평좌표 로봇
③ 극좌표 로봇
④ 관절 로봇

해설 산업용 로봇의 동작형태별 분류로는 ①, ③, ④ 이외에 직각좌표 로봇이 있다.

55 지게차가 무부하상태로 25km/h로 이동 중에 있을 때 좌우 안정도(%)는 약 얼마인가?

① 16.5
② 25.0
③ 37.5
④ 42.5

해설 지게차의 좌우 안정도 $= 15 + 1.1V$
$$\therefore 15 + 1.1 \times 25 = 42.5\%$$

56 다음 중 산업안전보건법상 컨베이어작업 시작 전 점검사항이 아닌 것은?

① 원동기 및 풀리기능의 이상 유무
② 이탈 등의 방지장치기능의 이상 유무
③ 비상정지장치의 이상 유무
④ 건널다리의 이상 유무

해설 컨베이어작업 시작 전 점검사항으로는 ①, ②, ③ 이외에 다음과 같다.
• 원동기, 회전축, 기어 및 풀리 등의 덮개 또는 울 등의 이상 유무

57 다음 중 산업안전보건법령상 이동식 크레인을 사용하여 작업할 때의 작업 시작 전 점검사항으로 틀린 것은?

① 브레이크 · 클러치 및 조정장치 기능
② 권과방지장치나 그 밖의 경보장치의 기능
③ 와이어로프가 통하고 있는 곳 및 작업장소의 지반상태
④ 원동기 · 회전축 · 기어 및 풀리 등의 덮개 또는 울 등의 이상 유무

해설 ④는 컨베이어 등을 사용하여 작업할 때의 작업 시작 전 점검사항에 해당된다.

58 산업안전보건법령에 따라 양중기용 와이어로프의 사용금지 기준으로 옳은 것은?

① 지름의 감소가 공칭지름의 3%를 초과하는 것
② 지름의 감소가 공칭지름의 5%를 초과하는 것
③ 와이어로프의 한 꼬임에서 끊어진 소선(素線)의 수가 7% 이상인 것
④ 와이어로프의 한 꼬임에서 끊어진 소선(素線)의 수가 10% 이상인 것

해설 양중기용 와이어로프의 사용금지 기준
㉠ 지름의 감소가 공칭지름의 7%를 초과하는 것
㉡ 와이어로프의 한 꼬임에서 끊어진 소선의 수가 10% 이상인 것
㉢ 이음매가 있는 것
㉣ 꼬인 것
㉤ 심하게 변형되거나 부식된 것
㉥ 열과 전기충격에 의해 손상된 것

59 다음 중 음향방출시험에 대한 설명으로 틀린 것은?

① 가동 중 검사가 가능하다.
② 온도, 분위기 같은 외적요인에 영향을 받는다.
③ 결함이 어떤 중대한 손상을 초래하기 전에 검출할 수 있다.
④ 재료의 종류나 물성 등의 특성과는 관계없이 검사가 가능하다.

해설 ④ 음향방출시험은 재료의 종류나 물성 등의 특성에 따라 검사에 영향을 받는다.

60 다음 중 인력운반작업 시의 안전수칙으로 적절하지 않은 것은?

① 물건을 들어올릴 때는 팔과 무릎을 사용하고 허리를 구부린다.
② 운반대상물의 특성에 따라 필요한 보호구를 확인, 착용한다.

③ 화물에 가능한 한 접근하여 화물의 무게중심을 몸에 가까이 밀착시킨다.
④ 무거운 물건은 공동작업으로 하고 보조기구를 이용한다.

해설 ①의 경우, 물건을 들어올릴 때는 팔과 무릎을 사용하고 허리를 곧게 편다는 내용이 옳다.

제4과목 전기위험방지기술

61 다음 중 전격사고에 관한 사항과 관계가 없는 것은?

① 감전사고의 피해 정도는 접촉시간에 따라 위험성이 결정된다.
② 전압이 동일한 경우 교류가 직류보다 더 위험하다.
③ 교류에 감전된 경우 근육에 경련과 수축이 일어나서 접촉시간이 길어지게 된다.
④ 주파수가 높을수록 최소감지전류는 감소한다.

해설 ④ 주파수가 높을수록 최소감지전류는 증가한다.

62 심실세동을 일으키는 위험한계에너지는 약 몇 J인가? (단, 심실세동 전류 $I=\frac{165}{\sqrt{T}}$ mA, 통전시간 $T=1$초, 인체의 전기저항 $R=800\Omega$이다.)

① 12 ② 22 ③ 32 ④ 42

해설 $W=I^2RT$
여기서, W : 위험한계에너지(J)
R : 전기저항(Ω)
T : 통전시간(sec)
$\therefore \left(\frac{165}{\sqrt{T}}\times10^{-3}\right)^2\times800\times T=21.78\fallingdotseq22J$

63 활선작업 시 사용할 수 없는 전기작업용 안전장구는?

① 전기안전모
② 절연장갑
③ 검전기
④ 승주용 가제

해설 **활선작업 시 전기작업용 안전장구**
㉠ 전기안전모
㉡ 절연장갑
㉢ 검전기

64 감전자에 대한 중요한 관찰사항 중 거리가 먼 것은?

① 출혈이 있는지 살펴본다.
② 골절된 곳이 있는지 살펴본다.
③ 인체를 통과한 전류의 크기가 50mA를 넘었는지 알아본다.
④ 입술과 피부의 색깔, 체온상태, 전기 출입부의 상태 등을 알아본다.

해설 ①, ②, ④ 이외에 감전자에 대한 중요한 관찰사항은 다음과 같다.
㉠ 의식이 있는지 살펴본다.
㉡ 호흡상태를 확인한다.
㉢ 맥박상태를 확인한다.

65 개폐조작의 순서에 있어서 [그림]의 기구 번호의 경우 차단 순서와 투입 순서가 안전수칙에 적합한 것은?

인입 ○—○ ○ ○—○ 부하
㉠ DS ㉡ VCB ㉢ DS

① 차단 ㉠→㉡→㉢, 투입 ㉠→㉡→㉢
② 차단 ㉡→㉢→㉠, 투입 ㉡→㉠→㉢
③ 차단 ㉢→㉡→㉠, 투입 ㉢→㉡→㉠
④ 차단 ㉡→㉢→㉠, 투입 ㉢→㉠→㉡

해설 개폐조작의 순서에 있어서 차단 순서와 투입 순서가 안전수칙에 적합한 것은 ④이다.

66 감전방지용 누전차단기의 정격감도전류 및 작동시간을 옳게 나타낸 것은?

① 15mA 이하, 0.1초 이내
② 30mA 이하, 0.03초 이내
③ 50mA 이하, 0.5초 이내
④ 100mA 이하, 0.05초 이내

해설 감전방지용 누전차단기의 정격감도전류는 30mA 이하, 작동시간은 0.03초 이내이어야 한다.

67 다음 중 최대공급전류가 200A인 단상전로의 한 선에서 누전되는 최소전류는 몇 A인가?

① 0.1   ② 0.2
③ 0.5   ④ 1.0

해설 누전전류 = 최대공급전류 × $\frac{1}{2,000}$

$= 200 \times \frac{1}{2,000}$

$= 0.1A$

68 누전차단기의 설치장소로 적합하지 않은 것은?

① 주위온도는 −10~40℃ 범위 내에서 설치할 것
② 먼지가 많고 표고가 높은 장소에 설치할 것
③ 상대습도가 45~80% 사이의 장소에 설치할 것
④ 전원전압이 정격전압의 85~110% 사이에서 사용할 것

해설 ② 먼지가 적고 표고 1,000m 이하의 장소에 설치할 것

69 변압기의 내부고장을 예방하려면 어떤 보호계전방식을 선택하는가?

① 차동계전방식
② 과전류계전방식
③ 과전압계전방식
④ 부흐홀츠계전방식

해설 변압기의 내부고장을 예방하려면 차동계전방식을 선택하여야 한다.

70 역률개선용 콘덴서에 접속되어 있는 전로에서 정전작업을 실시할 경우 다른 정전작업과는 달리 특별히 주의 깊게 취해야 할 조치사항은 다음 중 어떤 것인가?
① 개폐기 통전금지
② 활선근접작업에 대한 방호
③ 전력콘덴서의 잔류전하방전
④ 안전표지의 부착

해설 역률개선용 콘덴서에 접속되어 있는 전로에서 정전작업을 실시할 경우 전력콘덴서의 잔류전하방전에 대하여 특별히 주의 깊게 조치를 취해야 한다.

71 전기화재의 경로별 원인으로 거리가 먼 것은?
① 단락
② 누전
③ 저전압
④ 접촉부의 과열

해설 ①, ②, ④ 이외에 전기화재의 경로별 원인은 다음과 같다.
㉠ 과전류
㉡ 절연불량
㉢ 스파크
㉣ 정전기

72 전기설비의 화재에 사용되는 소화기의 소화제로 가장 적절한 것은?
① 물거품
② 탄산가스
③ 염화칼슘
④ 산 및 알칼리

해설 전기설비(C) 화재에는 탄산가스 소화기가 더 성능이 우수하다.
① 물거품 : A급 화재
② 탄산가스 : B, C급 화재
③ 염화칼슘 : 건조제
④ 산 및 알칼리 : A, C급 화재

73 온도조절용 바이메탈과 온도 퓨즈가 회로에 조합되어 있는 다리미를 사용한 가정에서 화재가 발생하였다. 다리미에 부착되어 있던 바이메탈과 온도 퓨즈를 대상으로 화재 사고를 분석하려 하는데 논리기호를 사용하여 표현하고자 한다. 어느 기호가 적당한가? (단, 바이메탈의 작동과 온도 퓨즈가 끊어졌을 경우를 0, 그렇지 않을 경우를 1이라 한다.)

①
②
③
④

해설 ③ ⫞⪫ : 한 가지만 잘못되면 화재가 발생되지 않고 두 가지가 잘못되면 화재가 발생하므로 AND 게이트가 된다.

74 파이프 등에 유체가 흐를 때 발생하는 유동대전에 가장 큰 영향을 미치는 요인은?
① 유체의 이동거리
② 유체의 점도
③ 유체의 속도
④ 유체의 양

해설 파이프 등에 유체가 흐를 때 발생하는 유동대전에 가장 큰 영향을 미치는 요인은 유체의 속도이다.

75 다음 중 정전기로 인한 화재발생원인에 대한 설명으로 틀린 것은?
① 금속물체를 접지했을 때
② 가연성 가스가 폭발범위 내에 있을 때
③ 방전하기 쉬운 전위차가 있을 때
④ 정전기의 방전에너지가 가연성 물질의 최소착화에너지보다 클 때

해설 ①의 경우, 정전기발생 방지대책에 해당된다.

76 전기설비에 접지를 하는 목적에 대하여 틀린 것은?
① 누설전류에 의한 감전방지
② 낙뢰에 의한 피해방지
③ 지락사고 시 대지전위 상승유도 및 절연강도 증가
④ 지락사고 시 보호계전기 신속 동작

해설 ③ 지락사고 시 대전전위 억제 및 절연강도 경감

77 다음 중 전자, 통신기기 등의 전자파장해(EMI)를 방지하기 위한 조치로 가장 거리가 먼 것은?

① 절연을 보강한다.
② 접지를 실시한다.
③ 필터를 설치한다.
④ 차폐체를 설치한다.

해설 전자, 통신기기 등의 전자파장해(EMI)를 방지하기 위한 조치로는 ②, ③, ④ 이외에 흡수에 의한 대책, 와이어링(배선)에 의한 대책이 있다.

78 다음 중 폭굉(Detonation)현상에 있어서 폭굉파의 진행 전면에 형성되는 것은?

① 증발열
② 충격파
③ 역화
④ 화염의 대류

해설 폭발 중에서도 특히 격렬한 것을 폭굉(Detonation)이라 하고 매질 중 초음속으로 진행하는 파동이다. 충격파를 받는 매질은 같은 압력의 단열압축보다 높은 온도상승을 일으키며 매질이 폭발성이면 그 온도상승에 의하여 반응이 계속 일어나 폭굉파를 일정속도로 유지한다.

79 가연성 가스가 저장된 탱크의 릴리프밸브가 가끔 작동하여 가연성 가스나 증기가 방출되는 부근의 위험장소 분류는?

① 0종
② 1종
③ 2종
④ 준위험장소

해설 문제의 내용은 1종 위험장소에 관한 것이다.

80 내압(耐壓)방폭구조에서 방폭전기기기의 폭발등급에 따른 최대안전틈새의 범위(mm) 기준으로 옳은 것은?

① ⅡA-0.65 이상
② ⅡA-0.5 초과 0.9 미만
③ ⅡC-0.25 미만
④ ⅡC-0.5 이하

해설 내압방폭구조에서 방폭전기기기의 폭발등급에 따른 최대안전틈새의 범위
㉠ ⅡA-0.9mm 이상
㉡ ⅡB-0.5mm 초과 0.9mm 미만
㉢ ⅡC-0.5mm 이하

제5과목 | **화학설비위험방지기술**

81 화학반응에 의해 발생하는 열이 아닌 것은?

① 연소열
② 압축열
③ 반응열
④ 분해열

해설 화학반응에 의해 발생하는 열
㉠ 반응열
㉡ 생성열
㉢ 분해열
㉣ 연소열
㉤ 융해열
㉥ 중화열

82 다음 중 산업안전보건법령상의 위험물질의 종류에 있어 산화성 액체 및 산화성 고체에 해당하지 않는 것은?

① 요오드산
② 브롬산 및 그 염류
③ 유기과산화물
④ 염소산 및 그 염류

해설 유기과산화물 : 산소와 산소 사이의 결합이 약해 가열, 충격 및 마찰에 의해 분해되고, 산소에 의해 강한 산화작용을 일으키는 폭발성 물질의 유기과산화물

83 산업안전보건법상 인화성 액체를 수시로 사용하는 밀폐된 공간에서 해당 가스 등으로 폭발위험 분위기가 조성되지 않도록 하기 위해서는 해당 물질의 공기 중 농도는 인화하한계값의 얼마를 넘지 않도록 하여야 하는가?

① 10%
② 15%
③ 20%
④ 25%

해설 인화성 액체를 수시로 사용하는 밀폐된 공간 : 해당 가스 등으로 폭발위험 분위기가 조성되지 않도록 하기 위해서는 해당 물질의 공기 중 농도가 인화하한계값의 25%를 넘지 않도록 한다.

84 산화성 액체의 성질에 관한 설명으로 옳지 않은 것은?

① 피부 및 의복을 부식하는 성질이 있다.
② 가연성 물질이 많으므로 화기에 극도로 주의한다.
③ 위험물 유출 시 건조사를 뿌리거나 중화제로 중화한다.
④ 물과 반응하면 발열반응을 일으키므로 물과의 접촉을 피한다.

해설 산화성 액체는 일반적으로 불연성이며 산소를 많이 함유하고 있는 강산화제이므로 가연물과의 접촉을 주의한다.

85 다음 중 유해·위험물질 취급·운반 시 조치사항이 아닌 것은?

① 지정수량 이상 위험물질을 차량으로 운반할 때 가로 0.1m, 세로 0.3m 이상 크기로 표지하여야 한다.

② 위험물질의 취급은 위험물질 취급담당자가 한다.

③ 위험물질을 반출할 때에는 기후상태를 고려한다.

④ 성상에 따라 분류하여 적재, 포장한다.

해설 지정수량 이상 위험물질을 차량으로 운반할 때 가로 0.6m, 세로 0.3m 이상 크기로 표지하여야 한다.

86 다음 중 인화점에 대한 설명으로 틀린 것은?

① 가연성 액체의 발화와 관계가 있다.

② 반드시 점화원의 존재와 관련된다.

③ 연소가 지속적으로 확산될 수 있는 최저온도이다.

④ 연료의 조성, 점도, 비중에 따라 달라진다.

해설 ③ 발화점(ignition temperature) : 공기 중에서 가연성 물질을 가열할 경우 화염, 전기불꽃 등의 접촉없이도 연소가 지속적으로 확산될 수 있는 최저온도

87 메탄(CH_4) 100mol이 산소 중에서 완전연소하였다면 이때 소비된 산소량은 몇 mol인가?

① 50   ② 100

③ 150   ④ 200

해설 $CH_4 + 2CO_2 \rightarrow CO_2 + 2H_2O$

$1 : 2 = 100 : x$

$\therefore x = 200$

88 공기 중에서 이황화탄소(CS_2)의 폭발한계는 하한값이 1.25vol%, 상한값이 44vol%이다. 이를 20℃ 대기압하에서 mg/L의 단위로 환산하면 하한값과 상한값은 각각 약 얼마인가? (단, 이황화탄소의 분자량은 76.1이다.)

① 하한값 : 61, 상한값 : 640

② 하한값 : 39.6, 상한값 : 1395.2

③ 하한값 : 146, 상한값 : 860

④ 하한값 : 55.4, 상한값 : 1641.8

해설 ㉠ 하한값 : $\dfrac{76.1 \times 10^3 \text{mg}}{22.4 \times \frac{293}{273} \text{L}} \times \dfrac{1.25}{100} = 39.6 \text{mg/L}$

㉡ 상한값 : $\dfrac{76.1 \times 10^3 \text{mg}}{22.4 \times \frac{293}{273} \text{L}} \times \dfrac{44}{100} = 1395.2 \text{mg/L}$

여기서, ㉠ 표준상태에서 CS_2 22.4L의 무게

$76.1\text{g} = 76.1 \times 10^3 \text{mg}$

㉡ 20℃에서 CS_2의 무게

$22.4 \times \dfrac{(273 + 20)}{273}$

㉢ 20℃ 대기압하에서 mg/L 단위의 값

$\dfrac{76.1 \times 10^3}{22.4 \times \frac{293}{273}} \text{mg/L}$

89 폭발(연소)범위가 2.2~9.5vol%인 프로판(C_3H_8)의 최소산소농도(MOC)값은 몇 vol%인가? (단, 계산은 화학양론식을 이용하여 추정한다.)

① 8

② 11

③ 14

④ 16

해설 ㉠ 프로판의 연소반응식

$C_3H_8 + 5O_2 \rightarrow 3CO_2 + 4H_2O$

㉡ 산소양론계수

$C_3H_8 + 5O_2 = \dfrac{5}{1} = 5$

∴ 최소산소농도(MOC)

=산소양론계수×연소하한계

$= 5 \times 2.2 = 11 \text{vol}\%$

90 다음 중 분진폭발의 특징을 가장 올바르게 설명한 것은?

① 가스폭발보다 발생에너지가 작다.
② 폭발압력과 연소속도는 가스폭발보다 크다.
③ 불완전연소로 인한 가스중독의 위험성은 적다.
④ 화염의 파급속도보다 압력의 파급속도가 크다.

해설 ① 가스폭발보다 발생에너지가 크다.
② 폭발압력과 연소속도는 가스폭발보다 작다.
③ 불완전연소로 인한 가스중독의 위험성은 크다.

91 폭발을 기상 폭발과 응상 폭발로 분류할 때, 다음 중 기상 폭발에 해당되지 않는 것은?

① 분진 폭발
② 혼합가스 폭발
③ 분무 폭발
④ 수증기 폭발

해설 **폭발의 종류**
(1) 물리적 폭발(응상 폭발)
　㉠ 고상전이에 의한 폭발
　㉡ 수증기 폭발
　㉢ 도선 폭발
　㉣ 폭발성 화합물의 폭발
　㉤ 압력 폭발
(2) 화학적 폭발(기상 폭발)
　㉠ 혼합가스 폭발
　㉡ 분진 폭발
　㉢ 분무 폭발
　㉣ 중합 폭발

92 가스를 화학적 특성에 따라 분류할 때 독성 가스가 아닌 것은?

① 황화수소(H_2S)
② 시안화수소(HCN)
③ 이산화탄소(CO_2)
④ 산화에틸렌(C_2H_4O)

해설 ③ 이산화탄소(CO_2) : 불연성 가스

93 다음 중 아세틸렌 취급 · 관리 시의 주의사항으로 틀린 것은?

① 폭발할 수 있으므로 필요 이상 고압으로 충전하지 않는다.
② 폭발성 물질을 생성할 수 있으므로 구리나 일정 함량 이상의 구리합금과 접촉하지 않도록 한다.
③ 용기는 밀폐된 장소에 보관하고, 누출 시에는 누출원에 직접 주수하도록 한다.
④ 용기는 폭발할 수 있으므로 전도 · 낙하되지 않도록 한다.

해설 용기는 통풍이 잘 되는 장소에 보관하고, 누출 시에는 대기와 치환시킨다.

94 다음 중 반응폭주에 의한 위급상태의 발생을 방지하기 위하여 특수반응 설비에 설치하여야 하는 장치로 적당하지 않은 것은?

① 원재료의 공급차단장치
② 보유 내용물의 방출금지
③ 불활성 가스의 제거장치
④ 반응정지제 등의 공급장치

해설 반응폭주에 의한 위급상태의 발생을 방지하기 위한 특수반응 설비에 설치하는 장치
　㉠ 원재료의 공급차단장치
　㉡ 보유 내용물의 방출금지
　㉢ 반응정지제 등의 공급장치

95 다음 중 배관용 부품에 있어 사용되는 성격이 다른 것은?

① 엘보(Elbow)
② 티(T)
③ 크로스(Cross)
④ 밸브(Valve)

해설 **나사결합 관 이음쇠**
　㉠ 엘보(Elbow)
　㉡ 티(T)
　㉢ 크로스(Cross)

96 다음 중 현장에 안전밸브를 설치하는 경우의 주의사항으로 틀린 것은?

① 검사하기 쉬운 위치에 밸브축을 수평으로 설치한다.
② 분출 시의 반발력을 충분히 고려하여 설치한다.
③ 용기에서 안전밸브 입구까지의 압력차가 안전밸브 설정압력의 3%를 초과하지 않도록 한다.
④ 방출관이 긴 경우는 배압에 주의하여야 한다.

해설 ①의 경우, 검사하기 쉬운 위치에 밸브축을 수직으로 설치한다.

97 다음 중 포 소화설비 적용대상이 아닌 것은 어느 것인가?

① 유류저장탱크
② 비행기 격납고
③ 주차장 또는 차고
④ 유압차단기 등의 전기기기 설치장소

해설 포 소화설비 : AB급 적용
㉠ B급
㉡ A, B급
㉢ A, B급
㉣ C급

98 분말소화설비에 관한 설명으로 옳지 않은 것은?

① 기구가 간단하고 유지관리가 용이하다.
② 온도변화에 대한 약제의 변질이나 성능의 저하가 없다.
③ 분말은 흡습력이 작으며 금속의 부식을 일으키지 않는다.
④ 다른 소화설비보다 소화능력이 우수하며 소화시간이 짧다.

해설 ③ 분말은 흡습력이 크므로 금속의 부식을 일으킨다.

99 자동화재탐지설비 중 열감지식 감지기가 아닌 것은?

① 차동식 감지기
② 정온식 감지기
③ 보상식 감지기
④ 광전식 감지기

해설 자동화재탐지설비

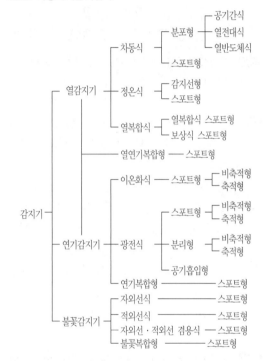

100 산업안전보건법령상 공정안전보고서에 포함되어야 하는 주요 4가지 사항에 해당하지 않는 것은? (단, 고용노동부장관이 필요하다고 인정하여 고시하는 사항은 제외한다.)

① 공정안전자료
② 안전운전비용
③ 비상조치계획
④ 공정위험성 평가서

해설 공정안전보고서에 포함되는 주요 4가지 사항
㉠ 공정안전자료
㉡ 공정위험성 평가서
㉢ 안전운전계획
㉣ 비상조치계획

제6과목 건설안전기술

101 지반조사보고서 내용에 해당되지 않는 항목은?

① 지반공학적 조건
② 표준관입시험치, 콘관입저항치 결과 분석
③ 시공예정인 흙막이공법
④ 건설할 구조물 등에 대한 지반특성

`해설` 시공예정인 흙막이공법은 지반조사보고서 내용에 해당되지 않는다.

102 소일 네일링(soil nailing) 공법의 적용에 한계를 가지는 지반조건에 해당되지 않는 것은?

① 지하수와 관련된 문제가 있는 지반
② 점성이 있는 모래와 자갈질 지반
③ 일반시설물 및 지하구조물, 지중매설물이 집중되어 있는 지반
④ 잠재적으로 동결가능성이 있는 지층

`해설` 소일 네일링 공법의 적용에 한계를 가지는 지반조건으로는 ①, ③, ④가 있다.

103 흙막이 붕괴원인 중 보일링(boiling)현상이 발생하는 원인에 관한 설명으로 옳지 않은 것은?

① 지반을 굴착 시 굴착부와 지하수위차가 있을 때 주로 발생한다.
② 연약 사질토 지반의 경우 주로 발생한다.
③ 굴착 저면에서 액상화현상에 기인하여 발생한다.
④ 연약 점토질 지반에서 배면토의 중량이 굴착부 바닥의 지지력 이상이 되었을 때 주로 발생한다.

`해설` ④는 히빙(heaving)현상이 발생하는 원인이다.

104 산업안전보건관리비 중 안전관리자 등의 인건비 및 각종 업무수당 등의 항목에서 사용할 수 없는 내역은?

① 교통통제를 위한 교통정리 신호수의 인건비
② 공사장 내에서 양중기·건설기계 등의 움직임으로 인한 위험으로부터 주변 작업자를 보호하기 위한 유도자의 인건비
③ 건설용 리프트의 운전자 인건비
④ 고소작업대 작업 시 낙하물 위험예방을 위한 하부 통제 등 공사현장의 특성에 따라 근로자 보호만을 목적으로 배치된 유도자의 인건비

`해설` ①의 교통통제를 위한 교통정리 신호수의 인건비는 제외한다.

105 백호(back hoe)의 운행방법에 대한 설명으로 옳지 않은 것은?

① 경사로나 연약지반에서는 무한궤도식보다는 타이어식이 안전하다.
② 작업계획서를 작성하고 계획에 따라 작업을 실시하여야 한다.
③ 작업장소의 지형 및 지반상태 등에 적합한 제한속도를 정하고 운전자로 하여금 이를 준수하도록 하여야 한다.
④ 작업 중 승차석 외의 위치에 근로자를 탑승시켜서는 안 된다.

`해설` ① 경사로나 연약지반에서는 타이어식보다는 무한궤도식이 안전하다.

106 크레인의 와이어로프가 일정한계 이상 감기지 않도록 작동을 자동으로 정지시키는 장치는?

① 훅 해지장치
② 권과방지장치
③ 비상정지장치
④ 과부하방지장치

`해설` 문제의 내용은 권과방지장치에 관한 것이다.

107 크레인을 사용하여 양중작업을 하는 때에 안전한 작업을 위해 준수하여야 할 내용으로 틀린 것은?

① 인양할 하물(荷物)을 바닥에서 끌어 당기거나 밀어 정위치 작업을 할 것
② 가스통 등 운반 도중에 떨어져 폭발 가능성이 있는 위험물 용기는 보관함에 담아 매달아 운반할 것
③ 인양 중인 하물이 작업자의 머리 위로 통과하지 않도록 할 것
④ 인양할 하물이 보이지 아니하는 경우에는 어떠한 동작도 하지 아니할 것

•해설 **크레인 작업 시 준수하여야 할 내용**
㉠ 인양할 하물을 바닥에서 끌어당기거나 밀어내는 작업을 하지 아니 한다.
㉡ 유류 드럼이나 가스통 등 운반 도중에 떨어져 폭발하거나 누출될 가능성이 있는 위험물 용기는 보관함에 담아 안전하게 매달아 운반한다.
㉢ 고정된 물체를 직접 분리, 제거하는 작업을 하지 아니 한다.
㉣ 미리 근로자의 출입을 통제하여 인양 중인 하물이 작업자의 머리 위로 통과하지 않도록 한다.
㉤ 인양할 하물이 보이지 아니하는 경우에는 어떠한 동작도 하지 아니 한다.

108 단면적이 800mm²인 와이어로프에 의지하여 체중 800N인 작업자가 공중작업을 하고 있다면, 이때 로프에 걸리는 인장응력은 얼마인가?

① 1MPa   ② 2MPa
③ 3MPa   ④ 4MPa

•해설
$$인장응력 = \frac{800N}{800mm^2} = \frac{800N}{800 \times 10^{-6}m^2}$$
$$= 10^6 N/m^2 = 10^6 Pa = 1MPa$$

109 작업발판 및 통로의 끝이나 개구부로서 근로자가 추락할 위험이 있는 장소에 설치하는 것과 거리가 먼 것은?

① 교차가새   ② 안전난간
③ 울타리   ④ 수직형 추락방망

•해설 ②, ③, ④ 이외에 작업발판 및 통로의 끝이나 개구부로서 근로자가 추락할 위험이 있는 장소에 설치하는 것으로는 덮개가 있다.

110 작업으로 인하여 물체가 떨어지거나 날아올 위험이 있는 경우에 조치 및 준수하여야 할 내용으로 옳지 않은 것은?

① 낙하물방지망, 수직보호망 또는 방호선반 등을 설치한다.
② 낙하물방지망의 내민 길이는 벽면으로부터 2m 이상으로 한다.
③ 낙하물방지망의 수평면과 각도는 20° 이상 30° 이하를 유지한다.
④ 낙하물방지망은 높이 15m 이내마다 설치한다.

•해설 ④의 경우, 낙하물방지망은 높이 10m 이내마다 설치한다는 내용이 옳다.

111 토사붕괴 재해의 발생원인으로 보기 어려운 것은?

① 부석의 점검을 소홀히 했다.
② 지질조사를 충분히 하지 않았다.
③ 굴착면 상하에서 동시작업을 했다.
④ 안식각으로 굴착했다.

•해설 ④ 안식각으로 굴착했다는 것은 토사붕괴 재해의 방지대책에 해당한다.

112 포화도 80%, 함수비 28%, 흙입자의 비중 2.7일 때 공극비를 구하면?

① 0.940   ② 0.945
③ 0.950   ④ 0.955

•해설
$$공극비 = \frac{함수비 \times 비중}{포화도}$$
$$= \frac{28 \times 2.7}{80}$$
$$= 0.945$$

113 52m 높이로 강관비계를 세우려면 지상에서 몇 m까지 2개의 강관으로 묶어 세워야 하는가?

① 11m   ② 16m

③ 21m   ④ 26m

> **해설** 비계기둥의 제일 윗부분으로부터 31m가 되는 지점 밑부분의 비계기둥은 2개의 강관으로 묶어 세워야 한다. 따라서 52−31=21m이다.

114 다음은 달비계 또는 높이 5m 이상의 비계를 조립·해체하거나 변경하는 작업에 대한 준수사항이다. ( ) 안에 들어갈 숫자는?

> 비계재료의 연결·해체 작업을 하는 경우에는 폭 ( )cm 이상의 발판을 설치하고 근로자로 하여금 안전대를 사용하도록 하는 등 추락을 방지하기 위한 조치를 할 것

① 15   ② 20

③ 25   ④ 30

> **해설** **발판의 폭**
> ㉠ 비계재료의 연결·해체 작업 시 설치하는 발판의 폭 : 20cm 이상
> ㉡ 슬레이트 지붕 위에 설치하는 발판의 폭 : 30cm 이상
> ㉢ 비계의 높이가 2m 이상인 작업장소에 설치하는 작업발판의 폭 : 40cm 이상

115 비계발판의 크기를 결정하는 기준은?

① 비계의 제조회사

② 재료의 부식 및 손상 정도

③ 지점의 간격 및 작업 시 하중

④ 비계의 높이

> **해설** 지점의 간격 및 작업 시 하중은 비계발판의 크기를 결정하는 기준이 된다.

116 거푸집의 일반적인 조립 순서를 옳게 나열한 것은?

① 기둥 → 보받이 내력벽 → 큰 보 → 작은 보 → 바닥판 → 내벽 → 외벽

② 외벽 → 보받이 내력벽 → 큰 보 → 작은 보 → 바닥판 → 내벽 → 기둥

③ 기둥 → 보받이 내력벽 → 작은 보 → 큰 보 → 바닥판 → 내벽 → 외벽

④ 기둥 → 보받이 내력벽 → 바닥판 → 큰 보 → 작은 보 → 내벽 → 외벽

> **해설** **거푸집의 일반적인 조립 순서**
> 기둥 → 보받이 내력벽 → 큰 보 → 작은 보 → 바닥판 → 내벽 → 외벽

117 철골공사 중 트랩을 이용해 승강할 때 안전과 관련된 항목이 아닌 것은?

① 수평 구명줄

② 수직 구명줄

③ 안전벨트

④ 추락 방지대

> **해설** 철골공사 중 트랩을 이용해 승강할 때 수평 구명줄은 안전과 관련된 항목에 해당되지 않는다.

118 콘크리트 타설 시 거푸집의 측압에 영향을 미치는 인자들에 대한 설명으로 틀린 것은?

① 슬럼프가 클수록 측압은 크다.

② 거푸집의 강성이 클수록 측압은 크다.

③ 철근량이 많을수록 측압은 작다.

④ 타설속도가 느릴수록 측압은 크다.

> **해설** **콘크리트 타설 시 거푸집의 측압에 영향을 미치는 인자(측압이 큰 경우)**
> ㉠ 거푸집의 부재단면이 클수록
> ㉡ 거푸집의 수밀성이 클수록
> ㉢ 거푸집의 강성이 클수록
> ㉣ 철근의 양이 적을수록
> ㉤ 거푸집 표면이 평활할수록
> ㉥ 시공연도(workability)가 좋을수록
> ㉦ 외기온도가 낮을수록
> ㉧ 타설(부어넣기)속도가 빠를수록
> ㉨ 슬럼프가 클수록
> ㉩ 다짐이 좋을수록
> ㉪ 콘크리트 비중이 클수록
> ㉫ 조강시멘트 등 응결시간이 빠른 것을 사용할수록
> ㉬ 습도가 낮을수록

119 콘크리트 타설작업 시 안전에 대한 유의사항으로 옳지 않은 것은?

① 콘크리트 치는 도중에는 지보공·거푸집 등의 이상 유무를 확인한다.

② 높은 곳으로부터 콘크리트를 타설할 때는 호퍼로 받아 거푸집 내에 꽂아넣는 슈트를 통해서 부어넣어야 한다.

③ 진동기를 가능한 한 많이 사용할수록 거푸집에 작용하는 측압상 안전하다.

④ 콘크리트를 한 곳에만 치우쳐서 타설하지 않도록 주의한다.

해설 ③ 진동기를 가능한 한 적게 사용할수록 거푸집에 작용하는 측압상 안전하다.

120 차량계 건설기계를 사용하여 작업하고자 할 때 작업계획서에 포함되어야 할 사항으로 틀린 것은?

① 차량계 건설기계의 제동장치 이상 유무

② 차량계 건설기계의 운행경로

③ 차량계 건설기계의 종류 및 성능

④ 차량계 건설기계에 의한 작업방법

해설 **차량계 건설기계 작업 시 작업계획서에 포함되어야 할 사항**

㉠ 차량계 건설기계의 운행경로

㉡ 차량계 건설기계의 종류 및 성능

㉢ 차량계 건설기계에 의한 작업방법

길을 가다가 돌이 나타나면
약자는 그것을 걸림돌이라 말하고,
강자는 그것을 디딤돌이라고 말한다.

-토마스 칼라일(Thomas Carlyle)-

☆

같은 돌이지만 바라보는 시각에 따라 그리고 마음가짐에 따라
걸림돌이 되기도 하고 디딤돌이 되기도 합니다.
자기에게 주어진 상황을 활용할 줄 아는 자만이
성공의 문에 도달할 수 있답니다.^^

제1과목 안전관리론

01 경험한 내용이나 학습된 행동을 다시 생각하여 작업에 적용하지 아니 하고 방치함으로써 경험의 내용이나 인상이 약해지거나 소멸되는 현상을 무엇이라 하는가?

① 착각   ② 훼손
③ 망각   ④ 단절

● 해설 ① 착각 : 어떤 상의 물리적인 구조와 인지한 구조가 객관적으로 볼 때 반드시 일치하지 않는 것이 현저한 경우
② 훼손 : 헐거나 깨뜨려 못쓰게 만듦
④ 단절 : 흐름이 연속되지 아니함

02 다음 중 교육형태의 분류에 있어 가장 적절하지 않은 것은?

① 교육의도에 따라 형식적 교육, 비형식적 교육
② 교육성격에 따라 일반교육, 교양교육, 특수교육
③ 교육방법에 따라 가정교육, 학교교육, 사회교육
④ 교육내용에 따라 실업교육, 직업교육, 고등교육

● 해설 ③ 교육방법에 따라 강의형 교육, 개인교수형 교육, 실험형 교육, 토론형 교육, 자율학습형 교육

03 다음 중 일반적으로 시간의 변화에 따라 야간에 상승하는 생체리듬은?

① 맥박수   ② 염분량
③ 혈압   ④ 체중

● 해설 주간에는 체온, 혈압, 맥압, 맥박수 등이 상승하고, 야간에는 저하하는 방향으로 변한다. 반면에 혈액의 수분, 염분량은 주간에는 감소하고, 야간에는 증가한다.

04 안전 · 보건교육의 단계별 교육과정 중 근로자가 지켜야 할 규정의 숙지를 위한 교육에 해당하는 것은?

① 지식교육   ② 태도교육
③ 문제해결교육   ④ 기능교육

● 해설 **안전 · 보건교육의 단계별 교육과정**
㉠ 지식교육 : 근로자가 지켜야 할 규정의 숙지를 위한 교육
㉡ 기능교육 : 작업방법, 취급 및 조작행위를 몸으로 숙달시키는 교육
㉢ 태도교육 : 표준작업방법대로 작업을 행하도록 하며, 안전수칙 및 규칙을 실행하도록 하고, 의욕을 갖게 하는 교육

05 다음 중 재해사례 연구의 순서를 올바르게 나열한 것은?

① 직접원인과 문제점의 확인 → 근본적 문제의 결정 → 대책수립 → 사실의 확인
② 근본적 문제의 결정 → 직접원인과 문제점의 확인 → 대책수립 → 사실의 확인
③ 사실의 확인 → 직접원인과 문제점의 확인 → 근본적 문제의 결정 → 대책수립
④ 사실의 확인 → 근본적 문제의 결정 → 직접원인과 문제점의 확인 → 대책수립

해설 **재해사례 연구의 순서** : 사실의 확인→직접원인과 문제점의 확인→근본적 문제의 결정→대책수립

06 다음 중 하인리히가 제시한 1 : 29 : 300의 재해구성 비율에 관한 설명으로 틀린 것은?

① 총 사고발생 건수는 300건이다.
② 중상 또는 사망은 1회 발생된다.
③ 고장이 포함되는 무상해 사고는 300건 발생된다.
④ 인적, 물적 손실이 수반되는 경상이 29건 발생된다.

해설 ① 총 사고발생 건수는 330건이다.

07 다음 중 매슬로우(Maslow)의 욕구 5단계 이론에 해당되지 않는 것은?

① 생리적 욕구
② 안전 욕구
③ 감성적 욕구
④ 존경의 욕구

해설 **매슬로우(Maslow)의 욕구 5단계**
㉠ 제1단계 : 생리적인 욕구
㉡ 제2단계 : 안전과 안정의 욕구
㉢ 제3단계 : 사회적인 욕구
㉣ 제4단계 : 인정 받으려는 욕구
㉤ 제5단계 : 자아실현의 욕구

08 다음 중 참가자에 일정한 역할을 주어 실제적으로 연기를 시켜봄으로써 자기의 역할을 보다 확실히 인식할 수 있도록 체험학습을 시키는 교육방법은?

① Role Playing
② Brain Storming
③ Action Playing
④ Fish Bowl Playing

해설 ① Role Playing : 참가자에 일정한 역할을 주어 실제적으로 연기를 시켜봄으로써 자기의 역할을 보다 확실히 인식할 수 있도록 체험학습을 시키는 교육방법
② Brain Storming : 잠재의식을 일깨워 자유로이 아이디어를 개발하자는 토의식 아이디어 개발기법

09 다음 중 산업안전보건법령상 안전관리자의 직무에 해당되지 않는 것은? (단, 기타 안전에 관한 사항으로서 고용노동부장관이 정하는 사항은 제외한다.)

① 업무수행 내용의 기록·유지
② 근로자의 건강관리, 보건교육 및 건강증진 지도
③ 안전분야에 한정된 산업재해에 관한 통계의 유지·관리를 위한 지도·조언
④ 안전에 관한 사항의 이행에 관한 보좌 및 조언·지도

해설 **산업안전보건법령상 안전관리자의 직무**
㉠ ①, ③, ④
㉡ 사업장 안전교육계획의 수립 및 안전교육 실시에 관한 보좌 및 조언·지도
㉢ 안전인증 대상 기계·기구 등과 자율안전확인 대상 기계·기구 등 구입 시 적격품의 선정에 관한 보좌 및 조언·지도
㉣ 위험성평가에 관한 보좌 및 조언·지도
㉤ 산업안전보건위원회 또는 노사협의체, 안전보건 관리규정 및 취업규칙에서 정한 직무
㉥ 사업장 순회점검·지도 및 조치의 건의
㉦ 산업재해 발생의 원인 조사·분석 및 재발방지를 위한 기술적 보좌 및 조언·지도
㉧ 그 밖에 안전에 관한 사항으로서 노동부 장관이 정하는 사항

10 다음 중 안전모의 성능시험에 있어서 AE, ABE종에만 한하여 실시하는 시험은?

① 내관통성 시험, 충격흡수성 시험
② 난연성 시험, 내수성 시험
③ 난연성 시험, 내전압성 시험
④ 내전압성 시험, 내수성 시험

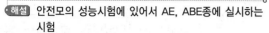
해설 안전모의 성능시험에 있어서 AE, ABE종에 실시하는 시험
㉠ 내관통성 시험
㉡ 내전압성 시험
㉢ 내수성 시험

11
다음 중 산업안전보건법령상 근로자에 대한 일반건강진단의 실시 시기가 올바르게 연결된 것은?

① 사무직에 종사하는 근로자 : 1년에 1회 이상
② 사무직에 종사하는 근로자 : 2년에 1회 이상
③ 사무직 외의 업무에 종사하는 근로자 : 6월에 1회 이상
④ 사무직 외의 업무에 종사하는 근로자 : 2년에 1회 이상

해설 근로자에 대한 일반건강진단의 실시 시기
㉠ 사무직에 종사하는 근로자 : 2년에 1회 이상
㉡ 사무직 외의 업무에 종사하는 근로자 : 1년에 1회 이상

12
다음 중 안전점검 종류에 있어 점검주기에 의한 구분에 해당하는 것은?

① 육안점검   ② 수시점검
③ 형식점검   ④ 기능점검

해설 안전점검의 종류 중 점검주기에 의한 구분
㉠ 정기(계획)점검
㉡ 임시점검
㉢ 수시(일상)점검
㉣ 특별점검

13
각자가 위험에 대한 감수성 향상을 도모하기 위하여 삼각 및 원포인트 위험예지훈련을 실시하는 것은?

① 1인 위험예지훈련
② 자문자답 위험예지훈련
③ TBM 위험예지훈련
④ 시나리오 역할연기훈련

해설 ① 1인 위험예지훈련 : 각자가 위험에 대한 감수성 향상을 도모하기 위하여 삼각 및 원포인트 위험예지훈련을 실시하는 것을 말한다.
③ TBM 위험예지훈련 : T.B.M 위험예지활동은 Tool Box Meeting으로 실시하는 위험예지활동을 말한다. 이는 현장에서 그때그때 그 장소의 상황에 즉응하여 실시하는 위험예지활동이다. 따라서, 즉시 즉응법이라고도 부른다.

14
재해의 빈도와 상해의 강약도를 혼합하여 집계하는 지표를 무엇이라 하는가?

① 강도율   ② 안전활동률
③ safe-T-score   ④ 종합재해지수

해설 ① 강도율 : 근로손실의 정도를 나타내는 통계로서 1,000인시간 근로손실일수
② 안전활동률 : 근로시간수 100만 시간당 안전활동 건수
③ safe-T-score : 안전에 관한 중대성의 차이를 비교하고자 사용하는 통계방식

15
산업안전보건법령상 사업 내 안전·보건교육에서 근로자 정기안전·보건교육의 교육내용에 해당하지 않는 것은? (단, 기타 산업안전보건법 및 일반관리에 관한 사항은 제외한다.)

① 건강증진 및 질병 예방에 관한 사항
② 산업보건 및 직업병 예방에 관한 사항
③ 유해·위험 작업환경관리에 관한 사항
④ 작업공정의 유해·위험과 재해예방 대책에 관한 사항

해설 사업 내 안전·보건교육에서 근로자 정기안전·보건교육의 교육내용
㉠ ①, ②, ③
㉡ 산업안전 및 사고 예방에 관한 사항
㉢ 산업안전보건법령 및 산업재해보상보험 제도에 관한 사항
㉣ 직무스트레스 예방 및 관리에 관한 사항
㉤ 직장 내 괴롭힘, 고객의 폭언 등으로 인한 건강장해 예방 및 관리에 관한 사항

16 다음 중 산소결핍이 예상되는 맨홀 내에서 작업을 실시할 때 사고방지 대책으로 적절하지 않은 것은?

① 작업 시작 전 및 작업 중 충분한 환기 실시

② 작업장소의 입장 및 퇴장 시 인원점검

③ 방독마스크의 보급과 철저한 착용

④ 작업장과 외부와의 상시 연락을 위한 설비 설치

해설 산소결핍이 예상되는 맨홀 내에서 작업을 실시할 때의 사고방지 대책

㉠ 작업 시작 전 및 작업 중 충분한 환기 실시

㉡ 작업장소의 입장 및 퇴장 시 인원점검

㉢ 작업장과 외부와의 상시 연락을 위한 설비 설치

17 사고 요인이 되는 정신적 요소 중 개성적 결함 요인에 해당하지 않는 것은?

① 방심 및 공상

② 도전적인 마음

③ 과도한 집착력

④ 다혈질 및 인내심 부족

해설 정신적 요소 중 개성적 결함 요인

㉠ 도전적인 마음

㉡ 과도한 집착력

㉢ 다혈질 및 인내심 부족

18 다음 중 산업안전보건법령상 안전·보건표지에 있어 금지표지의 종류가 아닌 것은?

① 금연

② 접촉금지

③ 보행금지

④ 차량통행금지

해설 금지표지의 종류

㉠ 출입금지　　㉡ 보행금지

㉢ 차량통행금지　㉣ 사용금지

㉤ 탑승금지　　㉥ 금연

㉦ 화기금지　　㉧ 물체이동금지

19 재해로 인한 직접비용으로 8,000만원이 산재보상비로 지급되었다면 하인리히 방식에 따를 때 총 손실비용은 얼마인가?

① 16,000만원　　② 24,000만원

③ 32,000만원　　④ 40,000만원

해설 하인리히 방식

총 손실비용＝직접비+간접비
　　　　　(직접비 : 간접비=1 : 4)
　　　　　＝8,000만원+8,000만원×4
　　　　　＝40,000만원

20 안전교육방법 중 OJT(On the Job Training) 특징과 거리가 먼 것은?

① 상호 신뢰 및 이해도가 높아진다.

② 개개인의 적절한 지도훈련이 가능하다.

③ 사업장의 실정에 맞게 실제적 훈련이 가능하다.

④ 관련 분야의 외부 전문가를 강사로 초빙하는 것이 가능하다.

해설 ④ 관련 분야의 외부 전문가를 강사로 초빙하는 것이 가능한 것은 Off JT의 특성이다.

제2과목　인간공학 및 시스템안전공학

21 다음 중 FT의 작성방법에 관한 설명으로 틀린 것은?

① 정성·정량적으로 해석·평가하기 전에는 FT를 간소화해야 한다.

② 정상(Top)사상과 기본사상과의 관계는 논리 게이트를 이용해 도해한다.

③ FT를 작성하려면 먼저 분석대상 시스템을 완전히 이해해야 한다.

④ FT 작성을 쉽게 하기 위해서는 정상(Top)사상을 최대한 광범위하게 정의한다.

해설 ④ FT 작성을 쉽게 하기 위해서는 정상(Top)사상을 선정해야 한다.

22 다음 중 아날로그 표시장치를 선택하는 일반적인 요구사항으로 틀린 것은?

① 일반적으로 동침형보다 동목형을 선호한다.

② 일반적으로 동침과 동목은 혼용하여 사용하지 않는다.

③ 움직이는 요소에 대한 수동조절을 설계할 때는 바늘(Pointer)을 조정하는 것이 눈금을 조정하는 것보다 좋다.

④ 중요한 미세한 움직임이나 변화에 대한 정보를 표시할 때는 동침형을 사용한다.

해설 ① 일반적으로 동목형보다 동침형을 선호한다.

23 인간공학의 연구를 위한 수집자료 중 동공확장 등과 같은 것은 어느 유형으로 분류되는 자료라 할 수 있는가?

① 생리지표

② 주관적 자료

③ 감도척도

④ 성능자료

해설 ② 주관적 지표 : 개인 성능의 평점, 체계설계면에 대한 대안들의 평점, 체계에 사용되는 여러 가지 다른 유형의 정보에 판단된 중요도 평점, 의자의 안락도 평점 등이 있다.

③ 감도척도 : 어떤 목적을 위해서는 상해 발생 빈도가 적절한 기준이 된다.

④ 성능자료 : 여러 가지 감각활동, 정신활동, 근육활동 등이 있다.

24 한 대의 기계를 120시간 동안 연속 사용한 경우 9회의 고장이 발생하였고, 이때의 총 고장수리시간이 18시간이었다. 이 기계의 MTBF(Mean Time Between Failure)는 약 몇 시간인가?

① 10.22

② 11.33

③ 14.27

④ 18.54

해설

$$고장률(\lambda) = \frac{고장건수(R)}{총\ 가동시간(t)}$$

$$\therefore MTBF = \frac{1}{\lambda} = \frac{총\ 가동시간(t)}{고장건수(R)}$$

$$= \frac{120 - 18}{9}$$

$$= 11.33$$

25 FT도에서 1~5사상의 발생확률이 모두 0.06일 경우 T 사상의 발생확률은 약 얼마인가?

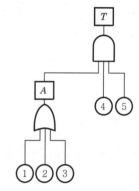

① 0.00036

② 0.00061

③ 0.142625

④ 0.2262

해설 A 사상의 발생확률 $= 1 - (1 - 0.06)^3$

$\therefore$ T 사상의 발생확률 $= [1 - (1 - 0.06)^3] \times 0.06^2$

$= 0.00061$

26 다음 중 연구기준의 요건에 대한 설명으로 옳은 것은?

① 적절성 : 반복 실험 시 재현성이 있어야 한다.

② 신뢰성 : 측정하고자 하는 변수 이외의 다른 변수의 영향을 받아서는 안 된다.

③ 무오염성 : 의도된 목적에 부합하여야 한다.

④ 민감도 : 피실험자 사이에서 볼 수 있는 예상 차이점에 비례하는 단위로 측정해야 한다.

해설 ① 적절성 : 기준이 의도된 목적에 적당하다고 판단되는 정도이다.
② 신뢰성 : 인간의 신뢰도를 높이면 인간행동의 잘못은 크게 줄어든다.
③ 무오염성 : 기준척도는 측정하고자 하는 변수 외의 다른 변수들의 영향을 받아서는 안 된다.

27 다음 중 위험 조정을 위해 필요한 방법(위험조정기술)과 가장 거리가 먼 것은?

① 위험 회피(Avoidance)
② 위험 감축(Reduction)
③ 보류(Retention)
④ 위험 확인(Confirmation)

해설 위험 조정을 위해 필요한 방법
㉠ 위험 회피
㉡ 위험 감축
㉢ 보류

28 다음 중 의자설계의 일반 원리로 가장 적합하지 않은 것은?

① 디스크 압력을 줄인다.
② 등근육의 정적부하를 줄인다.
③ 자세고정을 줄인다.
④ 요추측만을 촉진한다.

해설 의자설계의 일반 원리
㉠ 디스크 압력을 줄인다.
㉡ 등근육의 정적부하를 줄인다.
㉢ 자세고정을 줄인다.

29 다음 중 음성통신에 있어 소음환경과 관련하여 성격이 다른 지수는?

① AI(Articulation Index)
② MAMA(Minimum Audible Movement Angle)
③ PNC(Preferred Noise Criteria Curves)
④ PSIL(Preferred-octave Speech Interference Level)

해설 음성통신에 있어 소음환경
㉠ AI(Articulation Index) : 명료도 지수

㉡ PNC(Preferred Noise Criteria Curves) : PNC 곡선(개선된 소음표준 곡선)
㉢ PSIL(Preferred-octave Speech Interference Level) : 우선회화 방해레벨

30 3개 공정의 소음수준 측정 결과 1공정은 100dB에서 1시간, 2공정은 95dB에서 1시간, 3공정은 90dB에서 1시간이 소요될 때 총 소음량(TND)과 소음설계의 적합성을 올바르게 나열한 것은? (단, 90dB에 8시간 노출될 때를 허용기준으로 하며, 5dB 증가할 때 허용시간은 $\frac{1}{2}$로 감소되는 법칙을 적용한다.)

① TND=0.78, 적합
② TND=0.88, 적합
③ TND=0.98, 적합
④ TND=1.08, 부적합

해설 총 소음량(TND)$=\frac{1}{2}+\frac{1}{4}+\frac{1}{8}=0.88$
따라서, 총 소음량(TND)이 1 이하이므로 적합하다.

31 인간-기계 시스템 설계의 주요 단계 중 기본 설계단계에서 인간의 성능 특성(Human Performance Requirements)과 거리가 먼 것은?

① 속도
② 정확성
③ 보조물 설계
④ 사용자 만족

해설 기본 설계단계에서 인간의 성능 특성
㉠ 속도
㉡ 정확성
㉢ 사용자 만족

32 다음 중 인간의 과오(Human Error)를 정량적으로 평가하고 분석하는 데 사용하는 기법으로 가장 적절한 것은?

① THERP
② FMEA
③ CA
④ FMECA

해설 ② FMEA : 고장형태와 영향분석이라고도 하며, 각 요소의 고장유형과 그 고장이 미치는 영향을 분석하는 방법으로 귀납적이면서 정성적으로 분석하는 기법이다.
③ CA : 높은 고장 등급을 갖고 고장 모드가 기기 전체의 고장에 어느 정도 영향을 주는가를 정량적으로 평가하는 해석기법이다.
④ FMECA : FMEA와 CA가 병용한 것으로, FMECA에 위험도 평가를 위해 위험도(C_r)를 계산한다.

33 다음 중 반응시간이 가장 느린 감각은?

① 청각
② 시각
③ 미각
④ 통각

해설 **감각의 반응시간**
청각(0.17초) > 촉각(0.18초) > 시각(0.20초) > 미각(0.29초) > 통각(0.7초)

34 다음 중 화학설비의 안정성 평가에서 정량적 평가의 항목에 해당되지 않는 것은?

① 조작
② 취급물질
③ 훈련
④ 설비용량

해설 **화학설비의 안정성 평가에서 정량적 평가의 항목**
㉠ 취급물질
㉡ 설비용량
㉢ 온도
㉣ 압력
㉤ 조작

35 다음 중 산업안전보건법령상 유해·위험방지계획서의 심사결과에 따른 구분·판정의 종류에 해당하지 않는 것은?

① 보류
② 부적정
③ 적정
④ 조건부 적정

해설 **유해·위험방지계획서의 심사결과에 따른 구분·판정의 종류**
㉠ 적정
㉡ 조건부 적정
㉢ 부적정

36 어떤 설비의 시간당 고장률이 일정하다고 할 때 이 설비의 고장간격은 다음 중 어떤 확률분포를 따르는가?

① t 분포
② 와이블분포
③ 지수분포
④ 아이링(eyring)분포

해설 어떤 설비의 시간당 고장률이 일정하다고 할 때 이 설비의 고장간격은 지수분포를 따른다.

37 다음 중 FTA에서 사용되는 Minimal Cut Set에 관한 설명으로 틀린 것은?

① 사고에 대한 시스템의 약점을 표현한다.
② 정상사상(Top Event)을 일으키는 최소한의 집합이다.
③ 시스템에 고장이 발생하지 않도록 하는 모든 사상의 집합이다.
④ 일반적으로 Fussell Algorithm을 이용한다.

해설 ③ Minimal Cut Set은 어떤 고장이나 실수를 일으키는 재해가 일어날까를 나타내는 식으로 결국 시스템의 위험성을 표시하는 것이다.

38 다음 중 열중독증(Heat Illness)의 강도를 올바르게 나열한 것은?

ⓐ 열소모(Heat Exhaustion)
ⓑ 열발진(Heat Rash)
ⓒ 열경련(Heat Cramp)
ⓓ 열사병(Heat Stroke)

① ⓒ < ⓑ < ⓐ < ⓓ
② ⓒ < ⓑ < ⓓ < ⓐ
③ ⓑ < ⓒ < ⓐ < ⓓ
④ ⓑ < ⓓ < ⓐ < ⓒ

해설 **열중독의 강도**
열사병 > 열소모 > 열경련 > 열발진

39 인간 신뢰도 분석기법 중 조작자 행동나무 (Operator Action Tree) 접근방법이 환경적 사건에 대한 인간의 반응을 위해 인정하는 활동 3가지가 아닌 것은?

① 감지
② 추정
③ 진단
④ 반응

●해설 **인간의 반응을 위해 인정하는 활동 3가지**
㉠ 감지 ㉡ 진단 ㉢ 반응

40 다음 중 은행창구나 슈퍼마켓의 계산대에 적용하기에 가장 적합한 인체 측정자료의 응용 원칙은?

① 평균치 설계
② 최대집단치 설계
③ 극단치 설계
④ 최소집단치 설계

●해설 **평균치 설계** : 은행창구나 슈퍼마켓의 계산대에 적용하기에 가장 적합한 인체 측정자료의 응용 원칙

제3과목 | 기계위험방지기술

41 회전수가 300rpm, 연삭숫돌의 지름이 200mm일 때 숫돌의 원주속도는 몇 m/min인가?

① 60.0
② 94.2
③ 150.0
④ 188.5

●해설 $V = \dfrac{\pi DN}{1,000}$

여기서, V : 원주속도(m/min)
D : 연삭숫돌의 지름(mm)
N : 회전수(rpm)

∴ $V = \dfrac{\pi \times 200 \times 300}{1,000} ≒ 188.5\,\text{m/min}$

42 다음 중 금속 등의 도체에 교류를 통한 코일을 접근시켰을 때 결함이 존재하면 코일에 유기되는 전압이나 전류가 변하는 것을 이용한 검사방법은?

① 자분탐상검사
② 초음파탐상검사
③ 와류탐상검사
④ 침투형광탐상검사

●해설 **와류탐상검사의 특징**
㉠ 자동화 및 고속화가 가능하다.
㉡ 측정치에 영향을 주는 인자가 적다.
㉢ 표면 아래 깊은 위치에 있는 결함은 검출이 곤란하다.

43 가스집합 용접장치에는 가스의 역류 및 역화를 방지할 수 있는 안전기를 설치하여야 하는데, 다음 중 저압용 수봉식 안전기가 갖추어야 할 요건으로 옳은 것은?

① 수봉 배기관을 갖추어야 한다.
② 도입관은 수봉식으로 하고, 유효수주는 20mm 미만이어야 한다.
③ 수봉 배기관은 안전기의 압력을 2.5kg/cm^2에 도달하기 전에 배기시킬 수 있는 능력을 갖추어야 한다.
④ 파열판은 안전기 내의 압력이 50kg/cm^2에 도달하기 전에 파열되어야 한다.

●해설 **저압용 수봉식 안전기가 갖추어야 할 요건**
㉠ 수봉 배기관을 갖추어야 한다.
㉡ 도입관은 수봉식으로 하고, 유효수주는 25mm 이상으로 하여야 한다.
㉢ 주요 부분은 두께 2mm 이상의 강판 또는 강관을 사용하여야 한다.
㉣ 아세틸렌과 접촉할 염려가 있는 부분은 동을 사용하지 않아야 한다.

44 재료에 대한 시험 중 비파괴시험이 아닌 것은?

① 방사선투과시험   ② 자분탐상시험
③ 초음파탐상시험   ④ 피로시험

해설 ㉠ 피로시험은 파괴시험의 종류에 속한다.
　　 ㉡ 비파괴시험으로는 ①, ②, ③ 외에도 침투검
사, 음향검사, 와류탐상검사, 육안검사 등
이 있다.

45 프레스기의 안전대책 중 손을 금형 사이에
집어넣을 수 없도록 하는 본질적 안전화를
위한 방식(No-Hand in Die)에 해당하는
것은?

① 수인식
② 광전자식
③ 방호울식
④ 손쳐내기식

해설 프레스기의 본질적 안전화를 위한 방식(No-Hand
in Die)
㉠ 방호울식 프레스
㉡ 안전금형 부착 프레스
㉢ 전용 프레스
㉣ 자동 프레스

46 인장강도가 25kg/mm²인 강판의 안전율이
4라면 이 강판의 허용응력(kg/mm²)은 얼
마인가?

① 4.25　　　　② 6.25
③ 8.25　　　　④ 10.25

해설 안전율 $=\dfrac{인장강도}{허용응력}$

허용응력 $=\dfrac{인장강도}{안전율}$

∴ $\dfrac{25}{4}=6.25\text{kg/mm}^2$

47 다음 중 보일러의 방호장치와 가장 거리가
먼 것은?

① 언로드밸브
② 압력방출장치
③ 압력제한 스위치
④ 고저수위조절장치

해설 보일러의 방호장치
㉠ ②, ③, ④
㉡ 도피밸브, ㉢ 가용전, ㉣ 방폭문, ㉤ 화염검출기

48 다음 중 정(Chisel) 작업 시 안전수칙으로
적합하지 않은 것은?

① 반드시 보안경을 사용한다.
② 담금질한 재료는 정으로 작업하지 않
는다.
③ 정작업에서 모서리 부분은 크기를 $3R$
정도로 한다.
④ 철강재를 정으로 절단작업을 할 때
끝날 무렵에는 세게 때려 작업을 마
무리한다.

해설 ④ 철강재를 정으로 절단작업을 할 때 끝날 무렵
에는 세게 때리지 않고 작업을 마무리한다.

49 완전회전식 클러치 기구가 있는 프레스의
양수기동식 방호장치에서 누름버튼을 누
를 때부터 사용하는 프레스의 슬라이드가
하사점에 도달할 때까지의 소요 최대시간
이 0.15초이면 안전거리는 몇 mm 이상이
어야 하는가?

① 150　　　　② 220
③ 240　　　　④ 300

해설 안전거리(cm)=160×프레스기 작동 후 작업점
　　　　　　　　　(하사점)까지의 도달시간
∴ 160×0.15=24cm=240mm

50 산업안전보건법에 따라 로봇을 운전하는
경우 근로자가 로봇에 부딪힐 위험이 있을
때에는 높이 얼마 이상의 방책을 설치하여
야 하는가?

① 90cm　　　　② 120cm
③ 150cm　　　　④ 180cm

해설 근로자가 로봇에 부딪힐 위험이 있을 때에는
높이 180cm 이상의 방책을 설치하여야 한다.

51 다음 중 산업안전보건법령상 안전인증 대상 기계기구에 해당하지 않는 것은?

① 산업용 로봇 안전매트

② 압력용기 압력방출용 파열판

③ 압력용기 압력방출용 안전밸브

④ 방폭구조(防爆構造) 전기기계 · 기구 및 부품

해설 안전인증대상기계, 기구

㉠ ②, ③, ④

㉡ 보일러 압력방출용 안전밸브

㉢ 프레스 및 전단기 방호장치

㉣ 양중기용 과부하 방지장치

㉤ 절연용 방호구 및 활선작업용 기구

㉥ 추락 · 낙하 및 붕괴 등의 위험방지 및 보호에 필요한 가설 기자재로서 고용노동부장관이 정하여 고시하는 것

㉦ 충돌 · 협착 등의 위험방지에 필요한 산업용 로봇 방호장치로서 고용노동부장관이 정하여 고시하는 것

52 다음 중 자동화설비를 사용하고자 할 때 기능의 안전화를 위하여 검토할 사항과 가장 거리가 먼 것은?

① 부품변형에 의한 오동작

② 사용압력 변동 시의 오동작

③ 전압강하 및 정전에 따른 오동작

④ 단락 또는 스위치 고장 시의 오동작

해설 기능의 안전화를 위하여 검토할 사항

㉠ ②, ③, ④

㉡ 밸브계통의 고장 시 오동작

53 다음 중 산업안전보건법령상 승강기의 종류에 해당하지 않는 것은?

① 리프트

② 에스컬레이터

③ 화물용 엘리베이터

④ 승객용 엘리베이터

해설 승강기의 종류

㉠ ②, ③, ④

㉡ 승객 화물용 엘리베이터

㉢ 소형 화물용 엘리베이터

54 다음 중 금형의 설치 · 해체 작업의 일반적인 안전사항으로 틀린 것은?

① 금형의 설치용구는 프레스의 구조에 적합한 형태로 한다.

② 금형을 설치하는 프레스의 T홈 안길이는 설치 볼트 직경 이하로 한다.

③ 고정볼트는 고정 후 가능하면 나사산이 3~4개 정도 짧게 남겨 슬라이드 면과의 사이에 협착이 발생하지 않도록 해야 한다.

④ 금형 고정용 브래킷(물림판)을 고정시킬 때 고정용 브래킷은 수평이 되게 하고, 고정볼트는 수직이 되게 고정하여야 한다.

해설 ② 금형을 설치하는 프레스의 T홈 안길이는 설치 볼트 직경의 2배 이상으로 한다.

55 산업안전보건법에 따라 선반 등으로부터 돌출하여 회전하고 있는 가공물을 작업할 때 설치하여야 할 방호조치로 가장 적합한 것은?

① 안전난간   ② 울 또는 덮개

③ 방진장치   ④ 건널다리

해설 선반 등으로부터 돌출하여 회전하고 있는 가공물을 작업할 때 설치하여야 할 방호조치로 가장 적합한 것은 울 또는 덮개이다.

56 다음 중 리프트의 안전장치로 활용하는 것은?

① 그리드(Grid)

② 아이들러(Idler)

③ 스크레이퍼(Scraper)

④ 리밋스위치(Limit Switch)

해설 리프트의 안전장치로 활용하는 것은 리밋스위치이다.

57 다음 중 지게차의 안정도에 관한 설명으로 틀린 것은?

① 지게차의 등판능력을 표시한다.
② 좌우 안정도와 전후 안정도가 다르다.
③ 주행과 하역작업의 안정도가 다르다.
④ 작업 또는 주행 시 안정도 이하로 유지해야 한다.

해설 지게차의 안정도와 지게차의 등판능력은 아무런 관련이 없다.

58 다음 중 휴대용 동력드릴작업 시 안전사항에 관한 설명으로 틀린 것은?

① 드릴의 손잡이를 견고하게 잡고 작업하여 드릴 손잡이 부위가 회전하지 않고 확실하게 제어 가능하도록 한다.
② 절삭하기 위하여 구멍에 드릴날을 넣거나 뺄 때 반발에 의하여 손잡이 부분이 튀거나 회전하여 위험을 초래하지 않도록 팔을 드릴과 직선으로 유지한다.
③ 드릴이나 리머를 고정시키거나 제거하고자 할 때 금속성 망치 등을 사용하여 확실히 고정 또는 제거한다.
④ 드릴을 구멍에 맞추거나 스핀들의 속도를 낮추기 위해서 드릴날을 손으로 잡아서는 안 된다.

해설 동력드릴작업 시 드릴이나 리머를 고정시키거나 제거하고자 하는 때에는 금속성 망치 등을 사용하여서는 아니 된다.

59 기계의 방호장치 중 과도하게 한계를 벗어나 계속적으로 감아올리는 일이 없도록 제한하는 장치는?

① 일렉트로닉 아이
② 권과방지장치
③ 과부하방지장치
④ 해지장치

해설 기계의 방호장치 중 과도하게 한계를 벗어나 계속적으로 감아올리는 일이 없도록 제한하는 장치는 권과방지장치이다.

60 다음 설명 중 ( ) 안에 알맞은 내용은?

> 롤러기의 급정지장치는 롤러를 무부하로 회전시킨 상태에서 앞면 롤러의 표면속도가 30m/min 미만일 때에는 급정지 거리가 앞면 롤러 원주의 ( ) 이내에서 롤러를 정지시킬 수 있는 성능을 보유해야 한다.

① $\dfrac{1}{5}$ ② $\dfrac{1}{4}$

③ $\dfrac{1}{3}$ ④ $\dfrac{1}{2.5}$

해설 롤러기의 급정지장치

앞면 롤러의 표면속도(m/min)	급정지거리
30 미만	앞면 롤러 원주의 1/3 이내
30 이상	앞면 롤러 원주의 1/2.5 이내

제4과목　전기위험방지기술

61 다른 두 물체가 접촉할 때 접촉전위차가 발생하는 원인으로 옳은 것은?

① 두 물체의 온도의 차
② 두 물체의 습도의 차
③ 두 물체의 밀도의 차
④ 두 물체의 일함수의 차

해설 다른 두 물체가 접촉할 때 접촉전위차가 발생하는 것은 두 물체의 일함수의 차 때문이다.

62 피뢰침의 제한전압이 800kV, 충격절연강도가 1,260kV라 할 때 보호 여유도는 몇 %인가?

① 33.3　　　② 47.3
③ 57.5　　　④ 63.5

•해설 보호 여유도

$$= \frac{충격절연강도 - 제한전압}{제한전압} \times 100$$

$$= \frac{1,260 - 800}{800} \times 100$$

$$= 57.5\%$$

63 정전기 방전현상에 해당하지 않는 것은?

① 연면방전
② 코로나방전
③ 낙뢰방전
④ 스팀방전

•해설 정전기 방전현상으로는 ①, ②, ③ 이외에 스파크방전, 브러시방전이 있다.

64 가연성 증기나 먼지 등이 체류할 우려가 있는 장소의 전기회로에 설치하여야 하는 누전경보기의 수신기가 갖추어야 할 성능으로 옳은 것은?

① 음향장치를 가진 수신기
② 차단기구를 가진 수신기
③ 가스감지기를 가진 수신기
④ 분진농도 측정기를 가진 수신기

•해설 **누전경보기의 수신기가 갖추어야 할 성능** : 차단기구를 가진 수신기

65 복사선 중 전기성 안염을 일으키는 광선은?

① 자외선　　　② 적외선
③ 가시광선　　④ 근적외선

•해설 복사선 중 전기성 안염을 일으키는 광선은 자외선이다.

66 감전 등의 재해를 예방하기 위하여 고압기계·기구 주위에 관계자 외 출입을 금하도록 울타리를 설치할 때 울타리의 높이와 울타리로부터 충전부분까지의 거리의 합이 최소 몇 m 이상은 되어야 하는가?

① 5m 이상　　② 6m 이상
③ 7m 이상　　④ 9m 이상

•해설 감전 등의 재해를 예방하기 위하여 울타리의 높이와 울타리로부터 충전부분까지의 거리의 합이 최소 5m 이상은 되어야 한다.

67 방폭전기설비의 용기 내부에 보호가스를 압입하여 내부압력을 유지함으로써 폭발성 가스 또는 증기가 내부로 유입하지 않도록 된 방폭구조는?

① 내압방폭구조
② 압력방폭구조
③ 안전증방폭구조
④ 유입방폭구조

•해설 압력방폭구조에 대한 설명으로 표시기호는 'p'이며, 종류에는 밀봉식, 통풍식, 봉입식이 있다.

68 방폭전기기기의 등급에서 위험장소의 등급분류에 해당되지 않는 것은?

① 3종 장소　　② 2종 장소
③ 1종 장소　　④ 0종 장소

•해설 방폭전기기기의 등급에서 위험장소의 등급으로는 0종 장소, 1종 장소, 2종 장소가 있다.

69 화재대비 비상용 동력설비에 포함되지 않는 것은?

① 소화펌프
② 급수펌프
③ 배연용 송풍기
④ 스프링클러용 펌프

•해설 ② 소방용 설비

70 인체의 표면적이 0.5m²이고, 정전용량은 0.02pF/cm²이다. 3,300V의 전압이 인가되어 있는 전선에 접근하여 작업을 할 때 인체에 축적되는 정전기에너지(J)는?

① 5.445×10^{-2}

② 5.445×10^{-4}

③ 2.723×10^{-2}

④ 2.723×10^{-4}

해설 $E = \frac{1}{2} C V^2 A$

여기서, E : 정전기에너지(J)

　　　　C : 도체의 정전용량(F)

　　　　V : 대전전위(V)

　　　　A : 표면적(cm²)

∴ $\frac{1}{2} \times 0.02 \times 10^{-12} \times 3,300^2 \times 0.5 \times 100^2$

　$= 5.445 \times 10^{-4}$

71 전격사고에 관한 사항과 관계가 없는 것은?

① 감전사고의 피해 정도는 접촉시간에 따라 위험성이 결정된다.

② 전압이 동일한 경우 교류가 직류보다 더 위험하다.

③ 교류에 감전된 경우 근육에 경련과 수축이 일어나서 접촉시간이 길어지게 된다.

④ 주파수가 높을수록 최소감지전류는 감소한다.

해설 ④ 주파수가 높을수록 최소감지전류는 증가한다.

72 통전 중의 전력기기나 배선의 부근에서 일어나는 화재를 소화할 때 주수(注水)하는 방법으로 옳지 않은 것은?

① 화염이 일어나지 못하도록 물기둥인 상태로 주수

② 낙하를 시작해서 퍼지는 상태로 주수

③ 방출과 동시에 퍼지는 상태로 주수

④ 계면활성제를 섞은 물이 방출과 동시에 퍼지는 상태로 주수

해설 화염이 일어나지 못하도록 물기둥인 상태로 주수하는 것은 전력기기나 배선 부근에서 일어나는 화재를 소화할 때 하는 방법으로는 부적합하다.

73 누전경보기는 사용전압이 600V 이하인 경계전로의 누설전류를 검출하여 당해 소방대상물의 관계자에게 경보를 발하는 설비를 말한다. 다음 중 누전경보기의 구성으로 옳은 것은?

① 감지기 – 발신기

② 변류기 – 수신부

③ 중계기 – 감지기

④ 차단기 – 증폭기

해설 누전경보기의 구성은 변류기 – 수신부 – 음향장치로 되어 있다.

74 다음 [보기]의 누전차단기에서 정격감도전류에서 동작시간이 짧은 두 종류를 알맞게 고른 것은?

[보기]

고속형 누전차단기, 시연형 누전차단기, 반한시형 누전차단기, 감전방지용 누전차단기

① 고속형 누전차단기, 시연형 누전차단기

② 반한시형 누전차단기, 감전방지용 누전차단기

③ 반한시형 누전차단기, 시연형 누전차단기

④ 고속형 누전차단기, 감전방지용 누전차단기

해설 **정격감도전류에서 동작시간**

㉠ 감전방지용 누전차단기 : 0.03초 이내

㉡ 고속형 누전차단기 : 0.1초 이내

㉢ 반한시형 누전차단기 : 0.2~1초 이내

㉣ 시연형 누전차단기 : 0.1~2초 이내

75 내압(耐壓)방폭구조의 화염일주한계를 작게 하는 이유로 가장 알맞은 것은?

① 최소점화에너지를 높게 하기 위하여
② 최소점화에너지를 낮게 하기 위하여
③ 최소점화에너지 이하로 열을 식히기 위하여
④ 최소점화에너지 이상으로 열을 높이기 위하여

해설 내압방폭구조의 화염일주한계(최대안전틈새, 안전간극)를 작게 하는 것은 최소점화에너지 이하로 열을 식히기 위해서이다.

76 심실세동을 일으키는 위험한계에너지는 약 몇 J인가? (단, 심실세동 전류 $I = \dfrac{165}{\sqrt{T}}$[mA], 통전시간 $T = 1$초, 인체의 전기저항 $R = 800\,\Omega$이다.)

① 12   ② 22
③ 32   ④ 42

해설 $W = I^2RT$
여기서, W : 위험한계에너지(J)
R : 전기저항(Ω)
T : 통전시간(sec)
$\therefore \left(\dfrac{165}{\sqrt{T}} \times 10^{-3}\right)^2 \times 800 \times T = 21.78$
$\fallingdotseq 22\text{J}$

77 제전기의 설명 중 잘못된 것은?

① 전압인가식은 교류 7,000V를 걸어 방전을 일으켜 발생한 이온으로 대전체의 전하를 중화시킨다.
② 방사선식은 특히 이동물체에 적합하고, α 및 β선원이 사용되며, 방사선 장해 및 취급에 주의를 요하지 않아도 된다.
③ 이온식은 방사선의 전리작용으로 공기를 이온화시키는 방식, 제전효율은 낮으나 폭발위험지역에 적당하다.

④ 자기방전식은 필름의 권취, 셀로판 제조, 섬유공장 등에 유효하나 2kV 내외의 대전이 남는 결점이 있다.

해설 ② 방사선식은 특히 이동물체에 부적합하다.

78 방폭전기설비 계획 수립 시의 기본 방침에 해당되지 않는 것은?

① 가연성 가스 및 가연성 액체의 위험 특성 확인
② 시설장소의 제조건 검토
③ 전기설비의 선정 및 결정
④ 위험장소 종별 및 범위의 결정

해설 **방폭전기설비 계획 수립 시의 기본 방침**
㉠ 가연성 가스 및 가연성 액체의 위험특성 확인
㉡ 시설장소의 제조건 검토
㉢ 위험장소 종별 및 범위의 결정
㉣ 전기설비 배치의 결정
㉤ 방폭전기설비의 선정

79 전동기계·기구에 설치하는 작업자의 감전 방지용 누전차단기의 ㉮ 정격감도전류(mA) 및 ㉯ 동작시간(초)의 최대값은?

① ㉮ 10, ㉯ 0.03
② ㉮ 20, ㉯ 0.01
③ ㉮ 30, ㉯ 0.03
④ ㉮ 50, ㉯ 0.1

해설 감전방지용 누전차단기의 정격감도전류는 30mA 이하, 동작시간은 최대 0.03초 이내이어야 한다.

80 전기설비에 접지를 하는 목적에 대하여 틀린 것은?

① 누설전류에 의한 감전방지
② 낙뢰에 의한 피해방지
③ 지락사고 시 대지전위 상승유도 및 절연강도 증가
④ 지락사고 시 보호계전기 신속 동작

해설 ③ 지락사고 시 대전전위 억제 및 절연강도 경감

제5과목 | 화학설비위험방지기술

81 다음 중 기체의 자연발화온도 측정법에 해당하는 것은?

① 중량법　　　　② 접촉법
③ 예열법　　　　④ 발열법

> **해설** 기체의 자연발화온도 측정법 : 예열법

82 산업안전보건법령상 안전밸브 등의 전단·후단에는 차단밸브를 설치하여서는 아니 되지만, 다음 중 자물쇠형 또는 이에 준하는 형식의 차단밸브를 설치할 수 있는 경우로 틀린 것은?

① 인접한 화학설비 및 그 부속설비에 안전밸브 등이 각각 설치되어 있고, 해당 화학설비 및 그 부속설비의 연결배관에 차단밸브가 없는 경우
② 안전밸브 등의 배출용량의 4분의 1 이상에 해당하는 용량의 자동압력조절밸브와 안전밸브 등이 직렬로 연결된 경우
③ 화학설비 및 그 부속설비에 안전밸브 등이 복수방식으로 설치되어 있는 경우
④ 열팽창에 의하여 상승된 압력을 낮추기 위한 목적으로 안전밸브가 설치된 경우

> **해설** ② 안전밸브 등의 배출용량의 2분의 1 이상에 해당하는 용량의 자동압력조절밸브와 안전밸브 등이 직렬로 연결된 경우

83 다음 중 관의 지름을 변경하고자 할 때 필요한 관 부속품은?

① Reducer
② Elbow
③ Plug
④ Valve

> **해설** ① Reducer : 관의 지름을 변경하고자 할 때 필요한 관 부속품
> ② Elbow : 관 속에 흐르는 유체의 방향을 갑자기 바꾸는 장소에 사용하는 것
> ③ Plug : 관 끝 또는 구멍을 막는 데 사용하는 나사가 절삭된 마개
> ④ Valve : 관로의 도중이나 용기에 설치하여 유체의 유량, 압력 등의 제어를 하는 장치

84 산업안전보건법령상 물질안전보건자료를 작성할 때에 혼합물로 된 제품들이 각각의 제품을 대표하여 하나의 물질안전보건자료를 작성할 수 있는 충족요건 중 각 구성성분의 함량 변화는 얼마 이하이어야 하는가?

① 5%　　　　② 10%
③ 15%　　　　④ 30%

> **해설** 물질안전보건자료 : 작성할 수 있는 충족요건 중 각 구성성분의 함량 변화는 10% 이하이어야 한다.

85 메탄 1vol%, 헥산 2vol%, 에틸렌 2vol%, 공기 95vol%로 된 혼합가스의 폭발하한계값(vol%)은 약 얼마인가? (단, 메탄, 헥산, 에틸렌의 폭발하한계값은 각각 5.0, 1.1, 2.7(vol%)이다.)

① 1.81　　　　② 2.4
③ 12.8　　　　④ 21.7

> **해설**
> $$L = \frac{V_1 + V_2 + \cdots + V_n}{\dfrac{V_1}{L_1} + \dfrac{V_2}{L_2} + \cdots + \dfrac{V_n}{L_n}}$$
> $$= \frac{1 + 2 + 2}{\dfrac{1}{5.0} + \dfrac{2}{1.1} + \dfrac{2}{2.7}} = 1.81$$

86 화재감지에 있어서 열감지방식 중 차동식에 해당하지 않는 것은?

① 공기식
② 열전대식
③ 바이메탈식
④ 열반도체식

해설 **열감지기**

1. 차동식 열감지기
   (1) 차동식 스포트형 열감지기
       ㉠ 공기팽창식
       ㉡ 열기전력식
   (2) 차동식 분포형 열감지기
       ㉠ 공기관식
       ㉡ 열반도체식
       ㉢ 열전대식
2. 정온식 열감지기
   (1) 정온식 스포트형 열감지기
       ㉠ 바이메탈식
       ㉡ 고체팽창식
       ㉢ 기체팽창식
       ㉣ 가용용융식
   (2) 정온식 분포형 열감지기
3. 보상식 열감지기

87 다음 중 금수성 물질에 대하여 적응성이 있는 소화기는?

① 무상강화액 소화기
② 이산화탄소 소화기
③ 할로겐화합물 소화기
④ 탄산수소염류분말 소화기

해설 금수성 물질에 대하여 적응성이 있는 소화기는 탄산수소염류분말 소화기이다.

88 다음 중 플레어스택에 부착하여 가연성 가스와 공기의 접촉을 방지하기 위하여 밀도가 작은 가스를 채워주는 안전장치는?

① Molecular Seal
② Flame Arrester
③ Seal Drum
④ Purge

해설 ② Flame Arrester : 화염방지기라고 하며, 가연성 가스의 유통 부분에 금속망 혹은 좁은 간격을 가진 연소차단용 금속판을 사용하여 고온의 화염이 좁은 벽면에 접촉하면 열전도에 의해서 급속히 열을 빼앗겨 그 온도가 발화온도 이하로 낮아지게 함으로써 소염되도록 하는 장치이다.

③ Seal Drum : 수봉된 밀봉 드럼을 통해 플레어 스택에 도입되어 항상 연소되고 있는 점화버너에 의해 착화연소해서 가연성·독성 냄새를 대부분 상실하고 대기 중에 흩어지게 하는 안전장치이다.

④ Purge : 보일러의 안전을 위한 기능으로 가동 후에는 항상 남는 폐가스를 외부로 배출시키기 위하여 바로 꺼지지 않는다. 2분에서 3분까지 지속되며, 이후 보일러는 정지한다.

89 다음 중 온도가 증가함에 따라 열전도도가 감소하는 물질은?

① 에탄   ② 프로판
③ 공기   ④ 메틸알코올

해설 온도가 증가함에 따라 열전도도가 감소하는 물질 : 액체(예 메틸알코올)

90 산업안전보건법령상 위험물 또는 위험물이 발생하는 물질을 가열·건조하는 경우 내용적이 얼마인 건조설비는 건조실을 설치하는 건축물의 구조를 독립된 단층 건물로 하여야 하는가?

① $0.3m^3$ 이하   ② $0.3 \sim 0.5m^3$
③ $0.5 \sim 0.75m^3$ ④ $1m^3$ 이상

해설 위험물 또는 위험물이 발생하는 물질을 가열·건조하는 경우 내용적이 $1m^3$ 이상인 건조설비는 건조실을 설치하는 건축물의 구조를 독립된 단층 건물로 한다.

91 탱크 내 작업 시 복장에 관한 설명으로 옳지 않은 것은?

① 정전기 방지용 작업복을 착용할 것
② 작업원은 불필요하게 피부를 노출시키지 말 것
③ 작업모를 쓰고, 긴팔의 상의를 반듯하게 착용할 것
④ 수분의 흡수를 방지하기 위하여 유지가 부착된 작업복을 착용할 것

해설 ④ 유지가 부착된 작업복을 착용하지 않는다.

92 액화프로판 310kg을 내용적 50L 용기에 충전할 때 필요한 소요용기의 수는 약 몇 개인가? (단, 액화프로판의 가스정수는 2.35이다.)

① 15 ② 17
③ 19 ④ 21

해설
$$G = \frac{V}{C} = \frac{50}{2.35} = 21.28L$$
$$\therefore 310kg \div 21.28 \doteqdot 15개$$

93 다음 중 가연성 가스가 밀폐된 용기 안에서 폭발할 때 최대폭발압력에 영향을 주는 인자로 볼 수 없는 것은?

① 가연성 가스의 농도
② 가연성 가스의 초기온도
③ 가연성 가스의 유속
④ 가연성 가스의 초기압력

해설 최대폭발압력에 영향을 주는 인자
㉠ 가연성 가스의 농도
㉡ 가연성 가스의 초기온도
㉢ 가연성 가스의 초기압력

94 다음 중 공정안전보고서에 포함하여야 할 공정안전자료의 세부내용이 아닌 것은?

① 유해·위험설비의 목록 및 사양
② 방폭지역 구분도 및 전기단선도
③ 유해·위험물질에 대한 물질안전보건자료
④ 설비점검·검사 및 보수계획, 유지계획 및 지침서

해설 공정안전자료의 세부내용
㉠ 취급·저장하고 있거나 취급·저장하려는 유해·위험물질의 종류 및 수량
㉡ 유해·위험물질에 대한 물질안전보건자료
㉢ 유해·위험설비의 목록 및 사양
㉣ 유해·위험설비의 운전방법을 알 수 있는 공정도면

㉤ 각종 건물·설비의 배치도
㉥ 폭발위험장소 구분도 및 전기단선도
㉦ 위험설비의 안전설계·제작 및 설치 관련 지침서

95 다음 중 질식소화에 해당하는 것은?

① 가연성 기체의 분출화재 시 주밸브를 닫는다.
② 가연성 기체의 연쇄반응을 차단하여 소화한다.
③ 연료탱크를 냉각하여 가연성 가스의 발생속도를 작게 한다.
④ 연소하고 있는 가연물이 존재하는 장소를 기계적으로 폐쇄하여 공기의 공급을 차단한다.

해설 ① 제거소화
② 부촉매소화
③ 냉각소화

96 다음 중 분진폭발에 관한 설명으로 틀린 것은?

① 폭발한계 내에서 분진의 휘발성분이 많을수록 폭발하기 쉽다.
② 분진이 발화, 폭발하기 위한 조건은 가연성, 미분상태, 공기 중에서의 교반과 유동 및 점화원의 존재이다.
③ 가스폭발과 비교하여 연소의 속도나 폭발의 압력이 크고, 연소시간이 짧으며, 발생에너지가 크다.
④ 폭발한계는 입자의 크기, 입도분포, 산소농도, 함유 수분, 가연성 가스의 혼입 등에 의해 같은 물질의 분진에서도 달라진다.

해설 ③ 가스폭발과 비교하여 연소의 속도나 폭발의 압력이 낮고, 연소시간이 길며, 발생에너지가 크다.

97 다음 중 두 종류 가스가 혼합될 때 폭발 위험이 가장 높은 것은?

① 염소, 아세틸렌
② CO_2, 염소
③ 암모니아, 질소
④ 질소, CO_2

●해설● 두 종류 가스가 혼합될 때 폭발 위험이 가장 높은 것 : 지연(조연)성 가스+가연성 가스
① 염소 : 지연성 가스, 아세틸렌 : 가연성 가스
② CO_2 : 불연성 가스, 염소 : 지연성 가스
③ 암모니아 : 가연성 · 독성 가스, 질소 : 불연성 가스
④ 질소 : 불연성 가스, CO_2 : 불연성 가스

98 다음 중 연소 및 폭발에 관한 용어의 설명으로 틀린 것은?

① 폭굉 : 폭발충격파가 미반응 매질 속으로 음속보다 큰 속도로 이동하는 폭발
② 연소점 : 액체 위에 증기가 일단 점화된 후 연소를 계속할 수 있는 최고 온도
③ 발화온도 : 가연성 혼합물이 주위로부터 충분한 에너지를 받아 스스로 점화할 수 있는 최저 온도
④ 인화점 : 액체의 경우 액체표면에서 발생한 증기 농도가 공기 중에서 연소 하한농도가 될 수 있는 가장 낮은 액체온도

●해설● ② 연소점 : 상온에서 액체상태로 존재하는 액체 가연물의 연소상태를 5초 이상 유지시키기 위한 온도로서 일반적으로 인화점보다 약 10℃ 정도 높은 온도

99 폭발 발생의 필요조건이 충족되지 않은 경우에는 폭발을 방지할 수 있는데, 다음 중 저온 액화가스와 물 등의 고온액에 의한 증기폭발 발생의 필요조건으로 옳지 않은 것은?

① 폭발의 발생에는 액과 액이 접촉할 필요가 있다.
② 고온액의 계면온도가 응고점 이하가 되어 응고되어도 폭발의 가능성은 높아진다.
③ 증기폭발의 발생은 확률적 요소가 있고, 그것은 저온 액화가스의 종류와 조성에 의해 정해진다.
④ 액과 액의 접촉 후 폭발 발생까지 수~수 백 ms의 지연이 존재하지만, 폭발의 시간 스케일은 5ms 이하이다.

●해설● ② 고온액의 계면온도가 응고점 이하가 되어 응고되면 폭발의 가능성은 낮아진다.

100 다음 중 화학물질 및 물리적 인자의 노출기준에 있어 유해물질대상에 대한 노출기준의 표시단위가 잘못 연결된 것은?

① 분진 : ppm
② 증기 : ppm
③ 가스 : mg/m^3
④ 고온 : 습구 · 흑구 온도지수

●해설● ① 분진 : mg/m^3, 다만 석면 및 내화성 세라믹 섬유는 개/cm^3를 사용한다.

제6과목 ▶ 건설안전기술

101 폭풍 시 옥외에 설치되어 있는 주행크레인에 대하여 이탈방지를 위한 조치가 필요한 풍속기준은?

① 순간풍속이 20m/sec 초과할 때
② 순간풍속이 25m/sec 초과할 때
③ 순간풍속이 30m/sec 초과할 때
④ 순간풍속이 35m/sec 초과할 때

●해설● 폭풍 시 옥외에 설치되어 있는 주행크레인에 대하여 이탈방지를 위한 조치가 필요한 풍속기준은 순간풍속이 30m/sec 초과할 때이다.

102 산업안전보건기준에 관한 규칙에 따른 철골 공사 작업 시 작업을 중지해야 할 경우는?

① 강우량 1.5mm/hr ② 풍속 8m/sec

③ 강설량 5mm/hr ④ 지진 진도 1.0

해설 ① 철골공사 작업 시 작업을 중지해야 할 경우는 강우량이 1mm/hr 이상일 때이다.

103 클램셸(Clamshell)의 용도로 옳지 않은 것은?

① 잠함 안의 굴착에 사용된다.

② 수면 아래의 자갈, 모래를 굴착하고, 준설선에 많이 사용된다.

③ 건축구조물의 기초 등 정해진 범위의 깊은 굴착에 적합하다.

④ 단단한 지반의 작업도 가능하며 작업 속도가 빠르고, 특히 암반굴착에 적합하다.

해설 ④ 연약한 지반이나 수중굴착과 자갈 등을 싣는 데 적합하다.

104 표준관입시험에 대한 내용으로 옳지 않은 것은?

① N치(N-value)는 지반을 30cm 굴진하는 데 필요한 타격횟수를 의미한다.

② 50/3의 표기에서 50은 굴진수치, 3은 타격횟수를 의미한다.

③ 63.5kg 무게의 추를 76cm 높이에서 자유낙하하여 타격하는 시험이다.

④ 사질지반에 적용하며, 점토지반에서는 편차가 커서 신뢰성이 떨어진다.

해설 ② 50/3의 표기에서 50은 타격횟수, 3은 굴진수치를 의미한다.

105 콘크리트 타설을 위한 거푸집 동바리의 구조 검토 시 가장 선행되어야 할 작업은?

① 각 부재에 생기는 응력에 대하여 안전한 단면을 산정한다.

② 하중·외력에 의하여 각 부재에 생기는 응력을 구한다.

③ 가설물에 작용하는 하중 및 외력의 종류, 크기를 산정한다.

④ 사용할 거푸집 동바리의 설치간격을 결정한다.

해설 콘크리트 타설을 위한 거푸집 동바리의 구조 검토 시 가장 선행해야 할 작업은 가설물에 작용하는 하중 및 외력의 종류, 크기를 산정하는 것이다.

106 52m 높이로 강관비계를 세우려면 지상에서 몇 미터까지 2개의 강관으로 묶어 세워야 하는가?

① 11m ② 16m

③ 21m ④ 26m

해설 비계기둥의 제일 윗부분으로부터 31m가 되는 지점 밑부분의 비계기둥은 2개의 강관으로 묶어 세워야 한다. 따라서 52-31=21m이다.

107 신품의 추락방지망 중 그물코의 크기가 10cm인 매듭방망의 인장강도 기준으로 옳은 것은?

① 110kgf 이상 ② 200kgf 이상

③ 360kgf 이상 ④ 400kgf 이상

해설 **신품의 추락방지망의 인장강도 기준**

그물코의 크기(cm)	방망의 종류(kg/m²)	
	매듭 없는 방망	매듭 있는 방망
10	240	200
5	–	110

108 철근콘크리트 구조물의 해체를 위한 장비가 아닌 것은?

① 래머(rammer)

② 압쇄기

③ 철제 해머

④ 핸드 브레이커(Hand Breaker)

해설 철근콘크리트 구조물의 해체를 위한 장비에는 ②, ③, ④ 이외에 회전톱, 잭키, 쐐기, 대형 브레이커 등이 있다.

109 철골구조의 앵커볼트 매립과 관련된 사항 중 옳지 않은 것은?

① 기둥 중심은 기준선 및 인접기둥의 중심에서 3mm 이상 벗어나지 않을 것

② 앵커볼트는 매립 후에 수정하지 않도록 설치할 것

③ 베이스플레이트의 하단은 기준 높이 및 인접기둥의 높이에서 3mm 이상 벗어나지 않을 것

④ 앵커볼트는 기둥 중심에서 2mm 이상 벗어나지 않을 것

•해설 ① 기둥 중심은 기준선 및 인접기둥의 중심에서 5mm 이상 벗어나지 않을 것

110 흙막이 가시설 공사 시 사용되는 각 계측기 설치 목적으로 옳지 않은 것은?

① 지표침하계-지표면 침하량 측정

② 수위계-지반 내 지하수위의 변화 측정

③ 하중계-상부 적재하중 변화 측정

④ 지중경사계-지중의 수평변위량 측정

•해설 ③ 하중계는 어스앵커 등의 실제 축하중 변화 측정에 쓰이는 것이다.

111 강풍 시 타워크레인의 작업제한과 관련된 사항으로 타워크레인의 운전작업을 중지해야 하는 순간풍속 기준으로 옳은 것은?

① 순간풍속이 매 초당 10m 초과

② 순간풍속이 매 초당 20m 초과

③ 순간풍속이 매 초당 30m 초과

④ 순간풍속이 매 초당 40m 초과

•해설 순간풍속이 초당 20m를 초과하는 경우에는 타워크레인의 운전작업을 중지해야 한다.

112 터널지보공을 조립하거나 변경하는 경우에 조치하여야 하는 사항으로 옳지 않은 것은?

① 목재의 터널지보공은 조립 시 각 부재에 작용하는 긴압정도를 체크하여 그 정도가 최대한 차이나도록 한다.

② 강(鋼)아치지보공의 조립은 연결볼트 및 띠장 등을 사용하여 주재 상호간을 튼튼하게 연결할 것

③ 기둥에는 침하를 방지하기 위하여 받침목을 사용하는 등의 조치를 할 것

④ 주재(主材)를 구성하는 1세트의 부재는 동일 평면 내에 배치할 것

•해설 ① 목재의 터널지보공은 조립시 각 부재에 작용하는 긴압정도를 체크하여 그 정도가 최대한 차이나지 않도록 한다.

113 낙하물방지망 또는 방호선반을 설치하는 경우에 수평면과의 각도 기준으로 옳은 것은?

① 10° 이상 20° 이하

② 20° 이상 30° 이하

③ 25° 이상 35° 이하

④ 35° 이상 45° 이하

•해설 ㉠ 낙하물방지망 또는 방호선반을 설치하는 경우에는 높이 10m 이내마다 설치하고, 내민 길이는 벽면으로부터 2m 이상으로 할 것
㉡ 수평면과의 각도는 20° 이상 30° 이하를 유지할 것

114 지반조사보고서 내용에 해당되지 않는 항목은?

① 지반공학적 조건

② 표준관입시험치, 콘관입저항치 결과 분석

③ 시공예정인 흙막이 공법

④ 건설할 구조물 등에 대한 지반특성

•해설 시공예정인 흙막이 공법은 지반조사보고서 내용에 해당되지 않는다.

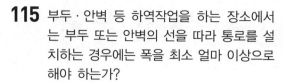

115 부두 · 안벽 등 하역작업을 하는 장소에서는 부두 또는 안벽의 선을 따라 통로를 설치하는 경우에는 폭을 최소 얼마 이상으로 해야 하는가?

① 70cm　　② 80cm

③ 90cm　　④ 100cm

해설 부두 또는 안벽의 선을 따라 통로를 설치하는 경우에는 폭을 최소 90cm 이상으로 해야 한다.

116 터널 붕괴를 방지하기 위한 지보공 점검사항과 가장 거리가 먼 것은?

① 부재의 긴압의 정도

② 부재의 손상 · 변형 · 부식 · 변위 탈락의 유무 및 상태

③ 기둥침하의 유무 및 상태

④ 경보장치의 작동 상태

해설 터널 붕괴를 방지하기 위한 지보공 점검사항으로는 ①, ②, ③ 이외에 부재의 접속부 및 교차부의 상태가 있다.

117 다음은 항만 하역작업 시 통행설비의 설치에 관한 내용이다. ( ) 안에 알맞은 숫자는?

> 사업주는 갑판의 윗면에서 선창 밑바닥까지의 깊이가 ( )를 초과하는 선창의 내부에서 화물취급작업을 하는 경우에 그 작업에 종사하는 근로자가 안전하게 통행할 수 있는 설비를 설치하여야 한다.

① 1.0m　　② 1.2m

③ 1.3m　　④ 1.5m

해설 선창 밑바닥까지의 깊이가 1.5m를 초과하는 선창의 내부에서 화물취급작업을 하는 경우에 안전하게 통행할 수 있는 설비를 설치하여야 한다.

118 콘크리트 타설작업과 관련하여 준수하여야 할 사항으로 가장 거리가 먼 것은?

① 당일의 작업을 시작하기 전에 해당 작업에 관한 거푸집 동바리 등의 변형 · 변위 및 지반의 침하 유무 등을 점검하고 이상이 있는 경우 보수할 것

② 콘크리트를 타설하는 경우에는 편심이 발생하지 않도록 골고루 분산하여 타설할 것

③ 진동기의 사용은 많이 할수록 균일한 콘크리트를 얻을 수 있으므로 가급적 많이 사용할 것

④ 설계도서상의 콘크리트 양생기간을 준수하여 거푸집 동바리 등을 해체할 것

해설 ③ 진동기의 사용은 많이 할수록 균일한 콘크리트를 얻을 수 없으므로 많이 사용하지 않는다.

119 철골조립작업에서 안전한 작업발판과 안전난간을 설치하기가 곤란한 경우 작업원에 대한 안전대책으로 가장 알맞은 것은?

① 안전대 및 구명로프 사용

② 안전모 및 안전화 사용

③ 출입금지 조치

④ 작업 중지 조치

해설 철골작업 시 안전한 작업발판과 안전난간을 설치하기 곤란한 경우 작업원에 대하여 안전대 및 구명로프를 사용하도록 하여야 한다.

120 연약지반의 이상현상 중 하나인 히빙(Heaving) 현상에 대한 안전대책이 아닌 것은?

① 흙막이 벽의 관입깊이를 깊게 한다.

② 굴착저면에 토사 등으로 하중을 가한다.

③ 흙막이 배면의 표토를 제거하여 토압을 경감시킨다.

④ 주변수위를 높인다.

해설 ④ 주변수위를 낮춘다.

제1과목	안전관리론

01 다음 중 무재해 운동의 기본 이념 3원칙에 해당되지 않는 것은?

① 모든 재해에는 손실이 발생하므로 사업주는 근로자의 안전을 보장하여야 한다는 것을 전제로 한다.

② 위험을 발견, 제거하기 위하여 전원이 참가, 협력하여 각자의 위치에서 의욕적으로 문제해결을 실천하는 것을 뜻한다.

③ 직장 내의 모든 잠재위험요인을 적극적으로 사전에 발견, 파악, 해결함으로써 뿌리에서부터 산업재해를 제거하는 것을 말한다.

④ 무재해, 무질병의 직장을 실현하기 위하여 직장의 위험요인을 행동하기 전에 예지하여 발견, 파악, 해결함으로써 재해발생을 예방하거나 방지하는 것을 말한다.

해설 **무재해 운동의 기본 이념 3원칙**
ㄱ 무의 원칙 : 무재해, 무질병의 직장을 실현하기 위하여 직장의 위험요인을 행동하기 전에 예지하여 발견, 파악, 해결함으로써 재해발생을 예방하거나 방지하는 것을 말한다.
ㄴ 참가의 원칙 : 위험을 발견, 제거하기 위하여 전원이 참가, 협력하여 각자의 위치에서 의욕적으로 문제해결을 실천하는 것을 뜻한다.
ㄷ 선취의 원칙 : 직장 내의 모든 잠재위험요인을 적극적으로 사전에 발견, 파악, 해결함으로써 뿌리에서부터 산업재해를 제거하는 것을 말한다.

02 안전교육의 형태 중 OJT(On the Job of Training) 교육과 관련이 가장 먼 것은?

① 다수의 근로자에게 조직적 훈련이 가능하다.

② 직장의 실정에 맞게 실제적인 훈련이 가능하다.

③ 훈련에 필요한 업무의 지속성이 유지된다.

④ 직장의 직속상사에 의한 교육이 가능하다.

해설 ①은 Off J.T의 장점이다.

03 다음 중 산업안전보건법령상 안전검사 대상 유해·위험기계의 종류가 아닌 것은?

① 곤돌라 　　② 압력용기

③ 리프트 　　④ 아크용접기

해설 **안전검사 대상 유해·위험기계의 종류**
ㄱ 프레스, ㄴ 전단기, ㄷ 크레인(정격하중 2톤 미만인 것은 제외), ㄹ 리프트, ㅁ 압력용기, ㅂ 곤돌라, ㅅ 국소배기장치(이동식 제외), ㅇ 원심기(산업용에 한정), ㅈ 롤러기(밀폐용 구조 제외), ㅊ 사출성형기(형체결력 294kN 미만 제외), ㅋ 고소작업대, ㅌ 컨베이어, ㅍ 산업용 로봇

04 다음 중 산업재해의 원인으로 간접적 원인에 해당되지 않는 것은?

① 기술적 원인

② 물적 원인

③ 관리적 원인

④ 교육적 원인

해설 산업재해의 원인

1. 직접원인 : 시간적으로 사고발생에 가장 가까운 원인
   (1) 물적 원인 : 불안전한 상태(설비 및 환경 등의 불량)
   (2) 인적 원인 : 불안전한 행동
2. 간접원인 : 재해의 가장 깊은 곳에 존재하는 기본원인
   (1) 기초원인
      ㉠ 교육적 원인
      ㉡ 관리적 원인
   (2) 2차 원인
      ㉠ 신체적 원인
      ㉡ 정신적 원인
      ㉢ 안전교육적 원인
      ㉣ 기술적 원인

05 동기부여 이론 중 데이비스(K. Davis)의 이론은 동기유발을 식으로 표현하였다. 옳은 것은?

① 지식(Knowledge)×기능(Skill)
② 능력(Ability)×태도(Attitude)
③ 상황(Situation)×태도(Attitude)
④ 능력(Ability)×동기유발(Motivation)

해설 데이비스의 이론

㉠ 경영의 성과=인간의 성과+물적인 성과
㉡ 능력(Ability)=지식(Knowledge) ×기능(Skill)
㉢ 동기유발(Motivation) =상황(Situation)×태도(Attitude)
㉣ 인간의 성과(Human Performance) =능력×동기유발

06 아담스(Edward Adams)의 사고연쇄반응 이론 중 관리자가 의사결정을 잘못하거나 감독자가 관리적 잘못을 하였을 때의 단계에 해당되는 것은?

① 사고   ② 작전적 에러
③ 관리구조   ④ 전술적 에러

해설 아담스의 사고연쇄반응 이론

㉠ 제1단계 : 관리구조(목표)
㉡ 제2단계 : 작전적 에러(관리자의 의사결정 잘못, 감독자의 관리적 잘못)

㉢ 제3단계 : 전술적 에러(불안전 행동, 불안전 작업상태)
㉣ 제4단계 : 사고
㉤ 제5단계 : 상해 또는 손해

07 안전교육 중 프로그램학습법의 장점으로 볼 수 없는 것은?

① 학습자의 학습과정을 쉽게 알 수 있다.
② 지능, 학습속도 등 개인차를 충분히 고려할 수 있다.
③ 매 반응마다 피드백이 주어지기 때문에 학습자가 흥미를 가질 수 있다.
④ 여러 가지 수업매체를 동시에 다양하게 활용할 수 있다.

해설 프로그램학습법(Programmed Self-instructional Method)

수업 프로그램이 프로그램학습의 원리에 의하여 만들어지고, 학생의 자기학습 속도에 따른 학습이 허용되어 있는 상태에서 학습자가 프로그램자료를 가지고 단독으로 학습하도록 하는 방법으로 다음과 같은 장점이 있다.
㉠ 학습자의 학습과정을 쉽게 알 수 있다.
㉡ 지능, 학습속도 등 개인차를 충분히 고려할 수 있다.
㉢ 반응마다 피드백이 주어지기 때문에 학습자가 흥미를 가질 수 있다.
㉣ 기본개념 학습, 논리적인 학습에 유익하다.
㉤ 대량의 학습자를 한 교사가 지도할 수 있다.

08 레빈(Lewin)은 인간의 행동특성을 다음과 같이 표현하였다. 변수 "E"가 의미하는 것으로 옳은 것은?

$$B = f(P \cdot E)$$

① 연령   ② 성격
③ 작업환경   ④ 지능

해설 $B = f(P \cdot E)$

여기서, B : Behavior(인간의 행동)
f : function(함수관계)
P : Person(개인의 자질)
E : Environment(작업환경)

09 다음 중 산업재해 통계에 있어서 고려해야 될 사항으로 틀린 것은?

① 산업재해 통계는 안전활동을 추진하기 위한 정밀자료이며, 중요한 안전활동 수단이다.
② 산업재해 통계를 기반으로 안전조건이나, 상태를 추측해서는 안 된다.
③ 산업재해 통계 그 자체보다는 재해 통계에 나타난 경향과 성질의 활용을 중요시 해야 한다.
④ 이용 및 활용가치가 없는 산업재해 통계는 그 작성에 따른 시간과 경비의 낭비임을 인지하여야 한다.

해설 **산업재해 통계에 있어서 고려해야 할 사항**
㉠ 산업재해 통계는 활용의 목적을 이룩할 수 있도록 충분한 내용을 포함한다.
㉡ 산업재해 통계를 기반으로 안전조건이나 상태를 추측해서는 안 된다.
㉢ 산업재해 통계 그 자체보다는 재해 통계에 나타난 경향과 성질의 활용을 중요시 해야 한다.
㉣ 이용 및 활용가치가 없는 산업재해 통계는 그 작성에 따른 시간과 경비의 낭비임을 인지하여야 한다.

10 다음 중 안전보건교육의 단계별 종류에 해당하지 않는 것은?

① 지식교육　　② 기초교육
③ 태도교육　　④ 기능교육

해설 **안전보건교육의 단계별 종류**
㉠ 제1단계 : 지식교육
㉡ 제2단계 : 기능교육
㉢ 제3단계 : 태도교육

11 다음 중 안전인증 안전모의 성능기준항목이 아닌 것은?

① 내열성　　② 턱끈 풀림
③ 내관통성　　④ 충격흡수성

해설 **안전인증 안전모의 성능기준항목**
내관통성, 충격흡수성, 내전압성, 내수성, 난연성, 턱끈 풀림

12 산업안전보건법령상 산업안전보건위원회의 구성원 중 사용자 위원에 해당되지 않는 것은? (단, 해당 위원이 사업장에 선임이 되어 있는 경우에 한한다.)

① 안전관리자　　② 보건관리자
③ 산업보건의　　④ 근로자 대표

해설 **산업안전보건위원회의 구성**
(1) 근로자 위원
　㉠ 근로자 대표
　㉡ 근로자 대표가 지명하는 9명 이내의 해당 사업장의 근로자
(2) 사용자 위원
　㉠ 해당 사업의 대표자
　㉡ 안전관리자 1명
　㉢ 보건관리자 1명
　㉣ 산업보건의(해당 사업장에 선임되어 있는 경우에 한함)
　㉤ 사업의 대표자가 지명하는 9명 이내의 해당 사업장 부서의 장

13 산업안전보건법령상 사업 내 안전 · 보건 교육의 교육시간에 관한 설명으로 옳은 것은?

① 사무직에 종사하는 근로자의 정기교육은 매 반기 6시간 이상이다.
② 판매업무에 직접 종사하는 근로자의 정기교육은 매 반기 12시간 이상이다.
③ 일용근로자의 작업내용 변경 시의 교육은 2시간 이상이다.
④ 일용근로자를 제외한 근로자 채용 시의 교육은 4시간 이상이다.

해설 **근로자 안전보건교육**

교육과정	교육대상		교육시간
정기교육	사무직 종사 근로자		매 반기 6시간 이상
	그 밖의 근로자	판매업무에 직접 종사하는 근로자	매 반기 6시간 이상
		판매업무에 직접 종사하는 근로자 외의 근로자	매 반기 12시간 이상

교육과정	교육대상	교육시간
채용 시 교육	일용근로자 및 근로계약기간이 1주일 이하인 기간제 근로자	1시간 이상
	근로계약기간이 1주일 초과 1개월 이하인 기간제 근로자	4시간 이상
	그 밖의 근로자	8시간 이상
작업내용 변경 시 교육	일용근로자 및 근로계약기간이 1주일 이하인 기간제 근로자	1시간 이상
	그 밖의 근로자	2시간 이상
특별교육	일용근로자 및 근로계약기간이 1주일 이하인 기간제 근로자 (타워크레인 신호작업에 종사하는 근로자 제외)	2시간 이상
	일용근로자 및 근로계약기간이 1주일 이하인 기간제 근로자 중 타워크레인 신호작업에 종사하는 근로자	8시간 이상
	일용근로자 및 근로계약기간이 1주일 이하인 기간제 근로자를 제외한 근로자	⊙ 16시간 이상 (최초 작업에 종사하기 전 4시간 이상 실시하고, 12시간은 3개월 이내에서 분할하여 실시 가능) ⓒ 단기간 작업 또는 간헐적 작업인 경우에는 2시간 이상
건설업 기초 안전·보건 교육	건설 일용근로자	4시간 이상

14 다음 중 브레인스토밍(Brainstorming) 기법에 관한 설명으로 옳은 것은?

① 지정된 표현방식을 벗어나 자유롭게 의견을 제시한다.
② 주제와 내용이 다르거나 잘못된 의견은 지적하여 조정한다.
③ 참여자에게는 동일한 횟수의 의견제시 기회가 부여된다.
④ 타인의 의견을 수정하거나 동의하여 다시 제시하지 않는다.

해설 브레인스토밍 기법
⊙ 자유분방 : 지정된 표현방식을 벗어나 자유롭게 의견을 제시한다.
ⓒ 비판금지 : 좋다, 나쁘다는 비판을 하지 않는다.
ⓒ 대량발언 : 무엇이든 좋으니 많이 발언한다.
ⓒ 수정발언 : 타인의 의견에 동참하거나 수정하여 발표할 수 있다.

15 관리그리드 이론에서 인간관계 유지에는 낮은 관심을 보이지만 과업에 대해서는 높은 관심을 가지는 리더십의 유형에 해당하는 것은?

① (1.1)형 ② (1.9)형
③ (9.1)형 ④ (9.9)형

해설 관리그리드(Managerial Grid) 이론
⊙ (1.1) 무관심형(Impoverished)
ⓒ (1.9) 인기형(County Club)
ⓒ (9.1) 과업형(Authority)
ⓒ (5.5) 타협형(Middle of the Road)
ⓜ (9.9) 이상형(Team)

16 다음 중 적응기제(適應機制, Adjustment Mechanism)의 종류 중 도피적 기제(행동)에 속하지 않는 것은?

① 고립 ② 퇴행
③ 억압 ④ 합리화

해설 **적응기제의 종류**

　ㄱ 공격적 기제(행동) : 치환, 책임전가, 자살 등

　ㄴ 도피적 기제(행동) : 환상, 동일화, 퇴행, 억압, 반동형성, 고립 등

　ㄷ 절충적 기제(행동) : 승화, 보상, 합리화, 투사 등

17 경보기가 울려도 기차가 오기까지 아직 시간이 있다고 판단하여 건널목을 건너다가 사고를 당했다. 다음 중 이 재해자의 행동 성향으로 옳은 것은?

① 착오 · 착각　　② 무의식행동

③ 억측판단　　　④ 지름길반응

해설 경보기가 울려도 기차가 오기까지 아직 시간이 있다고 판단하여 건널목을 건너다가 사고를 당한 것은 억측판단에 해당된다.

18 다음 중 정기점검에 관한 설명으로 가장 적합한 것은?

① 안전강조기간, 방화점검기간에 실시하는 점검

② 사고발생 이후 곧바로 외부 전문가에 의하여 실시하는 점검

③ 작업자에 의해 매일 작업 전, 중, 후에 해당 작업설비에 대하여 수시로 실시하는 점검

④ 기계, 기구, 시설 등에 대하여 주, 월 또는 분기 등 지정된 날짜에 실시하는 점검

해설 **안전점검의 종류**

　ㄱ 특별점검 : 안전강조기간, 방화점검기간에 실시하는 점검

　ㄴ 임시점검 : 사고발생 이후 곧바로 외부 전문가에 의하여 실시하는 점검

　ㄷ 수시(일상)점검 : 작업자에 의해 매일 작업 전, 중, 후에 해당 작업설비에 대하여 수시로 실시하는 점검

　ㄹ 정기(계획)점검 : 기계, 기구, 시설 등에 대하여 주, 월 또는 분기 등 지정된 날짜에 실시하는 점검

19 산업안전보건법령상 안전 · 보건표지에 있어 경고표지의 종류 중 기본모형이 다른 것은?

① 매달린 물체경고

② 폭발성 물질경고

③ 고압전기 경고

④ 방사성 물질경고

해설 **경고표지의 종류 및 기본모형**

(1) 삼각형(△)

　ㄱ 방사성 물질경고

　ㄴ 고압전기 경고

　ㄷ 매달린 물체경고

　ㄹ 낙하물 경고

　ㅁ 고온 경고

　ㅂ 저온 경고

　ㅅ 몸균형상실 경고

　ㅇ 레이저광선 경고

　ㅈ 위험장소 경고

(2) 마름모형(◇)

　ㄱ 인화성 물질경고

　ㄴ 산화성 물질경고

　ㄷ 폭발성 물질경고

　ㄹ 급성독성 물질경고

　ㅁ 부식성 물질경고

　ㅂ 발암성 · 변이원성 · 생식독성 · 전신독성 · 호흡기과민성 물질경고

20 도수율이 24.5이고, 강도율이 2.15의 사업장이 있다. 이 사업장에서 한 근로자가 입사하여 퇴직할 때까지 며칠간의 근로손실일수가 발생하겠는가?

① 2.45일

② 215일

③ 245일

④ 2,150일

해설 환산강도율 = 강도율 × 100

　　　 = 2.15 × 100

　　　 = 215일

제2과목   인간공학 및 시스템안전공학

21 다음 설명 중 ㉮와 ㉯에 해당하는 내용이 올바르게 연결된 것은?

> "예비위험분석(PHA)의 식별된 4가지 사고 카테고리 중 작업자의 부상 및 시스템의 중대한 손해를 초래하거나 작업자의 생존 및 시스템의 유지를 위하여 즉시 수정조치를 필요로 하는 상태를 (㉮), 작업자의 부상 및 시스템의 중대한 손해를 초래하지 않고, 대처 또는 제어할 수 있는 상태를 (㉯)(이)라 한다."

① ㉮ – 파국적, ㉯ – 중대
② ㉮ – 중대, ㉯ – 파국적
③ ㉮ – 한계적, ㉯ – 중대
④ ㉮ – 중대, ㉯ – 한계적

해설 예비위험분석(PHA)의 식별된 4가지 사고 카테고리
㉠ 파국적 : 부상 및 시스템의 중대한 손해를 초래
㉡ 무시가능 : 작업자의 생존 및 시스템의 유지를 위하여
㉢ 중대 : 즉시 수정조치를 필요로 하는 상태
㉣ 한계적 : 작업자의 부상 및 시스템의 중대한 손해를 초래하지 않고 대처 또는 제어할 수 있는 상태

22 다음 중 간헐적으로 페달을 조작할 때 다리에 걸리는 부하를 평가하기에 가장 적당한 측정변수는?

① 근전도
② 산소소비량
③ 심장박동수
④ 에너지소비량

해설 근전도 : 간헐적으로 페달을 조작할 때 다리에 걸리는 부하를 평가하기에 가장 적당한 측정변수

23 FT도 작성에 사용되는 사상 중 시스템의 정상적인 가동상태에서 일어날 것이 기대되는 사상은?

① 통상사상
② 기본사상
③ 생략사상
④ 결함사상

해설
① 통상사상 : 시스템의 정상적인 가동상태에서 일어날 것이 기대되는 사상
② 기본사상 : 더 이상 전개되지 않는 기본적인 사상
③ 생략사상 : 정보 부족, 해설기술의 불충분으로 더 이상 전개할 수 없는 사상작업으로, 진행에 따라 해석이 가능할 때는 다시 속행
④ 결함사상 : 개별적인 결함사상

24 산업안전보건법령에 따라 제조업 등 유해·위험 방지계획서를 작성하고자 할 때 관련 규정에 따라 1명 이상 포함시켜야 하는 사람의 자격으로 적합하지 않은 것은?

① 한국산업안전보건공단이 실시하는 관련 교육을 8시간 이수한 사람
② 기계, 재료, 화학, 전기, 전자, 안전관리 또는 환경분야 기술사 자격을 취득한 사람
③ 관련분야 기사 자격을 취득한 사람으로서 해당 분야에서 3년 이상 근무한 경력이 있는 사람
④ 기계안전, 전기안전, 화공안전 분야의 산업안전지도사 또는 산업보건지도사 자격을 취득한 사람

해설 유해위험방지계획서 작성 시 포함시켜야 하는 대상의 자격
사업주는 계획서를 작성할 때에 다음의 자격을 갖춘 사람 또는 공단이 실시하는 관련 교육을 20시간 이수한 사람 중 1명 이상을 포함시켜야 한다.
㉠ 기계, 재료, 화학, 전기·전자, 안전관리 또는 환경분야 기술사 자격을 취득한 사람
㉡ 기계안전·전기안전·화공안전분야의 산업안전지도사 또는 산업보건지도사 자격을 취득한 사람
㉢ 제㉠호 관련 분야 기사 자격을 취득한 사람으로서 해당 분야에서 3년 이상 근무한 경력이 있는 사람
㉣ 제㉠호 관련 분야 산업기사 자격을 취득한 사람으로서 해당 분야에서 5년 이상 근무한 경력이 있는 사람

ⓜ 「고등교육법」에 따른 대학 및 산업대학을 졸업한 후 해당 분야에서 5년 이상 근무한 경력이 있는 사람 또는 「고등교육법」에 따른 전문대학을 졸업한 후 해당 분야에서 7년 이상 근무한 경력이 있는 사람

ⓗ 「초·중등교육법」에 따른 전문계 고등학교 또는 이와 같은 수준 이상의 학교를 졸업하고 해당 분야에서 9년 이상 근무한 경력이 있는 사람

25 다음 중 Weber의 법칙에 관한 설명으로 틀린 것은?

① Weber비는 분별의 질을 나타낸다.
② Weber비가 작을수록 분별력은 낮아진다.
③ 변화감지역(JND)이 작을수록 그 자극차원의 변화를 쉽게 검출할 수 있다.
④ 변화감지역(JND)은 사람이 50%를 검출할 수 있는 자극차원의 최소변화이다.

●해설● ② Weber비가 클수록 분별력은 낮아진다.

26 다음 중 각 기본사상의 발생확률이 증감하는 경우 정상사상의 발생확률에 어느 정도 영향을 미치는가를 반영하는 지표로서 수리적으로는 편미분계수와 같은 의미를 갖는 FTA의 중요도 지수는?

① 구조 중요도　　② 확률 중요도
③ 치명 중요도　　④ 비구조 중요도

●해설● **중요도**
㉠ 구조 중요도 : 기본사상의 발생확률을 문제로 하지 않고 결함수의 구조상, 각 기본사상이 갖는 지명성을 나타낸다.
㉡ 확률 중요도 : 각 기본사상의 발생확률이 증감하는 경우 정상사상의 발생확률에 어느 정도 영향을 미치는가를 반영하는 지표로서 수리적으로는 편미분계수와 같은 의미를 갖는다.
㉢ 치명 중요도 : 기본사상 발생확률의 변화율에 대한 정상사상 발생확률의 변화의 비로서 시스템 설계라고 하는 면에서 이해하기에 편리하다.

27 다음 중 인간-기계 시스템을 3가지로 분류한 설명으로 틀린 것은?

① 자동 시스템에서는 인간요소를 고려하여야 한다.
② 자동 시스템에서 인간은 감시, 정비유지, 프로그램 등의 작업을 담당한다.
③ 수동 시스템에서 기계는 동력원을 제공하고 인간의 통제하에서 제품을 생산한다.
④ 기계 시스템에서는 동력기계화 체계와 고도로 통합된 부품으로 구성된다.

●해설● ③ 수동 시스템에서 인간은 동력원을 제공하고 인간의 통제하에서 제품을 생산한다.

28 조사연구자가 특정한 연구를 수행하기 위해서는 어떤 상황에서 실시할 것인가를 선택하여야 한다. 즉, 실험실 환경에서도 가능하고, 실제 현장연구도 가능한데 다음 중 현장연구를 수행했을 경우 장점으로 가장 적절한 것은?

① 비용 절감
② 정확한 자료수집 가능
③ 일반화가 가능
④ 실험조건의 조절 용이

●해설● 현장연구를 수행했을 경우 일반화가 가능하다.

29 중이소골(Ossicle)이 고막의 진동을 내이의 난원창(Ovalwindow)에 전달하는 과정에서 음파의 압력은 어느 정도 증폭되는가?

① 2배　　　② 12배
③ 22배　　　④ 220배

●해설● 중이소골(Ossicle)이 고막의 진동을 내이의 난원창(Ovalwindow)에 전달하는 과정에서 음파의 압력은 22배 증폭된다.

30 다음 중 불(Bool) 대수의 정리를 나타낸 관계식으로 틀린 것은?

① $A \cdot 0 = 0$ ② $A + 1 = 1$
③ $A \cdot \overline{A} = 1$ ④ $A(A + B) = A$

> **해설**
> ① $A \cdot 0 = 0$
> ② $A + 1 = 1$
> ③ $A \cdot \overline{A} = 0$
> ④ $A(A + B) = A \cdot A + A \cdot B$
> $\qquad\qquad = A + AB$
> $\qquad\qquad = A(1 + B)$
> $\qquad\qquad = A \cdot 1 = A$

31 다음 중 정보를 전송하기 위해 청각적 표시장치보다 시각적 표시장치를 사용하는 것이 더 효과적인 경우는?

① 정보의 내용이 간단한 경우
② 정보가 후에 재참조되는 경우
③ 정보가 즉각적인 행동을 요구하는 경우
④ 정보의 내용이 시간적인 사건을 다루는 경우

> **해설**
> (1) 정보를 전송하기 위해 청각적 표시장치보다 시각적 표시장치를 사용하는 것이 더 효과적인 경우 : 정보가 후에 재참조되는 경우
> (2) 시각적 표시장치보다 청각적 표시장치를 사용하는 것이 더 효과적인 경우
>   ㉠ 정보의 내용이 간단한 경우
>   ㉡ 정보가 즉각적인 행동을 요구하는 경우
>   ㉢ 정보의 내용이 시간적인 사건을 다루는 경우

32 다음 중 소음발생에 있어 음원에 대한 대책으로 볼 수 없는 것은?

① 설비의 격리
② 적절한 재배치
③ 저소음 설비 사용
④ 귀마개 및 귀덮개 사용

> **해설** 소음발생에 있어 음원에 대한 대책
> ㉠ 설비의 격리
> ㉡ 적절한 재배치
> ㉢ 저소음 설비 사용

33 다음 중 시성능기준함수(VL_8)의 일반적인 수준설정으로 틀린 것은?

① 현실상황에 적합한 조명수준이다.
② 표적탐지확률은 50%에서 99%로 한다.
③ 표적(Target)은 정적인 과녁에서 동적인 과녁으로 한다.
④ 언제, 시계 내의 어디에 과녁이 나타날지 아는 경우이다.

> **해설** 시성능기준함수(VL_8)의 일반적인 수준설정
> ㉠ 현실상황에 적합한 조명 수준이다.
> ㉡ 표적탐지확률은 50%에서 99%로 한다.
> ㉢ 표적(Target)은 정적인 과녁에서 동적인 과녁으로 한다.

34 다음 중 시스템 안전프로그램의 개발단계에서 이루어져야 할 사항의 내용과 가장 거리가 먼 것은?

① 교육훈련을 시작한다.
② 위험분석으로 FMEA가 적용된다.
③ 설계의 수용가능성을 위해 보다 완벽한 검토를 한다.
④ 이 단계의 모형분석과 검사결과는 OHA의 입력자료로 사용된다.

> **해설** 시스템 안전프로그램의 개발단계에서 이루어져야 할 사항의 내용
> ㉠ 위험분석으로 주로 FMEA가 적용된다.
> ㉡ 설계의 수용가능성을 위해 보다 완벽한 검토를 한다.
> ㉢ 이 단계의 모형분석과 검사결과는 OHA의 입력자료로 사용된다.

35 다음 중 동작의 효율을 높이기 위한 동작경제의 원칙으로 볼 수 없는 것은?

① 신체 사용에 관한 원칙
② 작업장의 배치에 관한 원칙
③ 복수 작업자 활용에 관한 원칙
④ 공구 및 설비 디자인에 관한 원칙

> **해설** 동작경제의 원칙
> ㉠ 신체 사용에 관한 원칙
> ㉡ 작업장의 배치에 관한 원칙
> ㉢ 공구 및 설비 디자인에 관한 원칙

36 다음 중 일반적으로 대부분의 임무에서 시각적 암호의 효능에 대한 결과에서 가장 성능이 우수한 암호는?

① 구성 암호
② 영자와 형상 암호
③ 숫자 및 색 암호
④ 영자 및 구성 암호

• 해설 시각적 암호의 효능에 대한 결과에서 가장 성능이 우수한 암호 : 숫자 및 색 암호

37 다음 중 어느 부품 1,000개를 100,000시간 동안 가동 중에 5개의 불량품이 발생하였을 때의 평균동작시간(MTTF)은 얼마인가?

① 1×10^6 시간 ② 2×10^7 시간
③ 1×10^8 시간 ④ 2×10^9 시간

• 해설

$$고장률(\lambda) = \frac{5}{1,000 \times 100,000} = 5 \times 10^{-8}$$

$$\therefore 평균동작시간(MTTF) = \frac{1}{고장률(\lambda)}$$
$$= \frac{1}{5 \times 10^{-8}}$$
$$= 2 \times 10^7 시간$$

38 다음 중 결함수분석법(FTA)에서의 미니멀 컷셋과 미니멀 패스셋에 관한 설명으로 옳은 것은?

① 미니멀 컷셋은 정상사상(Top Event)을 일으키기 위한 최소한의 컷셋이다.
② 미니멀 컷셋은 시스템의 신뢰성을 표시하는 것이다.
③ 미니멀 패스셋은 시스템의 위험성을 표시하는 것이다.
④ 미니멀 패스셋은 시스템의 고장을 발생시키는 최소의 패스셋이다.

• 해설 최소 컷셋(Minimal Cut Set)과 최소 패스셋(Minimal Path Sets) : 정상사상과 깊은 관계를 갖고 있기 때문에 정상사상의 확률계산과 FT의 특성 해석 등에 이용한다.

39 다음은 화학설비의 안전성 평가단계를 간략히 나열한 것이다. 다음 중 평가단계 순서를 올바르게 나타낸 것은?

> (가) 관계자료의 작성 준비
> (나) 정량적 평가
> (다) 정성적 평가
> (라) 안전대책

① (가) → (다) → (나) → (라)
② (가) → (나) → (라) → (다)
③ (가) → (다) → (라) → (나)
④ (가) → (나) → (다) → (라)

• 해설 화학설비의 안전성 평가단계
㉠ 제1단계 : 관계자료의 작성 준비
㉡ 제2단계 : 정성적 평가
㉢ 제3단계 : 정량적 평가
㉣ 제4단계 : 안전대책

40 다음 중 인간오류에 관한 설계기법에 있어 전적으로 오류를 범하지 않게는 할 수 없으므로 오류를 범하기 어렵도록 사물을 설계하는 방법은?

① 배타설계(Exclusive Design)
② 예방설계(Prevention Design)
③ 최소설계(Minimum Design)
④ 감소설계(Reduction Design)

• 해설 ② 예방설계 : 전적으로 오류를 범하지 않게는 할 수 없으므로 오류를 범하기 어렵도록 사물을 설계하는 방법이다.

제3과목 기계위험방지기술

41 산업용 로봇은 크게 입력정보 교시에 의한 분류와 동작 형태에 의한 분류로 나눌 수 있다. 다음 중 입력정보 교시에 의한 분류에 해당되는 것은?

① 관절 로봇 ② 극좌표 로봇
③ 원통좌표 로봇 ④ 수치제어 로봇

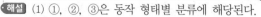

해설 (1) ①, ②, ③은 동작 형태별 분류에 해당된다.
(2) 입력정보 교시에 의한 분류에 해당하는 것은 ④ 이외에 다음과 같다.
ㄱ 매뉴얼 매니퓰레이션 로봇
ㄴ 지능 로봇
ㄷ 감각제어 로봇
ㄹ 플레이백 로봇
ㅁ 적응제어 로봇
ㅂ 학습제어 로봇
ㅅ 고정시퀀스 로봇
ㅇ 가변시퀀스 로봇

42 기계의 각 작동부분 상호간을 전기적, 기구적, 공유압장치 등으로 연결해서 기계의 각 작동부분이 정상으로 작동하기 위한 조건이 만족되지 않을 경우 자동적으로 그 기계를 작동할 수 없도록 하는 것을 무엇이라 하는가?

① 인터록기구
② 과부하방지장치
③ 트립기구
④ 오버런기구

해설 인터록기구를 말하며, 일명 연동장치라고도 한다.

43 다음은 프레스기에 사용되는 수인식 방호장치에 관한 설명이다. ( ) 안의 ⓐ, ⓑ에 들어갈 내용으로 가장 적합한 것은?

> 수인식 방호장치는 일반적으로 행정수가 (ⓐ)이고, 행정길이는 (ⓑ)의 프레스에 사용이 가능한데, 이러한 제한은 행정수의 경우 손이 충격적으로 끌리는 것을 방지하기 위해서이며, 행정길이는 손이 안전한 위치까지 충분히 끌리도록 하기 위해서이다.

① ⓐ : 150SPM 이하, ⓑ : 30mm 이상
② ⓐ : 120SPM 이하, ⓑ : 40mm 이상
③ ⓐ : 150SPM 이하, ⓑ : 30mm 미만
④ ⓐ : 120SPM 이상, ⓑ : 40mm 미만

해설 수인식 방호장치는 일반적으로 행정수가 120SPM 이하이고, 행정길이는 40mm 이상의 프레스에 사용이 가능하다.

44 다음 중 수평거리 20m, 높이가 5m인 경우 지게차의 안정도는 얼마인가?

① 10%
② 20%
③ 25%
④ 40%

해설 지게차의 안정도(%)$= \dfrac{h}{l} \times 100$

여기서, l : 수평거리
h : 높이

$\therefore \dfrac{5}{20} \times 100 = 25\%$

45 다음 중 드릴작업의 안전수칙으로 가장 적합한 것은?

① 손을 보호하기 위하여 장갑을 착용한다.
② 작은 일감은 양손으로 견고히 잡고 작업한다.
③ 정확한 작업을 위하여 구멍에 손을 넣어 확인한다.
④ 작업시작 전 척 렌치(Chuck Wrench)를 반드시 뺀다.

해설 ① 장갑을 착용한다. →장갑을 착용하지 않는다.
② 양손으로 견고히 잡고 →바이스로 고정하고
③ 손을 넣어 확인한다. →손을 넣지 않고 확인한다.

46 산업안전보건법령상 비파괴검사를 해서 결함 유무를 확인하여야 하는 고속회전체의 기준으로 옳은 것은?

① 회전축의 중량이 100kg을 초과하고 원주속도가 초당 120m 이상인 고속회전체
② 회전축의 중량이 500kg을 초과하고 원주속도가 초당 100m 이상인 고속회전체
③ 회전축의 중량이 1t을 초과하고 원주속도가 초당 120m 이상인 고속회전체
④ 회전축의 중량이 3t을 초과하고 원주속도가 초당 100m 이상인 고속회전체

●해설 회전축의 중량이 1t을 초과하고 원주속도가 초당 120m 이상인 고속회전체는 비파괴검사를 해서 결함 유무를 확인해야 한다.

47 다음 중 프레스기계의 위험을 방지하기 위한 본질적 안전화(No-Hand in Die 방식)가 아닌 것은?

① 안전금형의 사용
② 수인식 방호장치 사용
③ 전용 프레스 사용
④ 금형에 안전울 설치

●해설 본질적 안전화(No-Hand in Die) 방식으로는 ①, ③, ④ 이외에 자동 프레스의 사용이 있다.

48 일반적으로 기계설비의 점검시기를 운전상태와 정지상태로 구분할 때 다음 중 운전 중의 점검사항이 아닌 것은?

① 클러치의 동작상태
② 베어링의 온도 상승 여부
③ 설비의 이상음과 진동상태
④ 동력전달부의 볼트·너트의 풀림상태

●해설 (1) ④는 기계설비의 정지상태에서 점검할 사항에 해당된다.
(2) 기계설비의 운전상태에서 점검할 사항은 ①, ②, ③ 이외에 다음과 같다.
  ㉠ 접동부 상태
  ㉡ 기어의 교합상태

49 다음 중 선반의 방호장치로 적당하지 않은 것은?

① 실드(Shield)
② 슬라이딩(Sliding)
③ 척 커버(Chuck Cover)
④ 칩 브레이커(Chip Breaker)

●해설 선반의 방호장치로는 ①, ③, ④ 외에도 다음이 있다.
  ㉠ 브레이크
  ㉡ 덮개 또는 울
  ㉢ 고정 브리지

50 둥근톱의 톱날 직경이 500mm일 경우 분할날의 최소길이는 약 얼마이어야 하는가?

① 262mm
② 314mm
③ 333mm
④ 410mm

●해설 톱날의 길이$(l) = \pi \times D$(톱날의 직경)
$= 3.14 \times 500 = 1,570\,mm$

후면날은 톱 전체의 $\frac{1}{4}$ 정도이므로

$1,570 \times \frac{1}{4} = 392.5\,mm$

그런데 분할날의 최소길이는 톱날 후면날의 $\frac{2}{3}$ 이상을 덮도록 되어 있다.

$\therefore 392.5 \times \frac{2}{3} = 261.66 \fallingdotseq 262\,mm$

51 다음 중 산업안전보건법령상 보일러에 설치하여야 하는 방호장치에 해당하지 않는 것은?

① 절탄장치
② 압력제한스위치
③ 압력방출장치
④ 고저수위조절장치

●해설 ① 화염검출기

52 다음 중 정작업 시의 작업안전수칙으로 틀린 것은?

① 정작업 시에는 보안경을 착용하여야 한다.
② 정작업으로 담금질된 재료를 가공해서는 안 된다.
③ 정작업을 시작할 때와 끝날 무렵에는 세게 친다.
④ 철강재를 정으로 절단 시에는 철편이 날아 튀는 것에 주의한다.

●해설 ③ 정작업을 시작할 때와 끝날 무렵에는 세게 치지 않는다.

53 다음 중 설비의 일반적인 고장 형태에 있어 마모고장과 가장 거리가 먼 것은?

① 부품, 부재의 마모
② 열화에 생기는 고장
③ 부품, 부재의 반복피로
④ 순간적 외력에 의한 파손

해설 ④는 고장 형태에 있어 우발고장에 해당된다.

54 질량 100kg의 화물이 와이어로프에 매달려 2m/s²의 가속도로 권상되고 있다. 이때 와이어로프에 작용하는 장력의 크기는 몇 N인가? (단, 여기서 중력가속도는 10m/s²로 한다.)

① 200N
② 300N
③ 1,200N
④ 2,000N

해설 W(총 하중)$= W_1$(정하중)$+ W_2$(동하중)

$$W_2 = \frac{W_1}{g} \times a$$

여기서, g : 중력가속도, a : 가속도

$$W = 100 + \frac{100}{10} \times 2 = 120\text{kg}$$

$$\therefore 120 \times 10 = 1,200\text{N}$$

55 리프트의 제작기준 등을 규정함에 있어 정격속도의 정의로 옳은 것은?

① 화물을 싣고 하강할 때의 속도
② 화물을 싣고 상승할 때의 최고속도
③ 화물을 싣고 상승할 때의 평균속도
④ 화물을 싣고 상승할 때와 하강할 때의 평균속도

해설 리프트의 제작기준에서 정격속도란 화물을 싣고 상승할 때의 최고속도를 말한다.

56 다음 중 산업안전보건법령상 지게차의 헤드가드가 갖추어야 하는 사항으로 틀린 것은?

① 강도는 지게차의 최대하중의 2배 값(4톤을 넘는 값에 대해서는 4톤으로 한다)의 등분포정하중(等分布靜荷重)에 견딜 수 있을 것
② 상부틀의 각 개구의 폭 또는 길이가 20cm 이상일 것
③ 운전자가 앉아서 조작하는 방식의 지게차의 경우에는 운전자의 좌석 윗면에서 헤드가드의 상부틀 아랫면까지의 높이가 0.903m 이상일 것
④ 운전자가 서서 조작하는 방식의 지게차의 경우에는 운전석의 바닥면에서 헤드가드의 상부틀 하면까지의 높이가 1.88m 이상일 것

해설 ② 상부틀의 각 개구의 폭 또는 길이가 16cm 미만일 것

57 다음 중 밀링작업에 있어서의 안전조치사항으로 틀린 것은?

① 절삭유의 주유는 가공 부분에서 분리된 커터의 위에서 하도록 한다.
② 급속이송은 백래시 제거장치가 동작하지 않고 있음을 확인한 다음 행한다.
③ 밀링커터의 칩은 작고 날카로우므로 반드시 칩 브레이커로 한다.
④ 상하좌우의 이송장치의 핸들은 사용 후 풀어놓는다.

해설 ③ 선반의 칩은 작고 날카로우므로 반드시 칩 브레이커로 한다.

58 다음 중 롤러기에 사용되는 급정지장치의 급정지거리 기준으로 옳은 것은?

① 앞면 롤러의 표면속도가 30m/min 미만이면 급정지 거리는 앞면 롤러 직경의 1/3 이내이어야 한다.

② 앞면 롤러의 표면속도가 30m/min 이상이면 급정지 거리는 앞면 롤러 직경의 1/3 이내이어야 한다.

③ 앞면 롤러의 표면속도가 30m/min 미만이면 급정지 거리는 앞면 롤러 원주의 1/3 이내이어야 한다.

④ 앞면 롤러의 표면속도가 30m/min 이상이면 급정지 거리는 앞면 롤러 원주의 1/3 이내이어야 한다.

해설 **롤러기의 급정지장치**

앞면 롤러의 표면속도(m/min)	급정지거리
30 미만	앞면 롤러 원주의 1/3 이내
30 이상	앞면 롤러 원주의 1/2.5 이내

59 다음 중 아세틸렌 용접 시 역화가 일어날 때 가장 먼저 취해야 할 행동으로 가장 적절한 것은?

① 산소밸브를 즉시 잠그고, 아세틸렌밸브를 잠근다.

② 아세틸렌밸브를 즉시 잠그고, 산소밸브를 잠근다.

③ 산소밸브는 열고, 아세틸렌밸브는 즉시 닫아야 한다.

④ 아세틸렌의 사용압력을 1kgf/cm² 이하로 즉시 낮춘다.

해설 아세틸렌 용접 시 액화가 일어날 때는 산소밸브를 즉시 잠그고, 아세틸렌밸브를 잠근다.

60 연삭숫돌의 기공 부분이 너무 작거나 연질의 금속을 연마할 때에 숫돌표면의 공극이 연삭칩에 막혀서 연삭이 잘 행하여지지 않는 현상을 무엇이라 하는가?

① 자생현상   ② 드레싱현상
③ 그레이징현상   ④ 눈메꿈현상

해설 눈메꿈현상(Loading, 로딩)의 발생원인은 연삭 길이가 깊고, 원주속도가 너무 느리며, 조직이 너무 치밀하고, 숫돌입자가 너무 미세할 때이다.

제4과목 **전기위험방지기술**

61 정전기 발생에 영향을 주는 요인이 아닌 것은?

① 물체의 분리속도
② 물체의 특성
③ 물체의 접촉시간
④ 물체의 표면상태

해설 정전기 발생에 영향을 주는 요인은 ①, ②, ④ 이외에 물체의 분리력, 접촉면적 및 압력이 있다.

62 자동전격방지장치에 대한 설명으로 올바른 것은?

① 아크발생이 중단된 후 약 1초 이내에 출력측 무부하전압을 자동적으로 10V 이하로 강하시킨다.

② 용접 시에 용접기 2차측의 부하전압을 무부하전압으로 변경시킨다.

③ 용접봉을 모재에 접촉할 때 용접기 2차측은 폐회로가 되며, 이때 흐르는 전류를 감지한다.

④ SCR 등의 개폐용 반도체소자를 이용한 유접점방식이 많이 사용되고 있다.

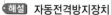

해설 **자동전격방지장치**

㉠ 아크발생이 중단된 후 1초 이내에 교류아크 용접기의 출력측 무부하전압을 자동적으로 25V 이하로 강하시키는 장치이다.

㉡ 용접봉을 모재에 접촉할 때 용접기 2차측은 폐회로가 되며, 이때 흐르는 전류를 감지한다.

63 다음은 어떤 방전에 대한 설명인가?

> 대전이 큰 엷은 층상의 부도체를 박리할 때 또는 엷은 층상의 대전된 부도체의 뒷면에 밀접한 접지체가 있을 때 표면에 연한 복수의 수지상 발광을 수반하여 발생하는 방전

① 코로나방전   ② 뇌상방전
③ 연면방전   ④ 불꽃방전

해설 연면방전에 관한 설명으로, 액체 혹은 고체의 절연체와 기체 사이의 경계에 따른 방전을 말한다.

64 감전사고가 발생했을 때 피해자를 구출하는 방법으로 옳지 않은 것은?

① 피해자가 계속하여 전기설비에 접촉되어 있다면 우선 그 설비의 전원을 신속히 차단한다.

② 순간적으로 감전상황을 판단하고 피해자의 몸과 충전부가 접촉되어 있는지를 확인한다.

③ 충전부에 감전되어 있으면 몸이나 손을 잡고 피해자를 곧바로 이탈시켜야 한다.

④ 절연고무장갑, 고무장화 등을 착용한 후에 구원해 준다.

해설 ③ 충전부에 감전되어 있으면 몸이나 손을 잡지 않고, 기구를 사용하여 피해자를 곧바로 이탈시켜야 한다.

65 대지를 접지로 이용하는 이유는?

① 대지는 넓어서 무수한 전류통로가 있기 때문에 저항이 작다.

② 대지는 철분을 많이 포함하고 있기 때문에 저항이 작다.

③ 대지는 토양의 주성분이 산화알루미늄(Al_2O_3)이므로 저항이 작다.

④ 대지는 토양의 주성분이 규소(SiO_2)이므로 저항이 영(zero)에 가깝다.

해설 대지는 넓어서 무수한 전류통로가 있기 때문에 저항이 작아 접지로 이용할 수 있다.

66 두 물체의 마찰로 3,000V의 정전기가 생겼다. 폭발성 위험의 장소에서 두 물체의 정전용량은 약 몇 pF이면 폭발로 이어지겠는가? (단, 착화에너지는 0.25mJ이다.)

① 14   ② 28
③ 45   ④ 56

해설
$$E = \frac{1}{2}CV^2, \quad C = \frac{2E}{V^2}$$

여기서, E : 정전기에너지(J)
　　　　C : 도체의 정전용량(F)
　　　　V : 대전전위(V)

$$\therefore \frac{2 \times 0.25 \times 10^{-3}}{3,000^2} \times 10^{12} ≒ 56\text{pF}$$

67 전선로를 개로한 후에도 잔류전하에 의한 감전재해를 방지하기 위하여 방전을 요하는 것은?

① 나선의 가공 송배선 선로

② 전열회로

③ 전동기에 연결된 전선로

④ 개로한 전선로가 전력케이블로 된 것

해설 개로한 전선로가 전력케이블로 된 것은 전선로를 개로한 후에도 잔류전하에 의한 감전재해를 방지하기 위하여 방전을 요하는 것이다.

68 허용접촉전압과 종별이 서로 다른 것은?

① 제1종 : 2.5V 초과

② 제2종 : 25V 이하

③ 제3종 : 50V 이하

④ 제4종 : 제한 없음

해설 ① 제1종 : 2.5V 이하

69 교류아크용접기용 자동전격방지기의 시동 감도는 높을수록 좋으나 극한 상황하에서 전격을 방지하기 위해서 시동감도는 몇 Ω 을 상한치로 하는 것이 바람직한가?

① 500Ω

② 1,000Ω

③ 1,500Ω

④ 2,000Ω

·해설 교류아크용접기용 자동전격방지기의 시동감도 는 극한 상황하에서 전격을 방지하기 위해서 500Ω을 상한치로 하는 것이 바람직하다.

70 다음은 인체 내에 흐르는 60Hz 전류의 크 기에 따른 영향을 기술한 것이다. 틀린 것 은? (단, 통전경로는 손→발, 성인(남)의 기준이다.)

① 20~30mA는 고통을 느끼고 강한 근 육의 수축이 일어나 호흡이 곤란하다.

② 50~100mA는 순간적으로 확실하게 사망한다.

③ 1~8mA는 쇼크를 느끼나 인체의 기 능에는 영향이 없다.

④ 15~20mA는 쇼크를 느끼고 감전부위 가까운 쪽의 근육이 마비된다.

·해설 ② 심장은 불규칙적인 세동(細動)을 일으키며, 혈액의 순환이 곤란하게 되고 심장이 마비 된다.

71 다음 중 전동기용 퓨즈의 사용 목적으로 알맞은 것은?

① 과전압차단

② 지락과전류차단

③ 누설전류차단

④ 회로에 흐르는 과전류차단

·해설 회로에 흐르는 과전류차단을 위하여 전동기용 퓨즈를 사용한다.

72 정전기 재해방지대책에서 접지방법에 해 당되지 않는 것은?

① 접지단자와 접지용 도체와의 접속에 이용되는 접지기구는 견고하고 확실 하게 접속시켜 주는 것이 좋다.

② 접지단자는 접지용 도체, 접지기구와 확실하게 접촉될 수 있도록 금속면이 노출되어 있거나 금속면에 나사, 너트 등을 이용하여 연결할 수 있어야 한다.

③ 접지용 도체의 설치는 정전기가 발생 하는 작업 전이나 발생할 우려가 없 게 된 후 정지시간이 경과한 후에 행 하여야 한다.

④ 본딩은 금속도체 상호간의 전기적 접 속이므로 접지용 도체, 접지단자에 의 하여 표준환경조건에서 저항은 1MΩ 미만이 되도록 견고하고 확실하게 실 시하여야 한다.

·해설 ④ 접지단자에 의하여 표준환경조건에서 저항 은 $1 \times 10^3 \Omega$ 미만이 되도록 견고하고 확실 하게 실시하여야 한다.

73 방폭구조에 관계있는 위험 특성이 아닌 것은?

① 발화온도 ② 증기밀도

③ 화염일주한계 ④ 최소점화전류

·해설 증기밀도는 방폭구조에 관계있는 위험 특성에 해당되지 않는다.

74 그림과 같이 변압기 2차에 200V의 전원이 공급되고 있을 때 지락점에서 지락사고가 발생하였다면 회로에 흐르는 전류는 몇 A 인가? (단, $R_2 = 10\,\Omega$, $R_3 = 30\,\Omega$ 이다.)

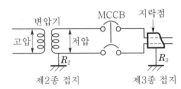

① 5A ② 10A

③ 15A ④ 20A

· 해설

$$I = \frac{V}{R}$$

$$R = R_2 + R_3 = 10 + 30 = 40\,\Omega$$

$$\therefore \frac{200}{40} = 5\text{A}$$

75 방폭전기기기의 발화도의 온도등급과 최고표면온도에 의한 폭발성 가스의 분류 표기를 가장 올바르게 나타낸 것은?

① T1 : 450℃ 이하
② T2 : 350℃ 이하
③ T4 : 125℃ 이하
④ T5 : 100℃ 이하

· 해설 방폭전기기기의 발화온도의 온도등급과 최고표면온도에 의한 폭발성 가스의 분류 표기

ㄱ T1 : 450℃ 이하   ㄴ T2 : 300℃ 이하
ㄷ T3 : 200℃ 이하   ㄹ T4 : 135℃ 이하
ㅁ T5 : 100℃ 이하   ㅂ T6 : 85℃ 이하

76 감전사고로 인한 호흡정지 시 구강 대 구강법에 의한 인공호흡의 매분 횟수와 시간은 어느 정도 하는 것이 바람직한가?

① 매분 5~10회, 30분 이하
② 매분 12~15회, 30분 이상
③ 매분 20~30회, 30분 이하
④ 매분 30회 이상, 20~30분 정도

· 해설 구강 대 구강법에 의한 인공호흡은 매분 12~15회 속도로 30분 이상 실시하여야 한다.

77 인체저항에 대한 설명으로 옳지 않은 것은?

① 인체저항은 인가전압의 함수이다.
② 인가시간이 길어지면 온도 상승으로 인체저항은 증가한다.
③ 인체저항은 접촉면적에 따라 변한다.
④ 1,000V 부근에서 피부의 절연파괴가 발생할 수 있다.

· 해설 ② 인가시간이 길어지면 온도 상승으로 인한 인체저항은 감소한다.

78 교류 3상 전압 380V, 부하 50kVA인 경우 배선에서의 누전전류의 한계는 약 몇 mA인가? (단, 전기설비기술기준에서의 누설전류 허용값을 적용한다.)

① 10mA   ② 38mA
③ 54mA   ④ 76mA

· 해설 $P = \sqrt{3}\,VI\cos\theta$

여기서, P : 전력(부하), V : 전압
I : 전류, $\cos\theta = 1$

$$I = \frac{P}{\sqrt{3}\,V\cos\theta}$$

$$= \frac{50 \times 1,000}{\sqrt{3} \times 380} = 76\text{A}$$

누전전류의 한계치는 허용전류의 $\dfrac{1}{2,000}$ 이내이다.

$$\therefore 76 \times \frac{1}{2,000} = 0.038\text{A} = 38\,\text{mA}$$

79 피뢰침의 제한전압이 800kV, 충격절연강도가 1,260kV라 할 때 보호 여유도는 몇 %인가?

① 33.3   ② 47.3
③ 57.5   ④ 63.5

· 해설 보호 여유도

$$= \frac{충격절연강도 - 제한전압}{제한전압} \times 100$$

$$= \frac{1,260 - 800}{800} \times 100$$

$$= 57.5\%$$

80 정전기 화재폭발 원인인 인체대전에 대한 예방대책으로 옳지 않은 것은?

① 대전물체를 금속판 등으로 차폐한다.
② 대전방지제를 넣은 제전복을 착용한다.
③ 대전방지 성능이 있는 안전화를 착용한다.
④ 바닥재료는 고유저항이 큰 물질로 사용한다.

· 해설 ④ 바닥재료는 고유저항이 작은 물질로 사용한다.

제5과목 화학설비위험방지기술

81 공기 중 암모니아가 20ppm(노출기준 25ppm), 톨루엔이 20ppm(노출기준 50ppm)이 완전 혼합되어 존재하고 있다. 혼합물질의 노출기준을 보정하는 데 활용하는 노출지수는 약 얼마인가? (단, 두 물질 간에 유해성이 인체의 서로 다른 부위에 작용한다는 증거는 없다.)

① 1.0 ② 1.2
③ 1.5 ④ 1.6

•해설 노출지수 $= \dfrac{20}{25} + \dfrac{20}{50} = 1.2$

82 가스를 화학적 특성에 따라 분류할 때 독성 가스가 아닌 것은?

① 황화수소(H_2S)
② 시안화수소(HCN)
③ 이산화탄소(CO_2)
④ 산화에틸렌(C_2H_4O)

•해설 ③ 이산화탄소(CO_2) : 불연성 가스

83 다음 중 석유화재의 거동에 관한 설명으로 틀린 것은?

① 액면상의 연소확대에 있어서 액온이 인화점보다 높을 경우 예혼합형 전파연소를 나타낸다.
② 액면상의 연소확대에 있어서 액온이 인화점보다 낮을 경우 예열형 전파연소를 나타낸다.
③ 저장조 용기의 직경이 1m 이상에서 액면강하속도는 용기 직경에 관계없이 일정하다.
④ 저장조 용기의 직경이 1m 이상이면 층류화염형태를 나타낸다.

•해설 ④ 저장조 용기의 직경이 2m 이상이면 층류화염형태를 나타낸다.

84 8vol% 헥산, 3vol% 메탄, 1vol% 에틸렌으로 구성된 혼합가스의 연소하한값(LFL)은 약 몇 vol%인가? (단, 각 물질의 공기 중 연소하한값은 헥산은 1.1vol%, 메탄은 5.0vol%, 에틸렌은 2.7vol%이다.)

① 0.69 ② 1.45
③ 1.95 ④ 2.45

•해설 $\dfrac{8+3+1}{L} = \dfrac{8}{1.1} + \dfrac{3}{5.0} + \dfrac{1}{2.7}$

$\therefore L = 1.45 \, \text{vol}\%$

85 산업안전보건법에서 규정하고 있는 위험물 중 부식성 염기류로 분류되기 위하여 농도가 40% 이상이어야 하는 물질은?

① 염산 ② 아세트산
③ 불산 ④ 수산화칼륨

•해설 (1) 부식성 염기류 : 농도가 40% 이상인 수산화나트륨, 수산화칼륨, 기타 이와 동등 이상의 부식성을 가지는 염기류
(2) 부식성 산류
  ㉠ 농도가 20% 이상인 염산, 황산, 질산, 기타 이와 동등 이상의 부식성을 가지는 물질
  ㉡ 농도가 60% 이상인 인산, 아세트산, 플루오르산, 기타 이와 동등 이상의 부식성을 가지는 물질

86 다음 중 고압가스용 기기재료로 구리를 사용하여도 안전한 것은?

① O_2 ② C_2H_2
③ NH_3 ④ H_2S

•해설 C_2H_2, NH_3, H_2S : 기기재료로 구리를 사용하면 아세틸라이트라는 폭발성 물질을 생성한다.

87 폭굉현상은 혼합물질에만 한정되는 것이 아니고, 순수물질에 있어서도 그 분해열이 폭굉을 일으키는 경우가 있다. 다음 중 고압하에서 폭굉을 일으키는 순수물질은?

① 오존 ② 아세톤
③ 아세틸렌 ④ 아조메탄

해설 고압하에서 폭굉을 일으키는 순수물질은 아세틸렌이다.
$C_2H_2 \rightarrow 2C + H_2$

88 다음 중 연소 시 발생하는 열에너지를 흡수하는 매체를 화염 속에 투입하여 소화하는 방법은?

① 냉각소화
② 희석소화
③ 질식소화
④ 억제소화

해설 냉각소화 : 연소 시 발생하는 열에너지를 흡수하는 매체를 화염 속에 투입하여 소화하는 방법

89 탱크 내부에서 작업 시 작업용구에 관한 설명으로 옳지 않은 것은?

① 유리라이닝을 한 탱크 내부에서는 줄사다리를 사용한다.
② 가연성 가스가 있는 경우 불꽃을 내기 어려운 금속을 사용한다.
③ 용접 절단 시에는 바람의 영향을 억제하기 위하여 환기장치의 설치를 제한한다.
④ 탱크 내부에 인화성 물질의 증기로 인한 폭발위험이 우려되는 경우 방폭구조의 전기기계·기구를 사용한다.

해설 ③ 용접 절단 시에는 바람의 영향을 억제하기 위하여 환기장치를 설치한다.

90 다음 중 스프링식 안전밸브를 대체할 수 있는 안전장치는?

① 캡(Cap)
② 파열판(Rupture Disk)
③ 게이트밸브(Gate Valve)
④ 벤트스택(Vent Stack)

해설 파열판(Rupture Disk) : 밀폐된 용기 배관 등의 내압이 이상 상승하였을 경우 정해진 압력에서 파열되어 본체의 파괴를 막을 수 있도록 제조된 원형의 얇은 판으로 스프링식 안전밸브를 대체할 수 있는 안전장치이다.

91 가스누출감지경보기의 선정기준, 구조 및 설치방법에 관한 설명으로 옳지 않은 것은?

① 암모니아를 제외한 가연성 가스 누출감지경보기는 방폭성능을 갖는 것이어야 한다.
② 독성 가스 누출감지경보기는 해당 독성 가스 허용농도의 25% 이하에서 경보가 울리도록 설정하여야 한다.
③ 하나의 감지대상가스가 가연성이면서 독성인 경우에는 독성 가스를 기준하여 가스누출감지경보기를 선정하여야 한다.
④ 건축물 내에 설치되는 경우 감지대상 가스의 비중이 공기보다 무거운 경우에는 건축물 내의 하부에 설치하여야 한다.

해설 가스누출감지경보기
㉠ 가연성 가스 : 폭발하한계의 25% 이하
㉡ 독성 가스 : 허용농도 이하

92 다음 중 자연발화의 방지법에 관계가 없는 것은?

① 점화원을 제거한다.
② 저장소 등의 주위온도를 낮게 한다.
③ 습기가 많은 곳에는 저장하지 않는다.
④ 통풍이나 저장법을 고려하여 열의 축적을 방지한다.

해설 자연발화의 방지법
㉠ 저장소 등의 주위온도를 낮게 한다.
㉡ 습기가 많은 곳에는 저장하지 않는다.
㉢ 통풍이나 저장법을 고려하여 열의 축적을 방지한다.

93 산업안전보건법에서 정한 위험물질을 기준량 이상 제조, 취급, 사용 또는 저장하는 설비로서 내부의 이상상태를 조기에 파악하기 위하여 필요한 온도계·유량계·압력계 등의 계측장치를 설치하여야 하는 대상이 아닌 것은?

① 가열로 또는 가열기
② 증류·정류·증발·추출 등 분리를 하는 장치
③ 반응폭주 등 이상화학반응에 의하여 위험물질이 발생할 우려가 있는 설비
④ 300℃ 이상의 온도 또는 게이지 압력이 $7kg/cm^2$ 이상의 상태에서 운전하는 설비

> **해설** **온도계·유량계·압력계 등의 계측장치를 설치하여야 하는 대상**
> ㉠ 발열반응이 일어나는 반응장치
> ㉡ 증류·정류·증발·추출 등 분리를 하는 장치
> ㉢ 가열시켜 주는 물질의 온도가 가열되는 위험물질의 분해온도 또는 발화점보다 높은 상태에서 운전되는 설비
> ㉣ 반응폭주 등 이상화학반응에 의하여 위험물질이 발생할 우려가 있는 설비
> ㉤ 온도가 350℃ 이상이거나 게이지압력이 980kPa 이상인 상태에서 운전되는 설비
> ㉥ 가열로 또는 가열기

94 미국소방협회(NFPA)의 위험표시라벨에서 황색 숫자는 어떠한 위험성을 나타내는가?

① 건강위험성   ② 화재위험성
③ 반응위험성   ④ 기타위험성

> **해설** **미국소방협회(NFPA)의 위험표시라벨**
> ㉠ 적색 : 연소위험성
> ㉡ 청색 : 건강위험성
> ㉢ 황색 : 반응위험성

95 산업안전보건법에 의한 공정안전보고서에 포함되어야 하는 내용 중 공정안전자료의 세부내용에 해당하지 않는 것은?

① 안전운전지침서
② 각종 건물·설비의 배치도
③ 유해·위험설비의 목록 및 사양
④ 위험설비의 안전설계·제작 및 설치 관련 지침서

> **해설** **공정안전자료의 세부내용**
> ㉠ 취급·저장하고 있는 유해·위험물질의 종류와 수량
> ㉡ 유해·위험물질에 대한 물질안전보건자료
> ㉢ 유해·위험설비의 목록 및 사양
> ㉣ 유해·위험설비의 운전방법을 알 수 있는 공정도면
> ㉤ 각종 건물·설비의 배치도
> ㉥ 폭발위험장소 구분도 및 전기단선도
> ㉦ 위험설비의 안전설계·제작 및 설치관련 지침서

96 다음의 물질을 폭발범위가 넓은 것부터 좁은 순서로 바르게 배열한 것은?

$$H_2, \ C_3H_8, \ CH_4, \ CO$$

① $CO > H_2 > C_3H_8 > CH_4$
② $H_2 > CO > CH_4 > C_3H_8$
③ $C_3H_8 > CO > CH_4 > H_2$
④ $CH_4 > H_2 > CO > C_3H_8$

> **해설** **폭발범위**
> ㉠ H_2 : 4~75%
> ㉡ CO : 12.5~74%
> ㉢ CH_4 : 5~15%
> ㉣ C_3H_8 : 2.1~9.5%

97 다음 중 인화점이 가장 낮은 물질은?

① CS_2
② C_2H_5OH
③ CH_3COCH_3
④ $CH_3COOC_2H_5$

> **해설** ① CS_2 : −30℃
> ② C_2H_5OH : 11℃
> ③ CH_3COCH_3 : −18℃
> ④ $CH_3COOC_2H_5$: −10℃

98 반응성 화학물질의 위험성은 주로 실험에 의한 평가보다 문헌조사 등을 통해 계산에 의해 평가하는 방법이 사용되고 있는데, 이에 관한 설명으로 옳지 않은 것은?

① 위험성이 너무 커서 물성을 측정할 수 없는 경우 계산에 의한 평가방법을 사용할 수도 있다.

② 연소열, 분해열, 폭발열 등의 크기에 의해 그 물질의 폭발 또는 발화의 위험예측이 가능하다.

③ 계산에 의한 평가를 하기 위해서는 폭발 또는 분해에 따른 생성물의 예측이 이루어져야 한다.

④ 계산에 의한 위험성 예측은 모든 물질에 대해 정확성이 있으므로 더 이상의 실험을 필요로 하지 않는다.

●해설● ④ 계산에 의한 위험성 예측은 모든 물질에 대해 정확성이 있더라도 실험을 필요로 한다.

99 어떤 습한 고체재료 10kg의 건조 후 무게를 측정하였더니 6.8kg이었다. 이 재료의 함수율은 몇 kg · H$_2$O/kg인가?

① 0.25
② 0.36
③ 0.47
④ 0.58

●해설● 함수율 $= \dfrac{10-6.8}{6.8} = 0.47 \text{kg} \cdot \text{H}_2\text{O/kg}$

100 분말소화설비에 관한 설명으로 옳지 않은 것은?

① 기구가 간단하고 유지관리가 용이하다.

② 온도변화에 대한 약제의 변질이나 성능의 저하가 없다.

③ 분말은 흡습력이 작으며 금속의 부식을 일으키지 않는다.

④ 다른 소화설비보다 소화능력이 우수하며 소화시간이 짧다.

●해설● ③ 분말은 흡습력이 크므로 금속의 부식을 일으킨다.

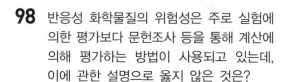

제6과목　건설안전기술

101 흙의 특성으로 옳지 않은 것은?

① 흙은 선형재료이며, 응력-변형률 관계가 일정하게 정의된다.

② 흙의 성질은 본질적으로 비균질, 비등방성이다.

③ 흙의 거동은 연약지반에 하중이 작용하면 시간의 변화에 따라 압밀침하가 발생한다.

④ 점토 대상이 되는 흙은 지표면 밑에 있기 때문에 지반의 구성과 공학적 성질은 시추를 통해서 자세히 판명된다.

●해설● ① 흙은 비선형재료이며, 응력-변형률 관계가 일정하게 정의되지 않는다.

102 말뚝을 절단할 때 내부응력에 가장 큰 영향을 받는 말뚝은?

① 나무말뚝
② PC 말뚝
③ 강말뚝
④ RC 말뚝

●해설● 말뚝을 절단할 때 내부응력에 가장 큰 영향을 받는 것은 PC 말뚝이다.

103 콘크리트의 측압에 관한 설명으로 옳은 것은?

① 거푸집 수밀성이 크면 측압은 작다.

② 철근의 양이 적으면 측압은 작다.

③ 부어넣기 속도가 빠르면 측압은 작아진다.

④ 외기의 온도가 낮을수록 측압은 크다.

●해설● **콘크리트 타설 시 거푸집의 측압에 영향을 미치는 인자(측압이 큰 경우)**
㉠ 거푸집 부재단면이 클수록
㉡ 거푸집 수밀성이 클수록
㉢ 거푸집의 강성이 클수록
㉣ 철근의 양이 적을수록
㉤ 거푸집 표면이 평활할수록
㉥ 시공연도(Workability)가 좋을수록

ⓢ 외기온도가 낮을수록
ⓞ 타설(부어넣기) 속도가 빠를수록
ⓩ 슬럼프가 클수록
ⓒ 다짐이 좋을수록
ⓚ 콘크리트 비중이 클수록
ⓔ 조강시멘트 등 응결시간이 빠른 것을 사용할수록
ⓟ 습도가 낮을수록

104 철골작업에서의 승강로 설치기준 중 ( ) 안에 알맞은 숫자는?

> 사업주는 근로자가 수직방향으로 이동하는 철골부재에는 답단 간격이 ( )cm 이내인 고정된 승강로를 설치하여야 한다.

① 20 ② 30
③ 40 ④ 50

⊙해설 **철골작업 시의 승강로 설치기준**
㉠ 사업주는 근로자가 수직방향으로 이동하는 철골부에는 답단 간격이 30cm 이내인 고정된 승강로를 설치한다.
㉡ 수평방향 철골과 수직방향 철골이 연결되는 부분에는 연결작업을 위하여 작업방판 등을 설치한다.

105 작업장 출입구 설치 시 준수해야 할 사항으로 옳지 않은 것은?

① 주된 목적이 하역운반기계용인 출입구에는 보행자용 출입구를 따로 설치하지 않을 것
② 출입구의 위치·수 및 크기가 작업장의 용도와 특성에 맞도록 할 것
③ 출입구에 문을 설치하는 경우에는 근로자가 쉽게 열고 닫을 수 있도록 할 것
④ 계단이 출입구와 바로 연결된 경우에는 작업자의 안전한 통행을 위하여 그 사이에 1.2m 이상 거리를 두거나 안내표지 또는 비상벨 등을 설치할 것

⊙해설 **작업장 출입구 설치 시 준수사항**
㉠ 출입구의 위치, 수 및 크기가 작업장의 용도와 특성에 맞도록 할 것

㉡ 출입구에 문을 설치하는 경우에는 근로자가 쉽게 열고 닫을 수 있도록 할 것
㉢ 주된 목적이 하역운반기계용인 출입구에는 인접하여 보행자용 출입구를 따로 설치할 것
㉣ 하역운반기계의 통로와 인접하여 있는 출입구에서 접촉에 의하여 근로자에게 위험을 미칠 우려가 있는 경우에는 비상등·비상벨 등 경보장치를 할 것
㉤ 계단이 출입구와 바로 연결된 경우에는 작업자의 안전한 통행을 위하여 그 사이에 1.2m 이상 거리를 두거나 안내표지 또는 비상벨 등을 설치할 것(다만, 출입구에 문을 설치하지 아니한 경우에는 그러하지 아니 하다.)

106 장비 자체보다 높은 장소의 땅을 굴착하는 데 적합한 장비는?

① 파워 셔블(Power Shovel)
② 불도저(Bulldozer)
③ 드래그 라인(Drag Line)
④ 클램셸(Clamshell)

⊙해설 ㉠ 주행기면보다 하방의 굴착에 적합한 것 : 백호, 클램셸, 드래그 라인, 불도저 등
㉡ 중기가 위치한 지면보다 높은 장소(장비 자체보다 높은 장소)의 땅을 굴착하는 데 적합한 것 : 파워 셔블

107 달비계 설치 시 와이어로프를 사용할 때 사용 가능한 와이어로프의 조건은?

① 지름의 감소가 공칭지름의 8%인 것
② 이음매가 없는 것
③ 심하게 변형되거나 부식된 것
④ 와이어로프의 한 꼬임에서 끊어진 소선의 수가 10%인 것

⊙해설 **달비계 설치 시 와이어로프의 사용금지 조건**
㉠ 이음매가 있는 것
㉡ 와이어로프의 한 꼬임에서 끊어진 소선의 수가 10% 이상(비자전로프의 경우에는 끊어진 소선의 수가 와이어로프 호칭지름의 6배 길이 이내에서 4개 이상이거나 호칭지름 30배 길이 이내에서 8개 이상)인 것
㉢ 지름의 감소가 공칭지름의 7%를 초과하는 것
㉣ 꼬인 것
㉤ 심하게 변형되거나 부식된 것
㉥ 열과 전기충격에 의해 손상된 것

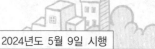

108 압쇄기를 사용하여 건물해체 시 그 순서로 옳은 것은?

- A : 보
- B : 기둥
- C : 슬래브
- D : 벽체

① A-B-C-D ② A-C-B-D
③ C-A-D-B ④ D-C-B-A

해설 압쇄기를 사용한 건물해체 순서 : 슬래브 – 보 – 벽체 – 기둥

109 앵글도저보다 큰 각으로 움직일 수 있어 흙을 깎아 옆으로 밀어내면서 전진하므로 제설, 제토작업 및 다량의 흙을 전방으로 밀고 가는 데 적합한 불도저는?

① 스트레이트도저
② 틸트도저
③ 레이크도저
④ 힌지도저

해설 ① 불도저라고도 하며, 트랙터 앞쪽에 블레이드를 90°로 부착한 것으로 블레이드를 상하로 조종하면서 작업을 수행할 수 있다. 주작업은 직선 송토작업, 굴토작업, 거친배수로 매몰작업 등이다.
② 수평면을 기준으로 하여 블레이드를 좌우로 15cm 정도 기울일 수 있어 블레이드의 한쪽 끝부분에 힘을 집중시킬 수 있으며 V형 배수로 굴착, 언땅 및 굳은땅파기, 나무뿌리뽑기, 바위굴리기 등에 사용한다.
③ 블레이드 대신에 레이크(갈퀴)를 설치하고, 나무뿌리나 잡목을 제거하는 데 사용한다.

110 흙막이 벽을 설치하여 기초 굴착작업 중 굴착부 바닥이 솟아올랐다. 이에 대한 대책으로 옳지 않은 것은?

① 굴착 주변의 상재하중을 증가시킨다.
② 흙막이 벽의 근입깊이를 깊게 한다.
③ 토류벽의 배면토압을 경감시킨다.
④ 지하수 유입을 막는다.

해설 ① 굴착 주변의 상재하중을 감소시킨다.

111 지반조사의 간격 및 깊이에 대한 내용으로 옳지 않은 것은?

① 조사간격은 지층상태, 구조물 규모에 따라 정한다.
② 지층이 복잡한 경우에는 기 조사한 간격 사이에 보완조사를 실시한다.
③ 절토, 개착, 터널구간은 기반암의 심도 5~6m까지 확인한다.
④ 조사깊이는 액상화 문제가 있는 경우에는 모래층 하단에 있는 단단한 지지층까지 조사한다.

해설 ③ 절토, 개착, 터널구간은 기반암의 심도 2m까지 확인한다.

112 비계의 높이가 2m 이상인 작업장소에 작업발판을 설치할 때 그 폭은 최소 얼마 이상이어야 하는가?

① 30cm
② 40cm
③ 50cm
④ 60cm

해설 비계의 높이가 2m 이상인 작업장소에 작업발판을 설치할 때 그 폭은 최소 40cm 이상이어야 한다.

113 철근 인력운반에 대한 설명으로 옳지 않은 것은?

① 운반할 때에는 중앙부를 묶어 운반한다.
② 긴 철근은 두 사람이 한 조가 되어 어깨메기로 운반하는 것이 좋다.
③ 운반 시 1인당 무게는 25kg 정도가 적당하다.
④ 긴 철근을 한 사람이 운반할 때는 한쪽을 어깨에 메고, 한쪽 끝을 땅에 끌면서 운반한다.

해설 **철근 인력운반 시 안전기준**
㉠ 운반할 때에는 양끝을 묶어 운반한다.
㉡ 운반 시 1인당 무게는 25kg 정도가 적당하다.
㉢ 긴 철근을 한 사람이 운반할 때는 한쪽을 어깨에 매고, 한쪽 끝을 땅에 끌면서 운반한다.
㉣ 긴 철근은 두 사람이 한 조가 되어 어깨메기로 운반하는 것이 좋다.
㉤ 내려놓을 때는 던지지 말고 천천히 내려놓는다.
㉥ 공동작업 시 신호에 따라 작업한다.

114 다음 중 가설계단 및 계단참을 설치하는 때에는 매 m²당 몇 kg 이상의 하중에 견딜 수 있는 강도를 가진 구조로 설치하여야 하는가?

① 200kg　　　② 300kg
③ 400kg　　　④ 500kg

해설 가설계단 및 계단참을 설치하는 때에는 매 m²당 500kg 이상의 하중에 견딜 수 있는 강도를 가진 구조로 설치한다.

115 위험방지를 위해 철골작업을 중지하여야 하는 기준으로 옳은 것은?

① 풍속이 초당 1m 이상인 경우
② 강우량이 시간당 1cm 이상인 경우
③ 강설량이 시간당 1cm 이상인 경우
④ 10분간 평균풍속이 초당 5m 이상인 경우

해설 **위험방지를 위해 철골작업을 중지하여야 하는 기준**
㉠ 풍속이 초당 10m 이상인 경우
㉡ 강우량이 시간당 1mm 이상인 경우
㉢ 강설량이 시간당 1cm 이상인 경우

116 작업발판 일체형 거푸집에 해당되지 않는 것은?

① 갱 폼(Gang Form)
② 슬립 폼(Slip Form)
③ 유로 폼(Euro Form)
④ 클라이밍 폼(Climbing Form)

해설 **작업발판 일체형 거푸집** : 거푸집의 설치 · 해체, 철근조립, 콘크리트 타설, 콘크리트 면처리 작업 등을 위하여 거푸집을 작업발판과 일체로 제작하여 사용하는 거푸집
㉠ 갱 폼(Gang Form)
㉡ 슬립 폼(Slip Form)
㉢ 클라이밍 폼(Climbing Form)
㉣ 터널라이닝 폼(Tunnel Lining Form)
㉤ 그 밖에 거푸집과 작업발판이 일체로 제작된 거푸집 등

117 이동식 비계를 조립하여 작업을 하는 경우의 준수기준으로 옳지 않은 것은?

① 비계의 최상부에서 작업을 할 때에는 안전난간을 설치하여야 한다.
② 작업발판의 최대적재하중은 400kg을 초과하지 않도록 한다.
③ 승강용 사다리는 견고하게 설치하여야 한다.
④ 작업발판은 항상 수평을 유지하고 작업발판 위에서 안전난간을 딛고 작업을 하거나 받침대 또는 사다리를 사용하여 작업하지 않도록 한다.

해설 **이동식 비계를 조립하여 작업 시 준수사항**
㉠ 이동식 비계의 바퀴에는 갑작스러운 이동 또는 전도를 방지하기 위하여 브레이크 · 쐐기 등으로 바퀴를 고정시킨 다음 비계의 일부를 견고한 시설물에 고정하거나 아웃트리거(Outtrigger)를 설치하는 등 필요한 조치를 할 것
㉡ 승강용 사다리는 견고하게 설치할 것
㉢ 비계의 최상부에서 작업을 하는 경우에는 안전난간을 설치할 것
㉣ 작업발판은 항상 수평을 유지하고, 작업발판 위에서 안전난간을 딛고 작업을 하거나 받침대 또는 사다리를 사용하여 작업하지 않도록 할 것
㉤ 작업발판의 최대적재하중은 250kg을 초과하지 않도록 할 것

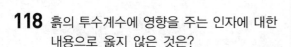

118 흙의 투수계수에 영향을 주는 인자에 대한 내용으로 옳지 않은 것은?

① 공극비 : 공극비가 클수록 투수계수는 작다.

② 포화도 : 포화도가 클수록 투수계수도 크다.

③ 유체의 점성계수 : 점성계수가 클수록 투수계수는 작다.

④ 유체의 밀도 : 유체의 밀도가 클수록 투수계수는 크다.

[해설] 투수계수 : 매질의 유체 통과능력을 나타내는 지수로서 단위체적의 지하수가 유선의 직각방향의 단위면적을 통해 단위시간당 흐르는 양

ⓐ 공극비↑, 투수계수↑

ⓑ 포화도↑, 투수계수↑

ⓒ 유체의 점성계수↑, 투수계수↓

ⓓ 유체의 밀도↑, 투수계수↑

119 산업안전보건기준에 관한 규칙에 따른 거푸집 동바리를 조립하는 경우의 준수사항으로 옳지 않은 것은?

① 개구부 상부에 동바리를 설치하는 경우에는 상부하중을 견딜 수 있는 견고한 받침대를 설치할 것

② 동바리의 이음은 맞댄이음이나 장부이음으로 하고 같은 품질의 제품을 사용할 것

③ 강재와 강재의 접속부 및 교차부는 철선을 사용하여 단단히 연결할 것

④ 거푸집이 곡면인 경우에는 버팀대의 부착 등 그 거푸집의 부상(浮上)을 방지하기 위한 조치를 할 것

[해설] 거푸집 동바리의 조립 시 준수사항

ⓐ 깔목의 사용, 콘크리트 타설, 말뚝박기 등 동바리의 침하를 방지하기 위한 조치를 할 것

ⓑ 개구부 상부에 동바리를 설치하는 경우에는 상부하중을 견딜 수 있는 견고한 받침대를 설치할 것

ⓒ 동바리의 상하고정 및 미끄러짐방지 조치를 하고, 하중의 지지상태를 유지할 것

ⓓ 동바리의 이음은 맞댄이음이나 장부이음으로 하고 같은 품질의 재료를 사용할 것

ⓔ 강재와 강재의 접속부 및 교차부는 볼트·클램프 등 전용철물을 사용하여 단단히 연결할 것

ⓕ 거푸집이 곡면인 경우에는 버팀대의 부착 등 그 거푸집의 부상(浮上)을 방지하기 위한 조치를 할 것

ⓖ 거푸집을 조립하는 때에는 거푸집이 콘크리트 하중이나 그 밖의 외력에 견딜 수 있거나, 넘어지지 않도록 견고한 구조의 긴결재, 버팀대 또는 지지대를 설치하는 등 필요한 조치를 할 것

120 토석붕괴의 위험이 있는 사면에서 작업할 경우의 행동으로 옳지 않은 것은?

① 동시작업의 금지

② 대피공간의 확보

③ 2차 재해의 방지

④ 급격한 경사면 계획

[해설] 토석붕괴의 위험이 있는 사면에서 작업할 경우의 행동

ⓐ 동시작업의 금지

ⓑ 대피공간의 확보

ⓒ 2차 재해의 방지

ⓓ 방호망 설치

제1과목 안전관리론

01 다음 중 산업안전보건법령상 사업 내 안전·보건교육에 있어 관리감독자 정기안전·보건교육의 교육내용에 해당되지 않는 것은? (단, 산업안전보건법 및 일반관리에 관한 사항은 제외한다.)
① 작업개시 전 점검에 관한 사항
② 산업보건 및 직업병 예방에 관한 사항
③ 유해·위험 작업환경관리에 관한 사항
④ 작업공정의 유해·위험과 재해 예방 대책에 관한 사항

해설 **관리감독자 정기안전·보건교육 내용**
㉠ ②, ③, ④
㉡ 산업안전 및 사고 예방에 관한 사항
㉢ 산업안전보건법령 및 산업재해보상보험 제도에 관한 사항
㉣ 직무스트레스 예방 및 관리에 관한 사항
㉤ 직장 내 괴롭힘, 고객의 폭언 등으로 인한 건강장해 예방 및 관리에 관한 사항
㉥ 표준안전 작업방법 및 지도 요령에 관한 사항
㉦ 관리감독자의 역할과 임무에 관한 사항
㉧ 안전보건교육 능력 배양에 관한 사항

02 다음 중 데이비스(K. Davis)의 동기부여 이론에서 인간의 성과(Human Performance)를 가장 적합하게 나타낸 것은?
① 지식(Knowledge)×기능(Skill)
② 기능(Skill)×상황(Situation)
③ 상황(Situation)×태도(Attitude)
④ 능력(Ability)×동기유발(Motivation)

해설 **데이비스의 동기부여 이론**
㉠ 지식×기능=능력
㉡ 인간의 성과×물적인 성과=경영의 성과
㉢ 상황×태도=동기유발
㉣ 능력×동기유발=인간의 성과

03 다음 중 브레인스토밍(Brain-Storming) 기법에 관한 설명으로 옳은 것은?
① 타인의 의견에 대하여 장·단점을 표현할 수 있다.
② 발언은 순서대로 하거나, 균등한 기회를 부여한다.
③ 주제와 관련이 없는 사항이라도 발언을 할 수 있다.
④ 이미 제시된 의견과 유사한 사항은 피하여 발언한다.

해설 **브레인스토밍 기법**
㉠ 비판금지 : 좋다, 나쁘다에 대한 비판을 하지 않는다.
㉡ 자유분방 : 마음대로 편안히 발언한다.
㉢ 대량발언 : 주제와 관련이 없는 사항이라도 발언을 할 수 있다.
㉣ 수정발언 : 타인의 아이디어에 편승하거나 덧붙여 발언해도 좋다.

04 안전관리를 "안전은 ( )을(를) 제어하는 기술"이라 정의할 때 다음 중 ( )에 들어갈 용어로 예방 관리적 차원과 가장 가까운 용어는?
① 위험   ② 사고
③ 재해   ④ 상해

해설 **안전관리** : 안전은 위험을 제어하는 기술

05 다음 중 산업재해 통계의 활용용도로 가장 적절하지 않은 것은?
① 제도의 개선 및 시정
② 재해의 경향 파악
③ 관리자 수준 향상
④ 동종업종과의 비교

> **해설** 산업재해 통계의 활용용도
> ㉠ 제도의 개선 및 시정
> ㉡ 재해의 경향 파악
> ㉢ 동종업종과의 비교

06 다음 중 주요 구조 부분을 변경하는 경우 안전인증을 받아야 하는 기계 및 설비에 해당하지 않는 것은?

① 연삭기
② 압력용기
③ 롤러기
④ 고소(高所)작업대

> **해설** 주요 구조 부분을 변경하는 경우 안전인증을 받아야 하는 기계 및 설비
> ㉠ 프레스
> ㉡ 전단기 및 절곡기
> ㉢ 크레인
> ㉣ 리프트
> ㉤ 압력용기
> ㉥ 롤러기
> ㉦ 사출성형기
> ㉧ 고소작업대
> ㉨ 곤돌라

07 다음 중 인간의 행동특성에 관한 레빈(Lewin)의 법칙 "$B = f(P \cdot E)$"에서 P에 해당되는 것은?

① 행동
② 소질
③ 환경
④ 함수

> **해설** 레빈(Lewin)
> $B = f(P \cdot E)$
> 여기서 B : 인간의 행동
> f : 함수
> P : 인간의 조건(소질)
> E : 환경조건

08 [표]는 A 작업장을 하루 10회 순회하면서 적발된 불안전한 행동건수이다. A 작업장의 1일 불안전한 행동률은 약 얼마인가?

순회 횟수	근로자 수	불안전한 행동 적발건수
1회	100	0
2회	100	1
3회	100	2
4회	100	0
5회	100	0
6회	100	1
7회	100	2
8회	100	0
9회	100	0
10회	100	1

① 0.07%
② 0.7%
③ 7%
④ 70%

> **해설** 불안전한 행동률 $= \dfrac{7}{100 \times 10} \times 100 = 0.7\%$

09 다음 중 산업재해가 발생하였을 때 다음의 각 단계를 긴급처치의 순서대로 가장 적절하게 나열한 것은?

> ⓐ 재해자 구출
> ⓑ 관계자 통보
> ⓒ 2차 재해방지
> ⓓ 관련 기계의 정지
> ⓔ 재해자의 응급처치
> ⓕ 현장보존

① ⓐ → ⓓ → ⓑ → ⓔ → ⓒ → ⓕ
② ⓑ → ⓐ → ⓓ → ⓔ → ⓒ → ⓕ
③ ⓓ → ⓐ → ⓔ → ⓑ → ⓒ → ⓕ
④ ⓔ → ⓐ → ⓓ → ⓒ → ⓑ → ⓕ

> **해설** 산업재해 발생 시 긴급처치 순서
> 관계 기계의 정지 → 재해자 구출 → 재해자의 응급처치 → 관계자 통보 → 2차 재해방지 → 현장보존

10 다음 중 리더의 행동 스타일 리더십을 연결시킨 것으로 잘못 연결된 것은?

① 부하중심적 리더십 – 치밀한 감독
② 직무중심적 리더십 – 생산과업 중시
③ 부하중심적 리더십 – 부하와의 관계 중시
④ 직무중심적 리더십 – 공식권한과 권력에 의존

해설 ① 부하중심적 리더십 : 부하직원들이 지도자가 정한 목표를 자진해서 자신의 것으로 받아 들여 지도자와 함께 일하도록 하는 것

11 안전교육의 내용에 있어 다음 설명과 가장 관계가 깊은 것은?

> • 교육대상자가 그것을 스스로 행함으로 얻어진다.
> • 개인의 반복적 시행착오에 의해서만 얻어진다.

① 안전지식의 교육
② 안전기능의 교육
③ 문제해결의 교육
④ 안전태도의 교육

해설 **안전교육의 내용**
㉠ 안전지식의 교육 : 강의 및 시청각 교육을 통한 지식의 전달과 이해에서 얻어진다.
㉡ 안전기능의 교육 : 교육대상자가 그것을 스스로 행함으로 얻어진다. 개인의 반복적 시행 착오에 의해서만 얻어진다.
㉢ 안전태도의 교육 : 작업동작지도 및 생활지도 등을 통한 안전의 습관화에서 얻어진다.

12 기업 내 정형교육 중 TWI(Training Within Industry)의 교육내용에 있어 직장 내 부하직원에 대하여 가르치는 기술과 관련이 가장 깊은 기법은?

① JIT(Job Instruction Training)
② JMT(Job Method Training)
③ JRT(Job Relation Training)
④ JST(Job Safety Training)

해설 **기업 내 정형교육**
㉠ JIT(Job Instruction Training) : 작업지도 훈련(직장 내 부하직원에 대하여 가르치는 기술과 관련이 가장 깊은 기법)
㉡ JMT(Job Method Training) : 작업방법 훈련
㉢ JRT(Job Relation Training) : 인간관계 훈련
㉣ JST(Job Safety Training) : 작업안전 훈련

13 다음 중 방독마스크의 성능기준에 있어 사용장소에 따른 등급의 설명으로 틀린 것은?

① 고농도는 가스 또는 증기의 농도가 100분의 2 이하의 대기 중에서 사용하는 것을 말한다.
② 중농도는 가스 또는 증기의 농도가 100분의 1 이하의 대기 중에서 사용하는 것을 말한다.
③ 저농도는 가스 또는 증기의 농도가 100분의 0.5 이하의 대기 중에서 사용하는 것으로서 긴급용이 아닌 것을 말한다.
④ 고농도와 중농도에서 사용하는 방독 마스크는 전면형(격리식, 직결식)을 사용해야 한다.

해설 **방독마스크의 등급 및 사용장소**

등 급	사용장소
고농도	가스 또는 증기의 농도가 100분의 2(암모니아에 있어서는 100분의 3) 이하의 대기 중에서 사용하는 것을 말한다.
중농도	가스 또는 증기의 농도가 100분의 1(암모니아에 있어서는 100분의 1.5) 이하의 대기 중에서 사용하는 것을 말한다.
저농도 및 최저농도	가스 또는 증기의 농도가 100분의 0.1 이하의 대기 중에서 사용하는 것으로서 긴급용이 아닌 것을 말한다.

[비고] 방독마스크는 산소농도가 18% 이상인 장소에서 사용하여야 하고, 고농도와 중농도에서 사용하는 방독마스크는 전면형(격리식, 직결식)을 사용해야 한다.

14 기술교육의 형태 중 존 듀이(J. Dewey)의 사고과정 5단계에 해당하지 않는 것은?

① 추론한다.
② 시사를 받는다.
③ 가설을 설정한다.
④ 가슴으로 생각한다.

해설 듀이의 사고과정 5단계

ⓐ 제1단계 : 시사를 받는다.
ⓑ 제2단계 : 머리로 생각한다.
ⓒ 제3단계 : 가설을 설정한다.
ⓓ 제4단계 : 추론한다.
ⓔ 제5단계 : 행동에 의하여 가설을 검토한다.

15 다음 중 산업안전보건법령상 안전·보건 표지의 종류에 있어 안내표지에 해당하지 않는 것은?

① 들것   ② 비상용기구
③ 출입구   ④ 세안장치

해설 안내표지

ⓐ 녹십자표지
ⓑ 응급구호표지
ⓒ 들것
ⓓ 세안장치
ⓔ 비상용기구
ⓕ 비상구
ⓖ 좌측 비상구
ⓗ 우측 비상구

16 다음 중 인간의 착각현상에서 움직이지 않는 것이 움직이는 것처럼 느껴지는 현상을 무엇이라 하는가?

① 유도운동   ② 잔상운동
③ 자동운동   ④ 유선운동

해설 인간의 착각현상

ⓐ 유도운동 : 인간의 착각현상에서 움직이지 않는 것이 움직이는 것처럼 느껴지는 현상
ⓑ 자동운동 : 암실 내에서 정지된 소광점을 응시하고 있으면 그 광점이 움직이는 것을 볼 수 있는 것
ⓒ 가현운동 : 객관적으로 정지하고 있는 대상물이 급속히 나타나거나 소멸하는 것으로 인하여 일어나는 운동으로 마치 대상물이 운동하는 것처럼 인식되는 것

17 다음 중 재해예방의 4원칙에 관한 설명으로 적절하지 않은 것은?

① 재해의 발생에는 반드시 그 원인이 있다.

② 사고의 발생과 손실의 발생에는 우연적 관계가 있다.
③ 재해는 원칙적으로 원인만 제거되면 예방이 가능하다.
④ 재해예방을 위한 대책은 존재하지 않으므로 최소화에 중점을 두어야 한다.

해설 재해예방의 4원칙

ⓐ 원인계기의 원칙 : 재해의 발생에는 반드시 그 원인이 있다.
ⓑ 손실우연의 원칙 : 사고의 발생과 손실의 발생에는 우연적 관계가 있다.
ⓒ 예방가능의 원칙 : 재해는 원칙적으로 원인만 제거되면 예방이 가능하다.
ⓓ 대책선정의 원칙 : 가장 효과적인 재해방지 대책의 선정은 이들 원인의 정확한 분석에 의해서 얻어진다.

18 다음 중 Line-staff형 안전조직에 관한 설명으로 가장 옳은 것은?

① 생산부분의 책임이 막중하다.
② 명령계통과 조언 권고적 참여가 혼동되기 쉽다.
③ 안전지시나 조치가 철저하고, 실시가 빠르다.
④ 생산부분에는 안전에 대한 책임과 권한이 없다.

해설 Line-staff형 안전조직

(1) 장점
  ⓐ 스태프에 의해서 입안된 것이 경영자의 지침으로 명령 실시되므로 정확·신속하게 실시된다.
  ⓑ 스태프는 안전입안 계획평가 조사, 라인은 생산기술의 안전대책에서 실시되므로 안전활동과 생산업무가 균형을 유지한다.
(2) 단점
  ⓐ 명령계통과 조언 권고적 참여가 혼동되기 쉽다.
  ⓑ 라인스태프에만 의존하거나 또는 활용하지 않는 경우가 있다.
  ⓒ 스태프의 월권행위의 우려가 있다.

19 다음 중 안전교육 지도안의 4단계에 해당되지 않는 것은?

① 도입　　　　② 적용
③ 제시　　　　④ 보상

• 해설 **안전교육 지도안의 4단계**
ㄱ 제1단계 : 도입
ㄴ 제2단계 : 제시
ㄷ 제3단계 : 적용
ㄹ 제4단계 : 확인

20 다음 중 안전점검 방법에서 육안점검과 가장 관련이 깊은 것은?

① 테스트 해머 점검
② 부식 · 마모 점검
③ 가스검지기 점검
④ 온도계 점검

• 해설 **안전점검의 방법**
ㄱ 육안점검 : 부식 · 마모 점검
ㄴ 기능점검 : 테스트 해머 점검
ㄷ 기기점검 : 온도계 점검
ㄹ 정밀점검 : 가스검지기 점검

제2과목　　인간공학 및 시스템안전공학

21 다음 중 인간공학의 목표와 가장 거리가 먼 것은?

① 에러 감소
② 생산성 증대
③ 안전성 향상
④ 신체 건강 증진

• 해설 **인간공학의 목표**
ㄱ 안전성 향상
ㄴ 생산성 증대
ㄷ 에러 감소

22 다음 중 설비보전의 조직 형태에서 집중보전 (Central Maintenance)의 장점이 아닌 것은?

① 보전요원은 각 현장에 배치되어 있어 재빠르게 작업할 수 있다.
② 전 공장에 대한 판단으로 중점보전이 수행될 수 있다.
③ 분업/전문화가 진행되어 전문직으로서 고도의 기술을 갖게 된다.
④ 직종 간의 연락이 좋고, 공사관리가 쉽다.

• 해설 **집중보전**
(1) 장점
ㄱ 전 공장에 대한 판단으로 중점보전이 수행될 수 있다.
ㄴ 분업/전문화가 진행되어 전문직으로서 고도의 기술을 갖게 된다.
ㄷ 직종 간의 연락이 좋고, 공사관리가 쉽다.
(2) 단점
ㄱ 현장 감독이 곤란하다.
ㄴ 작업일정 조정이 곤란하다.

23 다음 중 작동중인 전자레인지의 문을 열면 작동이 자동으로 멈추는 기능과 가장 관련이 깊은 오류방지 기능은?

① Lock-in
② Lock-out
③ Inter-lock
④ Shift-lock

• 해설 **Inter-lock** : 작동중인 전자레인지의 문을 열면 작동이 자동으로 멈추는 기능과 가장 관련이 깊은 오류방지 기능

24 란돌트(Landolt) 고리에 있는 1.5mm의 틈을 5m의 거리에서 겨우 구분할 수 있는 사람의 최소분간시력은 약 얼마인가?

① 0.1　　　　② 0.3
③ 0.7　　　　④ 1.0

• 해설 란돌트(Landolt) 고리에 있는 1.5mm의 틈을 5m의 거리에서 겨우 구분할 수 있는 사람의 최소분간시력은 1.0이다.

25 인간–기계 시스템의 설계를 6단계로 구분할 때 다음 중 첫 번째 단계에서 시행하는 것은?

① 기본설계
② 시스템의 정의
③ 인터페이스 설계
④ 시스템의 목표와 성능명세 결정

해설 인간–기계 시스템의 설계
㉠ 제1단계 : 시스템의 목표와 성능명세 결정
㉡ 제2단계 : 시스템의 정의
㉢ 제3단계 : 기본설계
㉣ 제4단계 : 인터페이스 설계
㉤ 제5단계 : 보조물 설계
㉥ 제6단계 : 시험 및 평가

26 다음 중 변화감지역(JND ; Just Noticeable Difference)이 가장 작은 음은?

① 낮은 주파수와 작은 강도를 가진 음
② 낮은 주파수와 큰 강도를 가진 음
③ 높은 주파수와 작은 강도를 가진 음
④ 높은 주파수와 큰 강도를 가진 음

해설 변화감지역(Just Noticeable Difference)
㉠ 자극의 상대식별에 있어 50%보다 더 높은 확률로 판단할 수 있는 자극 차이다. 예를 들면 양손에 30g 무게와 31g 무게를 올려놓고 어느 쪽이 무겁다는 것은 변화량이 적어 식별할 수 없으나 30g 무게와 35g 무게는 차이를 식별할 수 있다.
㉡ 변화감지역이 가장 작은 음 : 낮은 주파수와 큰 강도를 가진 음

27 [그림]과 같은 FT도에 대한 미니멀 컷셋 (Minimal Cut Sets)으로 옳은 것은? (단, Fussell의 알고리즘을 따른다.)

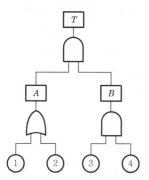

① {1, 2} ② {1, 3}
③ {2, 3} ④ {1, 2, 3}

해설 $T = A \cdot B = 1 \cdot 3$
$$\qquad 1 \cdot 2 \cdot 3$$
컷셋은 {1,3} {1, 2, 3}
미니멀 컷셋은 {1, 3}

28 시스템의 수명주기 중 PHA 기법이 최초로 사용되는 단계는?

① 구상단계 ② 정의단계
③ 개발단계 ④ 생산단계

해설 설비도입 및 제품개발 단계의 안전성 평가
(1) 구상단계
㉠ 시스템 안전계획(SSP ; System Safety Plan)의 작성
㉡ 예비위험분석(PHA ; Preliminary Hazard Analysis)의 작성
㉢ 안전성에 관한 정보 및 문서파일의 작성
㉣ 포함되는 사고가 방침설정과정에서 고려되기 위한 구상 정식화 회의에의 참가
(2) 설계 및 발주서 작성단계
(3) 설치 또는 제조 및 시험단계
(4) 운용단계

29 A사의 안전관리자는 자사 화학설비의 안전성 평가를 위해 제2단계인 정성적 평가를 진행하기 위하여 평가항목 대상을 분류하였다. 다음 주요 평가항목 중에서 성격이 다른 것은?

① 건조물 ② 공장 내 배치
③ 입지조건 ④ 원재료, 중간제품

해설 화학설비의 안전성 평가
(1) 제1단계 : 관계자료의 정비 검토
(2) 제2단계 : 정성적 평가
㉠ 입지조건
㉡ 공장 내의 배치
㉢ 건조물
㉣ 소방설비 등
㉤ 원재료, 중간체, 제품 등
㉥ 공정
(3) 제3단계 : 정량적 평가
(4) 제4단계 : 안전대책
(5) 제5단계 : 재해정보로부터의 재평가
(6) 제6단계 : FTA 방법에 의한 재평가

30 다음 중 인간이 감지할 수 있는 외부의 물리적 자극 변화의 최소범위는 기준이 되는 자극의 크기에 비례하는 현상을 설명한 이론은?

① 웨버(Weber) 법칙

② 피츠(Fitts) 법칙

③ 신호검출이론(SDT)

④ 힉-하이만(Hick-Hyman) 법칙

해설 ① 웨버(Weber) 법칙 : 인간이 감지할 수 있는 외부의 물리적 자극 변화의 최소범위는 기준이 되는 자극의 크기에 비례하는 현상을 설명한다.

② 피츠(Fitts) 법칙 : 사용성 분야에서 인간의 행동에 대해 속도와 정확성 간의 관계를 설명하는 기본적인 법칙으로서 시작점에서 목표로 하는 지역에 얼마나 빠르게 닿을 수 있는지를 예측하고자 하는 것이다. 이는 목표영역의 크기와 목표까지의 거리에 따라 결정된다.

③ 신호검출이론(SDT) : 잡음이 신호검출에 미치는 영향을 설명한다.

④ 힉-하이만(Hick-Hyman) 법칙 : 힉(Hick)은 선택반응 직무에서 발생확률이 같은 자극의 수가 변화할 때 반응시간은 정보(Bit)로 측정된 자극의 수에 선형적인 관계를 가짐을 발견했고, 하이만(Hyman)은 자극의 수가 일정할 때 자극들의 발생확률을 변화시켜서 반응시간이 정보(Bit)에 선형 함수관계를 가짐을 증명했다. 따라서 선택반응시간은 자극정보와 선형 함수관계에 있다.

31 위험 및 운전성 검토(HAZOP)에서의 전제조건으로 틀린 것은?

① 두 개 이상의 기기고장이나 사고는 일어나지 않는다.

② 조작자는 위험상황이 일어났을 때 그것을 인식할 수 있다.

③ 안전장치는 필요할 때 정상 동작하지 않는 것으로 간주한다.

④ 장치 자체는 설계 및 제작사양에 맞게 제작된 것으로 간주한다.

해설 ③ 안전장치는 필요할 때 정상 동작하는 것으로 간주한다.

32 날개가 2개인 비행기의 양 날개에 엔진이 각각 2개씩 있다. 이 비행기는 양 날개에서 각각 최소한 1개의 엔진은 작동을 해야 추락하지 않고 비행할 수 있다. 각 엔진의 신뢰도가 각각 0.9이며, 각 엔진은 독립적으로 작동한다고 할 때, 이 비행기가 정상적으로 비행할 신뢰도는 약 얼마인가?

① 0.89　　　　② 0.91

③ 0.94　　　　④ 0.98

해설 ㉠ 한쪽 날개에서 엔진이 하나도 작동하지 않을 확률 : $(1-0.9)^2$

㉡ 한쪽 날개에서 적어도 하나의 엔진이 작동할 확률 : $1-(1-0.9)^2$

㉢ 양쪽 날개 각각에서 적어도 하나씩의 엔진이 작동하여야 한다.

∴ 신뢰도 $R = \{1-(1-0.9)^2\} \times \{1-(1-0.9)^2\}$
$= 0.98$

33 A자동차에서 근무하는 K씨는 지게차로 철강판을 하역하는 업무를 한다. 지게차 운전으로 K씨에게 노출된 직업성 질환의 위험요인과 동일한 위험요인에 노출된 작업자는?

① 연마기 운전자

② 착암기 운전자

③ 대형 운송차량 운전자

④ 목재용 치퍼(Chippers) 운전자

해설 지게차 운전과 대형 운송차량 운전자는 동일한 직업성 질환의 위험요인에 노출된 것으로 본다.

34 다음 중 인간공학에 있어 인체측정의 목적으로 가장 올바른 것은?

① 안전관리를 위한 자료

② 인간공학적 설계를 위한 자료

③ 생산성 향상을 위한 자료

④ 사고예방을 위한 자료

해설 **인체측정의 목적** : 인간공학적 설계를 위한 자료

35 산업안전보건법령에 따라 유해·위험 방지계획서를 제출할 때에는 사업장별로 관련 서류를 첨부하여 해당 작업시작 며칠 전까지 해당 기관에 제출하여야 하는가?

① 7일
② 15일
③ 30일
④ 60일

해설 **유해·위험 방지계획서의 제출** : 사업장별로 제조업 등 유해·위험 방지계획서에 관련 서류를 첨부하여 해당 작업시작 15일 전까지 공단에 2부를 제출하여야 한다.

36 FTA에서 사용하는 다음 사상기호에 대한 설명으로 옳은 것은?

① 시스템 분석에서 좀 더 발전시켜야 하는 사상
② 시스템의 정상적인 가동상태에서 일어날 것이 기대되는 사상
③ 불충분한 자료로 결론을 내릴 수 없어 더 이상 전개할 수 없는 사상
④ 주어진 시스템의 기본사상으로 고장 원인이 분석되었기 때문에 더 이상 분석할 필요가 없는 사상

해설 (생략사상) : 불충분한 자료로 결론을 내릴 수 없어 더 이상 전개할 수 없는 사상

37 다음 중 몸의 중심선으로부터 밖으로 이동하는 신체부위의 동작을 무엇이라 하는가?

① 외전   ② 외선
③ 내전   ④ 내선

해설 ① 외전 : 몸의 중심선으로부터 밖으로 이동하는 신체부위의 동작
② 외선 : 몸의 중심선으로부터의 회전
③ 내전 : 몸의 중심선으로의 이동
④ 내선 : 몸의 중심선으로의 회전

38 다음 중 결함수분석법에서 Path Set에 관한 설명으로 옳은 것은?

① 시스템의 약점을 표현한 것이다.
② Top 사상을 발생시키는 조합이다.
③ 시스템이 고장나지 않도록 하는 사상의 조합이다.
④ 일반적으로 Fussell Algorithm을 이용한다.

해설 **Path Set** : 시스템이 고장나지 않도록 하는 사상의 조합이다.

39 다음 중 적정온도에서 추운 환경으로 바뀔 때의 현상으로 틀린 것은?

① 직장의 온도가 내려간다.
② 피부의 온도가 내려간다.
③ 몸이 떨리고 소름이 돋는다.
④ 피부를 경유하는 혈액순환량이 감소한다.

해설 ① 직장의 온도가 올라간다.

40 다음 중 의자설계의 일반원리로 옳지 않은 것은?

① 추간판의 압력을 줄인다.
② 등근육의 정적 부하를 줄인다.
③ 쉽게 조절할 수 있도록 한다.
④ 고정된 자세로 장시간 유지되도록 한다.

해설 ④ 좋은 자세를 취할 수 있도록 하여야 한다.

제3과목 기계위험방지기술

41 다음 중 산업안전보건법령에 따라 산업용 로봇의 사용 및 수리 등에 관한 사항으로 틀린 것은?

① 작업을 하고 있는 동안 로봇의 기동 스위치 등에 "작업중"이라는 표시를 하여야 한다.

② 해당 작업에 종사하고 있는 근로자의 안전한 작업을 위하여 작업종사자 외의 사람이 기동스위치를 조작할 수 있도록 하여야 한다.

③ 로봇을 운전하는 경우에 근로자가 로봇에 부딪칠 위험이 있을 때에는 안전매트 및 높이 1.8m 이상의 방책을 설치하는 등 필요한 조치를 하여야 한다.

④ 로봇의 작동범위에서 해당 로봇의 수리·검사·조정·청소·급유 또는 결과에 대한 확인작업을 하는 경우에는 해당 로봇의 운전을 정지함과 동시에 그 작업을 하고 있는 동안 로봇의 기동스위치를 열쇠로 잠근 후 열쇠를 별도 관리하여야 한다.

해설 ② 해당 작업에 종사하고 있는 근로자의 안전한 작업을 위하여 작업종사자 외의 사람이 기동스위치를 조작할 수 없도록 하여야 한다.

42 다음 중 프레스 등의 금형을 부착·해체 또는 조정하는 작업을 할 때 급작스런 슬라이드의 작동에 대비한 방호장치로 가장 적절한 것은?

① 접촉예방장치
② 권과방지장치
③ 과부하방지장치
④ 안전블록

해설 프레스의 급작스런 슬라이드 작동에 대비한 방호장치는 안전블록이다.

43 회전축이나 베어링 등이 마모 등으로 변형되거나 회전의 불균형에 의하여 발생하는 진동을 무엇이라고 하는가?

① 단속진동
② 정상진동
③ 충격진동
④ 우연진동

해설 회전축이나 베어링 등이 마모 등으로 변형되거나 회전의 불균형에 의하여 발생하는 진동은 정상진동이다.

44 산업안전보건법령에 따라 레버풀러(Lever Puller) 또는 체인블록(Chain Block)을 사용하는 경우 훅의 입구(Hook Mouth) 간격이 제조자가 제공하는 제품사양서 기준으로 얼마 이상 벌어진 것은 폐기하여야 하는가?

① 3%
② 5%
③ 7%
④ 10%

해설 체인블록을 사용하는 경우 훅의 입구 간격이 제조자가 제공하는 제품사양서 기준으로 10% 이상 벌어진 것은 폐기하여야 한다.

45 다음 중 재료이송방법의 자동화에 있어 송급배출장치가 아닌 것은?

① 다이얼 피더
② 슈트
③ 에어분사장치
④ 푸셔 피더

해설 ⊙ 자동화에 있어 송급배출장치로는 ①, ②, ④ 이외에 호퍼 피더, 슬라이딩 다이롤 피더, 그리퍼 피더가 있다.
ⓒ 에어분사장치는 셔플 이젝터, 산업용 로봇과 더불어 가공물을 자동적으로 꺼내는 자동배출장치에 속한다.

46 다음 중 아세틸렌 용접장치에서 역화의 원인과 가장 거리가 먼 것은?

① 아세틸렌의 공급 과다
② 토치 성능의 부실
③ 압력조정기의 고장
④ 토치 팁에 이물질이 묻은 경우

해설 아세틸렌 용접장치에서 역화의 원인은 ②, ③, ④ 이외에 다음과 같다.
⊙ 산소공급이 과다할 때
ⓒ 과열되었을 때

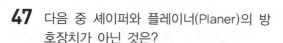

47 다음 중 셰이퍼와 플레이너(Planer)의 방호장치가 아닌 것은?

① 방책　　　　　② 칩 받이
③ 칸막이　　　　④ 칩 브레이크

· **해설**　④ 칩 브레이크는 선반의 방호장치에 해당된다.

48 다음 중 방사선 투과검사에 가장 적합한 활용 분야는?

① 변형률 측정
② 완제품의 표면결함 검사
③ 재료 및 기기의 계측 검사
④ 재료 및 용접부의 내부결함 검사

· **해설**　방사선 투과검사는 재료 및 용접부의 내부결함 검사에 가장 적합하다.

49 선반으로 작업을 하고자 지름 30mm의 일감을 고정하고, 500rpm으로 회전시켰을 때 일감 표면의 원주속도는 약 몇 m/s인가?

① 0.628　　　　② 0.785
③ 23.56　　　　④ 47.12

· **해설**
$$V = \frac{\pi DN}{1,000} = \frac{3.14 \times 30 \times 500}{1,000} ≒ 47.12\text{m/min}$$
$$∴ 47.12 ÷ 60 = 0.785\text{m/s}$$

50 다음 중 밀링작업 시 하향절삭의 장점에 해당되지 않는 것은?

① 일감의 고정이 간편하다.
② 일감의 가공면이 깨끗하다.
③ 이송기구의 백래시(Backlash)가 자연히 제거된다.
④ 밀링커터의 날이 마찰작용을 하지 않으므로 수명이 길다.

· **해설**　③ 밀링작업 시 상향절삭의 장점에 해당된다.

51 상부를 사용할 것을 목적으로 하는 탁상용 연삭기 덮개의 노출각도로 옳은 것은?

① 180° 이상　　② 120° 이내
③ 60° 이내　　　④ 15° 이내

· **해설**　상부를 사용할 것을 목적으로 하는 탁상용 연삭기 덮개의 노출각도는 60° 이내이다.

52 허용응력이 100kgf/mm²이고, 단면적이 2mm²인 강판의 극한하중이 400kgf이라면 안전율은 얼마인가?

① 2　　　　　　② 4
③ 5　　　　　　④ 50

· **해설**
$$안전율 = \frac{극한하중}{허용하중}$$
$$허용하중(P) = 허용응력(\sigma) \times 단면적(A)$$
$$= 100 \times 2 = 200\text{kgf}$$
$$∴ \frac{400\text{kgf}}{200\text{kgf}} = 2$$

53 다음 중 산업안전보건법령상 보일러 및 압력용기에 관한 사항으로 틀린 것은?

① 보일러의 안전한 가동을 위하여 보일러 규격에 맞는 압력방출장치를 1개 또는 2개 이상 설치하고 최고사용압력 이하에서 작동되도록 하여야 한다.
② 공정안전보고서 제출대상으로서 이행수준 평가결과가 우수한 사업장의 경우 보일러의 압력방출장치에 대하여 5년에 1회 이상으로 설정압력에서 압력방출장치가 적정하게 작동하는지를 검사할 수 있다.
③ 보일러의 과열을 방지하기 위하여 최고사용압력과 상용압력 사이에서 보일러의 버너 연소를 차단할 수 있도록 압력제한스위치를 부착하여 사용하여야 한다.
④ 압력용기 등을 식별할 수 있도록 하기 위하여 그 압력용기 등의 최고사용압력, 제조연월일, 제조회사명 등이 지워지지 않도록 각인(刻印) 표시된 것을 사용하여야 한다.

해설 ② 공정안전보고서 제출대상으로서 이행수준 평가결과가 우수한 사업장의 경우 보일러의 압력방출장치에 대하여 4년에 1회 이상으로 설정압력에서 압력방출장치가 적정하게 작동하는지를 검사할 수 있다.

54 다음 중 양중기에서 사용되는 해지장치에 관한 설명으로 가장 적합한 것은?

① 2중으로 설치되는 권과방지장치를 말한다.
② 화물의 인양 시 발생하는 충격을 완화하는 장치이다.
③ 과부하 발생 시 자동적으로 전류를 차단하는 방지장치이다.
④ 와이어로프가 훅에서 이탈하는 것을 방지하는 장치이다.

해설 양중기에서 사용되는 해지장치는 와이어로프가 훅에서 이탈하는 것을 방지하는 장치이다.

55 다음 중 프레스의 방호장치에 관한 설명으로 틀린 것은?

① 양수조작식 방호장치는 1행정 1정지 기구에 사용할 수 있어야 한다.
② 손쳐내기식 방호장치는 슬라이드 하행정거리의 3/4 위치에서 손을 완전히 밀어내야 한다.
③ 광전자식 방호장치의 정상동작표시램프는 붉은색, 위험표시램프는 녹색으로 하며, 쉽게 근로자가 볼 수 있는 곳에 설치해야 한다.
④ 게이트 가드 방호장치는 가드가 열린 상태에서 슬라이드를 동작시킬 수 없고 또한 슬라이드 작동 중에는 게이트 가드를 열 수 없어야 한다.

해설 ③ 광전자식 방호장치의 정상동작표시램프는 녹색, 위험표시램프는 붉은색으로 하며, 근로자가 쉽게 볼 수 있는 곳에 설치해야 한다.

56 산업안전보건법령상 지게차의 최대하중의 2배 값이 6톤일 경우 헤드가드의 강도는 몇 톤의 등분포 정하중에 견딜 수 있어야 하는가?

① 4　② 6　③ 8　④ 12

해설 지게차의 최대하중의 2배 값이 4톤을 넘는 값에 대해서는 4톤으로 해야 한다. 따라서 최대하중의 2배 값이 6톤이므로 헤드가드의 강도는 4톤의 등분포 정하중에 견딜 수 있어야 한다.

57 다음 중 목재가공기계의 반발예방장치와 같이 위험장소에 설치하여 위험원이 비산하거나 튀는 것을 방지하는 등 작업자로부터 위험원을 차단하는 방호장치는?

① 포집형 방호장치
② 감지형 방호장치
③ 위치제한형 방호장치
④ 접근반응형 방호장치

해설 목재가공용 기계의 반발예방장치는 포집형 방호장치에 해당된다.

58 다음 중 프레스기에 사용되는 방호장치에 있어 급정지기구가 부착되어야만 유효한 것은?

① 양수조작식　② 손쳐내기식　③ 가드식　④ 수인식

해설 프레스기에 사용되는 방호장치에 있어 급정지기구가 부착되어야만 유효한 것은 양수조작식, 감응식 방호장치이다.

59 다음 중 롤러기의 두 롤러 사이에서 형성되는 위험점은?

① 협착점　② 물림점　③ 접선물림점　④ 회전말림점

해설 롤러기의 두 롤러 사이에 형성되는 위험점은 물림점이다.

60 다음 중 와이어로프의 꼬임에 관한 설명으로 틀린 것은?

① 보통 꼬임에는 S꼬임이나 Z꼬임이 있다.
② 보통 꼬임은 스트랜드의 꼬임방향과 로프의 꼬임방향이 반대로 된 것을 말한다.
③ 랭꼬임은 로프의 끝이 자유로이 회전하는 경우나 킹크가 생기기 쉬운 곳에 적당하다.
④ 랭꼬임은 보통 꼬임에 비하여 마모에 대한 저항성이 우수하다.

• 해설 ③ 보통 꼬임은 로프의 끝이 자유로이 회전하는 경우나 킹크가 생기기 쉬운 곳에 적당하다.

제4과목 | 전기위험방지기술

61 대지에서 용접작업을 하고 있는 작업자가 용접봉에 접촉한 경우 통전전류는? (단, 용접기의 출력측 무부하전압 : 90V, 접촉저항(손, 용접봉 등 포함) : 10kΩ, 인체의 내부저항 : 1kΩ, 발과 대지의 접촉저항 : 20kΩ이다.)

① 약 0.19mA ② 약 0.29mA
③ 약 1.96mA ④ 약 2.90mA

• 해설 $I = \dfrac{V}{R}$

$$\therefore \text{통전전류} = \frac{\text{출력측 무부하전압}}{\left(\begin{array}{c}\text{접촉저항}+\text{인체의 내부저항}+\\ \text{발과 대지의 접촉저항}\end{array}\right)}$$

$$= \frac{90V}{10,000\Omega + 1,000\Omega + 20,000\Omega}$$

$$= 0.0029A = 2.9mA$$

62 임시배선의 안전대책으로 틀린 것은?

① 모든 배선은 반드시 분전반 또는 배전반에서 인출해야 한다.

② 중량물의 압력 또는 기계적 충격을 받을 우려가 있는 곳에 설치할 때는 사전에 적절한 방호조치를 한다.
③ 케이블 트레이나 전선관의 케이블에 임시배선용 케이블을 연결할 경우는 접속함을 사용하여 접속해야 한다.
④ 지상 등에서 금속관으로 방호할 때는 그 금속관을 접지하지 않아도 된다.

• 해설 ④ 지상 등에서 금속관으로 방호할 때는 그 금속관을 접지하여야 한다.

63 피뢰기가 갖추어야 할 이상적인 성능 중 잘못된 것은?

① 제한전압이 낮아야 한다.
② 반복동작이 가능하여야 한다.
③ 충격방전 개시전압이 높아야 한다.
④ 뇌전류의 방전능력이 크고 속류의 차단이 확실하여야 한다.

• 해설 ③ 충격방전 개시전압이 낮아야 한다.

64 전기화재 발화원으로 관계가 먼 것은?

① 단열 압축
② 광선 및 방사선
③ 낙뢰(벼락)
④ 기계적 정지에너지

• 해설 전기화재의 발화원으로는 ①, ②, ③ 이외에 전기불꽃, 정전기, 마찰열, 화학반응열, 고열물 등이 있다.

65 스파크 화재의 방지책이 아닌 것은?

① 통형 퓨즈를 사용할 것
② 개폐기를 불연성의 외함 내에 내장시킬 것
③ 가연성 증기, 분진 등 위험한 물질이 있는 곳에는 방폭형 개폐기를 사용할 것
④ 전기배선이 접속되는 단자의 접촉저항을 증가시킬 것

해설 스파크 화재의 방지책은 ①, ②, ③ 이외에 다음과 같다.
ㄱ 전기배선이 접속되는 단자의 접촉저항이 증가되는 것을 방지할 것
ㄴ 유입개폐기는 절연유의 열화의 정도, 유량에 주의하고 주위에는 내화벽을 설치할 것

66 고장전류와 같은 대전류를 차단할 수 있는 것은?

① 차단기(CB)
② 유입개폐기(OS)
③ 단로기(DS)
④ 선로개폐기(LS)

해설 고장전류와 같은 대전류를 차단할 수 있는 것은 차단기(CB)이다.

67 감전방지용 누전차단기의 정격감도전류 및 작동시간을 옳게 나타낸 것은?

① 15mA 이하, 0.1초 이내
② 30mA 이하, 0.03초 이내
③ 50mA 이하, 0.5초 이내
④ 100mA 이하, 0.05초 이내

해설 감전방지용 누전차단기의 정격감도전류는 30mA 이하, 작동시간은 0.03초 이내이어야 한다.

68 활선작업 및 활선근접작업 시 반드시 작업지휘자를 정하여야 한다. 작업지휘자의 임무 중 가장 중요한 것은?

① 설계의 계획에 의한 시공을 관리·감독하기 위해서
② 활선에 접근 시 즉시 경고를 하기 위해서
③ 필요한 전기 기자재를 보급하기 위해서
④ 작업을 신속히 처리하기 위해서

해설 활선작업 및 활선근접작업 시 작업지휘자의 임무 중 가장 중요한 것은 활선에 접근 시 즉시 경고를 하기 위한 것이다.

69 부도체의 대전은 도체의 대전과는 달리 복잡해서 폭발, 화재의 발생한계를 추정하는 데 충분한 유의가 필요하다. 다음 중 유의가 필요한 경우가 아닌 것은?

① 대전상태가 매우 불균일한 경우
② 대전량 또는 대전의 극성이 매우 변화하는 경우
③ 부도체 중에 국부적으로 도전율이 높은 곳이 있고, 이것이 대전한 경우
④ 대전되어 있는 부도체의 뒷면 또는 근방에 비접지 도체가 있는 경우

해설 ④ 대전되어 있는 부도체의 뒷면 또는 근방에 비접지 도체가 있는 경우에는 폭발, 화재의 발생한계를 추정하는 데 유의할 필요가 없다.

70 다음 (㉮), (㉯)에 들어갈 내용으로 알맞은 것은?

고압활선 근접작업에 있어서 근로자의 신체 등이 충전전로에 대하여 머리 위로의 거리가 (㉮) 이내이거나 신체 또는 발 아래로의 거리가 (㉯) 이내로 접근함으로 인하여 감전의 우려가 있을 때에는 당해 충전전로에 절연용 방호구를 설치하여야 한다.

① ㉮ 10cm, ㉯ 30cm
② ㉮ 30cm, ㉯ 60cm
③ ㉮ 30cm, ㉯ 90cm
④ ㉮ 60cm, ㉯ 120cm

해설 충전전로에 대하여 머리 위로의 거리가 30cm 이내이거나 신체 또는 발 아래로의 거리가 60cm 이내로 접근함으로 인하여 감전의 우려가 있을 때에는 당해 충전전로에 절연용 방호구를 설치하여야 한다.

71 인체의 전기적 저항이 5,000Ω이고, 전류가 3mA가 흘렀다. 인체의 정전용량이 0.1μF라면 인체에 대전된 정전하는 몇 μC인가?

① 0.5
② 1.0
③ 1.5
④ 2.0

해설 $V = IR, \quad Q = CV$

$V = 5,000 \times 3 \times 10^{-3} = 15V$

$\therefore Q = 0.1 \times 15 = 1.5\mu C$

72 다음은 어떤 방폭구조에 대한 설명인가?

> 전기기구의 권선, 에어갭, 접점부, 단자부 등과 같이 정상적인 운전 중에 불꽃, 아크 또는 과열이 생겨서는 안 될 부분에 대하여 이를 방지하거나 온도 상승을 제한하기 위하여 전기기기의 안전도를 증가시킨 구조이다.

① 압력방폭구조
② 유입방폭구조
③ 안전증방폭구조
④ 본질안전방폭구조

해설 안전증방폭구조에 관한 설명으로 기호는 'e'이다.

73 정전기의 발생에 영향을 주는 요인이 아닌 것은?

① 물체의 표면상태
② 외부공기의 풍속
③ 접촉면적 및 압력
④ 박리속도

해설 정전기의 발생에 영향을 주는 요인은 ①, ③, ④ 이외에 다음과 같다.
㉠ 물체의 특성
㉡ 물체의 분리력

74 인체의 저항을 500Ω이라 하면, 심실세동을 일으키는 정현파 교류에 있어서의 에너지적인 위험한계는 어느 정도인가?

① 6.5~17.0J
② 15.0~25.5J
③ 20.5~30.5J
④ 31.5~38.5J

해설 $W = I^2RT$

$= \left(\dfrac{165}{\sqrt{T}} \times 10^{-3} \right)^2 \times 500 \times T$

$= 13.5J$

따라서, 6.5~17.0J의 범위가 옳다.

75 전기기계·기구의 조작 시 등의 안전조치에 관하여 사업주가 행하여야 하는 사항으로 틀린 것은?

① 감전 또는 오조작에 의한 위험을 방지하기 위하여 당해 전기기계·기구의 조작부분은 150lx 이상의 조도가 유지되도록 하여야 한다.
② 전기기계·기구의 조작부분에 대한 점검 또는 보수를 하는 때에는 전기기계·기구로부터 폭 50cm 이상의 작업공간을 확보하여야 한다.
③ 전기적 불꽃 또는 아크에 의한 화상의 우려가 높은 600V 이상 전압의 충전전로작업에는 방염처리된 작업복 또는 난연성능을 가진 작업복을 착용하여야 한다.
④ 전기기계·기구의 조작부분에 대한 점검 또는 보수를 하기 위한 작업공간의 확보가 곤란한 때에는 절연용 보호구를 착용하여야 한다.

해설 ② 전기기계·기구의 조작부분에 대한 점검 또는 보수를 하는 때에는 전기기계·기구로부터 폭 70cm 이상의 작업공간을 확보하여야 한다.

76 다음 그림은 심장맥동주기를 나타낸 것이다. T파는 어떤 경우인가?

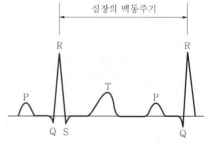

① 심방의 수축에 따른 파형
② 심실의 수축에 따른 파형
③ 심실의 휴식 시 발생하는 파형
④ 심방의 휴식 시 발생하는 파형

해설 심장의 맥동주기를 나타낸 것으로 T파는 심실의 휴식 시 발생하는 파형이다.

77 내압방폭구조에서 안전간극(Safe Gap)을 적게 하는 이유로 가장 알맞은 것은?

① 최소점화에너지를 높게 하기 위해
② 폭발화염이 외부로 전파되지 않도록 하기 위해
③ 폭발압력에 견디고 파손되지 않도록 하기 위해
④ 쥐가 침입해서 전선 등을 갉아먹지 않도록 하기 위해

해설 내압방폭구조에서 안전간극을 적게 하는 이유는 폭발화염이 외부로 전파되지 않도록 하기 위해서이다.

78 감전사고 시의 긴급조치에 관한 설명으로 가장 부적절한 것은?

① 구출자는 감전자 발견 즉시 보호용구 착용 여부에 관계없이 직접 충전부로부터 이탈시킨다.
② 감전에 의해 넘어진 사람에 대하여 의식의 상태, 호흡의 상태, 맥박의 상태 등을 관찰한다.
③ 감전에 의하여 높은 곳에서 추락한 경우에는 출혈의 상태, 골절의 이상 유무 등을 확인, 관찰한다.
④ 인공호흡과 심장 마사지를 2인이 동시에 실시할 경우에는 약 1:5의 비율로 각각 실시해야 한다.

해설 ① 구출자는 감전자 발견 즉시 절연고무장갑 등 보호구를 착용하고 충전부로부터 이탈시킨다.

79 의료용 전기전자(Medical Electronics) 기기의 접지방식은?

① 금속체 보호접지
② 등전위 접지
③ 계통 접지
④ 기능용 접지

해설 의료용 전기전자기기의 접지방식은 등전위 접지이다.

80 가스증기 위험장소의 금속관(후강) 배선에 의하여 시설하는 경우 관 상호 및 관과 박스 기타의 부속품, 풀박스 또는 전기기계·기구와는 몇 턱 이상 나사조임으로 접속하는 방법에 의하여 견고하게 접속하여야 하는가?

① 2턱　　　　② 3턱
③ 4턱　　　　④ 5턱

해설 가스증기 위험장소의 금속관(후강) 배선에 의하여 시설하는 경우 전기기계·기구와는 5턱 이상 나사조임으로 접속하는 방법에 의하여 견고하게 접속하여야 한다.

제5과목　화학설비위험방지기술

81 폭발하한계에 관한 설명으로 옳지 않은 것은?

① 폭발하한계에서 화염의 온도는 최저치로 된다.
② 폭발하한계에 있어서 산소는 연소하는데 과잉으로 존재한다.
③ 화염이 하향전파인 경우 일반적으로 온도가 상승함에 따라서 폭발하한계는 높아진다.
④ 폭발하한계는 혼합가스의 단위체적 당의 발열량이 일정한 한계치에 도달하는 데 필요한 가연성 가스의 농도이다.

해설 ③ 화염이 하향전파인 경우 일반적으로 온도가 상승함에 따라서 폭발하한계는 낮아진다.

82 다음 설명이 의미하는 것은?

> 온도, 압력 등 제어상태가 규정의 조건을 벗어나는 것에 의해 반응속도가 지수함수적으로 증대되고, 반응용기 내의 온도, 압력이 급격히 이상 상승되어 규정 조건을 벗어나고, 반응이 과격화되는 현상

① 비등
② 과열 · 과압
③ 폭발
④ 반응폭주

해설
① 비등(Boiling) : 일정한 압력하에서 액체를 가열하면 일정 온도에 도달한 후 액체표면에 기화(증발) 외에 액체 안에 증기 기포가 형성되는 현상
② 과열 · 과압 : 온도 이상으로 가열된 상태, 지속적으로 압력이 이상 상승하는 상태
③ 폭발(Explosion) : 압력의 급격한 발생 또는 개방한 결과로 인해 폭음을 수반하는 파열이나 가스팽창이 일어나는 현상
④ 반응폭주 : 온도, 압력 등 제어상태가 규정의 조건을 벗어나는 것에 의해 반응속도가 지수함수적으로 증대되고, 반응 용기 내의 온도, 압력이 급격히 이상 상승되어 규정 조건을 벗어나고, 반응이 과격화되는 현상

83 메탄, 에탄, 프로판의 폭발하한계가 각각 5vol%, 3vol%, 2.5vol%일 때 다음 중 폭발하한계가 가장 낮은 것은? (단, Le Chatelier의 법칙을 이용한다.)

① 메탄 20vol%, 에탄 30vol%, 프로판 50vol%의 혼합가스
② 메탄 30vol%, 에탄 30vol%, 프로판 40vol%의 혼합가스
③ 메탄 40vol%, 에탄 30vol%, 프로판 30vol%의 혼합가스
④ 메탄 50vol%, 에탄 30vol%, 프로판 20vol%의 혼합가스

해설
① $\dfrac{100}{L} = \dfrac{20}{5} + \dfrac{30}{3} + \dfrac{50}{2.5}$
∴ $L = 2.94$

② $\dfrac{100}{L} = \dfrac{30}{5} + \dfrac{30}{3} + \dfrac{40}{2.5}$
∴ $L = 3.125$

③ $\dfrac{100}{L} = \dfrac{40}{5} + \dfrac{30}{3} + \dfrac{30}{2.5}$
∴ $L = 3.33$

④ $\dfrac{100}{L} = \dfrac{50}{5} + \dfrac{30}{3} + \dfrac{20}{2.5}$
∴ $L = 3.75$

84 특수화학설비를 설치할 때 내부의 이상상태를 조기에 파악하기 위하여 필요한 계측장치로 가장 거리가 먼 것은?

① 압력계
② 유량계
③ 온도계
④ 습도계

해설 특수화학설비를 설치할 때 내부의 이상상태를 조기에 파악하기 위하여 필요한 계측장치
㉠ 압력계
㉡ 유량계
㉢ 온도계

85 프로판(C_3H_8) 가스가 공기 중 연소할 때의 화학양론농도는 약 얼마인가? (단, 공기 중의 산소농도는 21vol%이다.)

① 2.5vol%
② 4.0vol%
③ 5.6vol%
④ 9.5vol%

해설 화학양론농도
$$C_{st} = \dfrac{1}{1 + 4.773\left(3 + \dfrac{8}{4}\right)} \times 100$$
$$= 4.0\%$$

86 분진폭발의 발생 순서로 옳은 것은?

① 비산 → 분산 → 퇴적분진 → 발화원 → 2차 폭발 → 전면폭발
② 비산 → 퇴적분진 → 분산 → 발화원 → 2차 폭발 → 전면폭발
③ 퇴적분진 → 발화원 → 분산 → 비산 → 전면폭발 → 2차 폭발
④ 퇴적분진 → 비산 → 분산 → 발화원 → 전면폭발 → 2차 폭발

해설 분진폭발의 발생 순서 : 퇴적분진 → 비산 → 분산 → 발화원 → 전면폭발 → 2차 폭발

87 연소 및 폭발에 관한 설명으로 옳지 않은 것은?

① 가연성 가스가 산소 중에서는 폭발범위가 넓어진다.
② 화학양론농도 부근에서는 연소나 폭발이 가장 일어나기 쉽고 또한 격렬한 정도도 크다.
③ 혼합농도가 한계농도에 근접함에 따라 연소 및 폭발이 일어나기 쉽고 격렬한 정도도 크다.
④ 일반적으로 탄화수소계의 경우 압력의 증가에 따라 폭발상한계는 현저하게 증가하지만, 폭발하한계는 큰 변화가 없다.

•해설 ③ 혼합농도가 한계농도에 근접함에 따라 연소 및 폭발이 일어나기 어렵다.

88 아세틸렌에 관한 설명으로 옳지 않은 것은?

① 철과 반응하여 폭발성 아세틸리드를 생성한다.
② 폭굉의 경우 발생압력이 초기압력의 20~50배에 이른다.
③ 분해반응은 발열량이 크며, 화염온도는 3,100℃에 이른다.
④ 용단 또는 가열작업 시 $1.3kgf/cm^2$ 이상의 압력을 초과하여서는 안 된다.

•해설 ① Ag, Hg, Cu, Mg과 반응하여 아세틸리드를 생성한다.

89 다음 중 메탄-공기 중의 물질에 가장 적은 첨가량으로 연소를 억제할 수 있는 것은?

① 헬륨
② 이산화탄소
③ 질소
④ 브롬화메틸

•해설 메탄-공기 중의 물질에 가장 적은 첨가량으로 연소를 억제할 수 있는 것은 브롬화메틸이다.

90 산업안전보건법상 부식성 물질 중 부식성 염기류는 농도가 몇 % 이상인 수산화나트륨, 수산화칼륨 기타 이와 동등 이상의 부식성을 가지는 염기류를 말하는가?

① 20   ② 40
③ 50   ④ 60

•해설 **부식성 염기류** : 농도가 40% 이상인 수산화나트륨·수산화칼륨 기타 이와 동등 이상의 부식성을 가지는 염기류

91 공업용 용기의 몸체 도색으로 가스명과 도색명의 연결이 옳은 것은?

① 산소 – 청색
② 질소 – 백색
③ 수소 – 주황색
④ 아세틸렌 – 회색

•해설 ㉠ 가연성 가스 및 독성 가스의 용기

가스의 종류	도색의 구분	가스의 종류	도색의 구분
액화석유가스	회색	액화암모니아	백색
수소	주황색	액화염소	갈색
아세틸렌	황색	그 밖의 가스	회색

㉡ 그 밖의 가스 용기

가스의 종류	도색의 구분
산소	녹색
액화탄산가스	청색
질소	회색
소방용 용기	소방법에 따른 도색
그 밖의 가스	회색

㉢ 의료용 가스 용기

가스의 종류	도색의 구분	가스의 종류	도색의 구분
산소	백색	질소	흑색
액화탄산가스	회색	아산화질소	청색
헬륨	갈색	사이클로프로판	주황색
에틸렌	자색	그 밖의 가스	회색

92 산업안전보건법에 따라 유해·위험설비의 설치·이전 또는 주요 구조부분의 변경 공사 시 공정안전보고서의 제출 시기는 착공일 며칠 전까지 관련 기관에 제출하여야 하는가?

① 15일   ② 30일
③ 60일   ④ 90일

해설 유해·위험설비의 설치, 이전 또는 구조부분의 변경 공사 시 공정안전보고서는 착공일 30일 전까지 관련 기관에 제출한다.

93 자동화재탐지설비의 감지기 종류 중 열감지기가 아닌 것은?

① 차동식   ② 정온식
③ 보상식   ④ 광전식

해설 **자동화재탐지설비의 감지기 종류**
(1) 열감지기
  ㉠ 차동식
  ㉡ 정온식
  ㉢ 보상식
(2) 연기감지기
  ㉠ 이온화식
  ㉡ 광전식
(3) 화염(불꽃)감지기
  ㉠ 자외선
  ㉡ 적외선

94 유독 위험성과 해당 물질과의 연결이 옳지 않은 것은?

① 중독성 – 포스겐
② 발암성 – 콜타르, 피치
③ 질식성 – 일산화탄소, 황화수소
④ 자극성 – 암모니아, 아황산가스, 불화수소

해설 ① 독성-포스겐

95 단열반응기에서 100°F, 1atm의 수소가스를 압축하는 반응기를 설계할 때 안전하게 조업할 수 있는 최대압력은 약 몇 atm인가? (단, 수소의 자동발화온도는 1,075°F이고, 수소는 이상기체로 가정하고, 비열비(r)는 1.40이다.)

① 14.62   ② 24.23
③ 34.10   ④ 44.62

해설 가역단열변화이므로

$$\frac{T_2}{T_1} = \left(\frac{P_2}{P_1}\right)^{\frac{r-1}{r}}$$

㉠ $T_1 = t_C + 273 = 37.8 + 273 = 310.8 \text{K}$

$t_C = \frac{5}{9}(t_F - 32) = \frac{5}{9}(100 - 32)$
$= 37.8\,°\text{C}$

㉡ $T_2 = t_C + 273 = 579 + 273 = 852 \text{K}$

$t_C = \frac{5}{9}(t_F - 32) = \frac{5}{9}(1,075 - 32)$
$= 579\,°\text{C}$

$\therefore P_2 = P_1 \left(\frac{T_2}{T_1}\right)^{\frac{r}{r-1}}$

$= 1\left(\frac{852}{310.8}\right)^{\frac{1.4}{1.4-1}} = 34.10 \text{atm}$

96 다음 중 포 소화설비 적용대상이 아닌 것은?

① 유류 저장탱크
② 비행기 격납고
③ 주차장 또는 차고
④ 유압차단기 등의 전기기기 설치장소

해설 **포 소화설비** : AB급 적용
① B급
② A, B급
③ A, B급
④ C급

97 화재 시 발생하는 유해가스 중 가장 독성이 큰 것은?

① CO
② $COCl_2$
③ NH_3
④ HCN

해설 **허용농도**
① 50ppm
② 0.1ppm
③ 25ppm
④ 10ppm

98 아세틸렌 용접장치에 설치하여야 하는 안전기의 설치요령이 옳지 않은 것은?

① 안전기를 취관마다 설치한다.
② 주관에만 안전기 하나를 설치한다.
③ 발생기와 분리된 용접장치에는 가스 저장소와의 사이에 안전기를 설치한다.
④ 주관 및 취관에 가장 가까운 분기관마다 안전기를 부착할 경우 용접장치의 취관마다 안전기를 설치하지 않아도 된다.

[해설] ② 취관마다 안전기를 설치한다. 다만, 주관 및 취관에 가장 가까운 분기관마다 안전기를 부착한 경우에는 그러하지 아니 하다.

99 다음 중 최소발화에너지가 가장 작은 가연성 가스는?

① 수소   ② 메탄
③ 에탄   ④ 프로판

[해설] **최소발화에너지** : 가연성 혼합기체에 전기적 스파크로 점화 시 착화하기 위하여 필요한 최소한의 에너지
① 수소 : 0.03mJ
② 메탄 : 0.29mJ
③ 에탄 : 0.25mJ
④ 프로판 : 0.26mJ

100 다음 중 종이, 목재, 섬유류 등에 의하여 발생한 화재의 화재급수로 옳은 것은?

① A급
② B급
③ C급
④ D급

[해설] **화재의 종류**
㉠ A급 화재 : 목재, 종이, 섬유류 등에 의하여 발생한 화재
㉡ B급 화재 : 유류화재
㉢ C급 화재 : 전기화재
㉣ D급 화재 : 금속화재

제6과목 | **건설안전기술**

101 와이어로프를 달비계에 사용할 때의 사용금지 기준으로 틀린 것은?

① 이음매가 있는 것
② 꼬인 것
③ 지름의 감소가 공칭지름의 5%를 초과하는 것
④ 와이어로프의 한 꼬임에서 끊어진 소선의 수가 10% 이상인 것

[해설] **와이어로프를 달비계에 사용할 때의 사용금지 기준**
㉠ 이음매가 있는 것
㉡ 와이어로프의 한 꼬임(스트랜드(Strand)를 말한다.)에서 끊어진 소선(필러(Pillar)선은 제외한다.)의 수가 10% 이상(비자전로프의 경우에는 끊어진 소선의 수가 와이어로프 호칭지름의 6배 길이 이내에서 4개 이상이거나 호칭지름 30배 길이 이내에서 8개 이상)인 것
㉢ 지름의 감소가 공칭지름의 7%를 초과하는 것
㉣ 꼬인 것
㉤ 심하게 변형되거나 부식된 것
㉥ 열과 전기충격에 의해 손상된 것

102 물로 포화된 점토에 다지기를 하면 압축하중으로 지반이 침하하는데 이로 인하여 간극수압이 높아져 물이 배출되면서 흙의 간극이 감소하는 현상을 무엇이라고 하는가?

① 액상화   ② 압밀
③ 예민비   ④ 동상현상

[해설] ① 액상화(Liquefaction) 현상 : 포화된 느슨한 모래가 진동이나 지진 등의 충격을 받으면 입자들이 재배열되어 약간 수축하며 큰 과잉간극수압을 유발하게 되고, 그 결과로 유효응력과 전단강도가 크게 감소하여 모래가 유체처럼 거동하게 되는 현상
② 압밀 : 물로 포화된 점토에 다지기를 하면 압축하중으로 지반이 침하하는 데 이로 인하여 간극수압이 높아져 물이 배출되면서 흙의 간극이 감소하는 현상
③ 예민비 : 흙의 이김에 있어 약해지는 성질
④ 동상현상(Frost heave) : 지반 중의 공극수가 얼어 지반을 부풀어 오르게 하는 현상

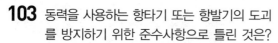

103 동력을 사용하는 항타기 또는 항발기의 도괴를 방지하기 위한 준수사항으로 틀린 것은?

① 연약한 지반에 설치할 경우에는 각 부나 가대의 침하를 방지하기 위하여 깔판·깔목 등을 사용한다.

② 평형추를 사용하여 안정시키는 경우에는 평형추의 이동을 방지하기 위하여 가대에 견고하게 부착시킨다.

③ 버팀대만으로 상단부분을 안정시키는 경우에는 버팀대는 3개 이상으로 한다.

④ 버팀줄만으로 상단부분을 안정시키는 경우에는 버팀줄을 2개 이상으로 한다.

> **해설** 항타기 또는 항발기의 도괴를 방지하기 위한 준수사항
> ㉠ 연약한 지반에 설치하는 경우에는 각 부나 가대의 침하를 방지하기 위하여 깔판·깔목 등을 사용할 것
> ㉡ 시설 또는 가설물 등에 설치하는 경우에는 그 내력을 확인하고 내력이 부족하면 그 내력을 보강할 것
> ㉢ 각 부나 가대가 미끄러질 우려가 있는 경우에는 말뚝 또는 쐐기 등을 사용하여 각 부나 가대를 고정시킬 것
> ㉣ 궤도 또는 차로 이동하는 항타기 또는 항발기에 대해서는 불시에 이동하는 것을 방지하기 위하여 레일 클램프(Rail Clamp) 및 쐐기 등으로 고정시킬 것
> ㉤ 버팀대만으로 상단부분을 안정시키는 경우에는 버팀대는 3개 이상으로 하고, 그 하단부분은 견고한 버팀·말뚝 또는 철골 등으로 고정시킬 것
> ㉥ 버팀줄만으로 상단부분을 안정시키는 경우에는 버팀줄을 3개 이상으로 하고 같은 간격으로 배치할 것
> ㉦ 평형추를 사용하여 안정시키는 경우에는 평형추의 이동을 방지하기 위하여 가대에 견고하게 부착시킬 것

104 철골 조립작업에서 작업발판과 안전난간을 설치하기가 곤란한 경우 안전대책으로 가장 타당한 것은?

① 안전벨트 착용

② 달줄, 달포대의 사용

③ 투하설비 설치

④ 사다리 사용

> **해설** 철골 조립작업에서 작업발판과 안전난간을 설치하기가 곤란한 경우 안전벨트를 착용한다.

105 터널공사 시 인화성 가스가 일정 농도 이상으로 상승하는 것을 조기에 파악하기 위하여 설치하는 자동경보장치의 작업시작 전 점검해야 할 사항이 아닌 것은?

① 계기의 이상 유무

② 발열 여부

③ 검지부의 이상 유무

④ 경보장치의 작동상태

> **해설** 터널작업 인화성 가스의 농도측정 자동경보장치의 작업시작 전 점검해야 할 사항
> ㉠ 계기의 이상 유무
> ㉡ 검지부의 이상 유무
> ㉢ 경보장치의 작동상태

106 건물 기초에서 발파 허용진동치 규제기준으로 틀린 것은?

① 문화재 : 0.2cm/sec

② 주택, 아파트 : 0.5cm/sec

③ 상가 : 1.0cm/sec

④ 철골콘크리트 빌딩 : 0.1~0.5cm/sec

> **해설** ④ 철골콘크리트 빌딩 : 1.0~4.0cm/sec

107 권상용 와이어로프의 절단하중이 200ton일 때 와이어로프에 걸리는 최대하중의 값을 구하면? (단, 안전계수는 5이다.)

① 1,000ton   ② 400ton

③ 100ton   ④ 40ton

> **해설** 최대하중 $= \dfrac{\text{절단하중}}{\text{안전계수}} = \dfrac{200\text{ton}}{5} = 40\text{ton}$

108 다음 중 지하수위를 저하시키는 공법은?

① 동결 공법
② 웰포인트 공법
③ 뉴매틱케이슨 공법
④ 치환 공법

●해설 ① 동결 공법 : 동결관을 땅 속에 파고, 이 속에 액체질소 같은 냉각체를 흐르게 하여 주위의 흙을 동결시켜 동결토의 큰 강도와 불투성의 성질을 일시적인 가설공사에 이용하는 공법이다.
② 웰포인트 공법 : 지하수위를 저하시키는 공법이다.
③ 뉴매틱케이슨 공법 : 잠함체에 지하수압과 밸런스가 맞는 압축공기를 보내어 이 속에서 굴착작업을 실시하면 지하수를 제압하면서 구체는 지중에 침하한다. 침하가 진행하면 구체만으로는 침하중량이 부족하기 때문에 구체 내의 공실에 물 또는 토사를 넣어서 하중을 증가하여 침하를 촉진한다. 케이션이 소정의 지지층에 달하면 작업실 내에 콘크리트를 충전해서 기초저면으로 한다. 즉 용수량이 많은 지반에서 기초구축에 적합하다.
④ 치환 공법 : 점성토지반 개량 공법이다.

109 항타기 또는 항발기의 권상장치 드럼축과 권상장치로부터 첫 번째 도르래의 축 간의 거리는 권상장치 드럼폭의 몇 배 이상으로 하여야 하는가?

① 5배   ② 8배
③ 10배   ④ 15배

●해설 **항타기 또는 항발기 도르래의 부착 등**
㉠ 항타기나 항발기에 도르래나 도르래 뭉치를 부착하는 경우에는 부착부가 받는 하중에 의하여 파괴될 우려가 없는 브래킷·섀클 및 와이어로프 등으로 견고하게 부착하여야 한다.
㉡ 사업주는 항타기 또는 항발기의 권상장치의 드럼축과 권상장치로부터 첫 번째 도르래의 축 간의 거리를 권상장치 드럼폭의 15배 이상으로 하여야 한다.
㉢ 도르래는 권상장치의 드럼 중심을 지나야 하며 축과 수직면상에 있어야 한다.

㉣ 항타기나 항발기의 구조상 권상용 와이어로프가 꼬일 우려가 없는 경우에는 위 ㉡과 ㉢을 적용하지 아니 한다.

110 다음은 달비계 또는 높이 5m 이상의 비계를 조립·해체하거나 변경하는 작업에 대한 준수사항이다. ( ) 안에 들어갈 숫자는?

> 비계재료의 연결·해체 작업을 하는 경우에는 폭 ( )cm 이상의 발판을 설치하고 근로자로 하여금 안전대를 사용하도록 하는 등 추락을 방지하기 위한 조치를 할 것

① 15   ② 20
③ 25   ④ 30

●해설 **발판의 폭**
㉠ 비계재료의 연결·해체작업 시 설치하는 발판의 폭 : 20cm 이상
㉡ 슬레이트 지붕 위에 설치하는 발판의 폭 : 30cm 이상
㉢ 비계의 높이가 2m 이상인 작업장소에 설치하는 작업발판의 폭 : 40cm 이상

111 사업주가 유해·위험방지계획서 제출 후 건설공사 중 6개월 이내마다 안전보건공단의 확인사항을 받아야 할 내용이 아닌 것은?

① 유해·위험방지계획서의 내용과 실제공사내용이 부합하는지 여부
② 유해·위험방지계획서 변경내용의 적정성
③ 자율안전관리업체 유해·위험방지계획서 제출·심사 면제
④ 추가적인 유해·위험요인의 존재 여부

●해설 **유해·위험방지계획서를 제출한 후 건설공사 중 6개월 이내마다 안전보건공단의 확인을 받아야 할 내용**
㉠ 유해·위험방지계획서의 내용과 실제 공사내용이 부합하는지 여부
㉡ 유해·위험방지계획서 변경내용의 적정성
㉢ 추가적인 유해·위험요인의 존재 여부

112 가설통로의 구조에 대한 기준으로 틀린 것은?

① 경사가 15°를 초과하는 경우에는 미끄러지지 아니 하는 구조로 할 것
② 경사는 20° 이하로 할 것
③ 추락의 위험이 있는 장소에는 안전난간을 설치할 것
④ 수직갱에 가설된 통로의 길이가 15m 이상인 경우에는 10m 이내마다 계단참을 설치할 것

해설 **가설통로의 구조에 대한 기준**
㉠ 견고한 구조로 할 것
㉡ 경사는 30° 이하로 할 것(다만, 계단을 설치하거나 높이 2m 미만의 가설통로로서 튼튼한 손잡이를 설치한 경우에는 그러하지 아니 하다.)
㉢ 경사가 15°를 초과하는 경우에는 미끄러지지 아니 하는 구조로 할 것
㉣ 추락할 위험이 있는 장소에는 안전난간을 설치할 것(다만, 작업상 부득이한 경우에는 필요한 부분만 임시로 해체할 수 있다.)
㉤ 수직갱에 가설된 통로의 길이가 15m 이상인 경우에는 10m 이내마다 계단참을 설치할 것
㉥ 건설공사에 사용하는 높이 8m 이상인 비계다리에는 7m 이내마다 계단참을 설치할 것

113 콘크리트 강도에 영향을 주는 요소로 거리가 먼 것은?

① 거푸집 모양과 형상
② 양생 온도와 습도
③ 타설 및 다지기
④ 콘크리트 재령 및 배합

해설 **콘크리트 강도에 영향을 주는 요소**
㉠ 양생 온도와 습도
㉡ 타설 및 다지기
㉢ 콘크리트 재령 및 배합

114 건설업의 산업안전보건관리비 사용항목에 해당되지 않는 것은?

① 안전시설비
② 근로자 건강관리비
③ 운반기계 수리비
④ 안전진단비

해설 **산업안전보건관리비 사용항목**
㉠ 안전 · 보건관리자 임금 등
㉡ 안전시설비 등
㉢ 보호구 등
㉣ 안전보건 진단비 등
㉤ 안전보건 교육비 등
㉥ 근로자 건강장해 예방비 등
㉦ 건설재해예방전문지도기관 기술지도비
㉧ 본사 전담조직 근로자 임금 등
㉨ 위험성 평가 등에 따른 소요비용

115 사다리식 통로에 대한 설치기준으로 틀린 것은?

① 발판의 간격은 일정하게 할 것
② 발판과 벽과의 사이는 15cm 이상의 간격을 유지할 것
③ 사다리식 통로의 길이가 10m 이상인 때에는 3m 이내마다 계단참을 설치할 것
④ 사다리의 상단은 걸쳐놓은 지점으로부터 60cm 이상 올라가도록 할 것

해설 **사다리식 통로에 대한 설치기준**
㉠ 견고한 구조로 할 것
㉡ 심한 손상 · 부식 등이 없는 재료를 사용할 것
㉢ 발판의 간격은 일정하게 할 것
㉣ 발판과 벽과의 사이는 15cm 이상의 간격을 유지할 것
㉤ 폭은 30cm 이상으로 할 것
㉥ 사다리가 넘어지거나 미끄러지는 것을 방지하기 위한 조치를 할 것
㉦ 사다리의 상단은 걸쳐놓은 지점으로부터 60cm 이상 올라가도록 할 것
㉧ 사다리식 통로의 길이가 10m 이상인 경우에는 5m 이내마다 계단참을 설치할 것
㉨ 사다리식 통로의 기울기는 75° 이하로 할 것(다만, 고정식 사다리식 통로의 기울기는 90° 이하로 하고, 그 높이가 7m 이상인 경우에는 바닥으로부터 높이가 2.5m 되는 지점부터 등받이울을 설치할 것)
㉩ 접이식 사다리 기둥은 사용시 접혀지거나 펼쳐지지 않도록 철물 등을 사용하여 견고하게 조치할 것

116 미리 작업장소의 지형 및 지반상태 등에 적합한 제한속도를 정하지 않아도 되는 차량계 건설기계의 속도기준은?

① 최대제한속도가 10km/h 이하
② 최대제한속도가 20km/h 이하
③ 최대제한속도가 30km/h 이하
④ 최대제한속도가 40km/h 이하

해설 미리 작업장소의 지형 및 지반상태 등에 적합한 제한속도를 정하지 않아도 되는 차량계 건설기계속도의 기준은 최대제한속도 10cm/h 이하이다.

117 로드(Rod) · 유압잭(Jack) 등을 이용하여 거푸집을 연속적으로 이동시키면서 콘크리트를 타설할 때 사용되는 것으로 Silo 공사 등에 적합한 거푸집은?

① 메탈 폼
② 슬라이딩 폼
③ 워플 폼
④ 페코빔

해설 슬라이딩 폼 : 로드(Rod), 유압잭(Jack) 등을 이용하여 거푸집을 연속적으로 이동시키면서 콘크리트를 타설할 때 사용되는 것으로 Silo 공사 등에 적합한 거푸집

118 옥외에 설치되어 있는 주행크레인에 이탈을 방지하기 위한 조치를 취해야 하는 것은 순간풍속이 매 초당 몇 미터를 초과할 경우인가?

① 30m ② 35m
③ 40m ④ 45m

해설 옥외에 설치되어 있는 주행크레인에 이탈을 방지하기 위한 조치를 취해야 하는 것은 순간풍속이 30m/sec를 초과할 때이다.

119 이동식 비계를 조립하여 작업을 하는 경우의 준수사항으로 틀린 것은?

① 승강용 사다리는 견고하게 설치할 것
② 작업발판의 최대적재하중은 250kg을 초과하지 않도록 할 것
③ 비계의 최상부에서 작업을 하는 경우에는 안전난간을 설치할 것
④ 작업발판은 항상 수평을 유지하고 작업발판 위에서 안전난간을 딛고 작업을 하거나 받침대 또는 사다리를 사용하여 작업하도록 할 것

해설 이동식 비계를 조립하여 작업을 하는 경우 준수사항
㉠ 이동식 비계의 바퀴에는 갑작스러운 이동 또는 전도를 방지하기 위하여 브레이크 · 쐐기 등으로 바퀴를 고정시킨 다음 비계의 일부를 견고한 시설물에 고정하거나 아웃트리거(Outrigger)를 설치하는 등 필요한 조치를 할 것
㉡ 승강용 사다리는 견고하게 설치할 것
㉢ 비계의 최상부에서 작업을 하는 경우에는 안전난간을 설치할 것
㉣ 작업발판은 항상 수평을 유지하고 작업발판 위에서 안전난간을 딛고 작업을 하거나 받침대 또는 사다리를 사용하여 작업하지 않도록 할 것
㉤ 작업발판의 최대적재하중은 250kg을 초과하지 않도록 할 것

120 잠함 또는 우물통의 내부에서 근로자가 굴착작업을 하는 경우에 바닥으로부터 천장 또는 보까지의 높이는 최소 얼마 이상으로 하여야 하는가?

① 1.2m ② 1.5m
③ 1.8m ④ 2.1m

해설 잠함 또는 우물통의 내부에서 근로자가 굴착작업을 하는 경우에 바닥으로부터 천장 또는 보까지의 높이는 최소 1.8m 이상이어야 한다.

산업안전기사 기출문제집 필기

2021. 6. 30. 초 판 1쇄 발행
2025. 1. 22. 개정 4판 1쇄(통산 7쇄) 발행

지은이 | 김재호
펴낸이 | 이종춘
펴낸곳 | BM ㈜도서출판 성안당
주소 | 04032 서울시 마포구 양화로 127 첨단빌딩 3층(출판기획 R&D 센터)
       10881 경기도 파주시 문발로 112 파주 출판 문화도시(제작 및 물류)
전화 | 02) 3142-0036
       031) 950-6300
팩스 | 031) 955-0510
등록 | 1973. 2. 1. 제406-2005-000046호
출판사 홈페이지 | www.cyber.co.kr
ISBN | 978-89-315-8462-2 (13500)
정가 | 28,500원

이 책을 만든 사람들

책임 | 최옥현
진행 | 박현수
교정·교열 | 채정화
전산편집 | 이다은
표지 디자인 | 박현정
홍보 | 김계향, 임진성, 김주승, 최정민
국제부 | 이선민, 조혜란
마케팅 | 구본철, 차정욱, 오영일, 나진호, 강호묵
마케팅 지원 | 장상범
제작 | 김유석

www.cyber.co.kr
성안당 Web 사이트